高等院校城市地下空间工程专业“十二五”规划教材

地下空间结构

主编　曹净　宋志刚

中国水利水电出版社
www.waterpub.com.cn

内 容 提 要

本书结合新规范、规程，着重从基本概念、基本理论和方法介绍城市地下空间结构的成熟观点和成果。主要内容为：第一部分为总论，包括第1章至第4章，重点介绍地下空间结构的基本概念、围岩分级、荷载类型及确定方法、可靠度基本原理、弹性地基梁理论、地下空间结构设计计算理论；第二部分为各类地下空间结构，包括第5章至第10章，主要介绍隧道结构、浅埋式结构与附建式结构、盾构法隧道结构与顶管结构、沉井结构与沉管结构、复合衬砌结构和基坑围护结构。

本书适用于城市地下空间工程专业和土木工程专业地下建筑结构方向的本科生，也可供相关专业工程技术人员参考。

图书在版编目（CIP）数据

地下空间结构 / 曹净，宋志刚主编. -- 北京 : 中国水利水电出版社，2015.2
高等院校城市地下空间工程专业“十二五”规划教材
ISBN 978-7-5170-2856-7

Ⅰ. ①地… Ⅱ. ①曹… ②宋… Ⅲ. ①城市空间－地下建筑物－高等学校－教材 Ⅳ. ①TU984.11

中国版本图书馆CIP数据核字(2015)第009409号

书 名	高等院校城市地下空间工程专业“十二五”规划教材 **地下空间结构**
作 者	主编 曹净 宋志刚
出版发行	中国水利水电出版社 （北京市海淀区玉渊潭南路1号D座 100038） 网址：www.waterpub.com.cn E-mail：sales@waterpub.com.cn 电话：（010）68367658（发行部）
经 售	北京科水图书销售中心（零售） 电话：（010）88383994、63202643、68545874 全国各地新华书店和相关出版物销售网点
排 版	中国水利水电出版社微机排版中心
印 刷	北京市北中印刷厂
规 格	184mm×260mm 16开本 27.5印张 652千字
版 次	2015年2月第1版 2015年2月第1次印刷
印 数	0001—3000册
定 价	**48.00**元

前言

城市地下空间工程专业主要培养城市地下空间的规划、设计、研究、开发利用、施工等领域的技术和管理人才。“地下空间结构”是该专业的主干课程之一。本书是高等院校城市地下空间工程专业“十二五”规划教材之一。根据各学校的教学计划，课时安排为64～80学时。

地下空间结构所处的环境条件同上部建筑结构有本质区别，但长期以来大多沿用于地面建筑结构的理论和方法解决地下空间结构的问题，因而常常不能准确地描述地下空间结构中出现的各种力学行为，使地下空间结构的设计和施工更多地依赖于经验，这与快速发展的城市地下空间开发极不相称，也不能满足目前城市地下空间工程专业与土木工程专业地下建筑结构方向本科教学的要求和工程技术人员的需要。本教材是在汲取了国内外地下空间结构相关教材和文献的基础上，为适应上述要求而编写的。本书适合作为城市地下空间工程专业和土木工程专业地下建筑结构方向的本科教材，也可供相关专业工程技术人员参考。

本书共分为两大部分。第一部分为总论，包括第1～4章，重点介绍地下空间结构的基本概念、围岩分级、荷载类型及确定方法、可靠度基本原理、弹性地基梁理论、地下空间结构设计计算理论；第二部分为各类地下空间结构，包括第5～10章，主要介绍隧道结构、浅埋式结构与附建式结构、盾构法隧道结构与顶管结构、沉井结构与沉管结构、复合衬砌结构和基坑围护结构。本教材结合新规范、规程，着重从基本概念、基本理论和方法介绍城市地下空间结构的成熟观点和成果。

本书由昆明理工大学曹净、宋志刚担任主编，丁祖德、刘海明、桂跃担任副主编。第1、7、8、10章由曹净编写，第2、6章由曹净、宋志刚编写，第3、4章由刘海明编写，第5章由丁祖德编写，第9章由桂跃编写。全书由曹净、丁祖德进行统一校阅。此外，普琼香、杨海星、汪尺、孙长宁、丁文云、杜永刚等研究生为本书的出版付出了辛勤劳动，在此表示衷心感谢。

由于编者水平有限，书中不当之处恳请读者和专家批评指正。

编者

2014年10月

目　　录

第1章 绪 论

1.1 地下空间结构的概念、功能和特点

地下空间结构是指在地面以下地质环境中用各种材料建造的建筑物或构筑物的受力骨架体系。与地面结构不同，地下空间结构位于地面以下地质环境中，其周围介质为岩土体及地下水。地下空间结构的外围衬砌结构与地层相接触，其功能为：一具有承受所开挖空间周围地层的压力、水压力、结构自重、地震、爆炸等动静荷载的承重作用；二具有防止所开挖空间周围地层风化、崩塌、防水、防潮等围护作用。

地下空间工程具有以下特性：①空间性，在地面以下可提供人类活动或人类可利用的“空间”；②隔离性，地下空间是一个相对封闭的环境，不但相对隔绝了外界的影响，而且空间内部的音响、光照、气味等不会影响到外界；③恒常性，指其具有一定的恒定性，即地下空间状态的稳定性，如地下空间可以缓和气温的变化（恒温性）和湿度的变化（恒湿性）、阻隔声音的传递（降噪性）等。

地下空间结构类型不同，其工程特点、设计、施工方法和施工组织也不同。对地下空间结构的分类有很多途径：按使用功能分，可分为工业建筑、民用建筑、交通建筑、水工建筑、矿山建筑、军事建筑和公用服务性建筑等空间结构；按所处的地质条件和建造方式分，可分为岩石中的地下空间结构和土层中的地下空间结构；按埋置深度分，可分为深埋地下空间结构和浅埋地下空间结构。

地下空间结构与地面结构相比有很大的差别，具有以下特点。

1. 自然条件下的防护能力强

地下空间结构上部具有较厚的自然岩土覆盖，并可根据防护和使用要求确定所需的自然覆盖厚度，因而具有良好的防护性能，可减轻包括核武器在内的破坏，同时可有效地抗御地震、飓风等自然危害以及火灾、爆炸等人为危害。同时地下空间结构还可以利用天然岩土层的围护作用，对某些危险性产品进行生产或储存，起到一定的隔离和限制作用，如弹药、油料等的生产或储存。

2. 受外界条件影响小

由于地层具有良好的热稳定性和密闭性，地下空间结构内部的温度受外界影响小，对于大多数物资的储存有利。另外，地下空间结构的防震性和密闭性比较好，有利于抗震、排除地面尘土和电磁波的干扰，对于要求恒温、恒湿、超净、防微振、抗电磁波干扰的生产和生活用建筑非常适宜。

3. 地质条件影响大

地质构造、岩土体的结构、强度及地下水位等对地下空间结构的选址、平面的布置、

净高和跨度的确定都有较大的影响。地质条件是地下空间结构选址和设计的重要依据。此外，地质条件对地下空间结构的影响还表现在围岩的稳定性、压力作用和地下空间结构的跨度、平面布置上。一般情况下，洞室的跨度越大，围岩越不稳定，结构所受的围岩压力越大。因此，地下空间结构平面上不宜采用大跨、多跨或连续成片的布置。

4. 需设置通风、防排水、防潮、防噪声和照明等设施

与地面建筑不同，地下空间结构中空气的进入与排除必须经地面洞口。如果要求防护通风，则还要布置消波、除尘、滤毒等设施。地下空间结构内的余热和余湿难以散发，必须采用通风和防潮去湿设施。由于洞室内完全见不到阳光，无论白天还是夜间都需要人工照明。

5. 设计施工条件特殊

地下结构处于地层中，设计时所依据的条件只是前期地质勘察得到的粗略资料，揭示的地质情况非常有限，只有在施工过程中才能逐步地详细了解。另外，还有一些因素随着施工进程会发生变化，因此地下空间结构的设计和施工一般有一个特殊的模式，即设计—施工及监测—信息反馈—修改设计—修改或加固施工，建成后还需进行相当长时间的监测。

地下空间结构是采用开挖的办法获取空间，土石方工程量大，施工作业面小，空间有限，环境潮湿，无论在施工方法和施工机械上还是在构配件的材料和尺寸大小等方面都与地面建筑不同。而且地下空间结构一般建设周期长，衬砌结构费用高，再加上防护、通风、排水、防潮等设施的处理，所以地下空间结构施工较复杂，投资较高。

综上所述，地下空间结构具有明显的特性，特别是从安全防护、良好的热稳定性和密闭性等方面创造的特殊条件，具有很大的优越性。

1.2　地下空间结构的形式和适用环境

地下空间结构的形式主要由地质环境、使用功能和施工技术等因素确定。

首先，地下空间结构形式由地质环境——受力条件来控制，即在一定地质环境条件下的围岩压力、水土压力和施工荷载、爆炸与地震等动载下求出最合理和经济的结构形式。

其次，地下空间结构形式也受使用要求的制约，一个地下空间结构必须考虑其使用需要。

再次，施工技术是决定地下空间结构形式的重要因素之一，在地质条件和使用要求相同情况下，由于施工方法不同而采取不同的结构形式。

按照结构形式的不同，地下空间结构可以分为 7 类。

1. 拱形结构

拱形结构横剖面顶部均为拱形，包括以下几种形式：

(1) 半衬砌结构。即只做拱圈、不做边墙的衬砌结构。当岩层较坚硬，整体性较好时，侧壁无坍塌危险，仅顶部岩石可能局部脱落，可采用半衬砌结构。计算半衬砌时应考

虑拱支座的弹性地基作用，保证拱脚岩层的稳定性。

（2）厚拱薄墙衬砌结构。其拱脚较厚，边墙较薄。当洞室的水平压力较小时，可以采用此结构形式。这种结构的受力特点是将拱圈所受的荷载通过扩大的拱脚传给岩层，使边墙受力减小，节省建筑材料和减少土石方开挖量。

（3）直墙拱顶衬砌结构。作为最普遍的一种结构形式，这种结构由拱圈、竖直边墙和底板组成，衬砌与围岩之间的间隙应回填密实，使衬砌和围岩能整体受力。这种结构适用于有一定水平压力的洞室。

（4）曲墙拱顶衬砌结构。由拱圈、曲墙和底板组成。当围岩的垂直压力和水平压力都较大时，可采用曲墙拱顶衬砌结构。当洞室底部地层软弱或为膨胀性地层时，该结构的底部应使用仰拱，尽量使整个衬砌围成封闭形式，以加大结构的整体刚度。

（5）离壁式衬砌结构。其拱圈和边墙均与岩壁脱离，间隙不用回填，仅将拱脚处局部扩大，使其延伸到岩壁与之顶紧。这种结构适用于围岩基本稳定的情况。

（6）复合式衬砌结构。分两次修筑、中间加设薄膜防水层，外层常为锚喷支护，内层为整体式衬砌。

2. 梁板式结构

在浅埋地下建筑中，梁板式结构的应用很普遍，如地下医院、教室等。这种结构适用于地下水位较低时，或要求防护等级较低时的工程。顶、底板做成现浇钢筋混凝土梁板式结构，围墙和隔墙可采用砖墙。

3. 框架结构

地下水位较高或防护等级要求较高时，地下空间结构做成箱形闭合框架钢筋混凝土结构，常用于高层建筑的地下室、城市地铁站、软土中的地下厂房、地下医院和地下指挥所。

4. 圆管形结构

当地层土质较差，靠其自承能力可维持稳定的时间很短时，对中等埋深以上土层的地下结构常以盾构法施工，其结构形式相应地采用装配式管片衬砌。这种衬砌断面一般为圆形，与盾构外形一致。盾构一般是圆柱形钢筒，依靠盾尾千斤顶沿纵向支撑在已拼装就位的管片衬砌上向前推进。装配式管片在盾构钢壳的掩护下就地拼装，经过循环交替挖土、推进和拼装管片，从而建成装配式圆形管片结构。

5. 锚喷支护结构

锚喷支护结构是在毛洞开挖后及时地采用喷射混凝土、钢筋网喷射混凝土、锚杆喷射混凝土或锚杆钢筋网喷射混凝土等方式对地层进行加固。这种结构是柔性结构，能够有效地利用围岩的自承能力维护洞室稳定。

6. 地下连续墙结构

当施工场地狭窄时，优先考虑采用地下连续墙结构。用挖槽设备沿墙体挖出沟槽，以泥浆维持槽壁稳定，然后吊入钢筋笼并在水下浇筑混凝土，即可建成地下连续墙结构的墙体，然后可以在墙体的保护下明挖基坑或用逆作法施工修建底板和内部结构，从而建成地下连续墙结构。

7. 敞开式结构

用明挖法施工修建地下构筑物时，需要有和地面连接的通道，它是由浅入深的过渡结构，称为引道。在无法修筑顶盖的情况下，一般做成敞开式结构，如矿石冶炼厂的料室、地铁由地下到地面的过渡段。

1.3 地下空间结构设计基本原则与内容

地下空间结构的设计基本原则是要做到技术先进、经济合理、安全适用。

设计工作的内容一般包括初步设计和技术设计（包括施工图）两个阶段。

初步设计中的结构设计部分，主要是在满足使用要求条件下，解决设计方案技术上的可行性与经济上的合理性，并提出投资、材料、施工等指标。

初步设计的内容主要包括以下几项：

（1）工程等级和要求，以及静、动荷载标准的确定。

（2）确定埋置深度与施工方法。

（3）初步设计荷载值。

（4）选择建筑材料。

（5）选定结构形式和布置。

（6）估算结构跨度、高度、顶底板及边墙厚度等主要尺寸。

（7）绘制初步设计结构图。

（8）估算工程材料数量及财务概算。

结构形式及主要尺寸的确定，一般可通过同类工程的类比法，吸取国内外已建工程的经验教训，提出设计数据。必要时可用近似计算方法求出内力，并按经济合理的配筋率初步配置钢筋。

将地下建筑的初步设计图纸附以说明书，送交有关主管部门审定批准后，才可进行下一步的技术设计。

技术设计主要是解决结构的承载力、刚度和稳定性、抗裂性等问题，并提供施工时结构各部件的具体细节尺寸及连接大样。

技术设计的主要内容如下：

（1）计算荷载。按地层介质类别、建筑用途、防护等级、地震级别、埋置深度等求出作用在结构上的各种荷载值。

（2）计算简图。根据实际结构和计算的具体情况，拟出恰当的计算简图。

（3）内力分析。选择结构内力计算方法，得出结构各控制设计截面的内力。

（4）内力组合。在分别计算各种荷载内力的基础上，对最不利的可能情况进行内力组合，求出各控制界面的最大设计内力值。

（5）配筋设计。通过截面承载力和裂缝计算得出受力钢筋，并确定必要的分布钢筋与架立钢筋。

（6）绘制结构施工详图。如结构平面图、结构构件配筋图及节点详图，还有风、水、电和其他内部设备的预埋件图。

（7）材料、工程数量和工程财务预算。

1.4 地下空间结构进展

当前世界各国开发地下空间，因为入地越深，开发技术越复杂，所以，在民用方面基本限于30m以内的浅层，少数发达国家进行了开发中深地层地下空间的尝试。世界各主要城市已形成四通八达的地铁线网，其运量约占城市公交总量的50%以上，另外，在地下建筑的图书馆、大型会议展览中心、实验中心、办公室和工业车间等也得到了迅速发展。

美国1974—1984年用于地下公共设施的投资额约为500亿美元，占基本建设总投资的30%。美国的地下空间开发和利用有以下特点：①结合城市建设，构筑地下铁道；②立足于战略，建立水下通路；③地下空间的开发利用平战结合。美国从1868年在纽约修筑地铁，目前是世界上拥有地铁线最长的国家，现有地铁线约1230km，占世界地铁总长的1/5，还有计划地修建了一些地下车库，纽约罗雀斯特广场下的单建式车库，面积近6000m^2，地下3层，可停车2000辆，战时可供5万～6万人掩蔽。明尼苏达大学土木采矿系新建的地下系馆，建筑上下共7层，埋深逾30m，面积约14000m^2，其中10000m^{2}位于土层中，中间为结构试验大厅，周围地下3层为办公室和附属用房，用掘开法构筑。土层之下为岩层，距地表逾30m的地段，构筑有大于4000m^{2}的教室和试验室，两部分通过并列竖井相连，一个直径13.5m，另一个直径6.7m，竖井内设有楼梯和电梯。由于美国重视立体化利用城市空间，城市住房、绿化和交通之比约为2∶3∶5，为人们提供了舒适的工作和生活环境。

法国的地下隧道代表了城市设施的先进模式，巴黎市Quai de La Gare公共隧道——共同沟长700m、宽4.75m、高12.6m（3层分别净高3.90m、3.10m和3.65m）。欧洲各处，如巴塞罗那、贝桑松、赫尔辛基、伦敦、里昂、马德里、奥斯陆、巴黎、鲁昂和瓦伦西亚等城市，已形成了几个公共隧道网。

20世纪80年代，欧盟为“Eureka EU40”的城市工程研究计划提供资金，这一计划的目标是设计一新的公共隧道系统，在此计划中涉及法国、西班牙和意大利的一些公司，计划的主要成就是利用机器人安装和修复管道，这有助于减小公共隧道断面，因为机器人所需要的空间尺寸比工人需要的少。

此外，日本至少在26个城市中建造地下街146条，吸引1/9的日本人购物；加拿大多伦多市有着四通八达的地下空间，由于该地区常年处于漫长的严冬气候，所以人们进行商业、文化及事务的交流活动均在地下步行系统中进行，该系统连接着数千家活动场所；北欧和西欧在地下大型供水、排水系统方面都较突出，尤其瑞典用管道清运垃圾，污水处理也100%在地下进行，地下停车场、车库也很盛行；中东各国为预防美伊战争不测而迅速开发地下空间，如在岩层中，开发断面约为40m×60m、长达数百米的地下储油库，并在防火与防渗方面进行了关键技术的深入研究。

进入20世纪80年代，国际“隧协”提出了“大力开发地下空间，开始人类新的穴居时代”倡议，得到了广泛响应。1997年10月在加拿大魁北克召开第七届地下空间利用国际会议，其主要议题是“地下空间：明天的室内城市”。所有这些都充分表明，地下空间的开发和利用已经成为今后城市进一步现代化发展的必然趋势。

我国开发和利用地下空间可以分为 3 个阶段：①20 世纪 50—70 年代，大规模的民防建设时期，形成了民防为地下空间开发和利用主体的认识；②20 世纪 80 年代末的平战结合阶段，提出民防建设与城市建设相结合，开始着重于将已有的民防工程改造成为平时使用，以充分利用空间资源、发挥民防工程的平时经济效益，后来建设的民防工程就按照平战两用的思路进行建设，上海的民防工程平时利用率达 61%左右；③20 世纪 90 年代末，地下空间开发利用时代，地下空间作为一个完整的概念，完全从民防范畴脱离出来，并且反过来包容民防内容，成为面向大市政、小市政的地下工程设施。国内几个大城市已逐步将地下空间与绿化进行同步开发，如上海人民广场、西安世纪金花和上海某居住花苑等。

我国地下工程施工建筑，借鉴国外先进技术，结合国情开发创新，形成了适用于不同地层环境条件下的明挖法、暗挖法、盖挖法、盾构法、冷冻法等施工技术，其中有的已达到国际先进水平。清华大学、北京交通大学的专家教授初步研究认为，北京市地下空间资源量为 193 亿 m^3，可提供 64 亿 m^2 的建筑面积，将大大超过北京市现有的建筑面积，所以提出将一个北京市变成两个北京市的口号；在大连市城市地下空间利用规划纲要讨论稿中，近期将开发浅层（30m）地下空间，其开发面积为城市建设用地的 30%，地下空间开发资源为 5.8 亿 m^3，可提供建筑面积 1.94 亿 m^2，可超过现有大连市房屋建筑总面积。另外，上海、天津、广州、深圳、南京、昆明、香港地区、中国台北和西安均已着手进行地下空间的开发和利用工作。在地下交通方面，如琼州海峡水域宽 18km，若应用隧道连通，考虑深埋海底 100m，加上引线长度共 34km；烟大海底隧道采用深埋的全隧道方案，投资约 2600 亿元，整条隧道全长 123km，火车设计为 250km/h，运行速度能达到 220km/h，届时从大连到烟台最多只需要 40min。

1999 年，中国工程院院士周干峙、钱七虎、杨秀敏等指出：开发利用城市地下空间可以一举四得，即解决城市用地紧张、缓解交通拥挤、改善环境、兼顾战备。

目前城市的主要问题是空气污染和交通拥挤。研究表明，汽车尾气对空气污染的影响较为严重，为了解决空气污染和交通拥挤等问题，一些城市采用汽车限购、限号和限行等措施，这样不仅严重影响了人们的生活，而且治理效果不明显。要使上述问题得以彻底解决，其可行的措施将是构建城市地下快速通（环）道系统和城市地下物流系统，在解决交通拥挤问题的基础上，通过附属设施在地下通（环）道内对汽车排放的尾气进行快速处理，从而解决空气污染问题。

思考题

1－1　简述地下空间结构形式的影响因素。

1－2　简述地下空间结构的主要形式。

1－3　简述地下空间结构的设计内容。

1－4　与地面建筑结构相比，地下空间结构的特点有哪些？

第2章　地下空间结构的荷载与可靠度基本原理

2.1　围岩分级

2.1.1　概述

围岩分级从早期较为简单的岩石分类，发展到现在多参数的分类，从定性的分类到半定量定量的分类，经过了一个发展过程。最早采用岩石的单轴抗压强度值作为岩石质量好坏的分级指标，随着人们对岩体认识的不断深入，在评价岩体质量时，又加入了结构面的影响，并考虑了地质的赋存条件——地下水和地应力等的影响，使得评价岩体质量好坏的体系更加全面。部分研究获得了相对比较深入的岩体分级方法，还与岩体的自稳时间、岩体和结构面的力学参数建立了相关关系，这也使得岩体的分级方法在工程中得到广泛应用。

目前，岩体分级方法中比较有代表性的有：①岩石饱和单轴抗压强度分级，它是将岩石饱和单轴抗压强度值，从坚硬到极软分成若干等级评价岩石质量的好坏；②岩石 RQD 分级，根据修正的岩芯采取率，评价岩体中结构面的发育程度，评价岩体的完整性；③巴顿（N. Barton）的 Q 分级，是适用于隧道工程的岩体分级，根据统计的结果将 Q 值与隧道自稳的跨度建立了联系，并给出了相关的参考值；④我国的国标《工程岩体分级标准》（GB 50218—2014），同时采用了定量和定性的两套分类体系，相互校核，相互修正，使得分类更加合理。目前，各种分级方法不下几十种，但每一种方法都有各自的优点和相应的适用条件。各国的岩体分级研究日趋成熟，已经被大中型地下工程设计和施工所采用。

2.1.2　围岩

2.1.2.1　围岩的概念

围岩是指地层中受开挖作用影响的那一部分岩体，围岩的工程性质主要是强度和变形两个方面，与岩体的结构特征及其特性、岩石的物理力学性质、原岩应力及地下水条件等有关。应该指出，这里所定义的围岩并不具有尺寸大小的限制。它所包括的范围是相对的，视研究对象而定，从力学分析的角度来看，围岩的边界应划在因开挖地下空间结构而引起的应力变化可以忽略不计的地方，或者说在围岩的边界上因开挖地下空间结构而产生的位移应该为零，这个范围在横断面上为6～10倍的洞径。当然，若从区域地质构造的观点来研究围岩，其范围要比上述数字大很多。

2.1.2.2　围岩的工程性质

围岩的工程性质一般包括3个方面：物理性质、水理性质和力学性质。而对围岩稳定性最有影响的则是力学性质，即围岩抵抗变形和破坏的性能。围岩既可以是岩体，也可以是土体。

岩体是在漫长的地质历史中，经过岩石建造、构造形变和次生蜕变而形成的地质体。它被许许多多不同方向、不同规模的断层面、层理面、节理面和裂隙面等各种地质界面切割成为大小不等、形状各异的块体。工程地质学中将这些地质界面称为结构面或不连续面，将这些块体称为结构体，并将岩体看作是由结构面和结构体组合而成的具有结构特征的地质体。所以，岩体的力学性质主要取决于岩体的结构特征、结构体岩石的特征及结构面的特性。环境因素尤其是地下水和地温对岩体的力学性质影响也很大。在众多的因素中，哪些因素起主导作用需视具体条件而定。

在软弱围岩中，节理和裂隙比较发育，岩体被切割得很破碎，结构面对岩体的变形和破坏都不起什么作用，所以，软弱岩体的特性与结构体岩石的特性并无本质区别。当然，在完整而连续的岩体中也是如此。反之，在坚硬的块状岩体中，由于受软弱结构面切割，使块体之间的联系减弱，此时，岩体的力学性质主要取决于结构面的性质及其在空间的位置。

岩体的力学性质必然是诸因素综合作用的结果，只不过有些岩体是岩石的力学性质起控制作用，而有些岩体则是结构面的力学性质占主导地位。

1. 岩体的变形特性

岩体的抗拉变形能力很低，或者根本就没有，因此，岩体受拉后立即沿结构面发生断裂，一般没有必要专门来研究岩体的受拉变形特性。

(1) 受压变形。

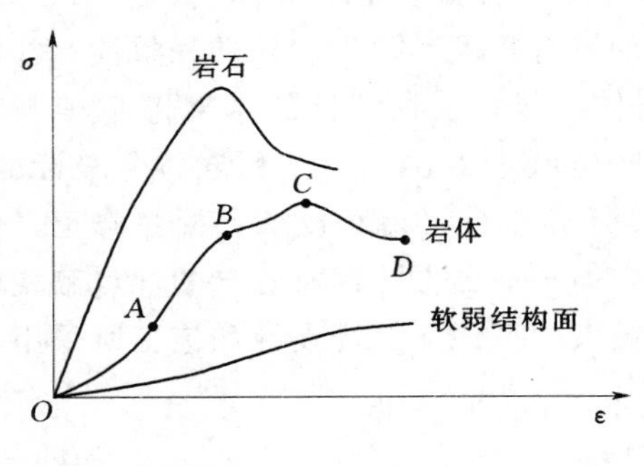

图 2-1-1　岩体、岩石及软弱结构面的全应力—应变曲线

岩体的受压变形特性，可以用它在受压时的应力—应变曲线（也称本构关系）来说明。岩石的应力—应变曲线线性关系比较明显，说明它是以弹性变形为主。软弱结构面的应力—应变曲线呈现出非线性特征，说明它是以塑性变形为主。而岩体的应力—应变曲线则要复杂得多，图 2-1-1 中分别绘出了典型的岩石、软弱结构面和岩体的单轴受压时的全应力—应变曲线。

从图 2-1-1 中可以看出，典型的岩体全应力—应变曲线可以分解为 4 个阶段：压密阶段（OA）、弹性阶段（AB）、塑性阶段（BC）和破坏阶段（CD）。

从岩体的全应力—应变曲线的分析中可以看出，岩体既不是简单的弹性体，也不是简单的塑性体，而是较为复杂的弹塑性体。整体性好的岩体接近弹性体，破裂岩体和松散岩体则偏向于塑性体。

(2) 剪切变形。

岩体受剪时的剪切变形特性主要受结构面控制。根据结构体和结构面的具体性状，岩体的剪切变形可能有 3 种方式：①沿结构面滑动；②结构面不参与作用，沿结构体岩石断裂；③在结构面影响下，沿岩石剪断。

通过试验和实践还发现，无论岩体是受压还是受剪切，它们所产生的变形都不是瞬时完成的，而是随着时间的增长逐渐达到最终值的。岩体变形的这种时间效应，称为岩体的流变特性。严格来说，流变包括两个方面：一种是指作用的应力不变，而应变随时间增长，即蠕变；另一种则是作用的应变不变，而应力随时间衰减，即松弛，如图 2-1-2 所示。

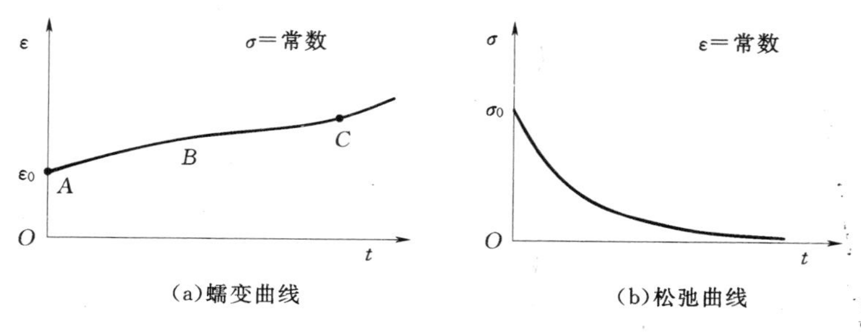

图 2-1-2　岩体流变应力—应变曲线

对于那些具有较强的流变性的岩体，在隧道工程的设计和施工中必须加以考虑。属于这类的岩体大概有两类：一类是软弱的层状岩体，如薄层状岩体、含有大量软弱层的互层或间层岩体；另一类是含有大量泥质物的，受软弱结构面切割的破裂岩体。整体状、块状、坚硬的层状等类岩体，其流变性不明显，但是，在这些岩体中为数不多的软弱结构面，具有相当强的流变性，有时将对岩体的变形和破坏起控制作用。

2. 岩体的强度

从上述可知，岩体和岩石的变形、破坏机理是很不相同的，前者主要受宏观的结构面所控制，而后者则受岩石的微裂隙所制约。因而岩体的强度要比岩石的强度低得多，并具有明显的各向异性。岩体的抗压强度不仅因层面倾角增大而减小，同时其破坏形式也发生变化，如图 2-1-3 所示。只有当岩体中结构面的规模较小，结合力很强时，岩体的强度才能与岩石的强度相接近。一般情况下，岩体的抗压强度只有岩石的 70%～80%，结构面发育的岩体仅有 5%～10%。

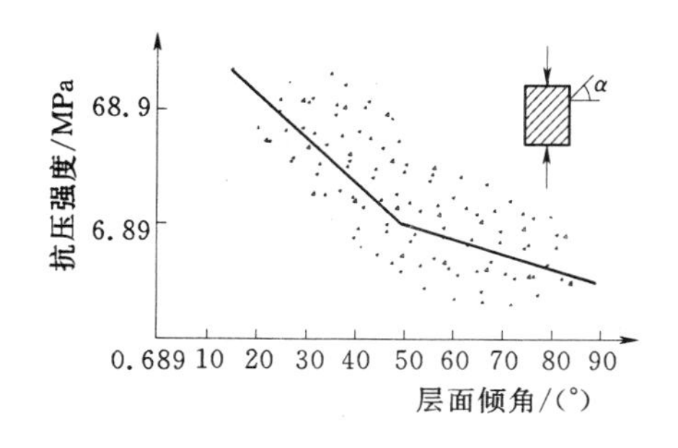

图 2-1-3　岩体抗压强度与层面倾角关系

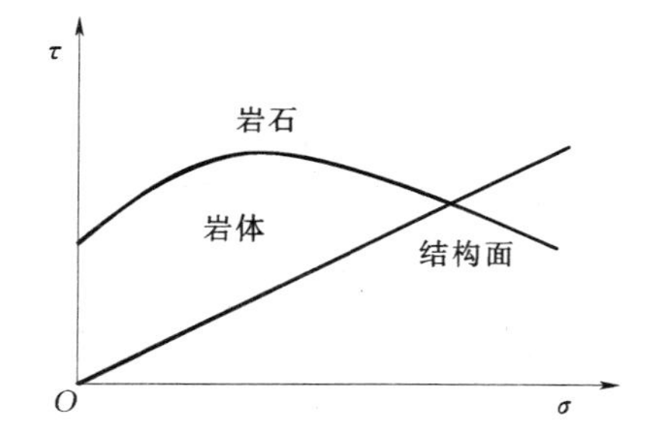

图 2-1-4　岩体、岩石和结构面抗剪强度包络线

岩体的抗剪强度和抗压强度一样，主要也是取决于岩体内结构面的性态。包括它的力学性质、充填状况、产状、分布和规模等。同时还受剪切破坏方式所制约。当岩体沿结构面滑移时，多属于塑性破坏，峰值剪切强度较低，其强度参数 φ（内摩擦角）一般在

$10^{\circ}\sim45^{\circ}$之间变化；c（黏聚力）在 0～0.3MPa 之间变化，残余强度和峰值强度比较接近。沿岩石剪断属脆性破坏，剪断的峰值剪切强度较上述的高得多，其 φ 值在 $30^{\circ}\sim60^{\circ}$之间，c 值有高达几十 MPa 的，残余强度与峰值强度之比随峰值强度的增大而减小，但仅限于 0.3～0.8 之间变化。受结构面影响而沿岩石剪断，其强度介于上述两者之间。在 $\tau-\sigma$ 平面上画出岩体、岩石和结构面的抗剪强度包络线就能看出这三者之间的关系，如图 2-1-4 所示。

2.1.2.3 围岩稳定性

地下工程所赋存的地质环境的内涵很广，包括地层特征、地下水状况、原始地应力状态及地温梯度等。但对于地下工程来说，最关键的问题则是地层被挖成地下空间后的稳定程度。因为地层稳定就意味着开挖地下空间所引起的地层向隧道内的变形很小，而且在较短的时间内就可基本停止，这对施工过程和支护结构都是非常有利的。地层被挖成地下空间结构后的稳定程度称为地下空间结构围岩的稳定性，这是一个反映地质环境的综合指标。因此，研究地下工程地质环境问题，归根到底就是研究地下结构围岩的稳定性问题。

2.1.2.4 影响围岩稳定性的因素

影响围岩稳定性的因素很多，根据性质来分，基本上可以归纳为两大类：第一类是属于地质环境方面的自然因素，是客观存在的，它们决定了地下空间结构围岩的质量；第二类则属于工程活动的人为因素，如地下空间结构的形状、尺寸、施工方法、支护措施等。它们虽然不能决定围岩质量的好坏，但却能给围岩的质量和稳定性带来不可忽视的影响。

1. 地质环境因素

围岩在开挖地下空间结构时的稳定程度乃是岩体力学性质的一种表现形式。影响岩体力学性质的各种因素在这里同样起作用，只是各自的重要性有所不同而已。

（1）岩体结构特征。

岩体的结构特征是长时间地质构造运动的产物，是控制岩体破坏形态的关键。从稳定性分类的角度来看，岩体的结构特征可以简单地用岩体的破碎程度或完整性来表示。在某种程度上它反映了岩体受地质构造作用严重的程度。实践证明，围岩的破碎程度对地下空间结构的稳定与否起主导作用，在相同岩性的条件下，岩体越破碎，地下空间结构就越容易失稳。因此，在近代围岩分级法中，都将岩体的破碎或完整状态作为分级的基本指标之一。

岩体的破碎程度或完整状态是指构成岩体的岩块大小，以及这些岩块的组合排列形态。关于岩块的大小通常都是用裂隙的密集程度，如裂隙率、裂隙间距等指标表示。裂隙率就是指沿裂隙法线方向单位长度内的裂隙数目，裂隙间距则是指沿裂隙法线方向上裂隙间的距离。在分类中常将裂隙间距大于 1.0～1.5m 者视为整体状的，而将小于 0.2m 视为碎块状的。当然，这些数字都是相对的，仅适用于跨度在 5～15m 范围内的地下工程。据此，可以按裂隙间距将岩体分为图 2-1-5 所示的几种。

图 2-1-5 中所说的裂隙都是广义的，包括层理、节理、断裂及夹层等结构面。硅质、钙质胶结的，具有很高节理强度的裂隙不包括在内。

（2）结构面性质和空间的组合。

在块状或层状结构的岩体中，控制岩体破坏的主要因素是软弱结构面的性质，以及它

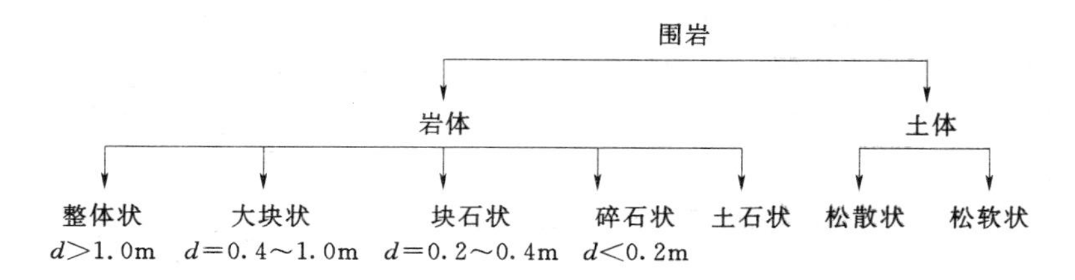

图 2-1-5 岩体按裂隙间距的分类

d—裂隙间距

们在空间的组合状态。对于地下空间结构来说，围岩中存在单一的软弱面，一般并不会影响地下空间结构的稳定性。只有当结构面与地下空间结构轴线相互关系不利时，或者出现两组或两组以上的结构面时，才能构成容易坠落的分离岩块。例如，有两组平行但倾向相反的结构面和一组与之垂直或斜交的陡倾结构面，就可能构成屋脊形分离岩块。至于分离岩块是否会塌落或滑动，还与结构面的抗剪强度以及岩块之间的相互联锁作用有关。因此，在围岩分级中，可以从下述的 5 个方面来研究结构面对地下空间结构围岩稳定性影响的大小：

1）结构面的成因及其发展史。例如，次生的破坏夹层比原生的软弱夹层的力学性质差得多，如再发生次生泥化作用则性质更差。

2）结构面的平整、光滑程度。

3）结构面的物质组成及其充填物质情况。

4）结构面的规模与方向性。

5）结构面的密度与组数。

（3）岩石的力学性质。

在整体结构的岩体中，控制围岩稳定性的主要因素是岩石的力学性质，尤其是岩石的强度。一般来说，岩石强度越高，地下空间结构越稳定。在围岩分级中所说的岩石强度指标，都是指岩石的单轴饱和极限抗压强度。

此外，岩石强度还影响围岩失稳破坏的形态，强度高的硬岩多表现为脆性破坏，在地下空间开挖过程中可能发生岩爆现象。而在强度低的软岩中，则以塑性变形为主，流变现象较为明显。

（4）围岩的初始应力场。

围岩的初始应力场是地下空间结构围岩变形、破坏的根本作用力，它直接影响围岩的稳定性。所以，在某些分级方法中曾有所反映。例如，泰沙基（K. Terzaghi）分类法中，曾将同样是挤压变形缓慢的岩层视其埋深不同分为两类，其预计的岩石荷载值相差 1 倍左右，这就是考虑初始应力的结果。

在围岩分级中，如何根据地质构造特征引进围岩初始应力场的影响，仍是一个需要进一步研究解决的问题。

（5）地下水作用。

地下工程施工的实践证明，地下水是造成施工坍方，使地下工程围岩丧失稳定性的最重要因素之一，因此，在围岩分级中切不可忽视。当然，在岩性不同的岩体中，水的影响也是不相同的，归纳起来有以下几种：

1）使岩质软化，强度降低，对软岩尤其突出；对土体则可促使其液化或流动。

2）在有软弱结构面的岩体中，会冲走充填物质或使夹层软化，减少层间摩阻力促使岩块滑动。

3）在某些岩土体中，如含有生石膏、岩盐，或以蒙脱土为主的黏土岩和土层，遇水后将产生膨胀，其势能很大。在未胶结或弱胶结的砂岩中，水的存在可以产生流砂和潜蚀。

因此，在围岩分级中，对软岩、碎裂结构和散体结构岩体、有软弱结构面的层状岩体及膨胀岩等，应着重考虑地下水的影响。

在目前的分级法中，对地下水的处理方法有 3 种：①在分级时不将水的影响直接考虑进去，而是根据围岩受地下水影响的程度，适当降低围岩的等级；②分级时按有水情况考虑，当确认围岩无水则可提高围岩的等级；③直接将地下水的状况（水质、水量、流通条件、静水压等）作为一个分级的指标。前两种方法是定性的，第三种方法虽可定量，但对这些量值的确定，在很大程度上还是要靠经验。例如，在某些分级法中，先按岩性分级，而后再按地下水涌出量分为 0～100L/min、101～1000L/min、>1000L/min 3 种，最后定出它们对围岩稳定性的影响系数，见表 2-1-1。

表 2-1-1　地下水对围岩稳定性的影响系数

岩性 / 涌水量	硬质岩石		软质岩石	
	比较完整	比较破碎	比较完整	比较破碎
0～100/(L·min^{-1})	1.0	0.9	1.0	0.9
101～1000/(L·min^{-1})	0.9	0.8	0.8	0.7
>1000/(L·min^{-1})	0.8	0.7	0.7	0.6

在有些分级中，除了考虑上述因素外，还补充了结构面状态和地下水压力的影响，将地下水的作用进一步细分。

2. 工程活动所造成的人为因素

施工等人为因素也是造成围岩失稳的重要条件。其中尤其以地下空间结构的尺寸（主要指跨度）形状以及施工中所采用的开挖方法等影响较为显著。

（1）地下空间结构尺寸和形状。

实践证明，在同一类围岩中，地下空间结构跨度越大，地下空间结构围岩的稳定性就越差，因为岩体的破碎程度相对加大了。例如，裂隙间距为 0.4～1.0m 的岩体，对中等跨度（5～10m）的地下空间结构而言，可算是大块状的，但对大跨度（大于 15m）的地下空间结构来说，只能算是碎块状的。因此，在近代的围岩分级法中，有的就明确指出分级法的适用跨度范围；有的则采用相对裂隙间距，即裂隙间距与地下空间结构跨度的比值作为分类的指标。例如，相对裂隙间距为 1/5 的属完整的；在 1/5～1/20 范围内的属破碎的；小于 1/20 的属极度破碎的。但也有人反对这样做，认为将跨度引进围岩分级法中会造成对岩体结构概念的混乱和误解。比较通用的做法，是将跨度的影响放在确定围岩压力值和支护结构类型和尺寸时考虑，这样就将分级的问题简化了。

地下空间结构的形状主要影响开挖后围岩的应力状态。圆形或椭圆形地下空间结构围岩应力状态以压应力为主，这对维持围岩的稳定性是有好处的。而矩形或梯形地下空间结构，在顶板处的围岩中将出现较大的拉应力，从而导致岩体张裂破坏。但是，在目前的各种分级法中都没有考虑这个因素，可能是因为深埋地下空间结构的断面形状绝大部分都接近圆形或椭圆形的缘故。

（2）施工中所采用的开挖方法。

从目前的施工技术水平来看，开挖方法对地下空间结构围岩稳定性的影响较为明显，在分类中必须予以考虑。例如，在同一类岩体中，采用普通的爆破法和采用控制爆破法，采用矿山法和采用掘进机法，采用全断面一次开挖和采用小断面分部开挖，对地下空间结构围岩的影响都各不相同。所以，目前大多数围岩分级法都是建立在相应的施工方法的基础上的。

以上所述的工程活动所造成的人为因素，虽然对地下空间结构围岩稳定性的影响很大，但为了简化围岩分级问题一般都是以分级的适用条件来控制，而分级的本身则主要从地质因素考虑。

2.1.3 围岩分级

2.1.3.1 围岩分级的目的

围岩分级是根据地质勘探和少量的岩体力学试验的结果，确定一个区分岩体质量好坏的规律，据此将工程岩体分成若干个等级，对工程岩体的质量进行评价，确定其对工程岩体稳定性的影响程度，为工程设计、确定支护类型和施工提供必要的参数。

围岩分级的目的，是从工程的实际需求出发，对工程建筑物地基或围岩的岩土体进行分类，并根据其好坏进行相应的试验，赋予它必不可少的计算参数，以便合理地设计和采取相应的工程措施，达到经济、合理、安全的目的。因此，工程岩体分级是为岩体工程建设的勘察、设计、施工和编制定额提供必要的基本依据。根据用途的不同，工程岩体分级有通用分级和专用分级两种。通用分级是较少针对性、原则上的和大致的分级，是供各学科领域及国民经济各部门笼统使用的分级。专用分级是专为某种工程目的服务而专门编制的分级，所涉及的面窄一些，考虑的影响因素少一些，但更深入、细致。

围岩分级的最终目的是在工程界统一认识，便于交流，便于预测可能出现的岩土体力学问题。因此，围岩分级的主要目的有以下几个方面：

（1）作为选择施工方法的依据。

（2）进行科学管理及正确评价经济效益。

（3）确定结构上的荷载（松散荷载）。

（4）给出衬砌结构的类型及其尺寸。

（5）制定劳动定额、材料消耗标准的基础等。

对于一些重大工程，可以通过地质勘察、力学试验、物理模拟和数值分析等方法进行评价；而对于常规的小型工程，一般不需要投入大量的人力、物力、财力以及花费大量的时间进行评价，可采取工程类比法或经验法进行评价。以围岩分级作为工程类比的尺度，是一种快速、经济、简单易行的分析方法。同时，可根据围岩的分级来预测岩体的强度及变形指标。因此，围岩分级在工程建设及事故处理中具有重要的意义和价值。

2.1.3.2　围岩分级的原则

进行围岩分级，一般考虑以下几个方面：

（1）围岩的分级应该与所涉及的工程性质，即与使用对象密切地联系在一起。需要考虑分级是适用于某一类工程、某种工业部门的通用分级，还是一些大型工程的专门分级。

（2）分级应该尽可能采用定量的参数，以便在应用中减少人为因素的影响，并能用于技术计算和定额的制定上。

（3）分级的级数应合适，不宜太多或太少，一般分为 4～6 级。

（4）围岩分级方法与步骤应简单明了，分级的参数在工程现场容易取得，参数所赋予的数字便于记忆和应用。

（5）由于目的、对象不同，考虑的因素也不同。各因素应有明确的物理意义，并且还应该是独立的影响因素。

目前，在国际上，围岩分级的一个明显趋势是利用根据各种技术手段获取的“综合特征值”来反映围岩的工程特性，用它来作为围岩分级的基本定量指标，并力求与工程地质勘察和岩体测试工作相结合，用一些简便的方法，迅速判断岩体工程性质的好坏，根据分级要求判定级别，以便采取相应的工程措施。

2.1.3.3　围岩分级的依据

地下洞室岩体质量分级是对地下工程岩土体工程地质特性进行综合分析、概括及评价的方法，是评价围岩稳定性及结构设计支护的重要方法，是工程支护设计必不可少的前期阶段。影响围岩稳定性的因素是多方面的，要在围岩分级过程中全面反映各个因素的影响是非常困难的，因此在围岩分级中指标的选取是非常重要的，其主要考虑以下几个方面。

1. 岩体的结构特征及其完整性

岩体的结构特征及其完整性是由各种结构面切割围岩的程度决定的，可以简单地用岩体的破碎程度或完整性来表示，它取决于岩体结构类型、地质构造影响与结构面的发育等情况。而岩体的破碎程度或完整状态是指构成岩体的岩块大小及这些岩块的组合排列形态。

2. 岩土体的物理力学性质

岩土体的物理力学性质是决定岩土体稳定性的最主要因素，包括围岩的强度、物理性质、水理性质等。

3. 地下水的影响

地下水对围岩稳定性有很大的影响，是造成围岩失稳的重要原因之一，特别是软岩其含有较多的黏土矿物遇水易软化。因此，在围岩分级中通常根据围岩性质、地下水的性态及流通条件将围岩级别进行适当的降级。但对于较好的围岩，地下水影响小，一般不做降级处理。

地下水对围岩的影响主要表现在软化围岩、软化结构面和承压水作用与渗透作用。

4. 原岩应力的影响

原岩应力场是地下工程围岩变形、破坏的根本作用力，它直接影响围岩的稳定性。因此，岩体的初始应力常常作为判断围岩级别的依据。在围岩分级中，应当考虑初始应力场的影响。

5. 某些综合因素

在围岩分级中还有一些综合指标，它同时反映了上述多种因素，如应用隧道洞室的围岩自稳时间或塌落量来反映工程的稳定性、应用巷道顶面的下沉位移量来反映工程的稳定性等。这些因素是岩石质量、结构面、水、地应力等因素的综合反映。在有的岩体分类中，把它作为岩体分类以后的岩体稳定评价指标来考虑。

2.1.3.4 我国目前围岩分级的方法

围岩分级的原则有多种，它是在人们对地下空间结构工程的不断实践和对围岩的地质条件逐渐加深了解的基础上发展起来的。不同的国家、不同的行业都根据各自的工程特点提出了各自的围岩分级原则。现行的许多围岩分级方法中，作为分类的基本要素大致有三大类：

（1）与岩性有关的要素。例如，分为硬岩、软岩、膨胀性岩等，其分类指标是采用岩石强度和变形性质等，如岩石的单轴抗压强度、岩石的变形模量或弹性波速度等。

（2）与地质构造有关的要素。如软弱结构面的分布与性态、风化程度等。其分类指标采用岩石质量指标、地质因素评分法等。这些指标实质上是对岩体完整性或结构状态的评价。这类指标在划分围岩的类别中一般占有重要的地位。

（3）与地下水有关的要素。

我国目前具有代表性的围岩分级方法主要有工程岩体分级、公路隧道围岩分级、铁路隧道围岩分级三种。

1. 工程岩体分级

我国较早开展了有关工程岩体分级的研究，提出了适合我国地质条件的工程岩体分级。在 1994 年 11 月颁布了国家工程岩体分级标准，并于 1995 年 7 月开始施行。该标准是一个通用性的标准，适合于各类型岩体工程的分类。

（1）工程岩体分级的基本方法。

1）确定岩体基本质量。国标岩体分级采用了定性、定量两种方法分别确定岩体质量的好坏，相互协调，相互调整，以确定岩石的坚硬程度与岩体完整性指数。

①定量地确定岩体基本质量。

a. 岩石坚硬程度定量指标的确定和划分。采用岩石单轴饱和抗压强度 R_c，定量地确定岩石的坚硬程度。当无条件取得 R_c 时，亦可采用实测的岩石的点荷载强度指数（$I_{s(50)}$）进行换算，（$I_{s(50)}$）指直径 50mm 圆柱形试件径向加压时的点荷载强度。R_c 与（$I_{s(50)}$）的换算关系见式（2-1-1），即

$$R_c = 22.82 I_{s(50)}^{0.75} \tag{2-1-1}$$

根据 R_c 划分的岩石坚硬程度的对应关系，见表 2-1-2。

表 2-1-2 R_c 与定性划分的岩石坚硬程度的对应关系

R_c/MPa	＞60	60～30	30～15	15～5	＜5
坚硬程度	坚硬岩	较坚硬岩	较软岩	软岩	极软岩

b. 岩石完整程度定量指标的确定和划分。岩石完整性指数（K_v）可用弹性波测试方法确定，即

$$K_v = \frac{v_{Pm}^2}{v_{Pr}^2} \tag{2-1-2}$$

式中 v_{Pm}——岩体弹性纵波速度，km/s；

v_{Pr}——岩石弹性纵波速度，km/s。

当现场缺乏弹性波测试条件时，可选择有代表性露头或开挖面进行节理裂隙统计，根据统计结果计算岩体体积节理数，即

$$J_V = S_1 + S_2 + S_3 + \cdots + S_n + S_k \quad 条/m^3 \tag{2-1-3}$$

式中 S_n——第 n 组节理每米长测线上的条数；

S_k——每立方米岩体中，长度大于 1m 的非成组节理条数。

J_V 与 K_v 相互对照关系见表 2-1-3，K_v 与岩体完整程度定性划分的对应关系见表 2-1-4。

表 2-1-3　　J_V 与 K_v 关系对照表

J_V/(条·m^{-3})	<3	3~10	10~20	20~35	>35
K_v	>0.75	0.75~0.55	0.55~0.35	0.35~0.15	<0.15

表 2-1-4　　K_v 与岩体完整程度定性划分的对应关系

K_v	>0.75	0.75~0.55	0.55~0.35	0.35~0.15	<0.15
坚硬程度	完整	较完整	较破碎	破碎	极破碎

K_v 一般用弹性波探测值，若无探测值时，可用岩体体积节理数 J_V 对应的 K_v 值表示。岩体完整程度的划分见表 2-1-5。

表 2-1-5　　岩体完整程度划分表

<table>
<tr><th rowspan="2">名称</th><th rowspan="2">K_v</th><th rowspan="2">J_V/(条·m^{-3})</th><th colspan="2">结构面发育程度</th><th rowspan="2">主要结构面的结合程度</th><th rowspan="2">主要结构面类型</th><th rowspan="2">相应结构类型</th></tr>
<tr><th>组数</th><th>平均间距/m</th></tr>
<tr><td>完整</td><td>>0.75</td><td><3</td><td>1~2</td><td>>1.0</td><td>好或一般</td><td>节理、裂隙、层面</td><td>整体状或巨厚层结构</td></tr>
<tr><td rowspan="2">较完整</td><td rowspan="2">0.75~0.55</td><td rowspan="2">3~10</td><td>1~2</td><td>>1.0</td><td>差</td><td rowspan="2">节理、裂隙、层面</td><td>块状或巨厚层状结构</td></tr>
<tr><td>2~3</td><td>1.0~4.0</td><td>好或一般</td><td>块状结构</td></tr>
<tr><td rowspan="3">较破碎</td><td rowspan="3">0.55~0.35</td><td rowspan="3">10~20</td><td>2~3</td><td>1.0~4.0</td><td>差</td><td rowspan="3">节理、裂隙、层面、小断层</td><td>裂隙块状或中厚层结构</td></tr>
<tr><td rowspan="2">>3</td><td rowspan="2">0.4~0.2</td><td>好</td><td>镶嵌碎裂结构</td></tr>
<tr><td>一般</td><td>中、薄层状结构</td></tr>
<tr><td rowspan="2">破碎</td><td rowspan="2">0.35~0.15</td><td rowspan="2">20~35</td><td rowspan="2">>3</td><td>0.4~0.2</td><td>差</td><td rowspan="2">各种类型结构面</td><td>裂隙块状结构</td></tr>
<tr><td><0.2</td><td>一般或差</td><td>碎裂状结构</td></tr>
<tr><td>极破碎</td><td><0.15</td><td>>35</td><td>无序</td><td></td><td>很差</td><td></td><td>散体状结构</td></tr>
</table>

注　平均间距指主要结构面（1~2 组）间距的平均值。

②定性地确定岩体基本质量。定性确定岩体基本质量仍然采用岩石坚硬程度和岩体完整性两个参数，但确定的方法主要根据进行地质调查的工程技术人员对工程岩体实际观察的结果。虽然会受到一定的人为因素的影响，但是对岩体进行调查的具体做法及其对鉴定的详尽描述，对于有一定经验的地质工作者而言，应该能够掌握，并能做出比较客观的评

价，从而获得真实反映工程岩体的实际状况，加上与定量分级的对比使得该方法相对比较合理。

a. 岩石坚硬程度的定性划分，参见表2-1-6。

表2-1-6　岩石坚硬程度的定性划分

名称		定性鉴定	代表性岩石
硬质岩	坚硬岩	锤击声清脆，有回弹，震手，难击碎； 浸水后，大多无吸水反应	未风化—微风化的：花岗岩、正长岩、闪长岩、辉绿岩、玄武岩、安山岩、片麻岩、石英片岩、硅质板岩、石英岩、硅质胶结的板岩、石英砂岩、硅质石灰岩等
	较坚硬岩	锤击声较清脆，有轻微回弹，稍震手，较难击碎； 浸水后，有轻微吸水反应	(1) 弱风化的坚硬岩 (2) 未风化—微风化的：熔结凝灰岩、大理岩、板岩、白云岩、石灰岩、钙质胶结的砂岩等
软质岩	较软岩	锤击声不清脆，无回弹，较易击碎； 浸水后，指甲可刻出痕迹	(1) 强风化的坚硬岩 (2) 弱风化的较坚硬岩 (3) 未风化—微风化的：凝灰岩、千枚岩、砂质泥岩、泥灰岩、泥质砂岩、粉砂岩、页岩等
	软岩	锤击声哑，无回弹，有凹痕，易击碎； 浸水后，手可掰开	(1) 强风化的坚硬岩 (2) 弱风化—强风化的较坚硬岩 (3) 弱风化的较软岩 (4) 未风化的泥岩等
	极软岩	锤击声哑，无回弹，有较深凹痕，手可捏碎； 浸水后，可捏成团	(1) 全风化的各种岩石 (2) 各种半成岩

岩石的风化程度可通过定性指标和某些定量指标来表述。定性指标主要有颜色、矿物蚀变程度、破碎程度等；定量指标主要有波速比和风化系数，波速比是指风化岩石与新鲜岩石压缩波速度比值的平方，用 K_v 表示，风化系数是指风化岩石与新鲜岩石饱和单轴抗压强度的比值，用 K_f 表示。岩石的风化程度分类见表2-1-7。

表2-1-7　岩石风化程度分类表

风化程度	野外特征	风化程度参数指标	
		波速比 K_v	风化系数 K_f
未风化	岩质新鲜，偶见风化痕迹	0.9～1.0	0.9～1.0
微风化	结构基本未变，仅节理面有渲染或略有变色，有少量风化裂隙	0.8～0.9	0.8～0.9
弱风化	结构部分破坏，沿节理面有次生矿物，风化裂隙发育，岩体被切割成块状，用镐难挖，岩芯钻方可钻进	0.6～0.8	0.4～0.8
强风化	结构大部分破坏，矿物成分显著变化，风化裂隙很发育，岩体破碎，用镐可挖，干钻不易钻进	0.4～0.6	<0.4
全风化	结构基本破坏，但尚可辨认，有残余结构强度，可用镐挖，干钻可钻进	0.2～0.4	—
残积土	组织结构全部破坏，已风化成土状，锹镐易挖掘，干钻易钻进，具可塑性	<0.2	—

b. 岩体完整程度的定性划分。岩体完整程度的定性划分，参见表2-1-8。

表 2-1-8 岩体完整程度的定性划分

名称	结构面发育程度		主要结构面的结合程度	主要结构面类型	相应结构类型
	组数	平均间距/m			
完整	1～2	>1.0	结合好或结合一般	节理、裂隙、层面	整体状或巨厚层状结构
较完整	1～2	>1.0	结合差	节理、裂隙、层面	块状或厚层状结构
	2～3	1.0～0.4	结合好或结合一般		块状结构
较破碎	2～3	1.0～0.4	结合差	节理、裂隙、层面、小断层	裂隙块状或中厚层状结构
	≥3	0.4～0.2	结合好		镶嵌碎裂结构
			结合一般		中、薄层状结构
破碎	≥3	0.4～0.2	结合差	各种类型结构面	裂隙块状结构
		≤0.2	结合一般或结合差		碎裂状结构
极破碎	无序		结合很差		散体状结构

2）岩体基本质量分级。

①岩体基本质量指标（BQ）按式（2-1-4）计算，即

$$BQ=90+3R_c+250K_v \quad (2-1-4)$$

式中 BQ——岩体基本质量指标；

R_c——岩石单轴饱和抗压强度值，MPa；

K_v——岩体完整性指数值。

在使用式（2-1-4）时，应遵守下列限制条件：

a. $R_c>90K_v+30$ 时，应以 $R_c=90K_v+30$ 和 K_v 值代入公式计算 BQ 值。

b. $K_v>0.04R_c+0.4$ 时，应以 $K_v=0.04R_c+0.4$ 和 R_c 值代入公式计算 BQ 值。

②岩体基本质量的确定。按上述公式所确定的 BQ 值，根据表 2-1-9 进行岩体基本质量的分级。

表 2-1-9 岩体基本质量分级

基本质量级别	岩体基本质量的定性特征	岩体基本质量指标 BQ
Ⅰ	坚硬岩，岩体完整	>550
Ⅱ	坚硬岩，岩体较完整； 较坚硬岩，岩体完整	550～451
Ⅲ	坚硬岩，岩体较破碎； 较坚硬岩或软硬岩互层，岩体较完整； 较软岩，岩体完整	450～351
	软岩，岩体较破碎—破碎； 全部极软岩及全部极破碎岩	
Ⅳ	坚硬岩，岩体破碎； 较坚硬岩，岩体较破碎—破碎； 较软岩或软硬岩互层，且以软岩为主，岩体较完整—较破碎； 软岩，岩体完整—较完整	350～251
Ⅴ	较软岩，岩体破碎； 软岩，岩体较破碎—破碎； 全部极软岩及全部极破碎岩	≤250

3）工程岩体质量分级的确定。在确定了岩体基本质量的基础上，根据工程所具有的特性以及地质条件与工程的关系，可按式（2-1-5）进一步确定工程岩体的质量分级的修正值，即

$$[BQ]=BQ-100(K_1+K_2+K_3) \tag{2-1-5}$$

式中 [BQ]——岩体基本质量指标修正值；

K_1——地下水影响修正系数；

K_2——主要软弱结构面产状影响修正系数；

K_3——初始应力状态影响修正系数。

K_1、K_2、K_3 的值可按表2-1-10至表2-1-12确定。若无表中所列的地质条件时，修正系数应该取0。

表2-1-10　　地下水影响修正系数 K_1

地下水出水状态 \ BQ	＞450	450～351	350～251	≤250
潮湿或点滴状出水	0	0.1	0.2～0.3	0.4～0.6
淋雨状或涌流状出水，水压不大于0.1MPa或单位出水量不大于10L/(min·m)	0.1	0.2～0.3	0.4～0.6	0.7～0.9
淋雨状或涌流状出水，水压大于0.1MPa或单位出水量大于10L/(min·m)	0.2	0.4～0.6	0.7～0.9	10

表2-1-11　　主要软弱结构面产状影响修正系数 K_2

结构面产状及其与洞轴线的组合关系	结构面走向与洞轴线夹角小于30°，结构面倾角为30°～75°	结构面走向与洞轴线夹角大于60°，结构面倾角大于75°	其他组合
K_2	0.4～0.6	0～0.2	0.2～0.4

表2-1-12　　初始应力状态影响修正系数 K_3

初始应力状态 \ BQ	＞550	550～451	450～351	350～251	＜250
极高应力区	1.0	1.0	1.0～1.5	1.0～1.5	1.0～1.5
高应力区	0.5	0.5	0.5	0.5～1.0	0.5～1.0

（2）工程岩体分级标准的应用。

1）岩体物理力学参数的选用。工程岩体基本级别确定以后，可按表2-1-13选用岩体的物理力学参数，按表2-1-14选用岩体结构面抗剪断强度参数。

2）地下工程岩体自稳能力的确定。利用表2-1-15可以对跨度不大于20m的地下工程作稳定性初步评估，当实际自稳能力与表中相应级别的自稳能力不相符时，应对岩体级别做相应调整。

表 2-1-13 岩体的物理力学参数

岩体基本质量级别	重力密度 γ /(kN·m^{-3})	抗剪断峰值强度		变形模量 E_0 /MPa	泊松比 μ
		内摩擦角 φ /(°)	黏聚力 c /MPa		
Ⅰ	>26.5	>60	>2.1	>33	<0.2
Ⅱ		60~50	2.1~1.5	33~20	0.2~0.25
Ⅲ	26.5~24.5	50~39	1.5~0.7	20~6	0.25~0.3
Ⅳ	24.5~22.5	39~27	0.7~0.2	6~1.3	0.3~0.35
Ⅴ	<22.5	<27	<0.2	<1.3	>0.35

表 2-1-14 岩体结构面抗剪峰值强度参数

序号	两侧岩体的坚硬程度及结构面的结合程度	内摩擦角 φ/(°)	黏聚力 c/MPa
1	坚硬岩，结合好	>37	>0.22
2	坚硬—较坚硬岩，结合一般； 较软岩，结合好	37~29	0.22~0.12
3	坚硬—较坚硬岩，结合差； 较软岩—软岩，结合一般	29~19	0.12~0.08
4	较坚硬—较软岩，结合差—结合很差； 软岩，结合差； 软质岩的泥化面	19~13	0.08~0.05
5	较坚硬岩及全部软质岩，结合很差； 软质岩泥化层本身	<13	<0.05

表 2-1-15 地下工程岩体自稳能力

岩体级别	自稳能力
Ⅰ	跨度不大于20m，可长期稳定，偶有掉块，无塌方
Ⅱ	跨度10~20m，可基本稳定，局部可发生掉块或小塌方； 跨度小于10m，可长期稳定，偶有掉块
Ⅲ	跨度10~20m，可稳定数日至1个月，可发生小至中塌方； 跨度5~10m，可稳定数月，可发生局部块体位移及小至中塌方； 跨度小于5m，可基本稳定
Ⅳ	跨度大于5m，一般无自稳能力，数日至数月内可发生松动变形、小塌方，进而发展为中至大塌方。埋深小时，以拱部松动破坏为主，埋深大时，有明显塑性流动变形和挤压变形破坏； 跨度不大于5m，可稳定数日至1个月
Ⅴ	无自稳能力

注 1. 小塌方：塌方高度小于3m，或塌方体积小于30m^3。
2. 中塌方：塌方高度为3~6m，或塌方体积为30~100m^3。
3. 大塌方：塌方高度大于6m，或塌方体积大于100m^3。

2. 公路隧道围岩分级

《公路隧道设计规范》(JTG D70—2004) 规定，隧道围岩分级的综合评判方法采用两步分级。首先，根据岩石的坚硬程度和岩体完整程度两个基本因素的定性特征和定量的岩体基本质量指标 BQ 综合进行初步分级。然后，在岩体基本质量分级基础上考虑修正因素的影响（如地下水、软弱结构面产状、初始应力状态等），修正岩体基本质量指标值，按修正后的岩体基本质量指标［BQ］，结合岩体的定性特征综合评判，确定围岩的详细分级，见表 2-1-16。

表 2-1-16　　公路隧道围岩分级

围岩级别	围岩或土体主要定性特征	围岩基本质量指标 BQ 或修正的围岩基本质量指标［BQ］
Ⅰ	坚硬岩，岩体完整，整体状或巨厚层状结构	>550
Ⅱ	坚硬岩，岩体较完整，块状或厚层状结构； 较坚硬岩，岩体完整，块状整体结构	550～451
Ⅲ	坚硬岩，岩体较破碎，巨块（石）碎（石）状镶嵌结构； 较坚硬岩或较软岩，岩体较完整，块状或中厚层结构	450～351
Ⅳ	坚硬岩，岩体破碎，碎裂结构； 较坚硬岩，岩体较破碎—破碎，镶嵌碎裂结构； 较软岩或软硬岩互层，且以软岩为主，岩体较完整—较破碎，中薄层状结构	350～251
	土体：(1) 压密或成岩作用的黏性土及砂性土 (2) 黄土（Q_1、Q_2） (3) 一般钙质、铁质胶结的碎石土、卵石土、大块石土	—
Ⅴ	较软岩，岩体破碎； 软岩，岩体较破碎—破碎； 极破碎各类岩体，碎、裂状，松散结构	≤250
	一般第四系的半干硬至硬塑的黏性土及稍湿至潮湿的碎石土，卵石土、圆砾、角砾土及黄土（Q_3、Q_4）。非黏性土呈松散结构，黏性土及黄土呈松软结构	—
Ⅵ	软塑状黏性土及潮湿、饱和粉细砂层、软土等	—

注　公路隧道围岩分级表中“级别”和“围岩主要定性特征”栏，不包括特殊地质条件的围岩，如膨胀性围岩、多年冻土等。层状岩层的层厚划分为：厚层，大于 0.5m；中层，0.1～0.5m；薄层，小于 0.1m。

(1) 岩石坚硬程度。

岩石坚硬程度定量指标用岩石单轴饱和抗压强度 R_c 表达。R_c 一般采用实测值，若无实测值时，可采用实测的岩石点荷载强度指数 $I_{s(50)}$ 换算值，近似由式 (2-1-1) 计算。

岩石坚硬程度的划分见表 2-1-2 和表 2-1-6。

(2) 岩体的完整程度。

岩体完整程度的定量指标用岩体完整性系数 K_v 表达。

K_v 一般用弹性波探测值，若无探测值时，可用岩体体积节理数 J_V 对应的 K_v 值。岩体完整程度的划分见表 2-1-5。

(3) 围岩基本质量指标。

围岩基本质量指标 BQ 应根据分级因素的定量指标 R_c 值和 K_v 按式 (2-1-4) 计算。

当隧道围岩处于高地应力区或围岩稳定性受软弱结构面影响，且由一组起控制作用或有地下水作用时，应对岩体基本质量指标 BQ 进行修正，修正值［BQ］按式 (2-1-5)

计算。

表 2-1-17 所列为高初始应力地区围岩在开挖过程中出现的主要现象。

表 2-1-17 高初始应力地区围岩在开挖过程中出现的主要现象

应力情况	主要现象	R_c/σ_{max}
极高应力	(1) 硬质岩：开挖过程中有岩爆发生，有岩块弹出，洞壁岩体发生剥离，新生裂缝多，成洞性差 (2) 软质岩：岩芯常有饼化现象，开挖过程中洞壁岩体有剥离，位移极为显著，甚至发生大位移，持续时间长，不易成洞	<4
高应力	(1) 硬质岩：开挖过程可能出现岩爆，洞壁岩体有剥离和掉块现象，新生裂缝较多，成洞性差 (2) 软质岩：岩芯时有饼化现象，开挖过程中洞壁岩体位移显著，持续时间较长，成洞性差	4～7

注 σ_{max}为垂直洞轴线方向的最大初始应力。

3. 铁路隧道围岩分级

2005 年颁布实施的最新《铁路隧道设计规范》(TB 10003—2005) 的围岩分级方法是在 1975 年铁路隧道围岩稳定性分类法及 1985、2001 规范的基础上提出的，并与国标《工程岩体分级标准》(GB 50218—2014) 接轨，考虑了岩石的坚硬程度和岩体的完整性，结合地下水和地应力状态的修正因素。从过去的围岩分类改成围岩分级，分为Ⅰ～Ⅵ级，围岩稳定性由好到差，与公路隧道围岩分级相似。铁路隧道设计规范将围岩分为Ⅰ～Ⅵ级，分级标准见《铁路隧道设计规范》(TB 10003—2005)。

2.2 荷载种类和组合

地下空间结构在建造和使用过程中均会受到各种荷载的作用，地下空间建筑的使用功能也是在承受各种荷载的过程中实现的。地下空间建筑结构设计就是依据所承受的荷载及其组合，通过科学合理的结构形式，使用一定性能、数量的材料，使地下空间结构在规定的设计基准期内以及规定的条件下，满足可靠性的要求，即保证地下空间结构的安全性、适用性和耐久性。因此，在进行地下空间结构设计时，首先要准确地确定地下空间结构上的各种工况作用。

2.2.1 地下空间结构荷载

地下空间结构与地面结构物（如房屋、桥梁）一样，也是一种结构体系，进行地下空间结构设计时的首要问题就是确定荷载。但由于地下空间结构在赋存环境、力学作用机理方面与地面结构物不同，因此所承受的荷载也有所不同。地下空间结构没有风荷载且抗震性能好，受地震作用小，在一般情况下不必进行抗震验算，仅采取构造措施即可。但地下空间结构具有地面结构所没有的围岩压力、地下水压力等，对地下空间防护结构，还需考虑核武器和常规武器的爆炸荷载。

作用在地下空间结构上的荷载，按其存在的状态，可以分为下列 4 类：

(1) 静荷载。静荷载又称恒载，是指长期作用在地下空间结构上且大小、方向和作用点不变的荷载，如围岩压力、地下水压力、结构自重、固定的设备或设施等。

（2）动荷载。动荷载主要指要求地下空间防护结构需考虑核武器和常规武器（炸弹、火箭）爆炸冲击波压力所产生的荷载，这是瞬时作用的动荷载。动荷载还可能有地震波作用下的荷载和长期震动产生的荷载。

（3）活荷载。活荷载指在地下空间结构物施工和使用期间存在的变动荷载，其大小和作用位置都可能变化，如作用在地下空间结构楼板上的人、物品、设备、交通等荷载以及施工安装过程中的临时性荷载、移动荷载等。

（4）其他荷载。其他荷载指除以上主要荷载外，还有可能发生的荷载，如材料收缩、温度变化、不均匀沉降等使地下空间结构产生内力。这些因素对地下空间结构内力的影响都比较复杂，往往难以进行确切计算，一般以加大安全系数和在施工、构造上采取措施来解决。

2.2.2　荷载组合

对于一个特定的地下空间结构，上述几种荷载不一定同时存在，设计中应根据荷载实际可能出现的情况进行组合。荷载组合是指将可能同时出现在地下空间结构上的荷载进行编组，取其最不利组合作为设计荷载，以最危险截面中最大内力值作为设计依据。

上述 4 类荷载对地下空间结构可能不是同时作用，需进行最不利情况的组合。荷载组合方案有：

（1）静荷载。

（2）静荷载＋活荷载。

（3）静荷载＋动荷载（一次单独作用）。

（4）静荷载＋炮（炸）弹局部冲击作用荷载（一次单独作用）。

（5）静荷载＋核爆炸荷载＋上部建筑物自重或倒塌荷载。

这里的倒塌荷载指附建式防护结构的地面建筑被炸塌而堆积在浅埋地下结构上所发生的荷载。

上述荷载组合针对不同的结构采用不同的组合方案，如单建式浅埋大跨度防护结构、无防护结构采用（2）项，整体小跨度国防工事采用（4）项，附建式防护结构采用（5）项。同样，对于同一结构的不同构件，由于所受荷载不同，采用的荷载组合方式不同，如直接承受核爆炸荷载的外部构件采用（3）项，不直接承受核爆炸荷载的内部构件采用（2）项。

近年来，我国的结构设计方法已逐渐从传统的破损阶段法或容许应力法向先进的概率极限状态法过渡。随着对概率极限状态法研究的不断深入，人们已普遍认识到，采用可靠性理论和推行概率极限状态设计法，是国内外工程结构设计发展的必然趋势，也是提高我国工程结构设计水准的有效途径。因而，在地下空间结构设计中采用概率极限状态法也是符合这一发展趋势的。但由于结构可靠度设计计算方法是建立在统计分析基础上的，而目前对上述各类作用的研究，如围岩压力、公路铁路活载、街道活载、施工荷载等，尚不够全面和深入，对于相应的地下空间结构设计计算，还需要采用以往的方法作为完善可靠度设计方法前的过渡，因而在一些新的地下空间结构设计规范中，还保留了早期规范中对荷载和结构计算中的一些规定。也就是说，在目前的地下空间结构设计计算中，概率极限状态法、破损阶段法或容许应力法仍然并用，因此，在进行作用组合时，也必须根据采用的计算方法的不同而选择相应的作用（荷载）组合方式。

当整个地下空间结构或其一部分超过某一特定状态，且不能满足设计规定的某一功能要求时，则称此特定状态为地下空间结构对该功能的极限状态。设计中的极限状态往往以地下空间结构的某种荷载效应，如内力、应力、变形、裂缝等超过相应规定的标准值为依据。根据设计中要求考虑的地下空间结构功能，其极限状态可分为两大类，即承载能力极限状态和正常使用极限状态。对承载能力极限状态，一般以地下空间结构的内力超过其承载能力为依据；对正常使用极限状态，一般是以地下空间结构的变形、裂缝、振动参数超过设计允许的限值为依据。

根据所考虑的极限状态，在确定其荷载效应时，对所有可能同时出现的诸荷载作用加以组合，求得组合后在地下空间结构中的总效应。考虑荷载出现的变化性质，包括出现与否和不同的方向，这种组合可以多种多样，因此还必须在所有可能的组合中取最不利的一组作为该极限状态的设计依据。

（1）对于承载能力极限状态，应采用荷载效应的基本组合或偶然组合进行设计。

承载能力极限状态是指地下空间结构或构件达到最大设计能力或达到不适于继续承载的较大变形的极限状态。应采用式（2－2－1）的设计表达式进行设计，即

$$\gamma_0 S \leqslant R \tag{2-2-1}$$

式中 γ_0——结构重要性系数，一般常用地下空间结构可取为 1.0，大跨度极复杂结构应按实际设计条件分析确定；

S——荷载效应组合的设计值；

R——结构构件抗力的设计值，应按各有关建筑结构设计规范的规定确定。

1）荷载效应的基本组合。对于基本组合，荷载效应的组合设计值 S 应从下列组合值中取最不利的值：

①由永久荷载效应控制的组合，有

$$S = \gamma_G S_{G_k} + \sum_{i=1}^{n} \gamma_{Q_i} C_{Q_i} S_{Q_{ik}} \tag{2-2-2}$$

②由可变荷载效应控制的组合，有

$$S = \gamma_G S_{G_k} + \gamma_{Q_1} S_{Q_{1k}} + \sum_{i=2}^{n} \gamma_{Q_i} C_{Q_i} S_{Q_{ik}} \tag{2-2-3}$$

式中 γ_G——永久荷载的分项系数；

γ_{Q_1}——可变荷载 Q_1 的分项系数；

S_{G_k}——按永久荷载标准 G_k 计算的荷载效应值；

$S_{Q_{ik}}$——按可变荷载标准 Q_{ik} 计算的荷载效应值，其中 $S_{Q_{1k}}$ 为可变荷载效应中起控制作用者；

C_{Q_i}——可变荷载 Q_i 的组合值系数；

n——参与组合的可变荷载数。

2）荷载效应的偶然组合。偶然组合指永久荷载、可变荷载和一个偶然荷载的组合。

偶然荷载的代表值不乘分项系数，与偶然荷载同时出现的其他作用可根据观测资料和工程经验采用适当的代表值。

(2) 对于正常使用极限状态，应根据地下空间结构不同的设计状况分别采用荷载的短期效应组合和长期效应组合进行设计。

正常使用极限状态是指地下空间结构或构件达到使用功能上允许的某一限值的极限状态。可以根据不同的设计要求，采用荷载的标准值或组合值为荷载代表值的标准组合；也可以将可变荷载采用频遇值或准永久值为荷载代表值的频遇组合；或将可变荷载采用准永久值为荷载代表值的准永久组合，并按式（2-2-4）进行设计，即

$$S \leqslant C \tag{2-2-4}$$

式中 C——结构或构件达到使用要求的规定限值，如变形、裂缝等的限值。

当永久作用效应对承载能力起有力作用时，其分项系数可取为1.0。

一般来说，在地下空间结构的荷载组合中，最重要的是结构的自重和地层压力，只有在特殊情况下（如地震烈度达到7度以上的地区，严寒地区具有冻胀性土体的洞口段衬砌）才有必要进行特殊组合（主要荷载+附加荷载）。此外，城市中的地下空间结构常常根据战备要求，考虑一定的防护等级，也需要按瞬时作用的特殊荷载进行短期效应的荷载组合。

地面建筑下的地下室，在考虑核爆炸冲击波荷载作用时，地面房屋有被冲击波吹倒的可能，结构计算时是否考虑房屋的倒塌荷载需按有关规定处理。

由于地下空间结构的类型很多，使用条件差异较大，不同的地下空间结构在荷载组合上有不同的要求，因而在荷载组合时，必须遵守相应规范对荷载组合的规定。下面以铁路隧道为例，说明荷载组合的过程。

《铁路隧道设计规范》（TB 10003—2005/J 449—2005）中规定，当采用概率极限状态法设计隧道结构时，隧道结构的作用应根据不同的极限状态和设计状况进行组合。一般情况下，可按作用的基本组合进行设计，基本组合可表达为：结构自重+围岩压力或土压力。

基本组合中各种作用的组合系数取1.0，当考虑其他组合时，应另行确定作用的组合系数。

当采用破损阶段法或容许应力法设计隧道结构时，应按其可能的最不利荷载组合情况进行计算。

明洞荷载组合时应符合下列规定：

1）计算明洞顶回填土压力，当有落石危害需验算冲击力时，可只计洞顶填土重力（不包括塌方堆积体土石重力）和落石冲击力的影响。

2）当设置立交明洞时，应分不同情况计算列车活载、公路活载或渡槽流水压力。

3）当明洞上方与铁路立交、填土厚度小于1m时，应计算列车冲击力；洞顶无填土时，应计算制动力的影响。

4）当计算作用于深基础明洞外墙的列车荷载时，可不考虑列车的冲击力、制动力。

此外，公路、城建等行业也结合其行业地下空间工程的特点，对其荷载组合作出了相应的规定，在进行具体的设计计算时，应遵守相应的规范和规则。

我国公路和铁路隧道设计规范中给出的永久、可变及偶然荷载参见表2-2-1和表2-2-2。

表 2-2-1 《公路隧道设计规范》(JTG D70—2004) 荷载分类

编号	荷载分类		荷载名称
1	永久荷载(恒载)		围岩压力
2			土压力
3			结构自重力
4			结构附加恒载
5			混凝土收缩和徐变影响力
6			水压力
7	可变荷载	基本可变荷载	公路车辆荷载、人群荷载
8			立交公路车辆荷载及其所产生的冲击力、土压力
9			立交铁路列车活载及其所产生的冲击力、土压力
10		其他可变荷载	立交渡槽流水压力
11			温度变化的影响力
12			冻胀力
13			施工荷载
14	偶然荷载		落石冲击力
15			地震力

注 表中 1~10 为主要荷载;11、12、14 为附加荷载;13、15 为特殊荷载。

表 2-2-2 《铁路隧道设计规范》(TB 10003—2005/J 449—2005) 作用(荷载)分类

编号	荷载分类	荷载名称	荷载分类	
1	永久作用	结构自重	恒载	主要荷载
2		结构附加恒载		
3		围岩压力		
4		土压力		
5		混凝土收缩和徐变的影响		
6	可变作用	列车活载	活载	
7		活载所产生的土压力		
8		公路车辆荷载		
9		冲击力		
10		渡槽水流压力(设计渡槽明洞时)		
11		制动力	附加荷载	
12		温度变化的影响		
13		灌浆压力		
14		冻胀力		
15		施工荷载(施工阶段的某些外力)	特殊荷载	
16	偶然作用	落石冲击力	附加荷载	
17		地震力	特殊荷载	

注 永久作用(恒载)除表中所列外,在有水或含水地层中的隧道结构,必要时还应考虑水压力。

2.2.3 荷载确定方法

荷载的确定一般按其所在行业的规范和设计标准确定。

1. 使用规范

当前在地下建筑结构设计中试行的规范、技术措施、条例等有多种。有的仍沿用地面建筑的设计规范，设计时应遵守各有关规范。

2. 设计标准

（1）根据建筑用途、防护等级、地震等级等确定作用在地下建筑物的荷载。此外，各种地下建筑结构均应承受正常使用时的静力荷载。

（2）地下建筑结构材料的选用，一般应满足规范和工程实际要求。

（3）地下空间结构一般为超静定结构，其内力在弹性阶段可按结构力学计算。考虑抗爆动载时，允许考虑由塑性变形引起的内力重分布。

（4）截面计算原则。进行结构截面计算时，按总安全系数法进行，一般进行强度、裂缝（抗裂度或裂缝宽度）和变形的验算等。混凝土和砖石结构仅需进行强度计算，并在必要时验算结构的稳定性。

钢筋混凝土结构在施工和正常使用阶段的静荷载作用下，除强度计算外，一般应验算裂缝宽度，根据工程的重要性，限制裂缝宽度小于0.10～0.20mm，但不允许出现通透裂缝。对较重要的结构则不能开裂，即需要验算抗裂度。

钢筋混凝土结构在爆炸动载作用下只需进行强度计算，不作裂缝验算，因在爆炸情况下，只要求结构不倒塌，允许出现裂缝，日后再修固。

（5）安全系数。结构在静载作用下的安全系数可参照有关规范确定。

对于地下空间结构，如施工条件差、不易保证质量和荷载变异大时，对混凝土和钢筋混凝土结构需考虑采用附加安全系数1.1。

静载下的抗裂安全系数不小于1.25，视工程重要性可予以提高。

结构在爆炸荷载作用下，由于爆炸时间较短，而荷载很大，为使结构设计经济和配筋合理，其安全系数可以适当降低。

（6）材料强度指标。一般采用工业与民用建筑规范中的规定值，也可根据实际情况，参照水利、交通、人防和国防等专门规范。

结构在动载作用下，材料强度可以提高；提高系数见有关规定。

2.3 土压力与围岩压力计算

在地下空间结构所承受的众多荷载中，地层压力（包括土压力和围岩压力）对大多数地下工程而言是至关重要的。一是因为地层压力往往成为地下空间结构设计计算的控制因素；二是因为地层压力计算的复杂性和不确定性，使得工程师对其不敢掉以轻心。作用于地下空间结构的地层压力包括竖向压力和水平压力。

2.3.1 土压力计算理论

土压力通常是指挡土墙后的填土因自重或外荷载作用对墙背产生的侧压力；它是土与

挡土结构之间相互作用的结果，它与结构的位移有着密切关系。土压力的计算是比较复杂的问题，以挡土墙为例，作用在挡土墙墙背上的土压力随挡土墙可能的位移方向分为静止土压力、主动土压力和被动土压力3种；土压力的大小还与墙后填土的性质、墙背位移或倾斜方向等因素有关，其中主动土压力值最小，被动土压力值最大，而静止土压力值介于两者之间，它们与挡土墙的位移关系如图2-3-1所示。

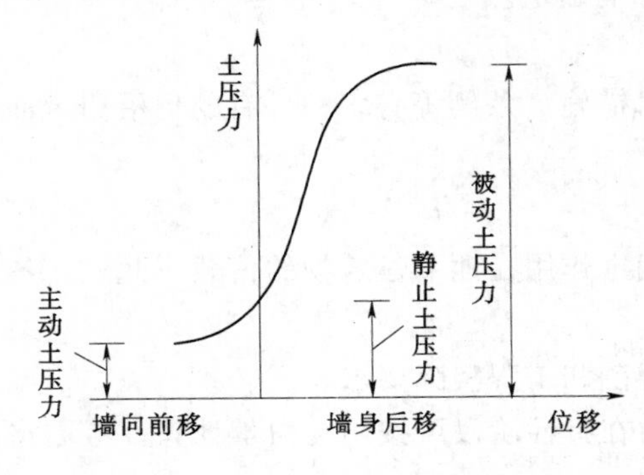

图2-3-1　墙身位移与土压力关系

如果墙体的刚度很大，墙身不产生任何移动或转动，土体处于弹性平衡状态时，墙后土对墙背所产生的土压力称为静止土压力，其值可以根据弹性变形体无侧向变形理论或近似方法求得，土体内相应的应力状态称为弹性平衡状态。例如，刚性墙身受墙后土的作用绕墙背底部向外转动（图2-3-2（a））或平行移动，作用在墙背上的土压力从静止土压力值逐渐减小，直到土体内出现滑动面，滑动面以上的土体（滑动楔体）将沿着这一滑动面向下向前滑动。在这个滑动楔体即将发生滑动的一瞬间，滑动面以上的土体达到极限平衡状态时，作用在墙背上的土压力减小到最小值，称为主动土压力，而土体内相应的应力状态称为主动极限平衡状态。相反，如墙身受外力作用（图2-3-2（b））而挤压墙后的填土，则土压力从静止土压力逐渐增大，直到土内出现滑动面，滑动楔体将沿着某一滑动面向上向后推出，发生破坏。在这一瞬间作用在墙背上的土压力增大到最大值，称为被动土压力，而土体内相应的应力状态称为被动极限平衡状态。所以，主动土压力和被动土压力是墙后填土处于两种不同极限平衡状态时，作用在墙背上的两种土压力。

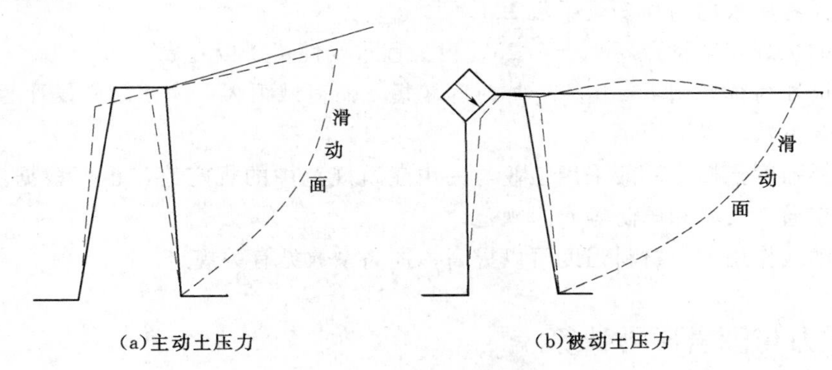

(a)主动土压力　　(b)被动土压力

图2-3-2　土体极限平衡状态

2.3.1.1　经典土压力理论

软土地区浅埋的地下工程，作用于结构上的竖向土压力的计算是比较容易的，可采用“土柱理论”计算。因为软土的内摩擦角接近于0°，作用在土柱体侧壁的摩擦力可忽略不计，土柱底部的竖向土压力即为结构顶盖上整个土柱的全部重量。

侧向土压力经典理论主要是库伦（Coulomb）理论和朗肯（Rankine）理论，这些理论在地下工程的设计中一直沿用至今。另外，计算静止土压力一般采用弹性理论，也可以称它为经典理论。尽管上述经典土压力理论存在许多不足之处，但是在工程界仍然得到广泛使用。

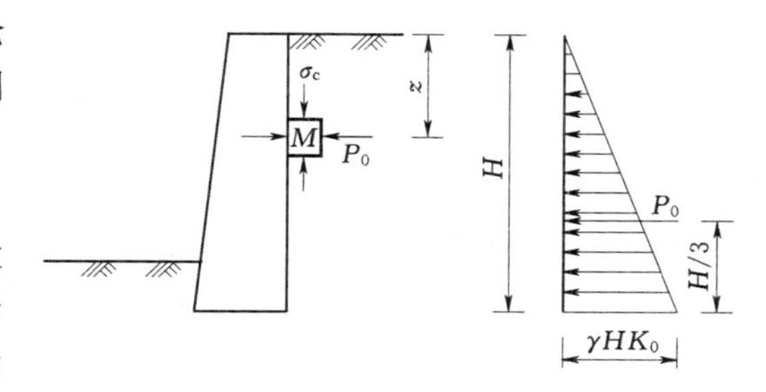

图 2-3-3　静止土压力计算简图

1. 静止土压力

当挡土结构在土压力作用下，结构不发生变形和任何位移（移动或转动）时，背后填土处于弹性平衡状态，则作用于结构上的侧向土压力称为静止土压力，用 P_0 表示。

静止土压力可根据半无限弹性体的应力状态求解。在图 2-3-3 中，填土表面以下任意深度 z 处 M 点取一单元体（在 M 点附近一微小正方体），作用于单元体上的力如图 2-3-3 所示，其中土的竖向自重应力为 σ_c，其值等于土柱的重量，即

$$\sigma_c=\gamma z \tag{2-3-1}$$

式中　γ——土的重度，kN/m³；

z——由地表面算起至 M 点的深度，m。

另一个是侧向压应力，填土受到挡土墙的阻挡而不能侧向移动，这时土体对墙体的作用力就是静止土压力。半无限弹性体在无侧移的条件下，其侧向压力与竖直方向压力之间的关系为

$$p_0=k_0\sigma_c=k_0\gamma z \tag{2-3-2}$$

$$k_0=\frac{\mu}{1-\mu} \tag{2-3-3}$$

式中　k_0——静止土压力系数，针对不同工程土体情况见表 2-3-1；

μ——土的泊松比，其值通常由试验来确定。

表 2-3-1　　不同工程土体的泊松比和静止土压力系数

类　型	μ	k_0
砂土	0.20～0.25	0.25～0.33
黏性土	0.25～0.40	0.33～0.67
理想刚性	0.00	0.00
液体	0.50	1.00

静止土压力系数 k_0 与土的种类有关，而同一种土的 k_0 还与其孔隙率、含水量、加压条件、压缩程度有关。工程中通常不是用土的泊松比来确定土压力系数，而是根据经验直接给出它的值。也可根据经验公式（2-3-4）计算确定，即

$$k_0=\alpha-\sin\varphi' \tag{2-3-4}$$

式中　φ'——土的有效内摩擦角，(°)；

α——经验系数，砂土、粉土取 1.0；黏性土、淤泥质土取 0.95。

墙后填土表面为水平时，静止土压力按三角形分布，静止土压力由式（2-3-5）计

算可得，合力作用点位于距墙踵 $h/3$ 处，即

$$P_0=\frac{1}{2}\gamma h^2 k_0 \tag{2-3-5}$$

式中 h——挡土墙的高度，m。

上述公式适用于正常固结土。如果属超固结土时，侧向静止土压力会增加，静止土压力可按以下半经验公式估算，即

$$k_0=\sqrt{\mathrm{OCR}}(\alpha-\sin\varphi) \tag{2-3-6}$$

$$\mathrm{OCR}=\frac{p_c}{p} \tag{2-3-7}$$

式中 OCR——超固结比；

p_c——土的前期固结压力，kPa；

p——土的自重压力，kPa。

对超固结比 OCR<5 的情况，Worth（1975）建议采用式（2-3-8）计算 k_0 值，即

$$k_0=\mathrm{OCR}\times K_{nc}-\frac{\mu'}{1-\mu'}(\mathrm{OCR}-1) \tag{2-3-8}$$

式中 K_{nc}——正常固结土静止土压力系数；

OCR——超固结比值；

μ'——土体有效应力泊松比。

2. 库伦土压力理论

（1）库伦理论的基本假定。

库伦理论是由法国科学家库伦（C. A. Coulomb）于 1773 年提出的，它是以整个滑动土体上力系的平衡条件来求解主动、被动土压力计算的理论公式；主要是用于挡土墙的计算，其计算模型如图 2-3-4 所示。

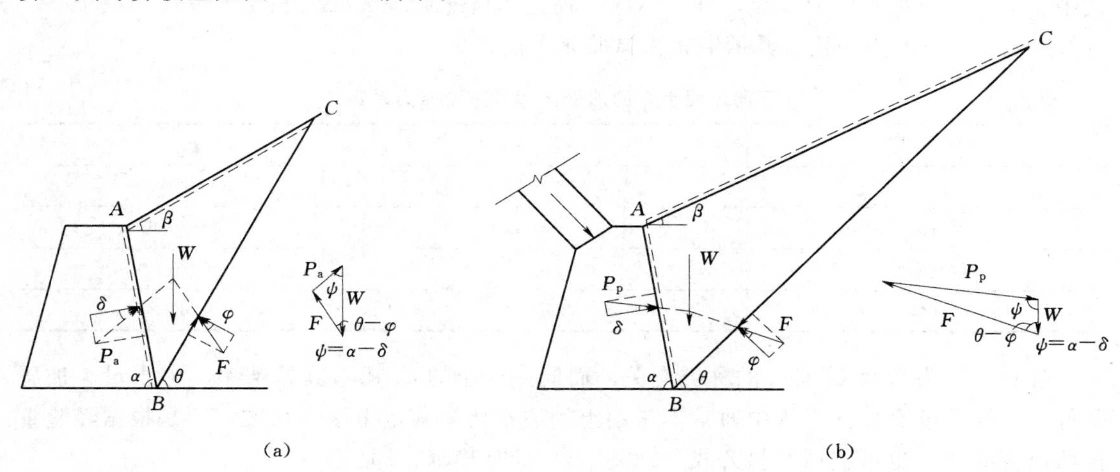

图 2-3-4 库伦土压力计算简图

库伦土压力理论是根据墙后土体处于极限平衡状态并形成一滑动楔体时，从楔体的静力平衡条件得出的土压力计算理论。其基本假定如下：

1）挡土墙墙后土体为均质各向同性的无黏性土（黏聚力 $c=0$）。

2）挡土墙是刚性的且长度很长，属于平面应变问题。

3）挡土墙后土体产生主动土压力或被动土压力时，土体形成滑动楔体，滑裂面为通过墙踵的平面。

4）滑动土楔体视为刚体。

5）墙顶处土体表面可以是水平面，也可以为倾斜面，倾斜面与水平面的夹角为 β 角。

6）在滑裂面 $\overline{BC}$ 和墙背面 $\overline{AB}$ 上的切向力分别满足极限平衡条件，即

$$T=N\tan\varphi \tag{2-3-9}$$

$$T'=N'\tan\delta \tag{2-3-10}$$

式中 T，T'——土体滑裂面上和墙背面上的切向摩阻力，kN/m；

N，N'——土体滑裂面上和墙背面上的法向土压力，kN/m；

φ——土的内摩擦角，(°)；

δ——土与墙背的外摩擦角，°，查表 2-3-2 确定。

表 2-3-2　土对挡土墙墙背的外摩擦角

挡土墙情况	外摩擦角 δ	挡土墙情况	外摩擦角 δ
墙背平滑、排水不良	$(0\sim0.33)\varphi$	墙背平滑、排水良好	$(0.5\sim0.67)\varphi$
墙背粗糙、排水不良	$(0.33\sim0.5)\varphi$	墙背粗糙、排水良好	$(0.67\sim1.0)\varphi$

注 表中 φ 为墙背填土的内摩擦角；当考虑汽车冲击及渗水影响，填土对桥台背的摩擦角可取 $\delta=\varphi/2$。

（2）库伦理论的土压力计算方式。

当土体滑动楔体处于极限平衡状态，作用在滑动土楔体上的力有：土楔体的自重 W、破坏面 $\overline{BC}$ 上的反力 F 和墙背对土楔体的反力 P_a 或 P_p（与其大小相等、方向相反的作用力就是墙背上的土压力）；土楔体在以上三力作用下处于静力平衡状态，因此构成一闭合的力矢三角形，根据正弦定理，不难得到作用于挡土墙上的主动土压力 P_a 和被动土压力 P_p 的计算式为

$$P_a=\frac{\sin(\theta-\varphi)}{\sin(\alpha+\theta-\varphi-\delta)}W \tag{2-3-11}$$

$$P_p=\frac{\sin(\theta+\varphi)}{\sin(\alpha+\delta+\theta+\varphi)}W \tag{2-3-12}$$

$$W=\frac{1}{2}\gamma\,\overline{AB}\cdot\overline{AC}\cdot\sin(\alpha+\beta) \tag{2-3-13}$$

式中 W——滑楔自重，kN/m。

其中 $\overline{AC}$ 是 θ 的函数。所以式（2-3-11）和式（2-3-12）中的 P_a、P_p 都是 θ 的函数。随着 θ 的变化，其主动土压力必然产生在使 P_a 为最大的滑楔面上；而被动土压力必然产生在使 P_p 为最小的滑裂面上。由此，将 P_a、P_p 分别对 θ 求导，求出最危险的滑裂面，即可得到库伦主动与被动土压力，即

$$P_a=\frac{1}{2}\gamma h^2K_a \tag{2-3-14}$$

$$P_p=\frac{1}{2}\gamma h^2K_p \tag{2-3-15}$$

$$K_a=\frac{\sin^2(\alpha+\varphi)}{\sin^2\alpha\sin(\alpha-\delta)\left[1+\sqrt{\frac{\sin(\varphi-\beta)\sin(\varphi+\delta)}{\sin(\alpha+\beta)\sin(\alpha-\delta)}}\right]^2} \tag{2-3-16}$$

$$K_p=\frac{\sin^2(\alpha-\varphi)}{\sin^2\alpha\sin(\alpha+\delta)\left[1-\sqrt{\frac{\sin(\varphi-\beta)\sin(\varphi+\delta)}{\sin(\alpha+\beta)\sin(\alpha+\delta)}}\right]^2} \tag{2-3-17}$$

式中　γ——土体的重度，kN/m^3；

h——挡土墙的高度，m；

α——墙背的倾斜角，(°)，俯斜时取正号，仰斜时取负号；

β——墙后填土面的倾角,°；

K_a——库伦主动土压力系数；

K_p——库伦被动土压力系数。

库伦主动土压力系数 K_a 和被动土压力系数 K_p 均为几何参数和土层物性参数 α、β、φ 和 δ 的函数。

库伦土压力的方向均与墙背法线成 δ 角。但必须注意主动与被动土压力与法线所成的 δ 角方向相反，如图 2-3-4 所示。作用点在没有地面超载的情况下，均为离墙踵 $h/3$ 处。

当墙顶的土体表面作用有分布荷载 q，如图 2-3-5 所示，则滑楔自重部分应增加地面超载项，即

$$W=\frac{1}{2}\gamma\overline{AB}\cdot\overline{AC}\cdot\sin(\alpha+\beta)+q\overline{AC}\cdot\cos\beta$$
$$=\frac{1}{2}\gamma\overline{AB}\cdot\overline{AC}\cdot\sin(\alpha+\beta)\cdot\left[1+\frac{2q\sin\alpha\cdot\cos\beta}{\gamma h\sin(\alpha+\beta)}\right] \tag{2-3-18}$$

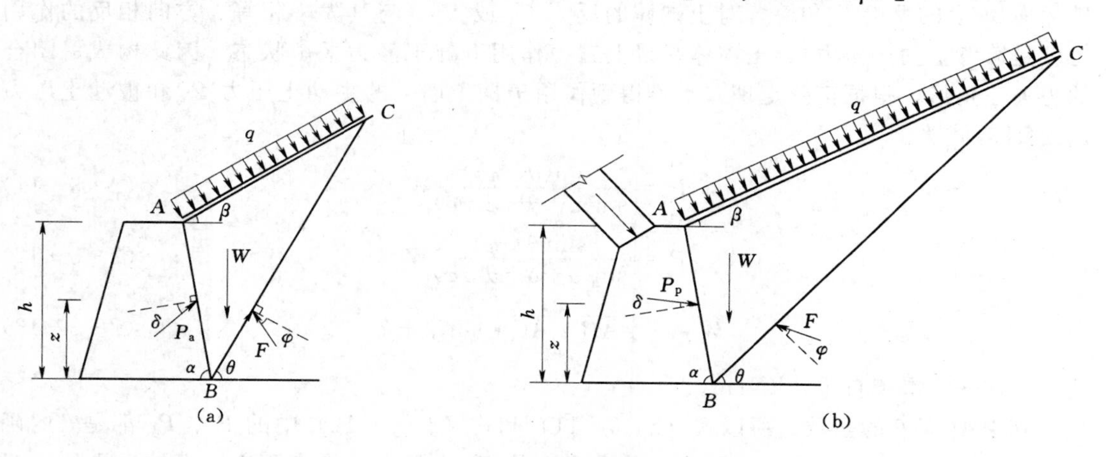

图 2-3-5　具有地表分布荷载的情况

引入系数 K_q，使式（2-3-18）简化后，写成与式（2-3-13）相似的形式：

$$K_q=1+\frac{2q\sin\alpha\cdot\cos\beta}{\gamma h\sin(\alpha+\beta)} \tag{2-3-19}$$

$$W=\frac{1}{2}\gamma K_q\overline{AB}\cdot\overline{AC}\cdot\sin(\alpha+\beta) \tag{2-3-20}$$

同样，根据静力平衡条件，可导出考虑了地面超载后的主动和被动土压力，即

$$P_a = \frac{1}{2}\gamma h^2 K_a K_q \tag{2-3-21}$$

$$P_p = \frac{1}{2}\gamma h^2 K_p K_q \tag{2-3-22}$$

其土压力的方向仍与墙背法线成 δ 角。由于土压力呈梯形分布，因此作用点位于梯形的形心，离墙踵高为

$$Z_E = \frac{h}{3} \cdot \frac{2p_a + p_b}{p_a + p_b} \tag{2-3-23}$$

式中　p_a，p_b——墙顶与墙踵处的土压力强度值。

（3）黏性土中等效内摩擦角。库伦土压力理论假设墙后填土为理想的散体材料，也就是填土只有内摩擦角 φ 而没有黏聚力 c，因此，从理论上来说只适用于无黏性土。而实际工程中常常不得不采用黏性土作为填土材料，为了考虑土的黏聚力 c 对土压力数值的影响，在应用库伦土压力计算公式时，应该考虑黏聚力 c 的有利影响。在工程实践中可采用换算的等效内摩擦角 φ_D 来进行计算，如图 2－3－6 所示。采用等效内摩擦角的方法，实际上是通过提高内摩擦角值来考虑黏聚力的有利影响。

等效内摩擦角的换算方法有多种，有人根据经验提出，当黏聚力每增加 10kPa 时，内摩擦角可提高 3°～7°，平均提高 5°。另外，也可根据土的抗剪强度相等的原则进行换算，即

$$\varphi_D = \arctan\left(\tan\varphi + \frac{c}{\gamma h}\right) \tag{2-3-24}$$

此外，又可借助朗肯土压力理论进行换算，按朗肯理论同时考虑 c、φ 值得到的土压力值要和已换算成等效内摩擦角 φ_D 后得到的土压力值相等，推算得到等效内摩擦角 φ_D，即

$$\gamma h \tan^2\left(45° - \frac{\varphi_D}{2}\right) = \gamma h \tan^2\left(45° - \frac{\varphi}{2}\right) - 2c \cdot \tan\left(45° - \frac{\varphi}{2}\right) \tag{2-3-25}$$

由式（2－3－25）可得等效内摩擦角为

$$\varphi_D = 90° - 2\arctan\left[\tan\left(45° - \frac{\varphi}{2}\right) \cdot \sqrt{1 - \frac{2c}{\gamma h}\tan\left(45° + \frac{\varphi}{2}\right)}\right] \tag{2-3-26}$$

上述 3 种换算方法得到的等效内摩擦角互不相同，且每种换算方法都有其缺点。从图 2－3－6 中也可看出，按换算后的等效内摩擦角计算，其强度值只有一点与原曲线相重合。而在该点之前，强度偏低；该点之后，强度偏高，从而造成低墙保守、高墙危险的结果。因此，对于黏性土的库伦土压力计算可以不用等效内摩擦角的方法，而改用下述的方法直接计算。

（4）黏性土库伦土压力公式。

我国《建筑地基基础设计规范》（GB 50007—2011）的方法是库伦理论的一种改进，它考虑了土的黏聚力作用，可适用于填土表面为一倾斜平面，其上作用有均布荷载 q 的一般情况。

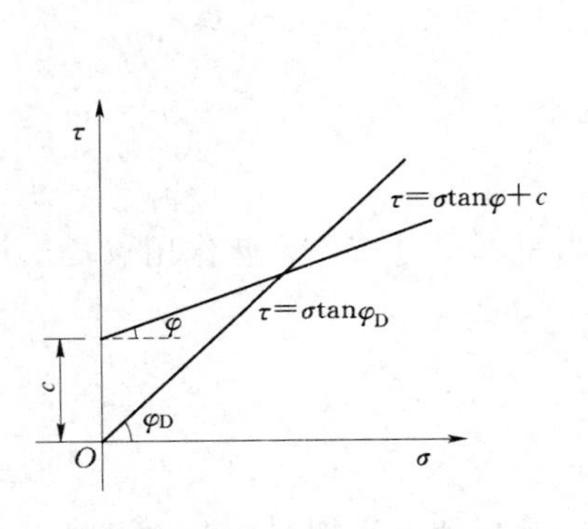

图 2-3-6 等效内摩擦角

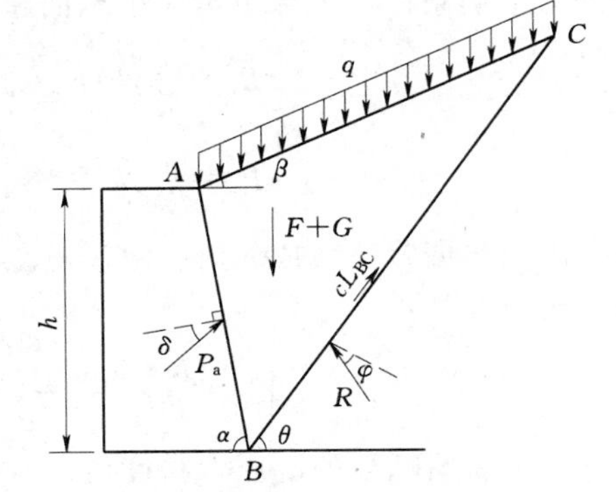

图 2-3-7 考虑了黏聚力的计算简图

如图 2-3-7 所示，挡土墙在主动土压力作用下，离开填土向前位移达一定数值时，墙后填土将产生滑裂面 BC 而破坏，破坏瞬间，滑动楔体处于极限平衡状态。这时作用在滑动楔体 ABC 上的力有：楔体自重 G 及填土表面上均布超载 q 的合力 F，其方向竖直向下；滑裂面 BC 上的反力 R，其作用方向与 BC 平面法线顺时针成 φ 角，在滑裂面 BC 上还有黏聚力 cL_{BC}，其方向与楔体下滑方向相反，墙背 AB 对楔体的反力 P_{a}，作用方向与墙法线逆时针成 δ 角。仿库伦土压力公式推导过程，可求得地基基础规范推荐的主动土压力计算公式，即

$$P_{\mathrm{a}}=\frac{1}{2}\gamma h^2 K_{\mathrm{a}} \tag{2-3-27}$$

$$\begin{aligned}K_{\mathrm{a}}=&\frac{\sin(\alpha+\beta)}{\sin^2\alpha\cdot\sin^2(\alpha+\beta-\varphi-\delta)}\{K_q[\sin(\alpha+\beta)\cdot\sin(\alpha-\delta)+\sin(\varphi+\delta)\cdot\sin(\varphi-\beta)]\\&+2\eta\sin\alpha\cdot\cos\varphi\cdot\cos(\alpha+\beta-\varphi-\delta)-2[(K_q\sin(\alpha+\beta)\cdot\sin(\varphi-\beta)+\eta\sin\alpha\cdot\cos\varphi)\\&\times(K_q\sin(\alpha-\delta)\cdot\sin(\varphi+\delta)+\eta\sin\alpha\cdot\cos\varphi)]^{\frac{1}{2}}\}\end{aligned} \tag{2-3-28}$$

$$\eta=\frac{2c}{\gamma h} \tag{2-3-29}$$

式中 P_{a}——主动土压力的合力；
K_{a}——黏性土、粉土主动土压力系数，按式（2-3-28）计算；
α——墙背与水平面的夹角；
β——填土表面与水平面之间的夹角；
δ——墙背与填土之间的摩擦角；
φ——土的内摩擦角；
c——土的黏聚力；
γ——土的重度；
h——挡土墙高度；
q——填土表面均布超载（以单位水平投影面上荷载强度计）；
K_q——考虑填土表面均布超载影响的系数，即

$$K_q=1+\frac{2q\sin\alpha\cdot\cos\beta}{\gamma h\sin(\alpha+\beta)} \tag{2-3-30}$$

按式（2-3-27）计算主动土压力时，破裂面与水平面的倾角为

$$\theta=\arctan\left\{\frac{\sin\beta\cdot S_q+\sin(\alpha-\varphi-\delta)}{\cos\beta\cdot S_q-\cos(\alpha-\varphi-\delta)}\right\} \tag{2-3-31}$$

$$S_q=\sqrt{\frac{K_q\cdot\sin(\alpha-\delta)\cdot\sin(\varphi+\delta)+\eta\sin\alpha\cdot\cos\varphi}{K_q\cdot\sin(\alpha+\delta)\cdot\sin(\varphi-\delta)+\eta\sin\alpha\cdot\cos\varphi}} \tag{2-3-32}$$

3. 朗肯土压力理论

朗肯土压力理论是由英国科学家朗肯（Rankine）于1857年提出的。它是根据半空间的应力状态和土单元体（土中一点）的极限平衡条件而得出的土压力古典理论之一。朗肯理论的基本假定如下：

（1）挡土墙背竖直，墙面为光滑，不计墙面和土层之间的摩擦力。

（2）挡土墙后填土的表面为水平面，土体向下和沿水平方向都能伸展到无穷远，即为半无限空间。

（3）挡土墙后填土处于极限平衡状态。

在满足假定条件的基础上，墙背与土的接触面上满足剪应力为零的边界应力条件以及产生主动或被动朗肯状态的边界变形条件，由此推导出主动、被动土压力计算的理论公式。在弹性均质的半空间体中，离开地表面深度为z处的任一点的竖向应力和水平应力分别为

$$\sigma_z=\gamma z \tag{2-3-33}$$

$$\sigma_x=k_0\sigma_z \tag{2-3-34}$$

如果在弹性均质空间体中插入一竖直且光滑的墙面，由于它既无摩擦又无位移，则不会影响土中原来的应力状态，如图2-3-8（d）中的圆Ⅱ所示。

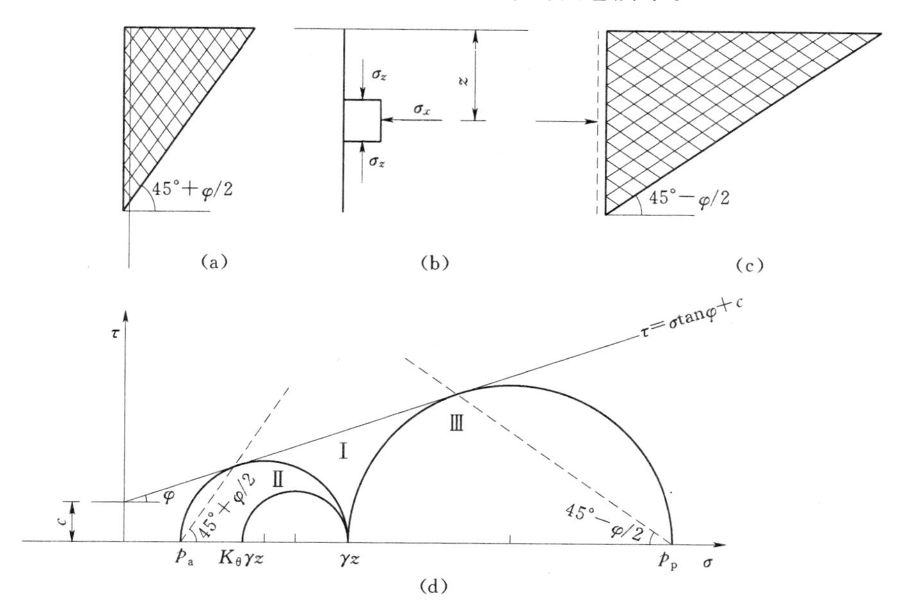

图2-3-8 朗肯极限平衡状态

当墙面向左移动（图2-3-8（a）），则将使右半边土体处于伸展状态，作用于墙背的土压力逐渐减小，摩尔应力圆逐渐扩大而达到极限平衡，土体进入朗肯主动土压力状态。

这时图2-3-8(d)中摩尔圆Ⅰ与土的抗剪强度包线相切。这时作用于墙背的侧向土压力σ_x小于初始的静止土压力，更小于竖向土压力σ_z，而成为最小主应力p_a。竖向土压力σ_z为最大主应力，其值仍可由式(2-3-33)计算得到。墙后的土体产生剪切破坏，其剪切破坏面与水平面的夹角为$45°+\varphi/2$。

同样，当墙面向右移动(图2-3-8(c))，则将使右半边土体处于挤压状态，作用于墙背的土压力增加，开始进入朗肯被动土压力状态。对应于图2-3-8(d)中摩尔圆Ⅲ与土的抗剪强度包线相切，这时作用于墙背的侧向土压力σ_x超过竖向土压力σ_z，而成为最大主应力p_p。而竖向土压力σ_z则变成最小主应力。墙后土体的剪切破坏面与水平面的夹角为$45°-\varphi/2$。

根据土体的极限平衡条件，并参照摩尔圆的相互关系，不难得到

$$\tau=\tau_f \tag{2-3-35}$$

$$\sin\varphi=\frac{\sigma_1-\sigma_3}{\sigma_1+\sigma_3+2c\cdot\cot\varphi} \tag{2-3-36}$$

将式(2-3-36)改写成最大主应力和最小主应力的关系式，即

$$\sigma_1=\frac{1+\sin\varphi}{1-\sin\varphi}\sigma_3+2c\,\frac{\cos\varphi}{1-\sin\varphi} \tag{2-3-37}$$

$$\sigma_3=\frac{1-\sin\varphi}{1+\sin\varphi}\sigma_1-2c\,\frac{\cos\varphi}{1+\sin\varphi} \tag{2-3-38}$$

式中 τ——土体某一斜面上的剪应力；

τ_f——土体在正应力σ条件下，破坏时的剪应力；

σ_1，σ_3——最大、最小主应力；

c，φ——土的抗剪强度参数，其中c为土体黏聚力，φ为内摩擦角。

在朗肯主动土压力状态下，最大主应力为竖向土压力$\sigma_1=\gamma z$，最小主应力即为主动土压力；将$\sigma_3=p_a$代入式(2-3-38)可得

$$p_a=\gamma z\tan^2\left(45°-\frac{\varphi}{2}\right)-2c\tan\left(45°-\frac{\varphi}{2}\right) \tag{2-3-39a}$$

同理，在朗肯被动土压力状态时，最大主应力为被动土压力$\sigma_1=p_p$，而最小主应力为竖向压力$\sigma_3=\sigma_z=\gamma z$，代入式(2-3-37)可得

$$p_p=\gamma z\tan^2\left(45°+\frac{\varphi}{2}\right)+2c\tan\left(45°+\frac{\varphi}{2}\right) \tag{2-3-39b}$$

引入主动土压力系数K_a和被动土压力系数K_p，并令

$$K_a=\tan^2\left(45°-\frac{\varphi}{2}\right) \tag{2-3-40}$$

$$K_p=\tan^2\left(45°+\frac{\varphi}{2}\right) \tag{2-3-41}$$

将式(2-3-40)、式(2-3-41)分别代入式(2-3-39a)和式(2-3-39b)可得

$$p_a=\gamma zK_a-2c\sqrt{K_a} \tag{2-3-42}$$

$$p_p=\gamma zK_p+2c\sqrt{K_p} \tag{2-3-43}$$

由式(2-3-39a)可知，黏性土的主动土压力强度包括两部分，前一项为土自重引

起的使侧向土压力减小的"负"侧压力。

在主动状态，当 $z \leqslant z_0 = \frac{2c}{\gamma}\tan\left(45° + \frac{\varphi}{2}\right)$ 时，则 $P_a \leqslant 0$，为拉力。若不考虑墙背与土体之间有拉应力存在的可能，则可求得墙背上总的主动土压力为

$$p_a = \frac{1}{2}\gamma h^2 K_a - 2ch\sqrt{K_a} + \frac{2c^2}{\gamma} \tag{2-3-44}$$

式中 h——墙背的高度。

如挡土墙后为成层土层，仍可按式（2-3-42）计算主动土压力。但应注意在土层分界面上，由于两层土的抗剪强度指标不同，使土压力的分布有突变（图 2-3-9）。其计算方法如下：

a 点：$p_{a1} = -2c_1\sqrt{K_{a1}}$

b 点上（在第一层土中）：$p'_{a2} = \gamma_1 h_1 K_{a1} - 2c_1\sqrt{K_{a1}}$

b 点下（在第二层土中）：$p''_{a2} = \gamma_1 h_1 K_{a2} - 2c_2\sqrt{K_{a2}}$

其中：

$$K_{a1} = \tan^2\left(45° - \frac{\varphi_1}{2}\right)$$

$$K_{a2} = \tan^2\left(45° - \frac{\varphi_2}{2}\right)$$

其余符号意义如图 2-3-9 所示。

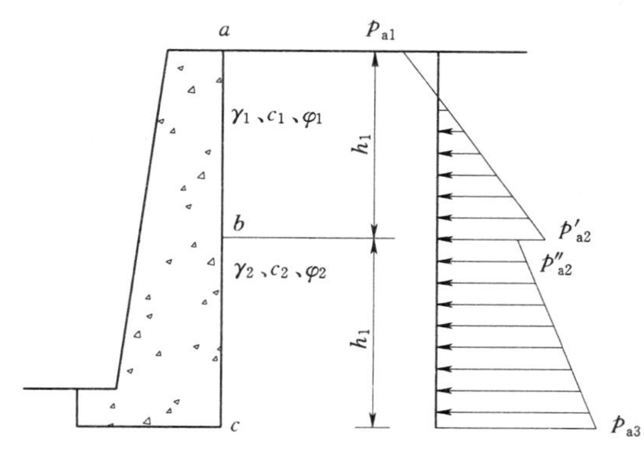

图 2-3-9 成层土的主动土压力计算

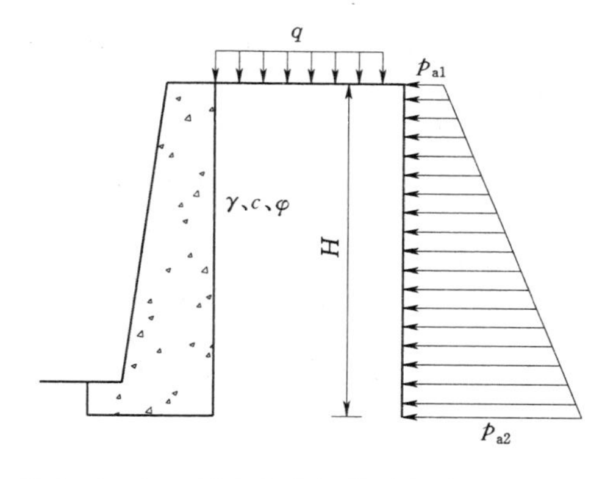

图 2-3-10 填土上有超载时主动土压力计算

如图 2-3-10 所示，挡墙填土表面作用着连续均布荷载 q 时，计算时可以将在深度 z 处竖向应力 σ_z 增加一个 q 值，将式（2-3-42）、式（2-3-43）中 γz 代之以（$\gamma z + q$），就能得到填土表面超载时主动土压力计算公式（黏性土），即

$$p_a = (\gamma z + q)K_a - 2c\sqrt{K_a} \tag{2-3-45}$$

式中 q——地面超载。

当无固定超载时，考虑到随时发生的施工堆载、车辆行驶动载（如基坑等）等因素，一般可取均布荷载 $q = 10 \sim 20\text{kPa}$。

土压力水平作用点离墙踵的高度为

$$z_E = \frac{1}{3}\left[h - \frac{2c}{\gamma}\tan\left(45° + \frac{\varphi}{2}\right)\right] \tag{2-3-46}$$

在被动状态，土压力呈梯形分布，其总的被动土压力为

$$P_p=\frac{1}{2}\gamma h^2 K_p+2ch\sqrt{K_p} \tag{2-3-47}$$

土压力的水平作用点为梯形形心，离墙踵高为

$$z_E=\frac{1}{3}\left[\frac{1+3\times\frac{2c}{\gamma h}\tan\left(45^\circ-\frac{\varphi}{2}\right)}{1+2\times\frac{2c}{\gamma h}\tan\left(45^\circ-\frac{\varphi}{2}\right)}\right]h \tag{2-3-48}$$

在朗肯土压力计算理论中，假定墙背是垂直光滑的，填土表面为水平。因此，与实际情况有一定的出入。由于墙背摩擦角 $\varphi=0^\circ$，则将使计算土压力 P_a 偏大，而 P_p 偏小。

2.3.1.2 特殊情况下的土压力

1. 分层土的土压力计算

在工程实践中，土体常常是由不同的土层组成，而单一均质的土层只是特殊的情况。前面所述的各种土压力计算理论都是对单一均质土体的情况。为了解决分层土的土压力计算，通常是采用凑合的方法，按某一指标转换成相应的当量土层，具体计算还分为两种情况。

(1) 按第 i 层土的物理力学指标计算第 i 层的土压力。

把第 i 层以上的土层按重度 γ 转换成相应的当量土层高，即

$$\begin{cases} h_1'=h_1\cdot\dfrac{\gamma_1}{\gamma_i} \\ h_2'=h_2\cdot\dfrac{\gamma_2}{\gamma_i} \\ \quad\vdots \\ h_{i-1}'=h_{i-1}\cdot\dfrac{\gamma_{i-1}}{\gamma_i} \\ h_i'=h_i\cdot\dfrac{\gamma_i}{\gamma_i}=h_i \end{cases} \tag{2-3-49}$$

则 1～i 层土的总当量高度为

$$H_i=\sum_{j=1}^{i}h'_j \tag{2-3-50}$$

再按 c_i、φ_i、γ_i 和 H_i 来计算土压力，把求得的土压力取 H_{i-1}～H_i 这段的分布土压力，即为第 i 层土的土压力，按此求得的土压力可反映出各土层的分布规律。

(2) 按第 1～i 层土的加权平均指标进行计算。

因为土压力的值不仅与各土层的厚度有关，而且与第 1～i 层土的 c、φ 值有关，由于滑裂面要穿过上述各土层亦均有影响，因此提出在计算第 i 层土的土压力时，取 1～i 层土 c、φ 的加权平均值。

$\overline{c_i}$与穿过各土层的滑裂面长度有关，所以按土层厚度的加权平均值计算，即

$$\overline{c_i}=\frac{\sum_{j=1}^{i}c_j h_j'}{H_i} \tag{2-3-51}$$

而 φ_i 是摩擦角，其产生的效果与面上有正压力有直接关系，也可认为与重力 γz 有

关，因此有

$$\int_0^{h_1'}\gamma_i z\tan\varphi_1\,dz+\int_{h_1'}^{h_2'}\gamma_i z\tan\varphi_2\,dz+\cdots+\int_{h_{i-1}'}^{h_i'}\gamma_i z\tan\varphi_i\,dz=\int_0^{H_i}\gamma_i z\tan\overline{\varphi}\,dz_i \tag{2-3-52}$$

即

$$\frac{1}{2}\gamma_i\tan\varphi_1 h_1'^2+\frac{1}{2}\gamma_i\tan\varphi_2(h_2'^2-h_1'^2)+\cdots+\frac{1}{2}\gamma_i\tan\varphi_i(h_i'^2-h_{i-1}'^2)=\frac{1}{2}\gamma_i\tan\overline{\varphi_i}H_i^2 \tag{2-3-53}$$

因为 $h_0'=0$，所以有

$$\tan\overline{\varphi_i}=\frac{\sum_{j=1}^{i}\tan\varphi_j(h_j'^2-h_{j-1}'^2)}{H_i^2} \tag{2-3-54}$$

由此求得第 1～i 层土的内摩擦角的加权平均值为

$$\overline{\varphi_i}=\arctan\frac{\sum_{j=1}^{i}\tan\varphi_j(h_j'^2-h_{j-1}'^2)}{H_i^2} \tag{2-3-55}$$

再按 γ_i、$\overline{c_i}$、$\overline{\varphi_i}$ 和 H_i 来计算第 i 层土的土压力，这样使土压力计算能反映上面各土层的综合平均效果。但这结果掩盖了某土层软硬所产生的土压力是大还是小的实质差别，因此还必须将求得的某层土的土压力值再乘以计算所用的加权平均的强度极限值除以该土层的强度极限值 τ_{f1}。

$$\tau_f=\sigma\tan\overline{\varphi_i}+\overline{c_i} \tag{2-3-56}$$

$$\tau_{f1}=\sigma\tan\varphi_i+c_i \tag{2-3-57}$$

其中的 σ 值可采用第 i 层土中的点的自重应力，当有地面超载时，还应考虑地面超载引起的影响。

2. 不同地面超载作用下的土压力计算与图式

（1）地面超载作用下产生的侧压力。

对于均匀和局部均匀超载作用下，在围护结构上的侧压力可采用图 2-3-11 所示的图示计算。

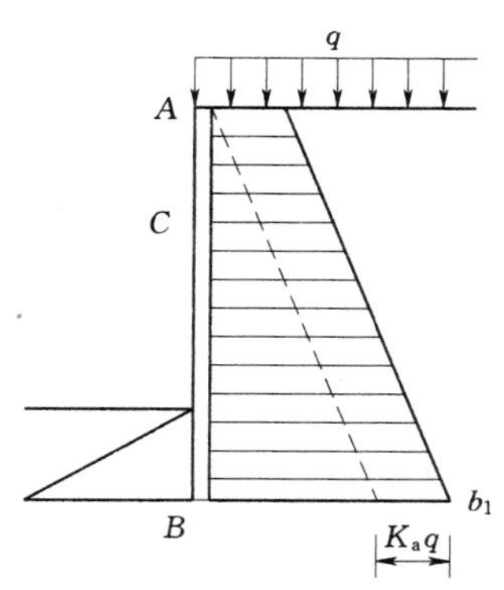

(a)坑壁顶满布均匀超载

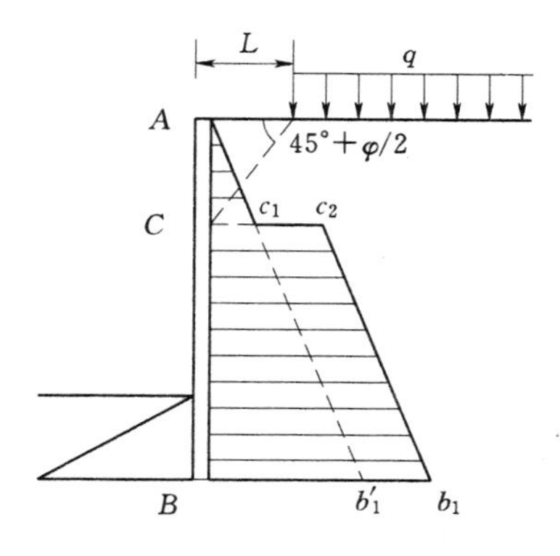

(b)距离墙顶 L 处开始作用均匀超载

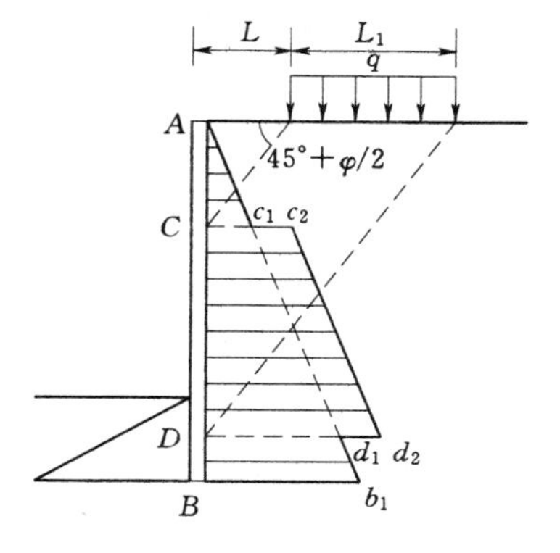

(c)距离墙顶 L 处作用 L_1 宽的均匀超载

图 2-3-11 均匀和局部均匀超载作用下的主动土压力

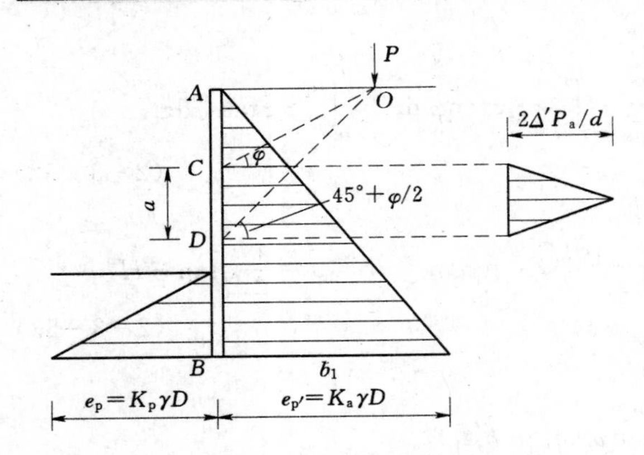

图 2-3-12　集中荷载作用下的主动土压力

（2）集中荷载作用下产生的侧压力。

对于集中荷载在围护结构上产生的侧压力，可按图 2-3-12 所示计算。

（3）弹性理论确定超载侧压力。

1）集中荷载作用下，采用弹性理论时侧压力按图 2-3-13 所示计算。

2）线荷载作用下，采用弹性理论时侧压力按图 2-3-14 所示计算。

3）条形荷载下，采用弹性理论时侧压力按图 2-3-15 所示计算。

（4）各种地面荷载作用下的黏性土压力。

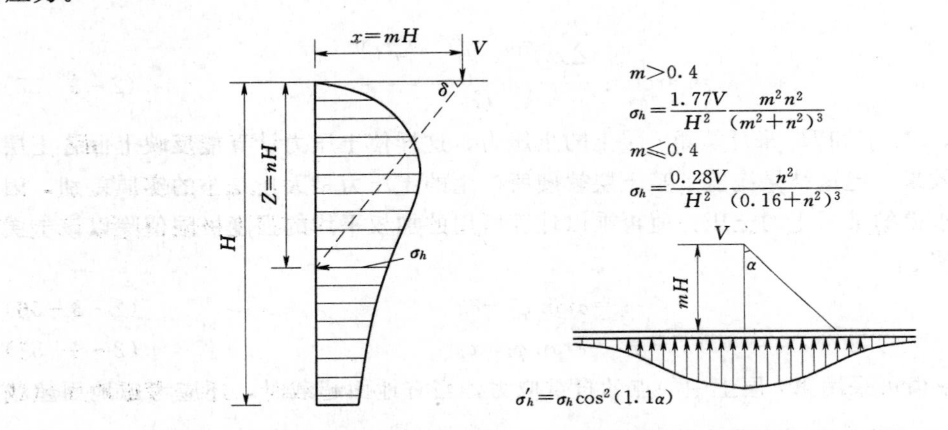

(a)坑壁顶作用集中荷载产生的侧压力　(b)集中荷载作用点两侧沿墙各点的侧压力

图 2-3-13　坑壁顶作用集中荷载产生的侧压力（$v=0.5$）

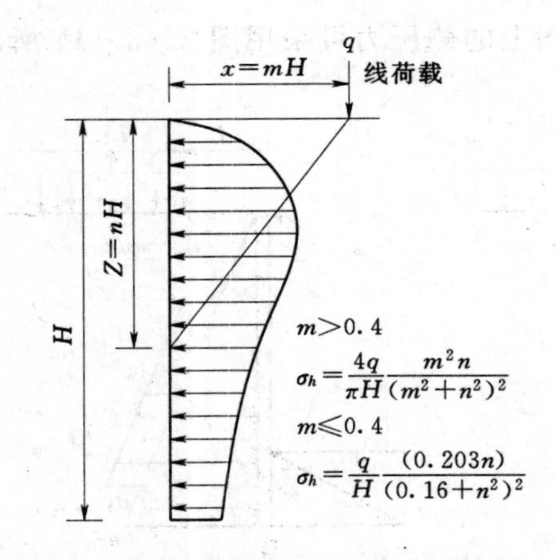

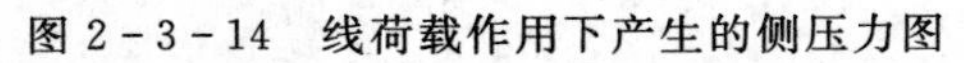

$$m>0.4$$
$$\sigma_h=\frac{4q}{\pi H}\frac{m^2n}{(m^2+n^2)^2}$$
$$m\leqslant 0.4$$
$$\sigma_h=\frac{q}{H}\frac{(0.203n)}{(0.16+n^2)^2}$$

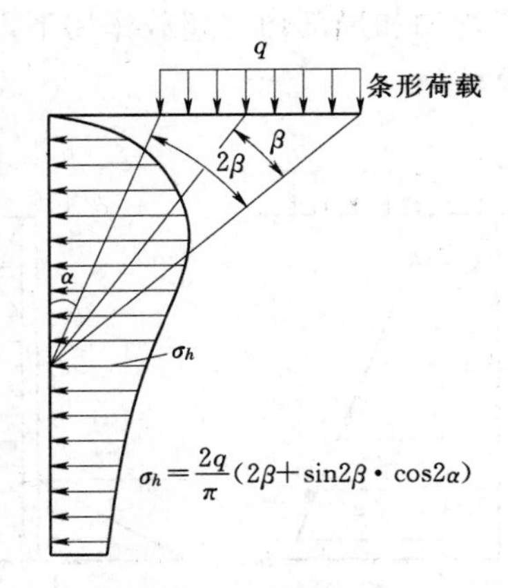

图 2-3-14　线荷载作用下产生的侧压力图　　图 2-3-15　条形荷载作用下产生的侧压力图

当土体抗剪强度参数为 c、φ，墙背与土体间抗剪强度参数为 c'、φ'时，主动土压力

P_a 和主动土压力倾斜角 δ 有下列关系，即

$$P_a=\frac{1}{2}\gamma H^2 K_a\left[\cos^2\varphi'+\left(\sin\varphi'+\eta'\frac{k_0}{K_a\sin\alpha}\right)^2\right]^{\frac{1}{2}} \tag{2-3-58}$$

$$\delta=\arctan\left(\tan\varphi'+\eta'\frac{k_0}{K_a\sin\alpha\cos\varphi'}\right) \tag{2-3-59}$$

式中　K_a——主动土压力系数。

$$K_a=\frac{\sin(\alpha+\beta)}{\sin^2\alpha\cdot\sin^2(\alpha+\beta-\varphi-\varphi')}\cdot\Big\{k_2[\sin(\alpha+\beta)\cdot\sin(\alpha-\varphi')+\sin(\varphi+\varphi')\cdot\sin(\varphi-\beta)]$$

$$+2k_1\eta\sin\alpha\cdot\cos\varphi\cos(\alpha+\beta-\varphi-\varphi')+k_1\eta'\frac{\sin\alpha\cos(\alpha+\beta-\varphi)\sin(\alpha+\beta-\varphi-\varphi')}{\sin(\alpha+\beta)}+F\sin(\varphi-\beta)$$

$$-2\left[\left(k_2\sin(\alpha+\beta)+k_1\eta''\frac{\sin\alpha\cdot\cos\varphi'\sin(\alpha+\beta-\varphi-\varphi')}{\sin(\alpha+\beta)}+F\sin(\alpha-\varphi')\right)\right]^{\frac{1}{2}}\Big\}$$

$$k_0=1-\frac{h_0}{H}\frac{\sin\alpha\cos\beta}{\sin(\alpha+\beta)}$$

$$\eta=\frac{2c}{\gamma H}$$

$$\eta'=\frac{2c'}{\gamma H}$$

当 $c'=0$ 时，则 $\eta'=0$，主动土压力 P_a 和主动土压力倾斜角 δ 有下列关系，即

$$P_a=\frac{1}{2}\gamma H^2 K_a;\delta=\varphi'$$

$$K_a=\frac{\sin(\alpha+\beta)}{\sin^2\alpha\cdot\sin^2(\alpha+\beta-\varphi-\delta)}\cdot\{k_2[\sin(\alpha+\beta)\cdot\sin(\alpha-\delta)+\sin(\varphi+\delta)\cdot\sin(\varphi-\beta)]$$

$$+2k_1\eta\sin\alpha\cdot\cos\varphi\cdot\cos(\alpha+\beta-\varphi-\delta)+F\sin(\varphi-\beta)-2[k_2\sin(\alpha+\beta)\sin(\varphi-\beta)$$

$$+k_1(\eta\sin\alpha\cos\varphi)\cdot(k_2\sin(\alpha-\delta)\sin(\varphi-\delta)+k_1\eta\sin\alpha\cos\varphi+F\sin(\alpha-\delta))]^{\frac{1}{2}}\}$$

$$\eta=\frac{2c}{\gamma H}$$

(5) 地表面不规则情况下侧向土压力。

当墙体外侧地表面不规则时，围护结构上的土压力计算如图 2-3-16 所示。

围护结构上的主动土压力为

$$p_a=\gamma z\cos\beta\frac{\cos\beta-\sqrt{\cos^2\beta-\cos^2\varphi}}{\cos\beta+\sqrt{\cos^2\beta-\cos^2\varphi}} \tag{2-3-60}$$

被动土压力表达式同式 (2-3-60)。

$$p_a'=K_a\cdot\gamma(z+h')-2c\sqrt{K_a} \tag{2-3-61}$$

式中　β——地表斜坡面与水平面的夹角；

K_a——主动土压力系数；

h'——地表水平面与地表斜坡和支护结构相交点间的距离。对于地表为复杂几何图形情况时，可采用楔体试算法，由数值分析与 $C_{\text{окодовскии}}$ 图解求得。

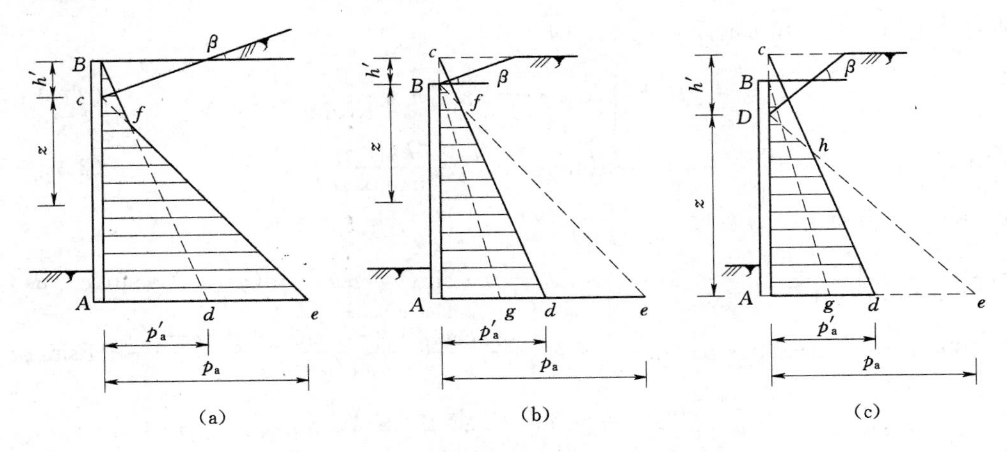

图 2-3-16 地面不规则情况下的主动土压力

2.3.1.3 考虑地下水时水土压力计算

1. 水土压力分算和水土压力合算

作用在挡墙结构上的荷载，除了土压力以外，还有地下水位以下的水压力。计算水压力时，水的重度一般取 $\gamma_w=10\text{kN/m}^3$。水压力与地下水补给数量、季节变化、施工开挖期间挡墙的水密度、入土深度、排水处理方法等因素有关。

计算地下水位以下的水、土压力，一般采用"水土分算"（即水、土压力分别计算，再相加）和"水土合算"两种方法。对砂性土和砂质粉土，可按水土分算原则进行，即分别计算土压力和水压力，然后两者相加。对黏性土砂质和黏质粉土按水土合算进行。

(1) 水土压力分算。

水土分算是采用浮重度计算土压力，按静水压力计算水压力，然后两者相加即为总的侧压力（图 2-3-17）。

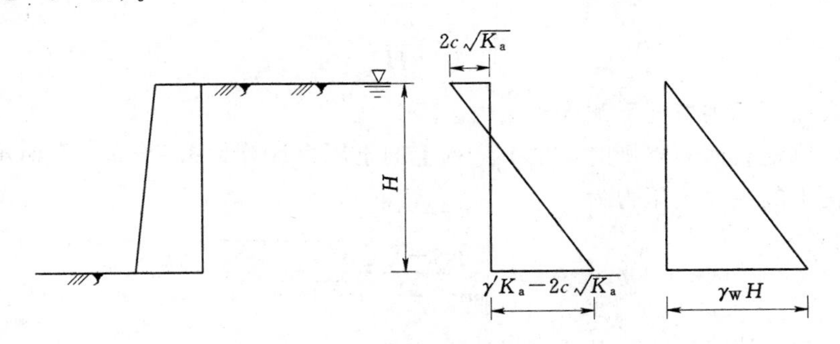

图 2-3-17 土压力和水压力的计算

利用有效应力原理计算土压力，水、土压力分开计算，即为

$$P_a=\gamma' HK'_a-2c'\sqrt{K'_a}+\gamma_w H \tag{2-3-62}$$

$$P_p=\gamma' HK'_p+2c'\sqrt{K'_p}+\gamma_w H \tag{2-3-63}$$

式中 γ'——土的浮重度；

K_a'——按土的有效应力强度指标计算的主动土压力系数，$K_a'=\tan^2\left(\frac{\pi}{4}-\frac{\varphi'}{2}\right)$；

K_p'——按土的有效应力强度指标计算的被动土压力系数，$K_p'=\tan^2\left(\frac{\pi}{4}+\frac{\varphi'}{2}\right)$；

φ'——有效内摩擦角；

c'——有效黏聚力；

γ_w——水的重度。

上述方法概念比较明确，但在实际使用中还存在一些困难，有时较难以获得有效强度指标，因此在许多情况下采用总应力法计算土压力，再加上水压力，即总应力法，即

$$P_a=\gamma' HK_a-2c\sqrt{K_a}+\gamma_w H \tag{2-3-64}$$

$$P_p=\gamma' HK_p+2c\sqrt{K_p}+\gamma_w H \tag{2-3-65}$$

式中 K_a——按土的总应力强度指标计算的主动土压力系数，$K_a=\tan^2\left(\frac{\pi}{4}-\frac{\varphi}{2}\right)$；

K_p——按土的总应力强度指标计算的被动土压力系数，$K_p=\tan^2\left(\frac{\pi}{4}+\frac{\varphi}{2}\right)$；

φ——按固结不排水（固结快剪）或者不固结不排水（快剪）确定的内摩擦角；

c——按固结不排水或不固结不排水法确定的黏聚力。

其余符号意义同前。

（2）水土压力合算法。

水土压力合算法是采用土的饱和重度计算总的水、土压力，这是国内目前较流行的方法，特别对黏性土积累了一定的经验。

$$P_a=\gamma_{sat} HK_a-2c\sqrt{K_a} \tag{2-3-66}$$

$$P_p=\gamma_{sat} HK_p+2c\sqrt{K_p} \tag{2-3-67}$$

式中 γ_{sat}——土的饱和重度，在地下水位以下可近似采用天然重度；

K_a——主动土压力系数，$K_a=\tan^2\left(\frac{\pi}{4}-\frac{\varphi}{2}\right)$；

K_p——被动土压力系数，$K_p=\tan^2\left(\frac{\pi}{4}+\frac{\varphi}{2}\right)$；

φ——按总应力法确定的固结不排水剪或不固结不排水剪确定土的内摩擦角；

c——按总应力法确定的固结不排水剪或不固结不排水剪确定土的黏聚力。

2. 稳态渗流时水压力的计算

（1）按流网法计算渗流进的水压力。

基坑施工时，围护墙体内降水形成墙内外水头差，地下水会从坑外流向坑内，若为稳态渗流，那么水土分算时作用在围护墙上的水压力可用流网法确定。

图 2-3-18 所示为按流网计算作用在围护结构上的水压力例子，假定墙体插入深度为 h，水头差为 h_0，设 $h=h_0$，按水力学方法绘出流网图（图 2-3-18（b）），根据流网即可计算出作用在墙体上的水压力。根据水力学有

$$H=h_p+h_e \tag{2-3-68}$$

式中 H——某一点的总水头，可从流网图中读出；

h_p——某一点的压力水头；

h_e——某一点的位置水头，$h_e=z-h'$。

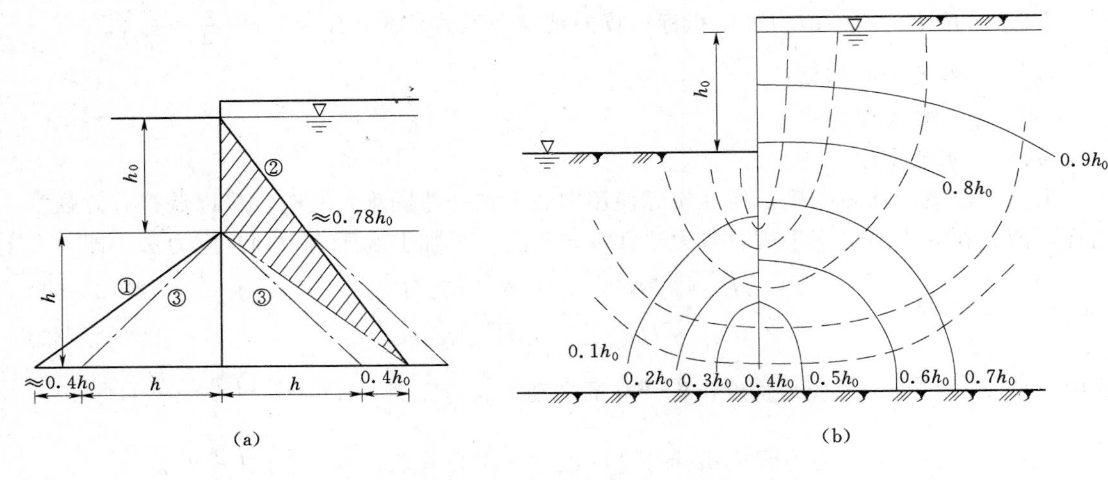

图 2-3-18 墙体水压力分布

①—墙前压力水头线；②—墙后压力水头线；③—静水压力水头线

作用在墙体上的水压力 p 用压力水头表示为

$$\frac{p}{\gamma_w}=h_p=H-h_e=H-(z-h')=xh_0+h'-z \tag{2-3-69}$$

式中 x——某一点的总水头差 h_0 剩余百分数（或比值），从流网图读出；

z——某一点的高程；

h'——基坑底的高程；

h_0——总水头差。

按流网计算的墙前、后水压力分布如图 2-3-18（a）所示。作用于墙体的总水压力如图中阴影线所表示的部分。

（2）按直接比例法确定渗流时的水压力。

计算渗流时水压力还可近似采用直线比例法，即假定渗流中水头损失是沿挡墙渗流轮廓线均匀分配的，其计算公式为

$$H_i=\frac{S_i}{L}h_0 \tag{2-3-70}$$

式中 H_i——挡墙轮廓线上某点 i 的渗流总水头；

L——经折算后挡墙轮廓的渗流总长度；

S_i——自 i 点沿挡墙轮廓至下游端点的折算长度；

h_0——上下游水头差。

（3）水压力的计算简图。

一般可按图 2-3-19 所示的水压力分布，确定地下水位以下作用在支护结构上的不平衡水压力。图 2-3-19（a）所示为三角形分布，适用于地下水有渗流的情况；若无渗流时，可按梯形分布考虑，如图 2-3-19（b）所示。

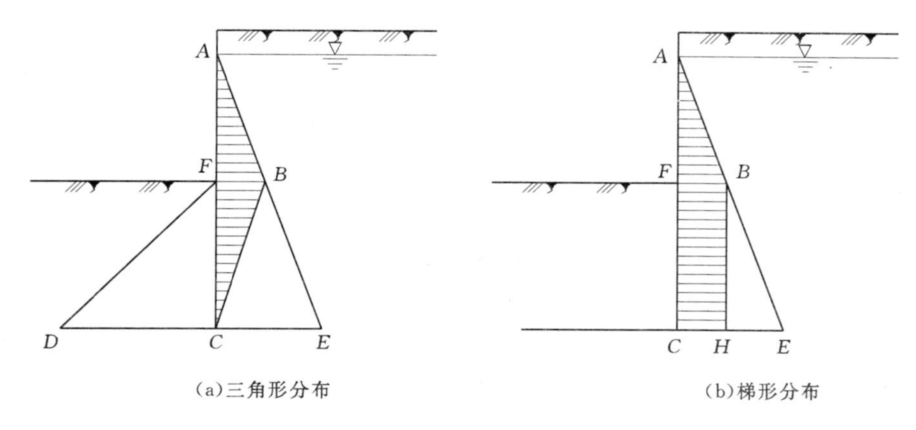

图 2-3-19 作用在支护结构上的不平衡水压力分布

3. 土的抗剪强度试验方法与指标问题

土体的抗剪强度可按有效应力法确定，也可按总应力法确定，两者各有其特点。

有效应力法确定土体的抗剪强度的公式为

$$\tau_f = c' + \sigma' \tan\varphi' = c' + (\sigma - u)\tan\varphi' \tag{2-3-71}$$

式中 τ_f——土体的抗剪强度；

c'——土的有效黏聚力；

φ'——土的有效内摩擦角；

σ——法向总应力；

u——孔隙水压力。

有效应力是认为土体受力作用时，一部分是由孔隙中流体承受，称为孔隙水应力；一部分由骨架承受，称为有效应力。经过许多学者多年的研究，无论对于砂性土还是黏性土，有效应力原理已得到土力学界的普遍承认。土体的有效抗剪强度指标，即有效黏聚力 c'和有效内摩擦角 φ'，其试验结果比较稳定，受试验条件的影响比较小。

用总应力法确定土体抗剪强度的计算式为

$$\tau_f = c + \sigma\tan\varphi \tag{2-3-72}$$

式中 τ_f——土体抗剪强度；

σ——法向总应力；

c——按总应力法确定的土的黏聚力；

φ——按总应力法确定的土的内摩擦角。

总应力法不涉及孔隙水压力，只是模拟土体实际固结状态测定强度。

常用的确定抗剪强度试验方法可分为原位测试和室内试验两大类，原位测试有十字板剪切试验和静力触探等方法，其中十字板剪切试验可直接测得土体天然状态的抗剪强度。静力触探法可根据经验公式换算成土的抗剪强度。

室内试验按使用仪器可分为直剪仪和三轴仪两类，按试验条件也可分为固结或不固结、排水或不排水等。

(1) 直剪仪慢剪和三轴仪固结排水剪。在试验过程中充分排水，即没有孔隙应力。两种试验的排水条件相同，施加的是有效应力，得到的强度指标均为有效强度指标。

（2）直剪仪快剪和三轴仪不固结不排水剪。它们二者之间的主要区别在于对排水条件控制的不同。三轴仪可以完全控制土样排水条件，能做到名副其实的不排水。直剪仪由于仪器的局限性，很难做到真正的不排水，因此在直剪仪上测定土的抗剪强度指标时，当土的渗透性较大时，直剪仪快剪只相当于三轴排水，而只有当土的渗透系数较小时，直剪仪快剪试验结果才接近于三轴不排水试验。

（3）直剪仪固结快剪和三轴固结不排水剪。这两种试验方法在正应力下都使土体达到充分固结，而在剪应力作用下用三轴仪试验可做到不排水，用直剪仪试验则排水条件和直剪仪快剪相似，即土体渗透性大时，相当于排水，渗透性很小时接近于不排水。

虽然直剪试验存在一些明显的缺点，受力条件比较复杂，排水条件不能控制等，但由于仪器和操作都比较简单，又有大量实践经验，因此，比较广泛采用直剪仪做快剪及固结快剪试验取得土的抗剪强度指标。一般推荐固结快剪指标，因为固结快剪是在垂直压力下固结后再进行剪切，使试验成果反映正常固结土的天然强度，充分固结的条件也使试样受扰动以及土样中夹薄砂层的影响都降到最低限度，从而使试验指标比较稳定。

用直剪仪进行固结快剪或快剪试验测得土的总应力强度指标后，还存在使用峰值还是将峰值打折扣后使用的问题。根据上海市标准《地基基础设计规范》的规定，采用直剪仪固结快剪峰值或快剪峰值确定抗剪强度指标，这种指标适用于计算土压力和整体稳定性。

直剪试验存在较多的缺点，如不能控制土样的排水条件，剪切面人为固定以及剪切面上的应力分布不均匀等。三轴试验则没有这些缺点。当进行三轴试验时，可进行不固结不排水或不排水两种状态的试验，提供总应力和有效应力两类强度指标。

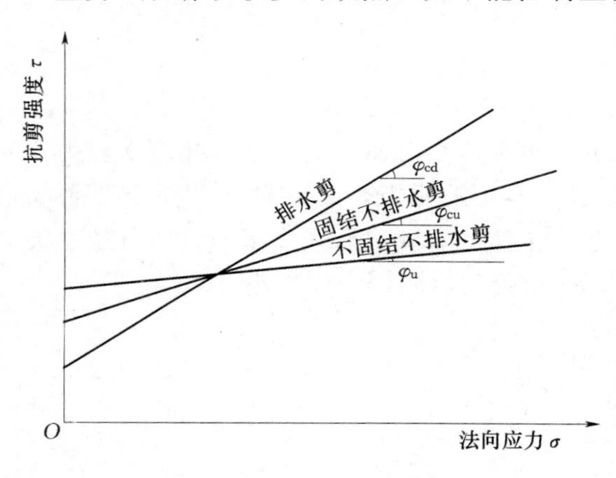

图 2-3-20　不同试验方法的 φ 角比较

不同的试验方法所得结果是很不相同的，在强度指标量值的选用上，由于土排水固结将会不同程度增强土的强度，如内摩擦角 φ，一般的正常固结土，排水剪得到的 φ_{cd} 最大，固结不排水剪的 φ_{cu} 次之，不固结不排水的 φ_u 值最小，如图 2-3-20 所示。黏聚力 c 值亦不同，快剪所得的 c 值较大。

有效应力法考虑了孔隙水压力的影响。有效指标测定可用直剪慢剪、三轴排水剪和固结不排水剪（测孔压）等方法求得。因此，在实际工程的强度和稳定性计算中，应根据土质条件和工程的特点来选用恰当的试验方法，以进行地基或建筑物的稳定和安全的估计以及控制不同的试验条件可得到不同的强度指标。例如，当考虑土体固结使强度增长的计算或稳定性分析时，即测定土体在任何固结度时的抗剪强度应使用有效强度指标；当地基为厚度较大的渗透性低的高塑性饱和软土，而建筑物的施工速度又较快，预计土层在施工期间的排水固结程度很小，这时就应当采用快剪试验的强度指标来校核建筑物的地基强度及稳定性；若黏土层很薄，建筑物施工期很长，预计黏土层在施工期间能够充分排水固结，但是在竣工后大量活荷载将迅速施工（如料仓），或可能有突然施加的活载（如风力）或地基应力可能发生变化（如地下水位变化）等，在这些情况下，就采用固结快剪指标；对于可能发生快速破坏的正常固结土天然边坡或软土地基或路堤土体等均认为应用快剪和不排水剪指标进行验算控制。当然，上述的各种情况并不是具有很准确的概念的。例如，速度快慢、土层厚薄、荷载大小及施工速度等都没有定量数值的，都需根据实际情况配以实际经验或地区经验酌定。如在软土层的深开挖中，考虑坑底隆起甚至整体滑动稳定性等的控制验算时，则认为应该采用不排水指标。

2.3.2　围岩压力计算

2.3.2.1　围岩压力

1. 围岩压力的概念

地下空间开挖之前，地层中的岩土体处于复杂的原始应力平衡状态。地下空间开挖之后，围岩中的原始应力平衡状态遭到破坏，应力重新分布，从而使围岩产生变形。当变形发展到岩土体极限变形时，岩土体就产生破坏。如在围岩发生变形时及时进行衬砌或围护，阻止围岩继续变形，防止围岩塌落，则围岩对衬砌结构就要产生压力，即围岩压力。所以围岩压力就是指位于地下空间结构周围变形或破坏的岩土体，作用在衬砌结构或支撑结构上的压力。从广义上理解，围岩压力既包括围岩有支护的情况，也包括围岩无支护的情况；既包括作用在普通的传统支护如架设的支撑或施作的衬砌上所显示的力学性态，也包括在喷锚和压力灌浆等现代支护的方法中所显示的力学性态。从狭义上理解，围岩压力是围岩作用在支护结构上的压力。在工程中一般研究狭义围岩压力，它是作用在地下结构的主要荷载。

2. 围岩压力的产生

地下空间结构是在具有一定的应力历史和应力场的围岩中修建的，其中的一个重要力学特征就是围岩压力。所以，围岩的初始应力场的状态将极大地影响着在其中发生的一切力学性状，这是和地面工程极其不同的。因此，通过研究地下空间结构开挖前后围岩的应力状态，对于指导隧道的设计和施工有着重要意义。

（1）围岩的初始地应力场。

通常所指的初始应力场泛指地下空间结构开挖前岩土体的初始静应力场，它的形成与岩土体构造、性质、埋藏条件以及构造运动的历史等有密切关系。在地下空间结构开挖前是客观存在的，在这种应力场中修建地下空间结构就必须了解它的状态及其影响。

岩土体的初始应力状态与施工引起的附加应力状态是不同的，它对坑道开挖后围岩的应力分布、变形和破坏有着极其重要的影响。为此，不了解岩土体初始应力状态就无法对地下空间结构开挖后一系列力学过程和现象作出正确的评价。

岩土体的初始应力状态一般受到两类因素的影响：第一类因素有重力、温度、岩土体的物理力学性质、岩体的结构、地形等经常性的因素；第二类因素有地壳运动、地下水活动、人类的长期活动等暂时性的或局部性的因素。从上可将应力场分为自重应力场和构造应力场。初始应力场是由两种力系构成的，即

$$\sigma=\sigma_{\gamma}+\sigma_{x} \tag{2-3-73}$$

式中　σ_γ——自重应力分量，MPa；

σ_x——构造应力分量，MPa。

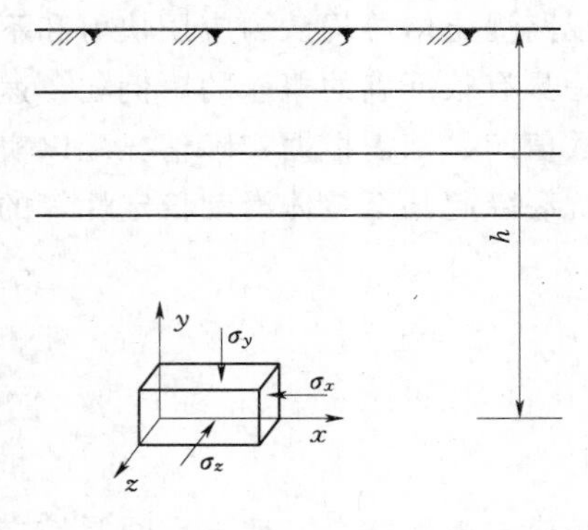

图 2-3-21　地表水平时的自重应力场

在上述因素中，目前主要研究和使用的是由岩土体的体力或重力形成的应力场，称为自重应力场。而其他因素只认为是改变了由重力造成的初始应力状态。一般来说，重力应力场可以采用连续介质力学的方法。它的可靠性则决定于对岩土体的物理力学性质及岩体的结构—力学性质的研究，其误差通常是较大的。而其他因素造成的初始应力场，主要是用试验（现场试验）方法完成的。

1）自重应力场。研究具有水平向成层岩土层，地面平坦的情况。如图 2-3-21 所示，设岩土体是线性变形的，在 xz 平面内是均质的，沿 y 轴方向是非均质的，设 E、μ 分别为沿垂直方向的岩土体弹性模量和泊松比。因岩土体的变形性质沿深度而变，故可假定：$E=E(y)$；$\mu=\mu(y)$；$E_1=E_1(y)$；$\mu_1=\mu_1(y)$。

单位体积重量也认为是沿深度而变，即 $\gamma=\gamma(y)$，这样，距地表面 h 深处一点的应力状态计算式可表示为：

$$\sigma_y=\int\gamma(y)\mathrm{d}y \tag{2-3-74}$$

$$\sigma_x=\sigma_x(y) \tag{2-3-75}$$

$$\sigma_z=\sigma_z(y) \tag{2-3-76}$$

$$\tau_{xy}=\tau_{xz}=\tau_{yz}=0 \tag{2-3-77}$$

式（2-3-75）须满足地面的边界条件，即 $h=0$，$\sigma_y=0$。

一般认为，处于静力平衡状态的岩体内，沿水平方向的变形等于零，故

$$\sigma_x=\sigma_z=(E_1/E_2)\mu_1/(1-\mu)\sigma_y \tag{2-3-78}$$

当 $E=E_1=$常数，$\mu=\mu_1=$常数时，则得出大家熟知的公式，即

$$\sigma_x=\sigma_z=\mu/(1-\mu)\sigma_y \tag{2-3-79}$$

设 $\lambda=\mu/(1-\mu)$，称之为侧压力系数，则式（2-3-79）可写为

$$\sigma_x=\sigma_z=\lambda\sigma_y \tag{2-3-80}$$

显然当垂直应力已知时，水平应力的大小决定于围岩的泊松比。大多数围岩的泊松比变化在 0.15～0.35，因此，在自重应力场，水平应力通常是小于垂直应力的。

深度对初始应力状态有着重大影响。随着深度的增加，σ_y 和 $\sigma_x(\sigma_z)$ 都在增大，但围岩本身的强度是有限的，因此当 σ_y 和 σ_x 增加到一定值后，各向受力的围岩将处于隐塑性状态。在这种状态下，围岩物性值（E、μ）是变化的，λ 值也是变化的，并随深度的增加，λ 值趋于 1，即与静水压力相似，此时围岩接近流动状态。

上述各式所表达的应力场是理论性的。实际情况中，由于地壳运动，岩层会产生各种变动，如形成向斜、背斜、断裂等，在这种情况下，围岩的初始应力场也有所变化。例

如，以垂直成层为例，由于各层的物理力学性质不同，在同一水平面上的应力分布可能是不同的；在背斜情况下，由于岩层成拱状分布，使上层岩层重量向两侧传递，直接处于背斜下的岩层受到较小的应力（图 2-3-22），在被断层分割的楔形岩块情况中（图 2-3-23）也可观察到类似情况，这在实际工作的应用中是不能忽视的。

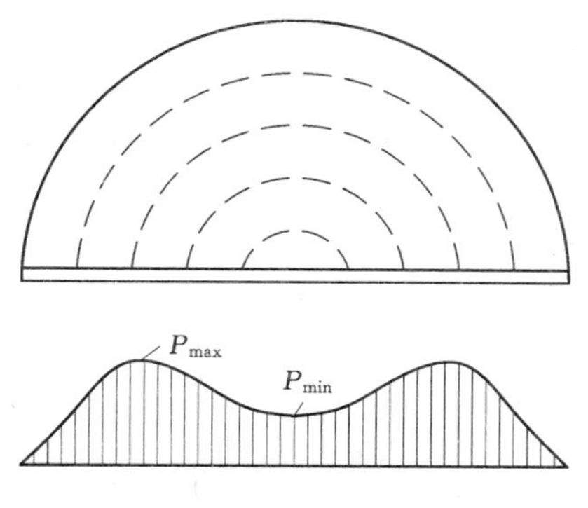

图 2-3-22 背斜构造的自重应力场

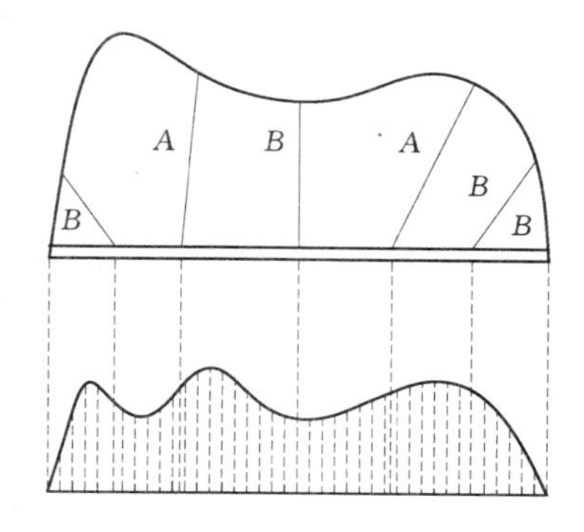

图 2-3-23 断层构造的自重应力场

2）构造应力场。地层的应力场是由自重应力场和构造应力场构成的。地质学家认为，地层各处发生的一切构造变形与破裂都是地应力作用的结果，因而地质力学就把构造体系和构造形式在形成过程中的应力状态称为构造应力场。构造应力场是随时间变化的动态场。

由于构造应力场的不确定性，很难用函数形式来表达。它在整个初始应力场中的作用只能通过某些量测数据来分析，在实际工程中应用较少。一般认为，构造应力场具有以下特性：

a. 地质构造形态不仅改变了重力应力场，而且以各种构造形态获得释放，还以各种形式积蓄在岩体内，这种残余构造应力将对地下空间结构产生重大影响。

b. 构造应力场在较浅的地层中已普遍存在，而且最大构造应力场的方向，近似为水平，其值常常大于重力应力场中的水平应力分量，甚至大于垂直应力分量。这与重力应力场有较大的差异。

c. 构造应力场是不均匀的，它的参数在空间和时间上都有较大的变化，尤其是它的主应力轴的方向和绝对值的变化很大。

用分析方法求解初始应力场，由于构造的、力学形态的、技术的原因，结果常常有极大的偏差。因此，在理论分析中，常把初始应力场按静水应力场来处理。在某些重要的工程中，多采用实地量测的方法，来判断主应力的大小及其方向的变化规律。这些方法中，比较通用的有地震法、水压致裂法、超前钻孔应力解除法和声发射法等。

（2）地下空间结构开挖后的应力场。

地下空间结构的开挖，移走了地下空间内原来受力的部分岩土体，破坏了围岩初始应力场的平衡状态，围岩从相对静止的状态转变为变动的状态。围岩力图达到一个新的平衡，其应力和应变开始一个新的变化运动，运动的结果，使得围岩的应力重新分布并向开挖的地下结构空间变形。理论和试验证明，地下空间结构开挖后，解除了部分围岩的约束，在地下结构空间周围初始应力将沿隧道一定范围重新分布，一般情况下，应力状态如

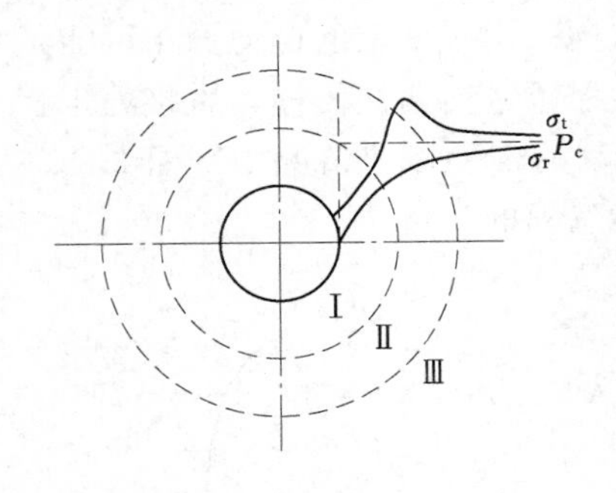

图 2-3-24　隧道开挖后的应力状态

图 2-3-24 所示，形成 3 个区域。

Ⅰ区域称为低应力区，在有裂缝和破碎的岩石中，如松软围岩中，由于岩体强度小，地下空间结构开挖后，岩体不能承受急剧增大的周边应力而产生塑性变形，使地下空间结构周围的围岩应力松弛而形成一个应力降低的区域，使高应力向岩体深处转移，被扰动的这部分岩体就开始向地下结构空间内变形。变形值超过一定数值，岩体则出现移动、坍塌或处于蠕动状态。

Ⅱ区域称为高应力区，这一部分岩体也受到了扰动，在应力重分布的过程中使这个范围内岩体的应力升高，但强度尚未被破坏，实际相当于形成了一个承载环，起到承载的作用。

Ⅲ区域为原始应力区，距离地下空间结构较远的岩体未受到开挖的影响，仍处于原始的应力状态。

在极坚硬完整的围岩中，地下结构空间周边应力急剧增高，由于岩体强度大，未形成如松软破碎岩体那种变形过大和开裂坍塌的情况，因而不存在应力降低区，而只有高应力向原始应力过渡的重分布特点，所以往往不需要设置支护结构来提供外加平衡力。换句话说，这种地下空间结构是自稳的。

综上所述，地下空间结构的开挖，破坏了围岩原有的平衡，产生了变形和应力重新分布，但是这种变化发展不是无限度的，它总是为了达到新的平衡而处在一种新的应力状态中。对稳定性不同（极稳定的、稳定的、基本稳定的、不稳定的）的围岩中开挖地下空间结构，情况是有所不同的，围岩变化到一定程度总是要暂时稳定下来。开挖方法和面积所影响的范围也有大有小，根据开挖的条件，有的可达地面，有的只涉及隧道周围一定深度（松动、破坏的范围），有的则影响极小。

2.3.2.2　围岩压力的分类

围岩压力按作用力发生的形态分类，一般可分为以下几种类型：

1. 松动压力

由于开挖而松动或坍塌的岩体以重力形式直接作用在支护结构上的压力称为松动（散）压力，松动压力按作用在支护上的位置不同分为围岩垂直压力、围岩水平压力和围岩底部压力。对于一般水平洞室，围岩垂直压力是主要的，也是围岩压力中研究的主要内容。在坚硬岩层中围岩水平压力较小，可忽略不计，但在松软岩层中应考虑围岩水平压力的作用。围岩底部压力是自下而上作用在衬砌结构底板上的压力，它产生的主要原因是某处地层遇水后膨胀，如石膏、页岩等，或是由边墙底部压力使底部地层向洞室里面突起所致。松动压力通常在下列 3 种情况下发生：

（1）在整体稳定的岩体中，可能出现个别松动掉块的岩石。

（2）在松散软弱的岩体中，坑道顶部和两侧边帮冒落。

（3）在节理发育的裂隙岩体中，围岩某些部位沿软弱面发生剪切破坏或拉坏等局部塌落。

造成松动压力的原因很多，如围岩地质条件、岩体破碎程度、开挖施工方法、爆破作用、支护设置时间、回填密实程度、洞形和支护形式等。比如，岩体破碎、与临空面组成不稳定岩块体、洞顶平缓、爆炸作用大、支护不及时以及回填不密实等都容易造成松动压力。

2. 形变压力

它是由于围岩变形受到与之密贴的支护如锚喷等的抑制，而使围岩与支护结构共同变形过程中，围岩对支护结构施加的接触压力。所以形变压力除与围岩应力状态有关外，还与支护时间和支护刚度有关。

按其成因可进一步分为以下几种情况：

（1）弹性形变压力。当采用紧跟开挖面进行支护的施工方法时，由于存在着开挖面的“空间效应”而使支护受到一部分围岩的弹性变形的作用，由此而形成的变形压力称为弹性形变压力。在隧道开挖过程中，由于受到开挖面的约束，使其附近的围岩不能立即释放全部瞬时弹性位移，这种现象称为开挖面的“空间效应”。如果在“空间效应”范围（一般为1～1.5倍洞跨）内，设置支护就可以减少支护前的围岩位移值。所以采用紧跟开挖面支护的施工方法可提高围岩的稳定性。

（2）塑性形变压力。由于围岩塑性变形（有时还包括一部分弹性变形）而使支护受到的压力称为塑性形变压力。这是最常见的一种围岩形变压力。

（3）流变压力。围岩产生显著的随时间增加而增加的变形或流动，从而对支护产生的变形压力称为流变压力。流变压力具有显著的时间效应，随时间的延续不断增加，最终趋于稳定或超过支护结构的承载能力而导致支护体的破坏。

3. 膨胀压力

当岩土体具有吸水膨胀崩解的特征时，由于围岩吸水而膨胀崩解所引起的压力称为膨胀压力。它与形变压力的基本区别在于它是由吸水膨胀引起的。从现象上看，它与流变压力有相似之处，但两者的机理完全不同，因此对它们的处理方法也各不相同。

岩土体的膨胀性，既取决于其含蒙脱石、伊利矿和高岭土的含量，也取决于外界水的渗入和地下水的活动特征。岩层中蒙脱石含量越高，有水源供给，膨胀性越大。

4. 冲击压力

它通常是由“岩爆”引起的。当围岩中积累了大量的弹性变形能之后，在开挖时，隧道由于围岩的约束被解除，被积累的弹性变形能会突然释放，引起岩块抛射所产生的压力。

由于冲击压力是岩体能量的积累和释放问题，所以它与弹性模量直接相关，弹性模量大的岩体，在高地应力作用下，易于积累大量的弹性变形能，一旦遇到适宜条件，它就会突然猛烈地大量释放。

2.3.2.3　影响围岩压力的因素

影响围岩压力的因素很多，通常可分为两大类：一类是地质因素，它包括原始应力状态、岩土力学性质、岩体结构面、地下水的作用等；另一类是工程因素，它包括洞室的尺寸与形状、支护的类型和刚度、施工方法、支护设置时间、洞室的埋置深度等。其中，岩体稳定性的关键之一在于岩体结构面的类型和特征。

1. 地质方面的因素

从岩性角度看，围岩主要分为脆性围岩和塑性围岩。塑性围岩主要包括各类黏土质岩石、黏土岩类、破碎松散岩和吸水易膨胀岩等，通常具有风化速度快、力学强度低和遇水软化、崩解、膨胀等不良性质，故对隧道围岩稳定性极为不利。脆性围岩主要为强度高的各类硬质岩，由于这类岩石的强度远远高于岩体的强度，故脆性围岩的强度主要取决于岩体结构面的抗剪强度，岩体本身的强度影响并不显著。由于岩体是各类结构面切割而成的岩块所组成的组合体，岩体的稳定性和强度往往由软弱结构面所控制。因此，影响洞室稳定性及围岩压力的地质因素可归纳为以下几点：

（1）岩体的完整性或破碎程度。对于围岩压力来说，岩体的完整性又比岩体的坚固性重要得多。

（2）各类结构面，特别是软弱结构面的产状、分布特性和力学性质，包括结构面的充填情况、充填物的性质等，都将会影响围岩压力的大小及分布特性。

（3）地下水的活动情况。

（4）对于软弱岩层，其岩性、强度值也是重要的因素。

在坚硬完整的岩层中，洞室围岩一般处于弹性状态，仅有弹性变形或不大的塑性变形，且变形在开挖过程中已经完成，因此，这种地层中不会出现塑性变形压力。支护的作用仅仅是为了防止围岩掉块和风化。

裂隙发育、弱面结合不良及岩性软弱的岩层，围岩都会出现较大的塑性区，因而需要设置支护，这时支护结构上会出现较大的塑性形变压力或松动压力。岩石地层处于初始潜塑状态时支护结构上会出现极大的塑性形变压力。

2. 工程方面的因素

影响洞室稳定性及围岩压力的工程方面的主要因素有：洞室的形状、尺寸；支护结构的形式和刚度；洞室的埋置深度或覆盖层厚度；施工中的技术措施等。

（1）洞室的形状和尺寸。

洞室的形状和洞室大小，包括洞室的平面、立体形式、高跨比、矢跨比及洞室立面尺寸等。由于洞室形状与围岩应力分布有着密切关系，因而与围岩压力也有关系。通常认为圆形或椭圆形洞室产生的围岩压力较小，而矩形或梯形则较大，因为对于矩形或梯形洞室顶部容易出现拉应力，而在两边转角处又有较大的集中应力。

（2）支护结构的形式和刚度。

支护形式、支护刚度和支护时间（开挖后围岩暴露时间的长短）对围岩压力都有一定的影响。洞室开挖后随着径向变形的产生，围岩应力产生重分布，同时，随着塑性区的扩大，围岩所要求的支护反力也随之减小。所以，采取喷混凝土支护或柔性支护结构能充分利用围岩的自承能力，使围岩压力减小。但是，支护的柔性不能太大，因为当塑性区扩展到一定程度出现塑性破裂，岩体的 c、φ 值相应降低，引起围岩松动，这时塑性形变压力就转化为松动压力，且可能达到很大的数值。还须指出，支护刚度不仅与材料和截面尺寸有关，而且还与支护的形式有关。实践表明，封闭型的支护比不封闭型的支护具有更大的刚性。对于可能出现底鼓现象的洞室，尤其要采用封闭型支护。

（3）洞室的埋置深度或覆盖层厚度。

洞室的埋置深度对围岩压力有着显著的影响。对于浅埋洞室，围岩压力随着深度的增加而增加，且水平向的初始应力较大，相对于洞室稳定性有一定的帮助。对于深埋洞室，由于埋深直接关系到侧压力系数的大小，特别是埋深很大时，还可能出现潜塑性状态，因此，埋置深度将影响围岩压力的大小。

（4）施工中的技术措施。

施工中的技术措施得当与否，对洞室的稳定性及围岩压力的大小都有很大的影响。例如，爆破造成围岩松动和破碎的程度；洞室的开挖顺序和方法；支护的及时性，围岩暴露时间的长短；岩体超欠挖等情况；设计的洞形、幅度尺寸改变的情况等均对围岩压力有很大的影响。

除上述影响因素外，还有一些其他的影响因素。例如，洞室的几何轴线与主构造线或软弱结构面的组合关系，相邻洞室的间距，时间因素等对围岩压力也有影响。

2.3.2.4 围岩压力的计算

1. 按松散体理论计算围岩压力

（1）垂直围岩压力。

按松散体理论计算围岩压力是从 20 世纪初开始的。由于考虑到岩体裂隙和节理的存在，岩体被切割为互不联系的独立块体。因此，节理密集和非常破碎的岩体通常被认为是松散岩体；松散介质的力学性能可看成无粘接力的松散体。但是，被各种软弱面切割而成的岩块结合体与真正理论上的松散体也并不完全相同，这就需要将真正的岩体代之以某种具有一定特性的特殊松散体，以便对这种特殊的松散体采用与理想松散体完全相同的计算方法。围岩压力的松散体理论是在长期观察地下洞室开挖后的破坏特性的基础上建立的。

理想松散体颗粒间抗剪强度为

$$\tau=\sigma\tan\varphi \tag{2-3-81}$$

而在有黏聚力的岩土体中抗剪强度为

$$\tau=\sigma\tan\varphi+c \tag{2-3-82}$$

式中 φ——内摩擦角；

σ——剪切面上的法向应力；

c——岩土体的黏聚力。

改写式（2-3-82）为

$$\tau=\sigma(\tan\varphi+c/\sigma) \tag{2-3-83}$$

令 $f_k=\tan\varphi+c/\sigma$，则

$$\tau=\sigma f_k \tag{2-3-84}$$

比较式（2-3-84）与式（2-3-81），在形式上是完全相同的。因此，对于具有一定粘接力的岩土体，同样可以当作完全松散体对待，只需以具有粘接力岩土体的 $f_k=\tan\varphi+c/\sigma$ 代替完全松散体的 $\tan\varphi$ 即可。

1）浅埋结构上的垂直围岩压力。当地下空间结构上覆岩土层较薄时，通常认为覆盖层全部岩土体重量作用于地下空间结构上。这时地下空间结构所受的围岩压力就是覆盖层岩土柱的重量（图 2-3-25（a）），即

$$q=\gamma H \tag{2-3-85}$$

式中 q——垂直围岩压力的集度；

γ——岩土体重度；

H——地下空间结构顶盖上方覆盖层厚度。

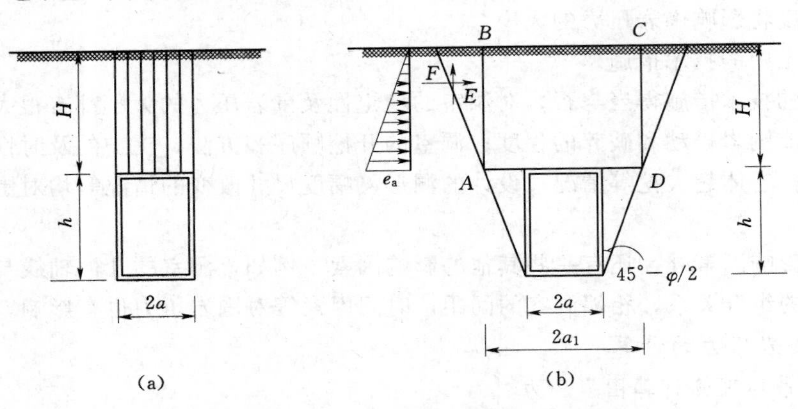

图 2-3-25 浅埋结构垂直围岩压力计算图式

可以看出，用式（2-3-85）所计算的围岩压力是一种最不利的情况。而实际上，当地下空间结构上方覆盖的岩土层向下滑动时，两侧不动岩土层不可避免地将向滑动体提供摩擦力，阻止其下滑。只要地下空间结构所提供的反力与两侧所提供的摩擦力之和能克服这种下滑，则作用在地下空间结构上的围岩压力只是岩土柱重量与两侧所提供摩擦力之差。

由于地下空间结构上方的覆盖层不可能像图 2-3-25（a）那样规则地沿壁面下滑，为方便计算，做一定的简化处理。假定从洞室的底角起形成一与结构侧壁成（$45°-\varphi/2$）的滑移面，并认为这个滑移面延伸到地表（图 2-3-25（b））。只有滑移面以内的岩土体才有可能下滑，而滑移面之外的岩土体是稳定的。取 $ABCD$ 为向下滑动的岩土体，它所受到的抵抗力是沿 AB 和 CD 两个面的摩擦力之和。因此，作用在地下空间结构上的总压力为

$$Q=G-2F \tag{2-3-86}$$

式中 G——$ABCD$ 体的总重量；

F——AB 或 CD 面对 G 的摩擦力。

由几何关系，有

$$2a_1=2a+2h\tan\left(45°-\frac{\varphi}{2}\right) \tag{2-3-87}$$

$$G=2a_1H\gamma \tag{2-3-88}$$

所以

$$G=2\left[a+h\tan\left(45°-\frac{\varphi}{2}\right)\right]\gamma H \tag{2-3-89}$$

由土力学的知识可知，AB（或 CD）面所受的水平力为主动土压力，为三角形分布，其最大值在 A 点（或 D 点），即

$$e_A=e_D=\gamma H\tan^2\left(45°-\frac{\varphi}{2}\right) \tag{2-3-90}$$

$AB(CD)$ 面所受的总的水平力为

$$E=\frac{1}{2}H\gamma H\tan^2\left(45°-\frac{\varphi}{2}\right)$$

$$=\frac{1}{2}\gamma H^2\tan^2\left(45°-\frac{\varphi}{2}\right) \tag{2-3-91}$$

$AB(CD)$ 面所受的摩擦阻力为

$$F=E\tan\varphi=\frac{1}{2}\gamma H^2\tan^2\left(45°-\frac{\varphi}{2}\right)\tan\varphi \tag{2-3-92}$$

将式（2-3-89）和式（2-3-92）代入式（2-3-86），有

$$Q=2\gamma H\left[a+h\tan\left(45°-\frac{\varphi}{2}\right)\right]-\gamma H^2\tan^2\left(45°-\frac{\varphi}{2}\right)\tan\varphi \tag{2-3-93}$$

垂直围岩压力集度为

$$q=\frac{Q}{2a_1}=\gamma H\left[1-\frac{H}{2a_1}\tan^2\left(45°-\frac{\varphi}{2}\right)\tan\varphi\right] \tag{2-3-94}$$

式（2-3-94）为考虑摩擦影响的围岩压力计算公式。可见，q 值是随地下空间结构所处的深度 H 而变化。为了解其变化情况，现将式（2-3-93）对 H 取一次导数，并令其为零，则可求得产生最大围岩压力的深度为

$$H_{max}=\frac{a_1}{\tan^2\left(45°-\frac{\varphi}{2}\right)\cdot\tan\varphi} \tag{2-3-95}$$

在这个深度上的围岩压力总值为

$$Q_{max}=\frac{\gamma a_1^2}{\tan^2\left(45°-\frac{\varphi}{2}\right)\cdot\tan\varphi} \tag{2-3-96}$$

围岩压力集度为

$$q_{max}=\frac{\gamma a_1}{2\tan^2\left(45°-\frac{\varphi}{2}\right)\cdot\tan\varphi} \tag{2-3-97}$$

由式（2-3-95）和式（2-3-97），有

$$q_{max}=\frac{1}{2}\gamma H_{max} \tag{2-3-98}$$

由此可知，在 H_{max} 这个深度上，摩擦阻力为全部岩土柱重量的 1/2。分析式（2-3-93）可以发现，当以 $H=2H_{max}$ 代入时，$Q=0$。这表明，摩擦阻力已全部克服了岩土体下滑的重量。

实际上不能认为当地下空间结构埋置深度 $H>2H_{max}$ 时地下空间结构上完全没有围岩压力作用。这是因为研究的是松散的围岩，而不是一个刚性的块体。对于一个刚性块体，只要摩擦力能克服其重力，块体就不会发生移动，则位于它下面的结构就不承受该块体力的作用。而对于下滑的松散体来说，虽然两侧的摩擦阻力在数值上已超过岩土柱的全部重量，但是远离摩擦面（特别是跨中）的岩土体将因其自重而脱落。

2）深埋结构上的垂直围岩压力。深埋结构是指当地下空间结构的埋深大到这样一种

程度，以至两侧摩擦阻力远远超过了滑移柱的重量。因而不存在任何偶然因素能破坏岩土柱的整体稳定性。深埋结构的围岩压力是研究地下洞室上方一个局部范围内的压力现象。如图 2-3-26 所示，由于深埋结构的特点，保障了 $ABCDE$ 部分岩土体的稳定性，这部分岩土体称为岩土拱。由于它具有将压力卸于两侧岩土体的作用，所以又叫卸荷拱。此时，只有 AED 以下岩土体重量对结构产生压力，因而称此为压力拱。

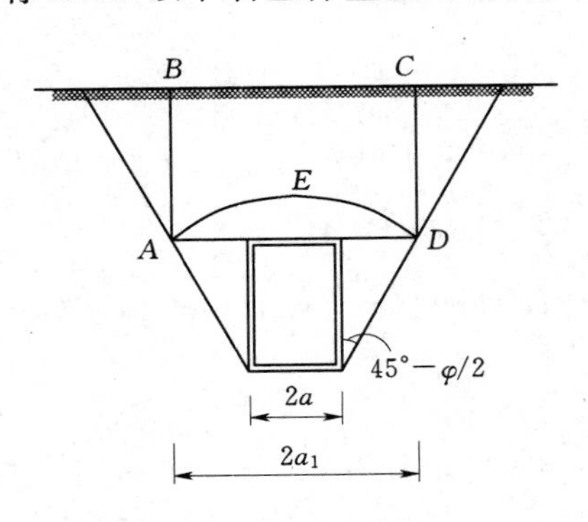

图 2-3-26 深埋结构垂直围岩压力计算图式

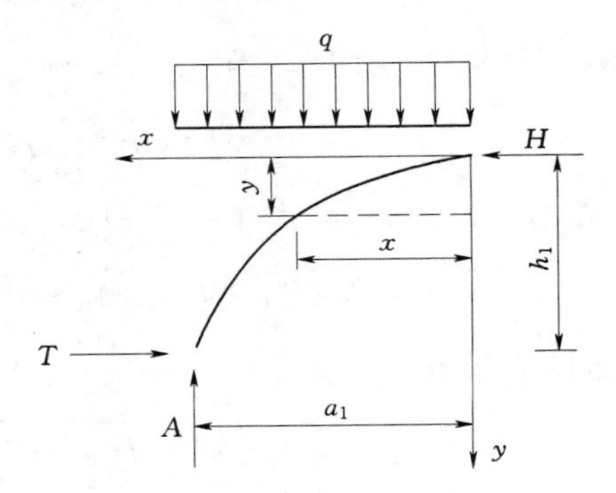

图 2-3-27 计算简图

①压力拱的曲线形状。压力拱能够自然稳定而平衡，它将是一个合理拱轴，其上任何一点是无力矩的。忽略由于压力拱曲线本身形状造成岩土体重量的不均匀性。

假定拱轴线受到均布荷载，集度为 q。如图 2-3-27 所示，根据压力拱轴线各点无力矩的理论，可建立以下方程，即

$$Hy-\frac{1}{2}qx^2=0$$

$$y=\frac{q}{2H}x^2 \qquad (2-3-99)$$

式中 H——压力拱拱顶所产生的水平推力。可见，压力拱是二次抛物线曲线。

②压力拱高度。由图 2-3-27 可知，平衡拱顶推力 H 的力是拱脚处的水平反力 T，当 $T\geqslant H$ 时，压力拱可以保持稳定，而 T 是由 q 形成的摩擦力提供的。q 在拱脚形成的全部垂直反力为

$$A=qa_1 \qquad (2-3-100)$$

由 A 所形成的水平摩擦力为

$$T=Af_k=qa_1f_k \qquad (2-3-101)$$

当 $T=H$ 时，压力拱处于极限平衡状态，这时压力拱的方程为

$$y=\frac{x^2}{2f_ka_1} \qquad (2-3-102)$$

如果考虑压力拱存在的安全性，可以认为 $T/2=H$，而拱脚只用存在的水平抗力之半平衡拱顶水平推力，将此再代入式（2-3-99），得出具有相当安全系数为 2 的压力拱方程，即

$$y=\frac{x^2}{f_ka_1} \qquad (2-3-103)$$

当 $x=a_1$ 时，由式（2-3-103）可求出压力拱高度为

$$h_1=\frac{a_1}{f_k} \tag{2-3-104}$$

式（2-3-104）就是从20世纪初开始应用的计算地下空间结构围岩压力的一个古老公式，称为普氏公式。

压力拱曲线上任何一点的高度为

$$h_x=h_1-y=h_1\left(1-\frac{x^2}{a_1^2}\right) \tag{2-3-105}$$

因此，当地下空间结构上方具有足够厚度的覆盖层时，由于卸荷拱起到将岩土体重量转嫁给洞室两侧的作用，因而只有压力拱内的岩土体重量作用在结构上。

在地下空间结构设计中，常忽略压力拱曲线所造成的荷载集度的差别，垂直围岩压力取均布形式，并按 h_1 计算，即

$$q=\gamma h_1 \tag{2-3-106}$$

式中　q——作用在地下空间结构上的垂直围岩压力集度。

由式（2-3-104）看出，f_k 是表征岩土体属性的一个重要物理量，它决定岩土体性质对压力拱高度的影响，f_k 是岩土体抵抗各种破坏能力的综合指标，又称岩土层坚硬系数或普氏系数。f_k 值大，则岩土体抵抗各种破坏，如抵抗冲击、爆破、开挖等的能力就强。它的数值可以表示为

对碎石类土，有

$$f_k=\tan\varphi$$

对黏性土和粉土，有

$$f_k=\tan\varphi+c/\sigma$$

对岩体，有

$$f_k=\frac{1}{100}R_c$$

式中　R_c——岩体极限抗压强度。

由于岩土体结构极为复杂，同种岩体也因裂隙、层理、节理发育状况不同，表现出对各种破坏抵抗能力的不同。f_k 值需结合现场、综合各种地质实际由经验判定。

（2）水平围岩压力。

地下空间结构上作用着垂直围岩压力和水平围岩压力，垂直围岩压力的计算已如前述。一般来说，垂直围岩压力是地下空间结构所不可忽视的荷载，而水平围岩压力只是对较松软的岩层（如 $f_k\leqslant 2$ 时）才考虑。

地下空间结构的侧墙像挡土墙一样承受着围岩的水平压力。因此，为计算水平围岩压力，可首先计算出该点的垂直围岩压力集度，而后乘以侧压力系数 $\tan^2(45°-\varphi/2)$，即得水平围岩压力集度。所以任意深度 z 处的水平围岩压力集度为

$$e_z=\gamma z\tan^2\left(45°-\frac{\varphi}{2}\right) \tag{2-3-107}$$

水平围岩压力沿深度呈三角形分布，其值介于主动土压力与静止土压力之间。如果沿结构深度上岩土体由多层组成，则必须分层计算各层的水平围岩压力。

(3) 底部围岩压力。

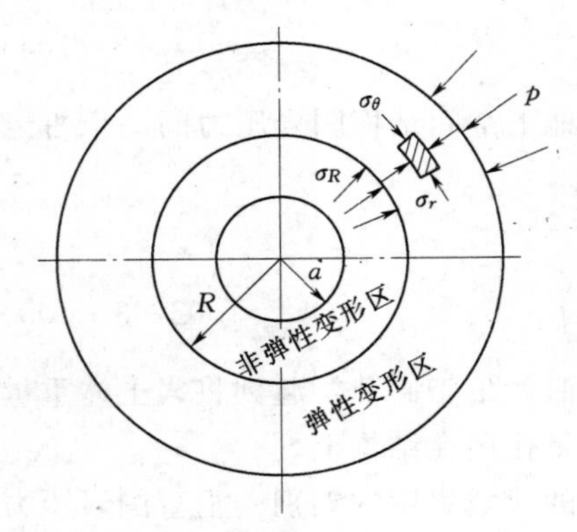

图 2-3-28 弹塑性模型计算围岩压力图

在某些松软岩层中构筑地下建筑物，由于在衬砌侧墙底部轴向压力作用下，或某些岩层，如黏性土层及石膏等遇水膨胀，都有可能使洞室底部产生隆起现象。这种由于围岩隆起而对衬砌底板产生的作用力，称为底部围岩压力。就数值来说，底部围岩压力一般比水平围岩压力小得多。由于地下工程一般都构筑在中等坚硬以上围岩中，通常都不需要计及底部围岩压力。

2. 按弹塑性理论计算围岩压力

如图 2-3-28 所示，地下圆形洞室周围出现的各种变形区域，假定 R 为非弹性变形区的半径，而以半径为无穷大（与 a 相比相当大）划定一个范围，则在这个范围的边界上作用着静水压力 p，而在半径为 R 的边界上作用着应力 σ_R。这时弹性区中的应力可根据弹性理论中厚壁圆筒的解答描述，即

$$\begin{cases}\sigma_r=p\left(1-\dfrac{R^2}{r^2}\right)+\sigma_R\dfrac{R^2}{r^2}\\ \sigma_\theta=p\left(1+\dfrac{R^2}{r^2}\right)-\sigma_R\dfrac{R^2}{r^2}\end{cases}\tag{2-3-108}$$

而非弹性变形区中的应力根据弹塑性理论解答为

$$\begin{cases}\sigma_r=(p_b+c\cdot\cot\varphi)\left(\dfrac{r}{a}\right)^{\frac{2\sin\varphi}{1-\sin\varphi}}-c\cdot\cot\varphi\\ \sigma_\theta=(p_b+c\cdot\cot\varphi)\left(\dfrac{r}{a}\right)^{\frac{2\sin\varphi}{1-\sin\varphi}}\cdot\dfrac{1+\sin\varphi}{1-\sin\varphi}-c\cdot\cot\varphi\end{cases}\tag{2-3-109}$$

式中 p_b——支护对洞室周边的反力，亦即围岩对支护的压力，二者大小相等；

p——洞室所在位置的原始应力，$p=\gamma H$（γ 为重度，H 为埋深）；

a——洞室半径；

R——非弹性变形区的半径。

在弹性区与非弹性区的交界面上，应力 σ_θ、σ_r 既满足非弹性变形区中的应力方程式 (2-3-109)，也满足弹性变形区中的应力方程式 (2-3-108)。

对于非弹性变形区，由式 (2-3-109) 得

$$(\sigma_r+\sigma_\theta)=\frac{2(p_b+c\cdot\cot\varphi)}{1-\sin\varphi}\left(\frac{r}{a}\right)^{\frac{2\sin\varphi}{1-\sin\varphi}}-2c\cdot\cot\varphi\tag{2-3-110}$$

从弹性区而言，由式 (2-3-108) 可得

$$(\sigma_r+\sigma_\theta)=2p\tag{2-3-111}$$

在弹性区和非弹性区的交界上，即 $r=R$，应力状态应是定值，因此，式 (2-3-110) 与式 (2-3-111) 应相等，于是，有

$$p=\frac{(p_b+c\cdot\cot\varphi)}{1-\sin\varphi}\left(\frac{R}{a}\right)^{\frac{2\sin\varphi}{1-\sin\varphi}}-c\cdot\cot\varphi \tag{2-3-112}$$

由此可得

$$R=a\left[\frac{(p+c\cdot\cot\varphi)}{(p_b+c\cdot\cot\varphi)}\cdot(1-\sin\varphi)\right]^{\frac{1-\sin\varphi}{2\sin\varphi}} \tag{2-3-113}$$

也可以改写为

$$p_b=[(p+c\cdot\cot\varphi)(1-\sin\varphi)]\left(\frac{a}{R}\right)^{\frac{2\sin\varphi}{1-\sin\varphi}}-c\cdot\cot\varphi \tag{2-3-114}$$

式中符号意义同前。

式（2-3-114）就是著名的修正芬纳公式。它表示当岩体性质、埋深等确定的情况下，非弹性变形区大小与支护对围岩提供的反力间的关系。

3. 按围岩分级和经验公式确定围岩压力

（1）深、浅埋隧道的判定原则。

隧道埋深不同，确定围岩压力的计算方法也不同，因此有必要分清深埋与浅埋隧道的界限。一般情况下，应以隧道顶部覆盖层能否形成“自然拱”为原则，但要确定出界限是很困难的，因为它与许多因素有关，因此只能按经验作出概略的估算。深埋隧道围岩松动压力值是根据施工塌方平均高度（等效荷载高度）出发，为了能形成此高度值，隧道上覆岩体就应有一定的厚度；否则塌方会扩展到地面。为此，深、浅埋隧道分界深度至少应大于塌方的平均高度，且具有一定余量。根据经验，这个深度通常为2～2.5倍的塌方平均高度值，即

$$H_p=(2-2.5)h_q \tag{2-3-115}$$

式中 H_p——深、浅埋隧道分界的深度；

h_q——塌方平均高度，有

$$h_q=0.45\times2^{s-1}\times\omega \tag{2-3-116}$$

s——围岩级别，如Ⅲ级围岩，则 $s=3$；

ω——宽度影响系数，且 $\omega=1+i(B-5)$；

B——坑道的宽度，m；

i——以 $B=5$m 为基准，B 每增减 1m 时的围岩压力增减率，当 $B<5$m 时取 $i=0.2$，$B>5$m 时取 $i=0.1$。

当隧道覆盖层厚度 $H\geqslant H_p$ 时为深埋，$H<H_p$ 时为浅埋。一般在松软的围岩中取高限，在较坚硬的围岩中取低限，对于其他情况，则应作具体分析后确定。

（2）深埋洞室围岩松动压力的确定方法。

当隧道的埋置深度超过一定限值后，按围岩的“成拱作用”计算松动压力时，仅是隧道周边某一破坏范围（自然拱）内岩体的重量，而与隧道埋置深度无关，故解决这一破坏范围的大小就成为问题的关键。下面介绍我国铁路隧道设计规范所推荐的方法。

确定围岩松动压力的关键是找出其破坏范围的规律性，而这种规律性只有通过大量的实际破坏性态的统计分析，才能发现围岩破坏的直接表现形式是施工中产生的塌方，因此，可根据大量铁路隧道塌方资料的统计分析，找出适用铁路隧道的围岩破坏范围形状和

大小的规律性，从而得出计算围岩松动压力的统计公式。由于所统计的塌方资料是有限的，加上资料的可靠性也是相对的，所以这种统计公式也只能在一定程度上反映围岩松动压力的真实情况。现行我国《铁路隧道设计规范》（TB 10003—2005）中推荐的计算围岩垂直匀布松动压力 q 的计算公式就是根据西南地区 127 座单线铁路隧道 357 个塌方点的资料进行统计分析而拟定的，根据隧道结构按破损阶段法或概率极限状态法设计的不同而采用不同的公式。

1）采用破损阶段法设计隧道结构，有

$$q=\gamma h_q \tag{2-3-117}$$

式中　γ——围岩容重，kN/m^3；

h_q——塌方平均高度，m，见式（2-3-116）。

以上公式是在塌方统计的基础上，考虑地质条件及坑道宽度建立的。公式的适用条件为：①$H_t/B<1.7$，H_t 为坑道净高度（m）；②深埋隧道；③不产生显著的偏压力及膨胀压力的一般围岩；④采用传统的矿山法施工。

随着现代隧道施工技术的发展，隧道开挖引起的破坏范围将会被控制在最小限度内，所以围岩松动压力的发展也将受到控制。

在上述产生竖向压力的同时，隧道也会有侧向压力出现，即围岩水平匀布松动压力 e，其计算方法参见表 2-3-3 中的经验值（一般取平均值），其适用条件同式（2-3-117）。

表 2-3-3　围岩水平匀布松动压力 e

围岩级别	Ⅰ～Ⅱ	Ⅲ	Ⅳ	Ⅴ	Ⅵ
水平匀布压力	0	$<0.15q$	$(0.15\sim0.30)q$	$(0.30\sim0.50)q$	$(0.50\sim1.00)q$

2）采用概率极限状态法设计隧道结构，有

$$q=\gamma\times0.41\times1.79^s \tag{2-3-118}$$

式中　s——围岩级别。

其他符号意义同上。

围岩水平匀布松动压力 e 的计算方法同样参见表 2-3-3。

除了确定压力的数值外，还要考虑压力的分布状态。根据我国隧道垂直围岩压力的一些量测资料表明，作用在支护结构上的荷载是很不均匀的，这是因为在Ⅰ级及Ⅱ级围岩中，局部塌方是主要的；而在其他类别的围岩中，岩体破坏范围的大小和形状受岩体结构、施工方法等因素的控制，是极不规则的。

根据统计资料，围岩垂直松动压力的分布大致可概括为 4 种，如图 2-3-29 所示。用等效荷载，即非匀布压力的总和应与匀布压力的总和相等的方法来确定各荷载图形的高度值。

另外，还应考虑围岩水平松动压力非均匀分布的情况。

上述压力分布图形只概括了一般情况，当地质、地形或其他原因可能产生特殊荷载时，围岩松动压力的大小和分布应根据实际情况分析确定。

(3) 浅埋隧道围岩松动压力的确定方法。

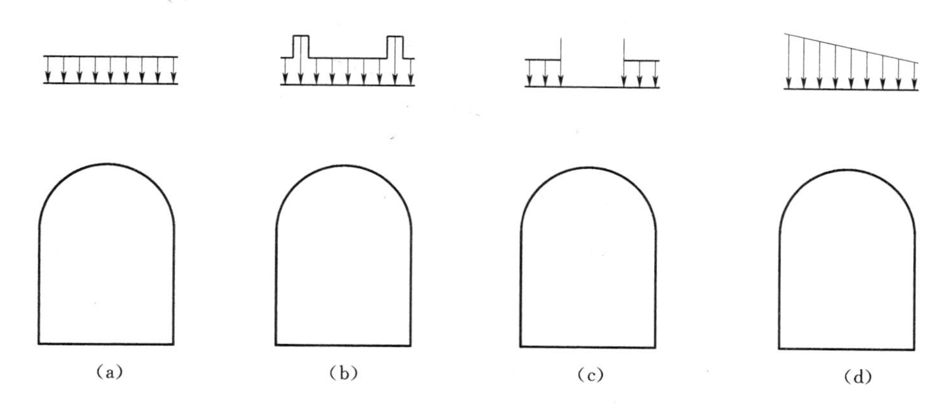

图 2-3-29 围岩垂直松动压力分布

对于隧道来说，浅埋地段一般都出现在洞口附近。有时隧道洞口地段处于漫坡进洞或在某一较长区段处于天然台地之下，因隧道接近地表，围岩多为松散堆积物，“自然拱”无法形成，此时的围岩压力计算不能再引用上述深埋情况的计算公式，而须另外按浅埋情况进行分析计算。

前已述及，当隧道埋深不大时，开挖的影响将波及地表而不能形成“自然拱”。从施工过程中岩土体的运动情况可以看到隧道开挖后如不及时支撑，岩土体即会大量塌落或移动，这种移动会影响到地表并形成一个塌陷区域，此时岩土体将会出现两个滑动面，如图 2-3-30 所示。

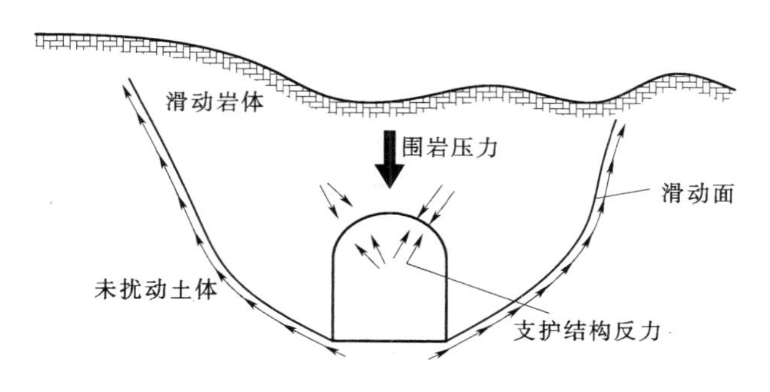

图 2-3-30 浅埋隧道围岩松动压力

对于这种情况，可以采用松散介质极限平衡理论进行分析。当滑动岩土体下滑时受到两种阻力作用：一是滑面上阻止滑动岩土体下滑的摩擦阻力；二是支护结构的反作用力，这种反作用力的数值应等于滑动岩土体对支护结构施加的压力，也就是所要确定的围岩松动压力。根据受力的极限平衡条件有

滑动岩土体重力＝滑面上的阻力＋支护结构的反作用力(围岩松动压力)

则

围岩松动压力＝滑动岩土体重力－滑面上的阻力

计算浅埋隧道围岩松动压力分两种情况：

一种是隧道埋深 h 不大于等效荷载高度 h_q（即 $h \leqslant h_q$）。因上覆岩土体很薄，滑动面上的阻力很小，为安全起见，计算时可省略滑面上的摩擦阻力，则围岩垂直匀布压力为

$$q=\gamma h \tag{2-3-119}$$

式中　γ——围岩容重，kN/m³；

h——隧道埋置深度，m。

围岩水平匀布压力按朗肯公式计算，有

$$e=\left(q+\frac{1}{2}\gamma H_t\right)\tan^2\left(45°-\frac{\varphi_0}{2}\right) \tag{2-3-120}$$

式中　H_e——隧道开挖高度，m。

另一种是隧道埋置深度 h 大于等效荷载高度 h_q（即 $h>h_q$）。隧道随着埋深的增加，上覆岩土体逐渐增厚，滑面上的阻力也随之增大。因此，在计算围岩压力时，必须考虑滑面上阻力的影响，按式（2-3-94）计算。

（4）浅埋山坡处洞室的松动围岩压力计算。

当洞室处在图 2-3-31 所示的情况时，围岩压力将产生偏压。此时，计算围岩压力的方法常采取与岩土柱法相同的原理。考虑岩土柱两侧摩擦力的作用，作用在衬砌上的垂直压力等于岩土柱 ABB_0A_0 的重量减去两侧破裂面（AB 和 B_0A_0）上的摩擦力的剩余值。

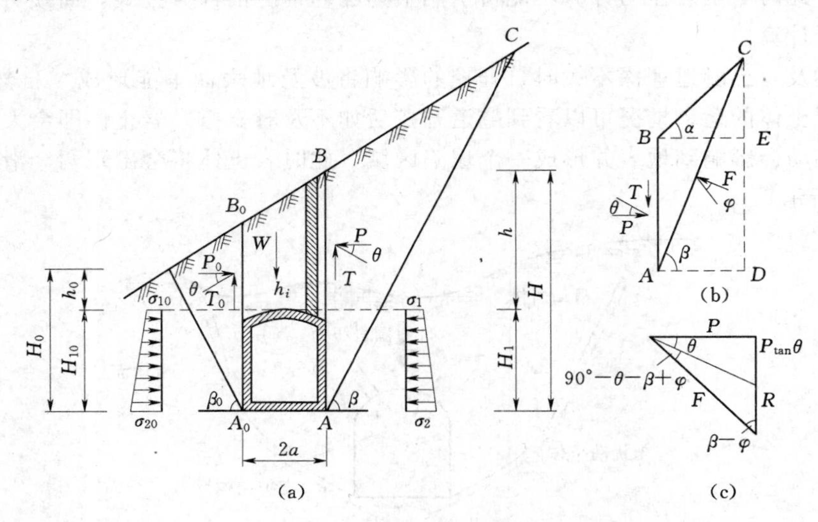

图 2-3-31　山坡处洞室围岩压力计算简图

岩土柱右侧面上的摩擦力，可由岩土柱侧面 AB 和滑动面 AC 所形成的岩土体，在力的平衡条件下求得。设 θ 为岩土柱右侧面的摩擦角，φ 为岩土体的内摩擦角，β 为滑动面与水平面的夹角，α 为地面的坡角。根据该计算简图上作用力的平衡条件，可作出力多边形。岩土柱 ABC 的重量为

$$R=\frac{\gamma}{2}H\,\overline{AD} \tag{2-3-121}$$

其中

$$\overline{AD}=\frac{\overline{CD}}{\tan\beta}=\frac{\overline{CE}}{\tan\alpha}$$

$$H=\overline{CD}-\overline{CE}=\overline{AD}(\tan\beta-\tan\alpha) \tag{2-3-122}$$

将式（2-3-121）代入式（2-3-122）得

$$R=\frac{\gamma H^2}{2}\frac{1}{\tan\beta-\tan\alpha} \tag{2-3-123}$$

在力三角形中，根据正弦定律得

$$\frac{\frac{P}{\cos\theta}}{\sin(\beta-\varphi)}=\frac{R}{\sin(90°-\theta-\beta+\varphi)}$$

$$P=\frac{R\sin(\beta-\varphi)\cos\theta}{\sin(90°-\theta-\beta+\varphi)} \tag{2-3-124}$$

将式（2-3-124）的分子和分母同乘以 $\cos(\beta-\varphi)$，并将式（2-3-123）代入式（2-3-124），简化后可得

$$P=\frac{\gamma H^2}{2}\cdot\frac{1}{\tan\beta-\tan\alpha}\cdot\frac{\tan\beta-\tan\alpha}{1+\tan\beta(\tan\varphi-\tan\theta)+\tan\varphi\tan\theta}$$

$$=\frac{1}{2}\gamma H^2\lambda \tag{2-3-125}$$

在式（2-3-125）中，岩土柱滑动面与水平面的夹角 β 为未知的参数，它可根据求 P 的极大值求得

$$\frac{dP}{d\beta}=0$$

$$\frac{dP}{d\beta}=\frac{1}{2}\gamma H^2\sec^2\beta\{[1+\tan\beta(\tan\varphi-\tan\theta)+\tan\varphi\tan\theta](\tan\varphi-\tan\alpha)$$
$$-(\tan\beta-\tan\varphi)(\tan\beta-\tan\alpha)(\tan\varphi-\tan\theta)\}=0$$

$$\tan\beta=\tan\varphi+\sqrt{\frac{(1+\tan^2\varphi)(\tan\varphi-\tan\alpha)}{\tan\varphi-\tan\theta}} \tag{2-3-126}$$

同理，可得 A_0B_0 面上的 P_0、θ_0、$\tan\beta_0$ 的表达式。衬砌上承受的总荷载为

$$Q=W-P\tan\theta-P_0\tan\theta \tag{2-3-127}$$

将式（2-3-126）代入式（2-3-127），并化简后得

$$Q=W\left[1-\frac{\gamma\tan\theta}{2}\cdot\frac{H^2\lambda+H_0^2\lambda_0}{W}\right] \tag{2-3-128}$$

衬砌上承受的荷载强度可表示为

$$q_i=\gamma h_i\left[1-\frac{\gamma\tan\theta}{2}\cdot\frac{H^2\lambda+H_0^2\lambda_0}{W}\right] \tag{2-3-129}$$

式中的参数按下式求得，即

$$\lambda=\frac{1}{\tan\beta-\tan\alpha}\cdot\frac{\tan\beta-\tan\varphi}{1+\tan\beta(\tan\varphi-\tan\theta)+\tan\varphi\tan\theta}$$

$$\lambda_0=\frac{1}{\tan\beta_0-\tan\alpha}\cdot\frac{\tan\beta_0-\tan\varphi}{1+\tan\beta_0(\tan\varphi-\tan\theta)+\tan\varphi\tan\theta}$$

$$\tan\beta=\tan\varphi+\sqrt{\frac{(1+\tan^2\varphi)(\tan\varphi-\tan\alpha)}{\tan\varphi-\tan\theta}}$$

$$\tan\beta_0=\tan\varphi+\sqrt{\frac{(1+\tan^2\varphi)(\tan\varphi+\tan\alpha)}{\tan\varphi-\tan\theta}}$$

式中　γ——岩土体的重度；

h_i——计算点衬砌以上岩土柱的高度；

W——洞室顶部岩土柱的总重量，$W=\alpha\gamma(h+h_0)$；

λ，λ_0——侧压力系数；

β，β_0——滑动面与水平面的夹角；

α——地表的坡面；

φ——岩土体的内摩擦角；

θ——岩土柱两侧的摩擦角，对于岩石，$\theta=(0.7\sim0.8)\varphi$；对于土，$\theta=(0.3\sim0.5)\varphi$，对于淤泥、流砂等松软土，$\theta=0$。

衬砌侧墙上的水平侧压力可按式（2-3-130）计算，即

$$\left.\begin{aligned}\sigma_1&=\lambda\gamma h, & \sigma_2&=\lambda\gamma(h+H_1)\\ \sigma_{10}&=\lambda_0\gamma h_0, & \sigma_{20}&=\lambda_0\gamma(h_0+H_{10})\end{aligned}\right\}\tag{2-3-130}$$

水平侧压力的分布图形为梯形，如图2-3-31所示。

最后，尚须指出，式（2-3-129）只适用于采用矿山法施工的隧洞。若隧洞采用明挖法施工，则按式（2-3-129）计算所得的荷载值将比实际的偏小。这时，须采用不考虑岩土柱摩擦力的方法来计算衬砌上的荷载。

2.4 地层弹性抗力

地下空间结构除承受主动荷载作用外（如围岩压力、结构自重等），还承受一种被动荷载，即地层的弹性抗力。弹性抗力则是一种被动荷载，这种荷载因结构本身特性和地层特性而定。

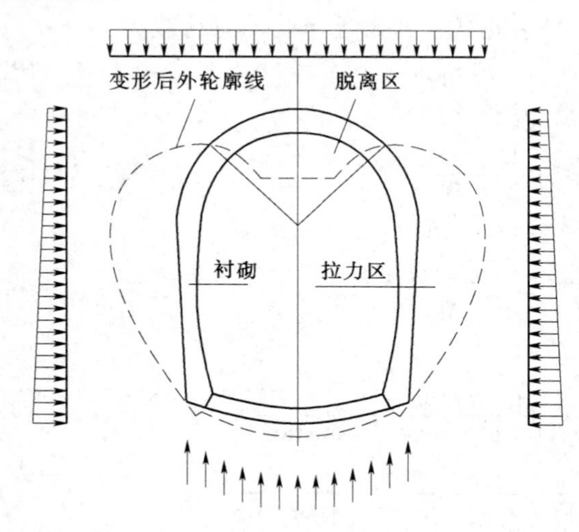

图2-4-1 衬砌结构在外力作用下的变形规律

地下空间结构在外荷载作用下发生变形，同时受到周围地层的约束。地下空间结构的变形导致地层发生与之协调的变形时，地层就对地下空间结构产生了反作用力，这一反作用力称为弹性抗力，其大小与地层特性有关，一般假设弹性抗力与地层变形呈线性关系。地层弹性抗力的存在是地下空间结构区别于地面结构的显著特点之一。

结构在主动荷载作用下，要产生变形。以隧道工程为例，如图2-4-1所示的曲墙拱形结构，在主动荷载（垂直荷载大于水平荷载）作用下，产生的变形如虚线所示。

在拱顶，其变形背向地层，在此区域内岩土体对结构不产生约束作用，所以称其为“脱离区”，而在靠边拱脚和边墙部位，结构产生压向地层的变形，由于结构与岩土体紧密接触，则岩土体将制止结构的变形，从而产生了对结构的反作用力，对这个反作用力习惯

上称为弹性抗力，地层弹性抗力的存在是地下空间结构区别于地面结构的显著特点之一。因为，地面结构在外力作用下，可以自由变形不受介质约束，而地下空间结构在外力作用下，其变形受到地层的约束。所以地下空间结构设计必须考虑结构与地层之间的相互作用，这就带来了地下空间结构设计与计算的复杂性。另外，由于弹性抗力的存在，限制了结构的变形，以至结构的受力条件得以改善，使其变形小而承载能力有所增加。

既然弹性抗力是由于结构与地层的相互作用产生的，所以弹性抗力大小和分布规律不仅决定于结构的变形，还与地层的物理力学性质有着密切的关系。

在计算地下空间结构的各种方法中，如何确定弹性抗力的大小及其作用范围（抗力区），目前有两种理论：一种是局部变形理论，认为弹性地基某点上施加的外力只会引起该点的变形（沉陷）；另一种是共同变形理论，即认为作用于弹性地基上一点的外力，不仅使该点发生沉陷，而且会引起附近一定范围的地基也发生沉陷。一般来说，后一种理论较为合理，但由于局部变形理论的计算方法较为简单，且一般尚能满足工程精度要求，所以目前多采用局部变形理论计算弹性抗力。

在局部变形理论中，以温克尔（E. Winkler）假设为基础，认为地层的弹性抗力与结构变位成正比，即

$$\sigma = k\delta \tag{2-4-1}$$

式中 σ——弹性抗力强度，kPa；

k——弹性抗力系数，kN/m^3；

δ——岩土体计算点的位移值，m。

从式（2-4-1）可以看出，k 是阻止面积为 $1m^2$ 的衬砌变位 1m 所需的压力。同时，又发现如果在同一围岩中开凿几个圆柱形空洞，两端密闭，于空洞中注入一定压强的压缩空气，则空洞的半径越大，k 值越小；反之，空洞的半径越小，k 值就越大。因 k 值随半径大小而变，同一围岩的弹性抗力系数变化不定，没有一个明确的数值，对于设计人员来说是非常不便的。为了解决这个矛盾，人们统一采用半径为 1m 的空洞的 k 值作为标准，用 k_0 为代表。

既然与洞径成反比，当半径 r 用 m 为长度单位时，有

$$k : k_0 = 1(\mathrm{m}) : r(\mathrm{m}) \tag{2-4-2}$$

即

$$k = \frac{k_0}{r} \tag{2-4-3}$$

在设计时，要注意 r 为坑道的半径，而不是衬砌的内半径。当坑道为拱形时，则 r 应为坑道净宽的一半。

称 k_0 为单位弹性抗力系数，它不但随岩石的种类而异，而且也随岩体的节理间距而异。对于重要工程应在地层中挖一空洞通过实测来确定。表 2-4-1 列出了 k_0 的参考数值。

在设计地下空间结构时考虑了弹性抗力就意味着围岩和结构是共同抵抗外力的。考虑弹性抗力后，需要的结构厚度可减小，能节省材料。当地层方面弱点显著时，其弹性抗力系数取值不宜偏大。

表2-4-1 弹性抗力系数参考值

岩石坚硬程度	代表性岩石	节理间距 /cm	单位弹性抗力系数 k_0	
			kg/cm³	10^5 t/m³
坚硬	石英岩、花岗岩 流纹岩、安山岩 玄武岩、硅质石英岩	⩾30 5～30 ⩽5	1000～2000 500～1000 300～500	10～20 5～10 3～5
中等坚硬	砂岩、石灰岩 白云岩、砾岩	⩾30 5～30和⩽5	500～1000 300～500 100～300	5～10 3～5 1～3
较软	砂页岩互层 黏土质页岩 泥灰岩	⩾30 5～30 ⩽5	200～500 100～200 <100	2～5 1～2 <1
松软	风化页岩、风化泥灰岩 黏土、黄土 山麓堆积物		<50	<0.5

在计算中，通常认为地层与地下空间结构之间只可能产生压应力。如果两者相脱离，就属于脱离区。但是，地下空间结构与地层之间在抗力分布区内有可能产生摩擦力，因而地下空间结构周边有时会有沿外表面作用的剪应力。也就是说，有时需要考虑地层与地下空间结构之间不能自由滑动，由于表面剪应力的存在使地下空间结构的内力状态有所改变。地层弹性抗力的分布规律如图2-4-1所示。衬砌在外力作用下发生变形后，在变形方向离开地层的区域形成脱离区，脱离区的结构表面不承受弹性抗力的作用；在变形方向挤向地层的区域形成抗力区，结构表面受垂直于表面的压应力，有时还存在沿结构外周表面作用的剪应力。由于喷射混凝土和压力灌浆等施工技术的采用，剪应力的影响显著增加，这在计算中应引起重视。

可以预见，随着电子计算机和相应的计算技术的发展，今后在计算理论中对弹性抗力的考虑方式有可能作较大改进。众所周知，地层的力学性质呈现强烈的非线性特征，已为大量的野外试验所证实。以往按弹性假定计算抗力是在当时的计算条件下不得已而采用的方法，现在已有可能以地层受力的非线性特征为依据来计算结构受到的抗力。作为改进方向，今后应当从现有的弹性抗力理论演变为非线性抗力理论，发展按岩土体的非线性应力—应变关系来计算地层抗力和结构内力的新的计算方法。

按岩土材料的非线性本构关系计算地层抗力，同样可区分为两种理论：局部变形理论与共同变形理论。此时的局部变形理论虽然仍认为地层表面某点上施加的外力只会引起该点产生沉陷（变形），但外力与沉陷（变形）之间不再按线性关系变化，而是按非线性关系变化。如果地下空间结构本身仍处于弹性阶段工作，其内力分析就成为计算非线性局部变形地基上的弹性结构。此时的共同变形理论除仍认为地基表面某点上施加的外力不仅会引起该点产生沉陷（变形），而且会引起附近的地层也产生沉陷（变形）外，将假设外力与沉陷（变形）之间不再呈线弹性关系。如把地基材料看成具有非线性本构关系的连续介质，地下空间结构本身仍假定在弹性阶段工作，其内力分析就成为计算非线性连续介质上的弹性结构。事实上，上述两种非线性计算方法目前都已可以借助有限单元法等数值方法来实现。由于材料本构关系呈现非线性时的计算比现时通用的弹性抗力理论要繁复得多，这类方法至今尚缺乏系统的研究。此外，因地层岩土材料的非线性应力—应变关系可以是非线性弹性、弹塑性，甚至是黏弹塑性，由此产生的地层抗力当然不宜再叫做弹性抗力，而应当相应地改称为非线性弹性或弹塑性抗力，或者黏弹塑性抗力等。地层非线性抗力的研究将是荷载结构法今后探讨的课题。

2.5 地下空间结构可靠度基本原理

2.5.1 概述

由于地层条件、施工环境和使用功能的特殊性，地下空间结构在很大程度上存在随机性、离散性和不确定性，所以仅仅依靠传统的确定性力学和数学方法等分析地下空间结构很难真实反映其力学性态。为此本节根据地下结构分析中的不确定性因素、可靠度分析原理及近似计算方法进行介绍。

2.5.1.1 地下空间结构的不确定性因素

地下空间结构的不确定性因素主要包括以下几点：

（1）地层介质参数的不确定性。

地层介质的形成经历了漫长的地质年代，并且不断地受到自然地质构造运动和人类活动的影响，使地层介质多呈现非均质性、非线性、各向异性和随机离散性等。工程实践中，地层介质的工程特性非常复杂且易于变化，即在一个地下空间结构的修建单元区内，介质特性也存在不同。通常，地层参数不确定性来源于介质本身的空间变异性、试验误差、分析误差和统计误差等。

（2）岩土体分类的不确定性。

设计地下空间结构时，设计人员往往需要根据岩土介质体的类别进行结构的初步设计。因此，岩土体类别的划分至关重要。然而，各类岩土体分类法根据工作服务部门都有相应的一套规范或标准，而这些规范本身通常是根据大量经验确定的，因而存在一定的不确定性；有时由于不同工程师对标准的理解和处理不尽相同，因而也可能引起岩土体分类的随机性，进而导致地下空间结构设计上的不确定性。

（3）分析模型的不确定性。

地下空间结构分析计算时，一般要涉及结构本身和周围地层介质的力学模型和计算范围、边界的确定。一般来说，介质所服从的力学性态模型是通过室内试验得到的本构关系确定的，如弹性模型、弹塑性模型、黏弹塑性模型等，这些模型及模型内的参数与真实介质本身及参数存在很大的差异，从而引起力学模型的不确定性。此外，地下空间结构分析时，往往要对周围影响范围、土层条件和边界条件等进行简化假设，也引起了计算模型的不确定性。

（4）荷载和抗力的不确定性。

荷载和抗力是影响地下空间结构分析的主要不确定性因素。地下空间结构施工与设计中所涉及的荷载，包括已知荷载和未知的其他因素。例如，施工荷载是随时间变化的可变荷载，采用随机过程模型描述；其他恒载和活载在已掌握大量资料的基础上，可利用数理统计方法进行分析处理，给出这些荷载的概率分布函数和统计参数。

（5）施工中的不确定性因素。

地下空间结构施工过程中的不确定性因素很多，如地下开挖和回填的过程中，土层的扰动、支护结构、边界条件和荷载变化等。

（6）自然条件的不确定性。

岩土介质的力学状态与自然条件（如暴雨、泥石流和各种振动等）有着密切关系。当自然条件发生较大变化时，岩土介质的性状大多会发生很大变化。

2.5.1.2 地下空间结构可靠性分析的特点

地下空间结构处于地层中，其周围介质为岩石或土体。因此，地下空间结构与地面结构相比较具有很大的差别。根据国内外各种地下建筑的工程经验，地下空间结构具有以下特点：

（1）地下空间结构处于地层介质中，修建过程中和建成后都要受到地层（岩石或土体）的作用，包括地层应力、变形和振动的影响，而且这些影响与所处地层的地质构造密切相关。地下空间结构的选址、选型及如何施工都必须充分考虑地层条件。

（2）地下空间结构的另一个显著特点是在受载状态下构筑。地下工程往往是一个大的空间体系，地下空间结构的构筑过程就是用内含空间替代地层实体，在地下空间结构构筑过程中是分部完成这种替代的。也就是说，地下空间结构的受载情况还与地下空间结构的形成过程及空间效应密切相关。

（3）地层不单纯是荷载，各类地层具有不同程度的自承能力。实际上地下空间结构与围岩形成一个统一的受力体系。因此，地下空间结构的受力状态往往并不像地面结构那样明确，它除了取决于结构物本身的特点外，还与地层条件密切相关。

（4）地下空间结构处于地层中，设计时所依据的条件只是前期地质勘探得到的粗略资料，揭示的地质条件非常有限，只有在施工过程中才能逐步地详细了解。另外，还有一些因素随着施工进程会发生变化，因此地下空间结构的设计和施工一般有一个特殊的模式，即设计—施工及监测—信息反馈—修改设计—修改或加固施工，建成后还需进行相当长时间的监测。

在地下空间结构设计中应考虑的不确定性远比上部结构要复杂得多。通常，在地下空间结构可靠性分析时，应考虑以下几个方面：

1）周围岩土介质特性的变异性。

2）地下空间结构规模和尺寸的影响。

3）极限状态及失效模式的含义不同。

4）极限状态方程呈非线性特征。

5）土层参数指标的相关性。

6）概率与数理统计的理论和方法的应用。

2.5.2 可靠性分析的基本原理

地下空间结构分析中含有大量的不确定性因素，如地层介质特性参数、岩土体分类、分析模型、荷载与抗力及施工等，如何分析这些不确定性因素对结构计算的影响，判断对地下空间结构设计、施工及运营中的安全可靠程度，必须对结构可靠性分析的基本原理进行了解。

2.5.2.1 结构的极限状态和极限状态方程

1. 结构的功能要求

同上部结构一样，任何地下空间结构的设计都是为了完成预定功能。从结构的观点来考虑，结构的预定功能可归纳如下：

(1) 安全性。结构能够承受在正常施工和正常使用情况下可能出现的各种荷载，在偶然事件下能保持必要的整体稳定性，不至于倒塌和破坏。

(2) 适用性。在设计使用期内，正常使用状况下，有良好的工作性能，如不发生过大的变形、振幅或过宽的裂缝、过量渗水等影响结构的正常使用。

(3) 耐久性。结构在正常的维修和保护下，具有足够的耐久性能。

良好的地下空间结构设计除能完成上述预定功能外，同时还应尽量采用先进技术来降低结构的建造、使用和维修费用，以达到安全适用、技术先进、经济合理的要求。

2. 结构的功能函数

一般情况下，总可以将影响结构功能要求的因素归纳为两个综合量，即结构或构件的荷载效应 S 和抗力 R，定义结构的功能函数为

$$Z=g(R,S)=R-S \tag{2-5-1}$$

结构从开始承受荷载直至破坏要经历不同的阶段，处于不同的状态。结构所处的阶段或状态，若从安全可靠的角度出发，可以区分为有效状态和失效状态。有效状态和失效状态的分界点，称为极限状态。结构的极限状态是结构由有效状态转变为失效的临界状态。超过了这一状态，结构就不能再有效工作，极限状态是结构失效的标志。如果整个结构或结构的一部分超过某一特定状态就不能满足设计规定的某一功能要求，则此特定状态称为该功能的极限状态。根据结构功能函数的定义可知，Z 也为一个随机变量，可以出现下列3种情况：

$$Z=g(R,S)\begin{cases}>0 & \text{结构满足功能要求,可靠状态}\\<0 & \text{失效状态}\\=0 & \text{结构处于极限状态}\end{cases} \tag{2-5-2}$$

可见，根据 Z 值的大小可以判断结构是否满足某一确定功能的要求，如图 2-5-1 所示。

由于影响荷载效应 S 和结构抗力 R 的变量很多，如截面几何特性、结构尺寸、材料性能等，如果用 X_1，X_2，…，X_n 表示这些基本随机变量，则功能函数的一般形式可表示为

$$Z=g(R,S)=g(X_1,X_2,\cdots,X_n) \tag{2-5-3}$$

由结构的功能函数的定义式 (2-5-2) 可得，$Z=g(R,S)=g(X_1,X_2,\cdots,X_n)=0$，称为结构的极限状态方程。根据结构功能要求的不同，极限状态又可分为两类：承载能力极限状态和正常使用极限状态。承载能力极限状态是指超过这一极限状态，结构或构件就不能满足预定的安全性要求；而正常使用极限状态是指超过这一极限状态，结构或构件就

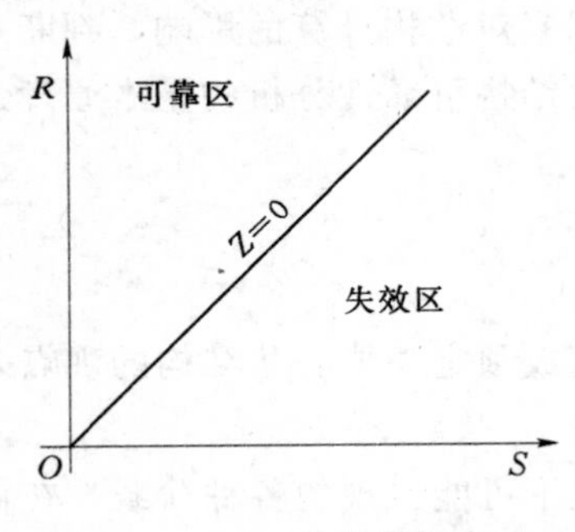

图2-5-1　结构功能函数极限状态判定图

不能满足对其所提出的使用性和耐久性的要求。

承载能力极限状态：这种极限状态对应于结构或结构构件达到最大承载力或不适用于继续承载变形。当结构或结构构件出现下列状态之一时，即认为超过了承载能力极限状态：

（1）整个结构或结构的一部分作为刚体失去平衡（如倾覆等）。

（2）结构构件或其连接因材料强度被超过而破坏（包括疲劳破坏），或因过度塑性变形而不适于继续承载。

（3）结构转变为机动体系。

（4）结构或结构构件丧失稳定（如压曲等）。

正常使用极限状态：这种极限状态对应于结构或结构构件达到正常使用或耐久性能的某项规定限值。当结构或结构构件出现下列状态之一时，即认为超过了正常使用极限状态：

（1）影响正常使用或外观的变形。

（2）影响正常使用或耐久性能的局部损坏（包括裂缝）。

（3）影响正常使用的振动。

（4）影响正常使用的其他特定状态。

一般情况下，一个结构或构件的设计需同时满足考虑承载能力极限状态和正常使用极限状态。如对钢筋混凝土受弯构件的设计，需要保证构件的正截面强度（抗弯）和斜截面强度（抗剪），又要控制构件的裂缝宽度和变形，使其在规范允许的范围内。

2.5.2.2　地下空间结构的可靠度

任何一个地下空间结构设计都有其预定功能，但是这些功能是肯定能实现、肯定不能实现，还是要以一定水平实现，这就是结构的可靠性。《建筑结构可靠度设计统一标准》(GB 50068—2001）将建筑结构的可靠性定义为结构在规定时间内，在规定的条件下，完成预定功能的能力。这样，地下空间结构的可靠度就可以定义为在规定的时间内、规定的条件下，完成预定功能的概率大小。

对于工程结构来说，具体的可靠度尺度有3种：可靠概率 P_s、失效概率 P_f、可靠指标 β。

若已知结构的功能函数 Z 的概率分布函数为 $F_Z(z)$，概率密度函数为 $f_Z(z)$，则结构的可靠度 P_s 可按式（2-5-4）计算，即

$$P_s = P\{Z \geqslant 0\} = \int_0^{+\infty} f_Z(z)\mathrm{d}z \qquad (2-5-4)$$

相反，如果结构不能完成预定功能，则称相应的概率为结构的失效概率，用 P_f 表示。结构的可靠与失效为两个对立事件，因此结构的可靠概率与失效概率有以下关系，即

$$P_s + P_f = 1 \qquad (2-5-5)$$

或

$$P_f = P\{Z < 0\} = \int_{-\infty}^{0} f_Z(z)\mathrm{d}z \qquad (2-5-6)$$

这样可以由结构的失效概率 P_f 来确定结构的可靠度 P_s。由于结构失效一般为小概率事件，失效概率对结构可靠度的把握更为直观，因此，地下空间结构可靠度分析一般是计算结构失效概率，结构可靠度分析的核心问题是根据随机变量的统计特性和结构的极限状态方程计算结构的失效概率。

若已知结构荷载效应 S 和抗力 R 的概率分布密度函数分别为 $f_S(S)$ 及 $f_R(R)$，因 S 与 R 相互独立，则可得随机变量 Z 的密度函数为

$$f_Z(Z)=f_Z(R,S)=f_S(S)\cdot f_R(R) \tag{2-5-7}$$

此时结构的失效概率为

$$P_f=P\{Z<0\}=P\{R-S<0\}=\iint_{R-S<0} f_R(R)\cdot f_S(S)\mathrm{d}R\mathrm{d}S \tag{2-5-8}$$

通过对式（2-5-8）进行积分，可求得失效概率 P_f，若先对 R 积分后对 S 积分，则

$$\begin{aligned} P_f=P\{Z<0\}&=\int_{-\infty}^{+\infty}\left[\int_R^{+\infty} f_S(S)\mathrm{d}S\right]f_R(R)\mathrm{d}R \\ &=\int_{-\infty}^{+\infty}\left[1-\int_{-\infty}^{R} f_S(S)\mathrm{d}S\right]f_R(R)\mathrm{d}R \\ &=\int_{-\infty}^{+\infty}[1-F_S(R)]f_R(R)\mathrm{d}R \end{aligned} \tag{2-5-9}$$

若先对 S 积分后对 R 积分，则

$$P_f=\int_{-\infty}^{+\infty}\left[\int_{-\infty}^{S} f_R(R)\mathrm{d}R\right]f_S(S)\mathrm{d}S=\int_{-\infty}^{+\infty}F_R(S)f_S(S)\mathrm{d}S \tag{2-5-10}$$

式中 $F_S(\cdot)$、$F_R(\cdot)$——分别为随机变量 S 和 R 的概率分布函数。

由于结构抗力 R 和荷载效应 S 均为随机变量，因此绝对可靠的结构（$P_f=0$ 或 $P_s=1$）是不存在的。从概率的观点，结构设计的目标就是保障结构失效概率 P_f 足够小，达到人们可以接受的程度。

2.5.2.3 结构可靠度分析中常用的概率分布

1. 正态分布

正态分布又称高斯分布，是用得最多的概率分布，其概率密度函数为

$$f_X(x)=\frac{1}{\sqrt{2\pi}\sigma}\exp\left[-\frac{1}{2}\left(\frac{x-\mu}{\sigma}\right)^2\right]\quad(-\infty<x<+\infty) \tag{2-5-11}$$

式中 X——随机变量；

μ——X 的均值；

σ——X 的标准差。

正态分布可简单地表示为 $N(\mu,\ \sigma)$。其中，$\mu=0$，$\sigma=1.0$ 的高斯分布称为标准正态分布，用 $N(0,\ 1)$ 表示。它的概率密度函数用 $\varphi_X(x)$ 表示，即

$$\varphi_X(x)=\frac{1}{\sqrt{2\pi}}\mathrm{e}^{-\frac{1}{2}x^2}\quad(-\infty<x<+\infty) \tag{2-5-12}$$

其概率分布函数用 $\Phi(x)$ 表示为

$$\Phi(x)=\frac{1}{\sqrt{2\pi}}\int_{-\infty}^{x}\mathrm{e}^{-\frac{1}{2}x^2}\mathrm{d}x \tag{2-5-13}$$

图 2-5-2 所示标准正态分布，有

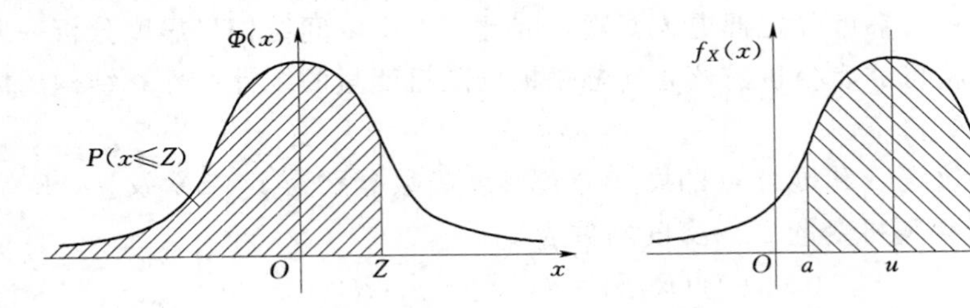

图 2-5-2 标准正态分布　　　　图 2-5-3 一般正态分布

$$\Phi(Z) = P(x \leqslant Z) = \frac{1}{\sqrt{2\pi}}\int_{-\infty}^{Z} e^{-\frac{1}{2}x^2}\,dx \tag{2-5-14}$$

如果知道 P，可以通过 Φ 的逆求得 Z，即

$$Z=\Phi^{-1}(P) \tag{2-5-15}$$

标准正态分布函数 $N(0,1)$ 的概率分布 $\Phi(Z)$ 可以从正态概率表查出。由于标准正态分布对称于零点，因此有

$$\Phi(-Z)=1-\Phi(Z) \tag{2-5-16}$$

把式（2-5-14）代入式（2-5-16）得

$$\Phi(-Z)=1-P \tag{2-5-17}$$

$$Z=-\Phi^{-1}(1-P)$$

最后得

$$Z=\Phi^{-1}(P)=-\Phi^{-1}(1-P) \tag{2-5-18}$$

利用标准正态分布表可以求任何正态分布的概率。例如，某一正态分布如图 2-5-3 所示，求其在（a，b）上取值的概率 $P(a<x\leqslant b)$，即

$$P(a < x \leqslant b) = \frac{1}{\sqrt{2\pi}\sigma}\int_{a}^{b} \exp\left[-\frac{1}{2}\left(\frac{x-\mu}{\sigma}\right)^2\right]dx \tag{2-5-19}$$

为推导出可查用标准正态分布表的公式，作以下变换，即

令 $Z=\dfrac{x+\mu}{\sigma}$，则有 $dx=\sigma dZ$，而 $\alpha\rightarrow(\alpha-\mu)/\sigma$，$b\rightarrow(b-\mu)/\sigma$。代入上式得

$$P(a < x \leqslant b) = \frac{1}{\sigma\sqrt{2\pi}}\int_{(a-\mu)/\sigma}^{(b-\mu)/\sigma} \exp\left[-\frac{1}{2}Z^2\right]\sigma dZ$$

与式（2-5-14）比较得

$$P(a<x\leqslant b)=\Phi\left(\frac{b-\mu}{\sigma}\right)-\Phi\left(\frac{a-\mu}{\sigma}\right) \tag{2-5-20}$$

$$P(x\leqslant b)=\Phi\left(\frac{b-\mu}{\sigma}\right) \tag{2-5-21}$$

表 2-5-1 中列出正态分布常用的几种概率。

表 2-5-1　　正态分布常用的几种概率表

Z	$P/\%$	$1-P/\%$
$\mu-\sigma$	15.870	84.130
$\mu-1.645\sigma$	5.000	95.000
$\mu-2\sigma$	2.280	97.720
$\mu-3\sigma$	0.135	99.865

在各种随机现象中，大量随机变量都服从或近似服从正态分布。由各种随机变量叠加而成的复合随机变量，只要各随机变量中没有特别突出的，则可以认为服从正态分布。

2. 对数正态分布

若随机变量 X 的自然对数 $\ln X$ 是正态分布，则 X 即呈对数正态分布，其概率密度函数为

$$f_X(x)=\frac{1}{\xi x\sqrt{2\pi}}\exp\left[-\frac{1}{2}\left(\frac{\ln x-\lambda}{\xi}\right)^2\right]\quad 0<x<\infty \tag{2-5-22}$$

式中，$\lambda=E(\ln X)$，$\xi=\sqrt{D(\ln X)}$，分别为 $\ln X$ 的均值 $\mu_{\ln X}$ 和标准差 $\sigma_{\ln X}$。

由于对数正态分布与正态分布的关系，对数正态变量的各种有关概率，也能用标准正态概率来确定。

设对数正态变量 X 在 (a,b) 上取值，其概率应为

$$P(a<x<b)=\int_a^b\frac{1}{\xi x\sqrt{2\pi}}\exp\left[-\frac{1}{2}\left(\frac{\ln x-\lambda}{\xi}\right)^2\right]\mathrm{d}x \tag{2-5-23}$$

令 $Z=\dfrac{\ln x-\lambda}{\xi}$，则 $\mathrm{d}x=x\xi\mathrm{d}z$

于是

$$P(a<x\leqslant b)=\frac{1}{\sqrt{2\pi}}\int_{\frac{\ln a-\lambda}{\xi}}^{\frac{\ln b-\lambda}{\xi}}\mathrm{e}^{-\left(\frac{1}{2}\right)Z^2}\mathrm{d}Z=\Phi\left(\frac{\ln b-\lambda}{\xi}\right)-\Phi\left(\frac{\ln a-\lambda}{\xi}\right) \tag{2-5-24}$$

显然，$P(x\leqslant b)$ 的计算公式为

$$P(x\leqslant b)=\Phi\left(\frac{\ln b-\lambda}{\xi}\right) \tag{2-5-25}$$

从式（2-5-22）中可以看出，X 的概率是 $\ln x$ 的均值 λ 和标准差 ξ 的函数。这些参数与变量 X 的均值和方差有以下关系，即

$$\left.\begin{aligned}E(x)&=\mu=\exp\left(\lambda+\frac{1}{2}\xi^2\right)\\ \lambda&=\ln\mu-\frac{1}{2}\xi^2\approx\ln\mu\end{aligned}\right\} \tag{2-5-26}$$

$$\left.\begin{aligned}D(X)&=E^2(X)(\mathrm{e}^{\xi^2}-1)=\mu^2(\mathrm{e}^{\xi^2}-1)\\ \xi^2&=\ln\left(1+\frac{\sigma^2}{\mu^2}\right)=\ln(1+\delta^2)\end{aligned}\right\} \tag{2-5-27}$$

如 $\sigma/\mu\leqslant0.30$，则

$$\xi\approx\frac{\sigma}{\mu}=\delta \tag{2-5-28}$$

实际计算中，通常用中间值 x_m 来表示对数正态变量的中间值，其意义为 x_m 两旁概率相等。

$$\left.\begin{aligned} x_m &= \frac{\mu}{\sqrt{1+\delta^2}} \\ \lambda &= \ln x_m = \ln \frac{\mu}{\sqrt{1+\delta^2}} \end{aligned}\right\} \tag{2-5-29}$$

累积概率分布函数也可表示为

$$F_X(x) = \Phi\left(\frac{\ln x - \ln x_m}{\xi}\right) \tag{2-5-30}$$

许多随机变量只具有正值，如材料强度、疲劳寿命等，对数正态分布对此很有用处。许多随机变量乘积的复合随机变量的分布，常可用对数正态分布来表示。

3. Γ（伽马）分布（又称为皮尔逊Ⅲ型分布）

随机变量 X 具有以下的概率密度分布时称 Γ 分布。

$$f_X(x) = \frac{\lambda(\lambda x)^{k-1}\mathrm{e}^{-\lambda x}}{\Gamma(k)} \quad x \geqslant 0 \tag{2-5-31}$$

式中 λ 和 k 是两个参数，而

$$\Gamma(k) = \int_0^{\infty} \mathrm{e}^{-u} u^{k-1} \mathrm{d}u \tag{2-5-32}$$

当 k 为正整数时，$\Gamma(k)$ 由式（2-5-33）求得，即

$$\Gamma(k) = (k-1)(k-2)\cdots(1) = (k-1)! \tag{2-5-33}$$

当 k 为非整数，但 $k>1$ 时，有

$$\Gamma(k) = (k-1)\Gamma(k-1) \tag{2-5-34}$$

Γ 分布随机变量的累计概率分布函数为

$$F_X(x) = \frac{1}{\Gamma(k)}\int_0^{\lambda x} \mathrm{e}^{-u} u^{k-1} \mathrm{d}u \tag{2-5-35}$$

而随机变量的均值 μ 和方差 σ^2 分别为

$$\left.\begin{aligned} \mu &= k/\lambda \\ \sigma^2 &= k/\lambda^2 \end{aligned}\right\} \tag{2-5-36}$$

知道变量 μ 和 σ 后，就可由式（2-5-36）求出 k 和 λ。计算活荷载时，常用到 Γ 分布。

4. 极值型分布

极值型分布共有Ⅰ型、Ⅱ型和Ⅲ型分布。

(1) 极值Ⅰ型（最大值型）分布。

极值Ⅰ型分布的概率密度函数为

$$f_X(x) = \alpha \exp[-\alpha(x-k) - \mathrm{e}^{-\alpha(x-k)}] \quad -\infty \leqslant x \leqslant +\infty \tag{2-5-37}$$

概率分布函数为

$$F_X(x) = \exp\{-\exp[-\alpha(x-k)]\} \quad -\infty \leqslant x \leqslant +\infty \tag{2-5-38}$$

式中，参数 α 和 k 由式（2-5-39）近似确定，即

$$\left.\begin{aligned} \alpha &= 1.2825/\sigma_x \\ k &= m_x - 0.5772/\alpha \end{aligned}\right\} \tag{2-5-39}$$

极值Ⅰ型概率分布的另一种表达式为

$$F_X(x)=\exp\left[-\exp\left(-\frac{x-k}{\alpha}\right)\cdot\right] \quad -\infty\leqslant x\leqslant+\infty \tag{2-5-40}$$

式中参数可由式（2－5－41）确定，即

$$\left.\begin{aligned}\alpha&=\sigma_x/1.2825\\ k&=m_x-0.5772\alpha\end{aligned}\right\} \tag{2-5-41}$$

极值Ⅰ型通常用来描述活荷载以及风、雪荷载。

（2）极值Ⅱ型（最大值型）分布。

极值Ⅱ型的概率分布为

$$F_X(x)=\exp\left[-\left(\frac{\alpha}{x}\right)^k\right] \quad x\geqslant 0 \tag{2-5-42}$$

式中参数可由式（2－5－43）确定，即

$$\left.\begin{aligned}\mu&=\alpha\Gamma\left(1-\frac{1}{k}\right) && k>1\\ \sigma^2&=\alpha^2\left[\Gamma\left(1-\frac{2}{k}\right)-\Gamma^2\left(1-\frac{1}{k}\right)\right] && k>2\end{aligned}\right\} \tag{2-5-43}$$

本分布有时用于模拟地震作用。

（3）极值Ⅲ型（最小值型）分布。

极值Ⅲ型的概率分布为

$$F_X(x)=1-\exp\left[-\left(\frac{x}{\alpha}\right)^k\right] \quad x\geqslant 0 \tag{2-5-44}$$

式中参数可由式（2－5－45）确定，即

$$\left.\begin{aligned}\mu&=\alpha\Gamma\left(1+\frac{1}{k}\right)\\ \sigma^2&=\alpha^2\left[\Gamma\left(1+\frac{2}{k}\right)-\Gamma^2\left(1+\frac{1}{k}\right)\right]\end{aligned}\right\} \tag{2-5-45}$$

此分布有时用于模拟材料强度。

2.5.2.4 结构可靠性指标

考虑到直接应用数值积分方法计算地下空间结构的失效概率比较困难，因此实际工程中多采用近似方法，为此引入结构可靠性指标的概念。

结构抗力 R 和荷载效应 S 均为随机变量时，可假定 R 和 S 均服从正态分布，其均值和方差分别为 μ_R、μ_S 和 σ_R、σ_S，则功能函数 $Z=R-S$ 也服从正态分布，其均值和方差为

$$\left.\begin{aligned}\mu_Z&=\mu_R-\mu_S\\ \sigma_Z&=\sqrt{\sigma_R^2+\sigma_S^2}\end{aligned}\right\} \tag{2-5-46}$$

为此，有

$$P_f=P\{Z<0\}=P\left\{\frac{Z}{\sigma_Z}<0\right\}=P\left\{\frac{Z-\mu_Z}{\sigma_Z}<-\frac{\mu_Z}{\sigma_Z}\right\} \tag{2-5-47}$$

令

$$\beta=\frac{\mu_Z}{\sigma_Z} \tag{2-5-48}$$

$$Y=\frac{Z-\mu_Z}{\sigma_Z} \tag{2-5-49}$$

则

$$P_f=P\{Y<-\beta\}=\Phi(-\beta) \tag{2-5-50}$$

式中 Y——标准正态随机变量；

$\Phi(\cdot)$——标准正态分布函数。

将式（2-5-48）代入式（2-5-47）中，得

$$P_f=P\{Z<\mu_Z-\beta\sigma_Z\} \tag{2-5-51}$$

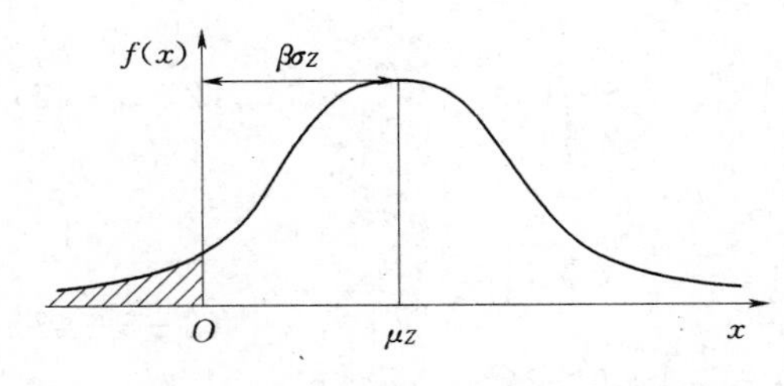

图 2-5-4 正态功能函数概率密度曲线

将式（2-5-51）用图形表示，如图 2-5-4 所示，$Z<0$ 概率为失效概率，即 $P_f=P\{Z<0\}$，此值等于图中阴影部分的面积。结构可靠指标 β 的物理意义是：从均值到原点以标准差 σ_Z 为度量单位的距离（标准差的倍数，即 $\beta\sigma_Z$）。结构可靠指标 β 值与 P_f 是对应的：当 β 变小时，阴影部分面积增大，亦即失效概率 P_f 增大，结构的可靠度减小；当 β 变大时，阴影部分面积减小，亦即失效概率 P_f 减小，结构的可靠度增大。说明 β 可以作为衡量结构可靠性的一个指标，一般称 β 为可靠指标。

由式（2-5-46）和式（2-5-48），可得 β 的计算公式为

$$\beta=\frac{\mu_R-\mu_S}{\sqrt{\sigma_R^2+\sigma_S^2}} \tag{2-5-52}$$

以上推导是假定结构抗力 R 和荷载效应 S 均服从正态分布，倘若 R 和 S 不再服从正态分布，而是服从对数正态分布，则随机变量 $Z=R-S$ 也服从对数正态分布。结构失效概率 P_f 的计算公式为

$$\begin{aligned}P_f&=P\{Z<0\}=P\{R-S<0\}=P\{R<S\}\\&=P\left\{\frac{R}{S}<1\right\}=P\left\{\ln\frac{R}{S}<\ln 1\right\}=P\{\ln R-\ln S<0\}\end{aligned} \tag{2-5-53}$$

由对数正态分布的定义，可得 $\ln R$、$\ln S$ 均为正态随机变量。可以证明，对于对数正态随机变量 X，其对数 $\ln X$ 的统计参数与其本身的统计参数之间的关系为

$$\mu_{\ln X}=\ln\mu_X-\sqrt{\ln(1+\delta_X^2)} \tag{2-5-54}$$

$$\sigma_{\ln X}=\sqrt{\ln(1+\delta_X^2)} \tag{2-5-55}$$

式中 δ_X——随机变量 X 的变异系数，$\delta_X=\sigma_X/\mu_X$。

令 $F=\ln R-\ln S$，则可得随机变量 F 的可靠度指标为

$$\beta_F=\frac{\mu_{\ln R}-\mu_{\ln S}}{\sqrt{\sigma_{\ln R}^2+\sigma_{\ln S}^2}} \tag{2-5-56}$$

其中，$\mu_{\ln R}$、$\mu_{\ln S}$ 分别为 $\ln R$、$\ln S$ 的均值，$\sigma_{\ln R}$、$\sigma_{\ln S}$ 分别为 $\ln R$、$\ln S$ 的标准差。

运用式（2-5-55）、式（2-5-56）可得结构抗力 R 和荷载效应 S 均为对数正态随机变量时，随机变量 F 的可靠度指标计算式为

$$\beta_F=\frac{\ln\dfrac{\mu_R\sqrt{1+\delta_S^2}}{\mu_S\sqrt{1+\delta_R^2}}}{\sqrt{\ln[(1+\delta_R^2)(1+\delta_S^2)]}} \tag{2-5-57}$$

当 δ_R、δ_S 均小于 0.3 或近似相等时，式（2－5－57）可进一步简化为

$$\beta_F\doteq\frac{\ln(\mu_R/\mu_S)}{\sqrt{\delta_R^2+\delta_S^2}} \tag{2-5-58}$$

则失效概率 P_f 的计算式可写为

$$P_f=P\{F<0\}=\Phi(-\beta_F) \tag{2-5-59}$$

以上定义的可靠度指标是以功能函数 Z 的正态分布或对数正态分布为前提的，最后转化为标准正态分布，依据可靠度指标求出失效概率。在实际工程中，结构的功能函数不一定服从正态分布或对数正态分布。当结构的功能函数的基本变量不为正态分布或对数正态分布时，或者结构的功能函数为非线性时，结构的可靠度指标可能很难用基本变量的统计参数表达。此时的失效概率与可靠度指标之间已不再具有上述表示的精确关系，只是一种近似关系。这时就要利用式（2－5－59），由失效概率 P_f 计算可靠度指标，即

$$\beta=-\Phi^{-1}(P_f) \tag{2-5-60}$$

式中 $\Phi^{-1}(\cdot)$——标准正态分布的反函数。

但当结构的失效概率不大于 10^{-3} 时，结构的失效概率对功能函数 Z 的概率分布不再敏感，这时可以直接假定功能函数 Z 服从正态分布，进而直接计算可靠度指标。

2.5.3 可靠度分析的近似方法

结构可靠指标的定义是以结构功能函数服从正态分布或对数正态分布为基础的，利用正态分布概率函数或对数正态分布函数，可以建立结构可靠度指标与结构失效概率之间的一一对应关系。但在实际工程中，所遇到的结构功能函数可能是非线性函数，而且大多数基本随机变量并不服从正态分布或对数正态分布。在这种情况下，结构功能函数一般也不服从正态分布或对数正态分布，实际上确定其概率分布非常困难，因而不能直接计算结构的可靠指标，但确定随机变量的特征参数（如均值、方差）较为容易，如果仅依据基本随机变量的特征参数，以及它们各自的概率分布函数进行结构可靠度分析，其所得结论误差能在工程容许的范围内，则这种方法在工程上较为实用。把仅靠基本随机变量的特征参数和概率分布函数进行结构可靠度分析的方法称为可靠指标的近似计算方法。本节将重点介绍基本随机变量相互独立时的几种近似方法，即一次二阶矩法（中心点法）、改进一次二阶矩法（设计验算点法）、JC 法、分位值法和蒙特卡罗法。

2.5.3.1 结构可靠度计算的一次二阶矩法（中心点法）

影响结构可靠度的因素既多又复杂，有些因素的研究尚不够深入，因此，很难用统一的方法准确确定随机变量的概率分布。在通常情况下，只有一阶矩（均值）和二阶矩（方差）较容易得到。一次二阶矩法就是一种在随机变量的分布尚不清楚时，采用只有均值和标准差的数学模型去求解结构可靠度的方法。由于该法将功能函数 $Z=g(x_1, x_2, \cdots, x_n)$ 在某点用泰勒级数展开，使之线性化，然后求解结构的可靠度，因此称为一次二阶矩法。

设影响结构可靠度的 n 个随机变量为 $X_i(i=1, 2, \cdots, n)$，对应的功能函数为

$$Z=g(X_1,X_2,\cdots,X_n) \tag{2-5-61}$$

极限状态方程为

$$Z=g(X_1,X_2,\cdots,X_n)=0 \tag{2-5-62}$$

把功能函数在某点 $X_{0i}(i=1, 2, \cdots, n)$ 用泰勒级数展开，得

$$Z=g(X_{01},X_{02},\cdots,X_{0n})+\sum_{i=1}^{n}(X_i-X_{0i})\left.\frac{\partial g}{\partial X_i}\right|_{X_0}+\sum_{i=1}^{n}\frac{(X_i-X_{0i})^2}{2}\left.\frac{\partial^2 g}{\partial X_i^2}\right|_{X_0}+\cdots \tag{2-5-63}$$

为了获得线性方程，近似地只取到一次项，得

$$Z\approx g(X_{01},X_{02},\cdots,X_{0n})+\sum_{i=1}^{n}(X_i-X_{0i})\left.\frac{\partial g}{\partial X_i}\right|_{X_0} \tag{2-5-64}$$

式中 $\left.\frac{\partial g}{\partial X_i}\right|_{X_0}$——$g$ 对 X_i 求导后，用 $X_{0i}(i=1, 2, \cdots, n)$ 值代入后的导数值，是一个常量。

在结构可靠度分析中，对功能函数 Z 往往采用线性化后的式（2-5-64），而不直接用原来的式（2-5-61），原因是线性化后的 Z，无论求解均值或方差都容易得多。

根据线性化点 X_{0i} 选择不同，一次二阶矩法又分为均值一次二阶矩法和改进一次二阶矩法两种，现分述如下。

1. 均值一次二阶矩法

早期结构可靠度分析中，假设线性化点 X_{0i} 就是均值点 m_{X_i}，在这种条件下，极限状态方程为

$$Z\approx g(m_{X_1},m_{X_2},\cdots,m_{X_n})+\sum_{i=1}^{n}(X_i-m_{X_i})\left.\frac{\partial g}{\partial X_i}\right|_{m_{X_i}}=0 \tag{2-5-65}$$

式中 $m_{X_i}(i=1, 2, \cdots, n)$——随机变量 $X_i(i=1, 2, \cdots, n)$ 的对应均值。

Z 的均值 m_Z 可以从式（2-5-65）简化后的功能函数式中获得，其标准差 σ_Z，在随机变量 $X_i(i=1, 2, \cdots, n)$ 间都是统计独立条件下求得，即

$$\sigma_Z=\left\{\sum\left[\left.\frac{\partial g}{\partial X_i}\right|_{m_{X_i}}\sigma_{X_i}\right]^2\right\}^{1/2} \tag{2-5-66}$$

用 m_Z 和 σ_Z 求得可靠指标为

$$\beta=\frac{m_Z}{\sigma_Z} \tag{2-5-67}$$

通过实际算例将发现，在同一问题中，采用不同极限状态方程，将获得不同的 β 值，这就是均值一次二阶矩法存在的严重问题。为了克服这个弱点，人们已对一次二阶矩法进行改进。下面将讨论改进后的一次二阶矩法。

2. 改进一次二阶矩法

均值一次二阶矩法由于在均值点附近对功能函数线性化，结果产生两个问题：

①对于非线性功能函数，因略去二阶及更高阶项的误差，故将随着线性化点到失效边界的距离的增大而增大，而均值法中所选用的线性化点（均值点）一般在可靠区而不在失效边界上（图 2-5-5），结果往往带来相当大的误差。

②选择不同的极限状态方程（如应力和内力表示的方程），不能得到相同的可靠指标。

针对上述问题，人们把线性化点选在失效边界上，而且选在与结构最大可能失效概率对应的设计验算点 P^* 上（图 2-5-5），以克服均值一次二阶矩法中存在的问题。依此得到的方法称为改进一次二阶矩法，有时也简称为一次二阶矩法，它是结构可靠指标计算方法的基础。

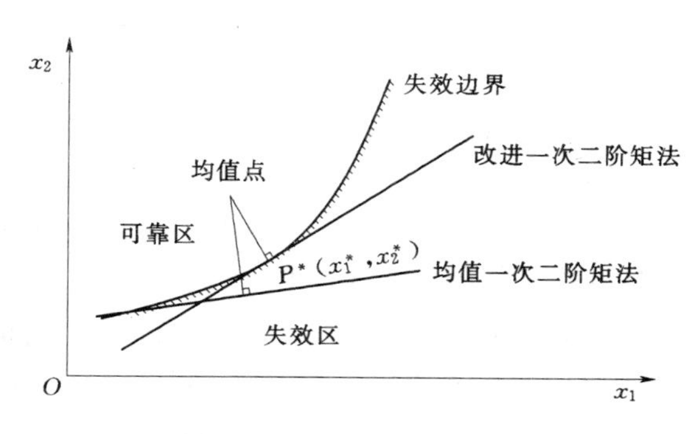

图 2-5-5　标准正态分布

当选择设计验算点 $X_i^*(i=1, 2, \cdots, n)$ 作为线性化点 $X_{0i}(i=1, 2, \cdots, n)$ 时，根据式（2-5-64）可得线性化的极限状态方程为

$$Z \approx g(X_1^*, X_2^*, \cdots, X_n^*) + \sum_{i=1}^{n}(X_i - X_i^*)\frac{\partial g}{\partial X_i}\bigg|_{X^*} = 0 \tag{2-5-68}$$

Z 的均值为

$$m_Z = g(X_1^*, X_2^*, \cdots, X_n^*) + \sum_{i=1}^{n}(m_{X_i} - X_i^*)\frac{\partial g}{\partial X_i}\bigg|_{X^*} = 0 \tag{2-5-69}$$

由于设计验算点就在失效边界上，即有 $g(X_1^*, X_2^*, \cdots, X_n^*)=0$，因此 m_Z 变成

$$m_Z = \sum_{i=1}^{n}(m_{X_i} - X_i^*)\frac{\partial g}{\partial X_i}\bigg|_{X^*} \tag{2-5-70}$$

在变量相互独立的假设下，可由式（2-5-66）求解 Z 的标准差 σ_Z，即

$$\sigma_Z = \left[\sum_{i=1}^{n}\left(\sigma_{X_i}\frac{\partial g}{\partial X_i}\bigg|_{X^*}\right)^2\right]^{1/2} \tag{2-5-71}$$

将上面公式线性化，得

$$\sigma_Z = \sum_{i=1}^{n}\alpha_i\sigma_{X_i}\frac{\partial g}{\partial X_i}\bigg|_{X^*} \tag{2-5-72}$$

式中，α_i 由式（2-5-73）求得，即

$$\alpha_i = \frac{\sigma_{X_i}\dfrac{\partial g}{\partial X_i}\bigg|_{X^*}}{\sqrt{\sum_{i=1}^{n}\left(\sigma_{X_i}\dfrac{\partial g}{\partial X_i}\bigg|_{X^*}\right)^2}} \tag{2-5-73}$$

α_i 表示第 i 个随机变量对整个标准差的相对影响，因此称为灵敏系数。在已知变量方差下，α_i 可以完全由 X_i^* 确定，α_i 值在±1之间，且 $\sum_{i=1}^{n}\alpha_i^2 = 1$。

根据可靠指标定义，有

$$\beta = \frac{m_Z}{\sigma_Z} = \frac{\sum_{i=1}^{n}(m_X - X_i^*)\dfrac{\partial g}{\partial X_i}\bigg|_{X^*}}{\sum_{i=1}^{n}\left(\alpha_i\sigma_{X_i}\dfrac{\partial g}{\partial X_i}\bigg|_{X^*}\right)} \tag{2-5-74}$$

重新排列得

$$\sum_{i=1}^{n}\frac{\partial g}{\partial X_i}\bigg|_{X^*}(m_{X_i}-X_i^*-\beta\alpha_i\sigma_{X_i})=0$$

即$(m_{X_i}-X_i^*-\beta\alpha_i\sigma_{X_i})=0$（对于所有的 i 值），从中解出设计验算点为

$$X_i^*=m_{X_i}-\alpha_i\beta\sigma_{X_i}\text{（对于所有的 } i \text{ 值）} \tag{2-5-75}$$

式（2-5-75）代表 n 个方程，未知数有 X_i^* 和β，共 $n+1$ 个。因此，通过方程联立求解未知数有困难，一般采用迭代法求解。在给定 m_{X_i}、σ_{X_i} 时，迭代计算是在式（2-5-73)、式（2-5-75）和式（2-5-62）中进行的。最后解出β和设计验算点X_i^* 值。迭代方法很多，这里介绍拉克维茨提出的一种收敛速度很快的方法，其步骤如下：

（1）假定一个 β 值。

（2）对全部 i 值，选取设计验算点的初值，一般取 $X_i^*=m_{X_i}$。

（3）计算$\frac{\partial g}{\partial X_i}\Big|_{X^*}$值。

（4）由式（2-5-73）计算 α_i 值。

（5）由式（2-5-75）计算新的 X_i^* 值。

（6）重复步骤（3）～(5)，一直算到 X_i^* 前后两次差值在容许范围为止。

（7）将所有 X_i^* 值代入原极限状态方程式（2-5-62）计算 g 值。

（8）检验 $g(X_i^*)=0$ 的条件是否满足，如果不满足，则计算前后两次β和g 的各自差值的比值 $\Delta\beta/\Delta g$，并由 $\beta_{n+1}=\beta_n-g_n\Delta\beta/\Delta g$ 估计一个新的β值，然后重复步骤（3）～(7)，直到获得 $g\approx 0$ 为止。

（9）最后由 $P_f=\Phi(-\beta)$ 计算失效概率。

在迭代步骤中，可以取消步骤（6）中的各小轮迭代，但在相同精度条件下，大轮迭代的次数相应增加。

在实际计算中，β的误差一般要求在± 0.01之内。

通过实际算例分析表明，均值一次二阶矩法的两种极限状态方程的极限边界，同真正的失效边界相距较远。但改进一次二阶矩法，由于把设计验算点选择在失效边界上，因此它与真正的失效边界相距最近。同时，如果极限状态函数不是高次非线性，则两者相距更近，这时使用改进一次二阶矩法将会获得更好的结果。

由于改进一次二阶矩法优于均值一次二阶矩法，工程实际可靠度计算中，改进一次二阶矩法已作为求解可靠指标的基础，并将“改进”二字去掉直接称为“一次二阶矩法”。用一次二阶矩法求出的结构可靠指标 β，只有在统计独立的正态分布变量和具有线性极限状态方程下才是精确的。在工程结构可靠度分析中，一般假设变量是统计独立的，而且建筑结构设计规范中的极限状态方程大多是线性的，因此，关键是变量分布。如果都是正态分布，则用改进一次二阶矩法可以得到相当好的结果；否则只能得到近似的结果。工程结构中的随机变量并非都是正态分布，如风荷载、雪荷载、活荷载等一般不是正态分布，而是极值Ⅰ型或 Γ 分布。为了解决这个问题，下面针对一般分布下结构可靠度的计算，介绍几种应用最广泛的方法。

2.5.3.2 验算点法（JC 法）

JC 法的基本原理：首先把随机变量 X_i 原来的非正态分布用正态分布代替，但对于代

替的正态分布函数要求在设计验算点 x_i^* 处的累积概率分布函数（CDF）值和概率密度函数（PDF）值都和原来的分布函数的 CDF 值和 PDF 值相同，见图 2-5-6。然后根据这两个条件求得等效正态分布的均值$\overline{X_i'}$和标准差 σ'_{X_i}。最后用一次二阶矩法求结构的可靠指标。

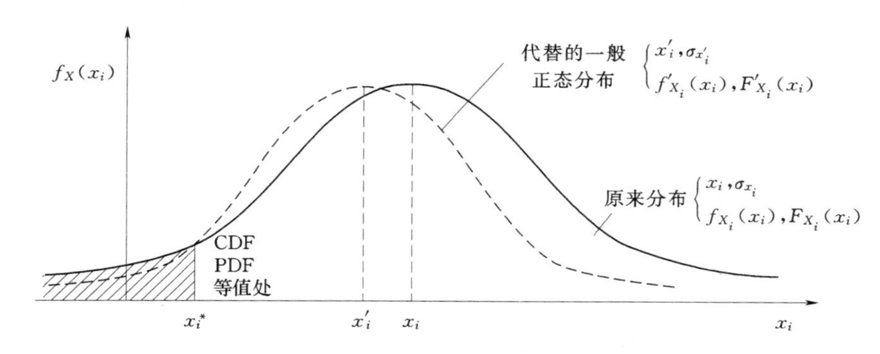

图 2-5-6 JC 法的等效正态分布

下面讨论如何利用上述当量正态化的方法，求解等效正态分布的均值$\overline{X_i'}$和标准差 σ'_{X_i}。

利用 x_i^* 处 CDF 值相等条件：

原来分布概率为 $P(X \leqslant x_i^*) = F_{X_i}(x_i^*)$，代替正态分布的概率为

$$P(X \leqslant x_i^*) = F'_{X_i}(x_i^*) = \Phi\left[\frac{x_i^* - \overline{X}_i'}{\sigma'_{X_i}}\right]$$

根据条件，要求以上概率相等，得

$$F_{X_i}(x_i^*) = \Phi\left[\frac{x_i^* - \overline{X}_i'}{\sigma'_{X_i}}\right] \tag{2-5-76}$$

利用 x_i^* 处 PDF 值相等条件：

原来分布的概率密度为 $f'_{X_i}(x_i^*)$，代替正态分布的概率密度为

$$f'_{X_i}(X_i^*) = \frac{\mathrm{d}F'_{X_i}(X_i^*)}{\mathrm{d}X_i} = \frac{\mathrm{d}\Phi\left[\frac{x_i^* - \overline{X}_i'}{\sigma'_{X_i}}\right]}{\mathrm{d}X_i} = \phi\left[\frac{x_i^* - \overline{X}_i'}{\sigma'_{X_i}}\right] \cdot \frac{1}{\sigma'_{X_i}}$$

根据 JC 法条件，要求以上概率密度值相等，得

$$f'_{X_i}(X_i^*) = \frac{1}{\sigma'_{X_i}} \cdot \phi\left[\frac{x_i^* - \overline{X}_i'}{\sigma'_{X_i}}\right] \tag{2-5-77}$$

由式（2-5-76）解出

$$\frac{x_i^* - \overline{X}_i'}{\sigma'_{X_i}} = \Phi^{-1}[F_{X_i}(x_i^*)] \tag{2-5-78}$$

代入式（2-5-77）得

$$f_{X_i}(x_i^*) = \phi[\Phi^{-1}(F_{X_i}(x_i^*))]/\sigma'_{X_i}$$

从而得到

$$\sigma'_{X_i} = \phi[\Phi^{-1}(F_{X_i}(x_i^*))]/f_{X_i}(x_i^*) \tag{2-5-79}$$

最后由式（2-5-78）得

$$\overline{X}_i' = x_i^* - \sigma'_{X_i}\Phi^{-1}[F_{X_i}(x_i^*)] \tag{2-5-80}$$

以上是用JC法求等效正态分布的均值$\overline{X_i'}$和标准差σ_{X_i}'的一般公式，具体计算时如果遇到正态变量，则不必运用式（2-5-79）和式（2-5-80），而直接把该变量的均值和标准差作“代替变量”的均值和标准差。遇到对数正态分布，式（2-5-79）和式（2-5-80）还可以进一步简化。

根据式（2-5-26）和式（2-5-27），有

$$m_{\ln X_i}=\ln m_{X_i}-\frac{1}{2}\sigma_{\ln X_i}^2$$

$$\sigma_{\ln X_i}^2=\ln(1+\sigma_{X_i}^2)$$

再由式（2-5-30）可得

$$\begin{aligned}F(x_i)&=\Phi\left[\frac{\ln x_i-m_{\ln X_i}}{\sigma_{\ln X_i}}\right]\\&=\Phi\left\{\frac{\ln x_i-\left[\ln m_{X_i}-\frac{1}{2}\ln(1+\delta_{X_i}^2)\right]}{[\ln(1+\delta_{X_i}^2)]^{1/2}}\right\}\\&=\Phi(S_i)\end{aligned}\qquad(2-5-81)$$

式中

$$S_i=\frac{\ln x_i-\left[\ln m_{X_i}-\frac{1}{2}\ln(1+\delta_{X_i}^2)\right]}{[\ln(1+\delta_{X_i}^2)]^{1/2}}\qquad(2-5-82)$$

依据概率论，有

$$f(x_i)=\frac{\mathrm{d}F(x_i)}{\mathrm{d}x_i}=\frac{\mathrm{d}\Phi(S_i)}{\mathrm{d}x_i}=\phi(S_i)\frac{1/x_i}{[\ln(1+\delta_{X_i}^2)]^{1/2}}\qquad(2-5-83)$$

式（2-5-81）和式（2-5-83）表示对数正态分布下变量x_i的累积概率分布函数和概率密度函数，把它们代入式（2-5-79）和式（2-5-80）得对数正态分布变量x_i的代替正态变量的均值$\overline{X_i'}$和标准差σ_{X_i}'为

$$\sigma_{X_i}'=\phi\{\Phi^{-1}[F(x_i^*)]\}/f_{X_i}(x_i)=\frac{\phi\{\Phi^{-1}[\Phi(S_i^*)]\}}{\phi(S_i^*)/x_i^*[\ln(1+\delta_{X_i}^2)]^{1/2}}$$

化简后得

$$\left.\begin{aligned}\sigma_{X_i}'&=x_i^*[\ln(1+\delta_{X_i}^2)]^{1/2}\\\overline{X_i'}&=x_i^*-\Phi^{-1}[F(x_i^*)]\sigma_{X_i}'\\&=x_i^*-\Phi^{-1}[\Phi(S_i^*)]\sigma_{X_i}\end{aligned}\right\}\qquad(2-5-84)$$

从而得

$$\overline{X_i'}=x_i^*-S_i^*\sigma_{X_i}'\qquad(2-5-85)$$

式中，S_i^* 由式（2-5-82）计算，但式中的 $\ln x_i=\ln x_i^*$。

利用式（2-5-84）和式（2-5-85）不必借助标准正态分布表，而直接求对数正态分布下的代替正态分布的均值和标准差。

等效正态分布的均值$\overline{X_i'}$和标准差σ_{X_i}'确定之后，JC法求解结构可靠指标的过程与改进一次二阶矩法大致相同，下面就是用该法计算可靠指标β的步骤：

（1）假定一个β值。

(2) 对所有的 i 值，选取设计验算点的初值，一般取 $x_i^* = m_{X_i}$。

(3) 用式 (2-5-79) 和式 (2-5-80) 计算 σ'_{X_i} 和 $\overline{X}'_i$。

(4) 计算 $\left.\frac{\partial g}{\partial x_i}\right|_{X^*}$ 值。

(5) 用式 (2-5-73) 计算灵敏系数 α_i。

(6) 用式 (2-5-75) 计算 x_i^* 的新值。重复步骤 (3)～(6)，一直算到 x_i^* 前后两次差值在允许范围内为止。

(7) 利用式 (2-5-75) 计算满足 $g(x_i^*)=0$ 条件下的 β 值。

(8) 重复步骤 (3)～(7)，一直算到前后两次所得的 β 的差值的绝对值很小为止 (如≤0.05)。

同改进一次二阶矩法一样，取消步骤 (6)，同样可以得到正确的结果。此外，如果步骤 (7)、(8) 换成改进一次二阶矩法中的计算步骤 (7)、(8) 中的内容，则可以回避通过极限状态方程解 β 值，并同样可得正确的结果。

上述迭代计算的收敛速度取决于极限状态方程的非线性程度，一般来说，5 次以内即可求得 β 值。

2.5.3.3 分位值法

采用 JC 法进行结构可靠指标计算时，在每一次迭代过程中需要根据验算点的变化计算各随机变量的等效正态分布的平均值和标准差，因此计算比较繁琐。分位值法的原理与 JC 法基本相同，是 JC 法的一种改进方法。它在计算过程中不需要像 JC 法那样，根据设计验算点的变化，反复修正等效正态分布的平均值和标准差，计算比较直接简单，特别是在进行分项可靠指标的计算时，更能显示其优越性。分位值法与 JC 法一样，适用于基本变量为任意概率分布以及结构极限状态方程为线性和非线性的情况。

分位值法的基本原理为：设影响结构可靠度的 n 个随机变量为 X_1，X_2，…，X_n，则结构的极限状态方程为

$$Z=G(X_1,X_2,\cdots,X_n)=0 \tag{2-5-86}$$

将随机变量按式 (2-5-87) 进行“约化高斯变量”的变换，即

$$\beta_{X_i}=\Phi^{-1}[F_{X_i}(X_i)] \tag{2-5-87}$$

式中 β_{X_i}——基本随机变量的约化高斯变量；

$\Phi^{-1}(\cdot)$——标准正态分布函数的反函数；

$F_{X_i}(X_i)$——基本变量的分布函数。

由式 (2-5-87) 可得

$$X_i=F_{X_i}^{-1}[\Phi(\beta_{X_i})] \tag{2-5-88}$$

将式 (2-5-88) 代入极限状态方程式 (2-5-86)，得

$$Z=G\{F_{X_1}^{-1}[\Phi(\beta_{X_1})],F_{X_2}^{-1}[\Phi(\beta_{X_2})],\cdots,F_{X_n}^{-1}[\Phi(\beta_{X_n})]\} \tag{2-5-89}$$

为了计算上的便利，用符号 X_i^* 代替 $F_{X_i}^{-1}[\Phi(\beta_{X_i})]$，则式 (2-5-89) 可写成

$$Z=G(X_1^*,X_2^*,\cdots,X_n^*)=0 \tag{2-5-90}$$

式中，X_i^* 可理解为基本变量 X_i 对应于分位概率为 $\Phi(\beta_{X_i})$ 的分位值。称式 (2-5-90) 为以基本随机变量分位值表达的结构极限状态方程式。以“约化高斯变量”β_{X_i} 为坐

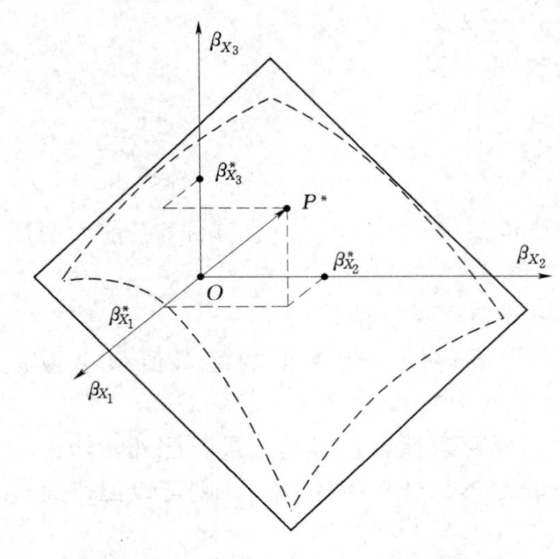

图 2-5-7　多维空间极限状态超曲面

标的多维空间极限状态超曲面如图 2-5-7 所示。这一空间称为“高斯空间”。

设图 2-5-7 中坐标原点 O 至极限状态方程超曲面的法线为$\overline{OP^*}$，在 P^* 点作极限状态超曲面的切平面，则该切平面的方程式可由极限状态方程在点 P^* 进行泰勒级数展开，并忽略二次以上项得到，即

$$G(X^*_{1\langle\beta^*_{X_i}\rangle},X^*_{2\langle\beta^*_{X_i}\rangle},\cdots,X^*_{n\langle\beta^*_{X_n}\rangle}) + \sum_{i=1}^{n}\frac{\partial G}{\partial\beta_{X_i}}\bigg|_{P^*}(\beta_{X_i}-\beta^*_{X_i})=0 \tag{2-5-91}$$

式中，$X^*_{i\langle\beta^*_{X_i}\rangle}$（$i=1$，2，…，$n$）为式（2-5-88）中当 $\beta_{X_i}=\beta^*_{X_i}$（即 P^* 的投影点）时的 X_i 值，省写成 X^*_i。β_{X_i} 的数值确定后，X^*_i 也随之确定。$\dfrac{\partial G}{\partial\beta_{X_i}}\bigg|_{P^*}$ 为函数 G 对应于 β_{X_i} 的偏导数在 P^* 点的值。式（2-5-91）可写为

$$\frac{\partial G}{\partial\beta_{X_1}}\bigg|_{P^*}\beta_{X_1}+\frac{\partial G}{\partial\beta_{X_2}}\bigg|_{P^*}\beta_{X_2}+\cdots+\frac{\partial G}{\partial\beta_{X_n}}\bigg|_{P^*}\beta_{X_n}+G(X^*_1,X^*_2,\cdots,X^*_n)-\sum_{i=1}^{n}\frac{\partial G}{\partial\beta_{X_i}}\bigg|_{P^*}\beta^*_{X_i}=0 \tag{2-5-92}$$

式中，β_{X_1}，β_{X_2}，…，β_{X_n} 均为随机变量，右边二项为常数项，则坐标原点至切平面的法线距离为

$$\overline{OP^*}=\frac{G(X^*_1,X^*_2,\cdots,X^*_n)-\sum\limits_{i=1}^{n}\dfrac{\partial G}{\partial\beta_{X_i}}\bigg|_{P^*}\beta^*_{X_i}}{\left[\sum\limits_{i=1}^{n}\left(\dfrac{\partial G}{\partial\beta_{X_i}}\bigg|_{P^*}\right)^2\right]^{1/2}} \tag{2-5-93}$$

即结构极限状态方程曲面至原点的法线距离为$\overline{OP^*}$。

根据一次二阶矩分析，在高斯空间中结构极限状态方程曲面至原点 O 的距离$\overline{OP^*}$等于结构可靠指标 β，则

$$\beta=\overline{OP^*}=\frac{G(X^*_1,X^*_2,\cdots,X^*_n)-\sum\limits_{i=1}^{n}\dfrac{\partial G}{\partial\beta_{X_i}}\bigg|_{P^*}\beta^*_{X_i}}{\left[\sum\limits_{i=1}^{n}\left(\dfrac{\partial G}{\partial\beta_{X_i}}\bigg|_{P^*}\right)^2\right]^{1/2}} \tag{2-5-94}$$

法线$\overline{OP^*}$与 β_{X_i} 坐标轴的余弦为

$$\cos\theta_i=\frac{-\dfrac{\partial G}{\partial\beta_{X_i}}\bigg|_{P^*}}{\left[\sum\limits_{i=1}^{n}\left(\dfrac{\partial G}{\partial\beta_{X_i}}\bigg|_{P^*}\right)^2\right]^{1/2}} \tag{2-5-95}$$

则

$$\beta_{X_i}^{*}=\overline{OP^{*}}\cos\theta_i=\frac{-\left.\dfrac{\partial G}{\partial\beta_{X_i}}\right|_{P^{*}}}{\left[\sum_{i=1}^{n}\left(\left.\dfrac{\partial G}{\partial\beta_{X_i}}\right|_{P^{*}}\right)^2\right]^{1/2}}\beta \tag{2-5-96}$$

式（2－5－95）、式（2－5－96）的偏导数为

$$\left.\frac{\partial G}{\partial\beta_{X_i}}\right|_{P^{*}}=\left.\frac{\partial G}{\partial X_i}\frac{\mathrm{d}X_i}{\mathrm{d}\beta_{X_i}}\right|_{P^{*}}=\left.\frac{\partial G}{\partial X_i}\right|_{P^{*}}\frac{\mathrm{d}X_i}{\mathrm{d}\beta_{X_i}} \tag{2-5-97}$$

式中，$\dfrac{\mathrm{d}X_i}{\mathrm{d}\beta_{X_i}}$为随机变量 X_i 对约化高斯变量 β_{X_i} 的导数，称为分位导数，以符号 $X_i'^{*}$表示，则式（2－5－97）可写为

$$\left.\frac{\partial G}{\partial\beta_{X_i}}\right|_{P^{*}}=\left.\frac{\partial G}{\partial X_i}\right|_{P^{*}}X_i'^{*} \tag{2-5-98}$$

代入式（2－5－94）、式（2－5－96）得

$$\beta=\frac{G(X_1^{*},X_2^{*},\cdots,X_n^{*})-\sum_{i=1}^{n}\left.\dfrac{\partial G}{\partial X_i}\right|_{P^{*}}X_i'^{*}\beta_{X_i}^{*}}{\left[\sum_{i=1}^{n}\left(\left.\dfrac{\partial G}{\partial X_i}\right|_{P^{*}}\cdot X_i'^{*}\right)^2\right]^{1/2}} \tag{2-5-99}$$

$$\beta_{X_i}^{*}=\frac{-\sum_{i=1}^{n}\left.\dfrac{\partial G}{\partial X_i}\right|_{P^{*}}\cdot X_i'^{*}}{\left[\sum_{i=1}^{n}\left(\left.\dfrac{\partial G}{\partial X_i}\right|_{P^{*}}\cdot X_i'^{*}\right)^2\right]^{1/2}}\beta \tag{2-5-100}$$

式（2－5－99）、式（2－5－100）就是分位值法求结构可靠指标 β 的基本公式。

由于在按式（2－5－99）、式（2－5－100）进行结构可靠指标 β 的计算时，式（2－5－99）中包含了未知项 $\beta_{X_i}^{*}$，而在求算 $\beta_{X_i}^{*}$ 的式（2－5－100）中包含了可靠指标 β，因此一般需采用迭代法求解。

在用分位值法确定极限状态设计式中的分项系数时，注意到在高斯空间坐标系中，由原点 O 至极限状态超曲面的距离$\overline{OP^{*}}$认为等于结构的可靠指标 β，其中法线端点 P^{*} 称为结构极限状态方程的“设计运算点”，它在高斯空间坐标系中对应的坐标值 $\beta_{X_i}^{*}$ 称为基本变量 X_i'的理论分项可靠指标，它可理解为结构的可靠指标按各基本变量变异性的大小，分配给各基本变量的分项可靠指标的数值。同样将式（2－5－97）代入式（2－5－95）得

$$\cos\theta_i^{*}=\frac{-\sum_{i=1}^{n}\left.\dfrac{\partial G}{\partial X_i}\right|_{P^{*}}X_i'^{*}}{\left[\sum_{i=1}^{n}\left(\left.\dfrac{\partial G}{\partial X_i}\right|_{P^{*}}\cdot X_i'^{*}\right)^2\right]^{1/2}} \tag{2-5-101}$$

$$\widetilde{\beta_{X_i}^{*}}=\beta\cos\theta_i^{*}=\frac{-\sum_{i=1}^{n}\left.\dfrac{\partial G}{\partial X_i}\right|_{P^{*}}\cdot X_i'^{*}}{\left[\sum_{i=1}^{n}\left(\left.\dfrac{\partial G}{\partial X_i}\right|_{P^{*}}\cdot X_i'^{*}\right)^2\right]^{1/2}}\beta \tag{2-5-102}$$

结构极限状态方程中各基本变量 X_i 的“分项可靠指标”$\widetilde{\beta_{X_i}^{*}}$即经求得，则可通过对各基本变量“约化高斯变量”的反变换，求得相应的“设计值”$\widetilde{X_{id}}$，即

$$\widetilde{X_{id}}=F_X^{-1}[\Phi(\widetilde{\beta_{X_i}})] \tag{2-5-103}$$

式中　$\Phi(\cdot)$——标准正态分布函数；

$F_X^{-1}(\cdot)$——基本随机变量的概率分布的反函数。

式（2-5-95）、式（2-5-97）、式（2-5-102）、式（2-5-103）为求算结构极限状态设计式中各基本变量“分项可靠指标”和“设计值”的基本计算公式。在按以上这些公式进行计算时常用迭代法。

结构极限状态设计式中各基本变量 X_i 在各种设计计算情况下的“设计值” $\widetilde{X_{id}}$ 即经求得，则可按以下方法计算作用效应和材料抗力的理论分项系数。

作用效应分项系数为

$$\widetilde{\gamma}_{X_i}=\frac{\widetilde{X_{id}}}{X_{ik}} \tag{2-5-104}$$

材料抗力的分项系数为

$$\widetilde{\gamma}_{X_i}=\frac{\widetilde{X_{ik}}}{X_{id}} \tag{2-5-105}$$

式中　X_{ik}——基本变量 x_i 的标准值。

2.5.4　结构体系的可靠度分析

地下空间结构由于其特定的周围环境，属于超静定结构。前面的可靠性分析的方法主要是针对单一的结构构件（元件）或构件中的某一截面的可靠度。实际上，对地下空间结构，其结构构成非常复杂，从构件材料来看，有脆性材料、延性材料、单一材料及多种材料，从失效的模式上也有多种。例如，当挡土结构的单一失效模式有倾覆、滑移和承载力不足 3 种，或者由这三者组合。从结构的构件组成的系统来看，有串联系统、并联系统、混联系统等。对有支撑的基坑围护结构，如支撑体系中一根支撑破坏，很有可能导致整个基坑的失稳，基坑的支撑系统就是串联系统。本节主要介绍结构体系可靠度的分析方法。

2.5.4.1　基本概念

1. 结构构件的失效性质

构成整个结构的各构件（连接也看成特殊构件），由于其材料和受力性质的不同，可分为脆性和延性两类构件。

脆性构件是指一旦失效立即完全丧失功能的构件。例如，隧道工程采用的刚性构件一旦破坏，即丧失承载力。

延性构件是指失效后仍能维持原有功能的构件。例如，隧道工程中采用的柔性衬砌具有一定的屈服平台，在达到屈服承载力时能保持该承载力而继续变形。

构件失效性质不同，其对结构体系可靠度的影响也不同。

2. 结构体系的失效模型

结构由各个构件组成，由于组成结构的方式不同以及构件的失效性质不同，构件失效引起结构失效的方式也具有各自的特殊性。但如果将结构体系失效的各种方式模型化后，总可以归并为 3 种基本形式，即串联模型、并联模型和混合联合模型。

（1）串联模型。

若结构中任意一个构件失效，则整个结构也失效。具有这种逻辑关系的结构系统可用串联模型表示。

所有静定结构的失效分析均可采用串联模型。例如，一个盾构隧道，各个管片可看成一个串联系统，其中每一个管片均可看出串联系统的一个元件，只要其中一个元件失效，整个系统就失效。对于静定结构，其构件是脆性的还是延性的，对结构体系的可靠度没有影响。图 2－5－8 是串联元件的逻辑结构。

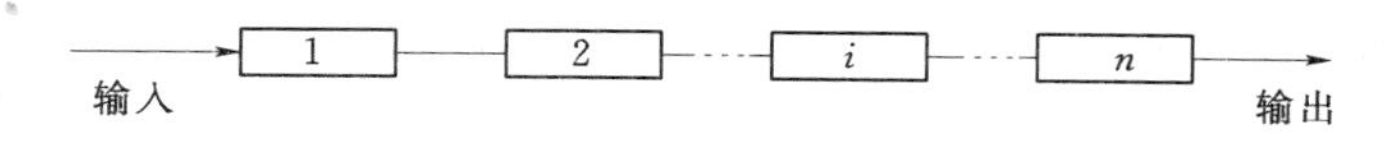

图 2－5－8　串联元件的逻辑结构

（2）并联模型。

若结构中一个或一个以上的构件失效，剩余的构件或已失效的延性构件，仍能维持整体机构的功能，则这类结构系统为并联系统。

超静定结构的失效可用并联模型表示。图 2－5－9 所示为并联元件的逻辑结构。在输入与输出之间有 n 条路径，只有在全部路径都被堵塞时，整个系统才破坏。对于并联系统，元件的脆性或延性将影响系统的可靠度及其计算模型。脆性元件在失效后将逐个从系统中退出工作，因此在计算系统的可靠度时，要考虑元件的失效顺序。而延性元件在其失效后仍在系统中维持原有的功能，因此只要考虑系统最终的失效形态即可。

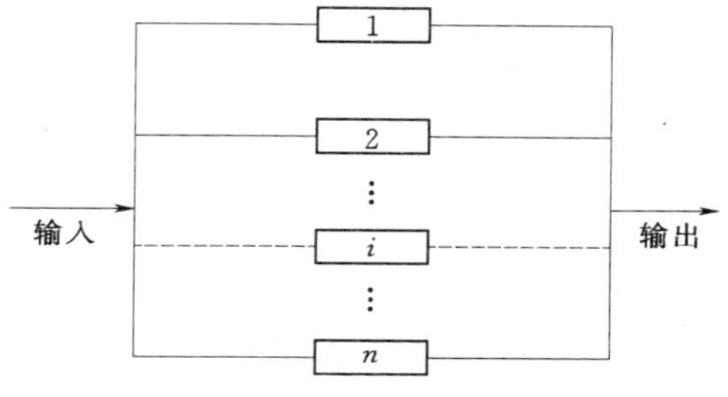

图 2－5－9　并联元件的逻辑结构

（3）混合联合模型。

在延性构件组成的超静定结构中，若结构的最终失效形态不限于一种，则这类结构系统可用串—并联模型，即混合联合模型表示，如图 2－5－10 所示。

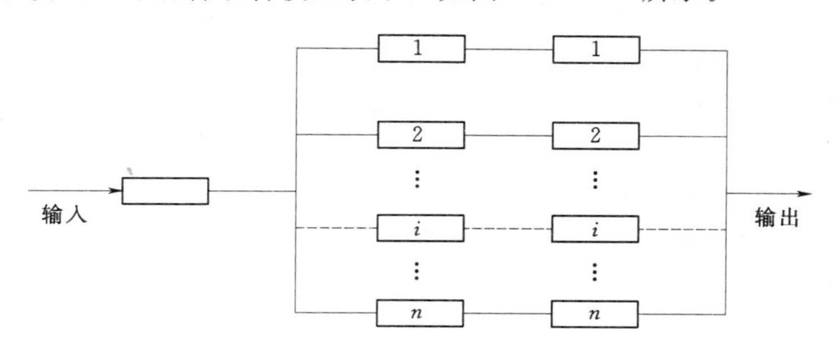

图 2－5－10　混联元件的逻辑结构

3. 构件和失效形态间的相关性

值得注意的是，构件间和失效形态间的相关性，这是因为构件的可靠度取决于构件的荷载和抗力，在同一个结构中，各构件的荷载效应来源于同一荷载，因此，不同构件的荷载效应之间应有高度的关联。另外，结构内的部分或全部构件可能由同一材料制成，因而构件的抗力之间也应有一定的相关性。可见，同一结构中不同构件的失效有一定的相关性，所以评价结构体系的可靠性，要考虑各失效形态之间的相关性。相关性的存在，使结构体系可靠度的分析问题变得非常复杂，这也是结构体系可靠度计算理论的难点所在。

2.5.4.2 结构体系可靠的上下界

在特殊情况下，结构体系可靠度可仅利用各构件可靠度按概率论方法计算。以下记各构件的工作状态为 X_i，失效状态为 $\overline{X}_i$，各构件的失效概率为 P_{fi}，结构系统的失效概率为 P_f。

1. 串联系统

对于串联系统，设系统有 n 个元件，当元件的工作状态完全独立时，则

$$p_f = 1 - p\left(\prod_{i=1}^{n} X_i\right) = 1 - \prod_{i=1}^{n}(1 - P_{fi}) \qquad (2-5-106)$$

当元件的工作状态完全相关时，有

$$p_f = 1 - \min_{i\in 1,\cdots,n}(X_i) = 1 - \min_{i\in 1,\cdots,n}(1 - p_{fi}) = \max_{i\in 1,\cdots,n}(p_{fi}) \qquad (2-5-107)$$

一般情况下，实际结构系统处于上述两种情况之间，因此，一般串联系统的失效概率也将介于上述两种极端情况的计算结果之间，即

$$\max_{i\in 1,\cdots,n} p_{fi} \leqslant p_f \leqslant 1 - \prod_{i=1}^{n}(1 - P_{fi}) \qquad (2-5-108)$$

可见，对于静定结构，结构体系的可靠度总不大于构件的可靠度。

2. 并联系统

对于并联系统，当元件的工作状态完全独立时，有

$$p_f = p\left(\prod_{i=1}^{n} \overline{X}_i\right) = \prod_{i=1}^{n} p_{fi} \qquad (2-5-109)$$

当元件的工作状态完全相关时，有

$$p_f = p\left(\min_{i\in 1,\cdots,n} \overline{X}_i\right) = \min_{i\in 1,\cdots,n} p_{fi} \qquad (2-5-110)$$

因此一般情况下，有

$$\prod_{i=1}^{n} p_{fi} \leqslant p_f \leqslant \min_{i\in 1,\cdots,n} p_{fi} \qquad (2-5-111)$$

显然，对于超静定结构，当结构的失效形态唯一时，结构体系的可靠度总不小于构件的可靠度，而当结构的失效形态不唯一时，结构的每一失效形态对应的可靠度总不小于构件的可靠度，而结构体系的可靠度又总不大于结构每一失效形态所对应的可靠度。

2.5.4.3 结构体系失效概率的基本表达式

假定 m 已经是由上面方法得到的 m 个主要的失效模式，其功能函数如式（2-5-3）所示，则结构体系的失效概率为

$$p_{fs} = P\left(\bigcup_{i=1}^{m} Z_i < 0\right) \qquad (2-5-112)$$

如果功能函数是非线性的，则利用上面介绍的一次二阶矩方法，将各非线性功能函数在各自的验算点处线性化为 $Z_{Li}(i=1,\ 2,\ \cdots,\ m)$，这样结构体系的失效概率近似表示为

$$p_{fs} = P\left(\bigcup_{i=1}^{m} Z_i < 0\right) = 1 - \Phi_m(\boldsymbol{\beta},\boldsymbol{\rho}) \qquad (2-5-113)$$

式中 $\boldsymbol{\beta}=(\beta_1,\ \beta_2,\ \cdots,\ \beta_m)^T$——各失效模式的可靠指标构成的可靠指标向量；

$\boldsymbol{\rho}=(\rho_{ij})_{m\times m}$——功能函数间的线性相关系数矩阵；

$\Phi_m(\cdot)$——m 维标准正态分布函数。

各失效模式的结构可靠指标 β 可以用 JC 法、映射变换法或使用分析法求得。若计算 β 时采用了 JC 法或使用分析法，则失效模式间的线性相关系数由式（2-5-114）计算，即

$$\rho_{ij}=\frac{\sum_{k=1}^{n}\sum_{l=1}^{n}\rho_{X_k'X_l'}\frac{\partial g_i}{\partial X_k}\frac{\partial g_j}{\partial X_l}\bigg|_{P^*}\sigma_{X_k'}\sigma_{X_l'}}{\sigma_{Z_i}\sigma_{Z_j}} \tag{2-5-114}$$

其中

$$\sigma_{Z_i}=\left(\sum_{k=1}^{n}\sum_{l=1}^{n}\rho_{X_k'X_l'}\frac{\partial g_i}{\partial X_k}\frac{\partial g_i}{\partial X_l}\bigg|_{P^*}\sigma_{X_k'}\sigma_{X_l'}\right)^{1/2}$$

$$\sigma_{Z_j}=\left(\sum_{k=1}^{n}\sum_{l=1}^{n}\rho_{X_k'X_l'}\frac{\partial g_j}{\partial X_k}\frac{\partial g_j}{\partial X_l}\bigg|_{P^*}\sigma_{X_k'}\sigma_{X_l'}\right)^{1/2}$$

而 $\rho_{X_k'X_l'}\approx\rho_{X_kX_l}$ 为当量随机变量 X_k' 与 X_l' 间的相关系数。

若计算 β 时采用映射变换法，则失效模式间的线性相关系数由式（2-5-115）计算，即

$$\rho_{ij}=\sum_{k=1}^{n}\cos\theta_{Y_{ik}}\cos\theta_{Y_{jk}} \tag{2-5-115}$$

式中 $\cos\theta_{Y_{ik}}$——第 i 个极限状态方程的第 k 个方向余弦。

在确定了向量 $\boldsymbol{\beta}$ 和矩阵 $\boldsymbol{\rho}$ 后，则可得结构体系的失效概率由式（2-5-116）计算，即

$$p_{fs}=1-\int_{-\infty}^{\beta_1}\int_{-\infty}^{\beta_2}\cdots\int_{-\infty}^{\beta_m}\varphi_m(\boldsymbol{z},\boldsymbol{\rho})\mathrm{d}z_1\mathrm{d}z_2\cdots\mathrm{d}z_m \tag{2-5-116}$$

其中

$$\varphi_m(\boldsymbol{z},\boldsymbol{\rho})=\frac{1}{(\sqrt{2\pi})^m\sqrt{\det(\boldsymbol{\rho})}}\exp\left(-\frac{1}{2}\boldsymbol{z}\boldsymbol{\rho}^{-1}\boldsymbol{z}^{\mathrm{T}}\right) \tag{2-5-117}$$

为 m 维标准正态概率分布密度函数，$\det(\cdot)$ 表示行列式的值，$\boldsymbol{\rho}^{-1}$ 为 $\boldsymbol{\rho}$ 的逆矩阵。

由式（2-5-116）可以看出，结构体系失效概率为一高维积分，在实际工程中很难求解，因此，需要研究简便而精度能满足工程应用要求的方法。目前工程实用的方法包括两类：一类是“区间估计法”；另一类是“点估计法”。区间估计法就是利用概率论的基本方法划定结构体系失效概率的上、下限，主要包括“宽界限法”和“窄界限法”。也有一些学者提出更窄的界限估计公式，但总的规律是界限越来越复杂，但精度改善有限。因此实际应用不多。点估计方法则是经过适当的近似处理，将具有多个积分边界的复杂高维积分问题，转化为简单的一般容易解决的问题，从而获得问题的近似解。

2.5.5 蒙特卡罗法简介

在目前可靠度计算中，它被认为是一种相对精确的方法，常用来校核其他方法的计算结果。

由概率定义知，某事件的概率可以用大量试验中该事件发生的频率来估计。因此，可以先对影响可靠度的随机变量进行大量随机抽样，然后把这些抽样值一组一组地代入功能函数式，确定结构失效与否，最后从中求得结构的失效概率。

蒙特卡罗法就是依靠上述思路求解结构失效概率的。该法使结构可靠度的分析有可能通过电子计算机试验进行。蒙特卡罗模拟法（Monte－Carlo Simulation）也被称为随机抽样法、概率模拟法或统计试验法，通过随机模拟来对客观的现象进行研究的一种方法。

2.5.5.1　基本原理

设有统计独立的随机变量 X_1，X_2，…，X_n，其对应的概率密度函数分别为 f_{X_1}，f_{X_2}，…，f_{X_n}，功能函数为 $Z=g(X_1, X_2, \cdots, X_n)$。

现在计算本结构的失效概率 P_f。

（1）首先用随机抽样分别获得各变量的抽样点 x_1，x_2，…，x_n，如图2－5－11所示。

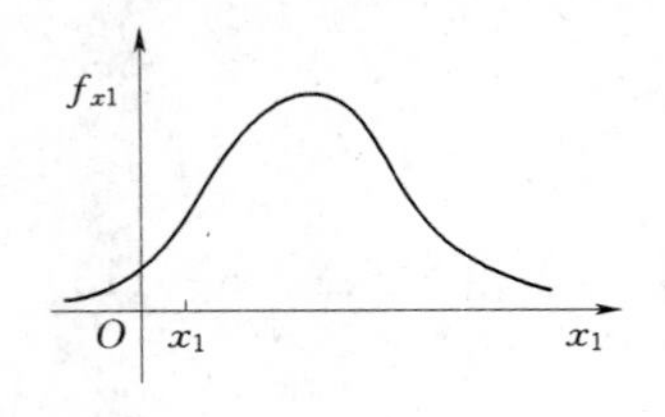
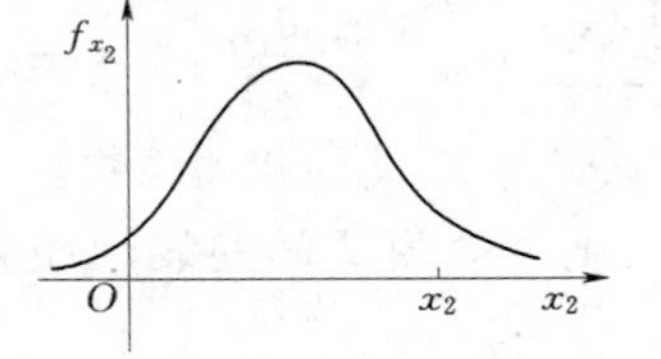
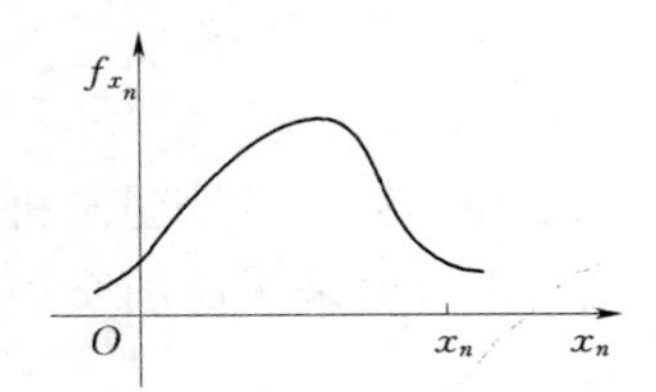

图2－5－11　各随机变量的抽样点

（2）计算功能函数 Z_i：$Z_i=g(x_1, x_2, \cdots, x_n)$。

（3）设抽样数为 N，每组抽样变量分位值对应的功能函数值为 Z_i，$Z_i \leqslant 0$ 的次数为 L，则在大批抽样之后，结构失效概率可由式 $P_f=L/N$ 计算出。

可见在蒙特卡罗法中，失效概率就是结构失效次数占总抽样数的频率，这就是蒙特卡罗法的基本点。

用蒙特卡罗法计算结构的失效概率时，有两个具体问题需要进一步解决，即：①如何进行随机抽样？②怎样才算大批取样？

问题①要求掌握随机数的产生方法，这问题比较复杂，在下面专门讨论。问题②实际是要求规定最低的取样数 N 的问题。取样数 N 同计算成果精度有关。设允许误差为 ε，有文献建议用95%的置信度以保证用蒙特卡罗法解题的误差，则 ε 为

$$\varepsilon=2[(1-P_f)/N \cdot P_f]^{\frac{1}{2}} \tag{2-5-118}$$

由式（2－5－118）可见，结构模拟数 N 越大，误差 ε 越小。因此，要达到一定的精度，N 必须取得足够大。为简便起见，还有文献建议 N 必须满足

$$N \geqslant 100/P_f \tag{2-5-119}$$

式中　P_f——预先估计的失效概率。

由于 P_f 一般是一个很小的数，这就要求计算次数很多。例如，工程结构的失效概率一般在0.1%以下，这就要求计算次数须达10万次以上。这个要求使采用计算机分析时不是遇到困难，就是花费过多的时间。为此，目前正在研究如何在计算次数不太多的情况下得到满足精度要求的 P_f 值。

2.5.5.2　随机变量的取样

用蒙特卡罗法解题的关键是求已知分布的变量的随机数。为了快速、高精度地产生随机数，通常要分两步进行。首先产生在开区间（0，1）上的均匀分布随机数，然后在此基础上再变换成给定分布变量的随机数。

1. 伪随机数的产生和检验

产生随机数一般是利用随机数表、物理方法和数学方法等3种方法，其中，数学方法以其速度快、计算简单和可重复性等优点而被人们广泛地使用。随着对随机数的不断研究和改进，人们已提出了各种数学方法，其中较典型的有取中法、加同余法、乘同余法、混合同余法和组合同余法。虽然这些方法都各自存在着缺点（正是由于这些缺点，人们把这些方法产生的随机数称为伪随机数），但只要选择适当的参数，是可以使之消失的。上述方法中，尤以乘同余法以它的统计性质优良、周期长等特点而更被人们广泛地应用。为此，这里着重介绍此法。

乘同余法的算式为

$$x_{i+1}=(ax_i+c)(\mathrm{mod}m) \tag{2-5-120}$$

式中，a、c 和 m 为正整数。

式（2-5-120）表示以 m 为模数的同余式，即以 m 除（ax_i+c）后得到的余数记为 x_{i+1}。具体计算时，最好再引入一个参数 k_i，令

$$k_i=\mathrm{ln}t\left(\frac{ax_i+c}{m}\right) \tag{2-5-121}$$

式中，符号 ln$t$ 表示取整。这时求余数就很方便了。由

$$x_{i+1}=ax_i+c-mk_i \tag{2-5-122}$$

并将 x_{i+1}除以 m 后，即可得标准化的随机数 μ_{i+1}，即

$$u_{i+1}=x_{i+1}/m \tag{2-5-123}$$

具体计算时，已知 x_i，利用式（2-5-121）～（2-5-123）求 μ_{i+1}值。

例如，设 $a=3$，$c=1$，$m=5$，试求8个随机数。

作为 x_i 的初值 x_0 取为1.0，利用式（2-5-121）得

$$k_0=\mathrm{ln}t\left(\frac{3\times1+1}{5}\right)=\mathrm{ln}t(0.8)=0$$

由式（2-5-122）得

$$x_1=3\times1+1-5\times0=4$$

再由式（2-5-123）得

$$\mu_1=4/5=0.8$$

以上是 $i=1$ 的结果。下面令 $i=2$，得

$$k_1=\mathrm{ln}t\left(\frac{3\times4+1}{5}\right)=\mathrm{ln}t(2.6)=2$$

$$x_2=3\times4+1-5\times2=3$$

$$\mu_1=3/5=0.6$$

最后把不同 i 值及其对应的8次 μ_i 计算成果列出如下：

i	μ_i	i	μ_i
1	0.8	5	0.8
2	0.6	6	0.6
3	0.0	7	0.0
4	0.2	8	0.2

从所得的结果可见，这组随机数出现周期为 4 的规律。这种随机数不好，是很粗糙的伪随机数。产生这种规律的原因在于常数 m 选得太小了。这里有 $m=5$，周期为 4，周期数小于 m。因此，为了得到在相当长的数列中才发生周期性的规律，可以将 m 取大些。在长数列中取出小部分数，就不会遇到周期性问题。

以上讨论的是如何产生（0，1）间的随机数。为了判断所得伪随机数能否代替随机数，一般还应对伪随机数进行统计检验，主要是检验其均匀性和独立性。

下面讨论如何通过随机数去获得实际分布变量的随机数。

2. 给定分布下变量随机数的产生

由于目前结构可靠度计算中，一般常用正态分布、对数正态分布及极值Ⅰ型分布，因此，下面着重介绍这 3 种分布函数随机数的产生。

（1）正态分布。

由于这种分布应用极广，因此对于这种变量的模拟，人们已发展了很多方法。其中坐标变换法产生随机数的速度较快、精度较高。现介绍如下：

设随机数 μ_n 和 μ_{n+1} 是 0～1 区间的两个均匀随机数，则可用下列变换得到标准正态分布 $N(0,1)$ 的两个随机数 x_n^* 和 x_{n+1}^*，即

$$\left.\begin{aligned} x_n^* &= (-2\ln u_n)^{\frac{1}{2}}\cos(2\pi u_{n+1}) \\ x_{n+1}^* &= (-2\ln u_n)^{\frac{1}{2}}\sin(2\pi u_{n+1}) \end{aligned}\right\} \tag{2-5-124}$$

如果随机变量 X 是一般正态分布 $N(m_X, \sigma_X)$，则其随机数 x_n 和 x_{n+1} 算式变成

$$\left.\begin{aligned} x_n &= x_n^*\sigma_X + m_X \\ x_{n+1} &= x_{n+1}^*\sigma_X + m_X \end{aligned}\right\} \tag{2-5-125}$$

这里随机数成对产生，不仅互相独立，而且服从一般正态分布。

（2）对数正态分布。

对数正态分布变量随机数产生的方法是先将均匀随机数变换为正态分布随机数，然后再转换为对数正态分布随机数。

设 X 为对数正态分布，有均值 m_X、标准差 σ_X、变异系数 δ_X，因为 $Y=\ln X$ 为正态分布，所以根据式（2-5-26）和式（2-5-27），得其标准差和均值分别为

$$\sigma_Y = \sigma_{\ln X} = [\ln(1+\delta_X^2)]^{\frac{1}{2}}$$

$$m_Y = \ln m_X - \frac{1}{2}\sigma_{\ln X}^2 = \ln\left[\frac{m_X}{\sqrt{1+\delta_X^2}}\right]$$

Y 的随机数可由式（2-5-124）和式（2-5-125）产生。设已得 Y 的随机数为 y_i，最后可得 X 的随机数为

$$x_i^* = \exp(y_i) \tag{2-5-126}$$

（3）极值Ⅰ型分布。

极值Ⅰ型分布变量的随机数一般是通过其积累概率分布函数得到的。因此，这里先讨论一般分布变量随机数的产生。

对于任意分布变量，设已知其积累概率分布函数为 $F_X(x)$，则其随机数可以由式(2-5-127)得到，即

$$x_i = F_X^{-1}(u_i) \tag{2-5-127}$$

式中　u_i——0～1 区间的均匀随机数。

可以证明，这样得到的随机数 x_i 是从具有概率密度为 $f_X(x)$ 的母体中抽出来的一个样本值。

下面以极值Ⅰ型为例说明式（2-5-127）的应用。极值Ⅰ型变量的分布为

$$F_X(x_i) = \exp\{-\exp[-\alpha(x_1 - k)]\}$$

式中，α、k 都是常量，同 X 的均值 m_X 和标准差 σ_X 有关。设已产生随机数 u_1，则由式（2-5-127）可得

$$u_1 = F_X(x_i) = \exp\{-\exp[-\alpha(x_1 - k)]\}$$

从中解出

$$x_i = k - \frac{1}{\alpha}\ln(-\ln u_1) \tag{2-5-128}$$

利用极值Ⅰ型 α 及 k 的近似公式，有 $\alpha = 1.2825/\sigma_X$，$k = m_X - 0.450\sigma_X$，把它们代入式（2-5-128）得

$$x_i = m_X - 0.45\sigma_X - 0.7797\sigma_X \ln(-\ln u_1) \tag{2-5-129}$$

蒙特卡罗法的计算工作量一般都很大，整个工作最好通过编写程序由计算机完成。为了克服模拟次数太多这一缺点，人们已通过各种途径寻找模拟次数基本保持在某一定值的方法。

蒙特卡罗模拟法的主要优点：这是一个普遍的方法，只要当状态变量的分布为已知时就可以应用，它不会因状态变量为非正态分布、状态变量彼此相关、状态函数的非线性等问题而发生困难而使精度降低。因为蒙特卡罗法的误差只与标准差和样本容量 N 有关，而与样本元素所在空间无关，则它的收敛速度与问题维数无关；同样，蒙特卡罗法的收敛是概率意义下的收敛，可指出其误差以接近 1 的概率不超过某个界限，亦与问题维数无关。由于蒙特卡罗方法分析结果具有相对精确的特点，常用于各种可靠度近似分析方法计算结果的校核。蒙特卡罗方法也存在局限性，主要是蒙特卡罗法的收敛速度慢，因此花费机时数较大。

思考题

2-1　简述围岩分级的基本方法。

2-2　简述岩石质量指标 RQD 的定义及评价方法。

2-3　影响围岩分级的因素有哪些？

2-4　什么是围岩压力？影响围岩压力的因素有哪些？

2-5　简述深、浅埋隧道如何划分；简述深、浅埋隧道围岩松动压力的确定方法。

2-6　什么是地层弹性抗力？如何确定？

2-7　某隧道穿越Ⅳ类围岩，其埋深为20m，开挖尺寸为：净宽7.4m，净高8.8m。围岩的天然重度为$\gamma=21\text{kN/m}^3$，试确定围岩的松动压力值。

2-8　拟在亚砂土中修筑明挖式的矩形隧道，覆土为3m和15m两种情况。土壤物理指标：$\gamma=19.5\text{kN/m}^3$，$\varphi=30°$，$c=0\text{kPa}$，结构跨度为6m，高度为4m。判断隧道是深埋还是浅埋，并计算隧道所受的围岩压力。

2-9　已知某挡土墙高度$H=4.0\text{m}$，墙背竖直、光滑。墙后填土表面水平，填土为干砂，重度$\gamma=18\text{kN/m}^3$，内摩擦角$\varphi=30°$。计算作用在此挡土墙上的静止土压力P_0；若墙能向前移动，大约需移动多少距离才能产生主动土压力P_a？计算P_a的数值。

2-10　设某构件功能函数为$G(X)=R-D-L$，假定R、D、L服从正态分布，均值分别为2.83、1、0.745，标准差分别为0.3113、0.1、0.1863，分别表示结构的承载力、自重作用和活荷载。由于结构自重增加将导致承载力增加，因此D与R相关，$\text{sig}RD=0.1578$，活荷载L假设与恒载D相关，$\text{sig}DL=0.07$，用中心点法求可靠度。

第3章 弹性地基梁

3.1 概述

弹性地基梁是指搁置在具有一定弹性地基上，各点与地基紧密相贴的梁。弹性地基梁可以平放，也可以竖放，地基介质通常是岩土体等固体材料，如铁路枕木、钢筋混凝土条形基础梁、抗滑桩、贴壁式直墙拱形衬砌的边墙等。弹性地基梁是超静定梁，其计算有专门的一套计算理论。

弹性地基梁具有将梁上荷载分布到较大面积的地基上，减少地基所受的荷载的特点；同时也由于梁的各点都支承在弹性地基上，因而可使梁的变形减少、刚度提高及内力降低。

弹性地基梁与普通梁相比，具有以下两个主要区别：

（1）普通梁仅在有限个支座处与基础接触，梁所受的支座反力是有限个未知力，因此，普通梁是静定的或有限次超静定的结构。弹性地基梁与地基连续接触，具有无穷多个支点和无穷多个未知反力，因此，弹性地基梁是无穷多次超静定结构。由此看出，超静定次数是无限还是有限，是普通梁与弹性地基梁的一个重要区别。

（2）普通梁的支座通常看做刚性支座，即略去地基的变形，只考虑梁的变形；弹性地基梁的变形跟地基密切相关，必须考虑地基的变形。一方面梁给地基以压力，使地基沉陷，反过来，地基给梁以抗力，限制梁的位移。而梁的位移与地基的沉陷在每一点又必须彼此相等，才能满足变形连续条件。由此看出，地基的变形是考虑还是略去，这是它们的另一个主要区别。

3.2 弹性地基梁的计算模型

弹性地基梁搁置在地基上，梁在荷载作用下会与地基产生沉陷，因而梁底与地基表面存在相互作用反力 σ，σ 的大小与地基沉降 y 有密切关系。一般来说，只要地基梁与地基产生共同变形，即地基梁与地基没有脱离，变形满足连续条件，沉降 y 越大，反力 σ 也越大。因此，如何确定地基反力与地基沉降之间的关系是弹性地基梁计算理论中的关键问题。

3.2.1 直线分布假定

根据这个假定，地基反力为直线分布，只要求得任意两点的地基反力，即可确定地基反力，地基反力的未知数只有 σ_0 和 σ_1（图 3-2-1），可用静力平衡条件求出。求出 σ_0 和 σ_1 后，即可算出梁的任何截面的弯矩与剪力。直线分布假定计算简单，但该假定完全没有考虑地基的物理力学性质和梁的变形，计算结果与实际情况有较大的差异，一般在浅基础设计中应用较多。

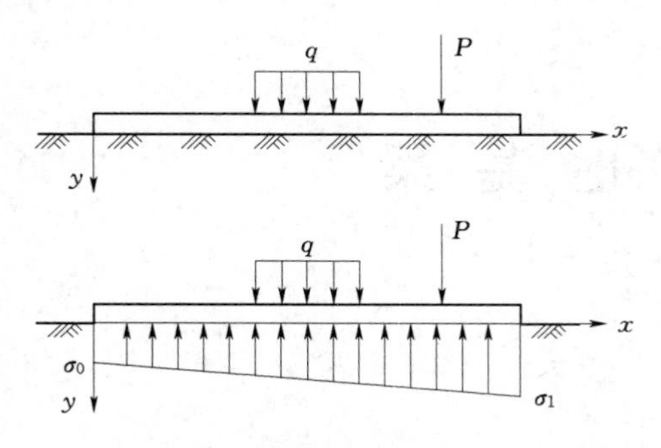

图 3-2-1　直线分布假定计算地基反力

3.2.2　局部变形理论

1867 年，德国科学家 Winkler（温克尔）对地基提出以下假设：地基表面任一点的沉降与该点所受的压力成正比，即

$$y=\frac{P}{K} \tag{3-2-1}$$

式中　y——地基的沉陷，m；

K——地基产生单位沉陷所需的压强，称为地基系数，kPa/m；

P——单位面积上的压强，kPa。

按照这个假定，地基被看成是无限多个各自孤立的弹簧，地基沉陷只发生在梁的底面范围内。这个假设实际上是把地基模拟为刚性支座上一系列独立的弹簧（图 3-2-2）。当地基表面上某一点受压力 P 时，由于弹簧是彼此独立的，故只在该点局部产生沉陷 y，而在其他地方不产生任何沉陷。因此，这种地基模型称作局部弹性地基模型。另外，地基系数与地基类别、受压面积大小、加力的大小、加力的方向及次数等有关，并不是常数，很难取得准确数值。

按温克尔假设计算地基梁时，可以考虑梁本身的实际弹性变形，因此消除了反力直线分布假设中的缺点。但温克尔假设没有反映地基的变形连续性，当地基表面在某一点承受压力时，实际上不仅在该点局部产生沉陷，而且也在邻近区域产生沉陷（图 3-2-2）。由于没有考虑地基的连续性，一般说来，温克尔假定不能很好地符合实际情况。但当硬地层上有一层较薄的松软土层，而梁放在松软土层上时，温克尔假定能得到比较满意的结果。

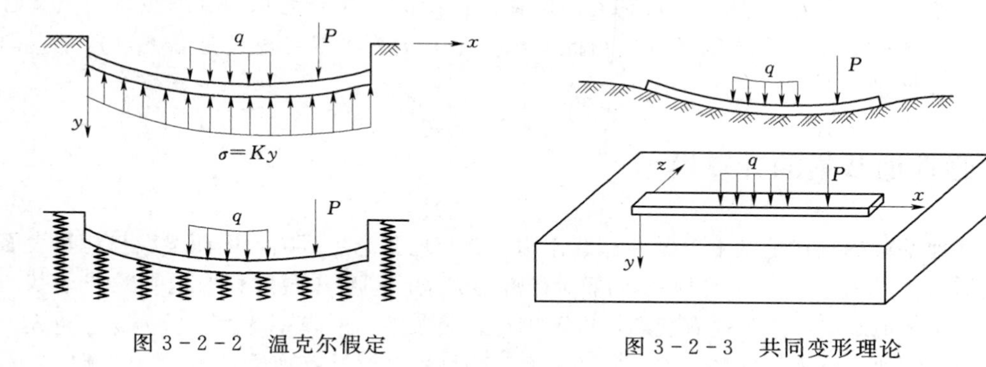

图 3-2-2　温克尔假定　　图 3-2-3　共同变形理论

3.2.3　共同变形理论

由于温克尔假设中没有考虑地基连续性，后来又提出了另一种假设：把地基看作一个均质、连续、弹性的半无限体（半无限体是指占据整个空间下半部的物体，即上表面是一个平面，并向四周和向下方无限延伸的物体）（图 3-2-3）。地基的沉陷量用弹性力学方法计算，地基反力根据梁与地基的变形协调条件求得。采用这个假定，地基某点的沉陷量不仅与该点的压力有关，与其他点的压力也有关；地基沉陷不仅发生在梁的底面范围内，

也发生在邻近四周的范围内。

共同变形理论一方面反映了地基的连续整体性，另一方面也从几何上、物理上对地基进行了简化，因而可以把弹性力学中有关半无限弹性体这个古典问题的已知结论作为计算的基础。但该理论也存在一些缺点，一方面岩土体并非是均质弹性体，另一方面该理论计算较复杂，应用上受到一定的限制。

3.3 基于局部变形理论计算弹性地基梁

在弹性地基梁的计算理论中，除上述局部弹性地基模型假设外，还需要作如下三个假设：

（1）地基梁在外荷载作用下产生变形的过程中，梁底面与地基表面始终紧密相贴，即地基的沉陷或隆起与梁的挠度处处相等；

（2）由于梁与地基间的摩擦力对计算结果影响不大，可以略去不计，因而，地基反力处处与接触面垂直；

（3）地基梁的高跨比比较小，符合平截面假设，因而可直接应用材料力学中有关梁的变形及内力计算结论。

3.3.1 基础梁的挠度曲线微分方程

图 3-3-1（a）表示一等截面的基础梁，梁宽 $b=1$。根据温克尔假定，地基反力用式（3-2-1）表达。角变、位移、弯矩、剪力及荷载的正方向均如图 3-3-1 所示。下面按照图中所示情况，推导出基础梁的挠度曲线微分方程。

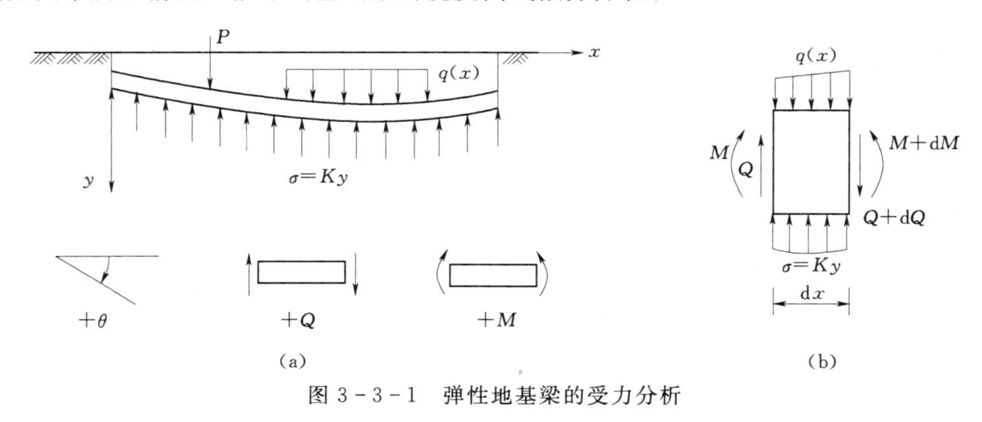

图 3-3-1 弹性地基梁的受力分析

从图 3-3-1（a）所示的基础梁取一微段，如图 3-3-1（b）所示，根据平衡条件 $\sum Y=0$，得

$$Q-(Q+\mathrm{d}Q)+Ky\cdot\mathrm{d}x-q(x)\cdot\mathrm{d}x=0 \tag{3-3-1}$$

化简后变为

$$\frac{\mathrm{d}Q}{\mathrm{d}x}=Ky-q(x) \tag{3-3-2}$$

再根据 $\sum M=0$，得

$$M-(M+\mathrm{d}M)+(Q+\mathrm{d}Q)\mathrm{d}x+q(x)\frac{(\mathrm{d}x)^2}{2}-\sigma\frac{(\mathrm{d}x)^2}{2}=0 \tag{3-3-3}$$

整理并略去二阶微量，则得

$$Q=\frac{\mathrm{d}M}{\mathrm{d}x} \tag{3-3-4}$$

由式（3-3-2）和式（3-3-4），知

$$\frac{\mathrm{d}Q}{\mathrm{d}x}=\frac{\mathrm{d}^2M}{\mathrm{d}x^2}=Ky-q(x) \tag{3-3-5}$$

若不计剪力对梁挠度的影响，则由材料力学可得

$$\theta=\frac{\mathrm{d}y}{\mathrm{d}x}$$

$$M=-EI\frac{\mathrm{d}\theta}{\mathrm{d}x}=-EI\frac{\mathrm{d}^2y}{\mathrm{d}x^2} \tag{3-3-6}$$

$$Q=\frac{\mathrm{d}M}{\mathrm{d}x}=-EI\frac{\mathrm{d}^3y}{\mathrm{d}x^3}$$

将式（3-3-6）代入式（3-3-5），并注意 $\sigma=Ky$，则得

$$EI\frac{\mathrm{d}^4y}{\mathrm{d}x^4}=-Ky+q(x) \tag{3-3-7}$$

令

$$\alpha=\sqrt[4]{\frac{K}{4EI}} \tag{3-3-8}$$

代入式（3-3-7），得

$$\frac{\mathrm{d}^4y}{\mathrm{d}x^4}+4\alpha^4y=\frac{4\alpha^4}{K}q(x) \tag{3-3-9}$$

式中 α——梁的弹性特征系数；

K——地基的弹性压缩系数。

式（3-3-9）就是基础梁的挠度曲线微分方程。

为了便于计算，在式（3-3-9）中用变数 αx 代替变数 x，二者有以下的关系，即

$$\left.\begin{aligned}
&\frac{\mathrm{d}y}{\mathrm{d}x}=\frac{\mathrm{d}y}{\mathrm{d}(\alpha x)}\frac{\mathrm{d}(\alpha x)}{\mathrm{d}x}=\alpha\frac{\mathrm{d}y}{\mathrm{d}(\alpha x)}\\
&\frac{\mathrm{d}^2y}{\mathrm{d}x^2}=\frac{\mathrm{d}}{\mathrm{d}x}\left[\frac{\mathrm{d}y}{\mathrm{d}x}\right]=\frac{\mathrm{d}}{\mathrm{d}(\alpha x)}\left[\alpha\frac{\mathrm{d}y}{\mathrm{d}(\alpha x)}\right]\frac{\mathrm{d}(\alpha x)}{\mathrm{d}x}=\alpha^2\frac{\mathrm{d}^2y}{\mathrm{d}(\alpha x)^2}\\
&\frac{\mathrm{d}^3y}{\mathrm{d}x^3}=\alpha^3\frac{\mathrm{d}^3y}{\mathrm{d}(\alpha x)^3}\\
&\frac{\mathrm{d}^4y}{\mathrm{d}x^4}=\alpha^4\frac{\mathrm{d}^4y}{\mathrm{d}(\alpha x)^4}
\end{aligned}\right\} \tag{3-3-10}$$

将式（3-3-10）代入式（3-3-9）中，则得

$$\frac{\mathrm{d}^4y}{\mathrm{d}(\alpha x)^4}+4y=\frac{4}{K}q(\alpha x) \tag{3-3-11}$$

式（3-3-11）是用变数 αx 代替变数 x 的挠度曲线微分方程。按温克尔假定计算基础梁，可归结为求解微分方程式（3-3-11）。当 y 解出后，再由式（3-3-6）就可求出角变 θ、弯矩 M 和剪力 Q，将 y 乘以 K 就得地基反力。

3.3.2 挠度曲线微分方程的齐次解

式（3-3-11）是一个常系数、线性、非齐次的微分方程，它的一般解是由齐次解和特解所组成，齐次解就是式（3-3-12）的一般解，即

$$\frac{d^4 y}{d(\alpha x)^4}+4y=0 \tag{3-3-12}$$

设式（3-3-12）的解具有以下形式，即

$$y=e^{r(\alpha x)} \tag{3-3-13}$$

将式（3-3-13）代入式（3-3-12）中，则得

$$e^{r(\alpha x)}(\gamma^4+4)=0 \tag{3-3-14}$$

即

$$\gamma^4+4=0 \tag{3-3-15}$$

这就是微分方程式（3-3-12）的特征方程，它有两对共轭复根，即

$$\begin{aligned}\gamma_1&=1+i\\ \gamma_2&=1-i\\ \gamma_3&=-1+i\\ \gamma_4&=-1-i\end{aligned} \tag{3-3-16}$$

其中 γ_1 与 γ_2 共轭；γ_3 与 γ_4 共轭。由此得式（3-3-12）的解为

$$y=e^{\alpha x}[A_1\cos(\alpha x)+A_2\sin(\alpha x)]+e^{-\alpha x}[A_3\cos(\alpha x)+A_4\sin(\alpha x)] \tag{3-3-17}$$

式中，$A_1\sim A_4$ 是 4 个常救，可用另外 4 个常数 $C_1\sim C_4$ 代替，使其有以下的关系，即

$$\begin{aligned}A_1&=\frac{1}{2}(C_1+C_3)\\ A_2&=\frac{1}{2}(C_2+C_4)\\ A_3&=\frac{1}{2}(C_1-C_3)\\ A_4&=\frac{1}{2}(C_2-C_4)\end{aligned} \tag{3-3-18}$$

将以上各式代入式（3-3-17）中，则得

$$\begin{aligned}y=&C_1\mathrm{ch}(\alpha x)\cos(\alpha x)+C_2\mathrm{ch}(\alpha x)\sin(\alpha x)+C_3\cdot\mathrm{sh}(\alpha x)\cos(\alpha x)\\&+C_4\mathrm{sh}(\alpha x)\sin(\alpha x)\end{aligned} \tag{3-3-19}$$

在式（3-3-19）中，有

$$\begin{aligned}\mathrm{sh}(\alpha x)&=\frac{e^{\alpha x}-e^{-\alpha x}}{2}\\ \mathrm{ch}(\alpha x)&=\frac{e^{\alpha x}+e^{-\alpha x}}{2}\end{aligned} \tag{3-3-20}$$

式（3-3-17）或式（3-3-19）便是微分方程式（3-3-11）的齐次解。下面将基础梁区分为短梁和长梁，以定出齐次解中的 4 个常数（通解）与附加项（特解）。这样求得的解，就相当于微分方程的齐次解与特解之和。

3.3.3 初参数和双曲线三角函数的引用

图 3-3-2 所示为一等截面的基础梁，设左端有位移 y_0、角变 θ_0、弯矩 M_0 和剪力 Q_0，它们的正方向如图中所示。

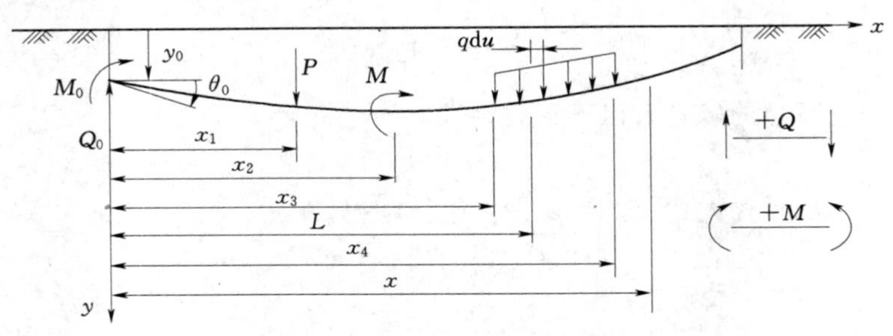

图 3-3-2 弹性地基梁作用的初参数

根据式（3-3-6），对式（3-3-19）进行求导，则得

$$\left.\begin{aligned}
&y=C_1\operatorname{ch}(\alpha x)\cos(\alpha x)+C_2\operatorname{ch}(\alpha x)\sin(\alpha x)+C_3\operatorname{sh}(\alpha x)\cos(\alpha x)+C_4\operatorname{sh}(\alpha x)\sin(\alpha x)\\
&\theta=\alpha\left\{\begin{aligned}&-C_1[\operatorname{ch}(\alpha x)\sin(\alpha x)-\operatorname{sh}(\alpha x)\cos(\alpha x)]+C_2[\operatorname{ch}(\alpha x)\cos(\alpha x)+\operatorname{sh}(\alpha x)\sin(\alpha x)]+\\&C_3[-\operatorname{sh}(\alpha x)\sin(\alpha x)+\operatorname{ch}(\alpha x)\cos(\alpha x)]+C_4[\operatorname{sh}(\alpha x)\cos(\alpha x)+\operatorname{ch}(\alpha x)\sin(\alpha x)]\end{aligned}\right\}\\
&M=2EI\alpha^2[C_1\operatorname{sh}(\alpha x)\sin(\alpha x)-C_2\operatorname{sh}(\alpha x)\cos(\alpha x)+C_3\operatorname{ch}(\alpha x)\sin(\alpha x)-C_4\operatorname{ch}(\alpha x)\cos(\alpha x)]\\
&Q=2EI\alpha^3\left\{\begin{aligned}&C_1[\operatorname{ch}(\alpha x)\sin(\alpha x)+\operatorname{sh}(\alpha x)\cos(\alpha x)]-C_2[\operatorname{ch}(\alpha x)\cos(\alpha x)-\operatorname{sh}(\alpha x)\sin(\alpha x)]+\\&C_3[\operatorname{sh}(\alpha x)\sin(\alpha x)+\operatorname{ch}(\alpha x)\cos(\alpha x)]+C_4[\operatorname{ch}(\alpha x)\sin(\alpha x)-\operatorname{sh}(\alpha x)\cos(\alpha x)]\end{aligned}\right\}
\end{aligned}\right\} \tag{3-3-21}$$

将式（3-3-21）用于梁的左端（图 3-3-2），并注意当 $x=0$ 时 $\operatorname{ch}(\alpha x)=\cos(\alpha x)=1$，$\operatorname{sh}(\alpha x)=\sin(\alpha x)=0$，由此得

$$\left.\begin{aligned}
y_0&=C_1\\
\theta_0&=\alpha(C_2+C_3)\\
M_0&=-2EI\alpha^2C_4\\
Q_0&=2EI\alpha^3(-C_2+C_3)
\end{aligned}\right\} \tag{3-3-22}$$

解出以上 4 式，求得

$$\begin{aligned}
C_1&=y_0\\
C_2&=\frac{1}{2\alpha}\theta_0-\frac{1}{4\alpha^3EI}Q_0\\
C_3&=\frac{1}{2\alpha}\theta_0+\frac{1}{4\alpha^3EI}Q_0\\
C_4&=\frac{-1}{2\alpha^2EI}M_0
\end{aligned} \tag{3-3-23}$$

这样，式（3-3-19）中的 4 个常数 $C_1\sim C_4$ 用 y_0、θ_0、M_0 和 Q_0（称为初参数）表达，将式（3-3-23）引入式（3-3-19）中，式（3-3-19）变为

$$\begin{aligned}
y=&y_0\operatorname{ch}(\alpha x)\cos(\alpha x)+\frac{\theta_0}{2\alpha}[\operatorname{ch}(\alpha x)\sin(\alpha x)+\operatorname{sh}(\alpha x)\cos(\alpha x)]\\
&-\frac{M_0}{2\alpha^2EI}\operatorname{sh}(\alpha x)\sin(\alpha x)-\frac{Q_0}{4\alpha^3EI}[\operatorname{ch}(\alpha x)\sin(\alpha x)-\operatorname{sh}(\alpha x)\cos(\alpha x)]
\end{aligned} \tag{3-3-24}$$

为了计算方便，引用下列符号，即

$$
\left.\begin{aligned}
\varphi_1 &= \mathrm{ch}(\alpha x)\cos(\alpha x)\\
\varphi_2 &= \mathrm{ch}(\alpha x)\sin(\alpha x)+\mathrm{sh}(\alpha x)\cos(\alpha x)\\
\varphi_3 &= \mathrm{sh}(\alpha x)\sin(\alpha x)\\
\varphi_4 &= \mathrm{ch}(\alpha x)\sin(\alpha x)-\mathrm{sh}(\alpha x)\cos(\alpha x)
\end{aligned}\right\} \tag{3-3-25}
$$

其中，φ_1、φ_2、φ_3、φ_4 叫做双曲线三角函数，4 个函数之间有以下的关系，即

$$
\left.\begin{aligned}
\frac{\mathrm{d}\varphi_1}{\mathrm{d}x} &= \alpha\frac{\mathrm{d}\varphi_1}{\mathrm{d}(\alpha x)} = -\alpha\varphi_4\\
\frac{\mathrm{d}\varphi_2}{\mathrm{d}x} &= \alpha\frac{\mathrm{d}\varphi_2}{\mathrm{d}(\alpha x)} = 2\alpha\varphi_1\\
\frac{\mathrm{d}\varphi_3}{\mathrm{d}x} &= \alpha\frac{\mathrm{d}\varphi_3}{\mathrm{d}(\alpha x)} = \alpha\varphi_2\\
\frac{\mathrm{d}\varphi_4}{\mathrm{d}x} &= \alpha\frac{\mathrm{d}\varphi_4}{\mathrm{d}(\alpha x)} = 2\alpha\varphi_3
\end{aligned}\right\} \tag{3-3-26}
$$

将式（3-3-25）代入式（3-3-14）并按式（3-3-8）消去 EI，再按式（3-3-6）逐次求导数，并注意式（3-3-26），则得以下各式，即

$$
\left.\begin{aligned}
y &= y_0\varphi_1+\theta_0\frac{1}{2\alpha}\varphi_2-M_0\frac{2\alpha^2}{bK}\varphi_3-Q_0\frac{\alpha}{bK}\varphi_4\\
\theta &= -y_0\alpha\varphi_4+\theta_0\varphi_1-M_0\frac{2\alpha^3}{bK}\varphi_2-Q_0\frac{2\alpha^2}{bK}\varphi_3\\
M &= y_0\frac{bK}{2\alpha^2}\varphi_3+\theta_0\frac{bK}{4\alpha^3}\varphi_4+M_0\varphi_1+Q_0\frac{1}{2\alpha}\varphi_2\\
Q &= y_0\frac{bK}{2\alpha}\varphi_2+\theta_0\frac{bK}{2\alpha^2}\varphi_3-M_0\alpha\varphi_4+Q_0\varphi_1
\end{aligned}\right\} \tag{3-3-27}
$$

式（3-3-27）中的第一式是在微分方程式（3-3-11）的齐次解中引用了初参数和双曲线三角函数的结果。第二、三、四式则是按照式（3-3-6）对第一式逐次求导的结果。

在式（3-3-27）中，有 4 个待定常数 y_0、θ_0、M_0 和 Q_0，其中两个参数可由原点端的两个边界条件直接求出，另外两个待定初参数由另一端的边界条件来确定。表 3-3-1 列出了实际工程中常见的支座形式及荷载作用下梁端初参数的值。

表 3-3-1　　弹性地基梁梁端参数值确定表

类型	弹性地基梁	已知初参数	A 端边界条件	待求初参数
自由端	O, A, x, y	$M_0=0$ $Q_0=0$	$M_A=0$ $Q_A=0$	θ_0 y_0
	m, p_1, p_2, O, A, x, y	$M_0=-m$ $Q_0=-P_1$	$M_A=0$ $Q_A=P_2$	θ_0 y_0

续表

类型	弹性地基梁	已知初参数	A端边界条件	待求初参数
简支端	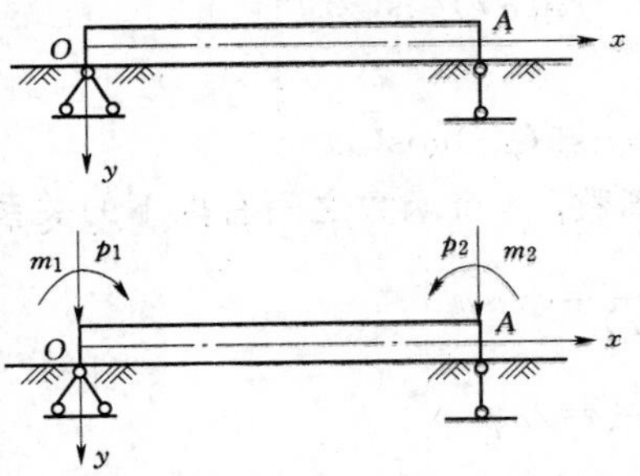	$M_0=0$ $y_0=0$ $M_0=m_1$ $y_0=0$	$M_A=0$ $y_A=0$ $M_A=m_2$ $y_A=0$	θ_0 Q_0 θ_0 Q_0
固定端	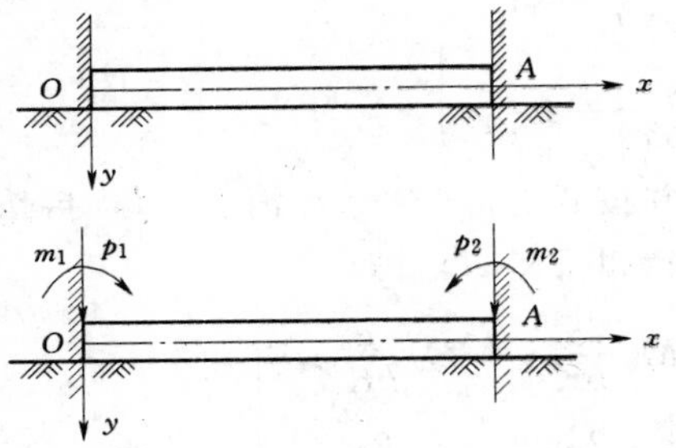	$\theta_0=0$ $y_0=0$ $\theta_0=0$ $y_0=0$	$\theta_A=0$ $y_A=0$ $\theta_A=0$ $y_A=0$	M_0 Q_0 M_0 Q_0
弹性固定端	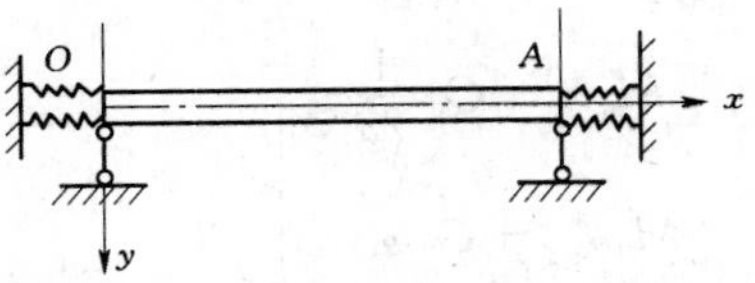	$y_0=0$	$y_A=0$	$\theta_0=M_0\beta_0$ M_0 Q_0

3.3.4 挠度曲线微分方程的特解

以图3-3-2所示基础梁为例，当初参数y_0、θ_0、M_0和Q_0已知时，就可用式（3-3-27）计算荷载P以左各截面的位移y、角变θ、弯矩M和剪力Q。但是在计算荷载P右方各截面的这些量值时，还须在式（3-3-27）中增加由于荷载引起的附加项。下面将分别求出集中荷载P、力矩M和分布荷载q引起的附加项。

3.3.4.1 集中荷载P引起的附加项

在图3-3-2中，将坐标原点移到荷载P的作用点，仍可用式（3-3-27）计算荷载P引起的右方各截面的位移、角变、弯矩及剪力。因为仅考虑P的作用，故在它的作用点处的4个初参数为

$$\left.\begin{aligned} y_{x_1}&=0\\ \theta_{x_1}&=0\\ M_{x_1}&=0\\ Q_{x_1}&=-P \end{aligned}\right\} \tag{3-3-28}$$

用y_{x_1}、θ_{x_1}、M_{x_1}和Q_{x_1}代换式（3-3-27）中的y_0、θ_0、M_0和Q_0，则得

$$
\left.\begin{aligned}
y&=\frac{\alpha}{bK}P\varphi_{4\alpha(x-x_1)}\\
\theta&=\frac{2\alpha^2}{bK}P\varphi_{3\alpha(x-x_1)}\\
M&=-\frac{1}{2\alpha}P\varphi_{2\alpha(x-x_1)}\\
Q&=-P\varphi_{1\alpha(x-x_1)}
\end{aligned}\right\}\tag{3-3-29}
$$

式（3－3－29）即为荷载 P 引起的附加项，式中双曲线三角函数 φ_1、φ_2、φ_3、φ_4 均有下标 $\alpha(x-x_1)$，表示这些函数随 $\alpha(x-x_1)$ 变化。当求荷载 P 左边各截面（图 3－3－2）的位移、角变、弯矩和剪力时只用式（3－3－27）即可，不需用式（3－3－29），因此，当 $x<x_1$ 时式（3－3－29）不存在。

3.3.4.2 力矩 M 引起的附加项

和推导式（3－3－29）的方法相同，当图 3－3－2 所示的梁只作用着力矩 M 时，将坐标原点移到力矩 M 的作用点，此点的 4 个初参数为

$$
\left.\begin{aligned}
y_{x_2}&=0\\
\theta_{x_2}&=0\\
M_{x_2}&=M\\
Q_{x_2}&=0
\end{aligned}\right\}\tag{3-3-30}
$$

用 y_{x_2}、θ_{x_2}、M_{x_2} 和 Q_{x_2} 代换式（3－3－27）中的 y_0、θ_0、M_0 和 Q_0，求得力矩 M 引起的附加项如下：

$$
\left.\begin{aligned}
y&=-\frac{2\alpha^2}{bK}M\varphi_{3\alpha(x-x_2)}\\
\theta&=-\frac{2\alpha^3}{bK}M\varphi_{2\alpha(x-x_2)}\\
M&=M\varphi_{1\alpha(x-x_2)}\\
Q&=-\alpha M\varphi_{4\alpha(x-x_2)}
\end{aligned}\right\}\tag{3-3-31}
$$

式中 φ_1、φ_2、φ_3、φ_4 均有下标 $\alpha(x-x_2)$，表示这些函数随 $\alpha(x-x_2)$ 变化。当 $x<x_2$ 时式（3－3－31）不存在。

3.3.4.3 分布荷载 q 引起的附加项

参照图 3－3－2，设所求坐标为 $x(x\geqslant x_4)$ 截面的位移、角变、弯矩和剪力。将分布荷载看成是无限多个集中荷载 $q\cdot\mathrm{d}u$，代入式（3－3－27），得

$$
\left.\begin{aligned}
y&=\frac{\alpha}{bK}\int_{x_3}^{x_4}\varphi_{4\alpha(x-u)}q\mathrm{d}u\\
\theta&=\frac{2\alpha^2}{bK}\int_{x_3}^{x_4}\varphi_{3\alpha(x-u)}q\mathrm{d}u\\
M&=-\frac{1}{2\alpha}\int_{x_3}^{x_4}\varphi_{2\alpha(x-u)}q\mathrm{d}u\\
Q&=-\int_{x_3}^{x_4}\varphi_{1\alpha(x-u)}q\mathrm{d}u
\end{aligned}\right\}\tag{3-3-32}
$$

在式（3-3-32）中，φ_1、φ_2、φ_3、φ_4 随 $\alpha(x-u)$ 变化。如视 x 为常数，则 $\mathrm{d}(x-u)=-\mathrm{d}u$。考虑这一关系，并注意式（3-3-26），得

$$\left.\begin{aligned}\varphi_{4\alpha(x-u)}&=\frac{1}{\alpha}\frac{\mathrm{d}}{\mathrm{d}u}\varphi_{1\alpha(x-u)}\\ \varphi_{3\alpha(x-u)}&=-\frac{1}{2\alpha}\frac{\mathrm{d}}{\mathrm{d}u}\varphi_{4\alpha(x-u)}\\ \varphi_{2\alpha(x-u)}&=-\frac{1}{\alpha}\frac{\mathrm{d}}{\mathrm{d}u}\varphi_{3\alpha(x-u)}\\ \varphi_{1\alpha(x-u)}&=-\frac{1}{2\alpha}\frac{\mathrm{d}}{\mathrm{d}u}\varphi_{2\alpha(x-u)}\end{aligned}\right\}\tag{3-3-33}$$

将以上各式代入式（3-3-31）中，再使用部分积分则得

$$\left.\begin{aligned}y&=\frac{1}{bK}\int_{x_3}^{x_4}\frac{\mathrm{d}}{\mathrm{d}u}\varphi_{1\alpha(x-u)}q\mathrm{d}u=\frac{1}{bK}\left\{\left[q\varphi_{1\alpha(x-u)}\right]_{x_3}^{x_4}-\left[\int_{x_3}^{x_4}\varphi_{1\alpha(x-u)}\frac{\mathrm{d}q}{\mathrm{d}u}\mathrm{d}u\right]\right\}\\ \theta&=-\frac{\alpha}{bK}\int_{x_3}^{x_4}\frac{\mathrm{d}}{\mathrm{d}u}\varphi_{4\alpha(x-u)}q\mathrm{d}u=-\frac{\alpha}{bK}\left\{\left[q\varphi_{4\alpha(x-u)}\right]_{x_3}^{x_4}-\left[\int_{x_3}^{x_4}\varphi_{4\alpha(x-u)}\frac{\mathrm{d}q}{\mathrm{d}u}\mathrm{d}u\right]\right\}\\ M&=\frac{1}{2\alpha^2}\int_{x_3}^{x_4}\frac{\mathrm{d}}{\mathrm{d}u}\varphi_{3\alpha(x-u)}q\mathrm{d}u=\frac{1}{2\alpha^2}\left\{\left[q\varphi_{3\alpha(x-u)}\right]_{x_3}^{x_4}-\left[\int_{x_3}^{x_4}\varphi_{3\alpha(x-u)}\frac{\mathrm{d}q}{\mathrm{d}u}\mathrm{d}u\right]\right\}\\ Q&=\frac{1}{2\alpha}\int_{x_3}^{x_4}\frac{\mathrm{d}}{\mathrm{d}u}\varphi_{2\alpha(x-u)}q\mathrm{d}u=\frac{1}{2\alpha}\left\{\left[q\varphi_{2\alpha(x-u)}\right]_{x_3}^{x_4}-\left[\int_{x_3}^{x_4}\varphi_{2\alpha(x-u)}\frac{\mathrm{d}q}{\mathrm{d}u}\mathrm{d}u\right]\right\}\end{aligned}\right\}\tag{3-3-34}$$

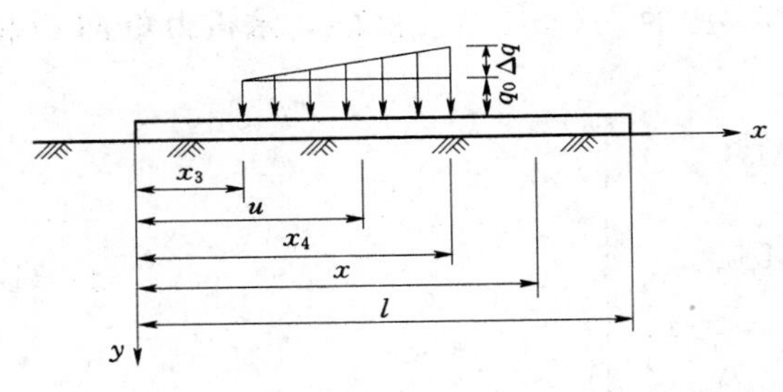

图3-3-3 弹性地基梁作用一段均布荷载

式（3-3-34）就是求分布荷载 q 的附加项的一般公式。用此式求4种不同分布荷载的附加项：梁上有一段均布荷载；梁上有一段三角形分布荷载；梁的全跨布满均布荷载；梁的全跨布满三角形荷载。

（1）梁上有一段均布荷载的附加项如图3-3-3所示，梁上有一段均布荷载 q_0，这时 $q=q_0$，$\mathrm{d}q/\mathrm{d}u=0$，代入式（3-3-34）得附加项为

$$\left.\begin{aligned}y&=\frac{q_0}{bK}\left[\varphi_{1\alpha(x-x_4)}-\varphi_{1\alpha(x-x_3)}\right]\\ \theta&=-\frac{q_0\alpha}{bK}\left[\varphi_{4\alpha(x-x_4)}-\varphi_{4\alpha(x-x_3)}\right]\\ M&=\frac{q_0}{2\alpha^2}\left[\varphi_{3\alpha(x-x_4)}-\varphi_{3\alpha(x-x_3)}\right]\\ Q&=\frac{q_0}{2\alpha}\left[\varphi_{2\alpha(x-x_4)}-\varphi_{2\alpha(x-x_3)}\right]\end{aligned}\right\}\tag{3-3-35}$$

（2）梁上有一段三角形分布荷载的附加项如图3-3-3所示，梁上有一段三角形分布荷载。在 $x_3\sim x_4$ 区段内任一点的荷载集度为

$$q=\frac{\Delta q}{x_4-x_3}(u-x_3)\Rightarrow\frac{\mathrm{d}q}{\mathrm{d}u}=\frac{\Delta q}{x_4-x_3}\tag{3-3-36}$$

将式（3-3-36）代入式（3-3-34），则得

$$\left.\begin{aligned}
y&=\frac{1}{bK}\frac{\Delta q}{(x_4-x_3)}\left\{[(x_4-x_3)\varphi_{1\alpha(x-x_4)}]-\left[\int_{x_3}^{x_4}\varphi_{1\alpha(x-u)}\mathrm{d}u\right]\right\}\\
\theta&=-\frac{\alpha}{bK}\frac{\Delta q}{(x_4-x_3)}\left\{[(x_4-x_3)\varphi_{4\alpha(x-x_4)}]-\left[\int_{x_3}^{x_4}\varphi_{4\alpha(x-u)}\mathrm{d}u\right]\right\}\\
M&=\frac{1}{2\alpha^2}\frac{\Delta q}{(x_4-x_3)}\left\{[(x_4-x_3)\varphi_{3\alpha(x-x_4)}]-\left[\int_{x_3}^{x_4}\varphi_{3\alpha(x-u)}\mathrm{d}u\right]\right\}\\
Q&=\frac{1}{2\alpha}\frac{\Delta q}{(x_4-x_3)}\left\{[(x_4-x_3)\varphi_{2\alpha(x-x_4)}]-\left[\int_{x_3}^{x_4}\varphi_{2\alpha(x-u)}\mathrm{d}u\right]\right\}
\end{aligned}\right\}\quad(3-3-37)$$

再将式（3－3－33）代入式（3－3－37）中积分号内，积分后则得

$$\begin{aligned}
y&=\frac{1}{bK}\frac{\Delta q}{(x_4-x_3)}\left\{[(x_4-x_3)\varphi_{1\alpha(x-x_4)}]+\frac{1}{2\alpha}[\varphi_{2\alpha(x-x_4)}-\varphi_{2\alpha(x-x_3)}]\right\}\\
\theta&=-\frac{\alpha}{bK}\frac{\Delta q}{(x_4-x_3)}\left\{[(x_4-x_3)\varphi_{4\alpha(x-x_4)}]-\frac{1}{\alpha}[\varphi_{1\alpha(x-x_4)}-\varphi_{1\alpha(x-x_3)}]\right\}\\
M&=\frac{1}{2\alpha^2}\frac{\Delta q}{(x_4-x_3)}\left\{[(x_4-x_3)\varphi_{3\alpha(x-x_4)}]+\frac{1}{2\alpha}[\varphi_{4\alpha(x-x_4)}-\varphi_{4\alpha(x-x_3)}]\right\}\\
Q&=\frac{1}{2\alpha}\frac{\Delta q}{(x_4-x_3)}\left\{[(x_4-x_3)\varphi_{2\alpha(x-x_4)}]+\frac{1}{\alpha}[\varphi_{3\alpha(x-x_4)}-\varphi_{3\alpha(x-x_3)}]\right\}
\end{aligned}\quad(3-3-38)$$

式（3－3－38）就是梁上有一段三角形分布荷载的附加项。

在式（3－3－35）和式（3－3－38）中，函数 φ 的下标有的为 $\alpha(x-x_4)$，在式（3－3－38）中第一个方括号内还有乘数（x_4-x_3）。使用此二式时要注意，当 $x\leqslant x_4$ 时，圆括号内的 x_4 均应换为 x，即 $\alpha(x-x_4)$ 改为 $\alpha(x-x)$、（x_4-x_3）改为（$x-x_3$），这是因为求这些附加项时，只有作用在 x 截面以左的荷载才对 x 截面的位移 y、角变 θ、弯矩 M、剪力 Q 起作用。

（3）梁的全跨布满均布荷载的附加项，如图 3－3－4 所示，当均布荷载 q_0 布满梁的全跨时，则 $x_3=0$，并且任一截面的坐标距 x 永不大于 x_4。这样，将式（3－3－35）中各函数 φ 的下标 x_4 改为 x，则有

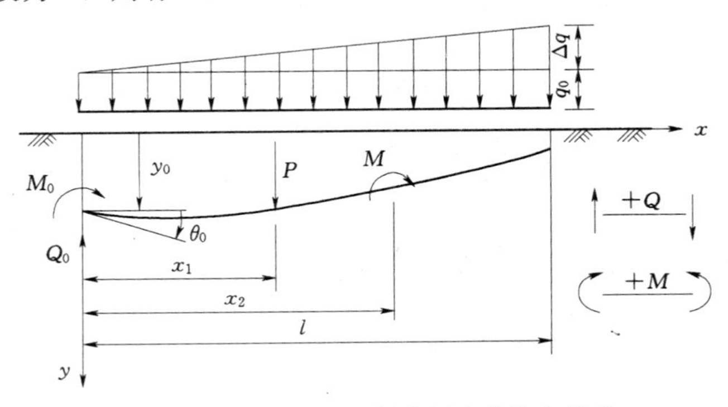

图 3－3－4　弹性地基梁作用全跨均布荷载

$$\left.\begin{aligned}
\varphi_{1\alpha(x-x)}&=1\\
\varphi_{2\alpha(x-x)}&=0\\
\varphi_{3\alpha(x-x)}&=0\\
\varphi_{4\alpha(x-x)}&=0
\end{aligned}\right\}\quad(3-3-39)$$

由此得全跨受均布荷载的附加项为

$$\left.\begin{aligned}
y&=\frac{q_0}{bK}(1-\varphi_1)\\
\theta&=\frac{q_0\alpha}{bK}\varphi_4\\
M&=-\frac{q_0}{2\alpha^2}\varphi_3\\
Q&=-\frac{q_0}{2\alpha}\varphi_2
\end{aligned}\right\}\tag{3-3-40}$$

(4) 梁的全跨布满三角形荷载的附加项，如图 3-3-4 所示，当三角形荷载布满梁的全跨时，$x_3=0$，任一截面的坐标距 x 永不大于 x_4。与推导式（3-3-40）相同，从式（3-3-38）得

$$\left.\begin{aligned}
y&=\frac{\Delta q}{bKl}\left(x-\frac{1}{2\alpha}\varphi_2\right)\\
\theta&=\frac{\Delta q}{bKl}(1-\varphi_1)\\
M&=-\frac{\Delta q}{4\alpha^3 l}\varphi_4\\
Q&=-\frac{\Delta q}{2\alpha^2 l}\varphi_3
\end{aligned}\right\}\tag{3-3-41}$$

式（3-3-41）就是梁的全跨布满三角形荷载时的附加项。

在衬砌结构的计算中，常见的荷载有均布荷载、三角形分布荷载、集中荷载和力矩荷载，见图 3-3-4。根据这几种荷载，将以上求位移、角变、弯矩和剪力的公式综合为

$$\left.\begin{aligned}
y=&y_0\varphi_1+\theta_0\frac{1}{2\alpha}\varphi_2-M_0\frac{2\alpha^2}{bK}\varphi_3-Q_0\frac{\alpha}{bK}\varphi_4+\frac{q_0}{bK}(1-\varphi_1)+\\
&\frac{\Delta q}{bKl}\left(x-\frac{1}{2\alpha}\varphi_2\right)+\Big\|_{x_1}\frac{\alpha}{bK}P\varphi_{4\alpha(x-x_1)}-\Big\|_{x_2}\frac{2\alpha^2}{bK}M\varphi_{3\alpha(x-x_2)}\\
\theta=&-y_0\alpha\varphi_4+\theta_0\varphi_1-M_0\frac{2\alpha^3}{bK}\varphi_2-Q_0\frac{2\alpha^2}{bK}\varphi_3+\frac{q_0\alpha}{bK}\varphi_4+\\
&\frac{\Delta q}{bKl}(1-\varphi_1)+\Big\|_{x_1}\frac{2\alpha^2}{bK}P\varphi_{3\alpha(x-x_1)}-\Big\|_{x_2}\frac{2\alpha^3}{bK}M\varphi_{2\alpha(x-x_2)}\\
M=&y_0\frac{bK}{2\alpha^2}\varphi_3+\theta_0\frac{bK}{4\alpha^3}\varphi_4+M_0\varphi_1+Q_0\frac{1}{2\alpha}\varphi_2-\frac{q_0}{2\alpha^2}\varphi_3-\\
&\frac{\Delta q}{4\alpha^3 l}\varphi_4-\Big\|_{x_1}\frac{1}{2\alpha}P\varphi_{2\alpha(x-x_1)}+\Big\|_{x_2}M\varphi_{1\alpha(x-x_2)}\\
Q=&y_0\frac{bK}{2\alpha}\varphi_2+\theta_0\frac{bK}{2\alpha^2}\varphi_3-M_0\alpha\varphi_4+Q_0\varphi_1-\frac{q_0}{2\alpha}\varphi_2-\\
&\frac{\Delta q}{2\alpha^2 l}\varphi_3-\|_{x_1}P\varphi_{1\alpha(x-x_1)}-\|_{x_2}\alpha M\varphi_{4\alpha(x-x_2)}
\end{aligned}\right\}\tag{3-3-42}$$

式中 $\|_{x_1}$——附加项只当 $x>x_1$ 时才存在，其余类推。

式（3-3-42）是按温克尔假定计算基础梁的方程，在衬砌结构计算中经常使用。

式（3－3－42）中的位移 y、角变 θ、弯矩 M、剪力 Q 与荷载的正向，如图 3－3－4 所示。

一段均布荷载和一段三角形分布荷载（图 3－3－3）引起的附加项，见式（3－3－35）与式（3－3－38）。没有将这两个公式综合到式（3－3－42）中去。

3.4 弹性地基短梁、长梁及刚性梁

3.4.1 弹性地基梁的分类

在工程实践中，经过计算比较及分析表明，梁的变形与内力和梁的换算长度 $\lambda=\alpha l$ 的值有密切关系，λ 的大小决定于地基梁的相对刚度。由于按式（3－3－42）计算工程中遇到的各种类型地基梁，其计算太复杂，因而工程上常常按照弹性地基梁的不同换算长度 λ 将地基梁进行分类，然后分别采用不同的方法进行简化。通常将梁分为三类。

（1）刚性梁（图 3－4－1（a））。

当换算长度 $\lambda=\alpha l\leqslant 1.0$ 时，属于刚性梁。这时，弹性地基梁的刚度与地基相比大很多，地基反力可假定为直线分布进行计算。

（2）短梁（图 3－4－1（b））。

当弹性地基梁的换算长度 $1.0<\lambda<2.75$ 时，属于短梁，其计算式见式（3－3－42），它是弹性地基梁的一般情况。

（3）长梁。

1）无限长梁（图 3－4－1（c））。当荷载作用点距梁两端的换算长度均不小于 2.75 时，可忽略该荷载对梁端的影响，这类弹性地基梁称为无限长梁。

2）半无限长梁（图 3－4－1（d））。当荷载作用点仅距梁一端的换算长度不小于 2.75 时，可忽略该荷载对这一端的影响，而对另一端的影响不能忽略，这类弹性地基梁称为半无限长梁。

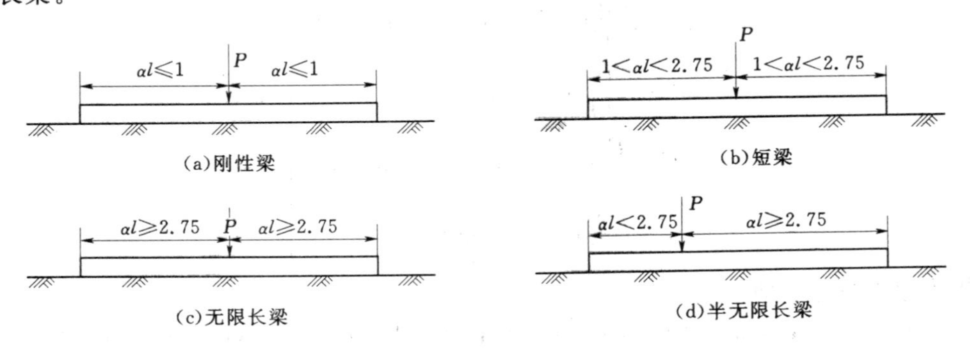

图 3－4－1 弹性地基梁的分类

3.4.2 无限长梁

图 3－4－1（c）所示为基础无限长梁，因梁及荷载均为对称，故只研究集中荷载作用点以右的部分。这部分梁上没有其他荷载，梁的挠度曲线方程即为式（3－3－17），即

$$y=e^{\alpha x}[A_1\cos(\alpha x)+A_2\sin(\alpha x)]+e^{-\alpha x}[A_3\cos(\alpha x)+A_4\sin(\alpha x)] \quad (3-4-1)$$

当 x 趋近于∞时，梁的 y 值应趋近于零。若满足这个条件，式（3-4-1）中的常数 A_1 和 A_2 必须等于零；否则，当 x 趋近于∞时，$e^{\alpha x}$ 亦趋近于∞，则 y 不可能趋近于零。根据这一关系，式（3-4-1）变为

$$y=e^{-\alpha x}[A_3\cos(\alpha x)+A_4\sin(\alpha x)] \quad (3-4-2)$$

再确定常数 A_3 与 A_4，依据式（3-3-6）求 y 的各阶导数，得

$$\left.\begin{aligned}\theta&=\frac{dy}{dx}=\alpha e^{-\alpha x}[(-A_3+A_4)\cos(\alpha x)-(A_3+A_4)\sin(\alpha x)]\\M&=-EI\frac{d^2y}{dx^2}=-EI\alpha^2e^{-\alpha x}[2A_3\sin(\alpha x)-2A_4\cos(\alpha x)]\\Q&=-EI\frac{d^3y}{dx^3}=-EI\alpha^3e^{-\alpha x}[2(A_3+A_4)\cos(\alpha x)+2(-A_3+A_4)\sin(\alpha x)]\end{aligned}\right\} \quad (3-4-3)$$

在荷载作用点应有

$$\left.\begin{aligned}&[\theta]_{x=0}=0\\&[Q]_{x=0}=-\frac{P}{2}\end{aligned}\right\} \quad (3-4-4)$$

代入式（3-4-3），得

$$\left.\begin{aligned}&-A_3+A_4=0\\&-2EI\alpha^3(A_3+A_4)=-\frac{P}{2}\end{aligned}\right\} \quad (3-4-5)$$

注意式（3-3-8），解出

$$A_3=A_4=\frac{P\alpha}{2bK} \quad (3-4-6)$$

将 A_3 及 A_4 代入式（3-4-2）和式（3-4-3）中，得

$$\left.\begin{aligned}y&=\frac{P\alpha}{2bK}e^{-\alpha x}[\cos(\alpha x)+\sin(\alpha x)]\\\theta&=-\frac{P\alpha^2}{bK}e^{-\alpha x}\sin(\alpha x)\\M&=\frac{P}{4\alpha}e^{-\alpha x}[\cos(\alpha x)-\sin(\alpha x)]\\Q&=-\frac{P}{2}e^{-\alpha x}\cos(\alpha x)\end{aligned}\right\} \quad (3-4-7)$$

引入以下符号，即

$$\left.\begin{aligned}\varphi_5&=e^{-\alpha x}[\cos(\alpha x)-\sin(\alpha x)]=[\mathrm{ch}(\alpha x)-\mathrm{sh}(\alpha x)][\cos(\alpha x)-\sin(\alpha x)]\\\varphi_6&=e^{-\alpha x}\cos(\alpha x)=[\mathrm{ch}(\alpha x)-\mathrm{sh}(\alpha x)]\cos(\alpha x)\\\varphi_7&=e^{-\alpha x}[\cos(\alpha x)+\sin(\alpha x)]=[\mathrm{ch}(\alpha x)-\mathrm{sh}(\alpha x)][\cos(\alpha x)+\sin(\alpha x)]\\\varphi_8&=e^{-\alpha x}\sin(\alpha x)=[\mathrm{ch}(\alpha x)-\mathrm{sh}(\alpha x)]\sin(\alpha x)\end{aligned}\right\} \quad (3-4-8)$$

因此，式（3-4-7）变为

$$\left.\begin{aligned} y&=\frac{P\alpha}{2bK}\varphi_7\\ \theta&=-\frac{P\alpha^2}{bK}\varphi_8\\ M&=\frac{P}{4\alpha}\varphi_5\\ Q&=-\frac{P}{2}\varphi_6 \end{aligned}\right\}\qquad(3-4-9)$$

式（3-4-9）就是计算无限长梁的方程，其中函数 $\varphi_5\sim\varphi_8$ 之间有下列关系，即

$$\left.\begin{aligned} \frac{\mathrm{d}}{\mathrm{d}x}\varphi_5&=-2\alpha\varphi_6\\ \frac{\mathrm{d}}{\mathrm{d}x}\varphi_6&=-\alpha\varphi_7\\ \frac{\mathrm{d}}{\mathrm{d}x}\varphi_7&=-2\alpha\varphi_8\\ \frac{\mathrm{d}}{\mathrm{d}x}\varphi_8&=\alpha\varphi_5 \end{aligned}\right\}\qquad(3-4-10)$$

用式（3-4-9）计算图 3-4-2 所示的无限长梁，求出地基反力 σ、θ、M 和 Q 的曲线如图3-4-2 所示。距离荷载 P 越远则 σ、θ、M 和 Q 越小。计算证明，与荷载 P 的作用点距离为 $\alpha x=2.75$ 处，荷载的影响很小。因此，给出以下的规定：当 $\alpha x\geqslant 2.75$ 时即可按无限长梁计算。

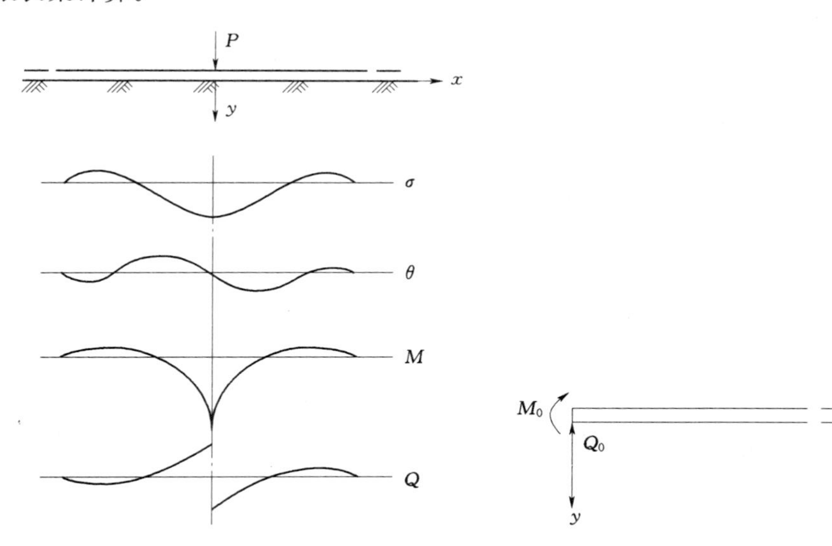

图 3-4-2　无限长梁地基反力的计算结果　　　图 3-4-3　半无限长梁计算简图

3.4.3 半无限长梁

图 3-4-3 所示为一半无限长梁，在坐标原点作用集中力 Q_0 和力矩 M_0。半无限长梁的计算原理与无限长梁相同，只是式（3-4-2）中的常数 A_3 及 A_4 须根据梁左端的边界条件更新确定。梁左端的边界条件为

$$\begin{aligned}[M]_{x=0}&=M_0\\ [Q]_{x=0}&=Q_0\end{aligned}\tag{3-4-11}$$

代入式（3-4-3），得

$$\begin{aligned}2EI\alpha^2A_4&=M_0\\ -2EI\alpha^3(A_3+A_4)&=Q_0\end{aligned}\tag{3-4-12}$$

解出

$$\begin{aligned}A_3&=-\frac{1}{2EI\alpha^3}(Q_0+\alpha M_0)\\ A_4&=\frac{M_0}{2EI\alpha^2}\end{aligned}\tag{3-4-13}$$

将 A_3 和 A_4 代入式（3-4-2）与式（3-4-3）中，得

$$\left.\begin{aligned}y&=\frac{1}{2EI\alpha^3}e^{-\alpha x}[-Q_0\cos\alpha x-M_0\alpha(\cos\alpha x-\sin\alpha x)]\\ \theta&=\frac{1}{2EI\alpha^2}e^{-\alpha x}[Q_0(\cos\alpha x+\sin\alpha x)+2M_0\alpha\cos\alpha x]\\ M&=-\frac{1}{\alpha}e^{-\alpha x}[-Q_0\sin\alpha x-M_0\alpha(\cos\alpha x+\sin\alpha x)]\\ Q&=-e^{-\alpha x}[-Q_0(\cos\alpha x-\sin\alpha x)+2M_0\alpha\sin\alpha x]\end{aligned}\right\}\tag{3-4-14}$$

在式（3-4-14）中引用式（3-4-8），并注意式（3-3-8），式（3-4-14）可化简为

$$\left.\begin{aligned}y&=\frac{2\alpha}{bK}(-Q_0\varphi_6-M_0\alpha\varphi_5)\\ \theta&=\frac{2\alpha^2}{bK}(Q_0\varphi_7+2M_0\alpha\varphi_6)\\ M&=\frac{1}{\alpha}(Q_0\varphi_8+M_0\alpha\varphi_7)\\ Q&=(Q_0\varphi_5-2M_0\alpha\varphi_8)\end{aligned}\right\}\tag{3-4-15}$$

3.4.4 刚性梁

如图 3-4-4 所示的刚性梁，梁宽 $b=1$，梁端作用有初参数 y_0 和 θ_0，并有梯形分布的荷载作用，显然，地基反力也呈梯形分布，按静定梁的平衡条件，可得刚性梁的变形与内力为

$$\left.\begin{aligned}y&=y_0+\theta_0x\\ \theta&=\theta_0\\ M&=\frac{1}{2}Ky_0x^2+\frac{K}{6}\theta_0x^3-\frac{qx^2}{2}-\frac{\Delta q}{3l}x^3\\ Q&=xy_0K+\frac{1}{2}K\theta_0x^2-qx-\frac{\Delta q}{2l}x\end{aligned}\right\}\tag{3-4-16}$$

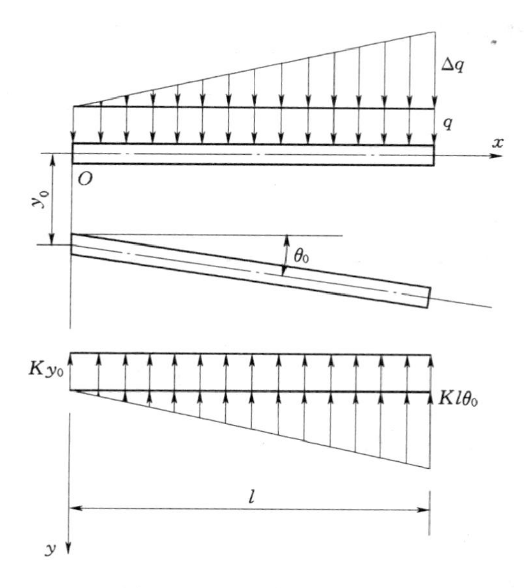

图 3-4-4 刚性梁的计算

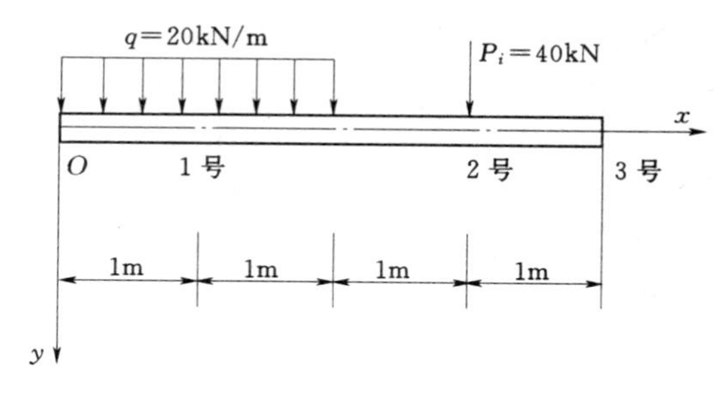

图 3-4-5 两端自由弹性地基梁受载计算简图

3.4.5 例题

例 3.1 如图 3-4-5 所示，位移两端自由的弹性地基梁，长度 $l=4\text{m}$，宽度 $b=0.2\text{m}$，$EI=1333\text{kN}\cdot\text{m}^2$。地基的弹性压缩系数 $K=4\times10^4\text{kN/m}^3$。求梁 1 和 2 截面的弯矩。

解 （1）判断梁的类型。

因梁宽 $b=0.2\text{m}$，

由式（3-3-8）求出梁的弹性特征系数为

$$\alpha=\sqrt[4]{\frac{bK}{4EI}}=\sqrt[4]{\frac{8000}{4\times1333}}=1.107\text{m}^{-1}$$

（2）确定初参数 y_0、θ_0、M_0 和 Q_0。

由梁左端的边界条件：$\begin{cases}M_l=0\\Q_l=0\end{cases}$

由梁右端的边界条件：$\begin{cases}M_r=0\\Q_r=0\end{cases}$

因梁上作用着一段均布荷载 q_0，将式（3-3-35）叠加到式（3-4-1）中。式中：$x_1=3\text{m}$，$x_3=0$，$x_4=2\text{m}$。

$$y_0\,\frac{bK}{2\alpha^2}\varphi_3+\theta_0\,\frac{bK}{4\alpha^3}\varphi_4+\frac{q_0}{2\alpha^2}[\varphi_{3\alpha(x-x_4)}-\varphi_3]-\frac{P}{2\alpha}\varphi_{2\alpha(x-x_1)}=0$$

$$y_0\,\frac{bK}{2\alpha}\varphi_2+\theta_0\,\frac{bK}{2\alpha^2}\varphi_3+\frac{q_0}{2\alpha}[\varphi_{2\alpha(x-x_4)}-\varphi_2]-P\varphi_{1\alpha(x-x_1)}=0$$

计算双曲线三角函数，见表 3-4-1。

表 3-4-1　　双曲线三角函数计算表

x/m	αx	φ_1	φ_2	φ_3	φ_4
1	1.1	0.7568	2.0930	1.1904	0.8811
2	2.2	−2.6882	1.0702	3.6036	6.3162
3	3.3	−13.4048	−15.5098	−2.1356	11.2272
4	4.4	−12.5180	−51.2746	−38.7486	−26.2460

将 α、K 值和表 3-4-1 相应的 φ 值代入以上两式中，得

$$\frac{8000\times 38.7486}{2\times 1.107^2}y_0-\frac{8000\times 26.2460}{4\times 1.107^3}\theta_0+\frac{20}{2\times 1.107^2}(3.6036+38.7486)-\frac{40\times 2.0930}{2\times 1.107}=0$$

$$-\frac{8000\times 51.2746}{2\times 1.107}y_0-\frac{8000\times 38.7486}{2\times 1.107^2}\theta_0+\frac{20}{2\times 1.107}(1.0702+51.2746)-40\times 0.7568=0$$

解出

$$y_0=2.47\times 10^{-3}(\mathrm{m})$$

$$\theta_0=-1.188\times 10^{-4}(\mathrm{rad})$$

至此，以上 4 个初参数 y_0、θ_0、M_0 和 Q_0 已经求得。

(3) 计算截面的弯矩。

将式 (3-3-35) 叠加到式 (3-3-42) 中，集中荷载 P 的附加项对截面 1 和 2 的弯矩没有影响，并注意 $x_3=0$，由此，则得

$$M=y_0\frac{bK}{2\alpha^2}\varphi_3+\theta_0\frac{bK}{4\alpha^3}\varphi_4+\frac{q_0}{2\alpha^2}[\varphi_{3\alpha(x-x_4)}-\varphi_3]$$

1) 截面 1 的弯矩。截面 1 距坐标原点 $x=1$m，在均布荷载范围以内，故 x_4 应等于 x，因此，$\varphi_{3\alpha(x-x_4)}=0$，则有

$$M=\frac{8000\times 1.1904\times 0.00247}{2\times 1.107^2}-\frac{8000\times 0.8811\times 0.0001188}{4\times 1.107^3}+\frac{20}{2\times 1.107^2}(0-1.1904)$$

$$=-0.270(\mathrm{kN\cdot m})$$

2) 截面 2 的弯矩。截面 2 在均布荷载范围以外，故 $x_4=2$m，$x=3$m，则有

$$M=-\frac{8000\times 2.1356\times 0.00247}{2\times 1.107^2}-\frac{8000\times 11.2272\times 0.0001188}{4\times 1.107^3}+\frac{20}{2\times 1.107^2}(1.1904+2.1356)$$

$$=7.957(\mathrm{kN\cdot m})$$

3.5 基于共同变形理论的弹性地基梁计算

在地下结构的计算中，经常遇到的是平面问题，在本节中只介绍地基为弹性半无限平面体的情况。

3.5.1 基本方程

图 3-5-1 (a) 表示等截面基础梁，长度为 $2l$，荷载 $q(x)$ 以向下为正，地基对梁的反力 $\sigma(x)$ 以向上为正。坐标原点取在梁的中点。图 3-5-1 (b) 表示地基受的压力，此压力即地基对梁的反力 $\sigma(x)$，但方向相反。以平面应力问题为例写出基本方程如下：

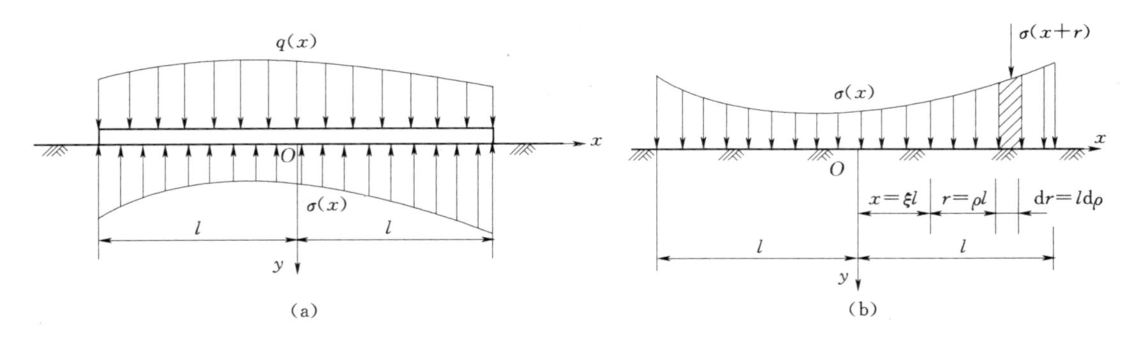

图 3-5-1 基于共同变形理论的弹性地基梁计算简图

1. 梁的挠度曲线微分方程

根据式（3-3-7），写出梁的挠度曲线微分方程为

$$EI\frac{\mathrm{d}^4 y}{\mathrm{d}x^4}=q(x)-\sigma(x) \tag{3-5-1}$$

引用无量纲的坐标 $\xi=x/l$，将 q、σ、y 都看做是 ξ 的函数，并注意式（3-3-10），则式（3-5-1）变为

$$\frac{\mathrm{d}^4 y(\xi)}{\mathrm{d}\xi^4}=\frac{l^4}{EI}[q(\xi)-\sigma(\xi)] \tag{3-5-2}$$

2. 平衡方程

由整个梁的平衡条件 $\sum Y=0$ 和 $\sum M=0$，可得

$$\left.\begin{aligned}\int_{-l}^{l}\sigma(x)\mathrm{d}x&=\int_{-l}^{l}q(x)\mathrm{d}x\\ \int_{-l}^{l}\sigma(x)x\mathrm{d}x&=\int_{-l}^{l}q(x)x\mathrm{d}x\end{aligned}\right\} \tag{3-5-3}$$

考虑 $\xi=x/l$，式（3-5-3）变为

$$\left.\begin{aligned}\int_{-l}^{l}\sigma(\xi)\mathrm{d}\xi&=\int_{-l}^{l}q(\xi)\mathrm{d}\xi\\ \int_{-l}^{l}\sigma(\xi)\xi\mathrm{d}\xi&=\int_{-l}^{l}q(\xi)\xi\mathrm{d}\xi\end{aligned}\right\} \tag{3-5-4}$$

3. 地基沉陷方程

图 3-5-2 表示弹性半无限平面体的界面上受集中力 P（沿厚度均布）。虚线表示界面的沉陷曲线。点 B 为任意选取的基点。$\omega(x)$ 表示界面上任一点 K 相对于基点 B 的沉陷量。设为平面应力问题，在弹性理论中有

$$\omega(x)=\frac{2P}{\pi E_0}\ln\frac{s}{r} \tag{3-5-5}$$

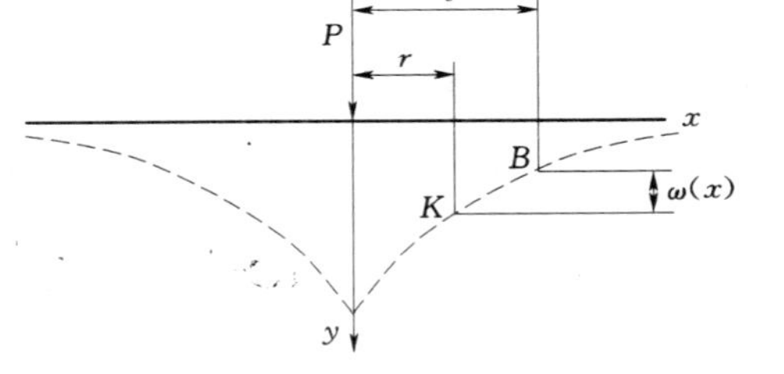

图 3-5-2 基于弹性理论的地基沉陷计算

图 3-5-1（b）表示地基承受分布力 $\sigma(x)$，亦即弹性半无限平面体的界面上承受分布力 $\sigma(x)$，可利用式（3-5-5）求出地基表面上任一点 K 的相对沉陷量 $\omega(x)$，力 $\sigma(x+r)\mathrm{d}r$ 引起点 K 的沉陷可写为

$$\frac{2\sigma(x+r)\mathrm{d}r}{\pi E_0}\ln\frac{s}{r} \tag{3-5-6}$$

因此，由于点 K 右方全部压力引起点 K 的沉陷为

$$\frac{2}{\pi E_0}\int_0^{1-x}\sigma(x+r)\ln\frac{s}{r}\mathrm{d}r \tag{3-5-7}$$

同样，由于点 K 左方全部压力引起点 K 的沉陷为

$$\frac{2}{\pi E_0}\int_0^{1+x}\sigma(x-r)\ln\frac{s}{r}\mathrm{d}r \tag{3-5-8}$$

梁底面全部压力引起点 K 的总沉陷量为以上二式的总和，即

$$\omega(x)=\frac{2}{\pi E_0}\int_0^{1-x}\sigma(x+r)\ln\frac{s}{r}\mathrm{d}r+\frac{2}{\pi E_0}\int_0^{1+x}\sigma(x-r)\ln\frac{s}{r}\mathrm{d}r \tag{3-5-9}$$

式（3-5-9）就是地基沉陷方程。假定沉陷基点取在很远处，积分时可将 s 当做常量。

引用无量纲坐标 $\xi=x/l$，可以写出 $\rho=r/l$，$K=s/l$，$\mathrm{d}r=l\cdot\mathrm{d}\rho$，这样，式（3-5-9）变为

$$\omega(\xi)=\frac{2l}{\pi E_0}\int_0^{1-\xi}\sigma(\xi+\rho)\ln\frac{K}{\rho}\mathrm{d}\rho+\frac{2l}{\pi E_0}\int_0^{1+\xi}\sigma(\xi-\rho)\ln\frac{K}{\rho}\mathrm{d}\rho \tag{3-5-10}$$

式（3-5-2）和式（3-5-10）是按平面应力问题导出的，如为平面变形问题，只需将式（3-5-2）和式（3-5-10）中的 E 换为 $\frac{E}{1-\mu^2}$，而 E_0 换为 $\frac{E_0}{1-\mu_0^2}$ 即可。其中：E_0、μ_0 为地基的弹性模量和泊松系数；E、μ 为基础梁的弹性模量和泊松系数。

以上得出了梁的挠度曲线微分方程式（3-5-2）、平衡积分方程式（3-5-4）和地基沉陷积分方程式（3-5-10）。利用这些方程，按下述方法首先求地基反力。

（1）将地基反力 $\sigma(\xi)$ 用无穷幂级数表示，计算中只取前11项，即

$$\sigma(\xi)=a_0+a_1\xi+a_2\xi^2+a_3\xi^3+\cdots+a_{10}\xi^{10} \tag{3-5-11}$$

（2）反力 $\sigma(\xi)$ 必须满足平衡条件 $\sum Y=0$ 和 $\sum M=0$，为此，将式（3-5-11）代入式（3-5-4），积分后得含系数 a_i 的两个方程。

（3）梁的挠度与地基沉陷相等，即

$$y(\xi)=\omega(\xi) \tag{3-5-12}$$

将式（3-5-11）代入式（3-5-2），用积分求出 $y(\xi)$，积分时注意梁的边界条件 $M=0$ 和 $Q=0$，或写为

$$\left.\begin{aligned}\left[\frac{\mathrm{d}^2}{\mathrm{d}\xi^2}y(\xi)\right]_{\xi=\pm1}&=0\\\left[\frac{\mathrm{d}^3}{\mathrm{d}\xi^3}y(\xi)\right]_{\xi=\pm1}&=0\end{aligned}\right\} \tag{3-5-13}$$

再将式（3-5-11）代入式（3-5-10），用积分求出 $\omega(\xi)$。

将求出的 $y(\xi)$ 和 $\omega(\xi)$ 代入式（3-5-12），然后令 ξ 幂次相同的系数相等。可得含系数 a_i 的9个方程。这样，共得出11个方程以求解 $a_0\sim a_{10}$ 这11个系数。最后将求出的11个系数代入式（3-5-11）就得到地基反力的表达式。

当地基反力 $\sigma(\xi)$ 求出后，就不难计算梁的弯矩 $M(\xi)$、剪力 $Q(\xi)$、角变 $\theta(\xi)$ 和挠度

$y(\xi)$。

为了计算简便，可将基础梁上的荷载分解为对称及反对称两组。按照以上所讲的计算程序，在对称荷载作用下，只须取式（3-5-11）中含 ξ 偶次幂的项，得 5 个方程，再加式（3-5-4）中的第一个方程（即 $\sum Y=0$，而 $\sum M=0$ 自动满足），共计 6 个方程，可解出系数 a_0、a_2、a_4、a_6、a_8、a_{10}；在反对称荷载的作用下，须取式（3-5-11）中含 ξ 奇次幂的项，得 4 个方程，再加式（3-5-4）中的第二个方程（即 $\sum Y=0$，而 $\sum M=0$ 自动满足），共计 5 个方程，可解出系数 a_1、a_3、a_5、a_7、a_9。

为了使用方便，将各种不同荷载作用下的地基反力、剪力和弯矩制成表格，见附表 1～14。在附表 15～43 中给出了计算基础梁角变 θ 的系数。

3.5.2 表格的使用

使用附表 1～14 时，首先算出基础梁的柔度指标 t。在平面应力问题中，柔度指标为

$$t=3\pi\frac{E_0}{E}\left(\frac{l}{h}\right)^3 \tag{3-5-14}$$

在平面变形问题中，柔度指标为

$$t=3\pi\frac{E_0(1-\mu^2)}{E(1-\mu_0^2)}\left(\frac{l}{h}\right)^3 \tag{3-5-15}$$

如果忽略 μ 和 μ_0 的影响，在两种平面问题中均可用近似公式，即

$$t=10\frac{E_0}{E}\left(\frac{l}{h}\right)^3 \tag{3-5-16}$$

计算基础梁的柔度指标。

式中 l——梁的一半长度；

h——梁截面高度。

1. 全梁受均布荷载 q_0

反力 σ、剪力 Q 和弯矩 M 如图 3-5-3 所示。根据基础梁的柔度指标 t 值，由附表 1 查出右半梁各 1/10 分点的反力系数 $\bar{\sigma}$、剪力系数 $\overline{Q}$、和弯矩系数 $\overline{M}$，然后按转换公式（3-5-17）求出各相应截面的反力 σ、剪力 Q 和弯矩 M，即

$$\left.\begin{aligned}\sigma&=\bar{\sigma}\cdot q_0\\ Q&=\overline{Q}\cdot q_0\cdot l\\ M&=\overline{M}\cdot q_0\cdot l^2\end{aligned}\right\} \tag{3-5-17}$$

由于对称关系，左半梁各截面的 σ、Q、M 与右半梁各对应截面的 σ、Q、M 相等，但剪力 Q 要改变正负号。

梁端的反力 σ 按理论计算为无限大，因此，在附表中对应于 $\xi=1$ 的 $\bar{\sigma}$ 也是无限大，这是不符合实际情况的。

注意，查附表时不必插值，只须按照表中最接近于算得的 t 值查出 $\bar{\sigma}$、$\overline{Q}$、$\overline{M}$ 即可。如果梁上作

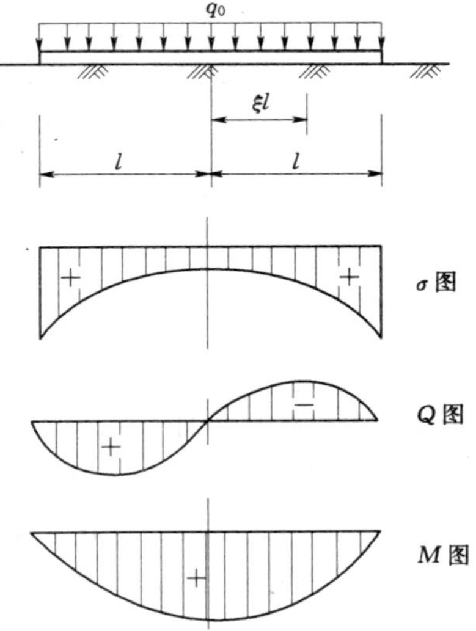

图 3-5-3 均布荷载作用下梁的内力图

用着不均匀的分布荷载，可变为若干个集中荷载；然后再查表。

2. 梁上受集中荷载 P

反力 σ、剪力 Q 和弯矩 M 如图 3－5－4 所示。根据 t 值与 α 值由附表 2～附表 7 查出各系数 $\overline{\sigma}$、$\overline{Q}$、$\overline{M}$。每一表中左边竖行的 α 值和上边横行的 ξ 值对应于右半梁上的荷载；右边竖行的 α 值和下边横行的 ξ 值对应于左半梁上的荷载。在梁端 $\xi=\pm1$，$\overline{\sigma}$ 为无限大。当右（左）半梁受荷载时，表（b）中带有星号（＊）的 $\overline{Q}$ 值对应于荷载左（右）边邻近截面，对于荷载右（左）边的邻近截面，须从带星号（＊）的 $\overline{Q}$ 值中减去 1。

求 σ、Q、M 的转换公式为

$$\left.\begin{aligned}\sigma&=\overline{\sigma}\cdot\frac{P}{l}\\Q&=\pm\overline{Q}\cdot P\\M&=\overline{M}\cdot P\cdot l\end{aligned}\right\}\tag{3-5-18}$$

在剪力 Q 的转换式中，正号对应于右半梁上的荷载，负号对应于左半梁上的荷载。

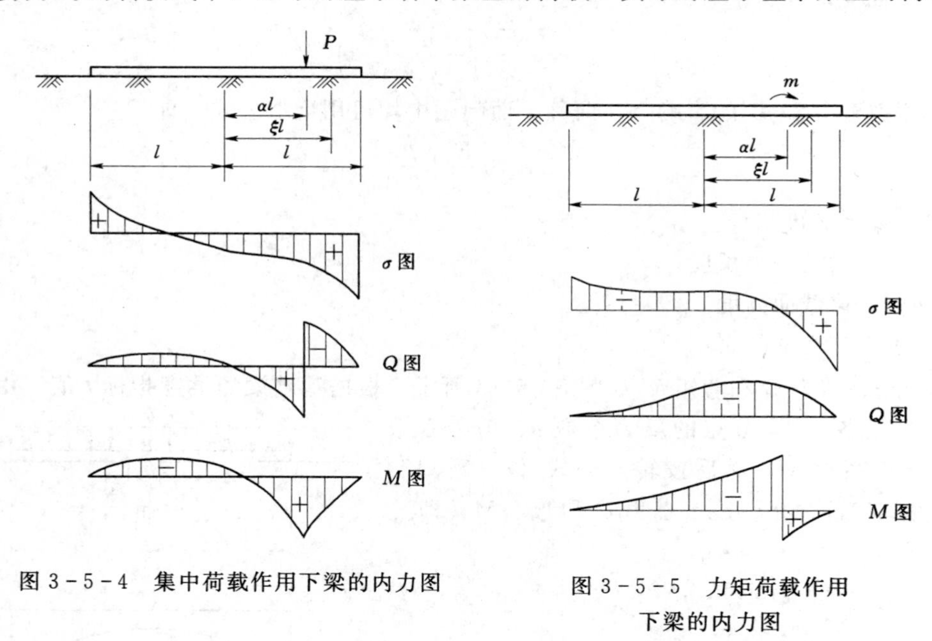

图 3－5－4　集中荷载作用下梁的内力图

图 3－5－5　力矩荷载作用下梁的内力图

3. 梁上受力矩荷载 m

反力 σ、剪力 Q 和弯矩 M 如图 3－5－5 所示。如果梁的柔度指标 t 不等于零，可根据 t 值和 α 值由附表 8～附表 13 查出 $\overline{\sigma}$、$\overline{Q}$、$\overline{M}$。每一表中左边竖行的 α 值和上边横行的 ξ 值对应于右半梁上的荷载，右边竖行的 α 值和下边横行的 ξ 值对应于左半梁上的荷载。在梁端 $\xi=\pm1$，$\overline{\sigma}$ 为无限大。当右（左）半梁受荷载时，表中带有星号（＊）的 $\overline{M}$ 值对应于荷载左（右）边的邻近截面；对于荷载右（左）边的邻近截面，须将带星号（＊）的 $\overline{M}$ 值加上 1。

转换公式是

$$\left.\begin{aligned} \sigma &= \pm\bar{\sigma}\cdot\frac{m}{l^2} \\ Q &= \overline{Q}\cdot\frac{m}{l} \\ M &= \pm\overline{M}\cdot m \end{aligned}\right\} \tag{3-5-19}$$

式中的力矩 m 以顺时针方向为正。在反力 σ 和弯矩 M 的转换式中，正号对应于右半梁上的荷载，负号对应于左半梁上的荷载。

在梁的柔度指标 t 等于零（实际是接近于零）的特殊情况下，认为梁是刚体，并不变形，所以反力 σ 和剪力 Q 都与力矩荷载 m 的位置无关，故 $\bar{\sigma}$ 与 $\overline{Q}$ 也与力矩荷载 m 的位置无关。这时只须根据 ξ 值由附表 14（a）、（b）查出 $\bar{\sigma}$ 和 $\overline{Q}$。弯矩 M 是与力矩荷载 m 的位置有关的，因而，$\overline{M}$ 也与力矩荷载 m 的位置有关——对于荷载左边的各截面，$\overline{M}$ 值如附表 14（c）所示，但对于荷载右边的各截面，须把该表中的 $\overline{M}$ 值加上 1。转换公式是

$$\left.\begin{aligned} \sigma &= \bar{\sigma}\cdot\frac{m}{l^2} \\ Q &= \overline{Q}\cdot\frac{m}{l} \\ M &= \overline{M}\cdot m \end{aligned}\right\} \tag{3-5-20}$$

在集中荷载和力矩荷载作用时，查附表也不必插值，只须按照表中最接近于算得的 t 值与 α 值查出 $\bar{\sigma}$、$\overline{Q}$、$\overline{M}$ 即可。

当梁上受有若干荷载时，可根据每个荷载分别计算，然后将算得的 σ、Q、M 叠加。

基础梁在均布荷载作用下 $t>50$，或在集中荷载作用下 $t>10$ 则叫做长梁，计算长梁的表格本书中未予选录。

习题

3－1　如图所示基础梁，长度 $l=12\text{m}$，宽度 $b=0.6\text{m}$，$EI=504000\text{kN}\cdot\text{m}^2$，地基的弹性压缩系数 $K=2.1\times10^5\text{kN/m}^3$。梁的两端简支于刚性支座上，全长上有均布荷载 q_0。作梁的弯矩图、剪力图并求地基反力。

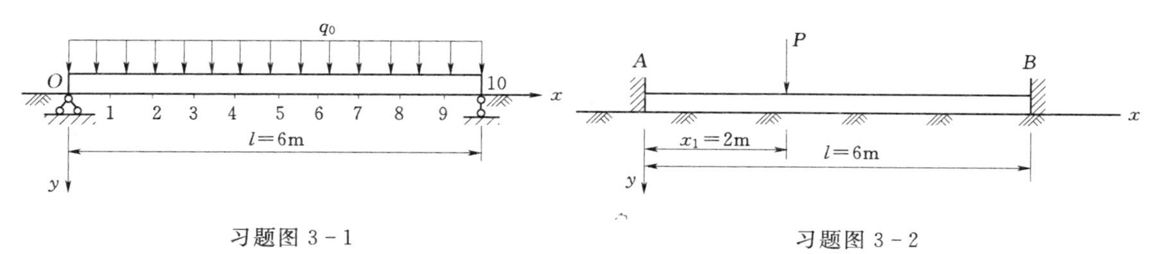

习题图 3－1　　　　习题图 3－2

3－2　如图所示为一两端刚性固定的弹性地基梁，长度 $l=6\text{m}$，宽度 $b=1.0\text{m}$，$EI=3.6\times10^5\text{kN}\cdot\text{m}^2$。地基的弹性压缩系数 $K=3.46\times10^5\text{kN/m}^3$。求固端弯矩 M_{AB}^F 和 M_{BA}^F 及固端剪力 Q_{AB}^F 和 Q_{BA}^F。

3－3 如图所示，设在无限长梁上作用 4 个集中荷载，试求 B 点的挠度及弯矩。已知宽度 $b=1.0\text{m}$，$EI=5\times10^5\text{kN}\cdot\text{m}^2$，$K=3.0\times10^6\text{kN/m}^3$。

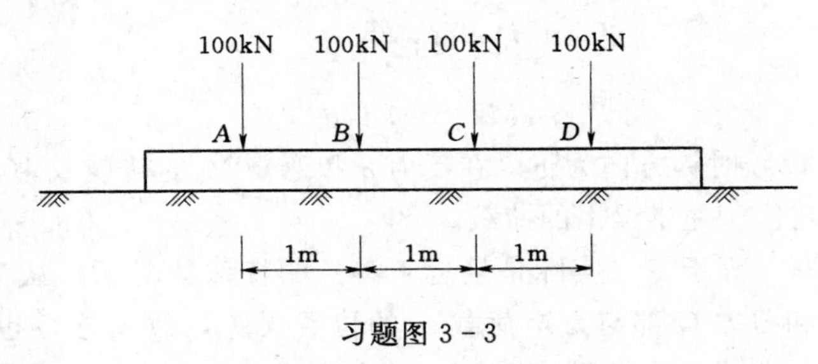

习题图 3－3

第4章　地下空间结构的设计计算理论

4.1　地下工程结构计算方法的发展

地下空间结构计算理论的发展至今已有百余年的历史，它与岩土力学的发展有着密切关系。土力学的发展促使着松散地层围岩稳定和围岩压力理论的发展，而岩土力学的发展促使围岩压力和地下工程结构理论的进一步飞跃。随着新奥法施工技术的出现以及岩土力学、测试仪器和数值分析方法的发展，地下空间结构计算理论正在逐渐成为一门完善的科学。

如何确定作用在地下空间结构上的荷载以及如何考虑围岩的承载能力对于地下空间结构计算理论是非常重要的。从这方面讲，地下空间结构计算理论的发展大概可分为5个阶段，即刚性结构阶段、弹性结构阶段、连续介质阶段、数值模拟阶段和可靠度分析阶段。

4.1.1　刚性结构阶段

19世纪的地下建筑物大都是以砖石材料砌筑的拱形圬工结构，这类建筑材料的抗拉强度很低，且结构物中存在有较多的接缝，容易产生断裂。为了维持结构的稳定，当时的地下结构的截面积都拟定得很大，结构受力后产生的弹性变形较小，因而最先出现的计算理论是将地下结构视为刚性结构的压力线理论。

压力线理论认为，地下结构是由一些刚性块组成的拱形结构，所受的主动荷载是地层压力，当处于极限平衡状态时，它是由绝对刚体组成的三铰拱静力体系。铰的位置分别假设在墙底和拱顶，其内力可按静力学原理进行计算。假设压力线通过某位置，即可由静力平衡条件求出作用在结构任一截面上的内力。结构稳定性以最大横推力与最小横推力的比值K是否满足式（4-1-1）来表示，即

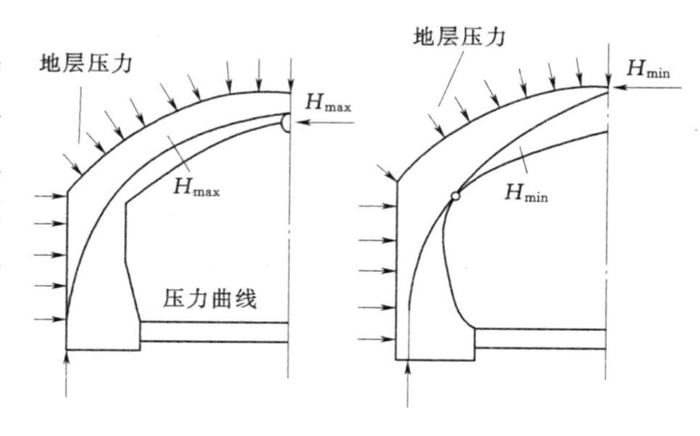

图4-1-1　压力线理论

$$K=\frac{H_{max}}{H_{min}}>1.25\sim1.5 \tag{4-1-1}$$

式中　H_{max}——最大横推力，假设压力线通过拱顶断面的最低点和墙脚断面的最外点，即可用索线多边形等图解法求得内力，如图4-1-1所示；

H_{min}——最小横推力，按假设压力线通过拱顶断面最高点和拱脚断面最内点的条件也可由图解法求得。

压力线假设没有考虑围岩自身的承载能力，且其计算方法缺乏理论依据，一般情况下都偏于保守，所设计的衬砌厚度将偏大很多。

4.1.2 弹性结构阶段

19 世纪后期，随着混凝土和钢筋混凝土材料陆续出现，并用于建造地下空间结构，使地下结构具有较好的整体性。此时，地下结构开始按弹性连续拱形框架计算结构内力。作用在结构上的荷载是主动的地层压力，并考虑了地层对结构产生的弹性反力变形的约束作用。由于有了比较可靠的力学原理为依据，至今仍时有采用。这种计算模式根据考虑围岩对结构变形的约束作用不同又可分为 3 个阶段，即不计围岩抗力阶段、假定弹性抗力阶段和弹性地基梁阶段。

1. 不计围岩抗力阶段

不计围岩抗力指的是仅考虑作用在结构上的围岩压力，不考虑当结构变形时将受到围岩的约束而使结构变形受到限制。此阶段对围岩压力有了进一步的认识，认为围岩压力不能简单地等于上覆围岩重力，围岩压力仅是围岩松动圈范围内那部分岩土体的重力，而松动圈范围大小与围岩类型及地下空间跨度等因素相关，计算围岩压力的典型方法有普氏方法和太沙基方法。

2. 假定弹性抗力阶段

地下结构衬砌与周围岩土体相互接触，在承受岩土体所给的主动压力作用并产生弹性变形的同时，将受到地层对其变形的约束作用。地层对衬砌变形的约束作用力称为弹性抗力，弹性抗力的分布是与衬砌的变形相对应的。

20 世纪初，康姆列尔等假定弹性抗力的分布图形为直线（三角形或梯形），后来，朱拉夫对拱形结构按变形曲线假定了月牙形的弹性抗力图形，并按局部变形理论认为弹性抗力与结构周边地层的沉陷成正比。这种假定弹性抗力法的缺点是过高地估计了地层弹性抗力的作用，使结构设计偏于不安全。为了弥补这一缺点，常常使用较高的安全系数。

3. 弹性地基梁阶段

由于假定弹性抗力法对其分布图形的假定有较大的任意性，人们开始研究将边墙视为弹性地基梁的结构计算理论，将隧道边墙视为支承在侧面和基底地层上的双向弹性地基梁，即可计算在主动荷载作用下拱圈和边墙的内力。

20 世纪 30 年代，前苏联提出按圆环地基局部变形理论计算圆形隧道衬砌的方法，20 世纪 50 年代又将其发展为侧墙按局部变形弹性地基梁理论计算拱形结构的方法。1939 年和 1950 年，达维多夫先后发表了按共同变形弹性地基梁理论计算整体式地下结构的方法。

4.1.3 连续介质阶段

由于地下结构与地层是一个受力整体，一方面，围岩本身由于支护结构提供了一定的支护阻力，从而引起它的应力调整，达到新的平衡；另一方面，由于支护结构阻止围岩变形，它必然要受到围岩给予的反作用力而发生变形。这种反作用力和围岩的松动压力极不相同，它是支护结构与围岩共同变形过程中对支护结构施加的压力，称为形变压力。

连续介质方法的重要特征是把支护结构与岩土体作为一个统一的力学体系来考虑，两者之间的相互作用则与岩土体的初始应力状态、岩土体的特性、支护结构的特性、支护结构与围岩的接触条件及参与工作的时间等一系列因素有关，其中也包括施工技术的影响。

4.1.4 数值模拟阶段

连续介质力学方法尽管为分析复杂的地下空间结构受力体系提供了理论依据，但要想得到任意形状地下空间结构的解析解是非常困难的，只能得到几何形状简单的地下空间结构解析解，但随着数值分析方法和计算机技术的发展，这种困难局面有了很大突破。目前，地下空间结构的数值分析法已经发展成为很常见的分析手段。

数值分析方法不仅有有限单元法和有限差分法，而且在此基础上提出了离散元法、块体元法、流形元法等。目前有许多通用化、商业化大型软件，如 ABAQUS、FLAC、ANSYS 等。

4.1.5 可靠度分析阶段

上面的各种方法都属于确定性方法，由于地下空间工程所处的工程环境复杂，存在很多不确定性因素，如岩土体的物理力学参数的不确定性、地质条件的不确定性、开挖及支护施工方法也存在诸多不确定性等。因此，地下空间结构的设计与地面结构一样应考虑这些不确定性因素的影响，从而产生了以概率与数理统计理论为基础的地下空间工程可靠度分析理论。

20 世纪 50 年代末，卡萨格兰德运用概率与数理统计理论分析了地下工程的风险问题，随后，许多学者研究并发展了纽曼法、最大熵法、响应面法、蒙特卡罗法及摄动法等方法。由于地下空间结构所处的环境条件甚为复杂，设计过程中存在的不确定性因素远比地面结构多，围岩和支护结构的各项特性的统计特征仍远不能满足完善设计的需要，随机理论如何用于地下工程围岩空间特性尚需深入研究，整个地下空间结构断面的系统可靠指标和地下工程各地段综合的系统可靠指标的计算方法有待进一步研究。

需要指出的是，这几个阶段的划分不是以某一个严格的时间节点为先后界限的。后来发展的计算方法虽然比之前的理论合理，但鉴于岩土介质性质的复杂多变性，这些计算方法一般都有各自的适用场合，但都带有一定的局限性，需要结合实际来应用。

4.2 地下空间结构的设计模型

一个理想的地下空间结构的数学力学模型应能反映下列因素：

（1）必须能描述有裂隙和破坏带的，以及开挖面形状变化所形成的三维几何形状。

（2）对围岩的地质状况和初始应力场不仅要能说明当时的状态，而且还要包括将来可能出现的状态。

（3）应包括对围岩应力重分布有影响的岩石和支护材料非线性特性，而且还要能准确地测定出反映这些特性的参数。

（4）如果要知道所设计的支护结构和开挖方法能否获得成功，即评估其安全度，则必须将围岩、锚杆和混凝土等材料的局部破坏和整体失稳的判断条件纳入模型中。当然，条件必须满足现行设计规范的有关规定。

（5）要经得起实践的检验，这种检验不能只是偶然巧合，而是需要保证系统的一致性。

20 世纪 70 年代以来，各国学者在发展地下空间结构计算理论的同时，还致力于探索地下空间结构设计模型的研究。与地面结构不同，设计地下空间结构不能完全依赖计算。这是因为岩土介质在漫长的地质年代中经历过多次构造运动，影响其物理力学性质的因素很多，而这些因素至今还没有也无法完全被人们认识，造成理论计算结果常与实际情况有较大的出入，很难用作确切的设计依据。当前，在进行地下空间结构的设计时仍需依赖经验和实践，建立地下空间结构设计模型仍然面临较大困难。

按照多年来地下空间结构设计的实践，我国采用的设计方法可分属以下 4 种设计模型，即经验类比模型、荷载—结构模型、地层—结构模型和收敛—限制模型。

4.2.1　经验类比模型

经验类比模型即完全依靠经验设计地下空间结构的设计模型。在大多数情况下，隧道支护体系还是依赖经验进行设计，并在实施过程中，依据量测信息加以修改和验证。经验设计的前提是要正确地对隧道围岩进行分级。

4.2.2　荷载—结构模型

荷载—结构模型采用荷载结构法计算衬砌内力，并据此进行构件截面设计。该模型将支护结构和围岩分开来考虑，支护结构是承载主体，围岩作为荷载的来源和支护结构的弹性支承，如图 4-2-1 所示。这一方法与设计地面结构时采用的方法基本一致，区别是计算衬砌内力时需考虑周围地层介质对结构变形的约束作用。

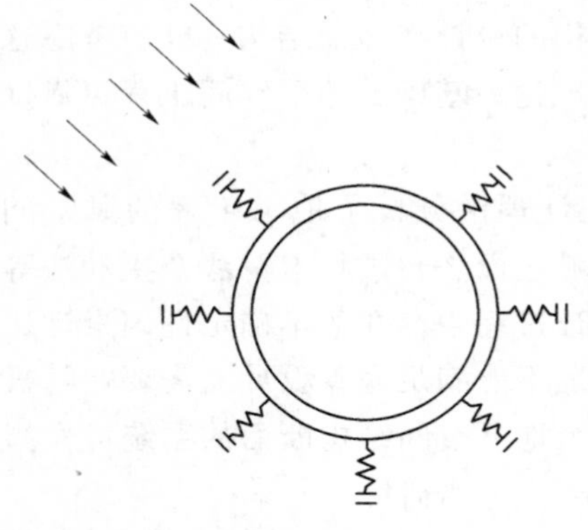

图 4-2-1　荷载—结构模型

在这类模型中结构与围岩的相互作用是通过弹性支承对支护结构施加约束来体现的，而围岩的承载能力则在确定围岩压力和弹性支承的约束能力时间接地考虑。围岩的承载能力越高，它给予支护结构的压力越小，弹性支承约束支护结构变形的抗力越大。相对来说，支护结构所起的作用变小了。

该模型的计算方法有弹性连续框架（含拱形）法、假定抗力法和弹性地基梁（含曲梁和圆环）法等。当软弱地层对结构变形的约束能力较差时（或衬砌与地层间的空隙回填、灌浆不密实时），地下空间结构内力计算常用弹性连续框架法。

反之，可用假定抗力法或弹性地基梁法。弹性连续框架法即为进行地下结构内力计算时的力法与变形法，假定抗力法和弹性地基梁法已形成了一些经典的计算方法。该模型主要适用于围岩因过分变形而发生松弛和崩塌，支护结构主动承担围岩“松动”压力的情况。

4.2.3　地层—结构模型

地层—结构模型的计算理论即地层结构法，其原理是将衬砌和地层视为整体，在满足变形协调条件的前提下分别计算衬砌与地层内力，并据此验算地层稳定性和进行构件截面设计，又称为复合整体模型，如图 4-2-2 所示。

在地层—结构模型中，围岩是直接的承载单元，支护结构只是用来约束和限制围岩的变形，这一点正好和荷载—结构模型相反。地层—结构模型是目前隧道结构体系设计中力求采用的或正在发展的模型，因为它符合当前的施工技术水平，采用快速和早强的支护技术可以限制围岩的变形，从而阻止围岩松动压力的产生。在该模型中可以考虑各种几何形状、围岩和支护材料的非线性特性、开挖面空间效应所形成的三维状态及地质中不连续面等。在这个模型中有些问题可以用解析法求解，但绝大部分问题必须依赖数值方法。

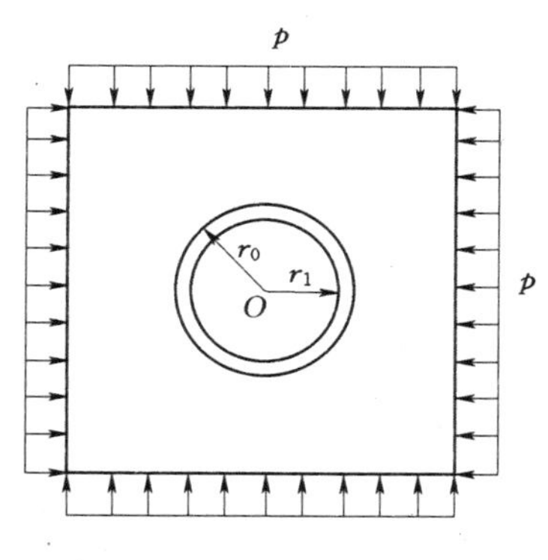

图 4-2-2　地层—结构模型

4.2.4　收敛—限制模型

收敛—限制模型的计算理论也是地层结构法，也可称特征曲线法。其基本原理是：隧道开挖后，如无支护，围岩必然产生向隧道内的变形（收敛）。施加支护以后，支护结构约束了围岩的变形（限制），此时围岩与支护结构一起共同承受围岩挤向隧道的变形压力。对于围岩而言，它承受支护结构的约束力；对支护结构而言，它承受围岩维持变形稳定而给予的压力。当两者处于平衡状态时，隧道就处于稳定状态。

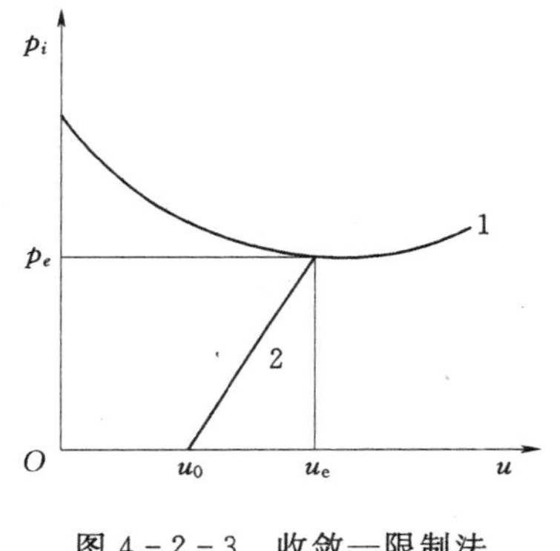

图 4-2-3　收敛—限制法原理示意图

图 4-2-3 所示为收敛—限制法原理的示意图。图中纵坐标表示结构承受的地层压力，横坐标表示洞周的径向位移。其值一般都以拱顶为准测读计算，曲线 1 为地层收敛线，直线 2 为支护特征线。两条线的交点的纵坐标 p_e 即作用在支护结构上的最终地层压力，横坐标 u_e 则为衬砌变形的最终位移。因洞室开挖后一般需隔开一段时间后才修筑衬砌，图中以 u_0 值表示洞周地层在衬砌修筑前已经发生的初始自由变形值。

各种设计模型或方法各有其适用的场合，也各有自身的局限性。当前我国的地下空间结构设计计算，主要采用的是前 3 种模型，即经验类比模型、荷载—结构模型、地层—结构模型。由于地下空间结构的设计受到各种复杂因素的影响，因此，经验设计法往往占据一定的位置。即使内力分析采用了比较严密的理论，其计算结果往往也需要用经验类比来加以判断和补充。以测试为主的实用设计方法常为现场人员所采用，因为它能提供直接的材料，以便确切地估计地层和地下空间结构的稳定性和安全程度。理论计算法可用于进行无经验可循的新型工程设计，因而基于作用—反作用模型和连续介质模型的计算理论同时被人们所重视。工程技术人员在设计地下空间结构时，往往要同时进行多种设计方法的比较，才能做出较为经济合理的设计。

4.3　地下空间结构设计内容

修建地下空间结构，必须按基本建设的程序进行勘测、设计和施工。设计分工艺设计、规划设计、建筑设计、防护设计、结构设计、设备设计和概预算设计等。每一个工程经过结构方案比较，选定了结构形式和结构平面布置后，再进行结构设计。与本课程相关的是建筑结构形式的选择和结构设计。地下空间结构设计的主要内容如下：

（1）初步拟定截面尺寸。根据施工方法选定结构形式和结构平面布置，根据荷载和使用要求估算结构跨度、高度、顶底板及边墙厚度等主要尺寸。

初步拟定地下空间结构形状和尺寸需要考虑以下3个方面：

1）衬砌的内轮廓必须符合地下空间使用的要求和净空限界的结构断面形式。

2）结构轴线应尽可能与在荷载作用下所决定的压力线重合。

3）截面厚度是结构轴线确定以后的重点设计内容，要判断设计厚度的截面是否有足够的强度。

（2）确定结构上作用的荷载。根据荷载作用组合的要求确定荷载，必要时要考虑工程的防护等级、三防要求（防核武器、防化学武器、防生物武器）与动载标准。

（3）结构内力计算。

（4）结构的稳定性验算。地下空间结构埋深较大又位于地下水位以下时，要进行抗浮验算；对于明挖深基坑支挡结构要进行抗倾覆、抗滑动验算。选择与工作条件相适宜的计算模型和计算方法，得出各种控制截面的结构内力。

（5）内力组合。在各种荷载作用下分别计算结构内力，在此基础上对最不利的可能情况进行内力组合，求出各控制截面的最大设计内力值，并进行截面强度验算。

（6）配筋计算。核算截面强度和裂缝宽度得出受力钢筋并确定必要的构造钢筋。

（7）安全性评价。如果结构的稳定性或截面强度不符合安全度的要求时，需要重新拟定截面尺寸，并重复以上各个步骤，直至截面均符合稳定性和强度要求为止。

（8）绘制施工设计图。并不是所有的地下空间结构设计都包括上述各项内容，要根据具体情况加以取舍。

地下空间结构设计中，一般先采用经验类比或推论的方法，初步拟定衬砌结构截面尺寸。按照这个截面尺寸计算在荷载作用下的截面内力，并检验其强度。如果截面强度不足或是截面富余太多，就得调整截面尺寸重新计算，直至合适为止。

4.4 荷载—结构法

4.4.1 设计原理

荷载—结构模型的设计原理，是认为隧道开挖后地层的作用主要是对衬砌结构产生荷载，衬砌结构应能安全可靠地承受地层压力等荷载的作用。计算时先按地层分类法或由实用公式确定地层压力，然后按弹性地基上结构物的计算方法计算衬砌的内力，并进行结构截面设计。

4.4.2 计算原理

1. 基本未知量与基本方程

取衬砌结构节点的位移为基本未知量。由最小势能原理或变分原理可得系统整体求解

时的平衡方程为

$$[K]\{\delta\}=\{P\} \tag{4-4-1}$$

式中 $\{\delta\}$——由衬砌结构节点位移组成的列向量，即$\{\delta\}=[\delta_1,\delta_2,\cdots,\delta_m]^T$；

$\{P\}$——由衬砌结构节点荷载组成的列向量，即$\{P\}=[P_1,P_2,\cdots,P_m]^T$；

$[K]$——衬砌结构的整体刚度矩阵，为 $m\times m$ 阶方阵，m 为体系节点自由度的总个数。

矩阵 $\{P\}$、$\{\delta\}$ 和 $[K]$ 可由单元的荷载矩阵 $\{P\}^e$、单元的刚度矩阵 $[k]^e$ 和单元的位移向量矩阵 $\{\delta\}^e$ 组合而成，故在采用有限元方法进行分析时，需先划分单元，建立单元刚度矩阵 $[k]^e$ 和单元荷载矩阵 $\{P\}^e$。

隧道承重结构轴线的形状为弧形时，可用折线模拟曲线。划分单元时，只需要确定杆件单元的长度。杆件厚度 d 即为承重结构的厚度，杆件的宽度取为 1m。相应的杆件横截面积为 $A=d\times 1(\mathrm{m}^2)$，抗弯惯性矩为 $I=1\times d^3/12(\mathrm{m}^4)$，弹性模量 $E(\mathrm{kN/m^2})$ 取为混凝土的弹性模量。

2. 单元刚度矩阵

设梁单元在局部坐标系下的节点位移为 $\{\delta\}=[\overline{u}_i,\overline{v}_i,\overline{\theta}_i,\overline{u}_j,\overline{v}_j,\overline{\theta}_j]$，对应的节点力为 $\{\overline{f}\}=[\overline{X}_i,\overline{Y}_i,\overline{Z}_i,\overline{X}_j,\overline{Y}_j,\overline{Z}_j]^T$，其中，$[\overline{k}]^e$ 为梁单元在局部坐标系下的刚度矩阵，并有

$$[\overline{k}]^e=\begin{bmatrix} \frac{EA}{l} & 0 & 0 & -\frac{EA}{l} & 0 & 0 \\ 0 & \frac{12EI}{l^3} & \frac{6EI}{l^2} & 0 & -\frac{12EI}{l^3} & \frac{6EI}{l^2} \\ 0 & \frac{6EI}{l^2} & \frac{4EI}{l} & 0 & -\frac{6EI}{l^2} & \frac{2EI}{l} \\ -\frac{EA}{l} & 0 & 0 & \frac{EA}{l} & 0 & 0 \\ 0 & -\frac{12EI}{l^3} & -\frac{6EI}{l^2} & 0 & \frac{12EI}{l^3} & -\frac{6EI}{l^2} \\ 0 & -\frac{6EI}{l^2} & \frac{2EI}{l} & 0 & -\frac{6EI}{l^2} & \frac{4EI}{l} \end{bmatrix} \tag{4-4-2}$$

式中 l——梁单元的长度；

A——梁的截面积；

I——梁的惯性矩；

E——梁的弹性模量。

对于整体结构而言，各单元采用的局部坐标系均不相同，故在建立整体矩阵时，需按式（4-4-3）将按局部坐标系建立的单元刚度矩阵 $[\overline{k}]^e$ 转换成结构整体坐标系中的单元刚度矩阵 $[k]^e$，即

$$[k]^e=[T]^T[\overline{k}]^e[T] \tag{4-4-3}$$

$$[T]=\begin{bmatrix} \cos\alpha & \sin\alpha & 0 & 0 & 0 & 0 \\ -\sin\alpha & \cos\alpha & 0 & 0 & 0 & 0 \\ 0 & 0 & 1 & 0 & 0 & 0 \\ 0 & 0 & 0 & \cos\alpha & \sin\alpha & 0 \\ 0 & 0 & 0 & -\sin\alpha & \cos\alpha & 0 \\ 0 & 0 & 0 & 0 & 0 & 1 \end{bmatrix} \tag{4-4-4}$$

式中 $[T]$——转置矩阵；

α——局部坐标系与整体坐标系之间的夹角。

3. 地层反力作用模式

地层弹性抗力由式（4-4-5）给出，即

$$\begin{aligned} F_n &= K_n U_n \\ F_s &= K_s U_s \end{aligned} \tag{4-4-5}$$

其中：

$$K_n=\begin{cases} K_n^+ & U_n \geqslant 0 \\ K_n^- & U_n < 0 \end{cases} \tag{4-4-6}$$

$$K_s=\begin{cases} K_s^+ & U_s \geqslant 0 \\ K_s^- & U_s < 0 \end{cases} \tag{4-4-7}$$

式中 F_n，F_s——分别为法向和切向弹性抗力；

K_n，K_s——相应的围岩弹性抗力系数，且 K^+、K^- 分别为压缩区和拉伸区的抗力系数，通常令为 $K_s^- = K_n^- = 0$。

杆件单元确定后，即可确定地层弹簧单元，它只设置在杆件单元的节点上。地层弹簧单元可沿整个截面设置，也可只在部分节点上设置。沿整个截面设置地层弹簧单元时，计算过程中，需用迭代法作变形控制分析，以判断出抗力区的确切位置。

4.5 地层—结构法

地层—结构模型是把地下空间结构与地层作为一个受力变形的整体，按照连续介质力学原理来计算地下空间结构及周围地层的变形。它不仅计算衬砌结构的内力及变形，而且计算周围地层的应力，充分体现周围地层与地下空间结构的相互作用。但是由于周围地层以及地层与结构相互作用模拟的复杂性，地层—结构模型目前尚处于发展阶段，在很多工程应用中，仅作为一种辅助手段。由于地层—结构法相对荷载—结构法，充分考虑了地下空间结构与周围地层的相互作用，结合具体的施工过程，可以充分模拟地下空间结构以及周围地层在每一个施工工况下的内力和变形更符合工程实际。因此，在今后的研究和发展中，地层—结构法将得到广泛应用和发展。

地层—结构法主要包括以下部分内容：地层的合理化模拟、结构模拟、施工过程模拟以及施工过程中结构与周围地层的相互作用、地层与结构相互作用的模拟。

4.5.1 设计原理

地层—结构法的设计原理，是将衬砌和地层视为整体共同受力的统一体系，在满足变形协调的前提条件下，分别计算衬砌与地层的内力，据以验算地层的稳定性和进行结构截面设计。

目前计算方法以有限单元法为主，适用于设计构筑在软岩或较稳定的地层内的地下空间结构。

4.5.2 计算初始地应力

初始地应力场一般包括自重应力场和构造应力场，而土层中仅有自重应力场存在。初始自重应力和构造应力可按下述步骤计算：

1. 初始自重应力

初始自重应力通常采用有限元方法或给定水平侧压力系数的方法计算。

(1) 有限元方法。初始自重应力由有限元方法算得，并将其转化为等效节点荷载。

(2) 给定水平侧压力系数法。在给定水平侧压系数 K_0 值后，按式 (4-5-1) 和式 (4-5-2) 计算初始自重应力，即

$$\sigma_z^g = \sum \gamma_i H_i \tag{4-5-1}$$

$$\sigma_x^g = K_0(\sigma_z - P_w) + P_w \tag{4-5-2}$$

式中 σ_z^g——竖直方向初始自重应力，kN/m²；

σ_x^g——水平方向初始自重应力，kN/m²；

γ_i——计算点以上第 i 层岩土的重度，kN/m³；

H_i——计算点以上第 i 层岩土的厚度，m；

P_w——计算点的孔隙水压力。在不考虑地下水变化的条件下，P_w 由计算点的静水压力确定，即 $P_w = \gamma_w H_w$，kN/m²；

γ_w——地下水的重度，kN/m³；

H_w——计算点处的地下水的水位差，m。

2. 构造应力

构造应力可假设为均布或线性分布。假设主应力作用方向保持不变，则二维平面应变的普遍表达式为

$$\begin{cases} \sigma_x^s = a_1 + a_4 z \\ \sigma_z^s = a_2 + a_5 z \\ \tau_{xz}^s = a_3 \end{cases} \tag{4-5-3}$$

式中 $a_1 \sim a_5$——常系数；

z——竖直坐标。

3. 初始地应力

将初始自重应力与构造应力叠加，即得初始地应力。

4.5.3 本构模型

4.5.3.1 岩石单元

1. 弹性模型

对于平面应变问题，各向同性弹性材料的应力增量可表示为

$$\{\Delta\sigma\} = [D]\{\Delta\varepsilon\} \tag{4-5-4}$$

$$[D]=\frac{E(1-\mu)}{(1+\mu)(1-2\mu)}\begin{bmatrix}1 & \frac{\mu}{1-\mu} & 0\\ \frac{\mu}{1-\mu} & 1 & 0\\ 0 & 0 & \frac{1-2\mu}{2(1-\mu)}\end{bmatrix} \tag{4-5-5}$$

式中 $\{\Delta\sigma\}$——应力增量矢量，$[\Delta\sigma_x,\Delta\sigma_z,\Delta\tau_{zx}]^T$；

$[D]$——弹性矩阵；

$\{\Delta\varepsilon\}$——应变增量矢量，$[\Delta\varepsilon_x,\Delta\varepsilon_z,\Delta\tau_{zx}]^T$；

E——弹性模量；

μ——泊松比。

横观各向同性弹性体的应力增量，仍然可表示为

$$\{\Delta\sigma\}=[D]\{\Delta\varepsilon\}$$

只需改变弹性矩阵 $[D]$，横观各向同性体的弹性矩阵为

$$[D]=\frac{E_v}{(1+\mu_{hh})\alpha}\begin{bmatrix}n(1-n\mu_{vh}^2) & n\mu_{vh}(1+\mu_{hh}) & 0\\ n\mu_{vh}(1+\mu_{hh}) & 1-\mu_{hh}^2 & 0\\ 0 & 0 & m(1+\mu_{hh})\alpha\end{bmatrix} \tag{4-5-6}$$

式中 $\alpha=1-\mu_{hh}-2n\mu_{vh}^2$；$n=E_h/E_v$；$m=G_v/E_v$

E_v——竖直方向（z）弹性模量；

E_h——水平方向（x，y）弹性模量；

μ_{hh}——水平面内的泊松比；

μ_{vh}——竖直面内的泊松比；

G_v——竖直面内的剪变模量。

2. 非线性弹性模型

Duncan－Chang 等（1970，1980）建立了 $E-B$ 非线性弹性模型，是国内外应用较多的模型之一。$E-B$ 非线性弹性模型认为岩土的应力—应变关系可用双曲线近似描述为

$$\sigma_1-\sigma_3=\frac{\varepsilon_1}{a+b\varepsilon_1} \tag{4-5-7}$$

轴向应变 ε_1 和侧向应变 ε_3 之间假设也存在双曲线关系，即有

$$\varepsilon_1=\frac{\varepsilon_3}{f+d\varepsilon_3} \tag{4-5-8}$$

式中 a，b，f，d——均为由实验确定的参数。

在不同应力状态下，弹性模量的表达式为

$$E_i=\left[1-\frac{R_f(1-\sin\varphi)(\sigma_1-\sigma_3)}{2c\cos\varphi+2\sigma_3\sin\varphi}\right]^2 K\cdot p_0\cdot\left(\frac{\sigma_3}{p_0}\right)^n \tag{4-5-9}$$

式中 R_f——破坏比，0.75～1.0；

c，φ——土的黏聚力和内摩擦角；

p_0——大气压，一般取 100kPa；

K，n——实验确定参数。

不同应力状态下的泊松比的表达式为

$$\mu_i=\frac{G-F\lg(\sigma_3/p_0)}{(1-A)^2} \tag{4-5-10}$$

$$A=\frac{(\sigma_1-\sigma_3)d}{E_i} \tag{4-5-11}$$

式中 G，F，d——由实验确定的参数。

由 E_i 和 μ_i 即可确定该应力状态下的弹性矩阵 $[D]$。

3. 弹塑性模型

(1) 屈服准则。

材料进入塑性状态的判断准则采用 Druker - Prager 或 Mohr - Coulomb 屈服准则，其中，Druker - Prager 屈服准则的表达式为

$$f=\alpha I_1+\sqrt{J_2}-k=0 \tag{4-5-12}$$

$$\alpha=\frac{\sin\varphi}{\sqrt{3}\sqrt{3+\sin^2\varphi}} \tag{4-5-13}$$

$$k=\frac{\sqrt{3}c\cos\varphi}{\sqrt{3+\sin^2\varphi}} \tag{4-5-14}$$

式中 I_1——应力张量第一不变量；

J_2——应力偏量第二不变量。

Mohr - Coulomb 屈服准则的表达式为

$$f=\frac{1}{3}I_1\sin\varphi+\sqrt{J_2}\sin\left(\theta+\frac{\pi}{3}\right)+\sqrt{\frac{J_2}{3}}\cos\left(\theta+\frac{\pi}{3}\right)\sin\varphi-c\cos\varphi=0 \tag{4-5-15}$$

式中 θ——由 $\cos3\theta=\sqrt{2}J_3/\tau_8^3$ 定义；

I_1——应力张量第一不变量；

J_2，J_3——应力偏量第二、三不变量；

τ_8——八面体剪应力。

(2) 弹塑性矩阵。

材料进入塑性状态后，其弹塑性应力—应变关系的增量表达式为

$$\{d\sigma\}=([D]-[D_p])\{d\varepsilon\}=[D_{ep}]\{d\varepsilon\} \tag{4-5-16}$$

$$[D_p]=\frac{[D]\left\{\frac{\partial g}{\partial\sigma}\right\}\left\{\frac{\partial f}{\partial\sigma}\right\}^T[D]}{A+\left\{\frac{\partial f}{\partial\sigma}\right\}^T[D]\left\{\frac{\partial g}{\partial\sigma}\right\}} \tag{4-5-17}$$

式中 $[D]$——弹性矩阵；

$[D_p]$——塑性矩阵；

$[D_{ep}]$——弹塑性矩阵；

A——与材料硬化有关的参数，理想弹塑性情况下，$A=0$；

f——屈服面；

g——塑性势面，采用关联流动法则时，$g=f$。

(3) 弹塑性分析的计算过程。

增量时步加荷过程中，部分岩土体进入塑性状态后，由材料屈服引起的过量塑性应变以初应力的形式被转移，并由整个体系中的所有单元共同负担。每一时步中，各单元与过量塑性应变相应的初应变均以等效节点力的形式起作用，并处理为再次计算时的节点附加荷载，据以进行迭代运算，直到时步最终计算时间，并满足给定的精度要求。

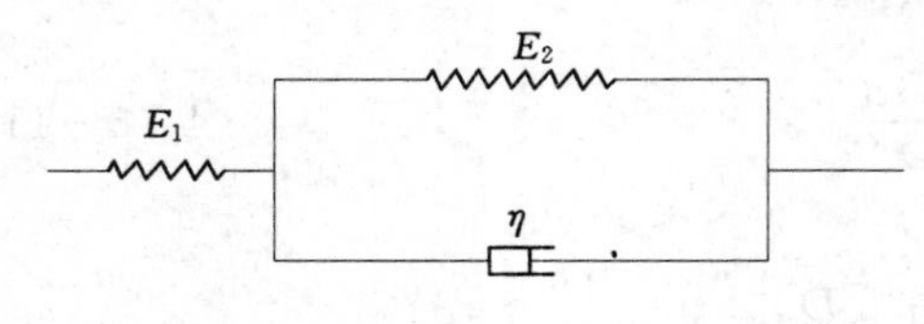

图 4-5-1　广义 Kelvin 模型

4. 黏弹性模型

三元件广义 Kelvin 模型，由弹性元件和 Kelvin 模型串联组成，如图 4-5-1 所示。

其应力—应变关系式为

$$\frac{\eta}{E_1+E_2}\dot{\sigma}+\sigma=\frac{\eta E_1}{E_1+E_2}\dot{\varepsilon}+\frac{E_1E_2}{E_1+E_2}\varepsilon \tag{4-5-18}$$

衬砌施作后的蠕变方程为

$$\varepsilon(t)=\left[\frac{1}{E_1}+\frac{1}{E_2}(1-\mathrm{e}^{-\frac{E_2}{\eta}t})\right]\sigma_0=\sigma_0J(t) \tag{4-5-19}$$

式中　$J(t)$——蠕变柔量；

σ_0——常量应力。

4.5.3.2　梁单元

与荷载—结构法中“单元刚度矩阵的计算”相同。

4.5.3.3　杆单元

设杆单元在局部坐标系中的节点位移为$\{\overline{\delta}\}=[\overline{u}_i,\overline{v}_i,\overline{u}_j,\overline{v}_j]^{\mathrm{T}}$，对应的节点力为$\{\overline{f}\}=[\overline{X}_i,\overline{Y}_i,\overline{X}_j,\overline{Y}_j]^{\mathrm{T}}$，则有

$$\{\overline{f}\}=[\overline{k}]\{\overline{\delta}\} \tag{4-5-20}$$

其中，$[\overline{k}]$ 为杆在局部坐标系下的单元刚度矩阵，并有

$$[\overline{k}]=\begin{bmatrix} EA/l & 0 & -EA/l & 0 \\ 0 & 0 & 0 & 0 \\ -EA/l & 0 & EA/l & 0 \\ 0 & 0 & 0 & 0 \end{bmatrix} \tag{4-5-21}$$

式中　l——杆的长度；

A——杆的截面积；

E——杆的弹性模量。

4.5.3.4　接触面单元

接触面采用无厚度节理单元模拟，不考虑法向与切向的耦合作用时，增量表达式为

$$\begin{Bmatrix}\Delta\tau_s \\ \Delta\sigma_n\end{Bmatrix}=\begin{bmatrix}K_s & 0 \\ 0 & K_n\end{bmatrix}\begin{Bmatrix}\Delta u_s \\ \Delta u_n\end{Bmatrix} \tag{4-5-22}$$

式中　K_s——接触面的切向刚度；

K_n——接触面的法向刚度。

接触面材料的应力—应变关系一般为非线性关系，并常处于塑性受力状态。当屈服条

件采用 Mohr - Coulomb 屈服条件，并假定节理材料为理想弹塑性材料及采用关联流动法则时，针对平面应变问题，可导出接触面单元剪切滑移的塑性矩阵为

$$[D_{\mathrm{p}}]=\frac{1}{S_0}\begin{bmatrix} K_s^2 & K_sS_1 \\ K_sS_1 & S_1^2 \end{bmatrix} \tag{4-5-23}$$

$$S_0=K_s+K_n\tan^2\varphi \tag{4-5-24}$$

$$S_1=K_n\tan\varphi \tag{4-5-25}$$

式中 φ——接触面的内摩擦角。

对处于非线性状态的接触面单元，应力与相对位移间的关系式为

$$\tau_s=K_s\cdot\Delta u_s$$

$$\sigma_n=K_n\cdot v_{\mathrm{m}}\frac{\Delta v_n}{v_{\mathrm{m}}-\Delta v_n}\qquad(\Delta v_n<v_{\mathrm{m}})$$

式中 v_{m}——接触面单元的法向最大允许嵌入量。

4.5.4 单元模式

1. 一维单元

对二节点一维线性单元，设节点位移为$\{\delta\}=\{u_i,v_i,u_j,v_j\}^{\mathrm{T}}$时，单元上任意点的位移为

$$u=\sum N_iu_i \tag{4-5-26}$$

式中 N——插值函数，并有$N_1=(1-\xi)/2$，$N_2=(1+\xi)/2$。

2. 三角形单元

对三节点三角形单元，设节点坐标为$\{x_i,y_i,x_j,y_j,x_m,y_m\}$，节点位移为$\{\delta\}=\{u_i,v_i,u_j,v_j,u_m,v_m\}^{\mathrm{T}}$，对应的节点力为$\{F\}=\{X_i,Y_i,X_j,Y_j,X_m,Y_m\}^{\mathrm{T}}$，则当取线性位移模式时，单元内任意点的位移为

$$\begin{Bmatrix} u \\ v \end{Bmatrix}=[N]\{\delta\} \tag{4-5-27}$$

$$[N]=\begin{bmatrix} N_i & 0 & N_j & 0 & N_m & 0 \\ 0 & N_i & 0 & N_j & 0 & N_m \end{bmatrix} \tag{4-5-28}$$

$$\begin{cases} a_i=x_iy_m-x_my_i \\ b_i=y_j-y_m \\ c_i=x_m-x_i \end{cases} \tag{4-5-29}$$

$$N_i=\frac{1}{2\Delta}(a_i+b_ix+c_iy) \tag{4-5-30}$$

式中 $[N]$——形函数矩阵；

Δ——单元面积。

3. 四边形单元

采用四节点等参单元，并设节点位移为$\{\delta\}=[u_1,v_1,u_2,v_2,u_3,v_3,u_4,v_4]^{\mathrm{T}}$时，位移模式可由双线性插值函数给出，形式为

$$\begin{aligned} u&=N_1u_1+N_2u_2+N_3u_3+N_4u_4 \\ v&=N_1v_1+N_2v_2+N_3v_3+N_4v_4 \end{aligned} \tag{4-5-31}$$

式中 N——插值函数，即

$$\begin{cases} N_1=(1-\xi)(1-\eta)/4, N_2=(1+\xi)(1-\eta)/4 \\ N_3=(1+\xi)(1+\eta)/4, N_4=(1-\xi)(1+\eta)/4 \end{cases} \tag{4-5-32}$$

4.5.5 施工过程模拟

1. 一般表达式

开挖过程的模拟一般通过在开挖边界上施加释放荷载实现。将一个相对完整的施工阶段称为施工步，并设每个施工步包含若干增量步，则与该施工步相应的开挖释放荷载可在所包含的增量步中逐步释放，以便较真实地模拟施工过程。具体计算中，每个增量步的荷载释放量可由释放系数控制。

对各施工阶段的状态，有限元分析的表达式为

$$[K]_i\{\Delta\delta\}_i=\{\Delta F_r\}_i+\{\Delta F_g\}_i+\{\Delta F_p\}_i \quad i=1,\cdots,L \tag{4-5-33}$$

$$[K]_i=[K]_0+\sum_{\lambda=1}^{i}[\Delta K]_\lambda \quad i\geqslant 1 \tag{4-5-34}$$

式中 L——施工步总数；

$[K]_i$——第 i 施工步岩土体和结构的总刚度矩阵；

$[K]_0$——岩土体和结构（施工开始前存在）的初始刚度矩阵；

$[\Delta K]_\lambda$——施工过程中，第 λ 施工步的岩土体和结构刚度的增量或减量，用以体现岩土体单元的挖除、填筑及结构单元的施作或拆除；

$\{\Delta F_r\}_i$——第 i 施工步开挖边界上的释放荷载的等效节点力；

$\{\Delta F_g\}_i$——第 i 施工步新增自重等的等效节点力；

$\{\Delta F_p\}_i$——第 i 施工步增量荷载的等效节点力；

$\{\Delta\delta\}_i$——第 i 施工步的节点位移增量。

对每个施工步，增量加载过程的有限元分析的表达式为

$$[K]_{ij}\{\Delta\delta\}_{ij}=\{\Delta F_r\}_i\cdot\alpha_{ij}+\{\Delta F_g\}_{ij}+\{\Delta F_p\}_{ij} \quad i=1,\cdots,L;j=1,\cdots,M \tag{4-5-35}$$

$$[K]_{ij}=[K]_{i-1}+\sum_{\xi=1}^{j}[\Delta K]_{i\xi} \tag{4-5-36}$$

式中 M——各施工步增量加载的次数；

$[K]_{ij}$——第 i 施工步中施加第 j 荷载增量步时的刚度矩阵；

α_{ij}——与第 i 施工步第 j 荷载增量步相应的开挖边界释放荷载系数，开挖边界荷载完全释放时有 $\sum_{j=1}^{M}\alpha_{ij}=1$；

$\{\Delta F_g\}_{ij}$——第 i 施工步第 j 增量步新增单元自重等的等效节点力；

$\{\Delta\delta\}_{ij}$——第 i 施工步第 j 增量步的节点位移增量；

$\{\Delta F_p\}_{ij}$——第 i 施工步第 j 增量步增量荷载的等效节点力。

2. 开挖工序的模拟

开挖效应可以通过在开挖边界上设置释放荷载，并将其转化为等效节点力模拟。表达式为

$$[K-\Delta K]\{\Delta\delta\}=\{\Delta P\} \tag{4-5-37}$$

式中 $[K]$——开挖前系统的刚度矩阵；

$[\Delta K]$——开挖工序中挖除部分刚度；

$\{\Delta P\}$——开挖释放荷载的等效节点力。

开挖释放荷载可采用单元应力法或 Mana 法计算。

3. 填筑工序的模拟

填筑效应包含两个部分，即整体刚度的改变和新增单元自重荷载的增加，其计算表达式为

$$[K+\Delta K]\{\Delta\delta\}=\{\Delta F_g\} \tag{4-5-38}$$

式中 K——填筑前系统的刚度矩阵；

ΔK——新增实体单元的刚度；

$\{\Delta F_g\}$——新增实体单元自重的等效节点荷载。

4. 结构的施作与拆除

结构施作的效应体现为整体刚度的增加及新增结构的自重对系统的影响，其计算表达式为

$$[K+\Delta K]\{\Delta\delta\}=\{\Delta F_g^s\} \tag{4-5-39}$$

式中 K——结构施作前系统的刚度矩阵；

ΔK——新增结构的刚度；

$\{\Delta F_g^s\}$——施作结构的等效荷载。

结构拆除的效应包含整体刚度的减小和支撑内力释放的影响，其中支撑内力的释放可通过施加一反向内力实现，其计算表达式为

$$[K-\Delta K]\{\Delta\delta\}=-\{\Delta F\} \tag{4-5-40}$$

式中 K——结构施作前系统的刚度矩阵；

ΔK——拆除结构的刚度；

$\{\Delta F\}$——拆除结构内力的等效节点力。

5. 增量荷载的施加

在施工过程中施加的外荷载，可在相应的增量步中施加增量荷载表示，其中计算式为

$$[K]\{\Delta\delta\}=\{\Delta F\} \tag{4-5-41}$$

式中 K——增量荷载施加前系统的刚度矩阵；

$\{\Delta F\}$——施加的增量荷载的等效节点力。

4.5.6 算例

这里给出地层—结构法的设计算例。

4.5.6.1 概述

前已述及，地层结构法主要包括以下几部分内容：地层的合理化模拟、结构模拟、施工过程模拟以及施工过程中结构与周围地层的相互作用、地层与结构相互作用的模拟。针对不同的地下建筑结构类型，可进行相应的合理简化，采用适合的本构模型进行数值模拟。

4.5.6.2 地层的模拟

由于地层—结构法把地层与结构作为一个有机的整体考虑，因此地层的合理模拟对结

构及周围地层的变形及内力具有非常重要的影响。

经过多年的发展，地层材料发展了多种模型，有各向同性线弹性、非线弹性及弹塑性或横观各向异性、正交各向异性线弹性体；考虑周围地层时间效应的黏弹性、黏弹塑性模型；由于地下水在围岩及土体中的渗流，先后发展了渗流耦合模型，考虑到土体中孔隙水压力的变化，发展了固结模型等。

针对岩土体所表现出的非线性、时间效应，应用较多的是弹塑性模型和黏弹性模型。弹塑性模型有多种屈服准则，如 Druker - Prager 屈服准则、Mohr - Coulomb 准则、剑桥模型及多种硬化准则等。黏弹性模型有 Maxwell、Kelvin 模型及三元件模型等多种模型，以上模型反映岩土体不可逆、剪胀、应变软化、各向异性等种种不同的情况。对于土体介质，非线弹性、剑桥模型、固结模型及黏弹塑性模型应用较多。

对岩土体内部存在的节理、裂隙等常见的地质现象，一般为接触面材料，采用节理单元模拟。

周围地层模拟的物理力学参数，可通过实验室实验、现场试验及反分析得到。

4.5.6.3　施工过程的模拟

1. 时空效应

地层—结构法是建立在地层与支护相互作用的基础上，支护的作用不是被动地承受荷载，而是充分发挥地层自身的稳定性。为此，应从有效限制围岩变形发展着手，适时构筑支护结构。下面以隧道的施工说明施工中的时空效应。

随着隧洞的掘进，作业面的向前推进，一定范围内的围岩变形的发展和应力的重新分布受到作用面的限制，使得围岩的变形得不到自由、充分地释放，应力重新分布不能完成。实测表明，在作业面之后距离其 2～3 倍的洞径或洞跨外，掘进面的空间约束效应才完全消失，应力得到充分的释放。对许多围岩介质而言，开挖之后，应力释放、重新分布需要一个过程，表现出明显的时间效应，即岩土体的流变时效的作用，即使在空间效应消失之后，变形仍在发展。显然，在作业面附近，有两种耦合作用。因此，在离开作业面一定距离外，围岩得不到及时的支护和处理，则随掘进面的约束作用的逐步消失和围岩介质本身的流变效应，围岩的变形将不能得到有效的控制，最终导致岩土体的失稳破坏。

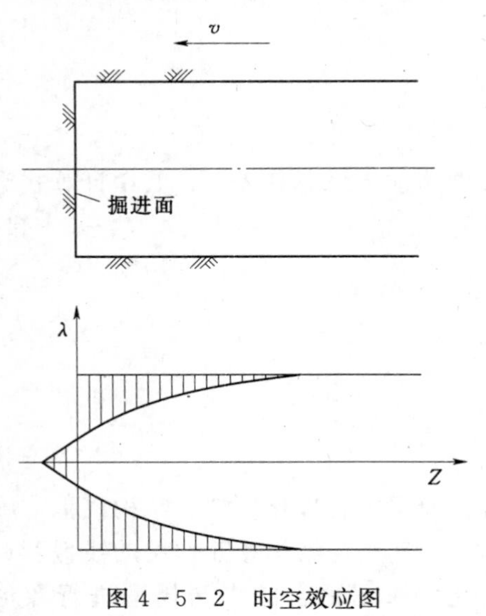

图 4-5-2　时空效应图

隧道掘进面的空间几何效应在洞轴方向表现为“半圆穹”约束，在洞室横断面表现为“环形”约束，如图 4-5-2 所示。“半圆穹”是指洞壁径向变形值开挖面的距离的曲线形状，一般用位移释放系数来描述，位移释放系数与隧洞截面的形状、埋深、施工方法等因素有直接的影响作用。

时空效应的研究方法主要有数值模拟和现场实测。数值模拟有两种方式：二维或轴对称问题模拟和三维模拟。二维问题强调了围岩的特性，可以考虑非线性、塑性、蠕变、应力路径及不连续面等，对作业面的效应，可根据现场实测数据应用位移释放系数模拟；三维问题由于几何模型的复杂性以及计算机的限制，侧重于地下空间结构的空间特性，一般采用弹性、黏弹性模型等。

2. 初始地应力的计算

初始地应力可采用有限元计算法和设定水平侧压力系数法。对岩石地层，初始地应力分为自重地应力和构造地应力两部分。其中自重地应力由有限元法求得，构造地应力可假设为均布或线性分布等。对软土地层，常需根据水平侧压力系数计算初始地应力。

3. 施工过程的有限元模拟

地下工程开挖施工过程主要包括岩土体分部开挖及支护结构的分层设置等。用以模拟上述不同施工阶段的力学性态的有限元方程可写为

$$([K_0]+[\Delta K_i])\{\Delta\delta_i\}=\{\Delta F_{ir}\}+\{\Delta F_{ia}\} \quad i=1,2,\cdots,m \tag{4-5-42}$$

式中 m——施工阶段总数；

$[K_0]$——地层开挖前岩土体等的初始总刚度矩阵；

$[\Delta K_i]$——施工过程中岩土体和支护结构刚度的增量或减量，其值为挖去岩土体单元及设置或拆除支护结构单元的刚度；

$[\Delta F_{ir}]$——由开挖释放产生的边界增量节点力列阵，初次开挖由岩土体自重、地壳变形构造应力、地下水荷载、地面超载等确定，其后备开挖步骤由当前应力状态决定；

$[\Delta F_{ia}]$——施工过程中增加的节点荷载列阵；

$\{\Delta\delta_i\}$——任一施工阶段产生的节点增量位移列阵。

任一施工阶段 i 的位移比 δ_i、应变 $\{\varepsilon_i\}$ 和应力 $\{\sigma_i\}$ 为

$$\{\delta_i\}=\sum_{k=1}^{i}\{\Delta\delta_k\} \tag{4-5-43}$$

$$\{\varepsilon_i\}=\sum_{k=1}^{i}\{\Delta\varepsilon_k\} \tag{4-5-44}$$

$$\{\sigma_i\}=\{\sigma_0\}+\sum_{k=1}^{i}\{\Delta\sigma_k\} \tag{4-5-45}$$

式中 σ_0——初始应力；

$\Delta\sigma_k$——各施工阶段的增量应力。

当材料为弹塑性体时，计算采用增量初应力法。在对岩土体单元的受拉破坏或节理、接触面单元的受拉或受剪破坏进行非线性分析时，也归结为初应力法计算的问题。

在施工过程中，分部开挖指不同的开挖方式，如上下台阶法、侧壁导洞法等，计算时以不同的开挖阶段（同一开挖阶段可包括几个施工阶段）模拟。分部卸载由开挖面向前推进引起，计算时可依据经验或由现场量测位移分别在同一开挖阶段选定不同的地应力释放系数，据以反映不同施工阶段的变化。分部支护指不同的支护时机，如锚杆、喷层、二次衬砌及地层注浆、超前支护等，计算时分别采用在不同的施工阶段设置不同支护来模拟。显然，这里的“分部”兼有空间上的分部和时间上的分步骤两重含义。

4. 注浆模拟

在施工过程中，注浆是常用的地层加固方法，在施工模拟时，通常采用材料替换法进

行模拟。注浆后的地层用一种新的材料模拟，以反映注浆后材料的力学性质的变化。

4.5.6.4 结构模拟

地下空间结构的合理化模拟对结构内力有很大影响。锚喷支护一般采用杆单元模拟，也可对锚杆加固区的围岩取用提高的 c、φ 加以考虑。支撑、钢支架及衬砌一般采用梁单元模拟，衬砌结构也可采用四边形等参单元模拟。地下连续墙、桩一般也采用梁单元模拟。杆单元或梁单元都可以采用弹塑性模型、黏弹性模型以及与温度有关的本构关系。

对盾构隧道的结构设计，可以采用均质圆环模型、梁弹簧模型等。梁弹簧模型充分反映了结构的连接和受力特性。对梁弹簧模型，管片采用直（曲）梁单元模拟，管片之间以及环间接头用弹簧单元模拟。

4.5.6.5 地层与结构相互作用

1. 地层与结构相互作用的模拟

支护结构和地层间相互作用，采用接触面单元模拟，并利用塑性理论接触面单元建立非线性本构关系。当法向应力为压应力时，采用 Mohr－Coulomb 屈服条件，不难导出其剪切滑移的塑性矩阵。

接触面的屈服条件为

$$F(\tau_s,\sigma_n)=f(\tau_s,\sigma_n) \tag{4-5-46}$$

同时应用 Mohr－Coulomb 准则，则屈服条件为

$$F=\tau_s+\sigma_n\cdot\tan\varphi-c \tag{4-5-47}$$

式中 c，φ——结构与土体间的黏聚力和摩擦角。

作用于接触面的应力满足屈服条件后，接触面将产生塑性变形，屈服后的塑性变形服从流动法则，接触面位移增量中的塑性部分可表示为（$\Delta\delta_s^p$，$\Delta\delta_n^p$）。采用关联流动法则，塑性位移增量为

$$\Delta\delta_s^p=\Delta\lambda\cdot\frac{\partial F}{\partial\tau_s} \tag{4-5-48}$$

$$\Delta\delta_n^p=\Delta\lambda\cdot\frac{\partial F}{\partial\sigma_n} \tag{4-5-49}$$

式中 $\Delta\lambda$——一个正的比例常数。

接触面屈服后若继续发生塑性变形，那么应力状态从（τ_s，σ_n）变为（$\tau_s+\Delta\tau_s$，$\sigma_n+\Delta\sigma_n$）将满足屈服条件，即

$$\Delta F=\frac{\partial F}{\partial\tau_s}\Delta\tau_s+\frac{\partial F}{\partial\sigma_n}\Delta\sigma_n=0 \tag{4-5-50}$$

$$\begin{Bmatrix}\Delta\tau_s\\\Delta\sigma_n\end{Bmatrix}=\begin{bmatrix}k_s & 0\\0 & k_n\end{bmatrix}\begin{Bmatrix}\Delta\delta_s^e\\\Delta\delta_n^e\end{Bmatrix}=[k^e]\begin{bmatrix}\Delta\delta_s-\Delta\delta_s^p\\\Delta\delta_n-\Delta\delta_n^p\end{bmatrix} \tag{4-5-51}$$

由此可得塑性状态下应力与变形关系为

$$\begin{Bmatrix}\Delta\tau_s\\\Delta\sigma_n\end{Bmatrix}=[k^{ep}]\begin{Bmatrix}\Delta\delta_s\\\Delta\delta_n\end{Bmatrix} \tag{4-5-52}$$

$$[k^{ep}]=\frac{1}{k_s+\mu^2k_n}\begin{bmatrix}\mu^2k_sk_n & -\mu k_sk_n\\-\mu k_sk_n & k_sk_n\end{bmatrix} \tag{4-5-53}$$

式中 $\mu=\tan\varphi$。

2. *双层衬砌之间的相互作用*

双层衬砌之间的相互作用可以用接触面单元或弹簧单元模拟。应用弹簧单元模拟时，分别用径向、环向弹簧模拟两层之间的法向作用、剪切作用，弹簧参数根据实验和经验选取。

思考题

4-1　简述一个理想地下空间结构的数学力学模型应能反映的因素。

4-2　简述地下空间结构计算理论的发展过程。

4-3　地下工程结构设计有哪几类模型？简介收敛—限制模型的原理。

4-4　试述荷载—结构法、地层—结构法的基本含义和主要区别。

4-5　简述荷载—结构法的计算过程。

4-6　简述地层—结构法的计算过程。

第5章 隧 道 结 构

5.1 概述

隧道是一种修建在地下，两端有出入口，供车辆、行人、水流及管线等通过的地下空间建筑物。在修建隧道时，一般先在地层内挖出具有一定几何形状的“坑道”，然后在坑道周围修建支护结构，即衬砌结构，以确保使用安全。本章的隧道结构是指衬砌结构。

在进行隧道结构计算时，首先要根据地层类别、使用功能和施工技术水平来选择隧道的结构形式，然后要确定地层压力，再进行衬砌结构在地层压力及其他荷载作用下的内力计算，最后根据内力分布进行衬砌结构的截面验算。

5.1.1 隧道结构的受力特点

隧道结构的受力特点可归纳为以下5点：

（1）隧道是在自然状态下的岩土介质中进行开挖的，隧道周边围岩及所处的地质环境对隧道支护结构的计算起着决定性的作用。地面结构的荷载比较明确，而且荷载的量级不大，而隧道结构的荷载取决于所处的地应力状况，但是地应力难以进行准确测试，这使得隧道结构的荷载具有较大的模糊性。其次，地面结构的材料，其物理力学参数可通过试件测试获得，但隧道围岩物理力学参数需要通过现场测试，不仅测试难度大，而且不同地段差别很大，这使得隧道结构计算精度受到影响。因此，只有正确认识地质环境对支护结构体系的影响，才能正确地进行隧道结构的计算。

（2）隧道支护结构周围围岩既是荷载的来源，同时它本身也是一种承载体，隧道开挖后的地层压力是由围岩和支护结构共同承载的。因此，充分发挥围岩自身的承载能力是隧道支护结构设计的一个根本出发点。

（3）作用在支护结构上的荷载受到施工方法和施工时间的影响。在一些情况下，若施工方法不当，即使选用了很大的支护结构尺寸，仍会遭受破坏。

（4）与地面结构不同，隧道结构是否安全，既要考虑支护结构能否承载，也要考虑围岩是否稳定。支护结构的承载力可由支护材料强度来判断，但围岩是否失稳至今仍没有妥善的判断标准，一般都依据经验来确定。

（5）隧道周围的岩土体不仅作为荷载作用在隧道结构上，而且约束着隧道结构的移动和变形，存在着围岩抗力。所以，在进行隧道结构设计计算时，需要考虑隧道结构与周边围岩的共同作用。

5.1.2 隧道结构的断面形式

隧道的结构形式，需要满足使用功能和经济两个方面的要求。其结构形式首先由受力条件来控制，是在一定的地质构造、围岩压力或水土压力、施工荷载或偶然荷载作用下，得到的最合理和经济的断面形式和最佳支护方式。

常见的隧道结构断面几何形状有马蹄形、圆形、落地拱形或连拱形式，分别如图 5-1-1 至图 5-1-4 所示。

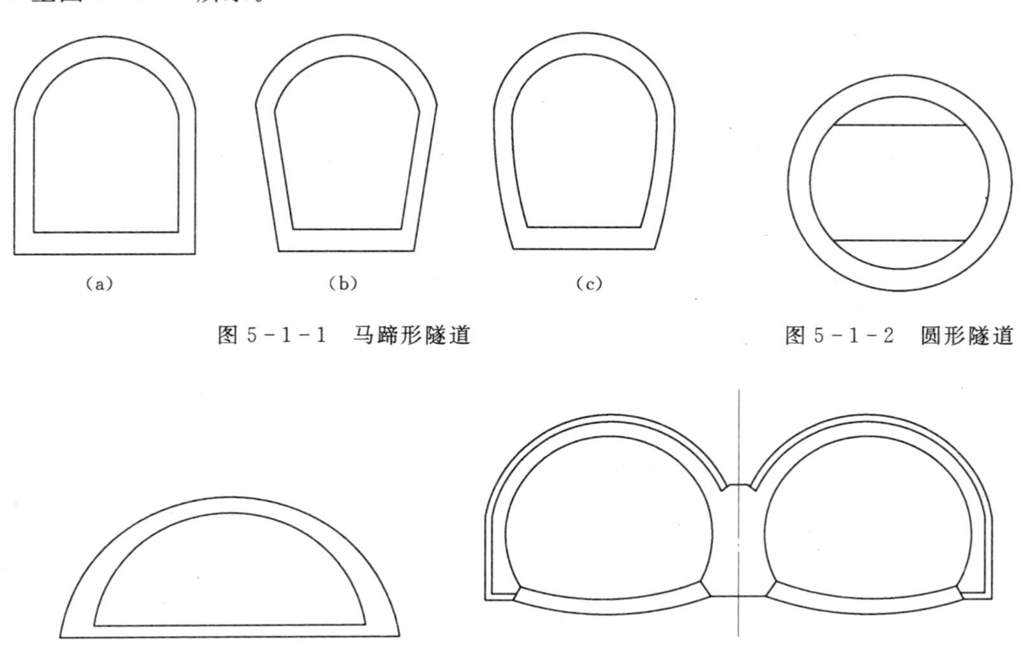

图 5-1-1　马蹄形隧道

图 5-1-2　圆形隧道

图 5-1-3　落地拱形隧道

图 5-1-4　连拱隧道

此外，在浅埋土层中设置的隧道结构，常常设计成矩形断面或单跨双层、单层多跨拱形截面，如图 5-1-5 至图 5-1-7 所示。

5.1.3 整体式衬砌结构类型和适用条件

根据隧道围岩地质的特点，隧道衬砌结构大致可分为四类，即整体式衬砌结构、装配式衬砌结构、锚喷支护衬砌结构和复合式衬砌结构。本章主要介绍整体式衬砌结构，后三类衬砌结构将在其他章节展开。整体式衬砌结构可分为半衬砌结构、厚拱薄墙衬砌结构、直墙拱形衬砌结构、曲墙拱形衬砌结构和连拱隧道结构等形式。

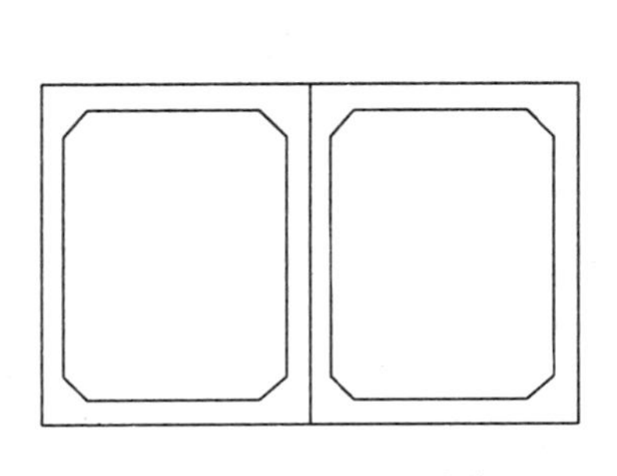

图 5-1-5　矩形隧道

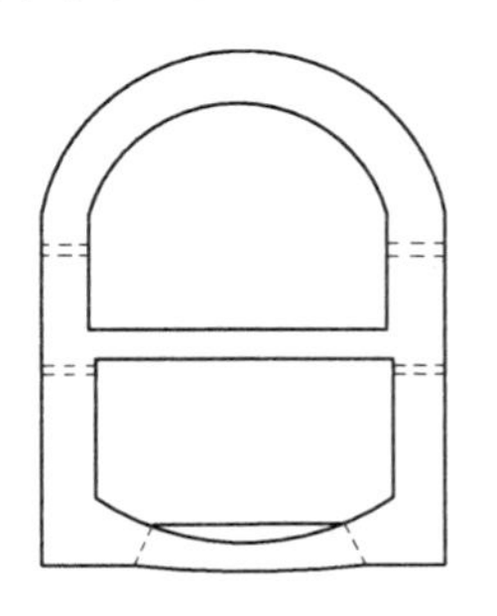

图 5-1-6　单跨双层隧道

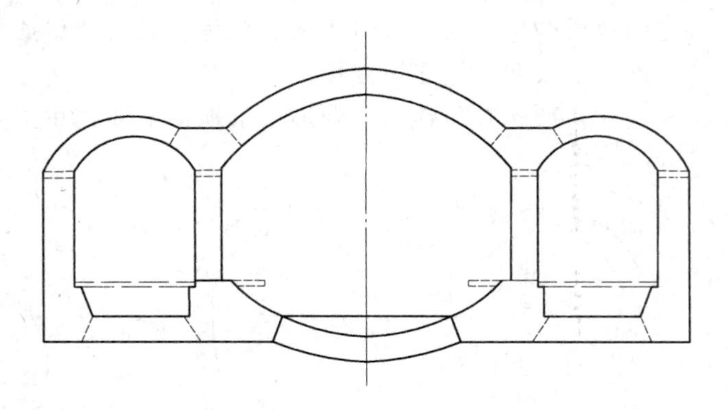

图5-1-7 单层多跨隧道

1. 半衬砌结构

在坚硬岩层中，若侧壁无坍塌危险，仅顶部岩石可能有局部滑落时，可只施做顶部衬砌而不施做边墙，仅喷一层不小于20mm厚的水泥砂浆护面，即为半衬砌结构，如图5-1-8所示。这种衬砌形式适用于岩层较坚硬且整体稳定或基本稳定的围岩。

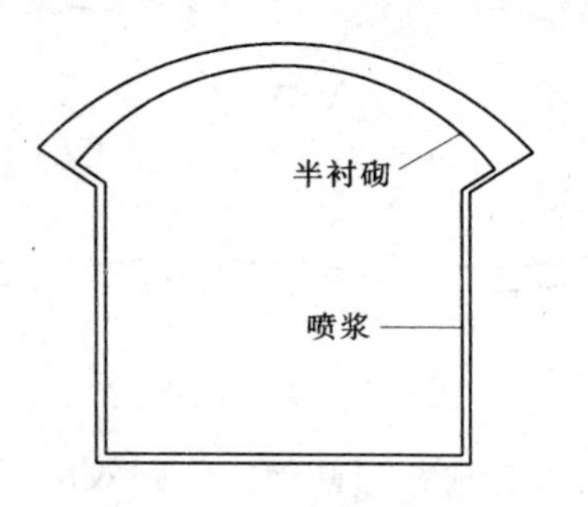

图5-1-8 半衬砌结构

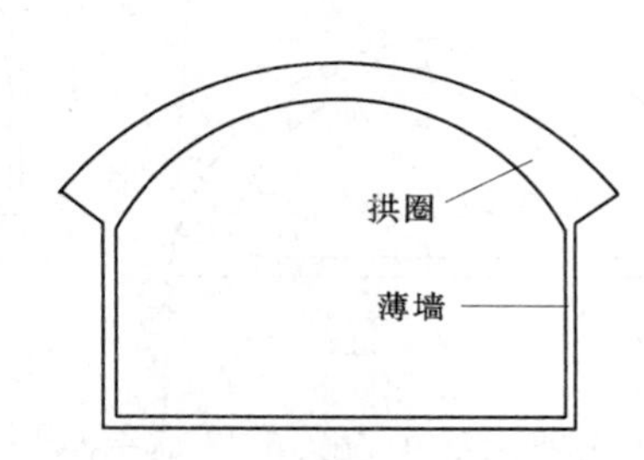

图5-1-9 厚拱薄墙衬砌结构

2. 厚拱薄墙衬砌结构

在中硬岩层中，拱顶所受的力可通过拱脚大部分传给岩体，能充分利用岩石的强度，使边墙所受的力大为减少，从而减少边墙的厚度，形成厚拱薄墙结构，如图5-1-9所示。厚拱薄墙衬砌结构适用于水平压力小的情况。

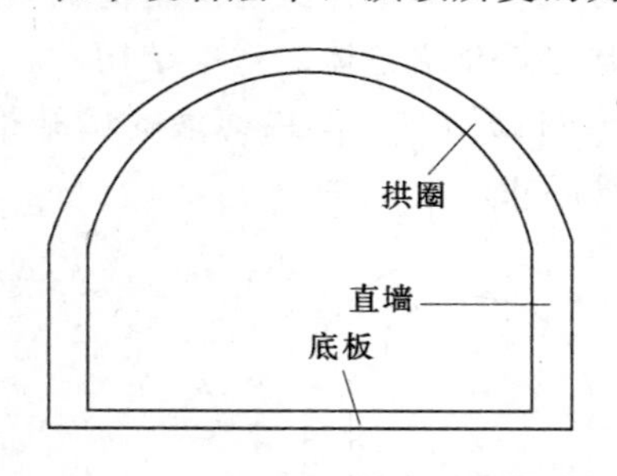

图5-1-10 直墙拱形衬砌结构

3. 直墙拱形衬砌结构

在一般或较差岩层中，当在竖向压力较大，而水平侧压力不大时，通常是将拱顶与边墙浇在一起，形成一个整体结构，即直墙拱形衬砌结构，这是一种广泛应用的隧道结构形式，在我国铁路隧道中经常见到，如图5-1-10所示。

4. 曲墙拱形衬砌结构

在地质条件差，岩石破碎、松散和易于坍塌的地段，衬砌结构一般由拱圈、曲线形侧墙和仰拱底板组成，形成曲墙衬砌结构。该种衬砌结构的受力性能相对较好，但对施工技术要求较高，这也是一种被广泛应用的隧道结构形式，如图5－1－11所示。曲墙拱形衬砌适用于特别是对于洞底板软弱、具有膨胀特性或有较大围岩压力的情况。

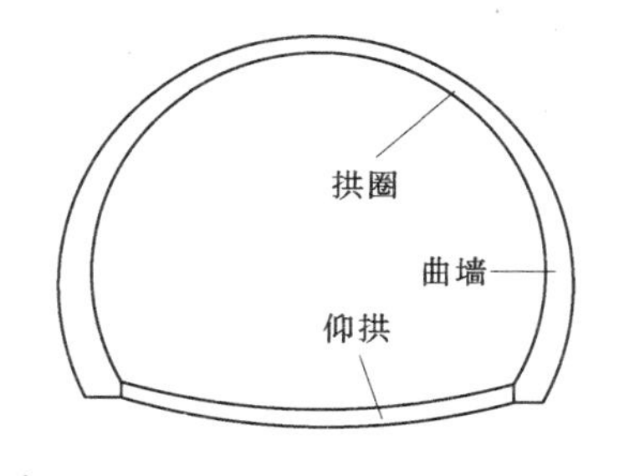

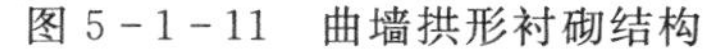

图5－1－11　曲墙拱形衬砌结构

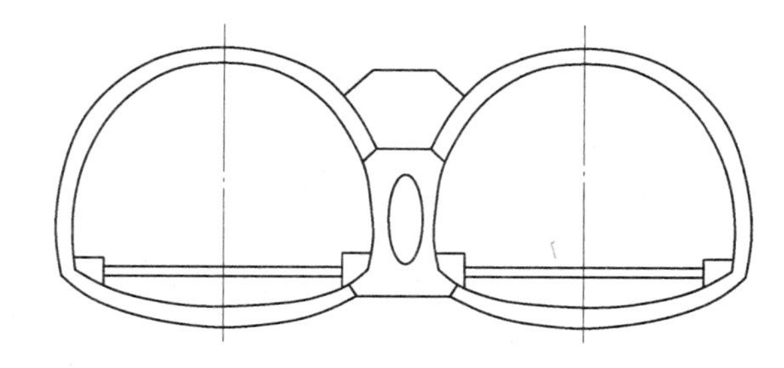

图5－1－12　连拱隧道结构

5. 连拱隧道结构

隧道设计中除考虑工程地质、水文地质等相关条件外，同时受线路要求以及其他条件的制约，还需要考虑安全、经济、技术等方面的综合比较。因此，对于长度不是特别长的公路隧道（100～500m），尤其是处于地质、地形条件复杂及征地受严格限制地区的中小隧道，常采用连拱隧道的形式，如图5－1－12所示。连拱隧道主要适用于洞口地形狭窄，或对两洞间距有特殊要求的中短隧道，按中墙结构形式不同可分为整体式中墙和复合式中墙两种形式。

5.1.4　隧道结构的计算模型

隧道结构的受力特点表明，无论在计算原理还是计算参数的选用上，隧道结构的计算都比地面结构复杂得多。

按照支护结构与围岩相互作用考虑方式的不同，隧道衬砌结构的计算模型主要分为两类：

一类是以支护结构作为承载主体，围岩对支护结构的变形起约束作用的计算模型，称之为荷载—结构模型。荷载—结构模型是仿效地面结构的计算模型，即将荷载作用在结构上，用一般结构力学的方法进行计算，区别在于计算衬砌内力时需要考虑围岩对结构变形的约束作用。由于这种计算模型概念清晰，计算简便，易于被工程师们所接受，故至今应用较为广泛。

另一类是将支护结构和围岩视为一体，作为共同承受荷载的隧道结构体系，称为地层—结构模型。在这种模型中，围岩是直接的承载单元，支护结构只是用来约束和限制围岩的变形。这类模型是目前隧道结构设计计算中力求采用和正在发展的模型，在这种模型中能考虑隧道结构的各种几何形状、围岩和支护材料的非线性、开挖面空间所形成的三维状态及地层的变异性等。在这种模型中有些问题可以用解析法求解，或采用收敛—约束法求解，但绝大部分问题，因数学上的困难，必须采用数值方法。目前，由于围岩的初始应力场、围岩及衬砌材料物理力学参数的确定存在诸多困难，限制了该计算模型在工程实际中的应用。

本章各种形式的隧道结构计算都将采用荷载—结构模型，也称为结构力学方法。当作用在衬砌结构上的荷载确定后，可应用结构力学方法求解超静定结构的内力和位移。其中，衬砌拱部结构以结构力学中无铰拱理论计算，墙部和仰拱结构以弹性地基梁理论计算。

5.2 隧道衬砌结构的荷载

作用在隧道衬砌上的荷载，按其性质可分为主动荷载和被动荷载。主动荷载是主动作用在结构上，并引起结构变形的荷载。被动荷载是因结构变形压缩围岩而引起围岩被动抵抗力，即弹性抗力，它对结构变形起限制作用。

5.2.1 主动荷载

1. 主要荷载

主要荷载是指长期及经常作用的荷载，包括围岩压力、衬砌结构自重、回填土荷载、地下静水压力及车辆活载等。其中，围岩压力是最主要的，其计算可按第 2 章所述方法确定；衬砌自重可按预先拟定的结构尺寸和材料容重计算确定；回填土荷载按自重压力确定；地下静水压力按地下水位进行计算，因其往往使结构受力条件得到改善，故应按最低水位考虑；对于没有仰拱的衬砌结构，车辆活载直接传给地层，对于设有仰拱的衬砌结构，车辆活载对拱墙的受力影响应根据具体情况而定，一般可忽略不计。

2. 附加荷载

附加荷载是指偶然的、非经常作用的荷载，包括温差压力、灌浆压力、冻胀压力、混凝土收缩应力及地震力等。

计算荷载时，应根据上述两类荷载同时存在的可能性进行组合，一般情况下仅取主要荷载进行计算。某些特殊情况下，如 7 度以上高烈度地震区，或严寒地区冻胀土的洞口段衬砌，才按主要荷载加附加荷载的组合来验算结构。

5.2.2 被动荷载

被动荷载是指围岩的弹性抗力，它只产生在被衬砌压缩的围岩周边上。其分布范围和图式一般可按工程类比的方式确定。

5.3 半衬砌结构

半衬砌结构，一般是指隧道开挖后，只在拱部构筑拱圈，而侧壁不构筑侧墙（或仅砌筑构造墙）的结构，该种结构适合完整性较好、比较稳定、坚硬的围岩（Ⅰ、Ⅱ级）中。半衬砌结构包括半衬砌结构和厚拱薄墙衬砌结构。其中，半衬砌结构为仅做拱圈，不做边墙的衬砌结构；厚拱薄墙衬砌结构为拱脚直接放在岩石上起维护作用，与薄墙基本互不联系的衬砌结构。由于在这种衬砌结构中的拱脚直接支承在围岩上，因此，其力学模型就是一个拱脚弹性固定的无铰拱。

5.3.1 计算模型

1. 基本假定

根据半衬砌结构的特点和受力特征，其结构计算的基本假定如下：

（1）半衬砌结构的墙与拱脚基本上互不联系，故拱圈对薄墙影响很小。因此，内力计算时，可以忽略拱圈和薄墙之间的相互影响，把厚拱薄墙衬砌视为半衬砌结构。

（2）半衬砌结构是一个空间形式的拱壳结构，严格来说，应按照空间问题来计算，但半衬砌结构的纵向长度远远大于跨度，而结构形式和作用在衬砌上的荷载，通常沿长度方向不变。因此，就可以将这一空间结构简化为平面应变问题来研究，这样不仅计算方便，而且计算结果也偏安全。

（3）半衬砌结构设置在坚硬的围岩中，故而水平压力很小，可以略去不计。作用在半衬砌结构上的主动荷载，仅有围岩垂直压力、衬砌自重、回填材料重力等。同时由于这种结构的拱圈矢跨比较小（$f/l=1/6\sim1/4$），在上述荷载作用下，拱圈绝大部分位于脱离区，拱圈两侧弹性抗力作用范围很小，故不予考虑。

（4）半衬砌结构的拱脚直接坐落在岩层上且施工时整体浇筑，故拱脚与岩层间的摩擦力很大，认为拱脚不能产生径向位移，可以用刚性链杆表示；混凝土结构具有较强的抗剪能力，所以可忽略拱脚截面的剪切变形，而只有轴向应力引起的线变形和弯矩引起的角变形，以弹性固定支座来表示。

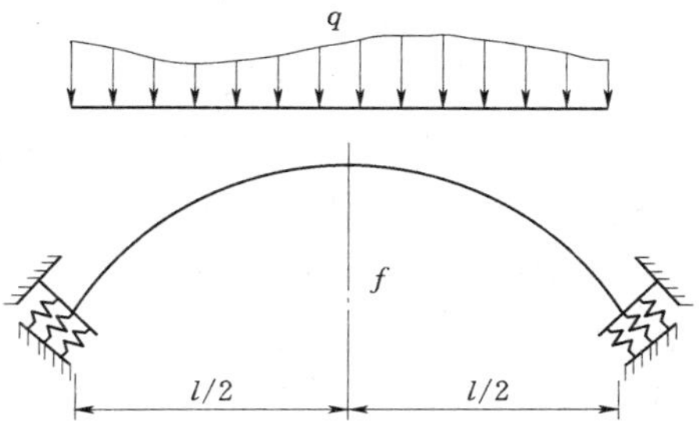

图 5-3-1　弹性固定无铰拱计算简图

2. 计算模型

综合以上分析，半衬砌结构可简化为图 5-3-1 所示的弹性固定无铰拱。这种力学模型是一个 3 次超静定结构，可用结构力学中的力法来求解，但和地面结构计算不同的是，要按局部变形理论来考虑拱脚弹性固定在岩层上的变形影响。

5.3.2　衬砌内力计算

拱圈通常都是对称形式，但荷载可能出现对称形式或非对称形式。下面分荷载对称与非对称两个问题进行讨论。

1. 对称问题的解

图 5-3-2（a）所示为一对称弹性固定无铰拱，荷载均布，其基本计算结构如图 5-

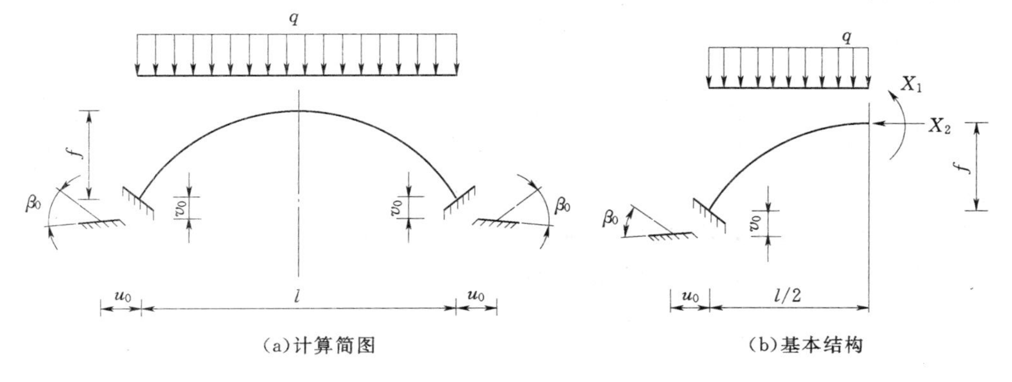

（a）计算简图　（b）基本结构

图 5-3-2　对称拱形结构

3-2(b)所示。由于结构和荷载均对称，故拱顶仅有未知弯矩 X_1 和轴力 X_2。规定图中所示未知力方向为正，转角以拱脚截面向外侧旋转为正，水平位移以向外移动为正。

由于问题全对称，拱脚处的位移 u_0、v_0 及转角 β_0 也对称，且 v_0 仅使结构产生整体下沉，对内力并无影响，因而不予考虑。

由拱顶截面相对转角和相对水平位移为零的条件，可列出位移协调方程为

$$\left.\begin{aligned}X_1\delta_{11}+X_2\delta_{12}+\Delta_{1P}+\beta_0=0\\X_1\delta_{21}+X_2\delta_{22}+\Delta_{2P}+u_0+f\beta_0=0\end{aligned}\right\} \quad (5-3-1)$$

式中 δ_{ik}——柔度系数（i，$k=1$，2），即在基本结构中，拱脚为刚性固定时，悬臂端在 $X_k=1$ 作用下，沿未知力 X_i 方向所产生的位移，由位移互等定理可知 $\delta_{ik}=\delta_{ki}$；

Δ_{iP}——在外荷载作用下，沿 X_i 方向产生的位移；

β_0，u_0——分别为拱脚截面总弹性转角和总水平位移。

式(5-3-1)中的拱脚位移 u_0、β_0 由拱顶弯矩 X_1、轴力 X_2 以及对外荷载共同作用产生。若记 β_1、β_2 分别为拱脚单位弯矩和单位轴力在拱脚处所产生的转角，u_1、u_2 为拱脚单位广义力所产生的水平位移，β_P、u_P 为外荷载在拱脚处产生的转角及位移，则叠加得到

$$\left.\begin{aligned}\beta_0=X_1\beta_1+X_2(\beta_2+f\beta_1)+\beta_P\\u_0=X_1u_1+X_2(u_2+fu_1)+u_P\end{aligned}\right\} \quad (5-3-2)$$

式中 β_1，β_2，u_1，u_2，β_P，u_P——拱脚弹性固定系数。

由式(5-3-1)和式(5-3-2)联立，并注意到 $\delta_{12}=\delta_{21}$、$\beta_2=u_1$，经整理可得到关于未知力 X_1、X_2 的线性代数方程组为

$$\left.\begin{aligned}a_{11}X_1+a_{12}X_2+a_{10}=0\\a_{21}X_1+a_{22}X_2+a_{20}=0\end{aligned}\right\} \quad (5-3-3)$$

其中

$$\left.\begin{aligned}&a_{11}=\delta_{11}+\beta_1\\&a_{12}=a_{21}=\delta_{12}+\beta_2+f\beta_1\\&a_{22}=\delta_{22}+u_2+2f\beta_2+f^2\beta_1\\&a_{10}=\Delta_{1P}+\beta_P\\&a_{20}=\Delta_{2P}+f\beta_P+u_P\end{aligned}\right\} \quad (5-3-4)$$

式中 a_{ik}——弹性固定半拱的柔度系数，i，$k=1$，2；

a_{i0}——荷载引起的位移，$i=1$，2。

若令式中 β_1、β_2、β_P、u_1、u_2、u_P 均为零，即 $u_0=\beta_0=0$，则式(5-3-1)变为拱脚刚性固定的无铰拱。可见，刚性固定无铰拱是弹性固定无铰拱的一种特例。

求解方程式(5-3-3)，可得到拱顶截面处的多余未知力为

$$\left.\begin{aligned}X_1=\frac{a_{20}a_{12}-a_{10}a_{22}}{a_{11}a_{22}-a_{12}^2}\\X_2=\frac{a_{10}a_{21}-a_{20}a_{11}}{a_{11}a_{22}-a_{12}^2}\end{aligned}\right\} \quad (5-3-5)$$

2. 非对称问题的解

对非对称问题，需取全拱为基本结构，拱的内力及拱脚位移的正负号规定与对称问题相同，其计算简图及基本结构如图 5-3-3 所示。

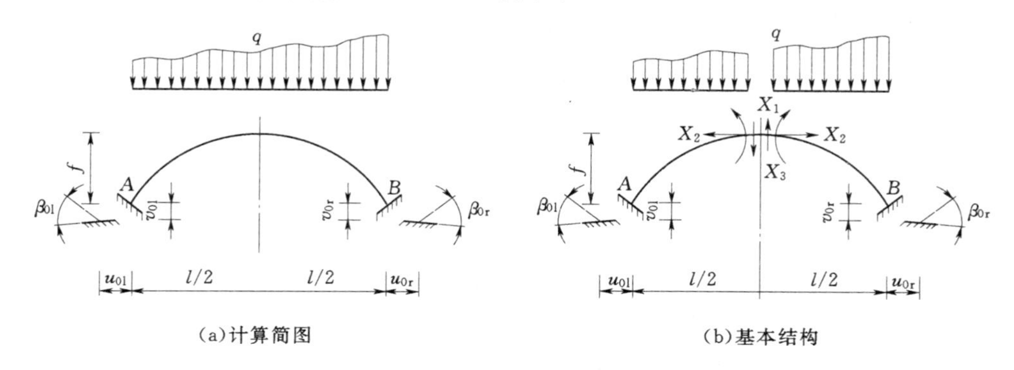

(a)计算简图 (b)基本结构

图 5-3-3 非对称拱形结构

由图 5-3-3（b）可以看到，X_1、X_2 为对称内力，X_3 为反对称内力，故而柔度系数 $\delta_{13}=\delta_{31}=\delta_{23}=\delta_{32}=0$。设左拱脚弹性转角、水平位移和垂直位移分别为 β_{0l}、u_{0l}、v_{0l}，右拱脚处为 β_{0r}、u_{0r}、v_{0r}，根据拱顶截面处的相对转角、相对水平位移和垂直位移为零的条件，可建立以下变形协调方程，即

$$\left.\begin{aligned}&X_1\delta_{11}+X_2\delta_{12}+\Delta_{1P}+(\beta_{0l}+\beta_{0r})=0\\&X_1\delta_{21}+X_2\delta_{22}+\Delta_{2P}+(u_{0l}+u_{0r})+f(\beta_{0l}+\beta_{0r})=0\\&X_3\delta_{33}+\Delta_{3P}+(v_{0l}+v_{0r})+\frac{l}{2}(\beta_{0r}-\beta_{0l})=0\end{aligned}\right\}\tag{5-3-6}$$

式中 δ_{33}——对应于 X_3 的柔度系数；

Δ_{3P}——对外荷载引起拱顶沿 X_3 方向的垂直位移。

其余符号含义同前。

利用叠加原理，求得左、右拱脚处位移及转角为

$$\left.\begin{aligned}&\beta_{0l}=X_1\beta_{1l}+X_2(\beta_{2l}+f\beta_{1l})+X_3(\beta_{3l}-0.5l\beta_{1l})+\beta_{Pl}\\&\beta_{0r}=X_1\beta_{1r}+X_2(\beta_{2r}+f\beta_{1r})+X_3(\beta_{3r}+0.5l\beta_{1r})+\beta_{Pr}\\&u_{0l}=X_1u_{1l}+X_2(u_{2l}+fu_{1l})+X_3(u_{3l}-0.5lu_{1l})+u_{Pl}\\&u_{0r}=X_1u_{1r}+X_2(u_{2r}+fu_{1r})+X_3(u_{3r}+0.5lu_{1r})+u_{Pr}\\&v_{0l}=X_1v_{1l}+X_2(v_{2l}+fv_{1l})+X_3(v_{3l}-0.5lv_{1l})+v_{Pl}\\&v_{0r}=X_1v_{1r}+X_2(v_{2r}+fv_{1r})+X_3(v_{3r}+0.5lv_{1r})+v_{Pr}\end{aligned}\right\}\tag{5-3-7}$$

式中 v_{il}、v_{ir}——在左、右拱脚截面处作用 $X_i=1$（$i=1$，2，3）时，该截面产生的垂直位移；

v_{Pl}、v_{Pr}——外荷载在左、右拱脚处产生的垂直位移。

其余符号含义同前。

联立式（5-3-6）和式（5-3-7），并注意到位移互等定量，经整理后可得关于未知力 X_1、X_2、X_3 的线性代数方程组为

$$\left.\begin{aligned}a_{11}X_1+a_{12}X_2+a_{13}X_3+a_{10}=0\\a_{21}X_1+a_{22}X_2+a_{23}X_3+a_{20}=0\\a_{31}X_1+a_{32}X_2+a_{33}X_3+a_{30}=0\end{aligned}\right\}\tag{5-3-8}$$

式中，各系数分别为

$$\left.\begin{aligned}&a_{11}=\delta_{11}+\beta_{1l}+\beta_{1r}\\&a_{12}=a_{21}=\delta_{12}+\beta_{2l}+\beta_{2r}+f(\beta_{1l}+\beta_{1r})\\&a_{13}=a_{31}=\beta_{3l}+\beta_{3r}+0.5l(\beta_{1r}-\beta_{1l})\\&a_{22}=\delta_{22}+2f(\beta_{2l}+\beta_{2r})+f^2(\beta_{1l}+\beta_{1r})+u_{2l}+u_{2r}\\&a_{23}=a_{32}=f(\beta_{3l}+\beta_{3r})+0.5fl(\beta_{1r}-\beta_{1l})+u_{3l}+u_{3r}+0.5l(u_{1r}-\beta_{1l})\\&a_{33}=\delta_{33}+0.5l(\beta_{3r}-\beta_{3l})+0.25l^2(\beta_{1r}-\beta_{1l})+v_{3l}+v_{3r}+0.5l(v_{1r}-v_{1l})\\&a_{10}=\Delta_{1P}+\beta_{Pl}+\beta_{Pr}\\&a_{20}=\Delta_{2P}+f(\beta_{Pl}+\beta_{Pr})+u_{Pl}+u_{Pr}\\&a_{30}=\Delta_{3P}+0.5l(\beta_{Pr}-\beta_{Pl})+v_{Pl}+v_{Pr}\end{aligned}\right\}\tag{5-3-9}$$

式中系数 a_{ik} 等的物理量含义同前。

求解方程（5-3-8），可得

$$X_1=\frac{-\begin{vmatrix}a_{10}&a_{12}&a_{13}\\a_{20}&a_{22}&a_{23}\\a_{30}&a_{32}&a_{33}\end{vmatrix}}{\begin{vmatrix}a_{11}&a_{12}&a_{13}\\a_{21}&a_{22}&a_{23}\\a_{31}&a_{32}&a_{33}\end{vmatrix}}\quad X_2=\frac{-\begin{vmatrix}a_{11}&a_{10}&a_{13}\\a_{21}&a_{20}&a_{23}\\a_{31}&a_{30}&a_{33}\end{vmatrix}}{\begin{vmatrix}a_{11}&a_{12}&a_{13}\\a_{21}&a_{22}&a_{23}\\a_{31}&a_{32}&a_{33}\end{vmatrix}}\quad X_3=\frac{-\begin{vmatrix}a_{11}&a_{12}&a_{10}\\a_{21}&a_{22}&a_{20}\\a_{31}&a_{32}&a_{30}\end{vmatrix}}{\begin{vmatrix}a_{11}&a_{12}&a_{13}\\a_{21}&a_{22}&a_{23}\\a_{31}&a_{32}&a_{33}\end{vmatrix}}\tag{5-3-10}$$

3. 拱圈任意截面的内力计算

拱顶截面的多余未知力求出后，便可按静力平衡条件求出拱圈上任意截面 i 的内力，如图 5-3-4 所示。

图 5-3-4　拱圈截面内力

其内力表达式为

$$\left.\begin{aligned}M_i&=X_1+y_iX_2\mp x_iX_3+M_{iP}^0\\N_i&=X_2\cos\varphi_i\pm X_3\sin\varphi_i+N_{iP}^0\\Q_i&=\mp X_2\sin\varphi_i+X_3\cos\varphi_i+Q_{iP}^0\end{aligned}\right\}\tag{5-3-11}$$

式中　M_{iP}^0，N_{iP}^0，Q_{iP}^0——外荷载在基本结构上 i 截面处所产生的内力；

φ_i——截面 i 与竖直线间的夹角。

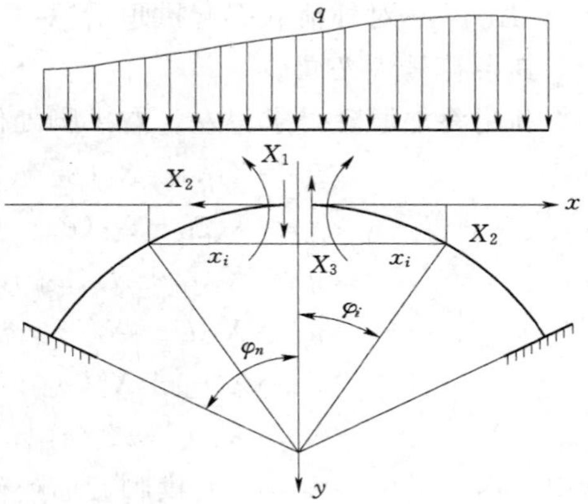

规定弯矩 M_i 以截面内缘受拉为正，轴力 N_i 以截面受压为正，剪力 Q_i 以使其作用的拱段顺时针转动为正。该公式为非对称问题的表达式，式中 X_2、X_3 前面的正负号表示：

上面的符号对应于左半拱，下面的符号对应于右半拱。当问题完全对称时，只需计算半个拱即可，但事先可令 $X_3=0$。

5.3.3 拱脚弹性固定系数的计算

求得单位位移和荷载引起的位移后，由拱顶截面位移协调方程可知，要得到多余未知力的解，尚需求出拱脚弹性固定系数。拱脚柔度系数即拱脚弹性固定系数的确定，是计算拱形衬砌结构的关键。

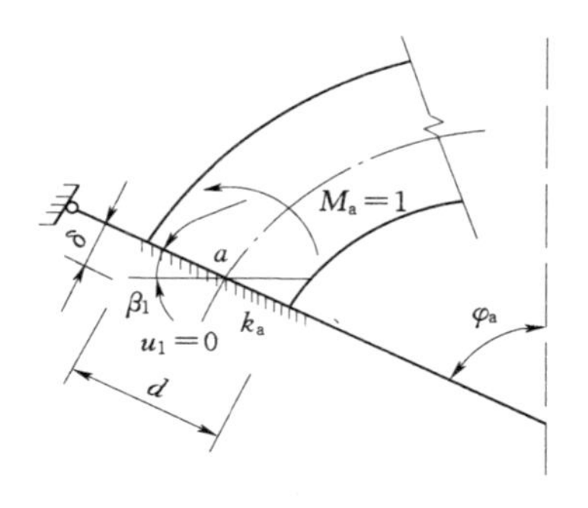

图 5-3-5 $M_a=1$ 时的拱脚系数

1. 单位弯矩作用下的拱脚弹性固定系数

如图 5-3-5 所示，当拱脚处作用单位弯矩 $M_a=1$ 时，由材料力学的知识可知，支承面上的应力及沉陷均呈线性分布，其内、外缘处的最大应力及沉陷分别为

$$\left.\begin{aligned}\sigma_{\max}&=\frac{M_a}{W}=\frac{6}{bd^2}\\ \delta_{\max}&=\frac{\sigma_{\max}}{k_a}=\frac{6}{bd^2k_a}\end{aligned}\right\}\tag{5-3-12}$$

式中 d——拱脚厚度；

b——拱脚截面宽度，通常取 $b=1\text{m}$；

k_a——拱脚处围岩的弹性抗力系数。

由图 5-3-5 可见，拱脚截面的转角为

$$\beta_1=\frac{\delta_{\max}}{\frac{d}{2}}=\frac{2\delta_{\max}}{d}=\frac{12}{bk_ad^3}=\frac{1}{k_ab\frac{d^3}{12}}=\frac{1}{k_aI_a}\tag{5-3-13}$$

在单位弯矩作用下，因拱脚处无线位移，故水平及垂直位移均为零，这时的拱脚弹性固定系数为

$$\beta_1=\frac{1}{k_aI_a},u_1=v_1=0\tag{5-3-14}$$

式中 I_a——拱脚的截面惯性矩，$I_a=bd^3/12$；

其他符号意义同前。

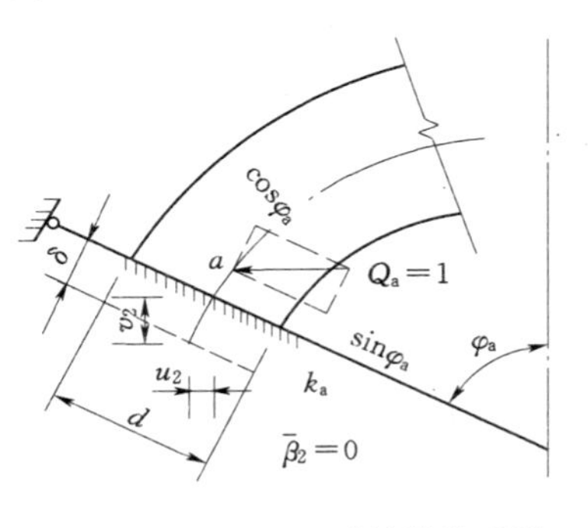

图 5-3-6 $Q_a=1$ 时的拱脚系数

2. 单位水平力作用下的拱脚弹性固定系数

如图 5-3-6 所示，当拱脚处仅作用单位水平力 $Q_a=1$ 时，将该力沿轴向和切向分解，则由于拱脚和围岩间的摩擦力较大，切向分力 $Q_a\sin\varphi_a$ 完全被摩擦力抵消，因此无切向位移。轴向分力 $Q_a\cos\varphi_a$ 使得拱脚截面产生的均匀轴向应力为

$$\sigma=\frac{\cos\varphi_a}{bd}=\frac{\cos\varphi_a}{d}\tag{5-3-15}$$

相应的轴向位移为

$$\delta=\frac{\cos\varphi_a}{k_ad}\tag{5-3-16}$$

将此轴向位移沿水平和竖向分解，并注意到拱脚截面无转角，则得单位水平力作用时拱脚处的弹性固定系数为

$$\left.\begin{aligned} \beta_2 &= 0 \\ u_2 &= \frac{\cos^2\varphi_a}{k_a d} \\ v_2 &= \frac{\cos\varphi_a \sin\varphi_a}{k_a d} \end{aligned}\right\} \tag{5-3-17}$$

3. 单位竖向力作用下的拱脚弹性固定系数

如图 5－3－7 所示，当拱脚处作用有单位竖向力 $H_a=1$ 时，可同样分析得到拱脚弹性固定系数为

$$\left.\begin{aligned} \beta_3 &= 0 \\ u_3 &= \frac{\cos\varphi_a}{k_a d}\sin\varphi_a \\ v_3 &= \frac{\sin^2\varphi_a}{k_a d} \end{aligned}\right\} \tag{5-3-18}$$

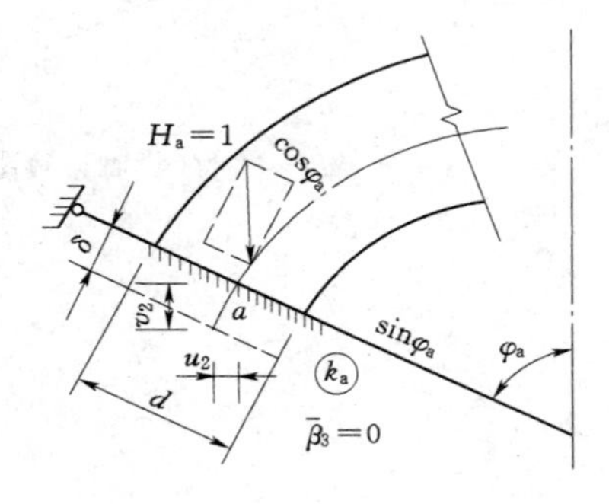

图 5－3－7　$H_a=1$ 时的拱脚系数

根据上述推导结果，利用叠加原理，当外荷载在拱脚处产生弯矩 M_P^0 和轴向力 N_P^0 时，相应的拱脚弹性固定系数为

$$\left.\begin{aligned} \beta_P &= M_P^0\beta_1 = \frac{M_P^0}{k_a I_a} \\ u_P &= M_P^0 u_1 + \frac{N_P^0\cos\varphi_a}{k_a d} = \frac{N_P^0\cos\varphi_a}{k_a d} \\ v_P &= M_P^0 v_1 + \frac{N_P^0\sin\varphi_a}{k_a d} = \frac{N_P^0\sin\varphi_a}{k_a d} \end{aligned}\right\} \tag{5-3-19}$$

5.3.4　拱圈变位值的计算

根据结构力学中位移计算方法，可得到某一点在单位力作用下和在外荷载作用下的变位计算基本公式为

$$\left.\begin{aligned} \delta_{ik} &= \int\frac{M_iM_k}{EI}\mathrm{d}s + \int\frac{N_iN_k}{EA}\mathrm{d}s \\ \Delta_{iP} &= \int\frac{M_iM_P^0}{EI}\mathrm{d}s + \int\frac{N_iN_P^0}{EA}\mathrm{d}s \end{aligned}\right\} \tag{5-3-20}$$

式中　EI，EA——拱圈的抗弯刚度和抗压刚度；

E——衬砌材料的弹性模量；

I，A——拱圈的惯性矩和截面积。

将 X_1、X_2、X_3 以及荷载作用下结构各截面内力代入式（5－3－20），可得拱圈结构的单位变位及荷载变位的一般公式为

$$\left.\begin{aligned}
\delta_{11} &= \int_0^{s/2}\frac{M_1^2}{EI}\mathrm{d}s+\int_0^{s/2}\frac{N_1^2}{EA}\mathrm{d}s=\int_0^{s/2}\frac{1}{EI}\mathrm{d}s\\
\delta_{12} &= \delta_{21}=\int_0^{s/2}\frac{M_1M_2}{EI}\mathrm{d}s+\int_0^{s/2}\frac{N_1N_2}{EA}\mathrm{d}s=\int_0^{s/2}\frac{y}{EI}\mathrm{d}s\\
\delta_{22} &= \int_0^{s/2}\frac{M_2^2}{EI}\mathrm{d}s+\int_0^{s/2}\frac{N_2^2}{EA}\mathrm{d}s=\int_0^{s/2}\frac{y^2}{EI}\mathrm{d}s+\int_0^{s/2}\frac{\cos^2\varphi}{EA}\mathrm{d}s\\
\delta_{33} &= \int_0^{s/2}\frac{M_3^2}{EI}\mathrm{d}s+\int_0^{s/2}\frac{N_3^2}{EA}\mathrm{d}s=\int_0^{s/2}\frac{x^2}{EI}\mathrm{d}s+\int_0^{s/2}\frac{\sin^2\varphi}{EA}\mathrm{d}s\\
\Delta_{1P} &= \int_0^{s/2}\frac{M_1M_P}{EI}\mathrm{d}s+\int_0^{s/2}\frac{N_1N_P}{EA}\mathrm{d}s=\int_0^{s/2}\frac{M_P}{EI}\mathrm{d}s\\
\Delta_{2P} &= \int_0^{s/2}\frac{M_2M_P}{EI}\mathrm{d}s+\int_0^{s/2}\frac{N_2N_P}{EA}\mathrm{d}s=\int_0^{s/2}\frac{yM_P}{EI}\mathrm{d}s+\int_0^{s/2}\frac{N_P\cos\varphi}{EA}\mathrm{d}s\\
\Delta_{3P} &= \int_0^{s/2}\frac{M_3M_P}{EI}\mathrm{d}s+\int_0^{s/2}\frac{N_3N_P}{EA}\mathrm{d}s=-\int_0^{s/2}\frac{xM_P}{EI}\mathrm{d}s+\int_0^{s/2}\frac{N_P\sin\varphi}{EA}\mathrm{d}s
\end{aligned}\right\}\quad(5-3-21)$$

5.3.5　算例

1. 基本资料

隧道及衬砌结构断面如图 5-3-8 所示，围岩级别为Ⅱ级，仅有围岩垂直均布压力作用在拱圈上。围岩弹性抗力系数 $K=1.25\times10^6\mathrm{kN/m^3}$，围岩重度 $\gamma=26\mathrm{kN/m^3}$。

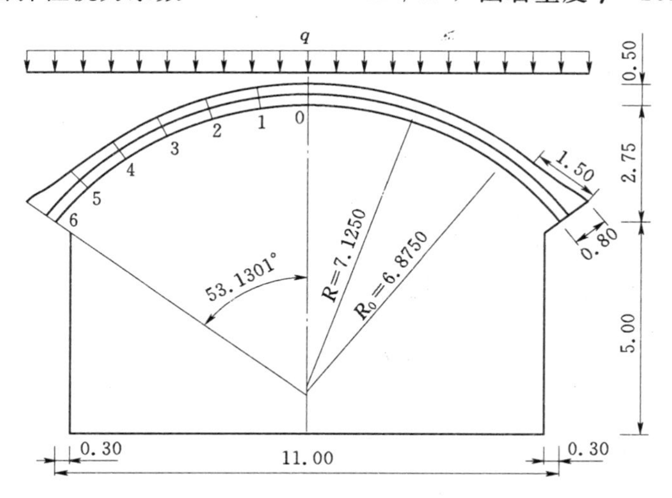

图 5-3-8　衬砌结构断面及拱圈几何尺寸（单位：m）

拱圈用 C20 混凝土，弹性模量 $E=2.6\times10^7\mathrm{kPa}$，计算强度 $R_a=1.1\times10^4\mathrm{kPa}$、$R_l=1.3\times10^3\mathrm{kPa}$，混凝土重度 $\gamma_h=23\mathrm{kN/m^3}$。

2. 计算衬砌几何尺寸

当 $l_0=11.00\mathrm{m}$ 时，初拟矢高 $f_0=2.75\mathrm{m}$，拱顶厚度 $d_0=0.50\mathrm{m}$，拱脚局部加大的厚

度 $d_n=0.80\mathrm{m}$（图 5－3－8）。

拱圈内缘半径为

$$R_0=\frac{l_0^2}{8f_0}+\frac{f_0}{2}=\frac{11.00^2}{8\times2.75}+\frac{2.75}{2}=6.8750(\mathrm{m})$$

拱轴半径为

$$R=R_0+\frac{d_0}{2}=6.8750+\frac{0.50}{2}=7.1250(\mathrm{m})$$

拱脚截面与竖直线间的夹角为

$$\cos\varphi_n=\frac{R_0-f_0}{R_0}=\frac{6.8750-2.7500}{6.8750}=0.6000$$

故而，有

$$\varphi_n=53.1301^\circ$$

$$\sin\varphi_n=\frac{l_0}{2R_0}=\frac{11.0000}{2\times6.8750}=0.8000$$

拱轴跨度：

$$l=2R\sin\varphi_n=2\times7.1250\times0.8000=11.4000(\mathrm{m})$$

拱轴矢高：

$$f=f_0+\frac{d_0}{2}-\frac{d_0}{2}\cos\varphi_n=2.7500+0.2500-0.2500\times0.6000=2.8500(\mathrm{m})$$

此处拱脚截面厚度，应为未加大时的厚度，即 $d_n=d_0=0.5000\mathrm{m}$。

3. 荷载计算

围岩垂直均布压力为

$$q_1=0.45\times2^{s-1}\gamma\omega$$

式中　s——围岩级别，此处 $s=2$；

γ——围岩重度，$\gamma=\mathrm{kN/m^3}$；

ω——跨度影响系数，$\omega=1+i(l_\mathrm{m}-5)$，毛洞跨度 $l_\mathrm{m}=11.0000+2(d_n+0.10)\cos\varphi_n=11.0000+2\times(0.80+0.10)\times0.6000=12.0800\mathrm{m}$，其中 0.10m 为一侧平均超挖量，$l_\mathrm{m}=5\sim15\mathrm{m}$ 时，$i=0.1$，此处 $\omega=1+0.1\times(12.0800-5)=1.7080$。

所以，有

$$q_1=0.45\times2^{2-1}\times26\times1.708=39.967(\mathrm{kPa})$$

衬砌自重为

$$q_2=\gamma_\mathrm{h}d_0=23\times0.5000=11.500(\mathrm{kPa})$$

回填材料自重（考虑超挖 0.1m，用浆砌块石回填，浆砌块石重度 $\gamma_k=23\mathrm{kN/m^3}$）为 $q_3=\gamma_k d_0=23\times0.1=2.300(\mathrm{kPa})$。

则全部垂直均布荷载为

$$q=q_1+q_2+q_3=39.967+11.5000+2.300=53.767(\mathrm{kPa})$$

4. 计算单位位移（不考虑拱脚截面加大的影响）

用辛普生法近似计算，其计算原理见相关文献。

$$\varphi_n = 53.1301° = \frac{\pi}{180°} \times 53.1301° = 0.9273(\text{rad})$$

$$\frac{f}{l} = \frac{2.8500}{11.4000} = \frac{1}{4}$$

可不计轴力影响。

半拱轴线弧长为

$$S = \varphi_n R = 0.9273 \times 7.1250 = 6.6070(\text{m})$$

将轴线分成 6 段（图 5-3-8），每段长为

$$\Delta S = \frac{S}{n} = \frac{6.6070}{6} = 1.1012(\text{m})$$

单位位移的计算过程列于表 5-3-1 中。

表 5-3-1　　单位位移计算表

截面	φ_i	$\cos\varphi_i$	$1-\cos\varphi_i$	$y_i = R(1-\cos\varphi_i)$	y_i^2	$(1+y_i)^2$	积分系数 1/3
0	0°	1	0	0	0	1	1
1	8.8550°	0.9881	0.0119	0.0848	0.0072	1.1768	4
2	17.7100°	0.9526	0.0474	0.3377	0.1140	1.7894	2
3	26.5651°	0.8944	0.1056	0.7524	0.5661	3.0709	4
4	35.4201°	0.8149	0.1851	1.3188	1.7392	5.3768	2
5	44.2751°	0.7160	0.2840	2.0235	4.0946	9.1416	4
6	53.1301°	0.6000	0.4000	2.8500	8.1225	14.8225	1
			Σ=	5.8686	10.1668	27.9040	

由下列近似公式计算得到

$$\delta_{11} = \int_0^s \frac{1}{EI} dS \approx \frac{\Delta S}{EI_0} n = 1.1012 \times 6 \frac{1}{EI_0} = 6.6072 \frac{1}{EI_0}$$

$$\delta_{12} = \delta_{12} = \int_0^s \frac{y}{EI} dS \approx \frac{\Delta S}{EI_0} \sum y_i = \frac{1.1012}{EI_0} \times 5.8686 = 6.4625 \frac{1}{EI_0}$$

$$\delta_{22} = \int_0^s \frac{y^2}{EI} dS \approx \frac{\Delta S}{EI_0} \sum y_i^2 = \frac{1.1012}{EI_0} \times 10.1668 = 11.195\dot{7} \frac{1}{EI_0}$$

5. 计算载位移（不考虑拱脚截面加大的影响）

荷载作用下，基本结构的各截面弯矩及轴力，按下式计算，即

$$M_{iP}^0 = -\frac{1}{2} q (R\sin\varphi_i)^2 = -\frac{1}{2} q (7.1250^2 \sin^2\varphi_i) = -25.3828 q \sin^2\varphi_i$$

$$N_{iP}^0 = q x \sin\varphi_i = q R \sin^2\varphi_i = 7.1250 q \sin^2\varphi_i$$

荷载位移的计算过程列于表 5-3-2 中。

表5-3-2　荷载位移计算表

截面	φ_i	$\sin\varphi_i$	$\sin^2\varphi_i$	$y_i=R(1-\cos\varphi_i)$	N_{iP}^0 (q)	M_{iP}^0 (q)	$M_{iP}^0 y_i$ (q)	$N_{iP}^0(1+y_i)$ (q)	积分系数 1/3
0	0°	0	0	0	0	0	0	0	1
1	8.8550°	0.1539	0.0237	0.0848	0.1689	−0.6016	−0.0510	−0.6526	4
2	17.7100°	0.3042	0.0925	0.3377	0.6591	−2.3479	−0.7929	−3.1408	2
3	26.5651°	0.4472	0.2000	0.7524	1.4250	−5.0766	−3.8196	−8.89	4
4	35.4201°	0.5796	0.3359	1.3188	2.3933	−8.5261	−11.2442	−19.7703	2
5	44.2751°	0.6981	0.4873	2.0235	3.4720	−12.3690	−25.0287	−37.3977	4
6	53.1301°	0.8000	0.6400	2.8500	4.5600	−16.2450	−46.2983	−62.5433	1
					$\Sigma=$	−36.7273	−61.9899	−98.7172	

注　$M_{iP}^0=-25.3828q\sin^2\varphi_i$；$N_{iP}^0=7.1250q\sin^2\varphi_i$。

由下列公式计算得到

$$\Delta_{1P}=\int_0^s \frac{M_P}{EI}\mathrm{d}S\approx\frac{\Delta S}{EI_0}\sum M_{iP}^0=-\frac{1.1012}{EI_0}\times 36.7273q=-40.4441\frac{q}{EI_0}$$

$$\Delta_{2P}=\int_0^s \frac{yM_P}{EI}\mathrm{d}S\approx\frac{\Delta S}{EI_0}\sum M_{iP}^0 y_i=-\frac{1.1012}{EI_0}\times 61.9899q=-68.2633\frac{q}{EI_0}$$

6. 计算拱脚弹性固定系数（考虑拱脚截面加大的影响）

荷载作用下，基本结构拱脚处的弯矩及轴力分别为

$$M_P^0=-\frac{1}{8}ql^2=-\frac{1}{8}q\times 11.4000^2=-16.2450q$$

$$N_P^0=-\frac{1}{2}ql\sin\varphi_n=\frac{1}{2}q\times 11.4000\times 0.8=4.5600q$$

拱顶和拱脚截面的惯性矩为

$$I_0=\frac{1}{12}d_0^3=\frac{1}{12}\times 0.50^3=0.01042(\mathrm{m}^4)$$

$$I_n=\frac{1}{12}d_n^3=\frac{1}{12}\times 0.8^3=0.04267(\mathrm{m}^4)$$

$$I_n=\frac{0.04267}{0.01042}I_0=4.0950I_0$$

由拱脚弹性固定系数的有关公式得

$$\beta_1=\frac{1}{KI_n}=\frac{E}{4.0950I_0KE}=\frac{2.6\times 10^7}{4.0950\times 1.25\times 10^6 EI_0}=5.0794\frac{1}{EI_0}$$

$$u_1=\beta_2=0$$

$$u_2=\frac{\cos^2\varphi_n}{Kd_n}=\frac{EI_0\cos^2\varphi_n}{Kd_nEI_0}=\frac{2.6\times 10^7\times 0.01042\times 0.6^2}{1.25\times 10^6\times 0.8EI_0}=0.0975\frac{1}{EI_0}$$

$$\beta_P=M_P^0\beta_1=-16.2450\times 5.0794\frac{q}{EI_0}=-82.5149\frac{q}{EI_0}$$

$$u_P=\frac{N_P^0\cos\varphi_n}{Kd_n}=N_P^0\frac{u_2}{\cos\varphi_n}=4.5600\times\frac{0.0975q}{0.6EI_0}=0.7410\frac{q}{EI_0}$$

7. 计算拱顶截面未知力

由相关公式计算得（以下各数均需乘以$\frac{1}{EI_0}$）

$a_{11}=\delta_{11}+\beta_1=6.6072+5.0794=11.6866$

$a_{12}=a_{21}=\delta_{12}+\beta_2+f\beta_1=6.4625+2.85\times5.0794=20.9388$

$a_{22}=\delta_{22}+u_2+2f\beta_2+f^2\beta_1=11.1957+0.0975+2.85^2\times5.0794=52.5506$

$a_{10}=\Delta_{1P}+\beta_P=-(40.4441+82.5149)q=-122.9590q$

$a_{20}=\Delta_{2P}+f\beta_P+u_P=-(68.2633+2.85\times82.5149-0.7410)q=-302.6898q$

将上值代入方程组，有

$$a_{11}X_1+a_{12}X_2+a_{10}=0$$

$$a_{21}X_1+a_{22}X_2+a_{20}=0$$

得

$$11.6866X_1+20.9388X_2-122.9590q=0$$

$$20.9388X_1+52.5506X_2-302.6898q=0$$

解联立方程组，得拱顶截面的未知力为

$$X_1=\frac{a_{20}a_{12}-a_{10}a_{22}}{a_{11}a_{22}-a_{12}^2}=\frac{-302.6898\times20.9388-(-122.9590)\times52.5506}{11.6866\times52.5506-(20.9388)^2}q=0.7035q$$

$$X_2=\frac{a_{10}a_{12}-a_{20}a_{11}}{a_{11}a_{22}-a_{12}^2}=\frac{-122.9590\times20.9388-(-302.6898)\times11.6866}{11.6866\times52.5506-(20.9388)^2}q=5.4797q$$

8. 各截面内力计算

各截面的弯矩和轴力分别为

$$M_i=X_1+X_2y_i+M_{iP}^0$$

$$N_i=X_2\cos\varphi_i+N_{iP}^0$$

式中：

$$M_{iP}^0=-25.3828q\sin^2\varphi_i，N_{iP}^0=7.1250q\sin^2\varphi_i$$

各截面计算结果见表5-3-3，拱圈各截面内力如图5-3-9所示。

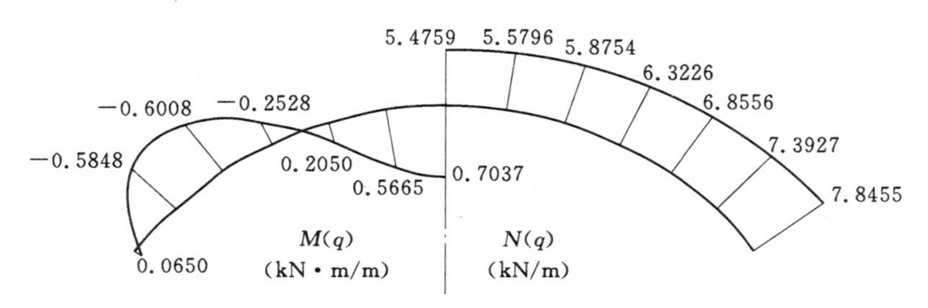

图5-3-9 衬砌结构内力图

表 5-3-3 各截面内力计算表

截面	φ_i	$\sin\varphi_i$	$\sin^2\varphi_i$	$N_{iP}^0(q)$	$M_{iP}^0(q)$	$\cos\varphi_i$	$1-\cos\varphi_i$
0	0°	0	0	0	0	1	0
1	8.8550°	0.1539	0.0237	0.1689	−0.6016	0.9881	0.0119
2	17.7100°	0.3042	0.0925	0.6591	−2.3479	0.9526	0.0474
3	26.5651°	0.4472	0.2000	1.4250	−5.0766	0.8944	0.1056
4	35.4201°	0.5796	0.3359	2.3933	−8.5261	0.8149	0.1851
5	44.2751°	0.6981	0.4873	3.4720	−12.3690	0.7160	0.2840
6	53.1301°	0.8000	0.6400	4.5600	−16.2450	0.6000	0.4000
截面	$y_i=R(1-\cos\varphi_i)/\text{m}$	$X_2y_i(q)$	$X_2\cos\varphi_i(q)$	$X_1(q)$	$M(q)$	$N(q)$	e/m
0	0	0	5.4759	0.7037	0.7037	5.4759	0.1285
1	0.0848	0.4644	5.4107	0.7037	0.5665	5.5796	0.1015
2	0.3377	1.8492	5.2163	0.7037	0.2050	5.8754	0.0349
3	0.7524	4.1201	4.8976	0.7037	−0.2528	6.3226	−0.0400
4	1.3188	7.2216	4.4623	0.7037	−0.6008	6.8556	−0.0876
5	2.0235	11.0805	3.9207	0.7037	−0.5848	7.3927	−0.0791
6	2.8500	15.6063	3.2855	0.7037	0.0650	7.8455	0.0083

5.4 直墙拱形衬砌结构

直墙拱形衬砌结构一般由拱圈、竖直侧墙和底板组成，其主要受力构件是拱圈和侧墙，它们整体连接，而墙底支承在基岩上。结构应与围岩紧密相贴，衬砌与岩壁间的超挖部分应密实回填，回填方式有干砌块石、浆砌块石及混凝土回填等，一般根据工程要求、地质状况而确定。

一般采用直墙拱形结构形式的情况较多，其具有整体性和受力性能比较好，且拱圈与边墙紧贴岩壁，能有效阻止围岩继续风化和塌落等优点。但也存在防水防潮较为困难、不易检修、超挖回填工作量大等缺点。

5.4.1 计算模型

直墙拱形结构是由拱圈和侧墙共同承受外荷载作用，而底板一般不是受力构件。另外，由于拱圈与边墙紧贴岩壁，因此围岩对其有弹性抗力作用。所以，在进行衬砌结构的计算分析时，除考虑主动荷载外，还应计算拱圈和边墙处弹性抗力的作用。

1. 基本假定

(1) 直墙拱结构是一个空间结构，但其纵向长度远大于其跨度，且其断面形状、荷载大小与分布及支承条件一般沿纵向不变，因此可按平面应变问题处理，即沿纵长方向取单位宽度拱带来进行计算。

(2) 在分析直墙拱形衬砌结构时，将拱圈和直墙分开考虑，即认为拱圈是一个拱脚弹性固定的无铰拱，拱圈弹性抗力假设为二次抛物线分布；边墙视为竖放的弹性地基梁，全部抗力按局部变形理论确定。但须考虑拱圈与侧墙的相互制约。

(3) 墙顶和拱脚弹性固结，墙脚与基岩间有较大的摩擦力，不产生水平位移，因此，边墙在基岩上的作用可视为刚性体，以一水平刚性链杆代替。

(4) 实际工程中底板和侧墙通常是分别浇筑的，计算中不予考虑。

2. 计算简图

根据以上假定，直墙拱形结构的计算简图如图 5-4-1 所示。拱圈的弹性抗力 σ_i 一般假设为

$$\sigma_i=\frac{\cos^2\varphi_b-\cos^2\varphi_i}{\cos^2\varphi_b-\cos^2\varphi_h}\sigma_h \tag{5-4-1}$$

式中 σ_h——拱脚处的弹性抗力，根据温克尔假设，有

$$\sigma_h=Ku_h\sin\varphi_h \tag{5-4-2}$$

式中 u_h——拱脚处总的水平位移；

φ_h——通常定为 45°。

其中，φ_h、u_h 均为未知量。

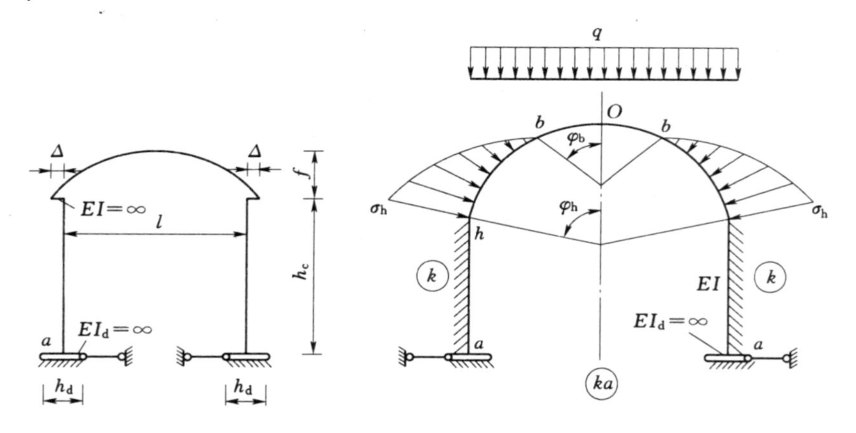

图 5-4-1 直墙拱形结构计算简图

5.4.2 直墙拱形结构的内力计算

5.4.2.1 拱圈内力的计算

这里只讨论对称结构。将拱顶切开作为基本结构，仍然采用力法求解，因对称，$X_3=0$，多余未知力只有弯矩 X_1 和轴力 X_2。此时，基本结构简化为一固定在弹性边墙上的悬臂曲梁。

由拱顶截面相对转角和相对水平位移为零的条件，可列出对称条件下拱圈的力法方程为

$$\left.\begin{aligned}X_1\delta_{11}+X_2\delta_{12}+\Delta_{1P}+\Delta_{1\sigma}+2\beta_0=0\\X_1\delta_{21}+X_2\delta_{22}+\Delta_{2P}+\Delta_{2\sigma}+2u_0+2f\beta_0=0\end{aligned}\right\} \tag{5-4-3}$$

式中 $\Delta_{i\sigma}$——拱圈上弹性抗力引起的拱顶荷载变位；

β_0，u_0——拱脚总弹性转角和总水平位移；

其余符号含义同前。

由于拱脚的角位移和水平位移应等于墙顶的角位移和水平位移，因此，拱脚总转角 β_0 和总水平位移 u_0 可表示为

$$\left.\begin{aligned}\beta_0 &= x_1\beta_1 + x_2(\beta_2 + f\beta_1) + (M_{nP} + M_{n\sigma})\beta_1 \\ &\quad + (Q_{nP} + Q_{n\sigma})\beta_2 + (V_{nP} + V_{n\sigma} + V_c)\beta_3 + \beta_{ne} \\ u_0 &= x_1 u_1 + x_2(u_2 + f u_1) + (M_{nP} + M_{n\sigma})u_1 \\ &\quad + (Q_{nP} + Q_{n\sigma})u_2 + (V_{nP} + V_{n\sigma} + V_c)u_3 + u_{ne}\end{aligned}\right\} \tag{5-4-4}$$

式中 M_{nP}，Q_{nP}，V_{nP}——基本结构中左半拱上的荷载引起的墙顶弯矩、水平力和竖向力；

$M_{n\sigma}$，$Q_{n\sigma}$，$V_{n\sigma}$——基本结构中左半拱上的弹性抗力引起的墙顶弯矩、水平力和竖向力；

β_1，u_1——墙顶在单位力矩作用下发生的墙顶的角变和水平位移；

β_2，u_2——墙顶在单位水平力作用下发生的墙顶的角变和水平位移；

β_3，u_3——墙顶在单位竖向力作用下发生的墙顶的角变和水平位移；

β_{ne}，u_{ne}——梯形分布的水平力 e 引起墙顶的角变和水平位移，即墙顶的荷载变位；

V_c——边墙自重，但不包括下端加宽的一段。

将式（5-4-4）代入式（5-4-3），经整理可得

$$\left.\begin{aligned}a_{11}X_1 + a_{12}X_2 + a_{1P} = 0 \\ a_{21}X_1 + a_{22}X_2 + a_{2P} = 0\end{aligned}\right\} \tag{5-4-5}$$

式中 $a_{11} = \delta_{11} + 2\beta_1$

$a_{12} = a_{21} = \delta_{12} + 2(\beta_2 + f\beta_1)$

$a_{22} = \delta_{22} + 2u_2 + 4f\beta_2 + 2f^2\beta_1$

$a_{1P} = \Delta_{1P} + \Delta_{1\sigma} + 2(M_{nP} + M_{n\sigma})\beta_1 + 2(Q_{nP} + Q_{n\sigma})\beta_2 + 2(V_{nP} + V_{n\sigma} + V_c)\beta_3 + 2\beta_{ne}$

$a_{2P} = \Delta_{2P} + \Delta_{2\sigma} + 2(M_{nP} + M_{n\sigma})u_1 + 2(Q_{nP} + Q_{n\sigma})u_2 + 2(V_{nP} + V_{n\sigma} + V_c)u_3 + 2u_{ne}$
$\quad + 2f(M_{nP} + M_{n\sigma})\beta_1 + 2f(Q_{nP} + Q_{n\sigma})\beta_2 + 2f(V_{nP} + V_{n\sigma} + V_c)\beta_3 + 2f\beta_{ne}$

求解方程（5-4-5），可得到拱顶截面处的多余未知力为

$$x_1 = \frac{\begin{vmatrix} a_{12} & a_{1P} \\ a_{22} & a_{2P} \end{vmatrix}}{\begin{vmatrix} a_{11} & a_{12} \\ a_{21} & a_{22} \end{vmatrix}} \quad x_2 = \frac{\begin{vmatrix} a_{1P} & a_{11} \\ a_{2P} & a_{21} \end{vmatrix}}{\begin{vmatrix} a_{11} & a_{12} \\ a_{21} & a_{22} \end{vmatrix}} \tag{5-4-6}$$

5.4.2.2 最大抗力 σ_h

根据温克尔假定，由图5-4-1可见，对于 h 点位移和弹性最大抗力 σ_h，可表示为

$$\sigma_h = K u_h \sin\varphi_h \tag{5-4-7}$$

由

$$u_h = u_{hP} + \sigma_h u_{h\sigma} \tag{5-4-8}$$

代入式（5-4-7），可得

$$\sigma_h = \frac{K u_{hP}\sin\varphi_h}{1 - K u_{h\sigma}\sin\varphi_h} \tag{5-4-9}$$

式中 u_{hP}，$u_{h\sigma}$——在外荷载和单位抗力 $\sigma_h = 1$ 作用下 h 点的水平位移。

实际上，由于拱脚和边墙弹性固结，故 h 点的位移就等于边墙顶点处的位移。

5.4.2.3 墙顶单位变位和荷载变位的计算

根据弹性地基梁理论，边墙可分为短梁、长梁和刚性梁3种形式，因此，边墙顶端处的位移可按不同梁形式的计算公式进行计算。

1. 边墙为短梁时

如图5-4-2所示，当墙顶作用一单位弯矩 $M_h=1$ 时，墙顶的转角及水平位移分别为

$$\left.\begin{aligned}\beta_1&=\frac{4a^3(\varphi_{11}+\varphi_{12}A)}{k(\varphi_9+\varphi_{10}A)}\\u_1&=\frac{2a^2(\varphi_{13}+\varphi_{11}A)}{k(\varphi_9+\varphi_{10}A)}\end{aligned}\right\}\tag{5-4-10}$$

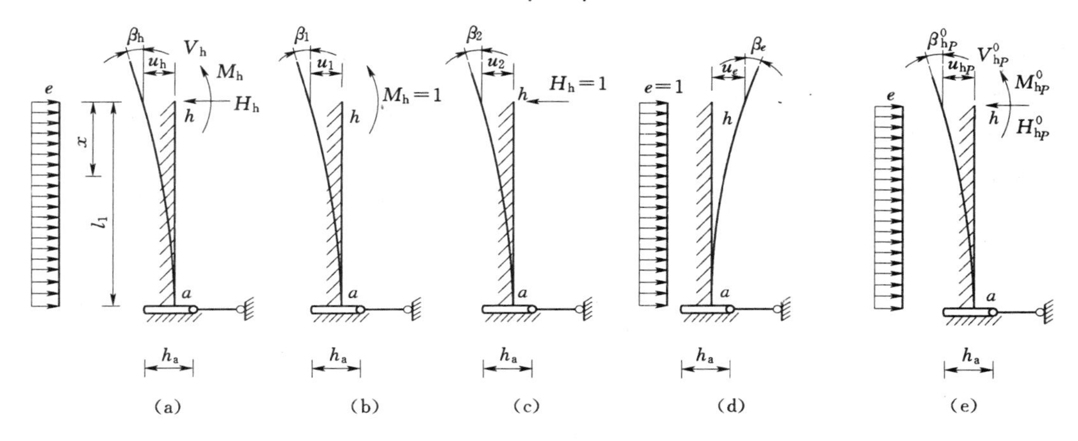

图5-4-2 边墙顶端的位移计算

当墙顶作用单位水平力 $H_h=1$ 时，有

$$\left.\begin{aligned}\beta_2&=u_1=\frac{2a^2(\varphi_{13}+\varphi_{11}A)}{k(\varphi_9+\varphi_{10}A)}\\u_2&=\frac{2a(\varphi_{10}+\varphi_{13}A)}{k(\varphi_9+\varphi_{10}A)}\end{aligned}\right\}\tag{5-4-11}$$

当主动侧压力 $e=1$ 时，有

$$\left.\begin{aligned}\beta_e&=-\frac{a(\varphi_4+\varphi_3A)}{k(\varphi_9+\varphi_{10}A)}\\u_e&=-\frac{\varphi_{14}+\varphi_{15}A}{k(\varphi_9+\varphi_{10}A)}\end{aligned}\right\}\tag{5-4-12}$$

式中 φ_3，φ_4，$\varphi_9\sim\varphi_{15}$——双曲函数。

其中

$$A=\frac{k}{2k_aI_aa^3}=\frac{6}{h_a^3a^3n}\tag{5-4-13}$$

式中 k_a——墙脚围岩的弹性抗力系数。

2. 边墙为长梁时

当边墙满足长梁的条件时，梁跨间无集中荷载作用时，墙顶力对墙脚的影响可忽略不计，而墙脚力对边墙顶的影响也可忽略不计，故公式可大为简化，求得墙顶位移为

$$\left.\begin{aligned}\beta_1&=\frac{4a^3}{k}\\u_1=\beta_2&=\frac{2a^3}{k}\\u_2&=\frac{2a}{k}\\\beta_e&=-\frac{a}{k}\frac{\varphi_{14}+\varphi_{15}A}{\varphi_9+\varphi_{10}A}\\u_e&=-\frac{1}{k}\frac{\varphi_{14}+\varphi_{15}A}{\varphi_9+\varphi_{10}A}\end{aligned}\right\}\tag{5-4-14}$$

3. 边墙为刚性梁时

如果边墙为刚性地基梁，刚性梁受力后不会发生弹性变形，只有刚体位移。边墙在外力作用下，仅产生竖向下沉和转角β，不产生水平位移。当边墙向围岩方向侧转时，围岩将对边墙产生弹性抗力，其分布图式为一三角形，如图5-4-3所示。根据弹性地基梁理论中的刚性梁计算公式，可得到墙顶位移为

$$\left.\begin{aligned}\beta_1&=\frac{\beta_a}{G}\\u_1=\beta_2&=\frac{h\beta_a}{G}\\u_2&=\frac{h^2\beta_a}{G}\\\beta_e&=-\frac{h^2\beta_a}{G}\left(\frac{e}{2}+\frac{\Delta e}{6}\right)\\u_e&=-\frac{h^3\beta_a}{G}\left(\frac{e}{2}+\frac{\Delta e}{6}\right)\end{aligned}\right\}\tag{5-4-15}$$

式中，$\beta_a=\frac{12}{k_a b^3}$；$G=1+\frac{1}{3}\beta_a kh^3$；其余符号含义同前。

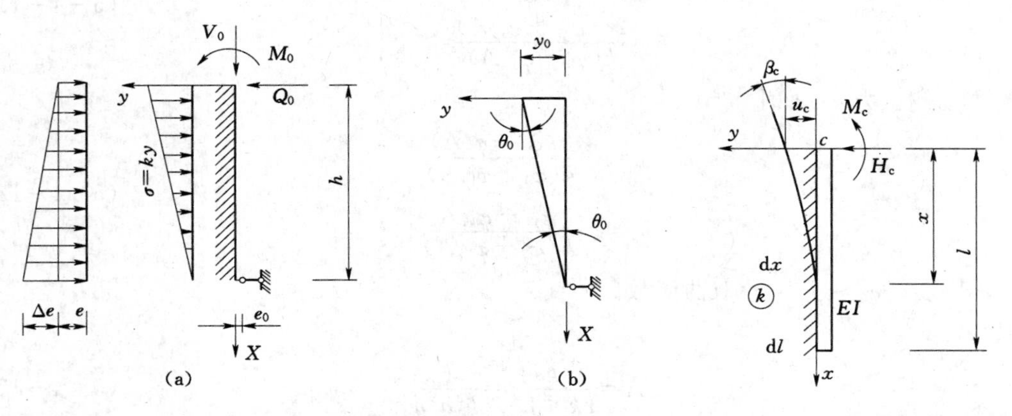

图5-4-3 刚性地基梁的位移　　图5-4-4 边墙的内力计算简图

5.4.2.4 边墙内力的计算

求得边墙顶点处的内力及位移M_c、H_c、β_c、u_c，则可利用弹性地基梁的初参数法，写出边墙的内力和位移。如图5-4-4所示，距墙顶c点x处截面上的位移，对于短

梁，有

$$\left.\begin{aligned}
M_x&=-u_c\frac{k}{2a^2}\varphi_3+\beta_c\frac{k}{4a^3}\varphi_4+M_c\varphi_1+H_c\frac{1}{2a}\varphi_2-\frac{e}{2a^3}\varphi_3-\frac{\Delta e}{4a^3h_c}\varphi_4\\
H_x&=-u_c\frac{k}{2a}\varphi_2+\beta_c\frac{k}{2a^2}\varphi_3-M_ca\varphi_4+Q_c\varphi_1-\frac{e}{2a}\varphi_2-\frac{\Delta e}{2a^2h_c}\varphi_3\\
u_x&=u_c\varphi_1-\beta_c\frac{1}{2a}\varphi_2+M_c\frac{2a^2}{k}\varphi_3+H_c\frac{a}{k}\varphi_4-\frac{e}{k}(1-\varphi_1)-\frac{\Delta e}{kh_c}\left(x-\frac{1}{2a}\varphi_2\right)\\
\beta_x&=y_ca\varphi_4+\beta_c\varphi_1-M_c\frac{2a^3}{k}\varphi_2-H_c\frac{2a^2}{k}\varphi_3+\frac{\Delta e}{k}\varphi_4+\frac{\Delta e}{kh_c}(1-\varphi_1)
\end{aligned}\right\}\tag{5-4-16}$$

边墙为长梁时，有

$$\left.\begin{aligned}
M_x&=N_c\varphi_7+H_c\frac{1}{a}\varphi_8\\
H_x&=-2M_ca\varphi_8+H_c\varphi_5\\
u_x&=M_c\frac{2a^2}{k}\varphi_5+H_c\frac{2a}{k}\varphi_6+\frac{1}{k}\left(e+\frac{x}{l_1}\Delta e\right)\\
\beta_x&=M_c\frac{4a^3}{k}\varphi_6+H_c\frac{2a^2}{k}\varphi_7-\frac{\Delta e}{kl_1}
\end{aligned}\right\}\tag{5-4-17}$$

对于刚性梁，有

$$\left.\begin{aligned}
M_x&=-u_c\frac{k}{2}x^2+\beta_c\frac{k}{6}x^3+M_c+H_cx+\frac{ex^2}{2}+\frac{\Delta e}{6l_1}x^3-M\{x-a_M\}^0+P\{x-a_P\}\\
H_x&=-u_ckx+\beta_c\frac{k}{2}x^2+H_c+ex+\frac{\Delta e}{2l_1}x^2+P\{x-a_P\}^0\\
y_x&=u_c-\beta_0x\\
\beta_x&=\beta_c
\end{aligned}\right\}\tag{5-4-18}$$

式中，$\{x-a_M\}^0$，$\{x-a_P\}$ 取正时存在，取负时舍去，其 a_M、a_P 分别为集中力偶 M 及集中力 P 作用点的坐标。

上述诸多公式中，涉及的双曲函数定义如下，即

$\varphi_1(x)=\mathrm{ch}ax\cos ax$

$\varphi_2(x)=\mathrm{ch}ax\sin ax+\mathrm{sh}ax\cos ax$

$\varphi_3(x)=\mathrm{sh}ax\sin ax$

$\varphi_4(x)=\mathrm{ch}ax\sin ax-\mathrm{sh}ax\cos ax$

$\varphi_5(x)=\mathrm{e}^{-ax}(\cos ax-\sin ax)$

$\varphi_6(x)=\mathrm{e}^{-ax}\cos ax$

$\varphi_7(x)=\mathrm{e}^{-ax}(\cos ax+\sin ax)$

$\varphi_8(x)=\mathrm{e}^{-ax}\sin ax$

$\varphi_9(x)=\frac{1}{2}(\mathrm{ch}^2ax+\cos^2ax)$

$\varphi_{10}(x)=\frac{1}{2}(\mathrm{ch}ax\,\mathrm{sh}ax-\sin ax\cos ax)$

$$\varphi_{11}(x)=\frac{1}{2}(\mathrm{sh}ax\mathrm{ch}ax+\sin ax\cos ax)$$

$$\varphi_{12}(x)=\frac{1}{2}(\mathrm{ch}^2ax-\sin^2ax)$$

$$\varphi_{13}(x)=\frac{1}{2}(\mathrm{sh}^2ax+\sin^2ax)$$

$$\varphi_{14}(x)=\frac{1}{2}(\mathrm{sh}ax-\cos ax)^2$$

$$\varphi_{15}(x)=\frac{1}{2}(\mathrm{sh}ax+\sin ax)(\mathrm{ch}ax-\cos ax)$$

5.4.3 算例

1. 基本资料

某一级公路隧道，衬砌断面如图5-4-5所示。围岩级别为Ⅲ级，围岩重度 $\gamma_s=23\mathrm{kN/m^3}$，围岩弹性抗力系数 $K=0.5\times10^6\mathrm{kN/m^3}$，衬砌材料为C20混凝土，其受压弹性模量 $E_h=2.6\times10^7\mathrm{kPa}$，重度 $\gamma_h=23\mathrm{kN/m^3}$。

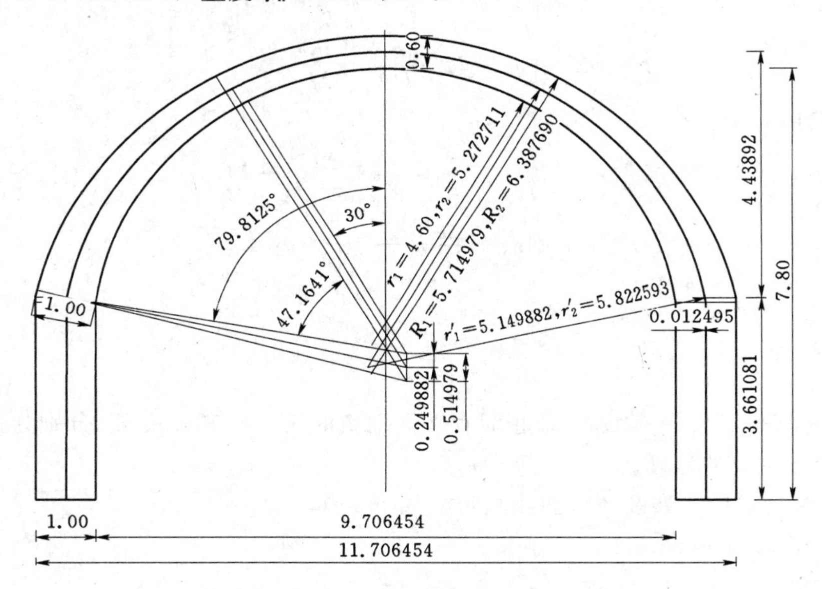

图5-4-5 衬砌结构断面（单位：m）

2. 衬砌断面尺寸的计算

衬砌内轮廓、边墙的厚度以及拱顶、拱脚是事先根据净空和结构的要求，结合设计和使用的经验来确定的。

已知：

拱部内轮廓半径 $r_1=4.60\mathrm{m}$，$r_2=5.272711\mathrm{m}$；

内径 r_1、r_2 所画圆曲线的终点截面与竖直轴的夹角 $\varphi_1=30°$，$\varphi_2=78.8125°$；

衬砌净高 $H=7.80\mathrm{m}$；

衬砌净宽 $B=9.706454\mathrm{m}$；

拱顶截面厚度 $d_0=0.60\text{m}$；

拱脚截面厚度 $d_n=1.00\text{m}$；

边墙截面厚度 $d_w=1.00\text{m}$。

此处拱脚截面为计算拱脚截面，是自拱轴半径 r_2' 的圆心向内轮廓拱脚作连线并延长至与外轮廓相交，其交点到内轮廓拱脚间的连线（与"曲墙式衬砌结构算例"有区别）。在此前提下，有以下三心圆变截面拱圈尺寸计算公式。

外轮廓线与内轮廓线相应圆心的垂直距离为

$$m=\frac{\Delta d(r_2-0.5\Delta d)}{r_2(1-\cos\varphi_2)-\Delta d}$$

其中，$\Delta d=d_n-d_0$

代入数值，计算得到

$$m=0.514979\text{m}$$

外轮廓线半径为

$$R_1=m+r_1+d_0=5.714979\text{m}$$

$$R_2=m+r_2+d_0=6.387690\text{m}$$

拱轴线与内轮廓线相应圆心的垂直距离为

$$m'=\frac{0.5\Delta d(r_2-0.25\Delta d)}{r_2(1-\cos\varphi_2)-0.5\Delta d}=0.249882\text{m}$$

拱轴线半径为

$$r_1'=m'+r_1+0.5d_0=5.149882\text{m}$$

$$r_2'=m'+r_2+0.5d_0=5.822593\text{m}$$

拱轴线各段圆弧中心角为

$$\theta_1=30°,\ \theta_2=47.1641°$$

拱轴矢高为

$$f=4.43892\text{m}$$

边墙计算高度为

$$h=3.66108\text{m}$$

边墙顶面中心与拱脚截面中心的水平距离为

$$\Delta=0.012495\text{m}$$

以上 θ_2、f、h、Δ 由图 5-4-5 量得，也可通过以下相关公式计算得到

$$\sin(\theta_1+\theta_2)=\frac{\frac{B}{2}+a_2}{r_2'-0.5d_n}$$

$$f=r_2'+a_1-r_2'\cos(\theta_1+\theta_2)$$

$$h=H+\frac{d_0}{2}-f$$

$$\Delta=\frac{d_w}{2}-\frac{d_n}{2}\sin(\theta_1+\theta_2)$$

式中 a_1，a_2——圆心 O_1、O_2（或 O_1'、O_2'）的垂直和水平距离。

3. 衬砌内力计算

(1) 主动荷载计算。

1) 围岩垂直均布荷载 q_1 为

$$q_1 = 0.45 \times 2^{s-1} \gamma \omega$$

式中 s——围岩级别，此处 $s=3$；

γ——围岩重度，此处 $\gamma = 23\text{kN/m}^3$；

ω——跨度影响系数，$\omega = 1 + i(l_m - 5)$，毛洞跨度 $l_m = 11.706454 + 2 \times 0.06 = 11.826454(\text{m})$，其中 0.06m 为一侧平均超挖量。$l_m = 5 \sim 15\text{m}$ 时，$i = 0.1$。

所以，有

$$q_1 = 0.45 \times 2^{3-1} \times 23 \times 1.6826454 = 69.66152(\text{kPa})$$

2) 超挖回填层重为

$$q_2 = 0.06 \times 23 = 1.38(\text{kPa})$$

3) 衬砌拱圈自重，近似取平均厚度的自重，有

$$q_3 = \gamma_h \times \frac{d_0 + d_n}{2} = 23 \times \frac{0.60 + 1.00}{2} = 18.4(\text{kPa})$$

4) 围岩水平均布荷载为

$$e = 0.15q = 0.15 \times 69.66152 = 10.44923(\text{kPa})$$

综合以上各项，作用在衬砌的主动荷载有

对于垂直荷载，有

$$q = q_1 + q_2 + q_3 = 69.66152 + 1.38 + 18.4 = 89.44152(\text{kPa})$$

对于水平荷载，有

$$e = 10.44923\text{kPa}$$

(2) 单位位移 δ_{11}、δ_{12}、δ_{22} 的计算。

1) 半拱轴线长度 S 及分段轴长 ΔS。

分段轴线长度为

$$S_1 = \frac{\theta_1}{180°}\pi r_1' = \frac{30°}{180°} \times 3.14 \times 5.149882 = 2.695105(\text{m})$$

$$S_2 = \frac{\theta_2}{180°}\pi r_2' = \frac{47.1641°}{180°} \times 3.14 \times 5.822593 = 4.790547(\text{m})$$

半拱轴线长度为

$$S = S_1 + S_2 = 2.695105 + 4.790547 = 7.485652(\text{m})$$

将半拱轴线等分为 6 段，每段轴长为

$$\Delta S = \frac{S}{6} = \frac{7.485652}{6} = 1.247609(\text{m})$$

2) 拱部各截面与垂直轴夹角 α_i 和截面中心垂直坐标 y_i。

α_i 的计算：

$\alpha_0 = 0°$

$$\alpha_1 = \Delta\theta_1 = \frac{\Delta S}{r_1'} \times \frac{180°}{\pi} = \frac{1.247609}{5.149882} \times \frac{180°}{\pi} = 13.887500°$$

$$\alpha_2=\frac{2\Delta S}{r_1'}\times\frac{180°}{\pi}=\frac{2\times1.247609}{5.149882}\times\frac{180°}{\pi}=27.775000°$$

$$\alpha_3=\theta_1+\frac{180°}{\pi r_2'}(3\Delta S-S_1)=30°+\frac{180°}{\pi}\times\frac{3\times1.247609-2.695105}{5.822593}=40.315077°$$

$$\alpha_4=\theta_1+\frac{180°}{\pi r_2'}(4\Delta S-S_1)=30°+\frac{180°}{\pi}\times\frac{4\times1.247609-2.695105}{5.822593}=52.598091°$$

$$\alpha_5=\theta_1+\frac{180°}{\pi r_2'}(5\Delta S-S_1)=30°+\frac{180°}{\pi}\times\frac{5\times1.247609-2.695105}{5.822593}=64.881104°$$

$$\alpha_6=\theta_1+\frac{180°}{\pi r_2'}(6\Delta S-S_1)=30°+\frac{180°}{\pi}\times\frac{6\times1.247609-2.695105}{5.822593}=77.164117°$$

y_i 的计算：

$y_0=0$

$y_1=r_1'(1-\cos\alpha_1)=5.149882\times(1-\cos13.887500°)=0.150537(\mathrm{m})$

$y_2=r_1'(1-\cos\alpha_2)=5.149882\times(1-\cos27.775000°)=0.593347(\mathrm{m})$

$a_1=(r_2'-r_1')\cos\theta_1=(5.822593-5.149882)\times\cos30°=0.582585(\mathrm{m})$

$y_3=r_1'+a_1-r_2'\cos\alpha_3=5.149882+0.582585-5.822593\cos40.315007°=1.292751(\mathrm{m})$

$y_4=r_1'+a_1-r_2'\cos\alpha_4=5.149882+0.582585-5.822593\cos52.598091°=2.195811(\mathrm{m})$

$y_5=r_1'+a_1-r_2'\cos\alpha_5=5.149882+0.582585-5.822593\cos64.881104°=3.260788(\mathrm{m})$

$y_6=r_1'+a_1-r_2'\cos\alpha_6=5.149882+0.582585-5.822593\cos77.1641°=4.438922(\mathrm{m})$

以后计算中，只取 4 位小数。

3）单位位移 δ_{11}、δ_{12}、δ_{22}。用辛普生法近似计算，按计算列表进行，见表 5-4-1。

表 5-4-1　　单位位移计算表

截面	α	$\sin\alpha$	$\cos\alpha$	y	d	$\frac{1}{I}$	$\frac{y}{I}$	$\frac{y^2}{I}$	$\frac{\cos\alpha}{A}$	$\frac{\cos^2\alpha}{A}$	积分系数 1/3
0	0°	0	1	0	0.6000	55.5556	0	0	1.6667	1.6667	1
1	13.8875°	0.2400	0.9708	0.1505	0.6151	51.5637	7.7603	1.1679	1.5783	1.5322	4
2	27.7750°	0.4660	0.8848	0.5933	0.6595	41.8347	24.8205	14.7260	1.3416	1.1871	2
3	40.3151°	0.6470	0.7625	1.2928	0.7225	31.8176	41.1338	53.1778	1.0554	0.8047	4
4	52.5981°	0.7944	0.6074	2.1958	0.8024	23.2278	51.0037	111.9938	0.7570	0.4598	2
5	64.8811°	0.9054	0.4245	3.2608	0.8967	16.6433	54.2705	176.9653	0.4734	0.2010	4
6	77.1641°	0.9750	0.2222	4.4389	1.0000	12.0000	53.2668	236.4460	0.2222	0.0494	1
					$\Sigma=$	199.2597	205.8579	471.7099		5.0538	

注　1. $I=\frac{bd^3}{12}$，$A=bd$，b 取单位长度。

2. 此例中考虑轴力的影响。

其中，截面厚度 d 由图 5-4-6 量得。

计算单位位移：

$$\delta_{11}=\frac{\Delta S}{E_h}\sum\frac{1}{I}=\frac{1.247609}{2.6\times10^7}\times199.2597=9.5615\times10^{-6}$$

$$\delta_{12}=\frac{\Delta S}{E_h}\sum\frac{y}{I}=\frac{1.247609}{2.6\times10^7}\times205.8579=9.8781\times10^{-6}$$

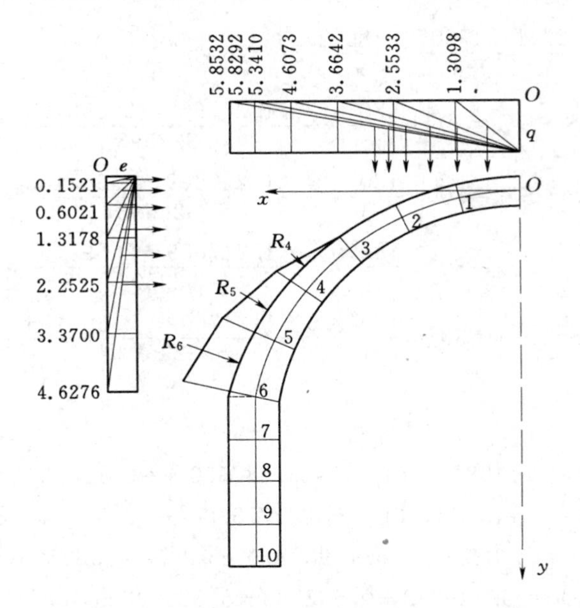

图 5-4-6　衬砌结构计算图（单位：m）

$$\delta_{22}=\frac{\Delta S}{E_h}\left(\sum\frac{y^2}{I}+\sum\frac{\cos^2\alpha}{A}\right)=\frac{1.247609}{2.6\times10^7}\times(471.7099+5.0538)=22.8775\times10^{-6}$$

（3）荷载位移 Δ_{1P}、Δ_{2P} 的计算。

计算结果见表 5-4-2。

表 5-4-2　　荷载位移计算表

截面	b	Q	h	E	a_q	a_e	Qa_q	Ea_e
0	0	0	0	0	0	0	0	0
1	1.3098	117.151	1.521	1.589	0.5811	0.3746	68.076	0.595
2	2.5533	228.371	6.021	6.291	1.1230	0.5928	256.461	3.729
3	3.6642	327.732	13.178	13.770	1.5984	0.9339	523.847	12.860
4	4.6073	412.084	2.2525	23.537	1.9849	1.3699	817.946	32.243
5	5.3410	477.707	3.3701	35.215	2.2648	1.8757	1081.911	66.053
6	5.8292	521.373	4.6276	48.355	2.4261	2.4251	1264.903	117.266

截面	M_P^0	$M_P^0\frac{1}{I}$	$M_P^0\frac{y}{I}$	$Q\sin\alpha$	$E\cos\alpha$	N_P^0	$N_P^0\frac{\cos\alpha}{A}$	积分系数 1/3
0	0	0	0	0	0	0	0	1
1	−68.671	−3540.931	−532.910	28.116	1.543	26.573	41.940	4
2	−260.190	−10884.971	−6458.053	106.421	5.566	100.855	135.307	2
3	−536.707	−17076.729	−22076.795	212.043	10.500	201.543	212.708	4
4	−850.189	−19748.020	−43362.702	327.360	14.296	313.064	236.989	2
5	−1147.964	−19105.909	−62300.548	432.516	14.949	417.567	197.676	4
6	−1382.169	−16585.028	−73623.720	508.339	10.744	497.595	110.566	1
	Σ=	−78915.429	−170968.747				888.151	

故有

$$\Delta_{1P}=\frac{\Delta S}{E_h}\sum\frac{M_P^0}{I}=-\frac{1.247609}{2.6\times10^7}\times78915.429=-3786.754\times10^{-6}$$

$$\Delta_{2P}=\frac{\Delta S}{E_h}\left(\sum\frac{M_P^0 y}{I}+\sum\frac{N_P^0\cos\alpha}{A}\right)=\frac{1.247609}{2.6\times10^7}\times(-170968.747+888.151)=-8161.311\times10^{-6}$$

（4）弹性抗力位移 $\Delta_{1\sigma}$、$\Delta_{2\sigma}$的计算。

假定拱部弹性抗力抛物线的上零点位于拱部外缘与垂直轴约呈45°的第三截面上；最大抗力值在墙顶截面即 $\alpha_h=90°$，其值为 σ_h；第6截面抗力为 $\sigma_6=\sigma_h\cdot\sin\alpha_6$；其余各截面抗力值按式 $\sigma=\sigma_6\dfrac{\cos^2\alpha_3-\cos^2\alpha_i}{\cos^2\alpha_3-\cos^2\alpha_6}$计算。

这样，第3截面抗力为

$$\sigma_3=0$$

第4截面抗力为

$$\begin{aligned}\sigma_4&=\sigma_6\frac{\cos^2\alpha_3-\cos^2\alpha_4}{\cos^2\alpha_3-\cos^2\alpha_6}=\sigma_h\sin\alpha_6\frac{\cos^2\alpha_3-\cos^2\alpha_4}{\cos^2\alpha_3-\cos^2\alpha_6}\\&=\sigma_h\times0.9750\times\frac{0.7625^2-0.6074^2}{0.7625^2-0.2222^2}=0.3894\sigma_h\end{aligned}$$

第5截面抗力为

$$\begin{aligned}\sigma_5&=\sigma_6\frac{\cos^2\alpha_3-\cos^2\alpha_5}{\cos^2\alpha_3-\cos^2\alpha_6}=\sigma_h\sin\alpha_6\frac{\cos^2\alpha_3-\cos^2\alpha_5}{\cos^2\alpha_3-\cos^2\alpha_6}\\&=\sigma_h\times0.9750\times\frac{0.7625^2-0.4245^2}{0.7625^2-0.2222^2}=0.7352\sigma_h\end{aligned}$$

第6截面抗力为

$$\sigma_6=\sigma_h\sin\alpha_6=0.9750\sigma_h$$

各楔块弹性抗力的合力可按以下公式计算，即

$$R_i=\frac{\sigma_{i-1}+\sigma_i}{2}\Delta S_{外}$$

式中　$\Delta S_{外}$——相邻截面外轮廓长度，通过量测截面夹角，用弧长公式进行计算。

为简化计算，忽略弹性抗力引起的摩擦力。R_i 的方向垂直于衬砌外缘，并通过楔块上抗力图形的形心，将 R_i 的方向线延长，使之交于竖直轴。量取夹角 ψ_k，将 R_i 分解为水平与竖直两个分力，即

$$R_H=R_i\sin\psi_k$$

$$R_V=R_i\cos\psi_k$$

弹性抗力作用下，基本结构中的内力为

对于弯矩，有

$$M_{i\sigma}^0=-\sum R_j r_{ji}$$

对于轴力，有

$$N_{i\sigma}^0=\sin\alpha_i\sum R_V-\cos\alpha_i\sum R_H$$

式中　r_{ji}——R_j 到接缝中心点 k_i 的力臂。

计算 $\Delta_{1\sigma}$、$\Delta_{2\sigma}$，有

$$\Delta_{1\sigma}=\frac{\Delta S}{E_{\mathrm{h}}}\sum\frac{M_{\sigma}^{0}}{I}=-\frac{1.247609}{2.6\times10^{7}}\times30.2549\sigma_{\mathrm{h}}=-1.4518\sigma_{\mathrm{h}}\times10^{-6}$$

$$\Delta_{2\sigma}=\frac{\Delta S}{E_{\mathrm{h}}}+\left(\sum\frac{M_{\sigma}^{0}y}{I}+\sum N_{\sigma}^{0}\frac{\cos\alpha}{A}\right)=\frac{1.247609}{2.6\times10^{7}}\times(-109.5299+0.1652)\sigma_{\mathrm{h}}$$

$$=-5.2479\sigma_{\mathrm{h}}\times10^{-6}$$

(5) 墙顶位移计算。

1) 边墙弹性地基梁的弹性特征值为

$$a=\sqrt[4]{\frac{bK}{4EI}}=\sqrt{\frac{1\times0.5\times10^{6}}{4\times2.6\times10^{7}\times\frac{1\times1.0^{3}}{12}}}=0.4901$$

$$ah=0.4901\times3.66108=1.79<2.75$$

故边墙为弹性地基上的短梁。

2) 计算墙顶单位位移，有

$$\beta_{1}=\frac{4a^{3}(\varphi_{11}+\varphi_{12}A)}{K(\varphi_{9}+\varphi_{10}A)}=\frac{4\times0.4901^{3}\times\left(4.3782+4.2650\times\frac{6}{1^{3}\times1.25\times0.4901^{3}}\right)}{0.5\times10^{6}\times\left(4.7650+4.5903\times\frac{6}{1^{3}\times1.25\times0.4901^{3}}\right)}$$

$$=0.8748\times10^{-6}$$

式中，φ_{i} 是以 ah 为自变量的双曲线函数，可查相关列表得到；$A=\frac{K}{2K_{\mathrm{a}}I_{\mathrm{a}}a^{3}}=\frac{6}{h_{\mathrm{a}}^{3}na^{3}}$，$h_{\mathrm{a}}=1.00\mathrm{m}$，$n=1.25$；下同。

$$\beta_{2}=u_{1}=\frac{2a^{2}(\varphi_{13}+\varphi_{11}A)}{K(\varphi_{9}+\varphi_{10}A)}=\frac{2\times0.4901^{2}\times\left(4.7174+4.3782\times\frac{6}{1^{3}\times1.25\times0.4901^{3}}\right)}{0.5\times10^{6}\times\left(4.7650+4.5903\times\frac{6}{1^{3}\times1.25\times0.4901^{3}}\right)}$$

$$=0.9173\times10^{-6}$$

$$u_{2}=\frac{2a(\varphi_{10}+\varphi_{13}A)}{K(\varphi_{9}+\varphi_{10}A)}=\frac{2\times0.4901\times\left(4.5903+4.7174\times\frac{6}{1^{3}\times1.25\times0.4901^{3}}\right)}{0.5\times10^{6}\times\left(4.7650+4.5903\times\frac{6}{1^{3}\times1.25\times0.4901^{3}}\right)}$$

$$=2.0116\times10^{-6}$$

$$\beta_{e}=-\frac{a(\varphi_{4}+\varphi_{3}A)}{K(\varphi_{9}+\varphi_{10}A)}=-\frac{0.4901\times\left(3.6386+2.8413\times\frac{6}{1^{3}\times1.25\times0.4901^{3}}\right)}{0.5\times10^{6}\times\left(4.7650+4.5903\times\frac{6}{1^{3}\times1.25\times0.4901^{3}}\right)}$$

$$=-0.6102\times10^{-6}$$

$$u_{e}=-\frac{(\varphi_{14}+\varphi_{15}A)}{K(\varphi_{9}+\varphi_{10}A)}=-\frac{\left(5.4355+6.4095\times\frac{6}{1^{3}\times1.25\times0.4901^{3}}\right)}{0.5\times10^{6}\times\left(4.7650+4.5903\times\frac{6}{1^{3}\times1.25\times0.4901^{3}}\right)}$$

$$=-2.7799\times10^{-6}$$

3）计算墙顶弯矩 M_Z^0、水平力 H_Z^0 及垂直力 V_Z^0，即

$$M_Z^0=-1382.169-521.373\times0.012495-(5.8532-5.8292)\times89.44152\times$$

$$-10.44923\times\left(\frac{1.00}{2}\times\cos\alpha_6\right)^2\times\frac{1}{2}-2.6604\sigma_h-\sigma_h\times\left(\frac{1.00}{2}\times\cos\alpha_6\right)^2\times\frac{1}{2}$$

$$-2.6604\sigma_h-\sigma_h\times\left(\frac{1.00}{2}\times\cos\alpha_6\right)^2\times\frac{1}{2}$$

$$=-1382.169-6.515-1.048-0.064-2.6604\sigma_h-0.0062\sigma_h$$

$$=-1389.796-2.6666\sigma_h$$

$$H_Z^0=-48.355-10.44923\times\frac{1.00}{2}\times\cos\alpha_6-1.9037\sigma_h-\sigma_h\times\frac{1.00}{2}\times\cos\alpha_6$$

$$=-49.516-2.0148\sigma_h$$

$$V_Z^0=521.373+(5.8532-5.8292)\times89.44152+0.9913\sigma_h$$

$$=523.520+0.9913\sigma_h$$

边墙自重为

$$G=hd_w\gamma_h=3.6618\times1.00\times23=84.205$$

$$V_Z^0+G=523.520+0.9913\sigma_h+84.205=607.725+0.9913\sigma_h$$

4）计算墙顶位移 β_Z、u_Z，即

$$\beta_Z=M_Z^0\beta_1+H_Z^0\beta_2+e\beta_e$$

$$=(-1389.796-2.6666\sigma_h)\times0.8748\times10^{-6}+(-49.516-2.0148\sigma_h)$$

$$\times0.9173\times10^{-6}+10.44923\times(-0.6102)\times10^{-6}$$

$$=(-1267.591-4.1809\sigma_h)\times10^{-6}$$

$$u_Z=M_Z^0u_1+H_Z^0u_2+eu_e$$

$$=(-1389.796-2.6666\sigma_h)\times0.9173\times10^{-6}+(-49.516-2.0148\sigma_h)$$

$$\times2.0116\times10^{-6}+10.44923\times(-2.7799)\times10^{-6}$$

$$=(-1403.514-6.4990\sigma_h)\times10^{-6}$$

（6）求解力法方程。

首先计算各系数：

$$a_{11}=\delta_{11}+\beta_1=(9.5615+0.8748)\times10^{-6}=10.4363\times10^{-6}$$

$$a_{12}=a_{21}=\delta_{12}+\beta_2+f\beta_1$$

$$=(9.8781+0.9173+4.43892\times0.8748)\times10^{-6}$$

$$=14.6786\times10^{-6}$$

$$a_{22}=\delta_{22}+u_2+2f\beta_2+f^2\beta_1$$

$$=(22.8775+2.0116+2\times4.43892\times0.9173+4.43892^2\times0.8748)\times10^{-6}$$

$$=50.2698\times10^{-6}$$

$$a_{10}=\Delta_1+\beta_Z=\Delta_{1P}+\Delta_{1\sigma}+\beta_Z$$

$$=(-3786.754-1.4518\sigma_h-1267.591-4.1809\sigma_h)\times10^{-6}$$

$$=(-5054.345-5.6327\sigma_h)\times10^{-6}$$

$$a_{20}=\Delta_2+u_Z+f\beta_Z=\Delta_{2P}+\Delta_{2\sigma}+u_Z+f\beta_Z$$

$$=[-8161.311-5.2479\sigma_h-1403.514-6.4990\sigma_h+4.43892\times(-1267.591-4.1809\sigma_h)]\times10^{-6}$$
$$=(-15191.560-30.3056\sigma_h)\times10^{-6}$$

求解方程，即

$$X_1=\frac{a_{22}a_{10}-a_{12}a_{20}}{a_{12}^2-a_{11}a_{22}}$$
$$=\frac{50.2698\times(-5054.345-5.6327\sigma_h)-14.6786\times(15191.560-30.3056\sigma_h)}{14.6786^2-10.4363\times50.2698}$$
$$=100.560-0.5230\sigma_h$$

其中，$X_{1P}=100.560$，$X_{1\bar{\sigma}}=-0.5230$

(7) 最大抗力值 σ_h 计算。

墙顶截面总水平位移为

$$u_h=X_1u_1+X_2(u_2+fu_1)+u_Z$$
$$=(100.560-0.5230\sigma_h)\times0.9173\times10^{-6}+(272.837+0.7556\sigma_h)\times(2.0116+4.43892\times0.9173)\times10^{-6}+(-1403.514-6.4990\sigma_h)\times10^{-6}$$
$$=(348.512-2.3821\sigma_h)\times10^{-6}$$

最大抗力值为

$$\sigma_h=Ku_h$$
$$=0.5\times10^6\times(348.512-2.3821\sigma_h)\times10^6$$
$$=174.256-1.1911\sigma_h$$
$$\sigma_h=\frac{174.56}{1+1.1911}=79.529$$

故

$$X_1=100.560-0.5230\times79.529=58.966$$
$$X_2=272.837+0.7556\times79.529=332.929$$

(8) 拱部各截面的弯矩、轴力计算。

拱部截面的弯矩、轴力计算结果见表 5-4-3。

表 5-4-3 拱部内力计算表

截　面	M	N
0	58.966	332.929
1	40.401	349.780
2	−3.697	395.431
3	−47.330	455.401
4	−68.195	517.345
5	−68.080	572.988
6	−56.943	614.796

(9) 边墙内力和弹性抗力的计算。

1）计算作用在墙顶截面的弯矩、水平力及垂直力，即

$$M_k = X_1 + X_2 y_6 + M_Z^0$$
$$= 58.966 + 332.929 \times 4.43892 + (-1389.776 - 2.6666 \times 79.529)$$
$$= -65.037$$
$$H_h = X_2 + H_Z^0$$
$$= 332.929 + (-49.516 - 2.0148 \times 79.529)$$
$$= 123.178$$
$$V_h = v_Z^0 = 523.520 + 0.9913 \times 79.529 = 602.357$$

2）按弹性地基梁公式计算边墙的弯矩、轴力及抗力值，即

$$M_x = -u_h \frac{K}{2\alpha^2}\varphi_3 + \beta_h \frac{K}{4\alpha^3}\varphi_4 + M_h\varphi_1 + H_h \frac{1}{2\alpha}\varphi_2 - \frac{e}{2\alpha^2}\varphi_3 - \frac{\Delta e}{4\alpha^3 h}\varphi_4$$
$$N_x = V_h + x d_w \gamma_h$$
$$\sigma = K u_x = K u_h \varphi_1 - K\beta_h \frac{1}{2\alpha}\varphi_2 + M_h 2\alpha^2 \varphi_3 + H_h \alpha \varphi_4 - e(1-\varphi_1) - \frac{\Delta e}{h}\left(x - \frac{1}{2\alpha}\varphi_2\right)$$

式中各项系数的计算，即

$$u_h = (348.512 - 2.3821 \times 79.529) \times 10^{-6} = 159.066 \times 10^{-6}$$
$$\beta_h = 49.704 \times 10^{-6}$$
$$-u_h \frac{K}{2\alpha^2} = -159.066 \times 10^{-6} \times \frac{0.5 \times 10^6}{2 \times 0.4901^2} = -165.557$$
$$\beta_h \frac{K}{4\alpha^3} = 49.704 \times 10^{-6} \times \frac{0.5 \times 10^6}{4 \times 0.4901^3} = 52.777$$
$$H_h \frac{1}{2\alpha} = 123.178 \times \frac{1}{2 \times 0.4901} = 125.666$$
$$-\frac{e}{2\alpha^2} = -\frac{10.44923}{2 \times 0.4901^2} = -21.751$$
$$-\frac{\Delta e}{4\alpha^3 h} = -\frac{0.012495 \times 10.44923}{4 \times 0.4901^3 \times 3.66108} = -0.076$$
$$d_w \gamma_h = 1.00 \times 23 = 23$$
$$K u_h = \sigma_h = 79.529$$
$$-K\beta_h \frac{1}{2\alpha} = -0.5 \times 10^6 \times 49.704 \times 10^{-6} \times \frac{1}{2 \times 0.4901} = -25.354$$
$$M_h 2\alpha^2 = -65.037 \times 2 \times 0.4901^2 = -31.244$$
$$H_h \alpha = 123.178 \times 0.4901 = 60.370$$
$$-\frac{\Delta e}{h} = -\frac{0.012495 \times 10.44923}{3.66108} = -0.036$$
$$\frac{\Delta e}{h 2\alpha} = \frac{0.012495 \times 10.44923}{3.66108 \times 2 \times 0.4901} = 0.036$$

式中 x——墙顶至各截面的距离。

将边墙平分为 4 段，每段长 $h/4 = 3.66108/4 = 0.91527$(m)，编号如图 5-4-7 所示。边墙内力计算结果见表 5-4-4。

表5-4-4　边墙内力计算表

截面	M	N
6	−65.037	602.357
7	13.489	623.409
8	38.198	644.459
9	29.045	665.510
10	0.678	686.562

（10）内力图。

将内力计算结果按比例绘制成弯矩图 M 和轴力图 N，如图5-4-7所示。

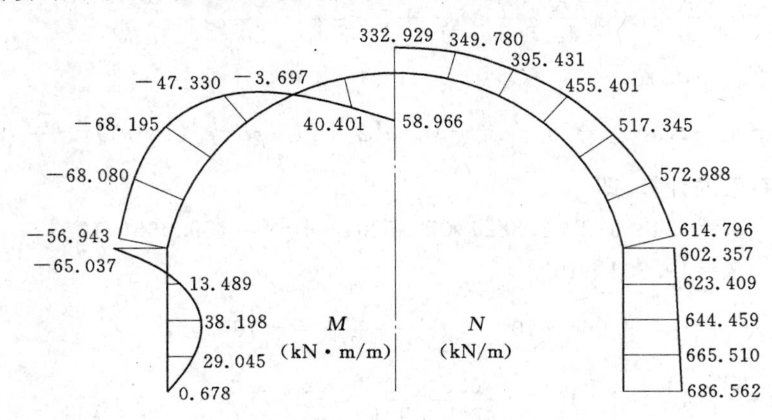

图5-4-7　直墙拱形衬砌结构内力图

5.5　曲墙拱形衬砌结构

当衬砌承受较大的垂直方向和水平方向的围岩压力时，常常采用曲墙式衬砌结构。它由拱圈、曲边墙和底板组成，有向上的底部压力时设有仰拱。曲墙式衬砌常用于Ⅳ～Ⅵ级围岩中，拱圈和曲边墙作为一个整体按无铰拱计算，由于仰拱是在曲墙和拱圈受力之后修建的，所以一般不考虑仰拱对衬砌内力的影响。由于拱圈和曲墙为一整体，所以可将其视为一个支承在弹性围岩上的高拱结构。

5.5.1　计算模型

在主动荷载作用下，顶部衬砌向隧道内变形而形成脱离区，两侧衬砌向围岩方向变形，引起围岩对衬砌的被动弹性抗力，形成抗力区，如图5-5-1所示。

抗力图形分布规律按结构变形特征作以下假定：

（1）上零点 b（即脱离区与抗力区的分界点）与衬砌垂直对称中线的夹角假定为 $\varphi_b=45°$。

（2）下零点 a 在墙脚。墙脚处摩擦力很大，无水平位移，故弹性抗力为零。

（3）最大抗力点 h 假定发生在最大跨度处附近，计算时一般取 $ah\approx 2/3ab$，为简化计

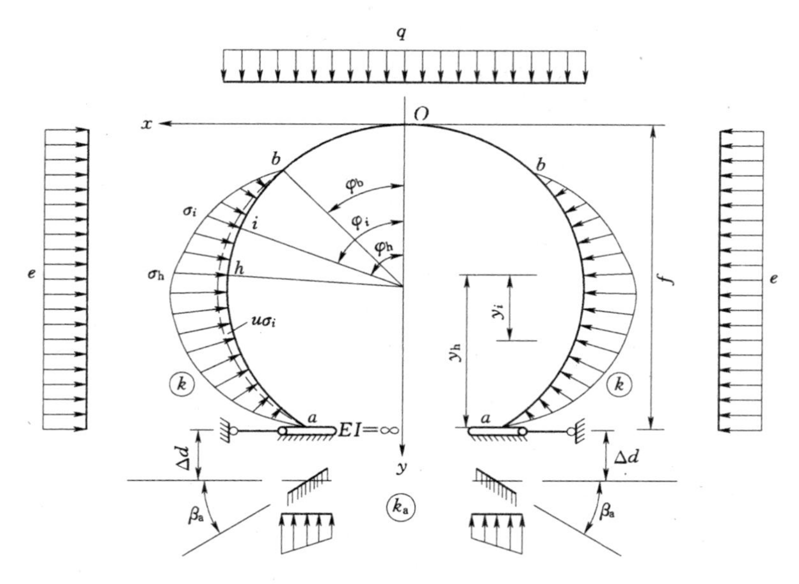

图 5-5-1 曲墙拱形衬砌结构示意图

算可假定在分段的接缝上。

（4）弹性抗力图形分布在拱部 bh 段按二次抛物线分布，任一点的抗力 σ_i 与最大抗力 σ_h 的关系为

$$\sigma_i=\frac{\cos^2\varphi_b-\cos^2\varphi_i}{\cos^2\varphi_b-\cos^2\varphi_h}\sigma_h \tag{5-5-1}$$

边墙 ha 段的抗力为

$$\sigma_i=\left[1-\left(\frac{y_i}{y_h}\right)^2\right]\sigma_h \tag{5-5-2}$$

式中 φ_i，φ_b，φ_h——i、b、h 点所在截面与垂直对称轴的夹角；

y_i——i 点所在截面与衬砌外轮廓线的交点至最大抗力点 h 的距离；

y_h——墙底外缘至最大抗力点 h 的垂直距离。

两侧衬砌向围岩方向的变形引起弹性抗力，同时也引起摩擦力 S_i，其大小等于弹性抗力和衬砌与围岩间的摩擦系数的乘积，即

$$S_i=\mu\sigma_i \tag{5-5-3}$$

计算表明，摩擦力影响很小，可以忽略不计，而忽略摩擦力的影响是偏于安全的。墙脚弹性地固定在地基上，可以发生转动和垂直位移。如前所述，在结构和荷载均对称时，垂直位移对衬砌内力不产生影响。因此，若不考虑仰拱的作用，可将计算简图表示为图 5-5-2所示的形式。根据上述分析，曲墙拱形结构的计算模型为墙脚弹性固定而两侧受周围约束的无铰拱。

5.5.2 曲墙拱形结构的内力计算

1. 主动荷载作用下的内力

取基本结构如图 5-5-3 所示，拱顶未知力为 X_{1P}、X_{2P}，根据拱顶截面相对变位为零的条件，则位移平衡方程为

$$\left.\begin{aligned}X_{1P}\delta_{11}+X_{2P}\delta_{12}+\Delta_{1P}+\beta_0=0\\X_{1P}\delta_{21}+X_{2P}\delta_{22}+\Delta_{2P}+f\beta_0+u_0=0\end{aligned}\right.\qquad(5-5-4)$$

式中 β_0，u_0——墙底位移。

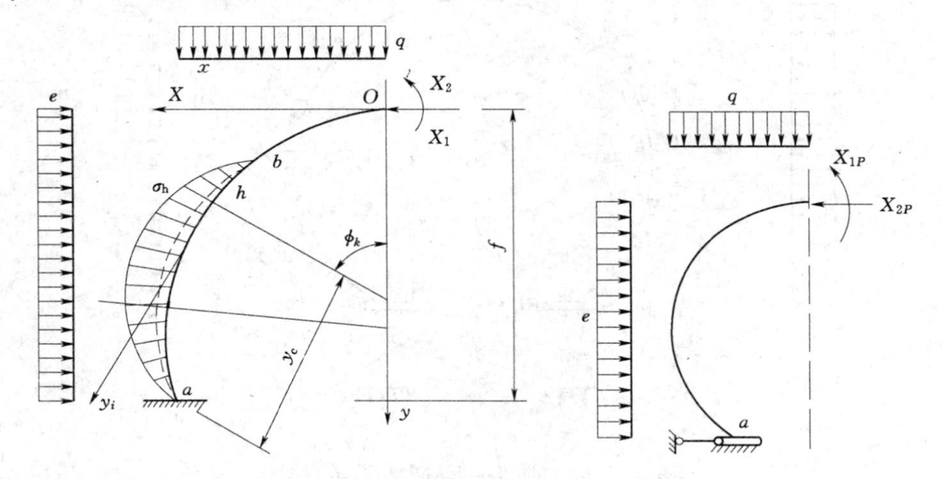

图 5-5-2 曲墙拱形结构计算简图　　图 5-5-3 外荷载作用的计算简图

根据本章拱脚弹性固定系数的推导，可将式（5-5-4）改写为

$$\left.\begin{aligned}a_{11}X_{1P}+a_{12}X_{2P}+a_{10}=0\\a_{21}X_{2P}+a_{22}X_{2P}+a_{20}=0\end{aligned}\right\}\qquad(5-5-5)$$

其中：

$$\left.\begin{aligned}a_{11}&=\delta_{11}+\beta_1\\a_{12}&=a_{21}=\delta_{21}+f\beta_1\\a_{22}&=\delta_{22}+f^2\beta_1\\a_{10}&=\Delta_{1P}+\beta_P\\a_{20}&=\Delta_{2P}+f\beta_P\end{aligned}\right\}\qquad(5-5-6)$$

求解方程式（5-5-5），可得

$$\left.\begin{aligned}X_{1P}&=\frac{a_{20}a_{12}-a_{10}a_{22}}{a_{11}a_{22}-a_{12}^2}\\X_{2P}&=\frac{a_{10}a_{21}-a_{20}a_{11}}{a_{11}a_{22}-a_{12}^2}\end{aligned}\right\}\qquad(5-5-7)$$

在求得 X_{1P}、X_{2P}后，在主动荷载作用下，衬砌内力为

$$\left.\begin{aligned}M_{iP}&=X_{1P}+X_{2P}y_i+M_{iP}^0\\N_{iP}&=X_{2P}\cos\varphi_i+N_{iP}^0\end{aligned}\right\}\qquad(5-5-8)$$

在具体进行计算时，还需进一步确定被动抗力 σ_h 的大小，这需要利用最大抗力点 h 处的变形协调条件。在主动荷载作用下，通过式（5-5-8）可解出内力 M_{iP}、N_{iP}，并求出 h 点的位移 δ_{hP}，如图 5-5-4（b）所示。在被动荷载作用下，通过 $\sigma_h=1$ 的单位弹性抗力图形作为外荷载，求得的任一截面内力 $M_{i\sigma}$，$N_{i\sigma}$和 h 点处的位移 $\delta_{h\sigma}$，如图 5-5-4（c）所示。利用叠加原理，求出 h 点的最终位移为

$$\delta_h^{*}=\delta_{hP}+\sigma_h\delta_{h\sigma} \tag{5-5-9}$$

由温克尔假定可以得到 h 点的弹性抗力和位移的关系为 $\sigma_h=k\delta_h$，代入式（5-5-9）可得

$$\sigma_h=\frac{k\delta_{hP}}{1-k\delta_{h\sigma}} \tag{5-5-10}$$

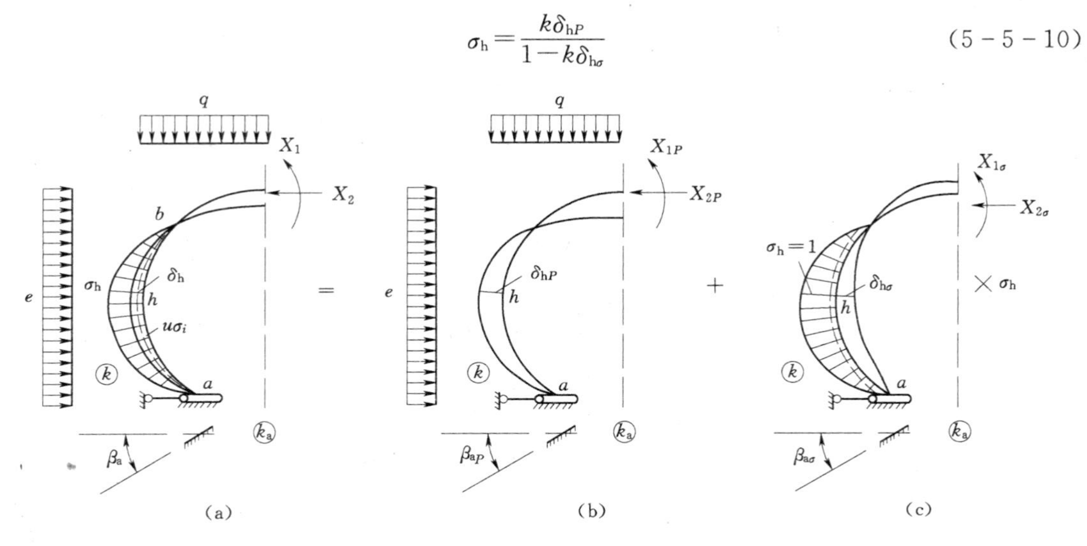

图 5-5-4　h 点的变形示意图

2. 最大抗力值的计算

由式（5-5-10）可知，欲得到 σ_h 则应先求出 δ_{hP} 和 $\delta_{h\sigma}$，即结构在外荷载作用下的位移和因墙底变位（转角）而产生的位移。前者按结构力学方法，先画出 $\overline{M}_{1\sigma}$、$\overline{N}_{1\sigma}$ 图，见图 5-5-4（a）、（b），再在 h 点处的所求位移方向上加一单位力 $p=1$，绘出 $\overline{M}_{ih}$ 图，如图 5-5-5（c）所示，墙底位移在 h 点处产生的位移可由几何关系求出，如图 5-5-5（d）所示。由结构力学的知识可知，位移可以表示为

$$\left.\begin{aligned}\delta_{hP}&=\int\frac{M_P\overline{M}_h}{EI}ds+y_{ah}\beta_{aP}\approx\frac{\Delta S}{E}\sum\frac{M_P\overline{M}_h}{I}+y_{ah}\beta_{aP}\\ \delta_{h\sigma}&=\int\frac{M_\sigma\overline{M}_h}{EI}ds+y_{ah}\beta_{a\sigma}\approx\frac{\Delta S}{E}\sum\frac{M_\sigma\overline{M}_h}{I}+y_{ah}\beta_{a\sigma}\end{aligned}\right\} \tag{5-5-11}$$

式中　β_{aP}——因主动荷载作用而产生的墙底转角；

$\beta_{a\sigma}$——因单位抗力作用而产生的墙底转角；

y_{ah}——墙底中心 a 至最大抗力截面的垂直距离。

3. 单位抗力 $\sigma_h=1$ 作用下的内力

当 $\sigma_h=1$ 时，也可用上述方法求得未知力 $X_{1\sigma}$ 及 $X_{2\sigma}$，其基本结构如图 5-5-6 所示。力法方程为

$$\left.\begin{aligned}a_{11}X_{1\sigma}+a_{12}X_{2\sigma}+a_{1\sigma}=0\\ a_{21}X_{1\sigma}+a_{22}X_{2\sigma}+a_{2\sigma}=0\end{aligned}\right\} \tag{5-5-12}$$

式中系数表达式同式（5-5-6），但有

$$\left.\begin{aligned}a_{1\sigma}=\Delta_{1\sigma}+\beta_\sigma\\ a_{2\sigma}=\Delta_{2\sigma}+f\beta_\sigma\end{aligned}\right\} \tag{5-5-13}$$

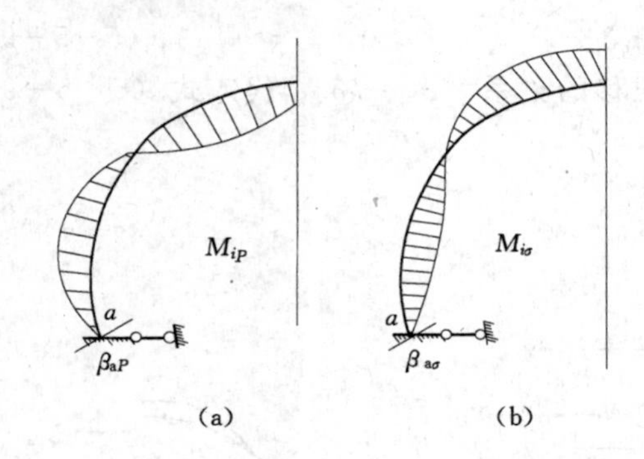

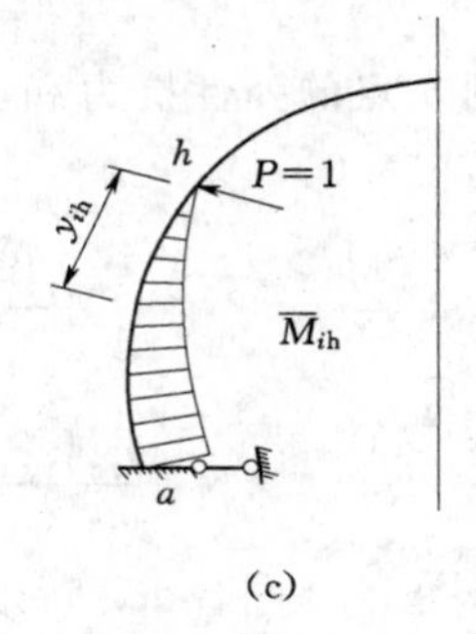

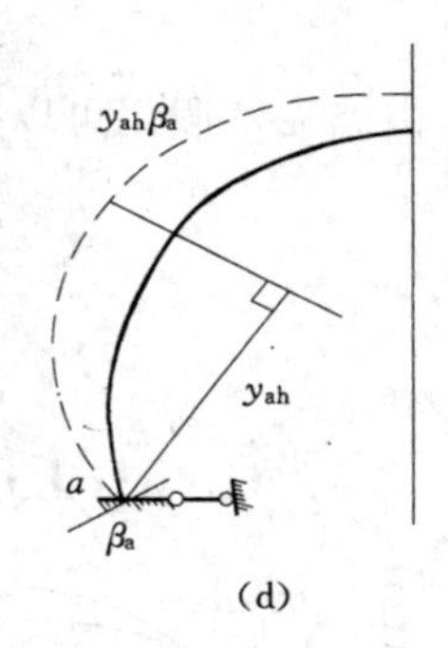

图 5-5-5　最大抗力计算示意图

式中　$\Delta_{1\sigma}$，$\Delta_{2\sigma}$——单位抗力引起的基本结构在 $X_{1\sigma}$ 及 $X_{2\sigma}$ 方向的位移；

β_σ——单位抗力所引起的基本结构墙底转角；

其余符号意义同前。

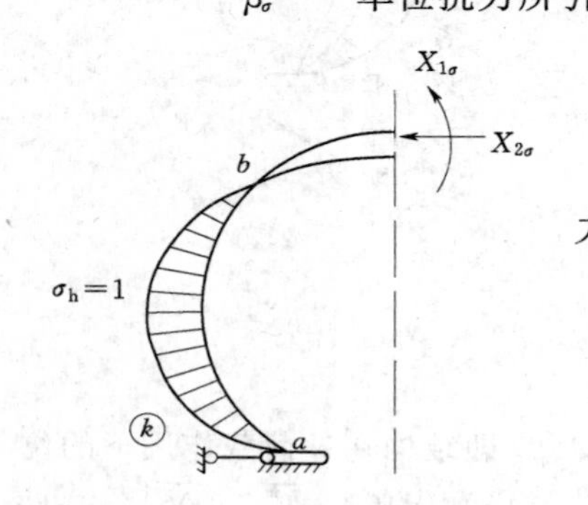

图 5-5-6　$\sigma_h=1$ 时的计算简图

由此可求得 $X_{1\sigma}$ 及 $X_{2\sigma}$。

进一步可求出衬砌在单位抗力作用下任一截面的内力，即

$$\left.\begin{aligned} M_{i\sigma} &= X_{1\sigma}+X_{2\sigma}y_i+M_{i\sigma}^0 \\ N_{i\sigma} &= X_{2\sigma}\cos\varphi_i+N_{i\sigma}^0 \end{aligned}\right\} \tag{5-5-14}$$

4. 衬砌最终内力的计算

衬砌任意截面最终内力值可利用叠加原理求得，即

$$\left.\begin{aligned} M_i &= M_{iP}+\sigma_h M_{i\sigma} \\ N_i &= N_{iP}+\sigma_h M_{i\sigma} \end{aligned}\right\} \tag{5-5-15}$$

5.5.3　算例

1. 基本资料

某一级公路隧道，结构断面如图 5-5-7 所示。围岩级别为Ⅴ级，容重 $\gamma=20\text{kN/m}^3$，围岩的弹性抗力系数 $K=0.5\times10^6\text{kN/m}^3$，衬砌材料为 C20 混凝土，弹性模量 $E_h=2.6\times10^7\text{kPa}$，容重 $\gamma_h=23\text{kN/m}^3$。

2. 荷载确定

(1) 围岩竖向均布压力为

$$q=0.45\times2^{s-1}\gamma\omega$$

式中　s——围岩级别，此处 $s=5$；

γ——围岩重度，此处 $\gamma=20\text{kN/m}^3$；

ω——跨度影响系数，$\omega=1+i(l_m-5)$，毛洞跨度 $l_m=11.29+2\times0.06=11.41(\text{m})$，其中 0.06m 为一侧平均超挖量，$l_m=5\sim15\text{m}$ 时，$i=0.1$，此处 $\omega=1+0.1\times(11.41-5)=1.641$。

所以，有

$$q=0.45\times2^{5-1}\times20\times1.641=236.304(\text{kPa})$$

此处超挖回填层重忽略不计。

（2）围岩水平均布压力为

$$e=0.25q=0.45\times236.304=106.337\ (\text{kPa})$$

3. 衬砌几何要素

（1）衬砌几何尺寸。

内轮廓线半径 $r_1=4.60\text{m}$，$r_2=5.337\text{m}$；

内径 r_1、r_2 所画圆曲线的终点截面与竖直轴的夹角 $\varphi_1=30°$，$\varphi_2=118.0733°$；

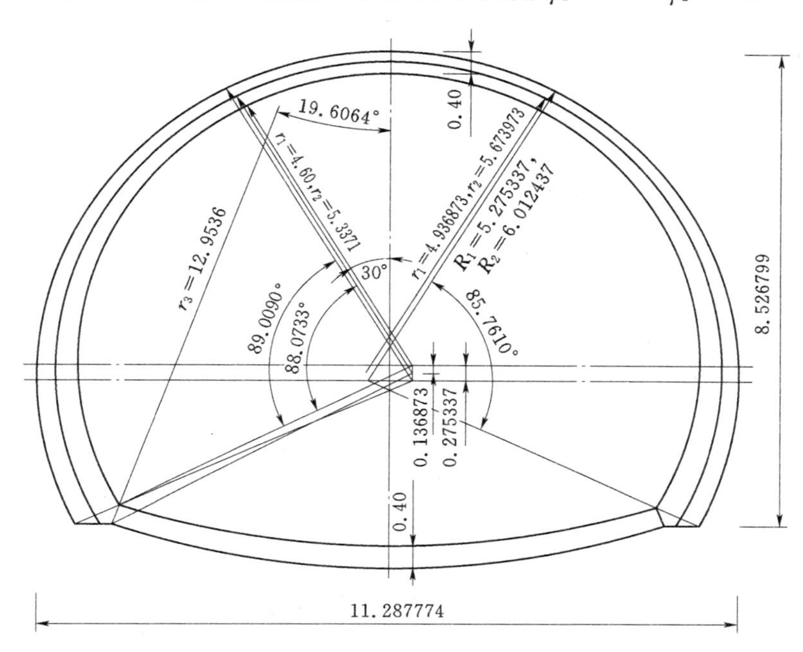

图 5-5-7　衬砌结构断面（单位：m）

拱顶截面厚度 $d_0=0.4\text{m}$；墙底截面厚度 $d_n=0.8\text{m}$。

此处墙底截面为自内轮廓半径 r_2 的圆心向内轮廓墙底作连线并延长至与外轮廓相交，其交点到内轮廓墙底间的连线。在此前提下，有以下三心圆变截面拱圈尺寸计算公式。

外轮廓线与内轮廓线相应圆心的垂直距离为

$$m=\frac{\Delta d(r_2+d_0+0.5\Delta d)}{(r_2+d_0)(1-\cos\varphi_2)-\Delta d\cos\varphi_2}$$

式中：

$$\Delta d=d_n-d_0$$

代入数值，计算得到

$$m=0.275337\text{m}$$

外轮廓线半径为

$$R_1=m+r_1+d_0=5.275337\text{m}$$

$$R_2=m+r_2+d_0=6.012437\text{m}$$

拱轴线与内轮廓线相应圆心的垂直距离为

$$m'=\frac{0.5\Delta d(r_2+0.5d_0+0.25\Delta d)}{(r_2+0.5d_0)(1-\cos\varphi_2)-0.5\Delta d\cos\varphi_2}=0.136873\text{m}$$

拱轴线半径为

$$r_1'=m'+r_1+0.5d_0=4.936873\text{m}$$

$$r_2'=m+r_2+0.5d_0=5.673973\text{m}$$

拱轴线各段圆弧中心角为

$$\theta_1=30°，\theta_1=89.0090°$$

(2) 半拱轴线长度 S 及分段轴长 ΔS。

分段轴线长度为

$$S_1=\frac{\theta_1}{180°}\pi r_1'=\frac{30°}{180°}\times 3.14\times 4.936873=2.583630\ (\text{m})$$

$$S_2=\frac{\theta_2}{180°}\pi r_2'=\frac{89.0090°}{180°}\times 3.14\times 5.673973=8.810049\ (\text{m})$$

半拱轴线长度为

$$S=S_1+S_2=2.583630+8.810049=11.393679\ (\text{m})$$

将半拱轴线等分为8段，每段轴长为

$$\Delta S=\frac{S}{8}=\frac{11.393679}{8}=1.424210\ (\text{m})$$

(3) 各分块接缝（截面）中心几何要素。

1) 与竖直轴夹角 α_i 为

$$\alpha_1=\Delta\theta_1=\frac{\Delta S}{r_1'}\times\frac{180°}{\pi}=\frac{1.424210}{4.936873}\times\frac{180°}{\pi}=16.537312$$

$$\Delta S_1=2\Delta S-S_1=2\times 1.424210-2.583630=0.264790(\text{m})$$

$$\alpha_2=\theta_1+\frac{\Delta S_1}{r_2}\times\frac{180°}{\pi}=30°+\frac{0.264790}{5.673973}\times\frac{180°}{\pi}=32.675206°$$

$$\Delta\theta_2=\frac{\Delta S}{r_2'}\times\frac{180°}{\pi}=\frac{1.424210}{5.673973}\times\frac{180°}{\pi}=14.388967°$$

$$\alpha_3=\alpha_2+\Delta\theta_2=32.675206°+14.388967°=47.064173°$$

$$\alpha_4=\alpha_3+\Delta\theta_2=47.064173°+14.388967°=61.453140°$$

$$\alpha_5=\alpha_4+\Delta\theta_2=61.453140°+14.388967°=75.842107°$$

$$\alpha_6=\alpha_5+\Delta\theta_2=75.842107°+14.388967°=90.231074°$$

$$\alpha_7=\alpha_6+\Delta\theta_2=90.231074°+14.388967°=104.620041°$$

$$\alpha_8=\alpha_7+\Delta\theta_2=104.620041°+14.388967°=119.009008°$$

另外，$\alpha_8=\theta_1+\theta_2=30°+89.0090°=119.0090°$

注：因墙底面水平，计算衬砌内力时用 $\varphi_8=90°$。

2) 接缝中心点坐标计算，即

$$a_1=(r_2'-r_1')\cos\theta_1=(5.673973-4.936873)\times\cos 30°=0.638347(\text{m})$$

$$a_2=a_1\tan\theta_1=0.638347\times\tan 30°=0.368550(\text{m})$$

$$H_1=a_1+r_1=0.638347+4.936873=5.575220(\text{m})$$

$$x_1=r_1'\sin\alpha_1=4.936873\times\sin 16.537312°=1.405230(\text{m})$$

$$x_2=r_2'\sin\alpha_2-a_2=5.673973\times\sin32.675206°-0.368550=2.694693(\text{m})$$
$$x_3=r_2'\sin\alpha_3-a_2=5.673973\times\sin47.064173°-0.368550=3.785463(\text{m})$$
$$x_4=r_2'\sin\alpha_4-a_2=5.673973\times\sin61.453140°-0.368550=4.615619(\text{m})$$
$$x_5=r_2'\sin\alpha_5-a_2=5.673973\times\sin75.842107°-0.368550=5.133078(\text{m})$$
$$x_6=r_2'\sin\alpha_6-a_2=5.673973\times\sin90.231074°-0.368550=5.305377(\text{m})$$
$$x_7=r_2'\sin\alpha_7-a_2=5.673973\times\sin104.620041°-0.368550=5.121705(\text{m})$$
$$x_8=r_2'\sin\alpha_8-a_2=5.673973\times\sin119.009°-0.368550=4.593586(\text{m})$$
$$y_1=r_1'(1-\cos\alpha_1)=4.936873\times(1-\cos16.537312°)=0.204216(\text{m})$$
$$y_2=H_1-r_2'\cos\alpha_2=5.575220-5.673973\times\cos32.675206°=0.799185(\text{m})$$
$$y_3=H_1-r_2'\cos\alpha_3=5.575220-5.673973\times\cos47.064173°=1.710230(\text{m})$$
$$y_4=H_1-r_2'\cos\alpha_4=5.575220-5.673973\times\cos61.453140°=2.863753(\text{m})$$
$$y_5=H_1-r_2'\cos\alpha_5=5.575220-5.673973\times\cos75.842107°=4.187395(\text{m})$$
$$y_6=H_1-r_2'\cos\alpha_6=5.575220-5.673973\times\cos90.231074°=5.598103(\text{m})$$
$$y_7=H_1-r_2'\cos\alpha_7=5.575220-5.673973\times\cos104.620041°=7.007375(\text{m})$$
$$y_8=H_1-r_2'\cos\alpha_8=5.575220-5.673973\times\cos119.009°=8.326796(\text{m})$$

当然，也可在图 5-5-8 上直接量出 x_i、y_i。以后计算中，只取 4 位小数。

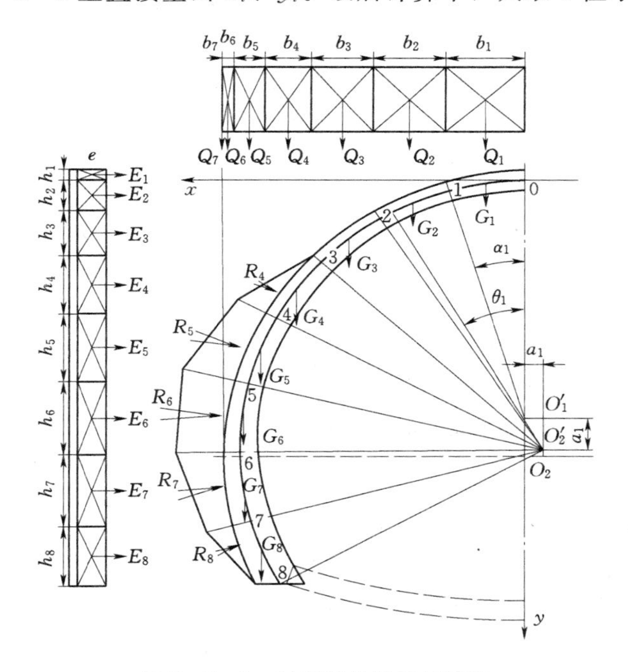

图 5-5-8 衬砌结构计算示意图

4. 计算位移

(1) 单位位移。

用辛普生法近似计算，单位位移的计算见表 5-5-1。

单位位移值计算为

$$\delta_{11}=\int_0^s \frac{\overline{M}_1}{E_h I}ds \approx \frac{\Delta S}{E_h}\sum \frac{1}{I}=\frac{1.424210}{2.6\times 10^7}\times 728.6487=39.9134\times 10^{-6}$$

$$\delta_{11}=\delta_{21}=\int_0^s \frac{\overline{M}_1\overline{M}_2}{E_h I}ds \approx \frac{\Delta S}{E_h}\sum \frac{y}{I}=\frac{1.424210}{2.6\times 10^7}\times 1390.3210=76.1580\times 10^{-6}$$

$$\delta_{22}=\int_0^s \frac{\overline{M}_2^2}{E_h I}ds \approx \frac{\Delta S}{E_h}\sum \frac{y^2}{I}=\frac{1.424210}{2.6\times 10^7}\times 6321.9930=346.3018\times 10^{-6}$$

(2) 荷载位移—主动荷载在基本结构中引起的位移。

1) 每一楔块上的作用力为

对于竖向力，有

$$Q_i=qb_i$$

式中 b_i——衬砌外缘相邻两截面之间的水平投影长度。

$b_1=1.4637$m，$b_2=1.3505$m，$b_3=1.1493$m，$b_4=0.8901$m，$b_5=0.5732$m，$b_6=0.2158$m，$b_7=0.0011$m。

$$\sum b_i=5.6437\text{m}\approx\frac{B}{2}=5.6439\text{m}\ （校核）$$

对于水平压力，有

$$E_i=eh_i$$

式中 b_i——衬砌外缘相邻两截面之间的竖直投影长度。

$h_1=0.2071$m，$h_2=0.6056$m，$h_3=0.9317$m，$h_4=1.1897$m，$h_5=1.3790$m，$h_6=1.4862$m，$h_7=1.5018$m，$h_8=1.2255$m。

$$\sum h_i=8.5266\text{m}\approx H=8.5268\text{m}\ （校核）$$

对于自重力，有

$$G_i=\frac{d_{i-1}+d_i}{2}\times\Delta S\times\gamma_h$$

式中 d_i——接缝 i 的衬砌截面厚度。

作用在各楔块上的力均列入表 5-5-2 中，各集中力均通过相应图形的形心。

2) 外荷载在基本结构中产生的内力。楔块上各集中力对下一接缝的力臂由图 5-5-8 中量得，分别记为 a_q、a_e、a_g。

内力按下式计算，即

对于弯矩，有

$$M_{iP}^0=M_{i-1,P}^0-\Delta x_i\sum_{i-1}(Q+G)-\Delta y_i\sum_{i-1}E-Qa_q-Ga_g-Ea_e$$

对于轴力，有

$$N_{iP}^0=\sin\alpha_i\sum_i(Q+G)-\cos\alpha_i\sum_i E$$

式中 Δx_i，Δy_i——相邻两接缝中心点的坐标增值，按下式计算，即

$$\Delta x_i=x_i-x_{i-1}$$

$$\Delta y_i=y_i-y_{i-1}$$

M_{iP}^0、N_{iP}^0 的计算见表 5-5-1 及表 5-5-2。

表 5-5-1　　荷载位移 N_P^0 计算表

截面	$\sin\alpha$	$\cos\alpha$	$\sum(Q+G)$	$\sum E$	$\sin\alpha(Q+G)$	$\cos\alpha\sum E$	N_P^0
0	0	1	0	0	0	0	0
1	0.2846	0.9586	359.707	22.022	102.385	21.111	81.274
2	0.5399	0.8417	692.882	86.420	374.068	72.744	301.324
3	0.7321	0.6812	979.722	185.494	717.269	126.355	590.914
4	0.8784	0.4779	1206.955	312.003	1060.220	149.100	911.120
5	0.9696	0.2446	1361.273	458.642	1319.924	112.182	1207.741
6	1.0000	−0.0040	1433.308	616.680	1433.296	−2.486	1435.783
7	0.9676	−0.2524	1456.852	776.377	1409.681	−195.963	1605.644
8	1	0	1480.664	906.693	1480.664	0	1480.664

基本结构中，主动荷载产生弯矩的校核为

$$M_{8q}^0=-q\frac{B}{2}\left(x_8-\frac{B}{4}\right)=-236.304\times\frac{11.2878}{2}\left(4.5936-\frac{11.2878}{4}\right)=-2361.175$$

$$M_{8e}^0=-\frac{e}{2}H^2=-106.337\times\frac{1}{2}\times8.5628^2=-3865.686$$

$$\begin{aligned}M_{8g}^0&=-\sum G_i(x_8-x_3+a_{gi})\\&=-G_1(x_8-x_1+a_{g1})-G_2(x_8-x_2+a_{g2})-G_3(x_8-x_3+a_{g3})\\&\quad-G_4(x_8-x_4+a_{g4})-G_5(x_8-x_5+a_{g5})-G_6(x_8-x_6+a_{g6})\\&\quad-G_7(x_8-x_7+a_{g7})-G_8a_{g8}\\&=-13.289\times(4.5936-1.4052+0.6919)-14.046\times(4.5936-2.6947+0.6151)\\&\quad-15.256\times(4.5936-3.7855+0.5081)-16.899\times(4.5936-4.6156+0.3173)\\&\quad-18.868\times(4.5936-5.1331+0.2123)-21.041\times(4.5936-5.3054+0.0403)\\&\quad-23.284\times(4.5936-5.1217+0.1346)-23.812\times(-0.3417)=68.990\end{aligned}$$

$$M_{8P}^0=M_{8q}^0+M_{8e}^0+M_{8g}^0=-2361.175-3865.686-68.990=-6295.851$$

另外，从表 5-5-2 中得到 $M_{8P}^0=-6312.923$。

闭合差 $\Delta=\dfrac{|6295.851-6312.923|}{6295.851}\times100\%=0.2712\%$。

3) 主动荷载位移。计算过程见表 5-5-2。

表 5-5-2　　主动荷载位移计算表

截面	M_P^0	$\frac{1}{I}$	$\frac{y}{I}$	$(1+y)$	$\frac{M_P^0}{I}$	$\frac{M_P^0 y}{I}$	$\frac{M_P^0(1+y)}{I}$	积分系数 1/3
0	0	187.5	0	1	0	0	0	1
1	−248.974	172.845	35.260	1.204	−43033.879	−8778.911	−51812.791	4
2	−939.475	138.029	110.285	1.799	−129674.708	−103610.092	−233284.799	2
3	−1951.235	103.258	176.570	2.710	−201479.742	−344530.359	−546010.100	4
4	−3119.866	74.539	213.480	3.864	−232552.219	−666029.556	−898581.775	2

续表

截面	M_P^0	$\frac{1}{I}$	$\frac{y}{I}$	$(1+y)$	$\frac{M_P^0}{I}$	$\frac{M_P^0 y}{I}$	$\frac{M_P^0\ (1+y)}{I}$	积分系数 1/3
5	−4272.933	53.391	223.549	5.187	−228137.459	−955211.540	−1183348.999	4
6	−5278.768	38.674	216.495	6.598	−204149.244	−1142827.467	−1346976.711	2
7	−5985.593	29.021	203.350	8.007	−173707.628	−1217169.346	−1390876.974	4
8	−6312.923	64.120	533.927	9.327	−404784.292	−3370638.800	−3775423.092	1
				Σ=	−1374323.821	−5766111.218	−7140435.039	

$$\Delta_{1P}=\int_0^s \frac{\overline{M}_1\overline{M}_P^0}{E_h I}ds \approx \frac{\Delta S}{E_h}\sum\frac{M_P^0}{I}=-\frac{1.424210}{2.6\times10^7}\times1374323.821=-75281.758\times10^{-6}$$

$$\Delta_{2P}=\int_0^s \frac{\overline{M}_2\overline{M}_P^0}{E_h I}ds \approx \frac{\Delta S}{E_h}\sum\frac{yM_P^0}{I}=-\frac{1.424210}{2.6\times10^7}\times5766111.218=-315852.048\times10^{-6}$$

(3) 荷载位移—单位弹性抗力及相应的摩擦力引起的位移。

1) 各接缝处的抗力强度。

抗力上零点假定在接缝 3，$\alpha_3=47.0642°=\alpha_b$。

最大抗力值假定在接缝 5，$\alpha_5=75.8421°=\alpha_h$。

最大抗力值以上各截面抗力强度按下式计算，即

$$\sigma_i=\frac{\cos^2\alpha_b-\cos^2\alpha_i}{\cos^2\alpha_b-\cos^2\alpha_h}\sigma_h$$

查表算得

$$\sigma_3=0,\ \sigma_4=0.5830\sigma_h,\ \sigma_5=5\sigma_h$$

最大抗力值以下各截面抗力强度按下式计算，即

$$\sigma_i=\left(1-\frac{y_i'^2}{y_h'^2}\right)\sigma_h$$

式中　y_i'——所考察截面外缘点到 h 点的垂直距离；

y_h'——墙脚外缘点到 h 点的垂直距离。

由图 5-5-8 中可知

$$y_6'=1.4862\text{m},\ y_7'=2.9880\text{m},\ y_8'=4.2135\text{m}$$

则

$$\sigma_6=\left(1-\frac{1.4862^2}{4.2135^2}\right)\sigma_h=0.8756\sigma_h$$

$$\sigma_7=\left(1-\frac{2.9880^2}{4.2135^2}\right)\sigma_h=0.4971\sigma_h$$

$$\sigma_8=0$$

按比例将所求得的抗力绘于图 5-5-8 上。

2) 各楔块上抗力集中力 R_i'。按下式近似计算，即

$$R_i'=\left(\frac{\sigma_{i-1}+\sigma_i}{2}\right)\Delta S_{i外}$$

式中 $\Delta S_{i外}$——楔块 i 外缘长度，可通过量取夹角，用弧长公式求得，R_i'的方向垂直于衬砌外缘，并通过楔块上抗力图形的形心。

3）抗力集中力与摩擦力的合力 R_i。按下式计算，即

$$R_i = R_i' \sqrt{1+\mu^2}$$

式中 μ——围岩与衬砌间的摩擦系数，此处取 $\mu=0.2$。

则

$$R_i = R_i' \sqrt{1+0.2^2} = 1.0198 R_i'$$

其作用方向与抗力集中力 R_i'的夹角 $\beta=\arctan\mu=11.3099°$。由于摩擦阻力的方向与衬砌位移的方向相反，其方向向上。画图时，也可取切向：径向＝1：5 的比例求出合力 R_i 的方向。R_i 的作用点即为R_i'与衬砌外缘的交点。将 R_i 的方向线延长，使之交于竖直轴，量取夹角 ψ_k，将 R_i 分解为水平与竖直两个分力，即

$$R_H = R_i \sin\psi_k$$

$$R_V = R_i \cos\psi_k$$

以上计算列入表 5－5－3 中。

表 5－5－3　弹性抗力及摩擦力计算表

截面	σ (σ_n)	$0.5(\sigma_{i-1}+\sigma_i)(\sigma_n)$	$\Delta S_外$	R (σ_n)	ψ_k	$\sin\psi_k$	$\cos\psi_k$	R_H (σ_n)	R_V (σ_n)
3	0	0	0	0	0°	0	0	0	0
4	0.5830	0.2915	1.4897	0.4428	67.0678°	0.9210	0.3896	0.4078	0.1725
5	1.0000	0.7915	1.4973	1.2086	79.5222°	0.9833	0.1819	1.1884	0.2198
6	0.8756	0.9378	1.5057	1.4400	92.9536°	0.9987	−0.0515	1.4381	−0.0742
7	0.4971	0.6864	1.5144	1.0601	106.7629°	0.9575	−0.2884	1.0150	−0.3057
8	0	0.2486	1.3031	0.3304	118.7082°	0.8771	−0.4803	0.2898	−0.1587

4）计算单位抗力及其相应的摩擦力在基本结构中产生的内力。

对于弯矩，有

$$M_{i\bar{\sigma}}^0 = -\sum R_j r_{ji}$$

对于轴力，有

$$N_{i\bar{\sigma}}^0 = \sin\alpha_i \sum R_V - \cos\alpha_i \sum R_H$$

式中 r_{ji}——力 R_j 至接缝中心点 k_i 的力臂，由图 5－5－8 量得。

计算见表 5－5－4 及表 5－5－5。

表 5-5-4　　$M^0_{\bar{\sigma}}$ 计算表

截面	$R_4=0.4428\sigma_h$		$R_5=1.2086\sigma_h$		$\sigma_6=1.4400\sigma_h$		$\sigma_7=1.0601\sigma_h$		$\sigma_8=0.3304\sigma_h$		$M^0_{\bar{\sigma}}$ (σ_h)
	r_{4i}	$-R_4r_{4i}$ (σ_h)	r_{5i}	$-R_5r_{5i}$ (σ_h)	r_{6i}	$-R_6r_{6i}$ (σ_h)	r_{7i}	$-R_7r_{7i}$ (σ_h)	R_{8i}	$-R_8r_{8i}$ (σ_h)	
4	0.4965	−0.2199									
5	1.9171	−0.8489	0.6788	−0.8204							
6	3.2835	−1.4539	2.0973	−2.5348	0.7713	−1.1107					
7	4.5098	−1.9969	3.4497	−4.1693	2.1882	−3.1510	0.8344	−0.8845			
8	5.5192	−2.4439	4.6511	−5.6213	3.5331	−5.0877	2.2501	−2.3853	1.0875	−0.3593	−15.8975

表 5-5-5　　$N^0_{\bar{\sigma}}$ 计算表

截面	α	$\sin\alpha$	$\cos\alpha$	$\sum R_V$ (σ_h)	$\sin\alpha\sum R_V$ (σ_h)	$\sum R_H$ (σ_h)	$\cos\alpha\sum R_H$ (σ_h)	$M^0_{\bar{\sigma}}$ (σ_h)
4	61.4531°	0.8784	0.4779	0.1725	0.1515	0.4078	0.1949	−0.0434
5	75.8421°	0.9696	0.2446	0.3923	0.3804	1.5962	0.3904	−0.0100
6	90.2311°	1.0000	−0.0040	0.3181	0.3181	3.0343	−0.0121	0.3302
7	104.6200°	0.9676	−0.2524	0.0124	0.0120	4.0493	−1.0220	1.0340
8	90°	1.000	0	−0.1463	−0.1463	4.3391	0	−0.1463

5）单位抗力及相应摩擦力产生的荷载位移。计算见表 5-5-6。

表 5-5-6　　单位抗力及摩擦力产生的荷载位移计算表

截面	$M^0_{\bar{\sigma}}$ (σ_h)	$\frac{1}{I}$	$\frac{y}{I}$	$(1+y)$	$\frac{M^0_{\bar{\sigma}}}{I}$	$\frac{M^0_{\bar{\sigma}}y}{I}$	$\frac{M^0_{\bar{\sigma}}(1+y)}{I}$	积分系数 1/3
4	−0.2199	74.5712	213.5570	3.8638	−16.3982	−46.9612	−63.3594	2
5	−1.6693	53.3618	223.4472	5.1874	−89.0769	−373.0004	−462.0773	4
6	−5.0994	38.7447	216.8967	6.5981	−197.5747	−1106.0430	−1303.6178	2
7	−10.2017	29.0192	203.3491	8.0074	−296.0452	−2074.5065	−2370.5521	4
8	−15.8975	64.3087	535.4857	9.3268	−1022.3476	−8512.8840	−9535.2312	1
			$\sum=$	−996.9273	−6869.6400	−7866.5677		

$$\Delta_{1\bar{\sigma}}=\int_0^s\frac{M_1M^0_{\bar{\sigma}}}{E_hI}ds\approx\frac{\Delta S}{E_h}\sum\frac{M^0_{\bar{\sigma}}}{I}=-\frac{1.424210}{2.6\times10^7}\times996.9273=-54.6090\times10^{-6}$$

$$\Delta_{2\bar{\sigma}}=\int_0^s\frac{M_2M^0_{\bar{\sigma}}}{E_hI}ds\approx\frac{\Delta S}{E_h}\sum\frac{yM^0_{\bar{\sigma}}}{I}=-\frac{1.424210}{2.6\times10^7}\times6869.6400=-376.3004\times10^{-6}$$

（4）墙底（弹性地基上的刚性梁）位移。

单位弯矩作用下的转角为

$$\bar{\beta}_a=\frac{1}{KI_8}=\frac{1}{0.5\times10^6}\times64.3087=128.6174\times10^{-6}$$

主动荷载作用下的转角为

$$\beta_{aP}^0=M_{8P}^0\bar{\beta}_a=-6312.923\times128.6174\times10^{-6}=-811951.743\times10^{-6}$$

单位抗力及相应摩擦力作用下的转角为

$$\beta_{a\bar{\sigma}}^0=M_{8\bar{\sigma}}^0\bar{\beta}_a=-15.8975\times128.6174\times10^{-6}=-2044.6951\times10^{-6}$$

5. 解力法方程

衬砌矢高为

$$f=y_8=8.3268\text{m}$$

计算力法方程的系数为

$$a_{11}=\delta_{11}+\bar{\beta}_a=(39.9134+128.6174)\times10^{-6}=168.5308\times10^{-6}$$

$$a_{12}=\delta_{12}+f\bar{\beta}_a=(76.1580+8.3268\times128.6174)\times10^{-6}=1147.1294\times10^{-6}$$

$$a_{22}=\delta_{22}+f^2\bar{\beta}_a=(346.3018+8.3268^2\times128.6174)\times10^{-6}=9264.0662\times10^{-6}$$

$$a_{10}=\Delta_{1P}+\beta_{aP}^0+(\Delta_{1\bar{\sigma}}+\beta_{a\bar{\sigma}}^0)\times\sigma_h=-(887233.501+2099.304\sigma_h)\times10^{-6}$$

$$a_{20}=\Delta_{2P}+f\beta_{aP}^0+(\Delta_{2\bar{\sigma}}+f\beta_{a\bar{\sigma}}^0)\times\sigma_h=-(7076811.822+17402.066\sigma_h)\times10^{-6}$$

以上将单位抗力及相应摩擦力产生的位移乘以 σ_h，即为被动荷载的荷载位移。

求解方程为

$$X_1=\frac{a_{22}a_{10}-a_{12}a_{20}}{a_{12}^2-a_{11}a_{22}}=413.134-2.0961\sigma_h$$

其中 $X_{1P}=413.134$，$X_{1\bar{\sigma}}=-2.0961$。

$$X_2=\frac{a_{11}a_{20}-a_{12}a_{10}}{a_{12}^2-a_{11}a_{22}}=712.743+2.1380\sigma_h$$

其中 $X_{2P}=712.743$，$X_{2\bar{\sigma}}=2.1380$

以上解得的 X_1、X_2 值应代入原方程，校核计算是否正确。此处从略。

6. 计算主动荷载和被动荷载（$\sigma_h=1$）分别产生的衬砌内力

计算公式为

$$\begin{cases}M_P=X_{1P}+yX_{2P}+M_P^0\\N_P=X_{2P}\cos\alpha+N_P^0\end{cases}$$

$$\begin{cases}M_{\bar{\sigma}}=X_{1\bar{\sigma}}+yX_{2\bar{\sigma}}+M_{\bar{\sigma}}^0\\N_{\bar{\sigma}}=X_{2\bar{\sigma}}\cos\alpha+N_{\bar{\sigma}}^0\end{cases}$$

计算过程列入表 5-5-7 及表 5-5-8 中。

表 5-5-7　　主、被动荷载作用下衬砌弯矩计算表

截面	M_P^0	X_{1P}	$X_{2P}y$	$[M_P]$	$M_{\bar{\sigma}}^0$ (σ_h)	$X_{1\bar{\sigma}}$ (σ_h)	$X_{2\bar{\sigma}}y$ (σ_h)	$[M_{\bar{\sigma}}]$ (σ_h)
0	0	413.134	0	413.1340	0	−2.0961	0	−2.0961
1	−248.974	413.134	145.3996	309.5592	0	−2.0961	0.4362	−1.6599
2	−939.475	413.134	569.4817	43.1407	0	−2.0961	1.7083	−0.3878
3	−1951.235	413.134	1218.7905	−319.3106	0	−2.0961	3.6560	1.5599
4	−3119.866	413.134	2041.2960	−665.4360	−0.2199	−2.0961	6.1232	3.8073
5	−4272.933	413.134	2984.2549	−875.5441	−1.6693	−2.0961	8.9518	5.1864

续表

截面	M_P^0	X_{1P}	$X_{2P}y$	$[M_P]$	$M_{\bar{\sigma}}^0$ (σ_h)	$X_{1\bar{\sigma}}$ (σ_h)	$X_{2\bar{\sigma}}y$ (σ_h)	$[M_{\bar{\sigma}}]$ (σ_h)
6	−5278.768	413.134	3989.9353	−875.6982	−5.0990	−2.0961	11.9685	4.7735
7	−5985.583	413.134	4994.1902	−578.2588	−10.2018	−2.0961	14.9810	2.6831
8	−6312.923	413.134	5935.0110	35.2220	−15.8975	−2.0961	17.8031	−0.1905

表 5-5-8　主、被动荷载作用下衬砌轴力计算表

截面	N_P^0	$X_{2P}\cos\alpha$	$[N_P]$	$N_{\bar{\sigma}}^0$ (σ_h)	$X_{2\bar{\sigma}}\cos\alpha$ (σ_h)	$N_{\bar{\sigma}}$ (σ_h)
0	0	712.743	712.7430	0	2.1380	2.1380
1	81.274	683.261	764.5348	0	2.0496	2.0495
2	301.324	599.949	901.2733	0	1.7997	1.7997
3	590.914	485.507	1076.4210	0	1.4564	1.4564
4	911.120	340.605	1251.7253	−0.0433	1.0217	0.9784
5	1207.741	174.335	1382.0760	−0.0100	0.5229	0.5129
6	1435.783	−2.874	1432.9090	0.3303	−0.0086	0.3217
7	1605.644	−179.901	1425.7424	1.0344	−0.5396	0.4948
8	1480.664	0	1480.6639	−0.1463	0	−0.1463

7. 最大抗力值的求解

首先求出最大抗力方向内的位移。

考虑到接缝5的径向位移与水平方向有一定的偏离，因此修正后有

$$\delta_{hP}=\delta_{5P}=\frac{\Delta S}{E_h}\sum\frac{M_P}{I}(y_5-y_i)\sin\alpha_5$$

$$\delta_{h\bar{\sigma}}=\delta_{5\bar{\sigma}}=\frac{\Delta S}{E_h}\sum\frac{M_{\bar{\sigma}}}{I}(y_5-y_i)\sin\alpha_5$$

计算过程列入表5-5-9中，位移值为

$$\delta_{hP}=\frac{1.424210}{2.6\times10^7}\times253071.0406\times0.9696=13862.5502\times10^{-6}$$

$$\delta_{h\bar{\sigma}}=-\frac{1.424210}{2.6\times10^7}\times1410.8728\times0.9696=-77.2838\times10^{-6}$$

最大抗力值为

$$\delta_k=\frac{\delta_{hP}}{\dfrac{1}{K}-\delta_{h\bar{\sigma}}}=\frac{13862.5502\times10^{-6}}{\dfrac{1}{0.5\times10^6}+77.2838\times10^{-6}}=174.8472$$

表 5-5-9　最大抗力位移修正计算表

截面	$\frac{M_P}{I}$	$\frac{M_{\bar{\sigma}}}{I}$ (σ_h)	y_5-y_i	$\frac{M_P}{I}(y_5-y_i)$	$\frac{M_{\bar{\sigma}}}{I}(y_5-y_i)$ (σ_h)	积分系数 1/3
0	77462.625	−393.0188	4.1870	324336.0109	−1645.5695	1
1	53505.625	−286.9130	3.9830	213112.9029	−1142.7746	4
2	5954.663	−53.5329	3.3880	20174.3983	−181.3693	2
3	−32971.227	161.0694	2.4770	−81669.7296	398.9688	4
4	−49601.050	283.7916	1.3230	−65622.1894	375.4563	2
5	−46746.441	276.9095	0	0	0	4
			Σ=	253071.0406	−1410.8728	

8. 计算衬砌总内力

按下式计算衬砌总内力为

$$M=M_P+\sigma_h M_{\bar{\sigma}}$$

$$N=N_P+\sigma_h N_{\bar{\sigma}}$$

计算过程列入表 5-5-10 中。

表 5-5-10　衬砌总内力计算表

截面	M_P	M_σ	[M]	N_P	N_σ	[N]	e	$\frac{M}{I}$	$\frac{My}{I}$	积分系数 1/3
0	413.134	−366.497	46.637	712.743	373.823	1086.566	0.0429	8744.476	0	1
1	309.559	−290.237	19.322	764.535	358.360	1122.895	0.0172	3339.743	681.308	4
2	43.141	−67.812	−24.672	901.273	314.664	1215.937	−0.0203	−3405.397	−2720.912	2
3	−319.311	272.740	−46.570	1076.421	254.641	1331.062	−0.0350	−4808.730	−8222.929	4
4	−665.436	665.692	0.256	1251.725	171.067	1422.792	0.0002	19.063	54.598	2
5	−875.544	906.829	31.285	1382.076	89.683	1471.759	0.0213	1670.358	6993.790	4
6	−875.698	834.624	−41.074	1432.909	56.242	1489.151	−0.0276	−1588.489	−8892.363	2
7	−578.259	469.126	−109.133	1425.742	86.514	1512.256	−0.0722	−3167.155	−22192.257	4
8	35.222	−33.308	1.914	1480.664	−25.584	1455.080	0.0013	122.699	1021.711	1
							Σ=	−4315.203	−37685.332	

9. 内力图

将内力计算结果按比例绘制成弯矩图 M 与轴力图 N，如图 5-5-9 所示。

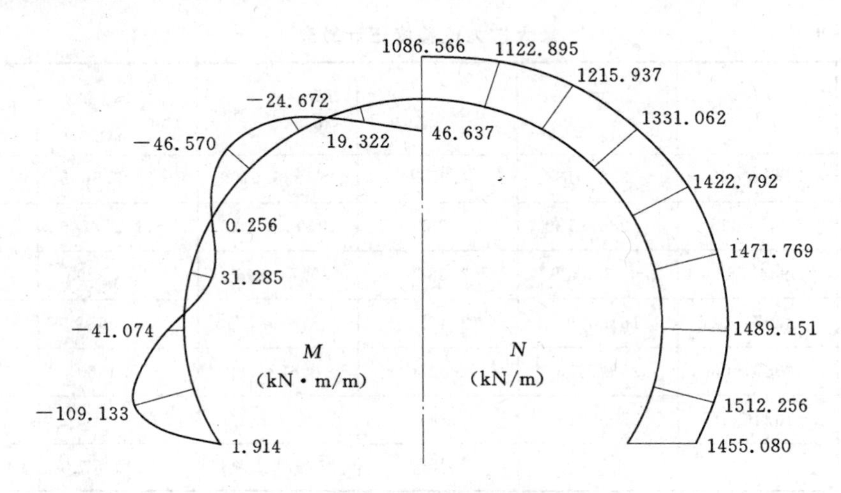

图 5－5－9 曲墙拱形衬砌结构内力图

5.6 连拱隧道结构

5.6.1 概述

连拱隧道是洞体衬砌结构相连的一种特殊双洞结构形式，即连拱隧道的侧墙相连。该隧道形式主要用在山区地形较为狭窄或桥隧相连地段，其最大优点是双洞轴线间距可以很小，可减小占地面积，便于洞外接线。同时，连拱隧道较独立的双洞设计、施工更为复杂，工程造价更高、工期更长，从各地采用连拱隧道的经验看，主要用在500m以下的隧道居多，而中、长隧道一般不采用这一结构形式。在地形极其复杂的条件下也有采用这一结构形式的，如浙江温州尖牛山隧道长700m。也有采用从连拱隧道过渡到独立双洞的隧道，如重庆莱袁路龙家湾隧道长762m，就采用了从连拱到小净距和独立双洞的结合形式。但总体来看，连拱隧道还主要用于短隧道较为适宜。连拱隧道的设计计算理论尚不成熟，其发展大体经历了两个阶段，第一阶段主要采用中墙一次施作的结构形式，一般结构如图5－6－1所示。它与单洞隧道主要区别在于中墙一次施作和排水系统不同，其中墙在中导洞贯通后即浇筑，它既是初期支护和二次衬砌的支撑点，又是防水层的支撑结构。洞室开挖后初期支护支撑于中墙，而防水层则绕过初期支护与中墙的结合部，越过中墙顶与洞室内其他防排水设施形成完整的排防水系统；中墙的中央纵向每隔一定间距埋设竖向排水管，以排除中墙顶凹部的积水。中墙与中导洞之间的空洞是待初期支护和中墙防水层施工完成后回填，其优点是双洞净距最小。但它也有3个较为明显的缺点：

（1）由于中墙与中导洞之间的空洞得不到及时的回填造成开挖时毛洞跨度增大，B/H 值较大（B 为毛洞跨度，H 为毛洞高度），使洞周围岩处于较为不利的受力状态，从而影响施工安全和进度，在回填空洞时，由于受支护等因素干扰施工，往往没办法回填密实，这就给营运安全留下隐患。

（2）由于部分围岩裂隙水经中墙顶凹部通过排水管排入排水沟，容易造成凹部集水，并且该部排防水系统施工难度大，质量难以控制，造成隧道中墙渗漏水，影响结构耐久性和营运安全。

(3) 由于行车单洞两侧不对称，结构不美观。因此，对这一结构形式一般不推荐。

中墙分次施作连拱隧道的一般结构如图5-6-1所示。它与中墙一次施作的连拱隧道的主要区别在于中墙和中墙处的排防水处理。在中导洞贯通后随即修建中墙，要求中墙顶部与中导洞顶紧密接触，这就克服了中墙与围岩间存在着空洞的缺点，使主洞开挖时毛洞跨度相对减小，有利于洞周围岩的稳定，从而减少了施工时的辅助措施，加快了施工进度，节省了工程投资，并大大提高结构的可靠性，使施工与营运安全得到进一步保证。由于中墙分次施作两侧外轮廓与双洞隧道初期支护轮廓一致，有利于防水板的全断面铺设，从而使连拱隧道中间部分的排防水结构与独立的单洞隧道相同。其施工工艺相对较为简单，质量容易控制，隧道建成后排防水系统运作可靠且较美观。因此，在有条件加大中墙厚度的地段宜采用这一结构形式。

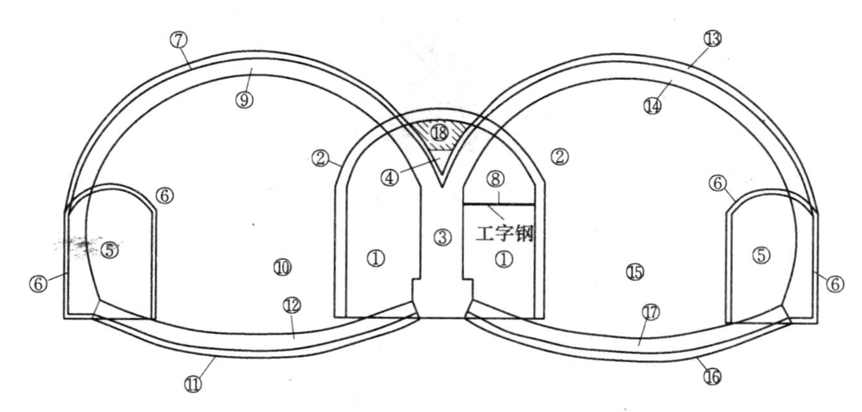

图5-6-1 整体式中墙连拱隧道一般结构

(注：图中①、②、…、⑱为施工顺序)

5.6.2 连拱隧道的设计和计算方法

由于连拱隧道的结构形式特殊，其中墙的存在有其特殊性，如何形成一套反映连拱隧道实际受力机理的荷载模式是连拱隧道设计中的重要部分。因此，按一般的力学方法较难获得解析解，目前主要采用数值方法进行计算。连拱隧道的设计一般也是沿用单洞的设计方法，即常用的设计方法：荷载—结构法和地层—结构法。这两种方法均可以用数值方法来求解。由于公路隧道的锚杆、初衬、二衬等结构在几何形状上分别具有两个方向或一个方向的尺度比其他方向小得多的特点，计算时有限单元法软件可采用专门的杆梁板壳单元来模拟这些结构杆件，尽管尚存在一定不足之处。

5.6.2.1 内轮廓的设计

隧道内轮廓线是决定衬砌断面大小最基本的要素。内轮廓线的确定，首先要考虑结构受力和行车界限；其次应从经济上、美学上加以比较，以求得合理的断面形式。公路中的双向连拱隧道横断面的设计一般按现行设计规范执行，要考虑行车道宽、两侧路缘带宽、中隔墙宽、建筑界限高度等因素，还应考虑洞内排水、通风、照明、消防、营运管理等附属设施所需空间，并考虑围岩压力影响、施工方法等必要的富余量。一般情况下，无论是双向四车道还是双向六车道的连拱隧道，均采用上行线和下行线左右对称的结构，但个别也有设计成左右不对称的结构。对于单洞的净空轮廓，一般包括中墙、边墙和拱部三部分的组合。如果将三者进行组合，可把连拱隧道的净空轮廓分为直边墙、曲边墙和曲中墙3种。其中直边墙形式类似直墙拱结构，在国内外应用较少；目前国内以直中墙应用最多，直中墙净空轮廓的连拱隧道施工工艺简单，洞内行车道中心线与洞外路基行车道中心线偏离较小，但视觉效果差。近年来，曲中墙应用也逐渐增多，如曲墙半圆拱，不仅造型美观、线形流畅，而且能够满足施工和界限要求，开挖面小，施工方便，是一种较为流行的断面形式。

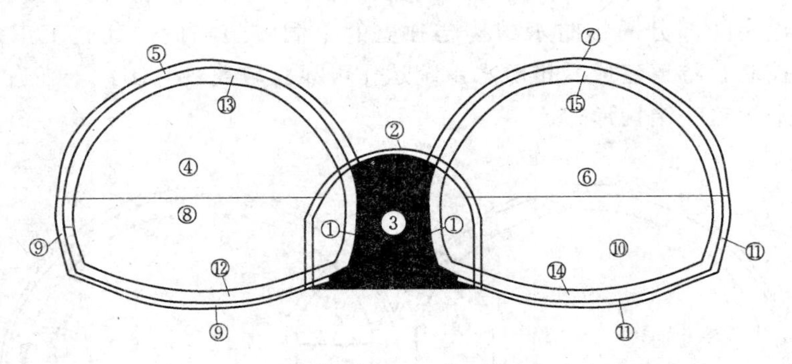

图5-6-2 复合式中墙连拱隧道一般结构

（注：图中①、②、…、⑮为施工顺序）

5.6.2.2 中墙与中导洞的设计

连拱隧道的特点在于设置连接左右二次衬砌的特有中隔墙结构，施工时一般以中导洞超前，随后浇筑中墙，中墙成为左右二次衬砌结构的支撑点，因此，中墙和中导洞的设计与施工是整个隧道的关键部分，在设计和施工中有举足轻重的作用，成功与否将关系到整个连拱隧道的成败，尤其是防水系统是连拱隧道的关键问题之一。

1. 中墙的设计

复合式中墙连拱隧道一般结构如图5-6-2所示。中墙的形式取决于隧道内轮廓的要求，一般设计成直墙或曲墙，此外，还应该考虑中墙和二次衬砌的连接形式。连接形式关系到结构的整体安全和稳定以及施工方法的选取，但是与二次衬砌的连接部位往往也是结构的薄弱环节，成为地下水渗漏的主要部位，若处理不当会严重影响隧道的使用功能和寿命。因此，中墙的设计应该和二次衬砌共同考虑，内轮廓的设计也应该考虑中墙与二次衬砌连接后的形状。根据国内外连拱隧道的设计经验，中墙和二次衬砌的连接形式主要可分为以下4种形式：

（1）上部支撑。即将中墙作为双洞结构的共同部分，二次衬砌的拱脚支撑在中墙的上部，中墙设计得相对较厚，如图5-6-3（a）所示。

（2）贴壁式支撑。即将双洞按两个独立的洞来考虑，中墙相对独立于左右洞的结构，成为双洞间的充填结构。在中墙先行施工结束后，二次衬砌的施筑和单洞的方法相同，如图5-6-3（b）所示。

（3）下部支撑。介于上部支撑和贴壁式支撑之间，二次衬砌的支撑点转移到中墙的基础上，如图 5－6－3（c）所示。

（4）混合式支撑。即将中墙设计成非对称形式，是（1）和（2）形式的混合使用，如图 5－6－3（d）所示。

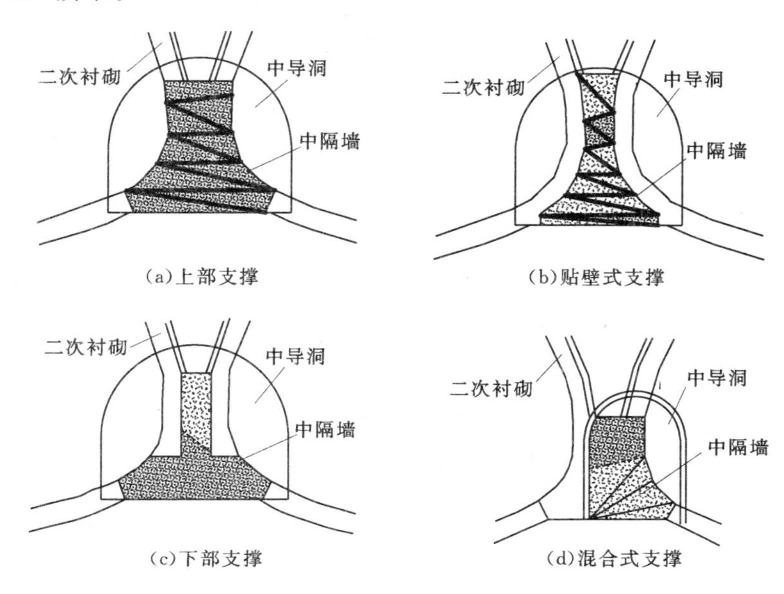

图 5－6－3　二次衬砌在中墙处的支撑方式

其中上部支撑连接形式最为常见，不同的是一般采用直墙。采用直墙上部支撑形式的优点在于施工相对简单、方便，中墙质量易于保证。由于开挖后初期支护支撑于中墙，而防水层需绕过初期支护与中墙的连接部位，越过墙顶与洞内其他排水设施，形成完整的防排水系统，中墙的中央纵向每隔一定距离埋设竖向排水管以排除中墙顶凹部的积水，中墙与中导之间的空隙是在初期支护和中隔墙防水层施工完成后回填，可以看出上部支撑形式存在着两个较为明显的缺点：

（1）由于中墙与中导洞之间的空隙得不到及时的回填，造成开挖毛洞跨度增大、高跨比变大，使围岩处于较为不利的受力状态。在回填空隙时由于受支护等因素的干扰，施工时往往无法回填密实，从而影响施工进度，也留下安全隐患。

（2）由于部分围岩裂隙水需经墙顶凹部通过排水管排入排水沟，这样容易造成凹部积水，并且该处防水系统施工难度大，质量难以控制，造成中墙与二次衬砌连接处的纵向施工缝渗漏水，影响结构的耐久性和运营的安全。

贴壁式连接方式克服了上部支撑形式中墙与中导洞之间存在空隙的缺点，使主洞开挖时毛洞跨度相对减小，并有利于洞周围岩的稳定，从而减少施工时辅助措施，加快了施工进度，节省了工程投资，并大大提高结构的可靠度，使运营安全得到进一步的保证。由于中墙两侧外轮廓与双洞隧道初期支护轮廓一致，有利于防水板的全断面铺设。一、二次衬砌分段浇筑的施工缝转移到墙角，从而使曲中墙连拱隧道中间部分的排水结构与独立的单洞隧道相同，其施工工艺相对较为简单，质量容易控制，隧道建成后防排水系统运作可靠。

为了改善通风条件、节约材料和便于人员通行，中隔墙还可以开设孔洞，如图 5 - 6 - 4 所示，这样不但可以改善通风、节省材料，而且也使结构轻巧、美观。中隔墙还可以用梁、柱代替，事实上，当中隔墙的孔洞较大时，隔墙的作用即变成梁柱的传力体系。图 5 - 6 - 4为某地铁侧式站台，每跨 8.0m 的连拱结构，中间的圆洞直径为 2.5m，孔中心的间距 5.0m。这种采用柱代替墙体的形式主要应用于地铁车站、地下商场和车库等地下工程，在公路隧道中则尚未使用。

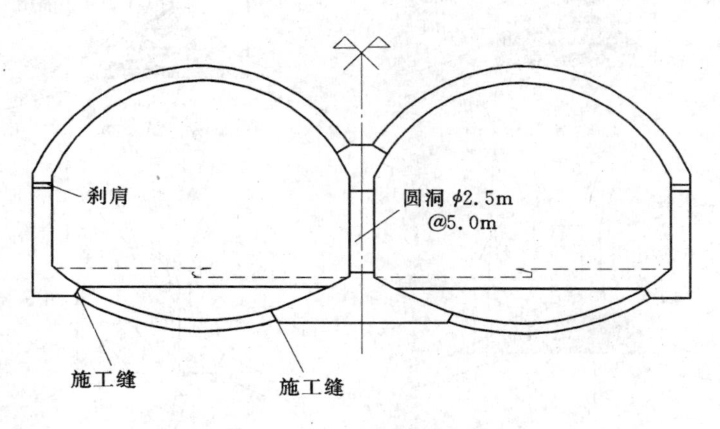

图 5 - 6 - 4　带圆孔的中墙

中墙的宽度一般由墙体受力和稳定要求、隧道宽度、施工方法和结构计算而定，其高度一般由经济技术指标决定。

2. 中导洞的设计

中导洞的作用在于先期开挖后，便于中墙浇筑，使随后的正洞初期支护和二次衬砌有支撑点和受力点。同时，先期开挖的导洞还可以探明前方地质情况，对后续的施工具有预测和预报的作用，因此，中导洞的施工在连拱隧道中不容忽视。中导洞的高度一般根据中墙高度确定，针对目前常见的直中墙形式，导洞的高度一般要高出中墙顶部 0.5m 左右，太高则回填浪费多，太矮则中墙顶部的回填和防水设施施工难度加大。中导洞的宽度一般要与围岩成洞条件和高度相协调，同时应考虑施工机械和车辆的进出予以确定。在中导洞与中墙的相对布置形式上应充分考虑上述因素，其一般形式如图 5 - 6 - 5 所示，即对称中墙布置和不对称中墙布置。根据已建连拱隧道的施工经验，中导洞轴线与中墙的竖轴线应该偏离一定的距离，一方面使机械车辆进出方便，另一方面使后开挖一侧的洞室围岩与中墙间空隙尽量减小，减少防止中墙偏压而采取措施所需要的临时支护材料，也使先行开挖侧的洞室跨度尽量小，对保证施工过程的安全稳定有一定的作用。

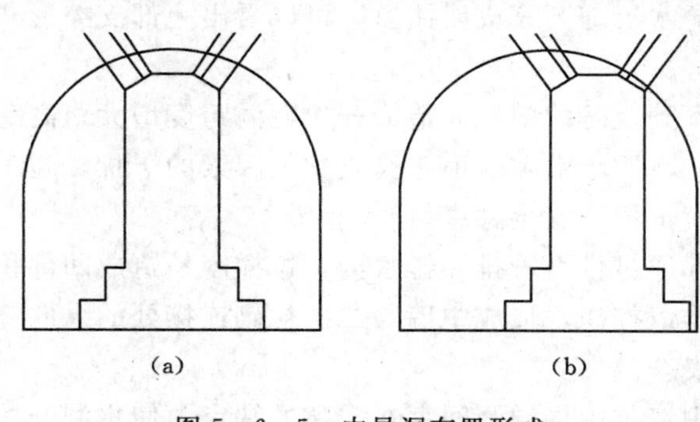

图 5 - 6 - 5　中导洞布置形式

5.7 衬砌截面强度的验算

为了保证衬砌结构的安全性，在计算出结构内力后，还需进行隧道衬砌截面强度验算。衬砌的任一截面均应满足强度安全系数要求；否则必须修改衬砌形状和尺寸，重新计算，直至满足要求为止。

根据铁路隧道设计规范和公路隧道设计规范的规定，一般地区单线隧道的整体式衬砌、偏压衬砌及拱形明洞，可以采用概率极限状态法进行设计计算。对于铁路隧道其他结构以及公路隧道衬砌结构，则仍采用破损阶段法或概率极限状态法进行设计。

5.7.1 破损阶段法

对于混凝土和石砌矩形截面构件，计算表明，当 $e_0 \leqslant 0.20h$ 时，由抗压强度控制其承载能力，因此仅需按抗压强度进行计算，即

$$KN \leqslant \varphi\alpha R_a bh \tag{5-7-1}$$

式中 R_a——混凝土或砌体的抗压极限强度，参照有关规范选取；

K——结构安全系数，其取值分别见表 5-7-1 和表 5-7-2；

N——轴向力；

b——截面宽度（通常取 $b=1$m 进行计算）；

h——截面的厚度；

φ——构件的纵向弯曲系数，对隧道衬砌拱圈及墙背紧密回填的边墙可取 $\varphi=1$；

α——轴向力偏心影响系数，查规范或按式：$\alpha=(1\sim1.5)e_0/h$ 计算；

e_0——截面偏心距。

表 5-7-1 混凝土和石砌结构的强度安全系数

材料种类及荷载组合 / 破坏原因	混凝土		石砌体	
	主要荷载	主要及附加荷载	主要荷载	主要及附加荷载
混凝土或石砌体达到抗压极限强度	2.4	2.0	2.7	2.3
混凝土达到抗拉极限强度（主拉应力）	3.6	3.0	—	—

表 5-7-2 钢筋混凝土结构的强度安全系数

荷载组合 / 破坏原因	主要荷载	主要及附加荷载
钢筋达到计算强度或混凝土达到抗压极限强度	2.0	1.7
混凝土达到抗拉极限强度（主拉应力）	2.4	2.0

从抗裂要求出发，对于混凝土矩形截面偏心受压构件，当 $e_0>0.20h$ 时，由抗拉强度控制承载能力，仅需按抗拉强度进行检算，其计算公式为

$$KN \leqslant \varphi \frac{1.75R_l bh}{\frac{6e_0}{h}-1} \tag{5-7-2}$$

式中　R_i——混凝土的抗拉极限强度；

其他符号意义同前。

除验算截面强度外，为了充分发挥混凝土的抗压性能，规范对轴向力偏心距有所限制。隧道和明洞混凝土衬砌的偏心距不宜大于 $0.45h$，石砌体不应大于 $0.3h$，h 为衬砌截面厚度；基底偏心距，对岩石地基不大于 1/4 倍的墙底厚度，对土质地基不大于 1/6 墙底厚度；基底应力不得大于地基容许承载力。

5.7.2　概率极限状态法

隧道结构极限状态包括承载能力极限状态和正常使用极限状态。承载能力极限状态是指结构在荷载作用下达到最大承载能力或发生不适于继续承载的变形状态。正常使用极限状态是指结构或构件达到正常使用或耐久性的某项规定限值的状态。一般情况下，应根据它们各自的要求分别进行计算和验算。

1. 承载能力极限状态

混凝土矩形截面中心及偏心受压构件，其受压承载能力应满足

$$\gamma_{sc} N_k \leqslant \varphi \alpha b h f_{ck} / \gamma_{Rc} \tag{5-7-3}$$

式中　N_k——轴向力标准值，由各种作用标准值计算得到；

γ_{sc}——混凝土衬砌构件抗压验算时作用效应分项系数，按有关规范选取；

γ_{Rc}——混凝土衬砌构件抗压验算时抗力分项系数，按有关规范选取；

φ——构件纵向弯曲系数，对于隧道衬砌、明洞拱圈及回填紧密的边墙，可取 $\varphi=1.0$；对于其他构件，应根据其长细比，按相关规范选取；

f_{ck}——混凝土衬砌轴心抗压强度标准值，按有关规范选取；

b——截面的宽度（通常取 $b=1\text{m}$ 进行计算）；

h——截面的厚度；

α——轴向力偏心影响系数，按相关规范选取。

2. 正常使用极限状态

从抗裂要求出发，混凝土矩形偏心受压构件的抗裂承载力按式（5－7－4）计算，即

$$\gamma_{st} N_k (6e_0 - h) \leqslant 1.75 \varphi b h^2 \frac{f_{ctk}}{\gamma_{Rt}} \tag{5-7-4}$$

式中　γ_{st}——混凝土衬砌构件抗裂验算时的作用效应分项系数，根据结构类型按相关规范选取；

γ_{Rt}——混凝土衬砌构件抗裂检算时的抗力分项系数，根据结构类型按相关规范选取；

f_{ctk}——混凝土衬砌轴心抗拉强度标准值，MPa，按有关规范选取；

其他符号意义同前。

在概率极限状态法中，对验算截面偏心距的要求同破损阶段法。

思考题

5－1　简述隧道衬砌结构的受力特点。

5－2　简述隧道结构的断面形式和结构类型、适用条件。

5－3　隧道结构计算主要考虑的荷载有哪些?

5－4　简述半衬砌结构的受力特点和内力计算方法。

5－5　在直墙拱形衬砌结构计算中，对边墙进行分类的依据是什么?

5－6　简述直墙拱形衬砌结构的受力特点和内力计算方法。

5－7　在曲墙拱形衬砌结构计算中，为什么常不考虑仰拱对衬砌内力的影响?

5－8　简述曲墙拱形衬砌结构的受力特点和内力计算方法。

5－9　试分析连拱隧道结构形式的特点及中墙的受力特征。

5－10　衬砌截面强度验算目前有几种方法?

第6章　浅埋式结构与附建式结构

6.1　概述

6.1.1　浅埋式结构的形式、应用和设计要求

埋设在土层中的建筑物，按其埋置深度划分为深埋式结构和浅埋式结构两大类。浅埋式结构是指其覆盖土层厚度较薄，不满足压力拱形成的条件（$H_{土}<(2\sim2.5)h_1$，h_1 为压力拱高）或软土地层中覆盖土层厚度小于结构尺寸的地下结构。

浅埋式结构的形式很多，大体可以分为以下3种：直墙拱形结构、矩形闭合框架结构和梁板式结构，或是上述形式的组合结构。

1. 直墙拱形结构

浅埋式直墙拱形结构在小型地下通道以及早期的人防工程中较为普遍，一般用在跨度为1.5～4m的结构中。墙体部分通常采用砖或块石砌筑，拱体部分视其跨度大小，跨度较小的人防工程的通道部分可以采用砖石砌拱，跨度较大的工程常采用预制混凝土拱或现浇混凝土拱。拱顶部分按其轴线形状又可分为半圆拱、割圆拱、抛物线拱等多种形式。几种常见的直墙拱结构如图6-1-1所示。

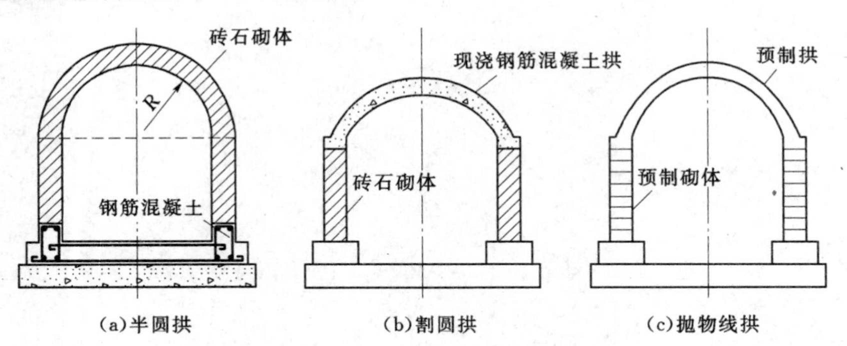

图6-1-1　直墙拱形结构

在直墙拱结构设计过程中，拱形结构主要承受轴向压力，弯矩和剪力都相对较小。所以在材料选择时，应该首选抗压性能好，而抗拉性能较差的建材，如普通烧结黏土砖、石材和混凝土等。

2. 矩形闭合框架结构

如今，地下空间结构的跨度及复杂性在不断增加，且对结构整体性、防水方面的要求越来越高。由于浅埋式矩形框架具有整体性好，空间利用率高，挖掘断面经济，且易于施工的特点。因此，它被广泛应用于地下建筑，特别是车行立交地道、地铁通道、车站等最

为合适。

矩形闭合框架的顶板、底板为水平构件，其受力形式与拱形结构有较大的差别，主要承受弯矩，故一般做成钢筋混凝土结构，以改善其受力性能。在城市地铁建设中应用最多，根据使用要求及荷载和跨度的大小，闭合框架可以分为单跨的、双跨的或多跨的；通常在车站部分还需做成多层多跨的形式。

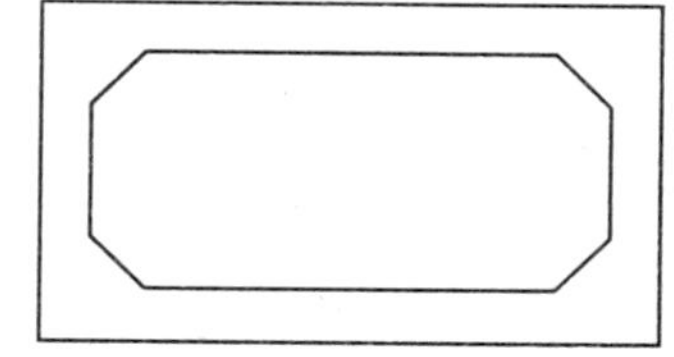

图 6－1－2 单跨矩形闭合框架

(1) 单跨矩形闭合框架。

当所需的跨度较小时（一般小于 6m），地下商业街的出入口、地下步行通道等，可以采用单跨矩形闭合框架。图 6－1－2 所示为地铁车站（或大型人防工程）的出入口通道的横截面。

(2) 双跨和多跨的矩形闭合框架。

当结构的跨度较大，或由于使用和工艺的要求，结构可设计成双跨的或是多跨的。图 6－1－3 即为双跨通道。为了改善通风条件和节约材料，中间隔墙还可开设孔洞，如图 6－1－4 所示。这样，不但可以改善通风、节约材料，而且也使结构轻巧、美观。

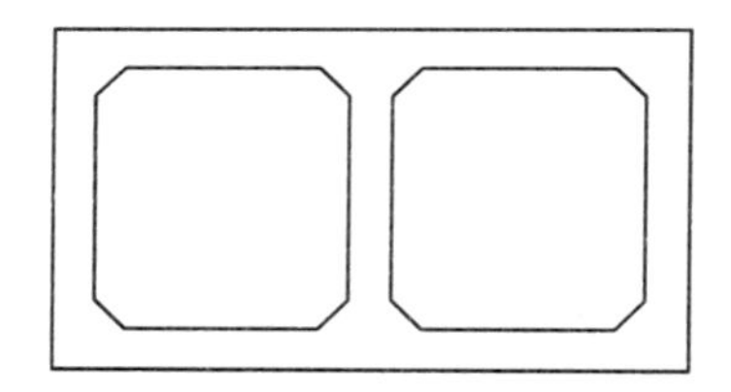

图 6－1－3 双跨矩形闭合框架

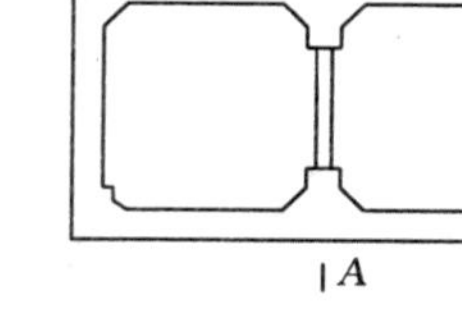

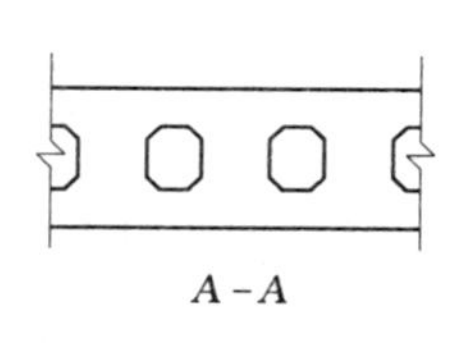

图 6－1－4 双跨开孔矩形闭合框架

中隔墙还可以用梁、柱代替。事实上，当隔墙上的孔洞开设较小时，洞与洞间的隔墙在进行力学分析及配筋计算时，可以把它看作深梁考虑；当隔墙上的孔洞开设较大时，隔墙的作用即变成梁、柱的传力体系，可以按照框架梁、柱的计算方法进行计算，其简图如图 6－1－5 所示。

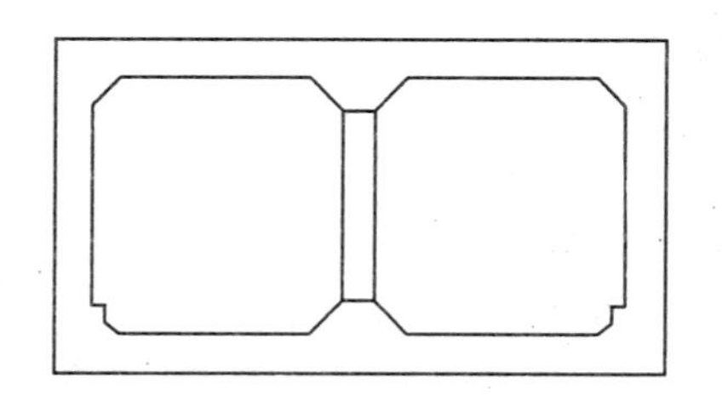

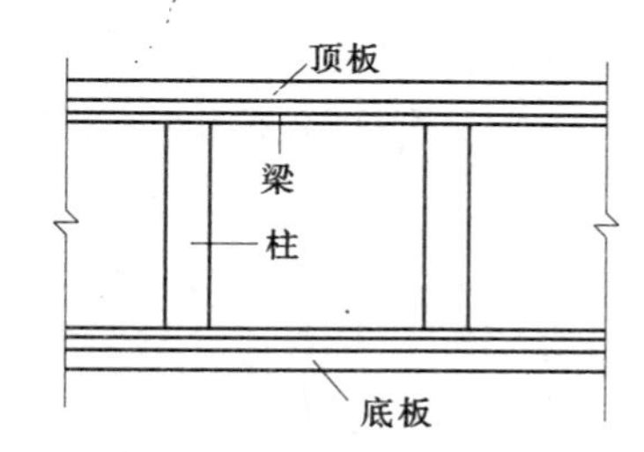

图 6－1－5 双跨开孔梁柱矩形闭合框架

(3) 多层多跨的矩形闭合框架。

有些地下厂房（如地下热电站）由于工艺要求必须做成多层多跨的结构。地铁车站部分，为了达到换乘的目的，局部也做成双层多跨的结构，如图 6－1－6 所示。

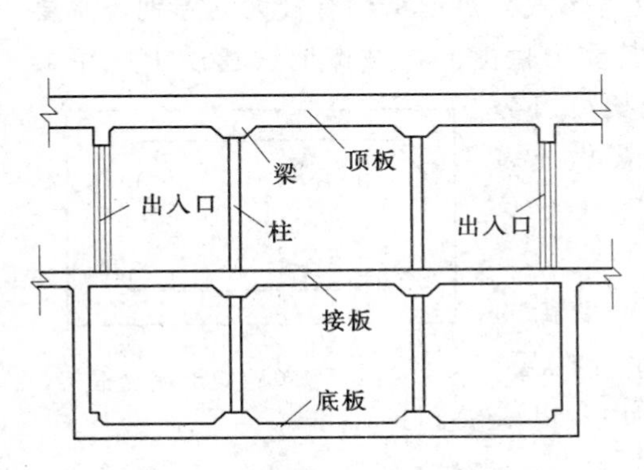

图 6-1-6 多层多跨矩形闭合框架

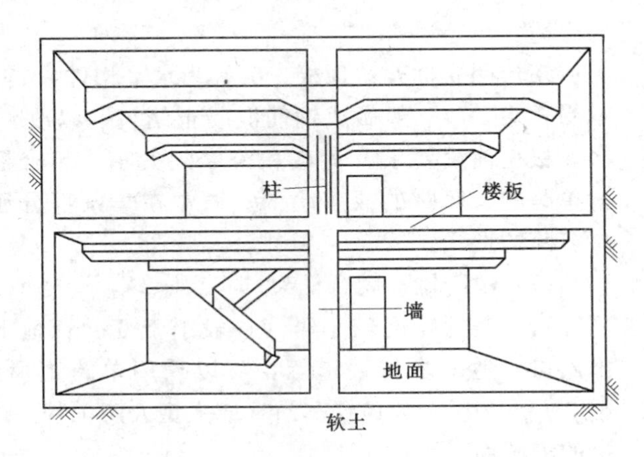

图 6-1-7 梁板式结构

3. 梁板式结构

浅埋地下工程中，梁板式结构的应用也很普遍，如地下医院、教室、指挥所等。这种工程在地下水位较低的地区或要求防护等级较低的工程中，顶、底板做成现浇钢筋混凝土梁板式结构，而围墙和隔墙则为砖墙；在地下水位较高或防护等级较高的工程中，一般除内隔墙外，均做成箱形闭合框架钢筋混凝土结构。图 6-1-7 所示为一梁板式结构。

除上面所述的 3 种形式外，对于一些大跨度的建筑物，如地下礼堂、地下仓库等还可以采用壳体结构或折板结构。

6.1.2 附建式地下空间结构的特点

地下室是建筑物中处于室外地面以下的地下空间。在房屋底层以下建造地下室，可以提高建筑用地效率。一些高层建筑基础埋深很大，充分利用这一深度来建造地下室，其经济效果和使用效果俱佳。地下室的类型按功能分，可分为普通地下室和人防地下室。

普通地下室用做商场、停车场、医院、娱乐场、学校或生产车间等。附建式人民防空地下室（以下简称人防地下室）是人防工程的重要组成部分，是战时提供人员、车辆、物资等掩蔽的主要场所，在平时由于地下室的特殊性，也是作为防灾、减灾指挥所及避难所。人防地下室和普通地下室有着很多相同点，人防地下室与普通地下室最主要的相同点就是它们都是埋在地下的工程，在平时使用功能上都可以用做商场、停车场、医院、娱乐场所甚至是生产车间，它们都有相应的通风、照明、消防、给排水设施，因此从一个工程的外表和用途上是很难区分该地下工程是否是人防地下室。

人防地下室由于在战时具有防备空袭和核武器、生化武器袭击的作用，因此在工程的设计、施工及设备设施上与普通地下室有着很多区别。

首先，在工程的设计中普通地下室只需要按照该地下室的使用功能和荷载进行设计就可以了，它可以全埋或半埋于地下。而防空地下室除了考虑平时使用外，还必须按照战时标准进行设计，因此人防地下室只能是全部埋于地下。由于战时工程所承受的荷载较大，人防地下室的顶板、外墙、底板、柱子和梁都要比普通地下室的尺寸大。有时为了满足平时的使用功能需要，还要进行临战前转换设计，如战时封堵墙、洞口、临战加柱等。另外，对重要的人防工程，还必须在顶板上设置水平遮弹层，用来抵挡导弹、炸弹的袭击。

附建式地下结构是整个建筑物的一部分，也是防护结构的一种形式，它既不同于一般地下室结构，也不同于单建式地下结构。由于防空地下室附建于上部地面建筑的下面，因此，它成为地面建筑的一部分，可以结合基本建设进行构筑。在平时它可以和上部建筑配套使用，在战争或是遇到巨大自然灾害时，可以单独作为防御工事。建筑物的基础形式不同，则附建式地下室在建筑基础中所充当的角色也不同。当基础为箱形基础时，基础可以兼做附建式人防工事；当基础为片筏基础、桩基础时，附建式人防工事的底板就是建筑物基础。

国家人防部门规定，在新建、改建大、中型工业、交通项目和较大的民用建筑中，要按建筑面积比例同时构筑防空地下室，并在本地区人防规划和城市规划的统一安排下，将经费、材料纳入基本建设计划，按照国家基本建设程序和要求进行设计和施工。

结合基本建设修建防空地下室与修建单建式工事相比，有以下优越性：

(1) 节省建设用地和投资。

(2) 便于平战结合，人员和设备容易在战时迅速转入地下。

(3) 增强上层建筑的抗地震能力。

(4) 上部建筑对战时核爆炸冲击波、光辐射、早期核辐射及炮（炸）弹有一定的防护作用；附建式防空地下室的造价比单建式防空地下室低。

(5) 结合基本建设同时施工、便于施工管理，同时也便于使用过程中的维护。

但是，附建式地下建筑在战时上层建筑遭到破坏时容易造成出入口的堵塞、引起火灾等次生灾害。因此，在附建式地下室设计中，必须使顶板上的覆土厚度满足防火和抗爆的要求。

由于上层建筑在战时有一定的防护作用，因此，当它满足下列条件时，其下部的结构可按附建式工事设计，即考虑它的防护作用；当不能满足此条件时，应按单建式工事设计。

(1) 上部为多层建筑，底层外墙为砖石砌体或不低于一般砖石砌体强度的其他墙体，并且任何一面外墙开设的门窗孔面积不大于该墙面面积的一半。

(2) 上部为单层建筑，外墙使用的材料和开孔比例应符合上述要求，而且屋盖为钢筋混凝土结构。

根据防空地下室与上部地面建筑同期修建的特点，设计附建式地下结构时，应充分注意上部地面建筑的具体条件，要地上、地下综合考察，使地上与地下部分的建筑材料、平面布置、结构形式、施工方法等尽量取得一致，要尽量不做或少做局部地下室，一般要修建完整地下室。

附建式地下空间结构在战时设计荷载作用下，可只验算结构的强度，当然，除了按战时设计荷载进行设计外，还应根据平时正常使用条件下的荷载进行计算，并以平时和战时两者中的控制情况作为结构设计的依据。

附建式地下空间结构在平面布置、采暖通风、防潮除湿、采光照明等方面采取相应的措施，恰当地处理战时防护要求与平时利用的矛盾，在不过多增加工程造价的情况下，尽量为平时利用创造必要的条件。其主要矛盾如下：

(1) 平时要求在外墙上开设通风采光洞，战时又要限制开洞的面积，并且还要采取加强、密封等措施。

(2) 平时允许防空地下室顶板底面高出室外地面，战时又限制高出的高度，并且在临战前要进行覆土。

(3) 平时要求设有内墙的大房间，可采用板柱结构，战时承受较大荷载，对柱距加以限制。

(4) 平时内墙可不砌筑，而在临战前再行砌筑。

由于防空地下室容易做到平战结合，是城市人防工程建设中较有发展前途的一种类型，而且，便于提供恒温、安静、清洁的条件，在未来现代化城市建设中也将会充分发挥其作用。如遇到下列的情况，则更应优先考虑修建防空地下室：

(1) 低洼地带需要进行大量填土的建筑。

(2) 需要做深基础的建筑。

(3) 新建的高层建筑。

(4) 人口密集、空地缺少的平原地区建筑。

6.1.3 设计计算的主要问题

地下空间结构设计中，主要存在的问题有地下空间结构平面设计、墙体结构设计、抗浮设计及防水及抗震设计等。在进行设计计算时，主要问题包括以下几个方面：

(1) 荷载的确定及荷载组合。

(2) 计算简图的合理选择。

(3) 计算方法的选择。

(4) 截面设计及配筋。

6.2 矩形闭合框架结构

6.2.1 设计计算要点

矩形闭合框架结构是由钢筋混凝土墙、柱、顶板和底板整体现浇的方形空间盒子结构，此结构的顶板和底板为水平构件，承受弯矩较拱形结构大，侧墙为竖向构件。该结构主要用于地下立交通道、地铁通道、车站、地下商业街等，主要采用掘开式、顶箱、逆作法等施工。矩形闭合框架的设计计算通常包括三方面的内容，即荷载计算、内力计算、截面设计。本节以图 6-2-1 所示的地铁通道为例，对矩形闭合框架结构的设计进行简要说明。

某些地下工程，如地下商业街、地铁通道等，其横向断面比纵向短得多，且结构所受的荷载沿纵向变化不大。如纵向长度为 L，横向宽度为 B，当 $L/B>2$ 时，因端部边墙较远，对结构内力的影响很小，因此可以不考虑结构纵向的不均匀变形，可把结构受力问题视为平面应变问题。计算时可沿纵向截取单位长度（如 1.0m）的截条为计算单元，如图 6-2-1 所示。以截面形心连线作为框架的轴线，当作闭合框架来计算，计算简图如图 6-2-2 (a) 所示。闭合框架可以是单层，也可以是多层；水平跨度既可以是单跨也可以是多跨。

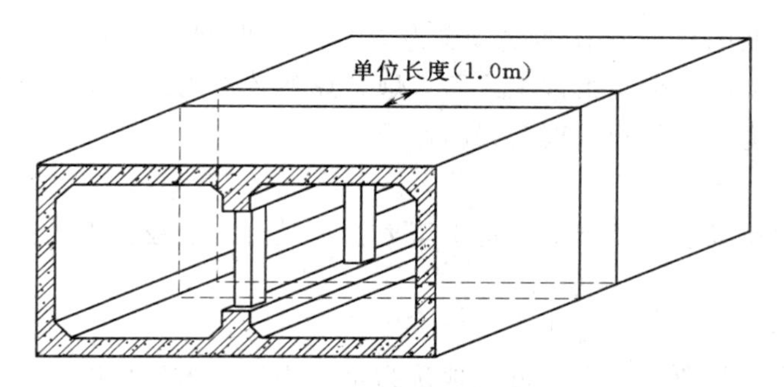

图 6-2-1 框架计算单元

有些地下空间结构，框架顶板、底板、侧墙的厚度要比中隔墙大得多，所以，中隔墙的刚度相对较小，此时，当侧力不大时，将中隔墙看做只承受轴力的二力杆，误差也并不大。如图 6-2-2（b）所示。也有些地下空间结构，由于功能要求，中间需设柱和梁，梁支承框架，柱支承梁，这种情况下的计算简图应如图 6-2-2（c）所示。

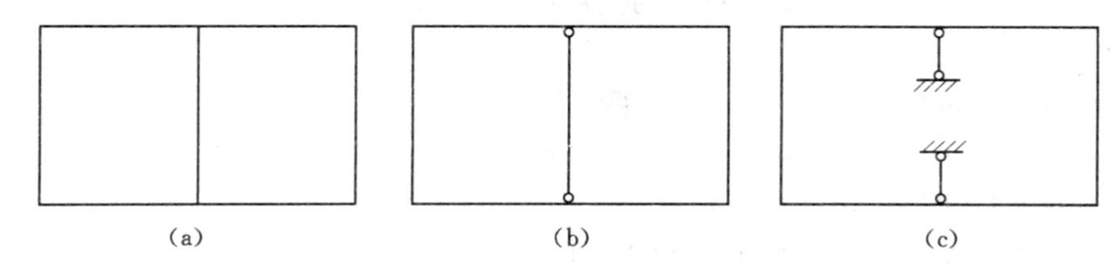

图 6-2-2 框架结构计算简图

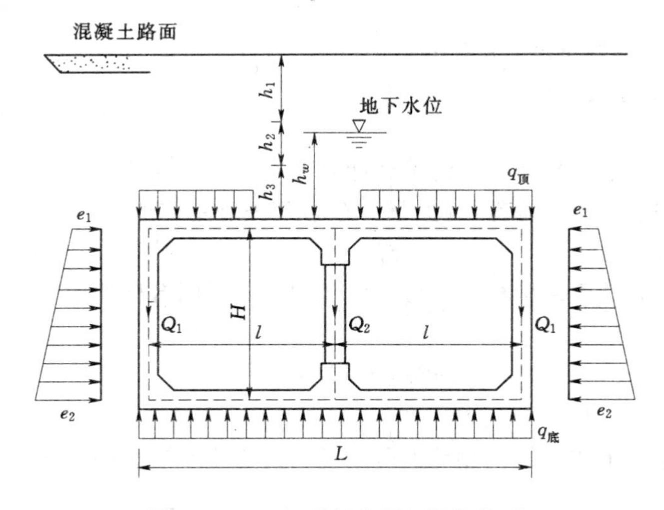

图 6-2-3 矩形闭合框架计算模型

6.2.2 荷载计算

矩形闭合框架地下空间结构承受的荷载主要有垂直压力、侧向压力及车辆荷载等，如图 6-2-3 所示。按照荷载作用的历时分，这些荷载可分为静荷载、活荷载和特殊荷载三类。静荷载是指长期作用在结构上的不变荷载，如结构自重、水土压力等；活荷载是指结构施工期间或使用期间可能存在的变动荷载，如施工期间堆放的材料、机械或人群、车辆、设备等荷载；特殊荷载是指常规武器（炮、炸弹）作用或核武器爆炸形成的荷载。处于地震区的地下结构，还受到地震荷载的作用。

6.2.2.1 顶板上的荷载

作用于顶板的荷载包括顶板上的覆土压力、水压力、顶板自重、路面活荷载及特殊荷载等。

1. 覆土压力 q_0

对于浅埋结构，其覆土压力可近似地认为是结构范围内顶板以上各层土（包括路面材料）的重量，即

$$q_0 = \sum_i \gamma_i h_i \tag{6-2-1}$$

式中 γ_i——第 i 层土（路面材料）的重度，对于地下水位以上的土层，取天然重度，地下水位以下取浮重度，kN/m^3；

h_i——第 i 层土（或路面材料）的土层厚度，m。

2. 水压力 q_w

计算水压力时可按式（6-2-2）计算，即

$$q_w = \gamma_w h_w \tag{6-2-2}$$

式中 γ_w——水的重度，取 $10kN/m^3$；

h_w——地下水面至顶板表面的距离，m。

3. 顶板自重 q

$$q = \gamma d \tag{6-2-3}$$

式中 γ——顶板材料的重度，kN/m^3；

d——顶板的厚度，m。

4. 特殊荷载 $q_{顶}^t$

在某些情况下，地下空间结构的设计计算必须考虑特殊荷载。作用在浅埋式矩形闭合框架地下空间结构顶板上的特殊荷载 $q_{顶}^t$ 一般按相关规定取值。

5. 地面超载 P_0

将上述5种荷载计算结构相加，可得到浅埋式矩形闭合框架地下结构顶板上所受的荷载，即

$$q_{顶} = q_0 + q_w + q + q_{顶}^t + P_0 \tag{6-2-4}$$

6.2.2.2 侧墙上的荷载

矩形闭合框架地下空间结构侧墙上所承受的荷载主要有地层侧向压力、侧向水压力及特殊荷载等。

1. 地层侧向压力

地层侧向压力可以按式（6-2-5）计算，该计算值介于主动压力与静止土压力之间，即

$$e = \left(\sum_i \gamma_i h_i\right) \tan^2(45° - \varphi/2) \tag{6-2-5}$$

式中 h_i——计算点以上第 i 层土的层厚，m；

γ_i——计算点以上第 i 层土的重度，kN/m³；

φ——计算点处土层的内摩擦角，(°)。

2. 侧向水压力

$$e_w = \psi \gamma_w h'_w \tag{6-2-6}$$

式中 ψ——折减系数，其值根据土层的透水性确定，对于砂土，$\psi=1$，对于黏性土，$\psi=0.7$；

h'_w——从地下水面到计算点的距离，m。

3. 特殊荷载 $q^t_{侧}$

将上述3种荷载相加，则可得到作用于侧墙上的荷载为

$$q_{侧} = e + e_w + q^t_{侧} \tag{6-2-7}$$

除了上述所提到的荷载外，由于温度变化，沉降不均匀、材料收缩等因素也会使结构产生内力，但这些因素产生的结构内力很难确定，通常是采用构造措施来进行考虑，如采用构造钢筋、设置伸缩缝和沉降缝等。

6.2.2.3 底板上的荷载

矩形闭合框架地下空间结构底板以上的荷载是指承托结构的地基对结构作用的反力，该反力是由作用在结构上的所有垂直荷载，通过底板传给结构的地基，而地基由此产生向上的反力，反作用于地下空间结构底板上形成荷载。一般情况下，地下空间结构刚度较大，而地基相对来说较软，在计算时可假定反力为直线分布。当假定地基反力为直线分布时，作用在底板上的荷载可按式（6-2-8）计算，即

$$q_{底} = q_{顶} + (\sum Q)/L + q^t_{底} \tag{6-2-8}$$

式中 $\sum Q$——结构顶板以下、底板以上的边墙及中墙（中间柱）等自重之和，kN/m；

L——结构断面的宽度，如图6-2-3所示，m；

$q^t_{底}$——底板上的特殊荷载，按相关规定取值，kN/m²。

底板所承受的荷载，除采用上述假定计算外，还可以采用基于温克尔假定的弹性地基梁和基于弹性半无限平面假定的弹性地基梁等来计算。

6.2.3 内力计算

由结构力学可知，计算超静定结构的内力（轴力、弯矩和剪力），必须事先知道各杆件截面的尺寸，至少也要知道各杆件截面惯性矩的比值；否则无法进行内力的计算。但是确定截面尺寸，只有知道内力之后才能进行，这一矛盾的产生，是由于杆件系统结构力学理论本身带来的。克服这一矛盾的方法是：在进行内力计算之前，通常先根据以往的经验或近似计算方法设定各个杆件的截面尺寸，经内力计算后，再来验算所设截面是否合适；否则，重复上述步骤，直到所设截面合适为止，如图6-2-4所示。

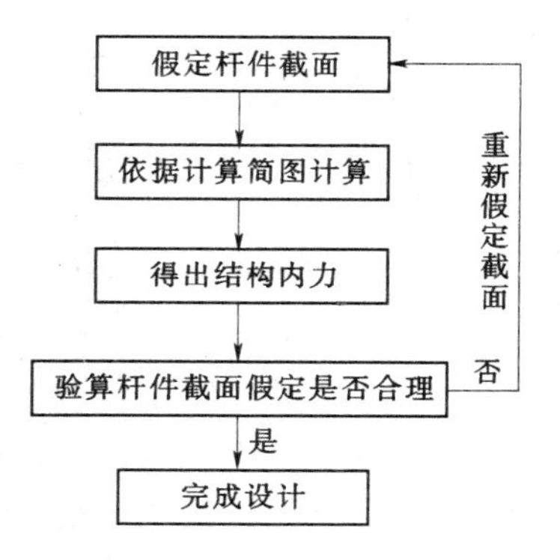

图6-2-4 截面选择流程图

如前所述，矩形闭合框架地下空间结构一般为长条形结构，计算时沿纵向取1m为计

算单元，作为平面应变问题进行计算。根据地下空间结构与地基的相对刚度的大小，其地基反力的计算可采用不同的方法。一是假定地基反力按直线分布，用力法、位移法、力矩分配等结构力学方法进行计算；二是将地基看成弹性半无限体来计算。第二种方法的特点是结构地板承受的地基反力未知。因此，计算时不仅要考虑框架自身变形对内力的影响，也要考虑由于地板变形引起的框架内力的变化。对于框架的计算仍采用结构力学中介绍的方法进行计算，对于框架底板的计算，可按计算弹性半无限平面体上基础梁的方法进行计算。下面将对该法进行介绍。

浅埋地下建筑中的闭合框架，如地铁通道、过江隧道、人防通道等，通常多为平面变形问题，如图 6-2-5 所示。

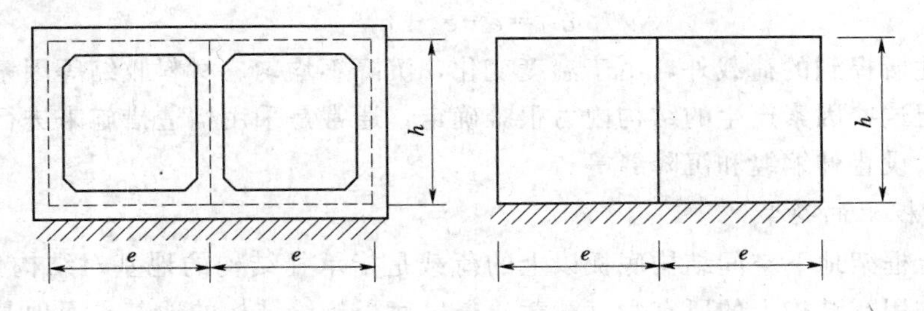

图 6-2-5　计算简图

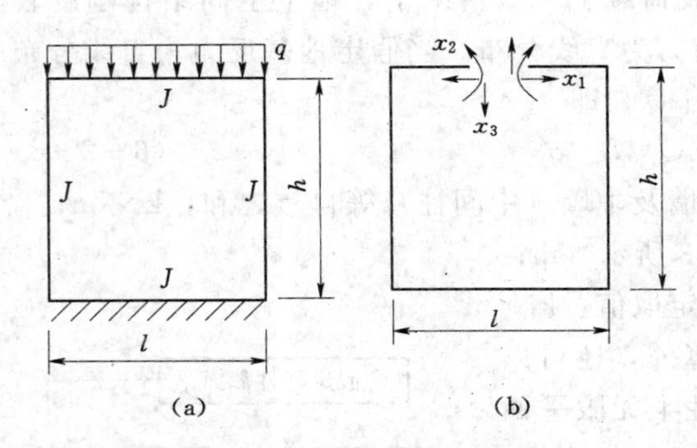

图 6-2-6　计算简图及基本结构

计算时沿纵向取一单位宽度作为计算单元，对地基也截取相同单位宽度并把它看做一个弹性半无限平面。

框架的内力分析可采用图 6-2-6 所示的计算简图。与一般平面框架的区别在于地板承受未知的地基弹性反力。

弹性地基平面上平面框架内力计算采用结构力学中的力法，只是需要将底板按弹性地基梁来考虑。图 6-2-6（a）所示为一平面闭合框架，承受均布荷载 q，用力法计算内力时，可将横梁在中央切开，如图 6-2-6（b）所示，则可得典型方程为

$$\begin{cases} x_1\delta_{11}+x_2\delta_{12}+x_3\delta_{13}+\Delta_{1P}=0 \\ x_1\delta_{21}+x_2\delta_{22}+x_3\delta_{23}+\Delta_{2P}=0 \\ x_1\delta_{31}+x_2\delta_{32}+x_3\delta_{33}+\Delta_{3P}=0 \end{cases} \tag{6-2-9}$$

式中　δ_{ij}——在多余力 x_j 作用下，沿 x_i 方向的位移；

Δ_{iP}——在荷载作用下沿 x_i 方向的位移，按式（6-2-10）计算，即

$$\left.\begin{aligned} \delta_{ij}&=\delta'_{ij}+b_{ij} \\ \Delta_{ij}&=\Delta'_{ip}+b_{iq} \\ \delta'_{ij}&=\sum\int\frac{M_iM_j}{EJ}\mathrm{d}s \end{aligned}\right\} \tag{6-2-10}$$

式中　δ'_{ij}——框架基本结构在单位力作用下产生的位移（不包括底板）；

b_{ij}——底板按弹性地基梁在单位力 x_j 作用下算出切口处 x_i 方向的位移；

Δ'_{ip}——框架基本结构在外荷载作用下产生的位移（不包括底板）；

b_{iq}——底板按弹性地基梁在外荷载 q 作用下算出的切口 x_i 方向的位移。

将所求得的系数和自由项代入典型方程，求解出未知力 x_i，并绘出内力图。

以上各计算系数，对于框架可以查表 6-2-1，对于地基梁可以查弹性地基梁的计算表。

表 6-2-1　　位移及角变的计算公式

情形	简图	位移及角变的计算公式
(1) 对称	C, B, K_2, K_1, K_1, D, A	$\theta_A=\dfrac{M_{BA}^F+M_{BC}^F-\left(2+\dfrac{K_2}{K_1}\right)M_{AB}^F}{6EK_1+4EK_2}$
(2) 反对称	P, C, B, K_2, h, K_1, K_1, M, M, D, A	$\theta_A=\left[\left(\dfrac{3K_2}{2K_1}+\dfrac{1}{2}\right)hP-M_{BC}^F+\left(\dfrac{6K_2}{K_1}+1\right)M\right]\dfrac{1}{6EK_2}$
(3)	q_0, x, l, y	$\theta_A=\dfrac{q_0}{24EI}(l^3-6lx^2+4x^3)$ $y=\dfrac{q_0}{24EI}(l^3x-2lx^3+x^4)$
(4)	a, P_0, b, x, l, y	荷载左段 $\theta=\dfrac{P}{EI}\left(\dfrac{b}{6l}(l^2-b^2)-\dfrac{bx^2}{2l}\right)$ $y=\dfrac{P}{EI}\left(\dfrac{bx}{6l}(l^2-b^2)-\dfrac{bx^3}{6l}\right)$ 荷载右段 $\theta=\dfrac{P}{EI}\left(\dfrac{(x-a)^2}{2}+\dfrac{b}{6l}(l^2-b^2)-\dfrac{bx^2}{2l}\right)$ $y=\dfrac{P}{EI}\left(\dfrac{(x-a)^3}{6}+\dfrac{bx}{6l}(l^2-b^2)-\dfrac{bx^3}{6l}\right)$
(5)	a, b, m, x, l, y	荷载左段 $\theta=\dfrac{m}{EI}\left(\dfrac{x^2}{2l}-a+\dfrac{l}{3}+\dfrac{a^2}{2l}\right)$ $y=\dfrac{m}{EI}\left(\dfrac{x^3}{6l}-ax+\dfrac{lx}{3}+\dfrac{a^2x}{2l}\right)$ 荷载右段 $\theta=\dfrac{m}{EI}\left(\dfrac{x^2}{2l}-x+\dfrac{l}{3}+\dfrac{a^2}{2l}\right)$ $y=\dfrac{m}{EI}\left(\dfrac{x^3}{6l}-\dfrac{x^2}{2}+\dfrac{lx}{3}+\dfrac{a^2x}{2l}-\dfrac{a^2}{2}\right)$

续表

情　形	简　图	位移及角变的计算公式
(6)		$\theta=\frac{m}{EI}\left(\frac{x^2}{2l}-x+\frac{l}{3}\right)$ $y=\frac{m}{EI}\left(\frac{x^3}{6l}-\frac{x^2}{2}+\frac{lx}{3}\right)$
(7)		$\theta=\frac{m}{EI}\left(\frac{l}{6}-\frac{x^2}{2l}\right)$ $y=\frac{m}{6EI}\left(lx-\frac{x^3}{l}\right)$
(8)		$\theta_F=\frac{mh}{EI}$　（下端的角变） $y=\frac{mh^2}{2EI}$　（下端的水平位移）
(9)		$\theta_F=\frac{Ph^2}{2EI}$　（下端的角变） $y=\frac{Ph^3}{3EI}$　（下端的水平位移）
	角度 θ 以顺时针向为正，固端弯矩 M^F 以顺时针向为正，$K=I/l$ 对称情况求铰 A 处的角度 θ_A 时用情形（1）的公式	
	反对称情况求铰 A 处的角度 θ_A 时用情形（2）的公式。但应注意，M_{BA}^F 必须为零方可，否则不能使用该公式，图中所示的 m 和 P 为正向	
说明	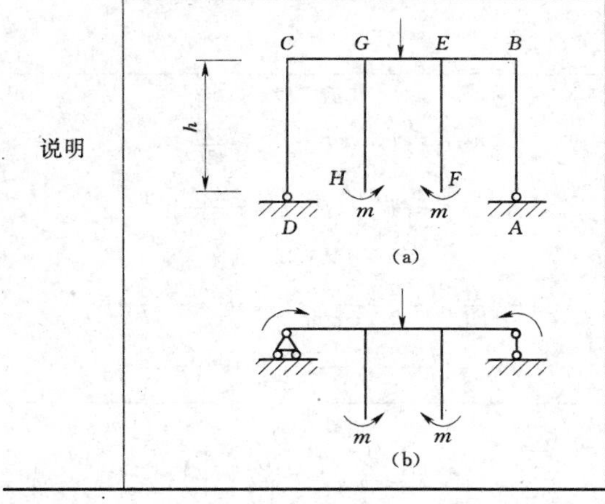	设欲求图（a）所示两铰框架截面 F 的角度，首先求出此框架的弯矩图，然后取出杆 BC 作为简支梁，如图（b）所示 按情形（4）、（5）、（6）、（7）算出截面 E 的角度 θ_E。按情形（8）算出截面 F 的角变 θ'_F。截面 F 最终角度 θ_F 为 $\theta_F=\theta_E+\theta'_F$

6.2.4　设计弯矩、剪力及轴力的计算

1. 设计弯矩

根据计算简图求解超静定结构时，直接求的是构件轴线相交处的内力，然后利用平衡条件可以求得各杆件任意截面处的内力。如图 6-2-7 所示，节点弯矩（计算弯矩）虽然比附近截面的弯矩大，但其对应的截面高度是侧墙高度，所以，实际最不利的截面（弯矩

大而截面高度又小）则是侧墙边缘处的截面，对应这个截面的弯矩称为设计弯矩。根据隔离体的平衡条件，可按下面的公式计算设计弯矩，即

$$M_i = M_P - Q_P \times \frac{b}{2} + \frac{q}{2}\left(\frac{b}{2}\right)^2 \tag{6-2-11}$$

式中　M_i——设计弯矩，kN·m；

M_P——计算弯矩，kN·m；

Q_P——计算剪力，kN；

b——支座宽度，m；

q——作用于杆件上的均布荷载，kN/m。

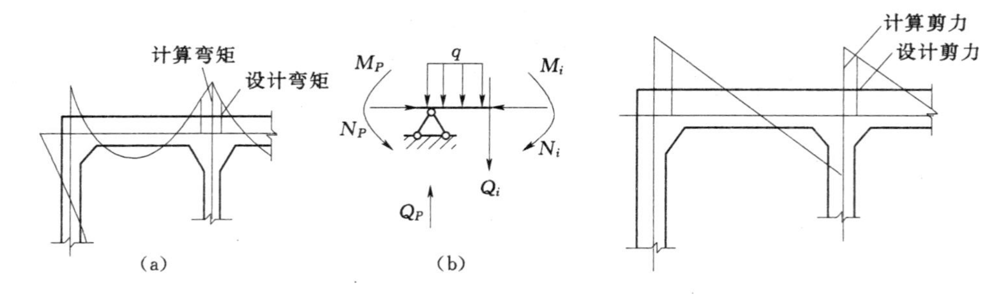

图 6-2-7　设计弯矩计算简图　　　图 6-2-8　设计剪力计算简图

设计中为了简便起见，式（6-2-11）可近似地用式（6-2-12）代替，即

$$M_i = M_P - Q_P \times \frac{b}{2} \tag{6-2-12}$$

2. 设计剪力

与弯矩相同，如图 6-2-8 所示，对于剪力，不利截面仍然处于支座边缘处，根据隔离条件，设计剪力按式（6-2-13）计算，即

$$Q_i = Q_P - \frac{q}{2} \times b \tag{6-2-13}$$

3. 设计轴力

由静荷载引起的设计轴力按式（6-2-14）计算，即

$$N_i = N_P \tag{6-2-14}$$

式中　N_P——由静荷载引起的计算轴力，kN。

由特载引起的设计轴力按式（6-2-15）计算，即

$$N_i^t = N_P^t \xi \tag{6-2-15}$$

式中　N_P^t——由特载引起的计算轴力，kN；

ξ——折减系数，对于顶板 ξ 可取 0.3，对于底板和侧墙可取 0.6。

最后将上面两种情形计算出的设计轴力相加，即可得到各杆件的最后设计轴力。

6.2.5　抗浮验算

为保证结构不致因为地下水的浮力而浮起，在设计完成后，尚需按式（6-2-16）进行抗浮验算，即

$$K=Q_{重}/Q_{浮}\geqslant 1.05\sim 1.10 \tag{6-2-16}$$

式中　K——抗浮安全系数；

$Q_{重}$——结构自重、设备重及上部覆土重之和；

$Q_{浮}$——地下水的浮力。

当箱体已经施工完毕，但未安装设备和回填土前，计算 $Q_{重}$ 时只应考虑结构自重。

6.2.6　算例

图 6-2-9（a）所示为单跨对称框架，受均布荷载 $q_0=20\text{kN/m}$ 作用，几何尺寸如图 6-2-9 所示，材料的弹性模量 $E=14\times10^6\text{kN/m}^2$，地基的弹性模量 $E_0=5000\text{kN/m}^2$，设为平面变形问题。绘出框架的弯矩图。

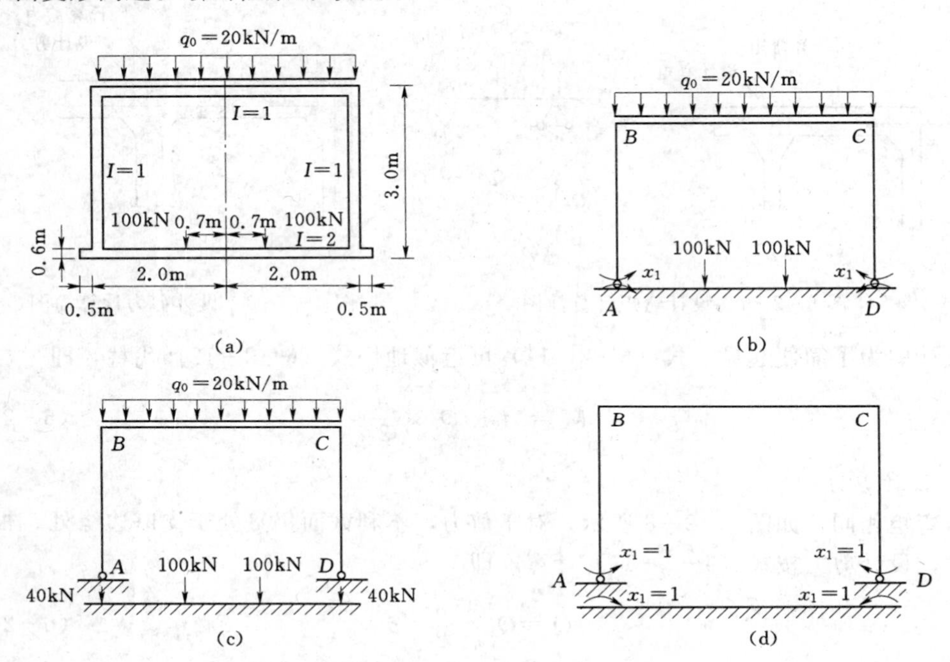

图 6-2-9　单跨对称框架及计算简图

取基本结构如图 6-2-9（b）所示，列出力法方程，即

$$\delta_{11}x_1+\Delta_{1P}=0$$

1. 计算 Δ_{1P}

首先求出图 6-2-9（c）所示的两铰框架铰 A 处的角变。为此将框架拆分为 3 段单跨超静定梁。根据结构力学中单跨超静定梁的固端弯矩的计算公式，计算出杆 AB 和杆 BC 的固端弯矩分别为 $M^{\mathrm{F}}_{\mathrm{AB}}=M^{\mathrm{F}}_{\mathrm{BA}}=0$，$M^{\mathrm{F}}_{\mathrm{BC}}=26.67\text{kN}\cdot\text{m}$，根据表 6-2-1 中的情形（1），代入其角变计算公式中，得铰 A 处的角变为

$$\theta'_{\mathrm{A}}=\frac{M^{\mathrm{F}}_{\mathrm{BA}}+M^{\mathrm{F}}_{\mathrm{BC}}-\left(2+\dfrac{K_1}{K_2}\right)M^{\mathrm{F}}_{\mathrm{AB}}}{6EK_1+4EK_2}=\frac{26.67}{\dfrac{6EI}{3}+\dfrac{4EI}{4}}=\frac{8.89}{EI}\text{（顺时针方向，与 } x_1 \text{ 同向）}$$

再求图 6-2-9（c）中基础梁截面 A 的角变。

将地基梁作为弹性半空间，则基础梁的柔度指标为

$$t=10\frac{E_0}{E_1}\left(\frac{l}{h}\right)^3=10\times\frac{5000}{14\times10^6}\left(\frac{2.5}{0.6}\right)^3=2.6\approx3.0$$

基础梁在 100kN 荷载作用下，$\alpha=\frac{0.7}{2.5}\approx0.3\zeta=\frac{2.0}{2.5}=0.8$，通过查表可得，梁对称集中荷载作用下基础梁的角变系数为

$$\widetilde{\theta}=-0.148$$

将其代入角变公式，可得 100kN 荷载作用下基础梁的角变为

$$\theta_1=\widetilde{\theta}\times\frac{Pl^2}{2EI}=-0.148\times\frac{100\times2.5^2}{2EI}=-\frac{46.25}{EI}\text{（逆时针方向）}$$

基础梁在 40kN 荷载作用下，$\alpha=\zeta=\frac{2.0}{2.5}=0.8$，通过查表可得，梁对称集中荷载作用下基础梁的角变系数为

$$\widetilde{\theta}=0.075$$

将其代入角变公式，可得 40kN 荷载作用下基础梁的角变为

$$\theta_2=\widetilde{\theta}\times\frac{Pl^2}{2EI}=0.075\times\frac{40\times2.5^2}{2EI}=\frac{9.38}{EI}\text{（顺时针方向）}$$

基础梁截面 A 的总角变为

$$\theta_A''=\frac{46.25}{EI}+\frac{9.38}{EI}=\frac{36.87}{EI}\text{（逆时针方向，与 }x_1\text{ 同向）}$$

由以上计算结果，可得出

$$\Delta_{1P}=\theta_A'+\theta_A''=\frac{8.89}{EI}+\frac{36.87}{EI}=\frac{45.76}{EI}$$

2. 计算 δ_{11}

首先求出 6-2-9（d）所示的两铰框架铰 A 处的角变，按表 6-2-1 中的情形（1），将杆 AB 和杆 BC 的固端弯矩 $M_{BC}^F=M_{BA}^F=0$，$M_{AB}^F=-1\text{kN}\cdot\text{m}$ 代入其角变计算公式中，得铰 A 处的角变为

$$\theta_A'=\frac{M_{BA}^F+M_{BC}^F-\left(2+\frac{K_1}{K_2}\right)M_{AB}^F}{6EK_1+4EK_2}=\frac{-(2+0.75)\times(-1)}{\frac{6EI}{3}+\frac{4EI}{4}}=\frac{0.917}{EI}\text{（顺时针方向，与 }x_1\text{ 同向）}$$

再求图 6-2-9（d）中基础梁截面 A 的角变。$t=3$，$\alpha=\zeta=0.8$，通过查表可查得两个对称力矩作用下基础梁的角变系数为

$$\widetilde{\theta}=-0.675$$

代入角变公式，可得

$$\theta''=\widetilde{\theta}\times\frac{ml}{EI}=-0.675\times\frac{1\times2.5}{2EI}=-\frac{0.844}{EI}\text{（逆时针方向，与 }x_1\text{ 同向）}$$

因此，求出 δ_{11} 为

$$\delta_{11}=\theta'+\theta''=\frac{0.917}{EI}+\frac{0.844}{EI}=\frac{1.761}{EI}$$

对于两铰框架 A 与铰 D 处的水平反力在基础梁中产生的轴向变形，在计算中不予考虑。

3. 框架内力计算

将以上求出的 δ_{11} 和 Δ_{1P} 代入力法方程，得

$$1.761x_1+45.76=0$$

解得 $x_1=-26.0\text{kN}\cdot\text{m}$

根据 6-2-10（a）所示的两铰框架和基础梁的受力图，对两铰框架用力矩分配法计算，对基础梁按弹性地基梁计算，可分别求出框架与基础的内力。图 6-2-10（b）所示为框架和基础梁的弯矩图，正弯矩绘在杆的受拉侧。

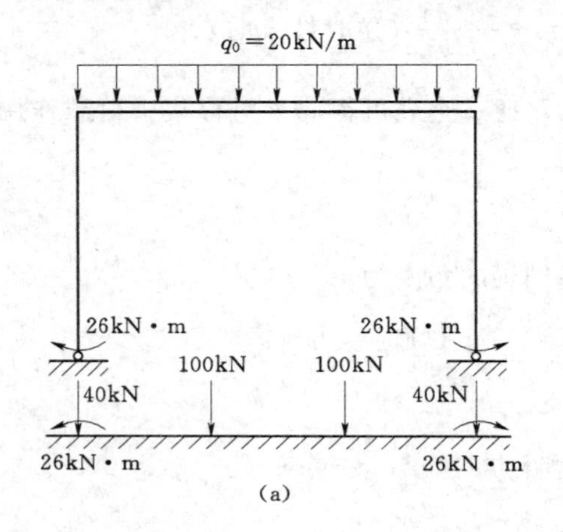

(a)

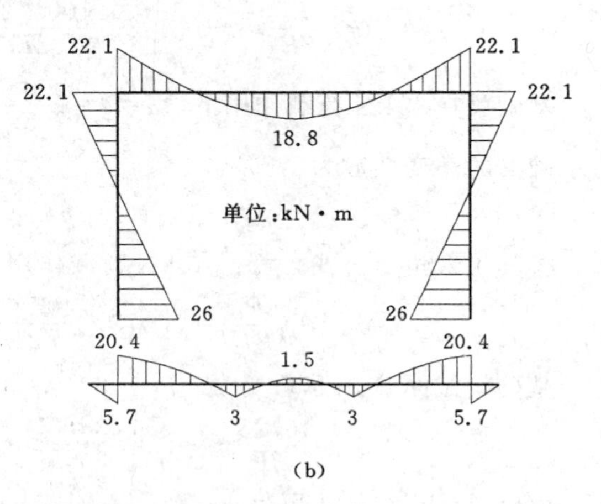

(b)

图 6-2-10 框架和基础梁弯矩图

6.3 浅埋式结构截面设计与构造要求

6.3.1 截面设计

地下空间结构的截面选择和强度计算，以《混凝土结构设计规范》（GB 50010—2010）为准，一些特殊的要求除外。

在特殊荷载与其他荷载共同作用下，按弯矩及轴力对构件进行强度验算时，要考虑材料在动荷载作用下的强度提高，而按剪力和扭矩对结构进行验算时，则材料的强度不提高。

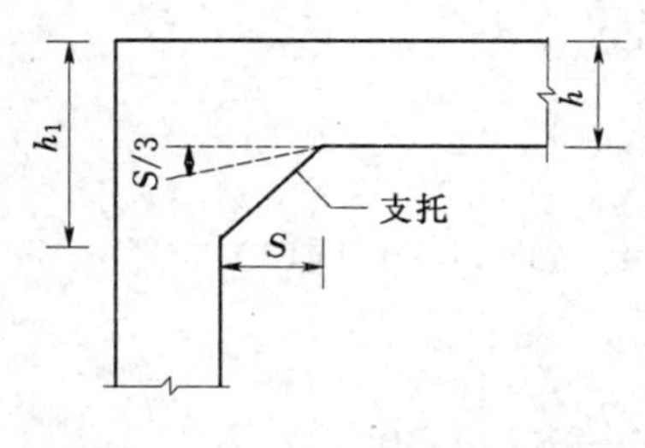

图 6-3-1 支托框架结构

在设有支托（即腋角）的框架中，进行构件截面验算时，杆件两端的截面计算高度采用 $h+S/3$。h 为构件截面高度，S 为平行于构件轴线方向的支托长度。同时，$h+S/3$ 的值不得超过杆端截面高度 h_1，即 $h+S/3\leqslant h_1$，具体如图 6-3-1 所示。浅埋地下矩形框架结构的构件（顶板、侧墙、底板），通常按照偏心受压构件进行截面验算。

6.3.2 构造要求

作用在建筑结构上的荷载种类很多，如静荷载、活荷载和偶然荷载等。在确定荷载时，影响因素很多。虽然随着计算机技术的发展，计算的方法及精度在不断提高，但是仍然存在一些不确定性。在结构设计过程中，无论在荷载的取值还是在计算荷载的组合效应时，都存在一定的不合理性。为了防止这些不合理性给结构带来安全隐患，应该在各个方面都采取一定的措施，使结构更加合理。

1. 配筋形式

浅埋地下闭合框架的配筋，一般按单向板来考虑，由横向受力钢筋和纵向分布钢筋组成。在钢筋的架设过程中，钢筋应该有较为可靠、有效的连接，主受力钢筋一般采用机械连接（直螺纹套管连接等），分布钢筋一般采用现场焊接。图 6-3-2 所示为浅埋地下闭合框架的一般配筋形式。

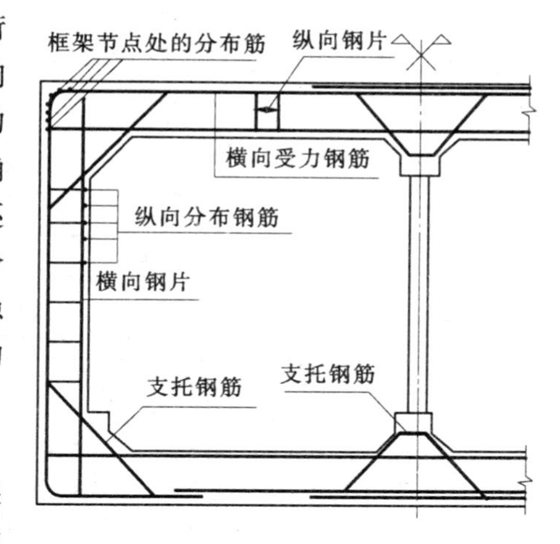

图 6-3-2　闭合框架配筋形式

从框架的内力图可以看出，在框架的节点特别是在拐角节点处，受力情况复杂，内力相对较大。为了改善闭合框架的受力条件，一般在角部都设置支托（即腋角），该做法俗称加腋，其最主要的目的是防止在此位置出现应力集中。通常在支托的位置需根据构造配置钢筋，当荷载较大时，需验算抗剪强度。对于考虑动荷载作用的地下矩形框架结构，为提高构件的抗冲击动力性能，结构断面上宜配置双筋。

2. 混凝土保护层

地下空间结构的特点是外侧与土、水相接触，内侧相对湿度较高，环境很差，如果混凝土保护层较薄，将很容易造成钢筋锈蚀，对结构造成巨大的损坏。因此，钢筋的保护层最小厚度应该比地面上的结构增加 5～10mm，具体应该按表 6-3-1 的规定进行取值。例如，某地铁车站工程，侧墙及顶板保护层厚度为 50mm，中板混凝土保护层厚度为 35mm。

表 6-3-1　地下空间结构混凝土保护层最小厚度

构件名称	钢筋直径/mm	保护层厚度/mm
墙板及环形结构	$d \leqslant 10$	15～20
	$12 \leqslant d \leqslant 14$	20～25
	$16 \leqslant d \leqslant 20$	25～30
梁柱	$d < 32$	30～35
	$d \geqslant 32$	$d+$（5～10）
基础	有垫层	35
	无垫层	70

3. 横向受力钢筋

横向受力钢筋的配筋率不应该小于表 6-3-2 中的规定。计算钢筋百分率时，混凝土的面积按计算面积计算。受弯构件及大偏心受压构件受拉主筋的配筋率，一般不应大于 1.2%，最大不得超过 1.5%。

表 6-3-2　　钢筋的最小配筋百分率

受力类型		最小配筋百分率/%
受力构件	全部纵向钢筋	0.6
	一侧纵向钢筋	0.2
受弯构件、偏心受拉、轴心受拉构件一侧的受拉钢筋		0.2 和 $0.45f_t/f_y$ 中的较大值

注 1. 受压构件全部纵向钢筋最小配筋百分率，当采用 400HRB 级、400RRB 级钢筋时，应按表中规定减小 0.1；当混凝土强度等级为 C60 及以上时，应该按表中规定值增大 0.1。
2. 偏心受拉构件中的受压钢筋，应按受压构件一侧纵向钢筋考虑。
3. 受压构件的全部纵向钢筋和一侧纵向钢筋的配筋率以及轴心受拉构件和小偏心受拉构件一侧受拉钢筋的配筋率应该按构件的全截面面积计算；受弯构件、大偏心受拉构件一侧受拉钢筋的配筋率应该按全截面面积减去受压翼缘面积 $(b'_f-b)h'_f$ 后的截面面积计算。
4. 当钢筋沿构件截面周边布置时，“一侧纵向钢筋”系指沿受力方向两个对边中的一边布置的纵向钢筋。

在配置受力钢筋时，尽量要求细而密。因为地下空间结构的抗渗等级高，所以混凝土的裂缝控制非常重要。而在强度满足的前提下，细而密的配置钢筋能有效地抑制混凝土裂缝。在钢筋配置过程中，为便于施工，同一结构中所选用的钢筋直径和型号不宜过多，因为施工现场比较混乱，容易混淆、乱用而造成严重的后果。通常，受力钢筋直径 $d \leqslant$ 32mm，以受弯为主的构件 d 为 10～14mm；以受压为主的构件 d 为 12～16mm。受力钢筋的间距不应大于 200mm，也不应小于 70mm。但有时由于施工需要，如在地铁车站建设中，埋设一些预埋管道或是注浆孔时，局部钢筋的间距也可适当放宽。

4. 分布钢筋

分布钢筋就是与受力钢筋垂直均匀布置的构造钢筋，分布钢筋位于受力钢筋内侧及受力钢筋的所有转折处，并与受力钢筋用细铁丝绑扎或焊接在一起，形成钢筋骨架。分布钢筋将作用结构（板）上的荷载均匀地传给受力钢筋，同时在施工中可通过绑扎或点焊固定主钢筋的位置，便于架设主筋，使主筋的受力条件更加合理。同时，分布钢筋可以用来抵抗温度、混凝土收缩和不均匀沉降等因素产生的应力，有效地控制了混凝土的开裂，从而延长结构的使用寿命。

纵向分布钢筋的截面面积，一般不小于受力钢筋截面积的 10%。分布钢筋的配筋率：对于顶板、底板不宜小于 0.15%；侧墙不宜小于 0.20%。

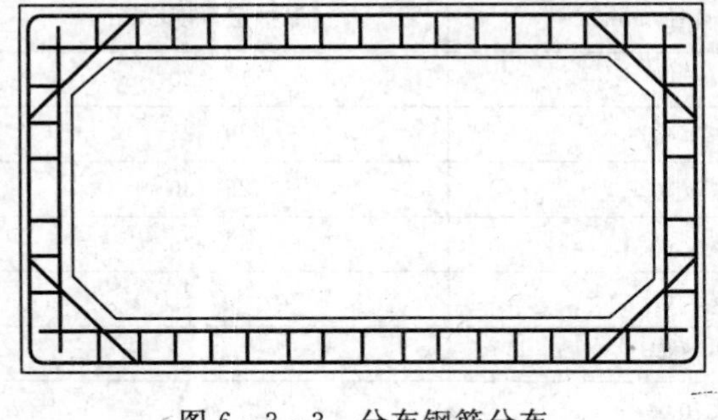

图 6-3-3　分布钢筋分布

纵向分布钢筋应该沿框架周边各构件的内、外两侧布置，其间距可采用 100～300mm。框架转角的地方，分布钢筋应当适当加密（加粗钢筋或加密钢筋），其直径不小于 12～14mm，其简要示意图如图 6-3-3 所示。

5. 箍筋

地下空间结构断面厚度较大，一般可以不配置箍筋，而在侧墙和顶、底板上配置相应的拉筋，其作用是加强受力钢筋和分布钢筋的整体性。但如果计算需要时，可参照表 6-3-3，按下述规定配置：

(1) 框架结构的箍筋间距在绑扎骨架中不应大于 15d，在焊接骨架中不应大于 20d（d 为受力钢筋中的最小直径），同时不应大于 400mm。

(2) 在受力钢筋非焊接接头长度内，当搭接钢筋为受拉钢筋时，其箍筋间距不应大于 5d，当搭接钢筋为受压筋时，其箍筋间距不应大于 10d（d 为受力钢筋中的最小直径）。

(3) 框架结构的箍筋一般采用直钩槽形箍筋，这种钢筋多用于顶、底板，其弯钩必须配置在断面受压一侧，L 形箍筋多用于侧墙。

表 6-3-3　箍筋的最大间距　mm

项　次	板和墙厚	$V>0.7f_tbh_0$	$V\leqslant0.7f_tbh_0$
1	$150<h\leqslant300$	150	200
2	$300<h\leqslant500$	200	300
3	$500<h\leqslant800$	250	350
4	$h>800$	300	400

6. 刚性节点构造

矩形框架转角处的节点构造应保证可靠，即应该具有足够的强度、刚度及抗裂性。除满足受力要求外，还需便于施工，只有施工的质量得以保证，设计的合理性才会凸显出来。当框架转角处为直角时，在转角的内侧应力集中较严重。为了缓和应力集中的现象，在该位置处应该设置支托，该支托的垂直长度与水平长度之比一般为 1∶3 较为合适，具体的尺寸应该视矩形框架的大小而定，如图 6-3-4 所示。

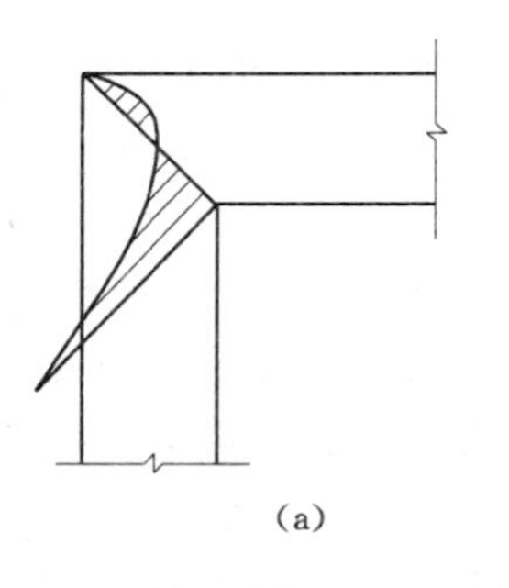
(a)

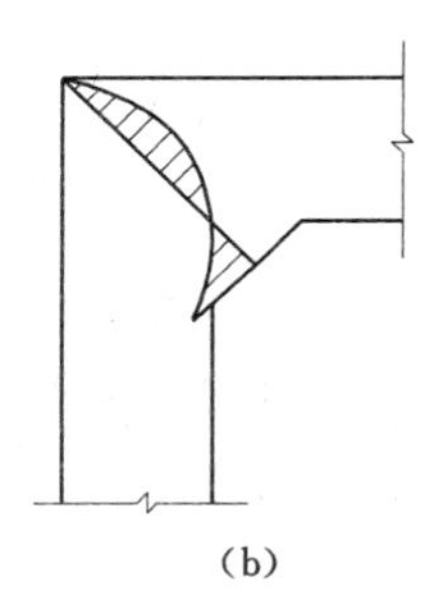
(b)

图 6-3-4　刚性节点构造

框架节点处钢筋的布置原则如下：

(1) 沿节点内侧不可将水平构件中的受拉钢筋随意弯曲（图 6-3-5 (a)），而应该沿支托另配直钢筋（图 6-3-5 (b)），或将此钢筋直接焊接在侧墙的横向钢筋上（图 6-3-5 (b)）。

(2) 沿着框架转角部分外侧的钢筋，其弯曲半径 $R\geqslant10d$（图 6-3-5 (b)）。

(3) 为了避免在转角部分的内侧发生拉力时，内侧钢筋与外侧钢筋无联系，使表面混凝土容易剥落，因此最好在转角部分配置足够数量的箍筋（图 6-3-6）。

7. 变形缝的设置及构造

变形缝分为伸缩缝、沉降缝和防震缝，是为了防止结构由于不均匀沉降、温度变化、混凝土收缩和地震力等因素引起结构破坏而设置的。它是沿建筑物的纵向设置的，其间距

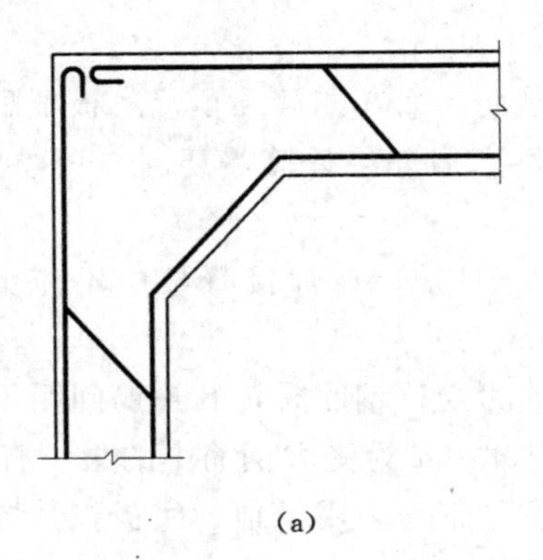

(a)

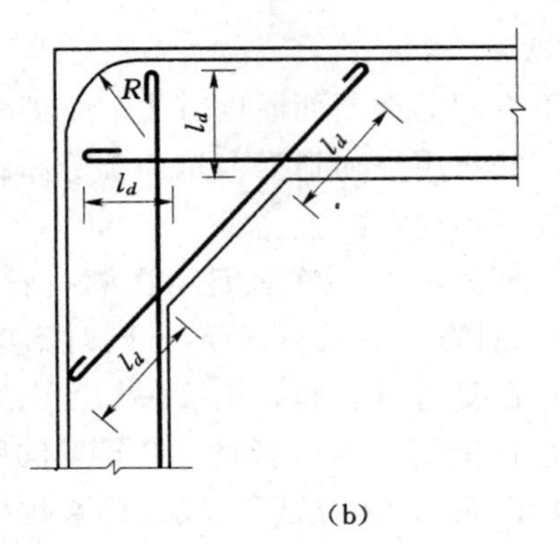

(b)

图 6-3-5　框架节点钢筋布置

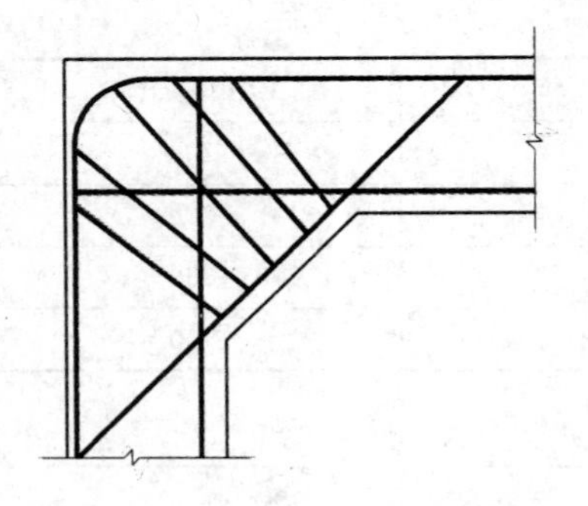

图 6-3-6　角部箍筋图

一般为 30m 左右。

为了防止由于温度差或混凝土收缩而引起结构破坏所设置的缝，称为伸缩缝。为防止建筑物各部分由于地基不均匀沉降引起房屋破坏所设置的垂直缝，称为沉降缝。为避免建筑物破坏，按抗震要求设置的垂直的构造缝，叫做抗震缝。该缝一般设置在结构变形的敏感部位，沿着结构基础顶面全面设置，使得结构分成若干刚度较为均匀的单元独立变形。在地下建筑中，一般在出入口通道与地下主体结构相连的位置设置。

在地下建筑中，变形缝是为了满足伸缩和沉降而设的，缝宽一般为 20～30mm。设置变形缝虽然有效地控制了由沉降和温差引起的变形，但同时也带来了地下空间结构较为棘手的问题，即结构防水。为了便于施工，在实际的工程中处理的方法是，尽量将变形缝（包括伸缩缝、沉降缝和抗震缝）和施工缝重合在一起，尽可能去减少设缝的数量。

解决设缝带来的防水问题，主要的措施就是选择合理的变形缝构造方案。常用的构造形式有嵌缝式、贴附式、埋入式。

(1) 嵌缝式。嵌缝式变形缝的主要做法如图 6-3-7 (a) 所示，材料可以用沥青砂板、沥青板等。为了防止板与结构物间有缝隙，在结构内部槽中填以沥青胶或环煤涂料

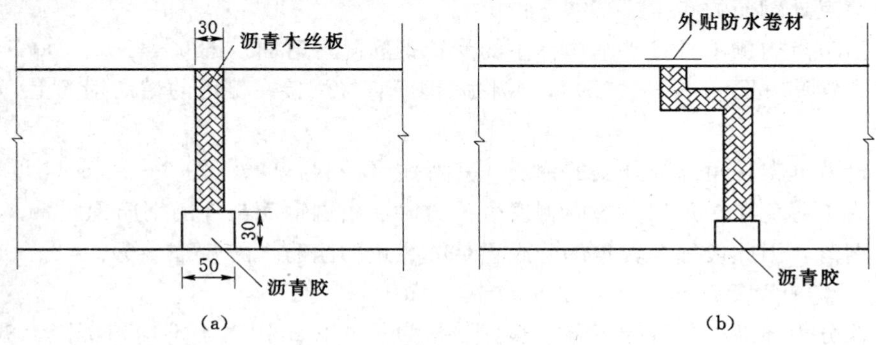

图 6-3-7　嵌缝式变形缝（单位：mm）

（即环氧树脂和煤焦油涂料）等以减少渗水可能；也可在结构外部贴一层防水卷材，如图 6－3－7（b）所示。

嵌缝式的优点是造价低、施工简单，但在有压水中防水效果不好，仅适用于地下土体环境较为干燥的地区或防水要求不高的结构中。

（2）贴附式。贴附式变形缝的主要做法如图 6－3－8 所示，将厚度 6～8mm 的橡胶平板用钢板条及螺栓固定在结构上。这种方式也称为可卸式变形缝。其优点是橡胶平板老化后可以拆换；缺点是不易使橡胶平板和钢板密贴。这种构造可用于一般的地下建筑工程中。

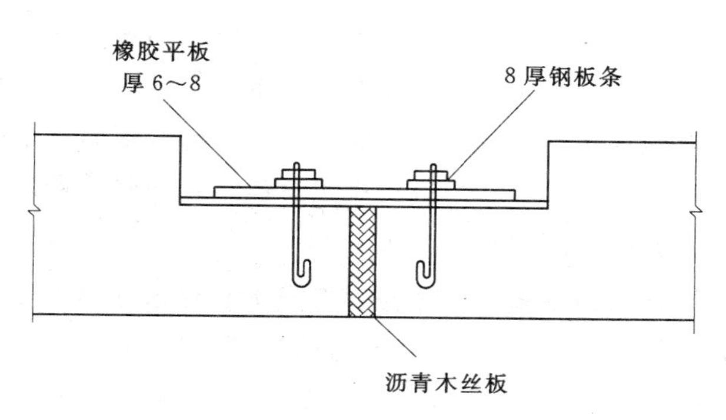

图 6－3－8　贴附式变形缝（单位：mm）

（3）埋入式。埋入式变形缝的主要做法如图 6－3－9 所示。在浇筑混凝土时，把橡胶或塑料止水带埋入结构中。其优点是防水性能较好，但是橡胶及塑料的老化问题始终无法解决，此方法在地铁建设工程中应用较为普遍。

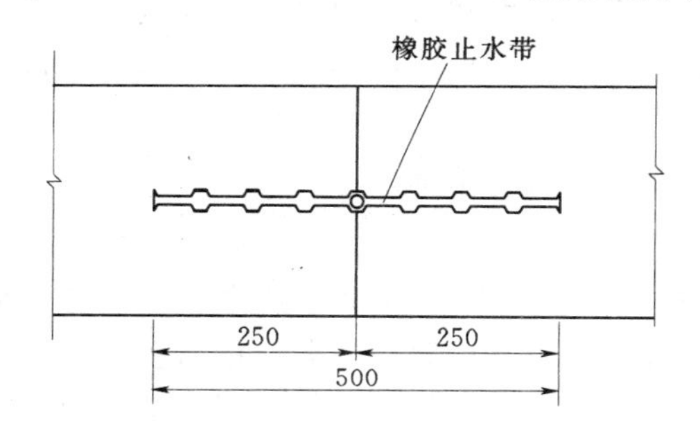

图 6－3－9　埋入式变形缝（单位：mm）

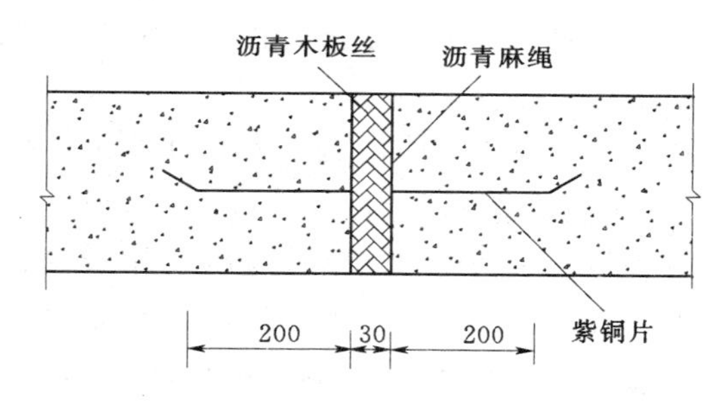

图 6－3－10　特殊变形缝（单位：mm）

在有水压，且表面温度高于 50℃或受到强氧化及油类等有机物质侵蚀的地方，可在中间埋设紫铜片，但造价较高，其具体做法如图 6－3－10 所示。

在有水压且防水等级较高的工程中，如地铁车站、地下商场等。目前最为常用的方法为，在缝的中间埋设止水钢板，注意止水钢板的凹槽开口应朝着迎水面埋设，如图 6－3－10 所示。在浇筑混凝土前，沿着止水钢板的凹槽铺设一道注浆管，并将注浆管的注浆口架设到容易注浆的位置。在建筑使用中，如发现漏水问题，可以对其进行注浆止水。该方法的优点是，施工简单，防水性能好，在使用阶段可以进行多次注浆，修复十分方便；缺点是相对于其他方式造价较高。

当防水要求很高时，承受较大的水压力时，可采用上述 3 种方法的组合，称为混合式，此法防水效果好，但施工程序多、造价高。

6.4　梁板结构

梁板式结构主要用作人员掩蔽工事的防空地下室，其顶盖常采用整体式钢筋混凝土梁板结构或无梁结构。根据工程的不同使用功能和受力特点，梁板式结构的主要承重方案有纵墙承重、横墙承重、纵横墙承重、墙柱承重等。当平时使用要求大开间而承重墙间距较大时要设梁；否则可以不设梁。当全部采用墙承重而无梁时，虽然开间或进深受到较大限制，但减少了建筑高度，施工也简单，因此最好充分利用承重墙。

6.4.1　顶板

由于防空地下室顶板要考虑承受核爆炸冲击波动荷载，计算荷载很大，为使设计合理且用料少，应对顶板的跨度加以限制（一般 2～4m）。

6.4.1.1　荷载组合

在顶板的战时荷载组合中，应包括以下几项：

（1）核爆冲击波超压产生的动荷载，不仅与土中的压缩波的参数有关，还应考虑上部地面建筑的影响，可能有两种情况：一是对于等级不高的大量性防空地下室来说，可考虑上部地面建筑对冲击波有一定的削弱作用；二是防护等级稍高，则不考虑上部地面建筑的削弱作用。在设计中常将冲击波动荷载变为相应的等效静荷载，对于居住建筑、办公楼和医院等类型地面建筑物下面的防空地下室顶板，必须根据有关规定选用。

（2）顶板以上的静荷载，包括设备夹层、房屋底层地坪和覆土层土重以及战时不迁动的固定设备等，由于房屋倒塌的上层建筑碎块被冲击波吹到顶板以外，组合中不考虑这种碎块组合。

（3）顶板自重，根据初步选定的断面尺寸及采用的材料估算。

6.4.1.2　计算简图

在计算顶板的内力之前，应将实际构造的板和梁简化为结构计算的图示，即计算简图。在计算简图中应表示出：荷载的形式、大小和位置；板的跨数、各跨的跨度尺寸及支承条件等。在选择计算简图时应力求计算简便，而又与实际结构受力情况尽可能符合。

作用在顶板上的荷载，一般取为垂直均布荷载。现浇钢筋混凝土板在竖向荷载作用下，根据支座情况有简支和固端支承等，根据其弯曲情况可分为单向板和双向板，如表 6－4－1所示。

表 6－4－1　地下室顶板分类

顶板分类	长边 l_2/短边 l_1	特　点
单向板	＞2	板受荷后主要沿短边方向发生弯曲，沿长边 l_2 方向的弯矩值很小，可忽略不计
双向板	≤2	板受荷后，沿两个方向均发生弯曲，在两个方向均产生弯矩

地下空间板大多都是连续的板，属于多列双向板，可简化为单块双向板或单向板进行近似计算。

1. 简化为双向板

当板的各跨受均布荷载，各跨跨度相等或相近时，中间支座的截面基本不发生转动，因此可近似地认为每块板都固定在中间支座上，而边支座是简支。这样可以把顶板分为一块单独的双向板计算。但由于实际的支座是弹性固定，因此其计算结果往往与实际有较大的出入。

2. 简化为单向板

作为单向连续板分析，首先根据 $\lambda=l_2/l_1$ 的不同比值确定荷载分配系数 χ（表 6-4-2），将作用在每块双向板的荷载 q 近似地分配到 l_1 与 l_2 两个方向上，然后再按相互垂直的两个单向连续板计算，有

$$q_1=\chi q$$
$$q_2=(1-\chi)q \tag{6-4-1}$$

式中 q_1——短边 l_1 分配的均布荷载；

q_2——长边 l_2 分配的均布荷载。

表 6-4-2 **荷载分配系数 χ 值**

$\lambda=l_2/l_1$	0.50	0.55	0.60	0.65	0.70	0.75	0.80	0.85	0.90	0.95	1.00
χ	0.0588	0.0838	0.1147	0.1515	0.1936	0.2404	0.2906	0.3430	0.3962	0.4489	0.5000
$\lambda=l_2/l_1$	1.10	1.20	1.30	1.40	1.50	1.60	1.70	1.80	1.90	2.00	—
χ	0.5942	0.6747	0.7407	0.7935	0.8351	0.8676	0.8931	0.9130	0.9287	0.9412	—

其支座条件，在一般情况下，现浇板的边支座为简支，中间支座近似按不动支座考虑。当各跨跨度相差不超过 20%时，可近似地按等跨连续板计算。此时，计算支座弯矩时，可取相邻两跨的最大跨度计算；在计算跨中弯矩时，则取最长该跨的计算跨度。

6.4.1.3 内力计算要点

1. 单向连续板

凡连续板两个方向的跨度 $l_2/l_1>2$ 或双向板的荷载已分配而简化为单向连续板的情况，均可按单向连续板进行计算。其计算方法有按弹性理论和按塑性理论两种方法。当防水要求较高时，应按弹性法计算；当防水要求不高时，可按塑性法计算。按弹性法计算的单向等跨连续板，其内力系数可直接通过《建筑结构静力计算手册》查得，而不等跨时可用结构力学方法（如弯矩分配法）求得内力。按塑性法计算的等跨或两跨相差不大于 20%的单向连续板，可按下列简化公式计算内力，即

对于弯矩，有

$$M=\beta P l_0^2 \tag{6-4-2}$$

对于剪力，有

$$Q=\alpha P l_n \tag{6-4-3}$$

式中 β——弯矩系数，按表 6-4-3 采用；

α——剪力系数，按表 6-4-4 采用；

P——经分配后作用于单向连续板上的均布荷载，kN/m；

l_0——连续板的计算跨度，m；

l_n——连续板的净跨度，m。

表 6-4-3 **弯矩系数 β**

截　面	边跨中	第一内支座	中跨中	中间支座
β值	+1/11	−1/14	+1/15	−1/16

表 6-4-4 剪 力 系 数 α

截 面	边跨中	第一内支座	中跨中	中间支座
α 值	0.42	0.58	0.50	0.50

按塑性法计算的不等跨单向连续板，先按弹性法求出内力图，再将各支座负弯矩减少30%，并相应地增加跨中正弯矩，使每跨调整后两端支座弯矩的平均值与跨中弯矩绝对值之和不小于相应的简支梁跨中弯矩（图 6-4-1），即

$$\overline{M}_1+\frac{\overline{M}_1^0+\overline{M}_1^{0'}}{2}\geqslant\frac{q_1 l_1^2}{8} \tag{6-4-4}$$

式中 $\overline{M}_1$——跨中最大弯矩，kN·m；

$\overline{M}_1^0$，$\overline{M}_1^{0'}$——两支座的最大弯矩，kN·m；

q_1——作用在板上的均布荷载，kN；

l_1——板的计算跨度，m。

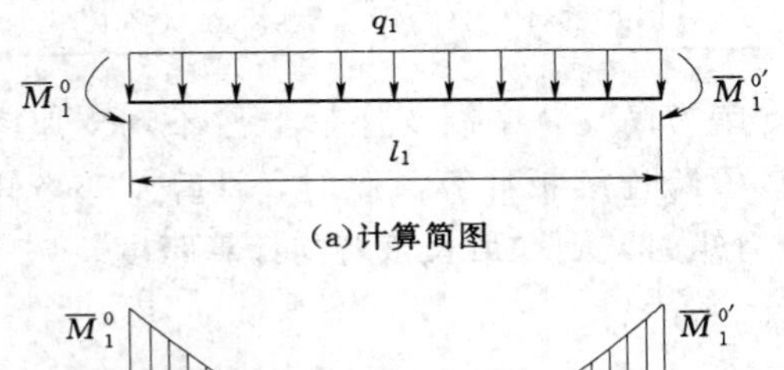

(a)计算简图

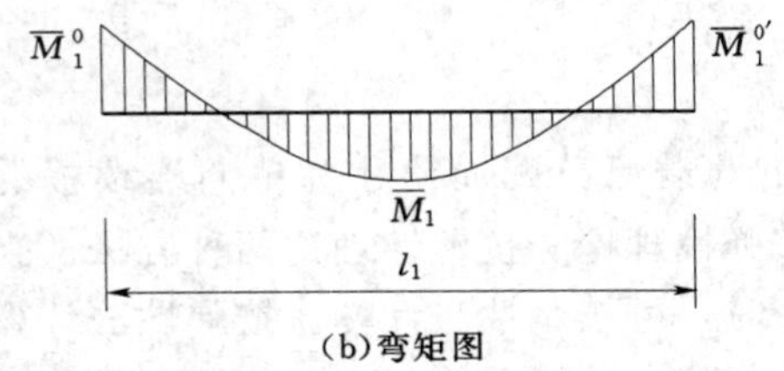

(b)弯矩图

图 6-4-1 塑性法弯矩图

如果支座弯矩调整过大，可能会出现不满足式（6-4-4）的情况，此时，应将支座弯矩的调整值减少，如从30%减到20%～25%，以避免由于支座负弯矩过小造成跨中正弯矩过多的增加。最后，再根据调整后的支座弯矩计算剪力值。

2. 双向连续板

双向连续板即多列双向板，其内力计算也分弹性法和塑性法两种。按弹性法计算时，可简化为单跨双向板或荷载分配后再按两个相互垂直的单向连续板计算。

对于等厚不等跨的多列双向板，在均布荷载作用下的塑性法，可按下述方法计算：

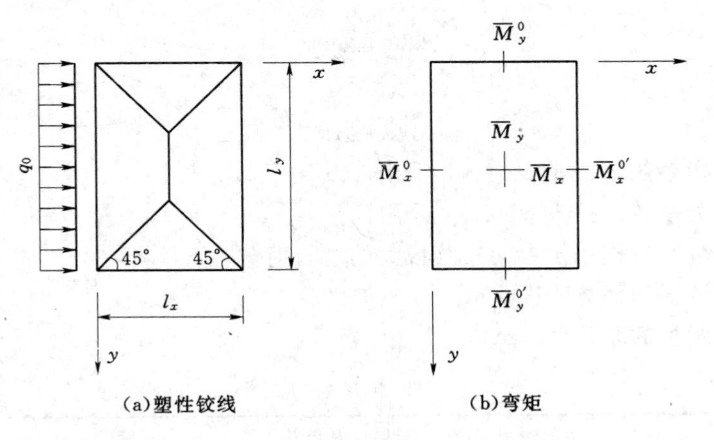

图 6-4-2 多列双向板

钢筋混凝土双向板在均布荷载作用下，裂缝不断出现和展开，最后将沿板的周边和板的中部产生塑性铰线，如图 6-4-2 所示。试验表明，动荷载和静荷载产生的塑性铰线是相同的。

取一块双向板的脱离体进行平衡分析，如图 6-4-2（b）所示，可得出任何一块双向板的弹塑性理论计算的基本公式为

$$2\overline{M}_x+2\overline{M}_y+\overline{M}_x^0+\overline{M}_x^{0'}+\overline{M}_y^0+\overline{M}_y^{0'}=\frac{q_0 l_x^2}{12}(3l_y-l_x) \quad (6-4-5)$$

式中 $\overline{M}_x$，$\overline{M}_x^0$，$\overline{M}_x^{0'}$——平行于 x 方向的跨中弯矩与两支座弯矩；

$\overline{M}_y$，$\overline{M}_y^0$，$\overline{M}_y^{0'}$——平行于 y 方向的跨中弯矩与两支座弯矩；

l_x，l_y——x 方向、y 方向的板计算跨度；

q_0——作用在板上的均布荷载。

为了求解各跨中和支座的弯矩，宜先给出双向板的跨中及支座弯矩的比例关系。按经济和构造要求提出以下建议：首先给出双向板跨中两个方向正弯矩之比 $\eta=\frac{\overline{M}_x}{\overline{M}_y}$，$\eta$ 的平均值大致取比值 $\lambda=l_x/l_y$ 的倒数值的平方。具体按表 6-4-5 确定；其次是给出各支座弯矩与跨中弯矩的比值，在 1.0～2.5 范围内取值，对于中间区格最好采用接近 2.0 的比值。

表 6-4-5　　双向板跨中正弯矩之比 η

λ 值	1.0	1.1	1.2	1.3	1.4	1.5
η 值	1.0～0.8	0.9～0.7	0.8～0.6	0.7～0.5	0.6～0.4	0.55～0.35
λ 值	1.6	1.7	1.8	1.9	2.0	
η 值	0.5～0.3	0.45～0.25	0.4～0.2	0.35～0.2	0.3～0.15	

计算多区格双向板时，可从任何一区格（最好是中间区格）开始选定弯矩比，以任一弯矩（如 M_x）来表示其他的跨中及支座弯矩，再将各弯矩代表值代入式（6-4-5），即可求得此弯矩 M_x；其余弯矩则由比例求出。这样便可转入另一相邻区格，此时，与前一区格共同的支座弯矩是已知的，第二区格其余内力可用相同方法计算。依次类推，计算出其他区格的内力。

6.4.1.4 截面设计要点

防空地下室顶板设计，由战时动荷载作用的荷载组合控制，可只验算强度，但要考虑材料动力强度的提高和动荷载安全系数。当按弹塑性工作阶段计算时，为防止钢筋混凝土结构的突然脆性破坏，保证结构的延性，应满足下列条件：

（1）连续板一般按塑性法计算，按双筋矩形截面进行配筋计算，并按规范要求进行受压区配筋。

（2）因为人防工程荷载大，顶板一般较厚，有时其厚度是由斜截面抗剪强度控制的，要进行斜截面承载力计算。

（3）对于超静定钢筋混凝土梁、板和平面框架结构，同时发生最大弯矩和最大剪力的截面，应验算斜截面抗剪强度。

（4）要控制配筋率和允许延性比 [β]（[β] 为构件最大变形与弹性极限变形之比）。

过高的配筋率会降低构件的延性，故受拉钢筋配筋率一般不宜超过1.5%。当必须超过时，对于受弯及大偏心受压构件，允许延性比应符合式（6-4-6）的要求，即

$$1.5 \leqslant [\beta] \leqslant 0.5/(x/h_0) \tag{6-4-6}$$

式中 x/h_0——混凝土受压区高度与截面有效高度之比。

（5）连续板中间跨的跨中截面和中间支座截面，可考虑拱作用，将计算弯矩值减少30%。但对于边跨跨中截面和离板端的第二支座截面，考虑边梁侧向刚度不大，难以提供足够的水平推力，计算弯矩值不予减少。

6.4.2 侧墙

1. 战时荷载组合

侧墙战时的荷载组合，应考虑以下几项：

（1）压缩波所形成的水平方向动荷载，可通过计算将动荷载转变为等效静荷载。对于大量性的防空地下室侧墙，可按表6-4-6取值。

表6-4-6 等效静荷载

土类别		结构材料	
		砖、混凝土/(kN/m)	钢筋混凝土/(kN/m)
碎石土		20～30	20
砂土		30～40	30
黏性土	硬塑	30～50	20～40
	可塑	50～80	40～70
	软塑	90	70
地下水位以下土体		90～120	70～100

注 1. 取值原则，碎石及砂土—密实、颗粒组的取小值，反之取大值；黏性土—液性指数低的取小值，反之取大值；地下水位以下土体—砂土取小值，黏性土取大值。
2. 在地下水位以下的侧墙未考虑砖砌体。
3. 砖及素混凝土侧墙按弹性工作阶段计算，钢筋混凝土侧墙按弹塑性工作阶段计算，并取［β］=2。
4. 计算时净空不大于3.0m，开间不大于4.2m。
5. 地下水位标高按室外地坪以下0.5～1.0m考虑。

（2）顶板传来的动荷载与静荷载，可由前述顶板荷载计算结果根据顶板受力情况所求出的反力来确定。

（3）上部地面建筑自重，与作用在顶板上的冲击波动荷载类似，考虑上部地面建筑自重是个比较复杂的问题。在实际工程中可能有两种情况。一是当为大量性防空地下室时，所受的冲击波超压不大，只有一部分地面建筑破坏并随冲击波吹走，残余的一部分重量仍在地下室结构上。在这种情况下，有人建议取上部地面建筑自重的一半作为荷载作用在侧墙上。二是当冲击波超压较大，上部地面建筑全部破坏并吹走。在这种情况下可不考虑作用在侧墙上的上部地面建筑重量。

（4）侧墙自重，根据初步假设的墙体确定。

（5）水土压力。处于地下水位以上的侧墙所受的侧向土压力按式（6-4-7）计算，即

$$e_s = \sum_{i=1}^{n} \gamma_i h_i \tan^2(45° - \varphi/2) \tag{6-4-7}$$

式中 e_s——侧墙上计算点处土压力强度，kPa；

γ_i——第 i 层土的自然重度，kN/m³；

h_i——第 i 层土的厚度，m；

φ——计算点处土层的内摩擦角，工程上常因不考虑黏聚力而将 φ 值提高。

处于地下水位以下的侧墙上所受的水土压力，可将土、水分别计算，其中土压力仍按式（6－4－7）计算，但土层重度采用浮重度。而侧墙上的水压力按式（6－4－8）计算，即

$$e_w = \gamma_w h_w \tag{6-4-8}$$

式中 e_w——侧墙计算点处的水压力强度，kPa；

h_s——计算点距地下水位的距离，m。

2. 计算简图

为了便于计算，本着“符实、简便、可行”的原则，根据地下室的材料、构造、受力情况，将侧墙所受的荷载及其支承条件等进行简化而得到计算简图。

侧墙上所承受的水平方向荷载：例如，水平动荷载及侧向水土压力，是随深度而变化的，在简化时一般取为均布荷载。有的为了简单和偏于安全起见，甚至不考虑墙顶所受的轴向压力，将受压弯作用的墙板简化为受弯构件。

砖砌外墙的高度：当为条形基础时，顶板或圈梁下皮至室内地坪；当基础为整体式底板时，取顶板或圈梁下皮至底板上表面。

支承条件：按下述不同情况考虑。

在混合结构中，当砖墙厚度 d 与基础宽度 d' 之比 $d/d' \leqslant 0.7$ 时，按上端简支、下端固定计算；当基础为整体式底板时，按上端和下端均为简支计算。

在钢筋混凝土结构中，当顶板、墙板与底板分开计算时，将和顶板连接处的墙顶视为铰接，和底板连接处的墙底视为固定端。此时墙板为上端铰支、下端固定的有轴压梁。这种将外墙和顶板、底板分开计算的方法比较简单，一般防空地下室结构常采用如图 6－4－3（a）所示的计算简图进行计算。此外，有将墙顶与顶板连接处视为铰接，而侧墙与底板

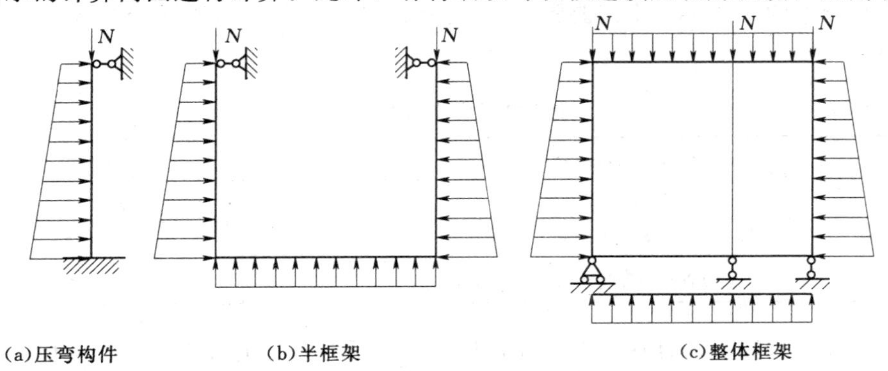

图 6－4－3 侧墙计算简图

当整体考虑的，如图 6－4－3（b）所示。也有将顶板、侧墙和底板作为整体框架的，如图 6－4－3（c）所示。

根据两个方向上长度的比值不同，墙板可能是单向板或双向板。当墙板按双向板计算时，在水平方向上，如外纵墙与横墙或山墙整体砌筑（砖墙）或整体浇筑（混凝土或钢筋混凝土墙），且横向为等跨，则可将横墙视作纵墙的固定支座按双向板计算内力。

3. 内力计算

根据上述原则确定计算简图后则可求出其内力。对于砖砌体及素混凝土构筑的侧墙，计算内力时按弹性工作阶段考虑；当为等跨情况时，可利用《建筑结构静力计算手册》直接求出内力。

对于钢筋混凝土构筑的侧墙，按弹塑性工作阶段考虑，可将按弹性法计算出的弯矩进行调整；或更简单些，直接取支座和跨中截面弹性法计算的弯矩平均值，作为按弹塑法的计算弯矩。

4. 截面设计

当考虑核爆炸动荷载与静荷载同时作用时，偏心受压砌体的轴向力偏心距 e_0 不宜大于 $0.95y$，其中 y 为截面重心至纵向力所在面的截面边缘的距离；当 $e_0 \leqslant 0.95y$ 时，结构构件可按抗压承载力控制选择截面。

在钢筋混凝土侧墙的截面设计中，一般为双向配筋。由于一般情况侧墙属于大偏心受压构件，故计算时可不考虑竖向轴向压力的影响，按受弯构件计算，这样是偏于安全的。

应当指出的是，在防空地下室侧墙的强度与稳定性计算时，应将战时动荷载作用阶段和平时正常使用阶段所得的结构截面及配筋进行比较，取其较大值，因为侧墙不一定像顶板那样由战时动荷载作用控制截面设计。

6.4.3 基础

根据抗力等级，基础进行底板核爆动荷载标准值、上部建筑物自重标准值（系指防空地下室上部建筑物的墙体和楼板传来的静荷载标准值，即墙体、屋盖、楼板自重及战时不拆迁的固定设备等）、顶板传来静荷载标准值、地下室墙身自重标准值的荷载组合。

当考虑核爆动荷载作用时，对于条形基础以及单独柱基的天然地基，应进行承载力验算（整体基础下的天然地基不需要验算），地基的允许承载力可以适当提高，提高系数见表 6－4－7。

表 6－4－7　　地基允许承载力提高系数

卵石及密实硬塑黏性土	5
密实黏性土	4
中密以上细砂	3
中密、可塑或软塑黏性土及中密以上砂土	2

对于整体基础底板的计算简图可和顶板一样，拆开为单向板或双向连续板；也可与侧墙一起构成整体框架。对于有防水要求的底板，应按弹性工作阶段计算，不考虑塑性变形引起的内力重分布。

6.4.4　承重内墙（柱）

1. 承重内墙（柱）的受力特点

根据抗力等级进行顶板传来核爆动荷载标准值、上部静荷载标准值、内承重墙（柱）自重标准值的荷载组合。

除防护墙外，一般内墙（柱）不承受侧向水平荷载，故将内墙（柱）近似地按轴向受压构件计算。在计算顶板传给墙柱的等效静载时，为保证墙（柱）不先于顶板被破坏，当顶板按弹塑性工作阶段计算时，所传等效荷载为1.25倍顶板支反力；当顶板按弹性工作阶段计算时，所传等效静荷载等于顶板支反力。

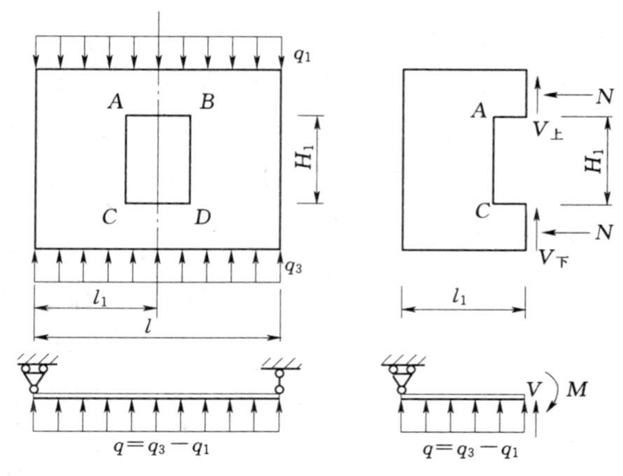

图6-4-4　承重内墙门洞的计算

2. 承重内墙门洞的计算

在地下室承重内墙上开设的门洞较大时，门洞附近的应力分布比较复杂，应按“孔附近应力集中”理论计算。但实际工程中，常采用近似的方法，其计算如下：

（1）将墙板视为一个整体简支梁，承受均布荷载 q（图6-4-4），先求出门洞中心处的弯矩 M 与剪力 V，再将弯矩化为作用在门洞上下横梁上的轴向力 $N=M/H_1$，剪力按横梁刚度进行分配，有

$$V_{上}=\frac{I_{上}}{I_{上}+I_{下}}V \quad V_{下}=\frac{I_{下}}{I_{上}+I_{下}}V \tag{6-4-9}$$

（2）将上、下横梁分别视为承受局部荷载的两端固定梁，求出上、下横梁的固端弯矩，即

$$M_A=M_B=\frac{q_1 l_1^2}{12} \quad M_C=M_D=\frac{q_3 l_1^2}{12} \tag{6-4-10}$$

（3）将以上两组内力叠加，有

上梁

$$M=V_{上}\frac{l_1}{2}-\frac{q_1 l_1^2}{12} \quad N=\frac{M}{H_1}\text{（偏心受拉）} \tag{6-4-11}$$

下梁

$$M=V_{上}\frac{l_1}{2}-\frac{q_3 l_1^2}{12} \quad N=\frac{M}{H_1}\text{（偏心受压）} \tag{6-4-12}$$

最后根据上面的内力配置钢筋，而斜截面依据 $V_{上}$、$V_{下}$ 配置箍筋。

当洞门较小时，可不必进行上述计算。

6.5　地下室的口部结构

地下空间结构的口部是整个建筑物的一个重要部位。在战时它比较容易摧毁，造成口部的堵塞，影响整个工事的使用及人员安全。因此，设计中必须给予足够的重视。

6.5.1 室内出入口

每个独立的防空地下室至少要有一个室内出入口。其形式主要有阶梯式和竖井式。阶梯式以平时使用为主（战时容易倒塌），其位置设在上层建筑楼梯间的附近；竖井式主要用于作战时的安全出入口，平时可供运送物品之用。

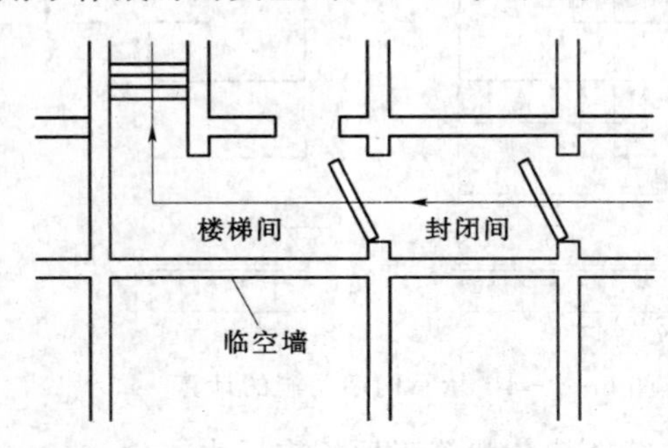

图6-5-1 室内出入口中的临空墙

1. 阶梯式出入口

设在楼梯间附近的阶梯式出入口，以平时使用为主，在战时（或地震时）倒塌堵塞的可能性很大，这是个严重的问题。因此，它很难作为战时的出入口。

位于防护门（或防护密闭门）以外通道内的防空地下室外墙，称为临空墙（图6-5-1）。其外侧没有土层，直接受到冲击波的作用，其厚度应满足早期抗辐射的要求，所受动荷载比一般外墙大得多。因此在平面设计时，首先要尽量减少临空墙；其次临空墙承受的水平方向荷载较大，需采用混凝土或钢筋混凝土结构，其内力计算与侧墙类似，钢筋混凝土临空墙按弹塑性工作阶段计算，$[\beta]=2.0$。

除临空墙外，其他与防空地下室无关的墙、楼梯板、休息平台等，一般均不考虑核爆动荷载，可按平时使用的地面建筑进行设计。当进风口改在室内出入口处时，可将出入口附近的楼梯间适当加强，以免堵塞过死，难以清理。为了避免建筑物倒塌堵塞出入口，可设置坚固的棚架。

2. 竖井式出入口

当场地有限，难以将室内出入口设在倒塌范围之外，且又没有条件与人防支干道连通，或几个工事连通合用安全出口时，可设置内径为1.0m×1.0m的钢筋混凝土筒形室内竖井式出入口，其顶端位于地面建筑顶板底层之下，且与其他结构完全分离。

6.5.2 室外出入口

每一个独立的防空地下室（包括人员掩蔽的每个防护单元）应设有一个室外出入口，作为战时的主要出入口，室外出入口的口部尽量布置在地面建筑的倒塌范围以外，室外出入口也有阶梯式和竖井式两种形式。

1. 阶梯式出入口

阶梯式出入口的伪装遮雨篷，应采用轻型结构，不宜修建高出地面的口部其他建筑物。阶梯式出入口的临空墙，采用钢筋混凝土结构，其中除按内力配置受力钢筋外，受压区还要配置构造钢筋，且构造钢筋不应小于受力钢筋的1/3～2/3。室外阶梯式出入口的敞开段（无顶盖段）侧墙，按挡土墙进行设计，其内、外侧均不考虑动压作用。当室外阶梯式出入口无法设在倒塌范围以外，且又不能和其他地下室连通时，口部设置坚固棚架。

2. 竖井式出入口

竖井式出入口也尽量布置在倒塌范围以外。竖井计算时，无论有无盖板，仅考虑土中压缩波产生的法向荷载，不考虑竖井内压。试验表明，作用在竖井式外出入口临空墙上的冲击波等效静荷载，要比阶梯式的小一些，但又比室内的大一些，建议第一道门以外的通道结构只考虑压缩波的外压，不考虑冲击波的内压。

当竖井式外出入口无法建在倒塌范围以外时，可设在建筑物外墙一侧，其高度位于建筑物底层的顶板水平上。

6.5.3 通风采光洞

为给平时使用所需自然通风和天然采光创造条件，可在地下室侧墙开设通风采光洞，如图6-5-2所示，但必须在设计上采取必要措施，保证地下室防核爆炸冲击波和早期核辐射的能力。根据已有经验，介绍如下：

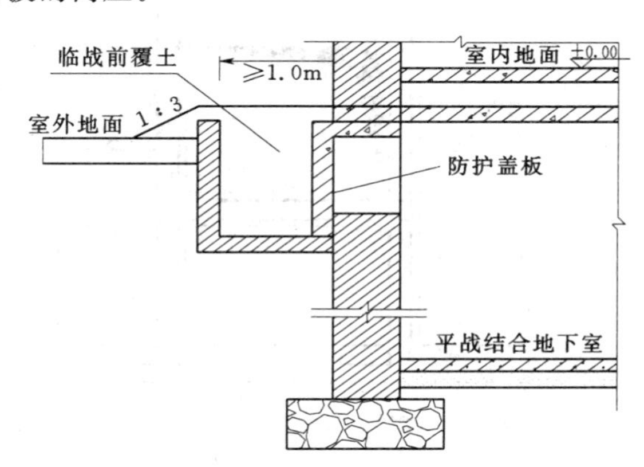

图6-5-2 地下室侧墙中的通风采光洞

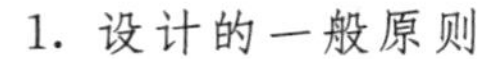

1. 设计的一般原则

（1）大型防空地下室才开设。

（2）沿外墙开设的洞口宽度，不大于地下室开间尺寸的1/3，且不大于1.0m。

（3）临战前必须用黏性土将通风采光井口填上。

（4）在通风采光洞上，设一道防护挡板。

（5）洞口周边，采用钢筋混凝土柱和梁予以加强。

（6）侧墙洞口上缘的圈梁应按过梁进行验算。

2. 洞口构造措施

（1）砖砌外墙洞两侧钢筋混凝土柱的上下两端主筋应伸入顶板、底板（或地下室内地面）；柱下端为条形基础和整体基础时伸入尺寸分别见图6-5-3和图6-5-4。

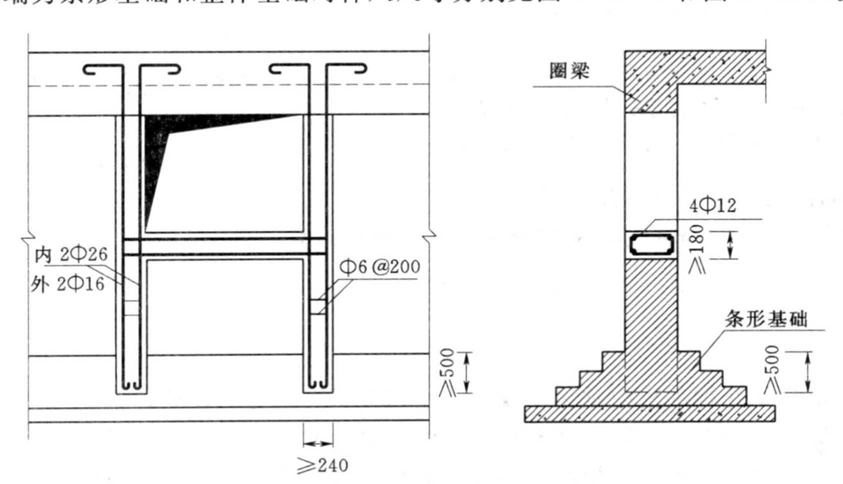

图6-5-3 柱伸入条形基础尺寸（单位：mm）

（2）砖砌外墙应沿洞口两侧每6皮砖加3根ϕ6mm的拉结筋，如图6-5-4所示。

（3）素混凝土外墙，在洞口两侧沿外墙高设钢筋混凝土柱，柱上下两端主筋伸入顶板

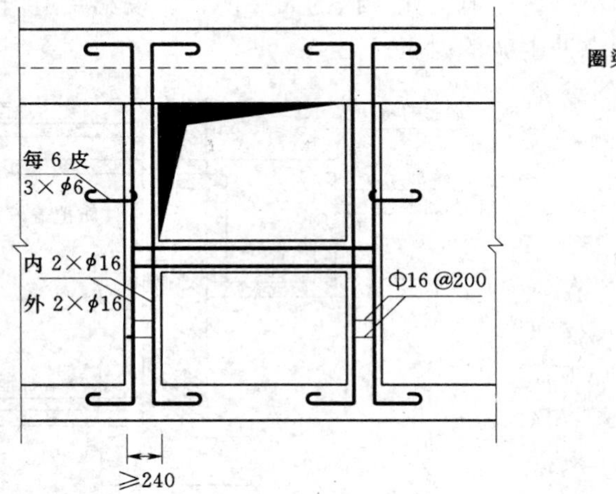

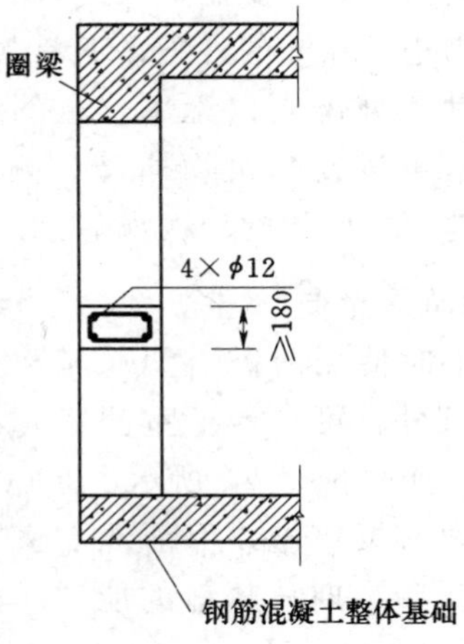

图 6-5-4　柱伸入整体基础尺寸及砖砌外墙拉结筋（单位：mm）

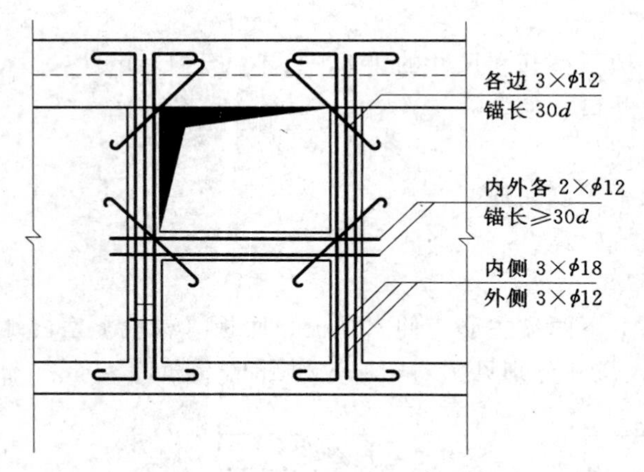

图 6-5-5　素混凝土外墙柱上下端主筋伸入及斜向构造钢筋（单位：mm）

和底板（图 6-5-5）。

（4）钢筋混凝土外墙除应在洞口两侧设置加固筋外，且应在洞口范围内被截断的钢筋与洞口周边的加固筋扎结。

（5）钢筋混凝土和混凝土外墙上的通风采光洞洞口四角应设置斜向构造钢筋（图 6-5-5），洞口周边加强钢筋配置的依据条件是：

1）防空地下室侧墙的等效静荷载应按规定选取。

2）通风采光井内回填土按黏性土考虑。

3）洞口宽度取为 1.0m。

4）钢筋混凝土柱的计算高度取为 2.6m。

5）钢筋混凝土梁与柱均按两端铰支的受弯构件计算。

思考题

6-1　试列举几种工程中常见的浅埋式结构形式并简述其特点。

6-2　简述作用在浅埋矩形框架结构上的荷载，并说明其如何考虑。

6-3　简述浅埋式矩形框架结构的计算原理，如何确定其计算简图？

6-4　简述地下结构截面尺寸的确定方法。

6-5　浅埋结构考虑与不考虑弹性地基的影响有何区别？

6-6　浅埋结构节点设计弯矩与计算弯矩有何区别？如何计算节点的计算弯矩？

6-7　简述浅埋结构的构造要求。

6-8　梁板结构顶板、侧墙及承载内墙（柱）在设计中如何确定其荷载组合和计算简图？其截面设计该如何考虑？

6-9　简述地下室口部结构设计的重要性及其特点。

习题

如下图所示一双跨对称的框架。几何尺寸及荷载见图中。底板厚度0.5m，材料的弹性模量$E=2\times10^{7}\text{kN/m}^2$，地基的弹性模量$E=5000\text{kN/m}^2$。设为平面变形问题。绘出框架的弯矩图。

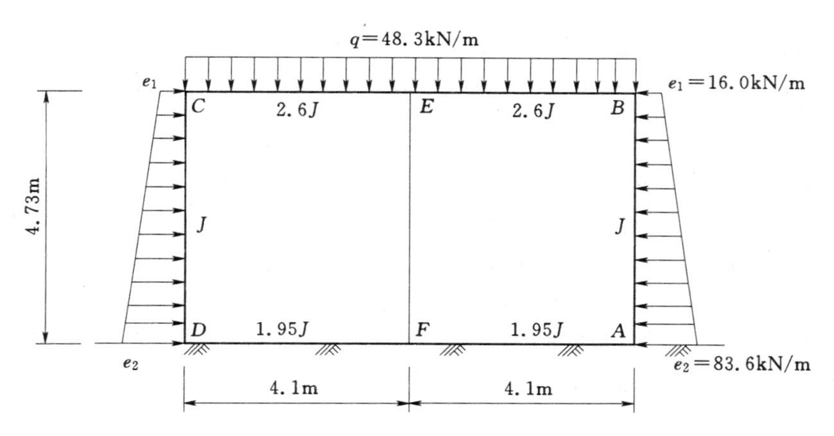

第 7 章 盾构法隧道结构与顶管结构

7.1 概述

7.1.1 盾构法隧道施工的基本概念

盾构法是在地面下暗挖隧道的一种施工方法。盾构法隧道的基本原理是用一套有形的钢质组件沿隧道设计轴线向前推进而开挖土体，这个钢质组件在初步或最终隧道衬砌建成前，为便于土体开挖，主要起保证作业人员和机械设备安全的作用，这个钢质组件被简称为盾构。当代城市建筑、公用设施和各种交通网络交织复杂，市区明挖隧道施工，对城市生活的干扰问题日趋严重，特别是在市区中心遇到隧道埋深较大，地质复杂的情况，沿用明挖法建造隧道则很难实现。在这种条件下采用盾构法对城市地下铁道、上下水道、电力通信、市政公用设施等各种隧道建设具有明显优点。此外，在建造穿越水域、沼泽地和山地的公路和铁路隧道或水工隧道中，盾构法也往往因它在特定条件下的经济合理性而得到采用。

盾构法的主要施工内容是：先在隧道某段的一端建造竖井或基坑，以供盾构安装就位。盾构从竖井或基坑的墙壁开孔处出发，在地层中沿着设计轴线，向另一竖井或基坑的设计孔洞推进。盾构推进中所受到的地层阻力，通过盾构千斤顶传至盾构尾部已安装的预制隧道衬砌结构，再传到竖井或基坑的后靠壁上。盾构是这种施工方法中最主要的、独特的施工机具。它是一个能支承地层压力又能在地层中推进的圆形、矩形或马蹄形等特殊形状的钢筒结构，在钢筒的前面设置各种类型的支撑和开挖土体的装置，在钢筒中段周圈内安装顶进所需的千斤顶，钢筒尾部是具有一定空间的壳体，在盾尾内可以拼装一至二环预制的隧道衬砌环。盾构每推进一环的距离，就在盾尾支护下拼装一环衬砌，并及时向开挖坑道周边与衬砌环外周之间的空隙中压注足够的浆体，以防止隧道及地面下沉。在盾构推进过程中不断从开挖面排出适量的土方。

使用盾构法，往往需要根据穿越的工程地质与水文地质特点辅以其他施工技术措施。主要有以下几种措施：

（1）疏干掘进土层中地下水的措施。

（2）稳定地层、防止隧道及地面沉陷的土体加固措施。

（3）隧道衬砌的防水堵漏技术。

（4）配合施工的监测技术。

（5）气压施工中的劳动防护措施。

（6）开挖土方的运输及处理方法等。

7.1.2 盾构法隧道的特点

盾构法较其他方法具有以下优点：

(1) 除竖井施工外，施工作业均在地下进行暗挖施工，不受地面交通、河道、航运、潮汐、季节气候等条件的影响，能较经济合理地保证隧道安全施工，且不影响地面交通，又可减少对附近居民的噪声和振动影响。

(2) 盾构推进、出土、拼装衬砌等主要工序可自动化、智能化循环进行，施工易于管理，施工人员也较少。

(3) 土方量较少，掘进速度较快，施工劳动强度较低。

(4) 地面人文自然景观可得到良好的保护。

(5) 在土质差、水位高的地方建设埋置深度较大的长距离、大直径隧道，盾构法具有较高的技术经济优越性。

盾构法除具有以上优点外，也存在以下问题：

(1) 当隧道曲线半径过小时，施工较为困难。

(2) 在陆地建造隧道时，如隧道覆土太浅，则盾构法施工难度很大，而在水下时，如覆土太浅则盾构法施工不够安全。

(3) 盾构施工中采用全气压方法以疏干和稳定地层时，对劳动保护要求较高，施工条件差。

(4) 盾构法隧道上方一定范围内的地表沉陷尚难完全防止，特别是在饱和松软的土层中地表沉陷风险较大，要采取严密的技术措施才能把沉陷限制在很小的限度内。

(5) 在饱和含水地层中，盾构法施工所用的拼装衬砌，对达到整体结构防水性的技术要求较高。

(6) 盾构机械造价较昂贵，建造短于750m的隧道经济性差。

7.2 盾构隧道衬砌形式和构造

衬砌在盾构隧道施工阶段作为隧道施工的支护结构，保护开挖面以防止土体变形、土体坍塌及泥水渗入，并承受盾构推进时的千斤顶顶力以及其他施工荷载；竣工后，衬砌单独或与内衬一起作为隧道永久性支撑结构，并防止泥、水渗入，以满足结构的预期使用要求。因此，衬砌是盾构隧道中重要的组成部分，本节对衬砌的形式、类型及构造作简要叙述。

7.2.1 衬砌断面形式

盾构法隧道为位于两端竖井结构间的暗埋隧道段，盾构由一端的拼装竖井开始推进，再从另一端的拆卸竖井推出，形成有一定坡度的隧道。根据隧道的使用要求、施工技术的可行性、外围土层的特性、隧道受力等因素，其横断面一般有圆形、矩形、半圆形、马蹄形等多种形式。最常用的横断面形式为圆形与矩形。在饱和含水软土地层中修建地下隧道，由于顶压和侧压较为接近，因此选用圆形结构形式较为有利。目前在地下隧道施工中盾构法应用得十分普遍，装配式圆形衬砌结构在一些城市的地下铁道、市政管道等方面的应用也显得较为广泛和普遍。

7.2.1.1 内部使用限界的确定

隧道内部轮廓的净尺寸应根据建筑限界或工艺要求，并考虑曲线影响及盾构施工偏差和隧道不均匀沉降来决定。

对于地下铁道，为了确保列车安全运行，凡接近地下铁道线路的各种建筑物（隧道衬砌、站台等）及设备、管线，必须与线路保持一定距离。因此，应根据线路上运行的车辆在横断面上所占有的一定空间，正确决定内部使用限界。

1. 车辆限界

车辆限界是指在平、直线路上运行中的车辆，可能达到的最大运动包迹线，也就是车辆在运行中横断面的极限位置，车辆任何部分都不得超出这个限界。在确定车辆限界的各个控制点时，除考虑车辆外轮廓横断面的尺寸外，还需考虑制造上的公差，车轮和钢轨之间及在支承中的机械间隙、车体横向摆动和在弹簧上颤动倾斜等。

2. 建筑限界

建筑限界是决定隧道内轮廓尺寸的依据，是在车辆限界以外一个形状类似的轮廓。任何固定的结构、设备、管线等都不得侵入这个限界以内。建筑限界由车辆限界外增加适量安全间隙来求得，其值一般为150～200mm。

一般来说，内部使用限界是根据列车或车辆，以设计速度在直线上运行条件确定的。曲线上的限界，由于车辆纵轴的偏移及外轨超高，而使车体向内侧倾斜，因而需要加宽，其值视线路条件确定。

7.2.1.2 圆形隧道断面的优点与组成

隧道衬砌断面形状虽然可以采用半圆形、马蹄形、长方形等形式，但最普遍的还是采用圆形。因为圆形隧道衬砌断面有以下优点。

（1）可以等同地承受各方向外部压力，尤其是在饱和含水软土地层中修建地下隧道，由于顶压、侧压较为接近，更可显示出圆形隧道断面的优越性。

（2）施工中易于盾构推进。

（3）便于管片的制作、拼装。

（4）盾构即使发生转动，对断面的利用也无大碍。

用于圆形隧道的拼装式管片衬砌一般由若干块组成，分块的数量由隧道直径、受力要求、运输和拼装能力等因素确定。管片类型分为标准块、邻接块和封顶块三类。管片的宽度一般为750～1200mm，厚度为隧道外径的5%～6%，块与块、环与环之间用螺栓连接。

7.2.1.3 单双层衬砌的选用

隧道衬砌是直接支承地层，保持规定的隧道净空，防止渗漏，同时又能承受施工荷载的结构。通常它是由管片拼装的一次衬砌和必要时在其内面灌注混凝土的二次衬砌所组成。一次衬砌为承重结构的主体，二次衬砌主要是为了一次衬砌的补强和防止漏水与侵蚀而修筑的。近年来，由于防水或截水材料质量的提高，可以考虑省略二次衬砌，采用单层的一次衬砌，既承重又防水。对于有压的输水隧道，为了承受较大的内水压力，需做二次衬砌。

综上所述，应根据隧道的功能、外围土层的特点、隧道受力等条件，分别选用单层装配式衬砌，或在单层装配式衬砌内再浇筑整体式混凝土、钢筋混凝土内衬的双层衬砌等。

双层衬砌施工周期长，造价高，且它的止水效果在很大程度上还是取决于外层衬砌的施工质量、渗漏情况，所以只有当隧道功能有特殊要求时，才选用双层衬砌。通常在满足工程使用要求的前提下，应优先选用单层装配式钢筋混凝土衬砌。其施工工艺简单，工程施工周期短，节省投资。

近年来，由于钢筋混凝土管片制作精度的提高和新型防水材料的应用，管片衬砌的渗漏水显著减少，故已经可以省略二次衬砌。例如，我国于1989年建成的上海延安东路水底公路隧道，即已采用单层钢筋混凝土衬砌，防水效果较好，已达到国际先进水平。

7.2.2 衬砌分类

7.2.2.1 按材料及形式分类

通常装配式衬砌的材料有钢筋混凝土、铸铁、钢、钢壳与钢筋混凝土复合而成的几种，除有特殊需要外，一般都选用钢筋混凝土作为衬砌管片的材料，且混凝土的强度等级不宜低于C40。

1. 钢筋混凝土管片

(1) 箱形管片，是指因手孔空腔较大而呈肋板型结构的管片。手孔大不仅方便了螺栓的穿入和拧紧，而且也节省了大量的混凝土材料，并使单块管片重量减轻。箱形管片一般使用在大直径隧道中，管片本身强度不如平板形管片，特别在盾构千斤顶顶力作用下容易开裂（图7-2-1）。

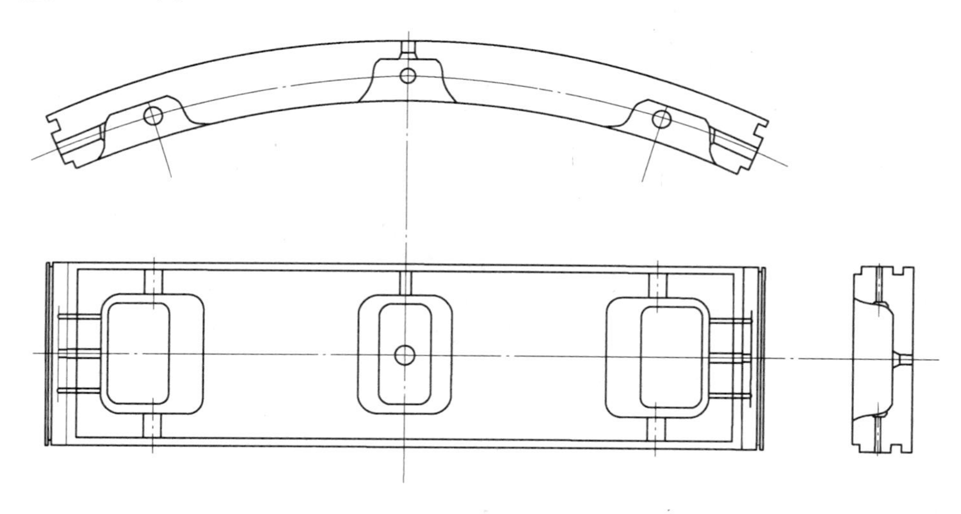

图7-2-1 箱形管片

(2) 平板形管片，是指因手孔较小而呈曲板型结构的管片。平板形管片用于较小直径的隧道，单块管片重量较重，由于管片混凝土截面削弱少，故这种类型的管片对盾构千斤顶顶力具有较大的抵抗能力，正常运营时对隧道通风阻力也较小，且其形状简单，用钢模制作、钢筋架设，管片脱模均较为方便（图7-2-2）。

2. 铸铁管片

国外在饱和含水不稳定地层中修建隧道时较多采用铸铁管片，最初采用的铸铁材料全

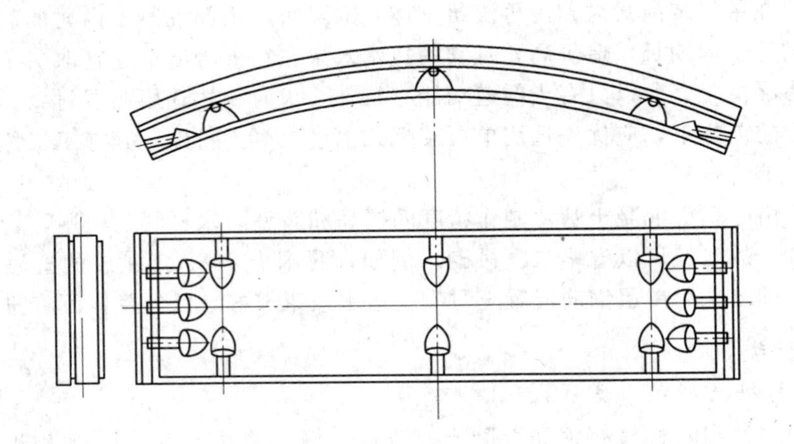

图7-2-2 平板形管片

为灰口铸铁，第二次世界大战后逐步改用球墨铸铁，其延性和强度接近于钢材，因此管片就显得较轻，耐蚀性好，机械加工后管片精度高，能有效地防渗抗漏。缺点是金属消耗量大，机械加工量也大，价格昂贵，近十几年来已逐步被钢筋混凝土管片所取代。由于铸铁管片具有脆性破坏的特性，不宜用作承受冲击荷重的隧道衬砌结构（图7-2-3）。

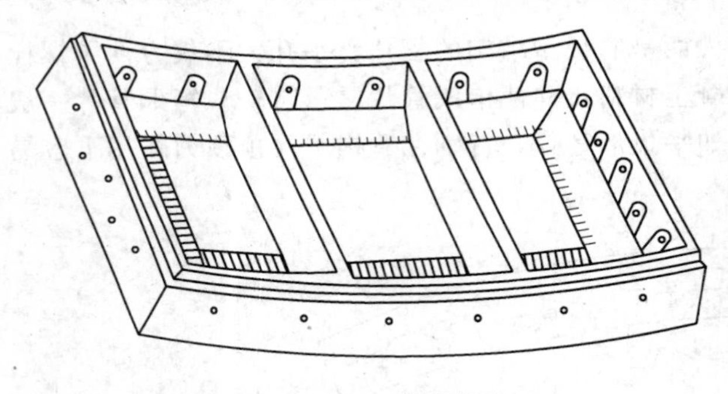

图7-2-3 铸铁管片

铸铁管片的曲度与隧道横断面曲度相同。每一管片是由外壳及沿外壳四周有螺栓孔的突缘组成，沿隧道方向的突缘叫做纵向突缘或辐射突缘，沿管片弯成曲线形的另外两个突缘叫做横向突缘。将管片螺栓连接起来形成了闭合环，而一系列的环连接起来就组成了圆筒状的隧道衬砌结构。在横向突缘上，要对准环与环之间螺栓孔的位置，同时应做到纵向缝的交错排列，取得彼此错缝拼装的效果。为了增加衬砌的不透水性，便于装配与保证管片之间的紧密连接，相邻的突缘面都须精密加工。

3. 钢管片

钢管片比钢筋混凝土管片具有更大的承受不均匀荷载和变形的能力，其重量轻，强度高。缺点是刚度小，耐锈蚀性差，需进行机械加工以满足防水要求，成本昂贵，金属消耗量大。使用钢管片的同时，在其内浇筑混凝土或钢筋混凝土内衬，国外常用于隧道通过高层建筑或桥梁等局部荷重下以及地层不均匀的地段（图7-2-4）。

4. 复合管片

外壳采用钢板制成，在钢壳内浇筑钢筋混凝土，组成一复合结构，这样其重量比钢筋混凝土管片轻，刚度比钢管片大，金属消耗量比钢管片小。缺点是钢板耐蚀性差，加工复杂冗繁。

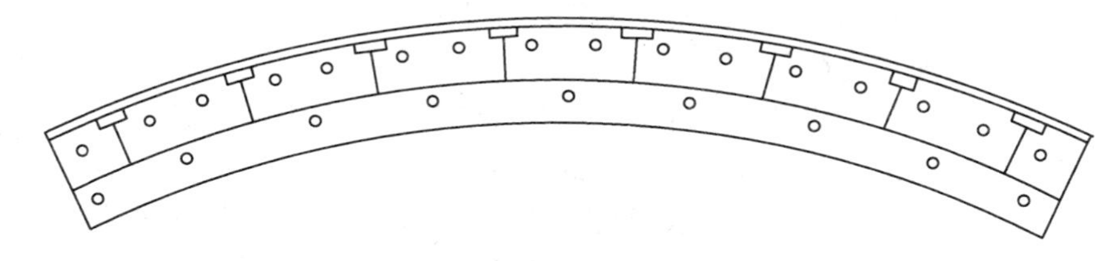

图 7-2-4 钢管片

7.2.2.2 按结构形式分类

隧道外层装配式钢筋混凝土衬砌结构根据不同的使用要求分成箱形管片、平板形管片等几种结构形式。钢筋混凝土管片四侧都设有螺栓与相邻管片连接起来。平板形管片在特定条件下可不设螺栓，此时称为砌块。

1. 管片

适用于不稳定地层内各种直径的隧道，接缝间通过螺栓予以连接。由错缝拼装的钢筋混凝土衬砌环近似地可视为一匀质刚性圆环，由于接缝设置了一排或二排的螺栓可承受较大的正、负弯矩。环缝上设置了纵向螺栓，使隧道衬砌结构具有抵抗隧道纵向变形的能力。管片由于设置了数量众多的环、纵向螺栓，这样使管片拼装进度大为降低，增加了工人劳动强度，也相应地增高了施工费用和衬砌费用。

2. 砌块

不设螺栓的板形管片，通常称为砌块。装配式钢筋混凝土砌块衬砌也是圆形隧道中常用的一种结构形式。由于砌块设计的形状能使两相邻环的砌块凸出、凹下部分相互吻合，能靠砌块斜面的接触面互相卡住，当斜面彼此紧密接触时，能保证将每一环各砌块端部的压剪力传至两相邻环节的各砌块的中央部分。砌块与管片比较，由于断面比较大，因此在同样的荷载下配筋率可以减小。在某些场合下，也有不放置钢筋的素混凝土、块石砌块。

砌块一般适用于含水量较少的稳定地层内。由于隧道衬砌的分块要求，使由砌块拼成的圆环（超过 3 块以上）成为一个不稳定的多铰圆形结构。衬砌结构在通过变形后（变形量必须予以限制）地层介质对衬砌环的约束使圆环得以稳定。砌块间以及相邻环间接缝防水、防泥必须得到满意的解决，否则会引起圆环变形量的急剧增加而导致圆环丧失稳定，形成工程事故。由于砌块无需装螺栓用的预留手孔，故可提供表面光滑的内壁，有利于交通隧道的通风和排泄涵洞的流水，由于不设置螺栓，加快了施工拼装进度，降低了施工和衬砌费用，且形成的接头具有相当大的柔性，使构件中的内力显著减小，衬砌断面可随之相应减薄，达到一定的经济效果。但柔性的砌块衬砌受力后可能变形较大，因而一般认为砌块对周围的地质情况应有一定的要求。

7.2.2.3 按形成方式分类

按衬砌的形成方式可将衬砌分为装配式衬砌和挤压混凝土衬砌。

装配式衬砌圆环一般是由分块的预制管片在盾尾拼装而成的，按照管片所在位置及拼装顺序不同，可将管片划分为标准块、邻接块和封顶块，根据工程需要组成衬砌的预制构件有铸铁、钢、混凝土、钢筋混凝土管片和砌块之分。我国目前广泛使用的是钢筋混凝土管片或砌块。

与整体式现浇衬砌相比，装配式衬砌的特点如下：

(1) 安装后能立即承受荷载。

(2) 管片生产工厂化，质量易于保证，管片安装机械化，方便快捷。

(3) 在其接缝处防水需要采取特别有效的措施。

近年来，国外发展有在盾尾后现浇混凝土的挤压式衬砌工艺。其方法是在盾构尾部安装有可现浇混凝土的装置，它类似于地面高层建筑的现场灌浇混凝土的滑升模板结构。随着盾构的推进，现浇的混凝土通过自动混凝土供应管路送到盾尾的作业面，直接在盾构尾部浇捣成所需要的衬砌结构。因为该施工方法自动化程度高，施工时必须恰如其分地掌握好盾构前进的速度与盾尾内现浇混凝土的施工速度及其混凝土衬砌凝固快慢的关系。

挤压混凝土衬砌施工方法的特点如下：

(1) 自动化程度高，施工速度快。

(2) 衬砌结构为现场浇注的整体式混凝土或钢筋混凝土结构，可达到理想的受力、防水要求，建成的隧道有满意的使用效果。

(3) 可节省大量的金属，材料来源多、广，造价低。

现浇的挤压衬砌，是盾构法施工隧道的一个发展新趋势，用钢纤维混凝土后更能提高薄型衬砌的抗裂性能，但必须配以高度自动化控制系统才能保证衬砌的质量。在渗透性较大的砂砾土层中要达到防水要求尚有困难。

7.2.2.4　按构造形式分类

大致可分为单层和双层衬砌两种形式。修建在饱和含水软土地层内的隧道，由于目前对隧道防水（特别是接缝防水）还没有得到完善的解决，影响了使用要求，因此较多的还是选择双层衬砌结构，外层是装配式衬砌结构，内层是内衬混凝土或钢筋混凝土层。例如，在地下铁道的区间隧道以及一些市政管道也已采用了这种双层衬砌结构形式。由于采用了双层衬砌，导致了一系列问题。例如，开挖断面增大，增加了出土量；施工工序复杂，延长了施工期限，导致了隧道建设成本的增加。为此目前不少国家正在研究解决单层衬砌的防水技术和使用效果，以逐步取代双层衬砌结构。另一种做法是在目前隧道防水尚未得到较为满意解决的条件下，把外层衬砌视作一施工临时支撑结构，这样就简化了外层衬砌的要求。在内层现浇衬砌施工前，对外层衬砌进行清理、堵漏，做必要的结构构造处理，然后再浇捣内衬层，并使内层衬砌与外层衬砌连为一体（或近似整体结构）以共同抵抗外荷载。

7.2.3　装配式钢筋混凝土管片的构造

前已述及，国内外工程一般都选用装配式钢筋混凝土管片，这里着重介绍钢筋混凝土管片的构造。

1. 环宽

根据国内外实践经验，无论是钢筋混凝土管片还是金属管片，环宽一般在 300～2000mm 之间，常用的是 750～1200mm。环宽过小会导致接缝数量的增加进而加大隧道防水的困难，过大的环宽虽对防水有利，但也会使得盾尾长度增长而影响盾构的灵敏度，单块管片重量也会增大。一般来说，大隧道的环宽可以比小隧道的大一些。

盾构在曲线段推进时还必须设有楔形环，楔形环的锥度可按隧道曲率半径计算。表7－2－1列出了外径与管片环宽锥度的经验值。

表7－2－1　隧道外径与环宽锥度的经验值

隧道外径/m	$D_{外}<3$	$3<D_{外}<6$	$D_{外}>6$
锥度/mm	15～30	20～40	30～50

2. 分块

单线地下铁道衬砌一般可分成6～8块，双线地下铁道衬砌可分为8～10块。小断面隧道可分为4～6块。衬砌圆环的分块主要考虑在管片制作、运输、安装等方面的实践经验而定。但也有少数从受力角度考虑采用4等分管片，把管片接缝设置在内力较小的45°或135°处，使衬砌环具有较好的刚度和强度，接缝构造也可相应得到简化。管片的最大弧、弦长一般较少超过4m，管片越薄其长度应越短。

3. 封顶管片形式

根据隧道施工的实践经验，考虑到施工方便及受力的需要，目前封顶块一般趋向于采用小封顶形式。封顶块的拼装形式有两种，一为径向楔入，二为纵向插入。采用后一种形式的封顶块受力情况较好，在受荷后，封顶块不易向内滑移。其缺点是需加长盾构千斤顶行程。在一些隧道工程中也有把封顶块设置于45°、135°及185°处。

4. 拼装形式

圆环的拼装形式有通缝（图7－2－5）、错缝（图7－2－6）两种，所有衬砌环的纵缝环环对齐的拼装形式称为通缝，而环间纵缝相互错开，犹如砖砌体一样的称为错缝。

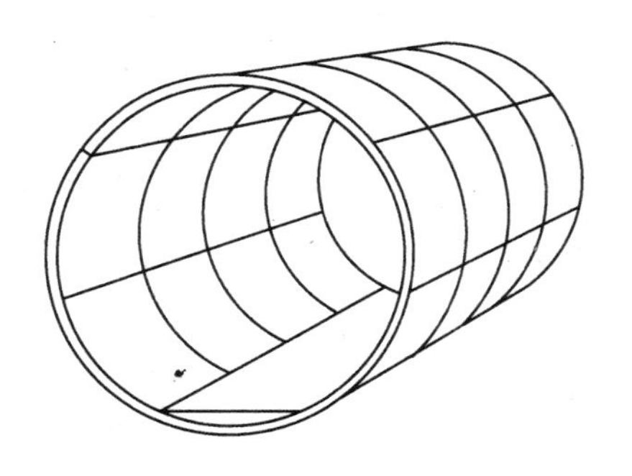

图7－2－5　通缝拼装

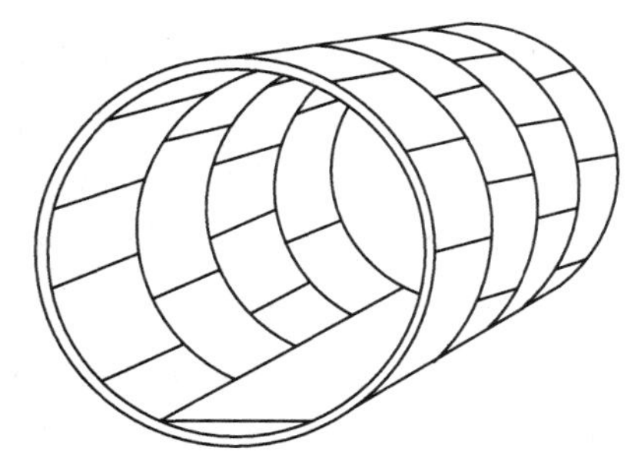

图7－2－6　错缝拼装

圆环衬砌采用错缝拼装较普遍，其优点在于能加强圆环接缝刚度，约束接缝变形，圆环近似地可按匀质刚度考虑。当管片制作精度不够好时，采用错缝拼装形式容易使管片在盾构推进过程中顶碎。另外，在错缝拼装条件下，环、纵缝相交处呈丁字形，而通缝拼装时则为十字形，在接缝防水上丁字缝比十字缝较易处理。

在某些场合中，如需要拆除管片后修建旁侧通道或某些特殊需要时，则管片常采用通缝形式，以便于进行结构处理。

7.2.4　管片接头的构造

管片间的接头有两类，沿纵向（接头面平行于纵轴）的称纵向接头，沿环向（接头面垂直于纵轴）的称环向接头。从其力学特性来看，可分为柔性接头和刚性接头，前者要求相邻管片间允许产生微小的转动与压缩，使整个衬砌能屈从于内力的方向产生一定的变形，后者则是通过增加螺栓数量等手段，力图在构造上使接头的刚度与构件本身相同。早期的管片接头多为刚性的，以为越刚越安全，通过长期的试验、实践和研究，这种传统观念逐渐被后来的柔性结构思想所打破，管片的连接方式也经历了从刚性连接到柔性连接方式的过渡。

1. 螺栓接头

这是环向接头和纵向接头上最为常用的接头结构，利用螺栓将接头板紧固起来，将管片环组装起来的抗拉连接结构。

环向螺栓根据衬砌接缝内力情况设置成单排或双排。一般在直径较大的隧道内，按内力设计的管片厚度也较大，常在管片的纵向缝上设置双排螺栓，外排螺栓抵抗负弯矩，内排螺栓抵抗正弯矩，每一排螺栓配有 2～3 只螺栓；对小直径隧道常采用单排螺栓，单排螺栓孔一般设置在离隧道内侧 $h/3$（h 为衬砌厚度）处。

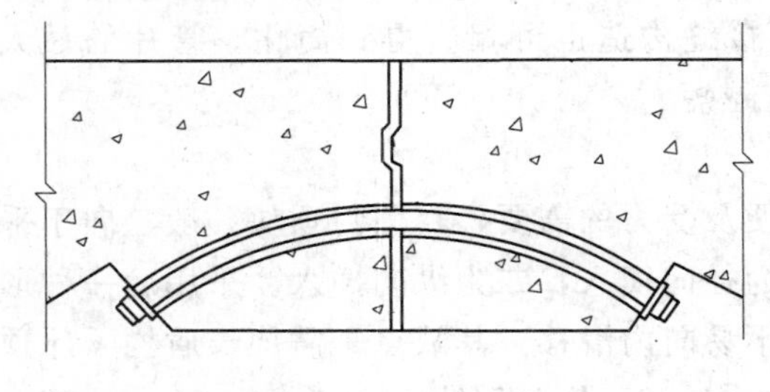
图 7-2-7　弯螺栓

纵向螺栓是按管片分块（拼装形式）结构受力等要求配置，其数量不一。纵向螺栓孔位置设置在离隧道内侧的（1/4～1/3）h 处。

环、纵向螺栓孔一般比螺栓直径大 3～6mm。

环、纵向螺栓形式有直螺栓、弯螺栓两种，直螺栓受力性能好、效果显著、加工简单，但常扩大了螺栓手孔的尺寸，影响了管片承受盾构千斤顶顶力的承载能力。弯螺栓（图 7-2-7）的设置能缩小螺栓手孔的尺寸，对截面削弱少，较少地影响管片的纵向承受能力，对承受正、负弯矩的刚度都较大。但其对抵抗圆环横向内力的结构效能差，且加工麻烦。实验表明，弯螺栓接头比直螺栓接头易变形，且实践也说明弯螺栓对施工亦不方便，用料又大，已逐渐被直螺栓取代。

直螺栓连接通过管片的钢端肋，称为小钢盒形式，这种连接形式虽然可缩短螺栓长度，减少钢材用量，但端肋板的耗钢量却更大，加上预埋钢盒时精度往往得不到保证，现已改为钢筋混凝上端肋，如图 7-2-8、图 7-2-9 所示。

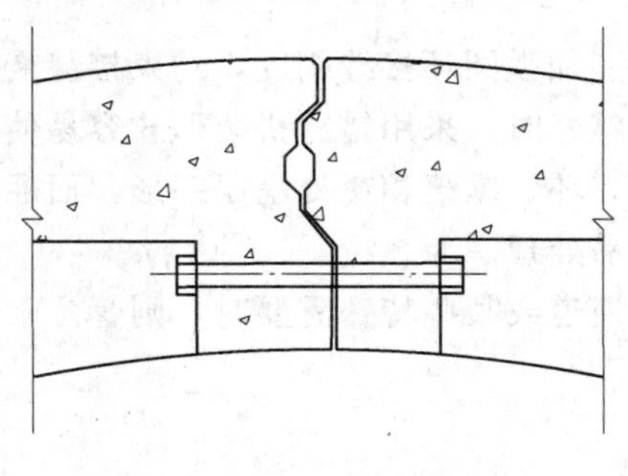
图 7-2-8　直螺栓

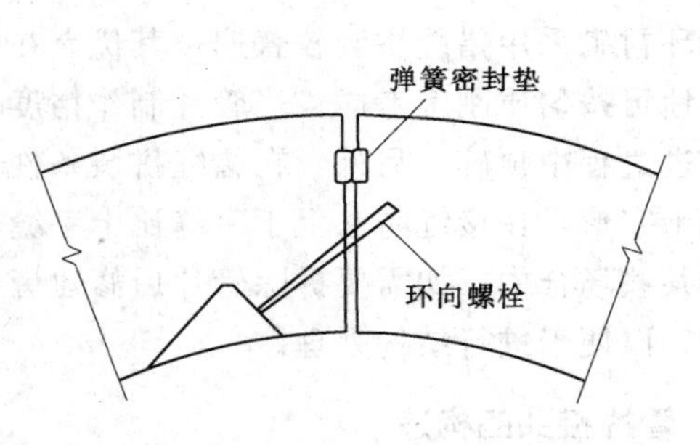

图 7-2-9　斜直螺栓

2. 球铰式接头

作为多铰环的环向接头，一般多为转向接头结构，在地基条件良好的英国和俄罗斯得到广泛应用。由于几乎不产生弯曲，轴向压力占主导地位，在良好地基条件下是一种合理的结构。但对于地基软弱，地下水位又高的日本几乎未被采用过。为了防止从管片组装到壁后注浆硬化为止这段时间内的变形，最好在采用不损坏其结构特性的接头的同时，也采取防止变形的辅助手段。另外，此类接头一般紧固力不大，所以对于地下水位以下的隧道，对防水要作特殊的考虑。

球铰式接头有两种，一种如图7-2-10(a)所示。两接头面均为曲率半径很大的凸圆弧面，内缘设嵌缝槽，接头两端可做相对转动，边缘也不容易被碰坏，制作简单，但拼装定位还须专门支托，真圆度较难保证。另一种如图7-2-10(b)、图7-2-10(c)所示。两接头面分别为有一定曲率的凹凸圆弧面，彼此套合在一起，内缘也有设嵌缝槽的，转动的柔度很大，定位要比双凸面的容易一些，但在施工中边缘易被碰开裂。

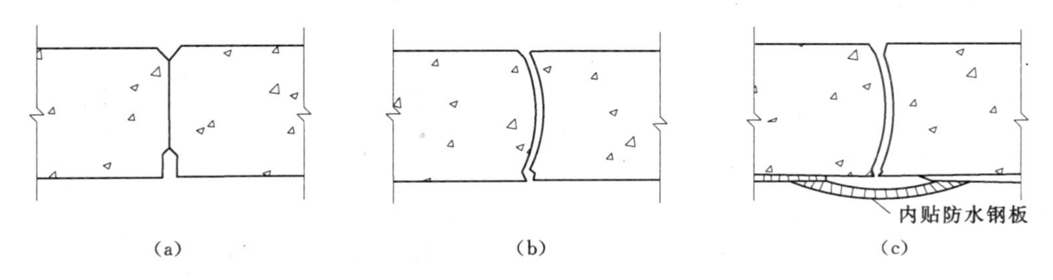

图7-2-10　砌块球铰式接头

3. 销钉连接

销钉连接有几种形式，有沿环向设置的，如图7-2-11所示；有径向插入的，如图7-2-12所示；也有作为沿纵向套合的，如图7-2-13所示。所用连接件有的是随构件制作预埋的，有的是拼装时安设的。它们在结构上的作用是加强了构件的连接，防止接头两

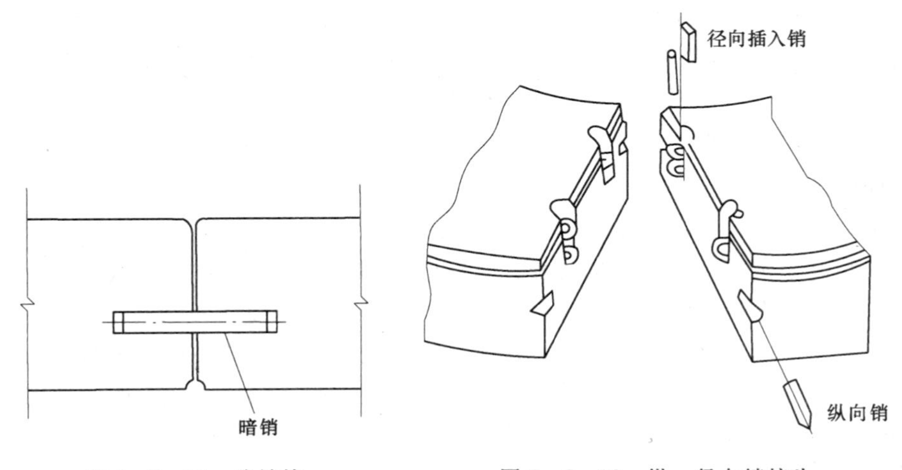

图7-2-11　暗销接

图7-2-12　纵、径向销接头

边相对错动，承担接头上的剪力，所以有时被称为抗剪销。采用销钉连接的管片本身形状简单，各截面强度一致，所成的隧道内壁光滑平整，易于清理，无特殊需要可不必另设内衬。同螺栓连接相比，销钉连接接头结构作业效率高，对自动化施工的适应性强，用销钉连接既省力又省时，可以说是用较少材料、较简单且工序达到相当好的连接效果的一种好形式。

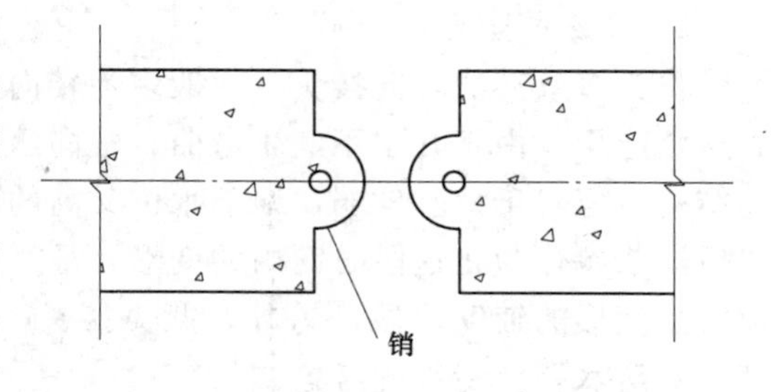

图 7-2-13 套盒接头

4. 楔形接头

这是环向接头和纵向接头都可以使用的结构，是利用楔作用将管片拉合紧固的接头，以混凝土平板形管片为对象开发使用。由于其难以变形的结构特征，所以使用在会受到强制变位的隧道的环向接头时应特别注意。

5. 榫槽式接头

榫槽式接头是一边接头面设有凹凸榫头而另一边有相应的槽沟，通过凹凸部位嵌合在一起进行力的传递，如图 7-2-14 所示。它可以作为环向接头来使用，但主要是作为纵向接头使用的接头结构。榫槽式接头既允许接头处有微小的转动，又可防止接头两面上下错动。其接头形式并不复杂，却能大大有助于拼装定位，提高圆环组装精度。同样因为边角多，需要有很好的施工管理，搬运、施工时须格外注意，以防碰坏。另外，从确保隧道轴向的连续性和防水的观点出发，一般都要同时使用有紧固力的接头结构。

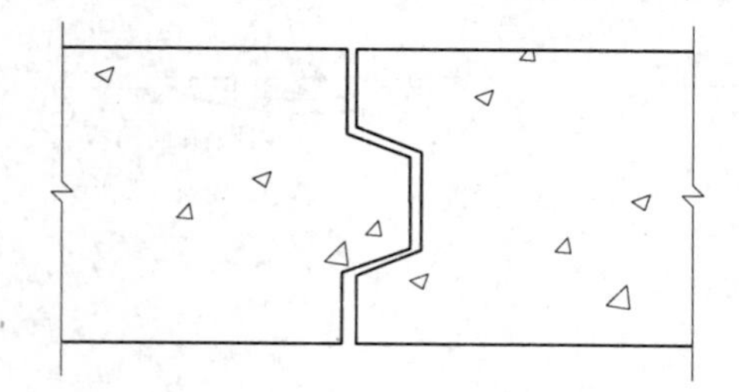

图 7-2-14 榫槽式接头

接头结构一旦误选，不仅难以指望管片环的组装有很好的可靠性，而且会使作业效率下降，施工上还容易出现漏洞，甚至会损坏接头功能，形成衬砌结构上的缺陷。因此，在决定接头结构的细节时，要从所有方面进行研究，以便接头能充分发挥其作用，尤其在组装的精确性和作业方便性上要格外注意。

7.2.5 其他构造

1. 纵肋

对于钢筋混凝土箱形管片及钢管片，纵肋配置必须保证千斤顶推力均匀传递。钢制管片上，纵肋必须考虑等间隔配置，其数量至少要按两条纵肋支承一块压力垫的比例配置，否则就不可能均匀地传递千斤顶推力。这时，拼接起来的两块接头板可视为一条纵肋。如果纵肋数量不够，则千斤顶的推力就不能均匀传递，主肋等结构上也会产生意想不到的应力。为了防止千斤顶推力产生主肋平面外的弯曲应力，纵肋需沿隧道轴方向连续配置。纵肋的形状也要考虑管片的组装和二次衬砌施工的方便性。对于箱形管片，纵肋的配置方法应和钢制管片时的一样，而其数量一般和盾构千斤顶数量相同。

2. 注浆孔

为了能够均匀地注浆，衬砌管片上需设置注浆孔，通常每个管片上设置一个或一个以上注浆孔。由于注浆孔数量的增加会增加可能的渗漏水通道，并且目前广泛采用盾尾同步壁后注浆的方式，管片上的注浆孔往往用作二次注浆，因而，国内采用较多的是每个管片上仅设置一个注浆孔。

注浆孔的直径必须依据使用的注浆材料确定。一般采用内径在50mm左右。

3. 起吊环

盾构法隧道的管片上必须考虑设置起吊环。混凝土平板形管片和球墨铸铁管片大多将壁后注浆孔同时兼作起吊环使用，而钢管片则需另设置起吊配件。无论哪种情况，其设计必须保证对搬运和施工时的荷载等来说都是安全的。如果采用自动组装管片的方式时，要求管片牢固地固定在组装机上。

7.3 盾构隧道衬砌圆环内力计算

本节着重介绍钢筋混凝土管片衬砌的设计方法和有关的一些要求。

隧道衬砌结构的设计必须满足两个基本要求，一是满足施工阶段及使用阶段结构强度、刚度的要求，以承受如水、土压力以及一些特殊使用要求的外荷载；二是能提供一个满足使用功能要求的环境条件，保持隧道内部的干燥和洁净。特别是在饱和含水软土地层中采用装配式钢筋混凝土管片结构，尤以衬砌防水这个矛盾更为突出，与工程成功与否关系程度较大，必须予以注意。

隧道衬砌结构必须根据工程的使用要求（埋深程度、横断面几何尺寸以及其他使用要求等）所选定的隧道施工方法，根据隧道沿线的地层、水文情况进行必要的设计验算和选择。由于隧道建设费用昂贵（在前西德，隧道和高架铁道费用的比例大致是3：1)，而隧道衬砌费用则往往又占整个隧道工程造价的40%～50%，故要求隧道衬砌结构设计必须根据安全可靠、经济合理原则进行选择。

7.3.1 管片设计要求及方法

(1) 按照强度、变形、裂缝限制等要求分别进行验算。

(2) 确定衬砌结构的几个工作阶段：施工荷载阶段、基本使用荷载阶段和特殊荷载阶段，提出各个工作阶段的荷载和安全质量指标要求（衬砌裂缝宽度、接缝变形和直径变形的允许量、隧道抗渗防漏指标、结构安全度、衬砌内表面平整度要求等）进行各个工作阶段和组合工作阶段的结构验算。

7.3.2 荷载及荷载组合

7.3.2.1 荷载的种类

作用在隧道衬砌上的荷载，按其存在状态，可分为静荷载、活荷载和动荷载三大类。

1. 静荷载

静荷载是指长期作用在结构上的且大小、方向与作用点不变的荷载，如结构自重、土层压力和地下水等。衬砌在基本使用阶段承受静荷载。

2. 活荷载

在隧道衬砌施工和使用阶段可能存在的变动荷载，其大小和作用位置都可能变化。如各种施工荷载以及使用时车辆对衬砌的荷载。

衬砌结构在施工阶段有可能碰到比基本使用阶段更为不利的工作条件，产生极为不利的内力状态，导致衬砌结构出现开裂、破碎、变形、沉陷和漏水等严重情况。

(1) 管片拼装。钢筋混凝土管片拼装成环时，要拧紧螺栓。若管片制作精度不高，环面接触不平，往往在拧紧螺栓时，管片局部出现较大的集中应力，导致管片开裂和存在局部内应力。

(2) 盾构推进。由于制作和拼装的误差，管片圆环的环缝往往参差不平。当盾构千斤顶的顶力施加在环缝面上，特别是千斤顶存在偏心的情况下，极易使管片开裂或顶碎。这种现象在目前往往被看做衬砌设计的一个重要控制因素。

(3) 衬砌背后注浆。为了改善衬砌结构的工作条件和防止地面出现大量的沉降，在衬砌背后的建筑空隙内注入水泥浆或水泥砂浆等材料。在软弱地层中注浆材料常不是均匀分布在衬砌周围，而是局部聚集在注浆孔周围一定范围内，过高的注浆压力常常引起圆环变形和出现局部集中应力，封顶管片也可能向内滑移。为了防止这种不利工作条件的出现，必须对注浆压力进行控制。

3. 动荷载

要求具有一定防护能力的隧道衬砌，需要考虑原子武器和常规武器（炸弹火箭）爆炸冲击波压力荷载，这是瞬时作用的荷载。在需要考虑抗震的地区进行隧道建设时，应计算地震波作用下的动荷载的影响。当设计有动荷载控制时，可妥善合理选择结构的附加安全系数和适当提高建筑材料的物理力学性能指标。

上述3种荷载对衬砌可能不是同时作用，需进行最不利情况组合，即荷载组合。先计算个别荷载单独作用下结构各部件截面的内力，再进行最不利的内力组合，得出各设计控制截面的最大内力。最不利荷载组合有以下几种情况：

(1) 静荷载。

(2) 静荷载＋活荷载。

(3) 静荷载＋动荷载。

此外，使结构产生内力和变形的因素还有：软弱地基或结构刚度差异较大时，由于结构不均匀沉降而引起的内力；混凝土材料收缩受到约束而产生的内力；温度变化以及混凝土水化热等产生的内力。这些影响的估计都比较复杂，一般用加大安全系数和在施工、构造上采取措施来解决。

7.3.2.2 荷载的确定

衬砌的设计不仅应满足隧道使用阶段的承载及使用功能要求，而且必须满足施工过程中的安全性要求。表7-3-1列举了设计时应考虑的荷载种类，表7-3-2列举了各工况的荷载组合情况。基本荷载是设计时必须考虑的荷载，附加荷载是在施工中或竣工后作用的荷载，是根据隧道的使用目的、施工条件及周围环境进行考虑的荷载。另外，特殊荷载是根据围岩条件、隧道的使用条件所必须特殊考虑的荷载。

表7-3-1　　荷载的分类

<table>
<tr><th>序号</th><th>作用分类</th><th>结构受力及影响因素</th><th colspan="2">荷载分类</th></tr>
<tr><td>1</td><td rowspan="8">永久荷载</td><td>结构自重</td><td rowspan="8">静荷载</td><td rowspan="12">主要荷载</td></tr>
<tr><td>2</td><td>垂直土压力和水平土压力</td></tr>
<tr><td>3</td><td>水压力</td></tr>
<tr><td>4</td><td>上覆荷载的影响</td></tr>
<tr><td>5</td><td>地层压力</td></tr>
<tr><td>6</td><td>地层抗力（地基反力）</td></tr>
<tr><td>7</td><td>内部恒载</td></tr>
<tr><td>8</td><td>混凝土收缩和徐变的影响</td></tr>
<tr><td>9</td><td rowspan="6">可变荷载</td><td>地面活荷载所产生的土压力</td><td rowspan="4">活荷载</td></tr>
<tr><td>10</td><td>列车活荷载及其动力作用</td></tr>
<tr><td>11</td><td>公路车辆活荷载及其动力作用</td></tr>
<tr><td>12</td><td>人群荷载</td></tr>
<tr><td>13</td><td>温度变化的影响</td><td colspan="2" rowspan="2">附加荷载</td></tr>
<tr><td>14</td><td>盾构施工荷载</td></tr>
<tr><td>15</td><td rowspan="6">偶然荷载</td><td>落石冲击力</td><td colspan="2" rowspan="6">特殊荷载</td></tr>
<tr><td>16</td><td>地震力</td></tr>
<tr><td>17</td><td>平行或交叉隧道设置的影响</td></tr>
<tr><td>18</td><td>近接施工的影响</td></tr>
<tr><td>19</td><td>地基沉降的影响</td></tr>
<tr><td>20</td><td>其他</td></tr>
</table>

表7-3-2　　计算工况荷载组合表

荷载种类＼计算工况		荷载组合系数	第一组合 施工阶段	第二组合 运行阶段	第三组合 地震验算
1	地面超载	1.4	★	★	★
2	结构自重	1.2	★	★	★
3	地层垂直水土压力	1.2	★	★	★
4	地层水平水土压力	1.2	★	★	★
5	外水压力	1.2	★	★	★
6	道路设计荷载	1.4	★	★	★
7	盾构千斤顶顶力	1.2	★		
8	不均匀注浆压力	1.2	★		
9	地震荷载	1.3			★

注　表中“★”表示有该种荷载。

表中“1，2，3，4，5，6”为静荷载；“7，8”为活荷载；“9”为动荷载。

以上是对盾构隧道在施工及使用阶段可能遇到大部分荷载的列举，下面介绍对这些荷载的确定方法。

1. 基本使用阶段（衬砌环宽按1m考虑）

荷载简图如图7-3-1所示。

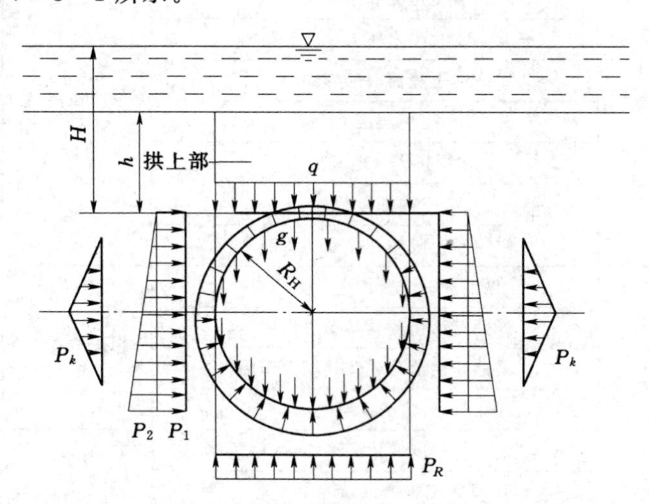

图7-3-1 作用在衬砌圆环结构上的荷载示意图

(1) 自重。

$$g=\gamma_h\delta \tag{7-3-1}$$

式中 g——自重，通常取1m作为计算单元；

δ——管片厚度，m；

γ_h——材料重度，通常取25～26kN/m³。

(2) 竖向地层压力 q（分拱上部和拱背部）。

1) 拱上部地层压力为

$$q_1=\sum_{i=1}^{n}\gamma_i\cdot h_i \tag{7-3-2}$$

2) 拱背部的土重为

$$G=2(1-\pi/4)R_H^2\gamma=0.429R_H^2\gamma \tag{7-3-3}$$

式中 R_H——衬砌圆环计算半径。

将拱背的土重近似化为均布荷载，即

$$q_2=G/2R_H=(1-\pi/4)R_H\gamma=0.2146R_H^2\gamma \tag{7-3-4}$$

则竖向地层压力为 $q=q_1+q_2$。

(3) 地面超载。

当隧道埋深较浅时，竖向地层压力必须考虑底面荷载的影响，此项荷载可累加到竖向地层压力。日本资料一般为10kN/m²。

(4) 侧向均匀主动土压力。

$$P_1=q\tan^2(45°-\varphi/2)-2c\tan(45°-\varphi/2) \tag{7-3-5}$$

式中 φ，c——取衬砌圆环侧向各土层相应指标的加权平均值；

q——竖向土压力。

(5) 侧向三角主动土压力。

$$P_2=2R_H\gamma\cdot\tan^2(45°-\varphi/2) \tag{7-3-6}$$

(6) 侧向土体抗力。

侧向土体抗力是指圆形隧道在横向发生变形时，地层产生的被动抗力。土体抗力大小与隧道圆环的变形成正比，按温克尔局部变形理论，抗力图形为一等腰三角形，抗力分布在隧道水平中心线上下各呈45°的范围内，有

$$P_k=ky \tag{7-3-7}$$

式中 k——衬砌圆环侧向土层（弹性）压缩系数；

y——衬砌圆环在水平直径处的变形量，即

$$y=\frac{(2q-p_1-p_2+\pi g)R_H^4}{24(\eta EJ+0.045kR_H^4)} \tag{7-3-8}$$

式中 EJ——衬砌圆环抗弯刚度；

η——衬砌圆环抗弯刚度折减系数，取0.25～0.8。

(7) 水压力。

静水压力对隧道衬砌的受力状态影响很大，为了方便计算，常将静水压力分解为沿圆环均匀分布的径向压力 H（H 为地下水位至圆环顶点的距离）和从圆环顶部向下呈月牙形变化的径向压力 $2R_H$（图7-3-2），前者在衬砌中只起轴向力作用，后者使衬砌环产生偏心压力作用。

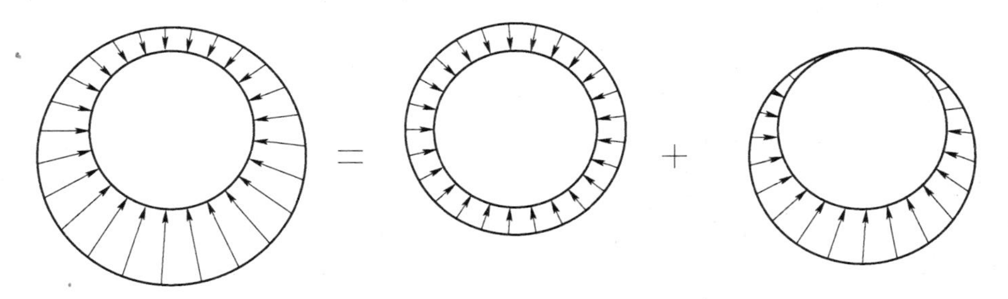

图7-3-2 水压力

(8) 拱底反力。

$$P_R=q+\pi g+0.2146R_H\gamma-\pi R_H\gamma_w/2 \tag{7-3-9}$$

式中 $0.2146R_H\gamma$——由拱背部地层压力产生的拱底反力；

$-\pi R_H\gamma_w/2$——由静水压力产生的拱底反力；

P_R——拱底反力；

q——由拱上部地层压力产生的拱底反力；

πg——由圆环自重产生的拱底反力。

(9) 几点说明（理论计算与实际情况有一定出入）。

1）竖向压力。软黏土层中，拱顶土压接近于覆土的荷载 γH；砂土层，且隧道埋深大于隧道衬砌的外径时，顶部土压小于土压力 γH。

2）侧向主动土压力。一般按朗肯土压力公式计算，但侧压受地层、施工方法和衬砌结构刚度的影响。

3）地层侧向弹性抗力。地层较好（标贯 $N>4$），可以按 P_k 值采用，当 $N<4$ 时，P_k 值几乎等于零。地层的压缩系数可通过实测确定。

2. 施工阶段

衬砌结构在施工阶段有可能碰到比基本使用阶段更为不利的工作条件，产生极为不利的内力状态，可能导致出现衬砌结构的开裂、破碎、变形、沉降和漏水等状况。这种状况尤以推进过程为甚，必须进行现场观测和相应的附加验算。

如管片拼装成环时，管片制作精度不高、端面不平，拧紧螺栓时往往使管片局部产生较大的应力，导致管片开裂和出现局部内应力。

盾构推进时，当盾构千斤顶施加在环缝面上，特别是千斤顶顶力存在偏心的情况下，极易使管片开裂和顶碎。衬砌环的受力难以确切计算，一般采用盾构总的推力除以衬砌环环缝面积计算，即

$$\sigma=\frac{P}{F}\leqslant\frac{[\sigma]}{K} \tag{7-3-10}$$

式中 P——盾构总推力；

F——环缝面积；

$[\sigma]$——混凝土容许抗压强度；

K——安全系数，一般 $K\geqslant 3$。

改善的方法是合理选择管片形式，提高钢模制作精度和管片混凝土强度。在拼装管片时提高拼装质量，采用错缝拼装也是较好的办法。

在衬砌背后的建筑间隙内压注水泥浆或水泥砂浆，以改善衬砌结构的工作条件和防止地面出现大量的沉降量，但过高的压力常引起圆环变形和出现局部的集中应力，故必须控制注浆压力。注浆压力产生的荷载大小难以确定，只能通过采用附加安全系数，以保证衬砌结构的安全度。

当衬砌初出盾尾时，衬砌顶部土压迅速作用在衬砌上，而侧压却因某种原因未能及时作用，这时衬砌可能处于比基本使用阶段更为不利的工作条件。

3. 特殊荷载阶段

特殊荷载往往属于瞬时性荷载，且荷载作用时间又短，验算时可合理地选择结构的附加安全系数和适当提高材料的物理力学性质指标。结构动力计算一般可采用拟静力法，按弹性或弹塑性工作阶段进行，结构内力计算方法与只承受静载的结构相同。

7.3.3 管片内力计算方法

7.3.3.1 不考虑弹性抗力的均质圆环法

在饱和含水软土层中，主要由于工程上的防水要求，对由装配式衬砌组成的衬砌圆

环，其接缝必须具有一定的刚度，以减少接缝变形量。由于相邻环间接错缝拼装，并设置一定数量的纵向螺栓或在环缝上设有凹凸榫槽，使纵缝刚度有了一定的提高。因此，圆环可近似地认为是均质刚性圆环。

衬砌圆环上的荷载分布如图 7-3-3 所示。

由于荷载的对称性，故整个圆环为二次超静定结构。按结构力学力法原理，可解出各个截面上的 M、N 值。

圆环内力系数表见表 7-3-3，其中所示圆环内力均以 1m 为单位，若环宽为 b（一般 $b=0.5\sim1.0$m），则内力 M、N 值尚应乘以 b。弯矩 M 以内缘受拉为正，外缘受拉为负。轴力以受压为正，受拉为负。

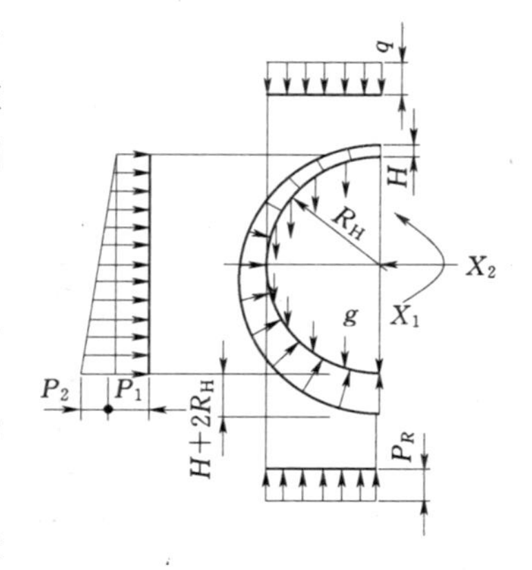

图 7-3-3 计算简图

表 7-3-3 断面内力系数表

荷重	截面位置	内力		P
		$M(t-m)$	$N(t)$	
自重	$0\sim\pi$	$gR_H^2(1-0.5\cos\alpha-\alpha\sin\alpha)$	$gR_H(\alpha\sin\alpha-0.5\cos\alpha)$	g
上荷重	$0\sim\pi/2$	$qR_H^2(0.193+0.106\cos\alpha-0.5\sin^2\alpha)$	$qR_H(\sin^2\alpha-0.106\cos\alpha)$	q
	$\pi/2\sim\pi$	$qR_H^2(0.693+0.106\cos\alpha-\sin\alpha)$	$qR_H(\sin\alpha-0.106\cos\alpha)$	
底部反力	$0\sim\pi/2$	$P_RR_H^2(0.057-0.106\cos\alpha)$	$0.106P_RR_H\cos\alpha$	P_R
	$\pi/2\sim\pi$	$P_RR_H^2(-0.443+\sin\alpha-0.106\cos\alpha-0.5\sin^2\alpha)$	$P_RR_H(\sin^2\alpha-\sin\alpha-0.10\cos\alpha)$	
水压	$0\sim\pi$	$-R_H^2(0.5-0.25\cos\alpha-0.52\sin\alpha)$	$R_H^2(1-0.25\cos\alpha-0.52\sin\alpha)+HR$	
均布荷重	$0\sim\pi$	$P_1R_H^2(0.25-0.5\cos^2\alpha)$	$P_1R_H\cos^2\alpha$	P_1
侧压	$0\sim\pi$	$P_2R_H^2(0.25\sin^2\alpha+0.083\cos^3\alpha-0.063\cos\alpha-0.125)$	$P_2R_H\cos\alpha(0.063+0.5\cos\alpha-0.25\cos^2\alpha)$	P_2

注 R_H 为衬砌计算半径，m；α 为计算断面与圆环垂直轴的夹角。

7.3.3.2 考虑弹性抗力的均质圆环法

仍按均质刚度圆环计算。

当外荷载作用在隧道衬砌上时，一部分衬砌向地层方向变形，使地层产生弹性抗力。弹性抗力的分布规律很难确定，常采用假定弹性抗力分布规律法，如日本的三角分布、前苏联布加耶娃提出的月牙形分布以及二次、三次抛物线分布等方法。下面将主要介绍日本三角分布法及前苏联布加耶娃法。

1. 日本三角分布计算方法

其荷载分布详见图 7-3-4。

土体抗力图形分布在与水平直径成上下各 45°的范围内，在水平直径处的抗力为

$$P_k=ky\,(1-\sqrt{2}\,|\cos\alpha|) \tag{7-3-11}$$

圆环水平直径处受荷后最终半径变形值为

$$y=\frac{(2q-p_1-p_2+\pi g)R_H^4}{24(\eta EJ+0.045kR_H^4)} \tag{7-3-12}$$

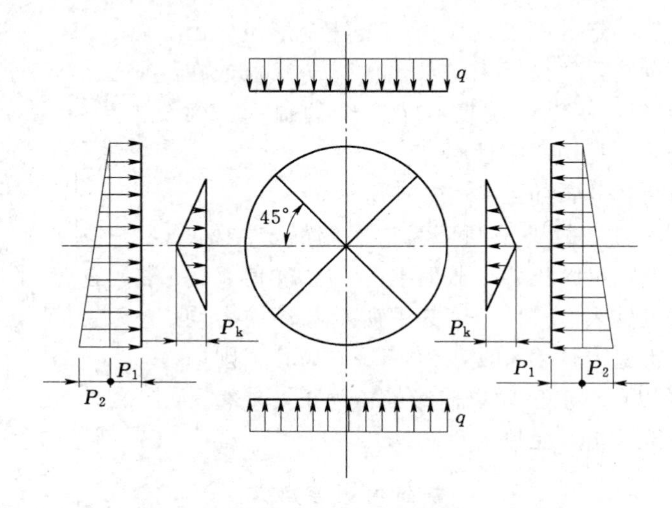

图 7-3-4 荷载分布

式中 η——圆环刚度有效系数，η=0.25～0.8。

由 P_k 引起的圆环内力 M、N、Q 参见表 7-3-4。

将由 P_k 引起的圆环内力和其他衬砌外荷载引起的圆环内力叠加，即得最终的圆环内力。

表 7-3-4　　P_k 引起的圆环内力表

内力	$0\leqslant\alpha\leqslant\frac{\pi}{4}$	$\frac{\pi}{4}\leqslant\alpha\leqslant\frac{\pi}{2}$
M	$(0.2346-0.3536\cos\alpha)P_kR_H^2$	$(-0.3487+0.5\cos^2\alpha+0.2357\cos^3\alpha)P_kR_H^2$
N	$0.3536\cos\alpha P_kR_H$	$(-0.707\cos\alpha+\cos^2\alpha+0.707\sin^2\alpha\cos\alpha)P_kR_H$
Q	$0.3536\sin\alpha P_kR_H$	$(\sin\alpha\cos\alpha-0.707\cos^2\alpha\sin\alpha)P_kR_H$

2. 前苏联布加耶娃法

布加耶娃法假定圆环受到竖向荷载后产生两个方向的变形：y_a（水平直径处的变形）和 y_b（底部的变形）整个土体的弹性抗力图形呈一新月形。圆环荷载图形如图 7-3-5 所示。

圆形抗力为：

$$P_k=\begin{cases}0 & 0\leqslant\alpha\leqslant\pi/4\\ -ky_a\cos2\alpha & \pi/4\leqslant\alpha\leqslant\pi/2\\ -ky_a\sin^2\alpha+ky_b\cos^2\alpha & \pi/2\leqslant\alpha\leqslant\pi\end{cases}\tag{7-3-13}$$

可利用下列 4 个联立方程式求解出圆环上的 4 个未知数 x_1、x_2、y_a、y_b。

$$\begin{cases}x_1\delta_{11}+\delta_{1q}+\delta_{1P_k}P_k=0\\ x_2\delta_{22}+\delta_{2q}+\delta_{2P_k}P_k=0\\ y_a=\delta_{aq}+\delta_aP_k+x_1\delta_{a1}+x_2\delta_{a2}\\ \sum Y=0\end{cases}\tag{7-3-14}$$

各截面上的 M、N 值为

$$\begin{cases}M_\alpha = M_q + M_{P_k} + x_1 - x_2 R_H \cos\alpha \\ N_\alpha = N_q + N_{P_k} + x_2 \cos\alpha\end{cases} \tag{7-3-15}$$

利用上述计算公式，将由竖向荷载 q、自重 g、静水压力 3 种荷载引起的圆环各个截面的内力分别见表 7-3-5 至表 7-3-7。

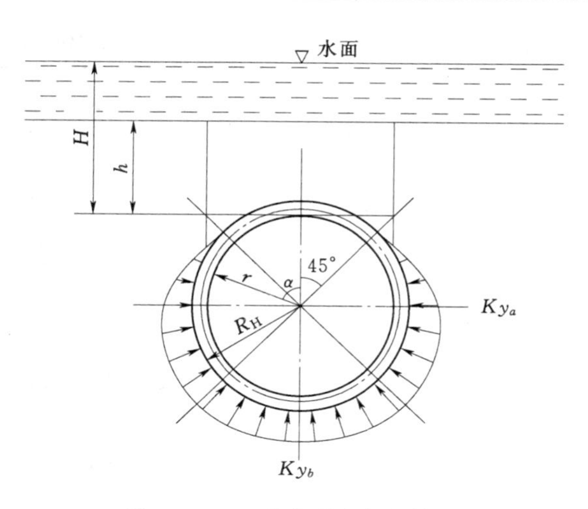

图 7-3-5　前苏联布加耶娃法

由竖向荷载引起，有

$$\begin{cases}M_\alpha = qR_H R_0 b[A\beta + B + Cn(1+\beta)] \\ N_\alpha = qR_0 b[D\beta + F + Qn(1+\beta)]\end{cases} \tag{7-3-16}$$

式中　q——竖向荷载，kN/m^2；

R_H——圆环计算半径，m；

R_0——圆环外半径，m；

b——圆环宽度，m。

$$\beta = 2 - \frac{R_0}{R_H}$$

$$n = \frac{1}{m + 0.06416}$$

式中　$m = EJ/R^3 R_0 kb$；

EJ——圆环断面抗弯刚度，$kN \cdot m^2$；

k——土体介质压缩系数，kN/m^3。

竖向荷载 q 引起的圆环内力见表 7-3-5。

表 7-3-5　竖向荷载 q 引起的圆环内力系数表

截面位置 α	系数					
	A	B	C	D	F	Q
0°	0.1628	0.0872	−0.007	0.2122	−0.2122	0.021
45°	−0.025	0.025	−0.00084	0.15	0.35	0.01485
90°	−0.125	−0.125	−0.00825	0	1	0.00575
135°	0.025	−0.125	0.00022	−0.15	0.9	0.0138
180°	0.0872	0.1628	−0.00837	−0.2122	−0.7122	0.0224

由自重引起，即

$$\begin{cases}M_\alpha = gR_H^2 b(A_1 + B_1 n) \\ N_\alpha = gR_H b(C_1 + D_1 n)\end{cases} \tag{7-3-17}$$

由自重 g 引起圆环内力系数见表 7-3-6。

表 7-3-6　　自重 g 引起的圆环内力系数表

截面位置 α	系数			
	A_1	B_1	C_1	D_1
0°	0.3447	−0.02198	−0.1667	0.6592
45°	0.0334	−0.00267	0.3375	0.04661
90°	−0.3928	0.02689	1.5708	0.01804
135°	−0.0335	0.00037	1.9186	0.0422
180°	0.4405	−0.0267	1.7375	0.0701

由静水压力引起，即

$$\begin{cases} M_\alpha = -R_0^2 R_\mathrm{H} b(A_2 + B_2 n) \\ N_\alpha = -R_0^2 b(C_2 + D_2 n) + R_0 Hb \end{cases} \tag{7-3-18}$$

式中　H——静水压头，m。

由静水压力引起圆环内力系数见表 7-3-7。

表 7-3-7　　静水压力引起的圆环内力系数表

截面位置 α	系数			
	A_2	B_2	C_2	D_2
0°	0.1724	−0.01097	−0.58385	0.03294
45°	0.01673	−0.00132	−0.58385	0.03294
90°	−0.19638	0.01294	−0.2146	0.00903
135°	−0.01679	0.0036	−0.39413	0.02161
180°	0.22027	−0.01312	−0.63125	0.03509

7.3.3.3　修正惯用法

错缝拼装的衬砌圆环，可通过环间剪切键或凹凸榫等结构使接头部分弯矩传递到相邻管片。对于错缝拼装的管片，挠曲刚度较小的接头承受的弯矩不同于与之邻接的挠曲刚度较大的管片承受的弯矩。事实上，这种弯矩传递主要是由环间剪切来完成。目前考虑接头的影响主要通过假定弯矩传递的比例来实现。国际隧协推荐两种估算方法，即 $\eta-\xi$ 法和旋转弹簧法（半铰）（$K-\xi$ 法）。

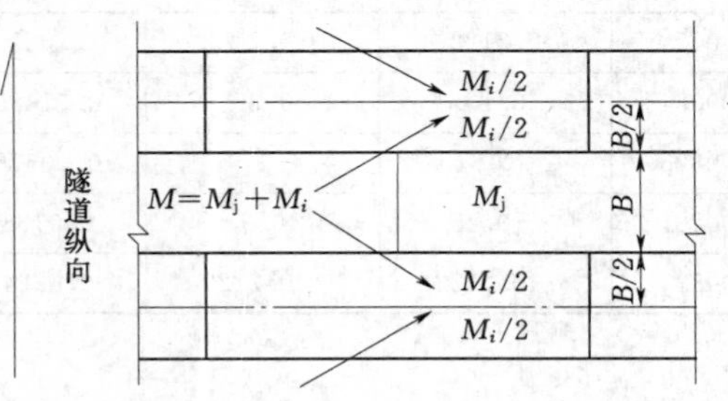

图 7-3-6　错缝拼装弯矩传递分配示意图

1. $\eta-\xi$ 法

首先将衬砌环按均质圆环计算，但考虑纵缝接头的存在，导致整体抗弯刚度降低，取圆环抗弯刚度为 ηEI（η 为抗弯刚性的有效率，$\eta \leqslant 1$）。计及圆环水平直径处变位 y，两侧抗力 $P_\mathrm{k}=ky$ 后，考虑错缝拼装管片接头部弯矩传递，错缝拼装弯矩重分配见图 7-3-6。

接头处内力为

$$\begin{cases} M_j=(1-\xi)\times M \\ N_j=N \end{cases} \tag{7-3-19}$$

管片内力为

$$\begin{cases} M_s=(1+\xi)\times M \\ N_s=N \end{cases} \tag{7-3-20}$$

式中 M，N——分别为均质圆环计算弯矩和轴力；

M_j，N_j——分别为调整后的接头弯矩和轴力；

M_s，N_s——分别为调整后的管片弯矩和轴力；

ξ——弯矩调整系数。

根据试验结果：$0.6\leqslant\eta\leqslant0.8$，$0.3\leqslant\xi\leqslant0.5$。如果管片内没有接头，则 $\eta=1.0$，$\xi=0$。

2. $K-\xi$ 法

在该法中用一个旋转弹簧（半铰）模拟接头，且假定弯矩与转角 θ 成正比，由此计算构件内力，如图 7-3-7 所示，即

$$M=K\theta \tag{7-3-21}$$

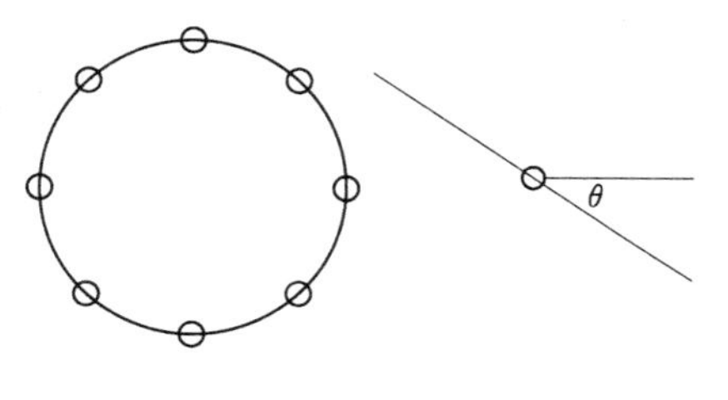

图 7-3-7 弹簧铰模型

式中 K——旋转弹簧常数，通过试验确定或根据以往设计计算的实践确定，kN·m/rad。

如果管片内没有接头，则 $K=\infty$，$\xi=0$。又若假定管片环的接头为铰接，则 $K=0$，$\xi=1$。

7.3.3.4 多铰圆环法

在衬砌外围土体介质能明确地提供弹性抗力的条件下，装配式衬砌圆环可按多铰圆环计算，适用于位于较好地层的盾构隧道。多铰圆环的接缝构造，可分为设置防水螺栓、设置拼装施工要求用的螺栓以及不设置螺栓而代以各种几何形状的榫槽等几种形式。

1. 日本山本法

山本法计算原理在于圆环多铰衬砌环在主动土压和被动土压作用下产生变形，圆环由一不稳定结构逐渐变成稳定结构，圆环在变形过程中，铰不发生突变。这样多铰系衬砌环在地层中就不会引起破坏，能发挥稳定结构的机能。

(1) 计算中的几个假定。

1) 适用于圆形结构。

2) 衬砌环在转动时，管片或砌块视作刚体处理。

3) 衬砌环外围土抗力按均匀形式分布，土抗力的计算要满足对衬砌稳定性的要求，土抗力作用方向全部朝向圆心。

4) 计算中不计及圆环与土体介质间的摩擦力，这对于满足结构稳定性是偏于安全的。

5) 土抗力和变位间关系按 Winkler 公式计算。

(2) 计算方法。

例7-1　具有n个衬砌组成的多铰圆环结构如图7-3-8所示，$n-1$个铰由地层约束，而剩下一个称为非约束铰，其位置经常在主动土压力一侧，整个结构可以按静定结构来求解。

$$q_{\alpha i}=q_{i-1}+\frac{(q_i-q_{i-1})\alpha_i}{\theta_i-\theta_{i-1}} \tag{7-3-22}$$

式中　q_{i-1}——[$i-1$] 铰处的土层抗力；

q_i——[i]铰处的土层抗力；

α_i——以q_{i-1}为基轴的截面位置；

θ_i——[i] 铰与竖轴的夹角；

θ_{i-1}——[$i-1$] 铰与竖轴的夹角。

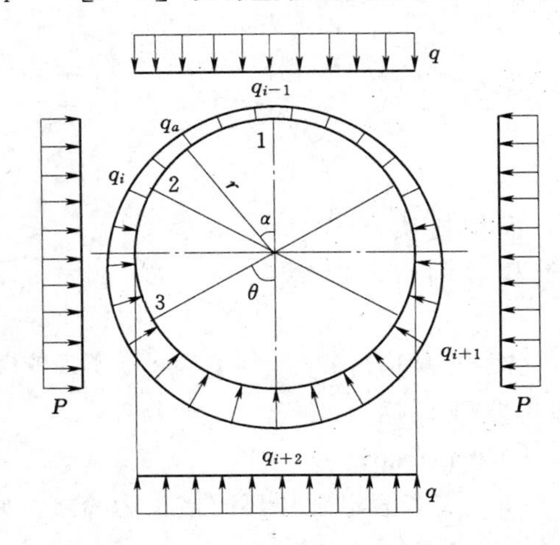

图7-3-8　日本山本法计算简图

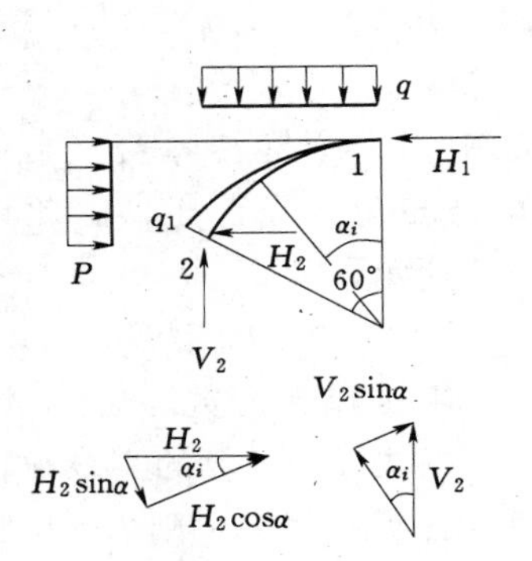

图7-3-9　1-2杆计算简图

解　1-2杆（图7-3-9）：

$$\theta_{i-1}=0,\theta_i=60°$$

由$\sum X=0$得

$$H_1=H_2+Pr(1-\cos\theta_i)+r\int_0^{\theta_i-\theta_{i-1}}\frac{q_2\alpha_i}{\pi/3}\sin(\theta_{i-1}+\alpha_i)\mathrm{d}\alpha_i$$

整理得

$$H_1=H_2+0.5Pr+0.327Pr$$

由$\sum Y=0$得

$$V_2=qr\sin\theta_i+r\int_0^{\theta_i-\theta_{i-1}}\frac{q_2\alpha_i}{\pi/3}\cos\alpha_i\mathrm{d}\alpha_i$$

整理得

$$V_2=0.866qr+\frac{3q_2r}{\pi}\left(\frac{\sqrt{3}\pi-3}{6}\right)=0.866qr+0.388q_2r$$

由$\sum M=0$得

$$0.5H_1r=q\frac{(r\sin\theta_i)^2}{2}+P\frac{[r(1-\sin\theta_i)]^2}{2}+\frac{3r^2}{\pi}q_2\int_0^{\theta_i-\theta_{i-1}}\alpha_i\sin(\theta_i-\theta_{i-1}-\alpha_i)\mathrm{d}\alpha_i$$

$$= 0.375qr^2 + 0.125Pr^2 + \frac{3r^2}{\pi}q_2\left(\frac{2\pi - 3\sqrt{3}\pi}{6}\right)$$

$$= 0.375qr^2 + 0.125Pr^2 + 0.173q_2r^2$$

整理得

$$H_1 = (0.75q + 0.25P + 0.346q_2)r^2$$

2-3杆（图7-3-10）：

$$\theta_{i-1} = 60°, \theta_i = 120°$$

由$\sum X = 0$得

$$H_2 + H_3 = P \cdot 2r\sin\left(\frac{\theta_i - \theta_{i-1}}{2}\right) + \frac{3r}{\pi}\int_0^{\theta_i - \theta_{i-1}}\left[\frac{\pi}{3}q_2 + (q_3 - q_2)\right]\sin(\theta_{i-1} + \alpha_i)\mathrm{d}\alpha_i$$

整理得

$$H_2 + H_3 = P \cdot r + 0.5r(q_2 + q_3)$$

由$\sum Y = 0$得

$$V_2 = V_3 - \frac{3r}{\pi}\int_0^{\theta_i - \theta_{i-1}}\left[\frac{\pi}{3}q_2 + (q_3 - q_2)\alpha_i\right]\cos(\theta_{i-1} + \alpha_i)\mathrm{d}\alpha_i$$

整理得

$$V_2 = V_3 + 0.089(q_3 - q_2)$$

由$\sum M = 0$得

$$H_2 r = \frac{Pr^2}{2}\ \frac{3r^2}{\pi}q_2\int_0^{\theta_i - \theta_{i-1}}\left[\frac{\pi}{3}q_2 + (q_3 - q_2) \cdot \alpha_i\right] \times \sin(\theta_i - \theta_{i-1} - \alpha_i)\mathrm{d}\alpha_i$$

$$= 0.5Pr^2 + 0.173q_3r^2 + 0.327q_2r^2$$

整理得

$$H_2 = (0.5P + 0.173q_3 + 0.327q_2) \cdot r^2$$

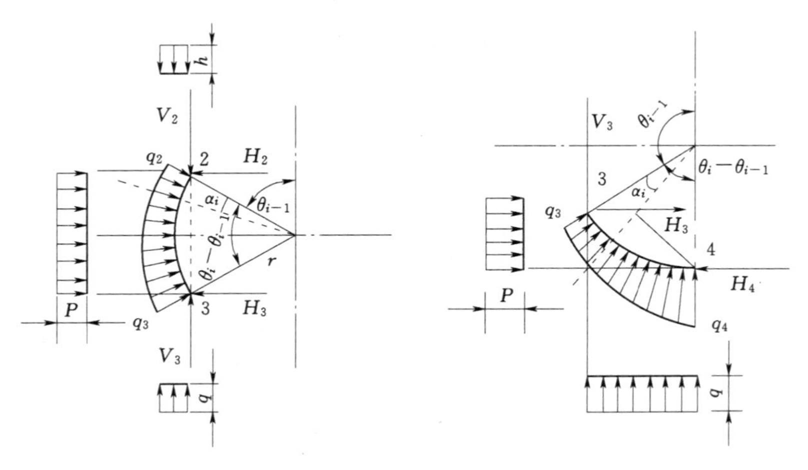

图7-3-10　2-3杆计算简图　　　图7-3-11　3-4杆计算简图

3-4杆（图7-3-11）：

$$\theta_{i-1} = 120°, \theta_i = 180°$$

由$\sum X = 0$，

$$H_4 = H_3 + Pr[1-\cos(\theta_i-\theta_{i-1})] + \frac{3r}{\pi}\int_0^{\theta_i-\theta_{i-1}}\left[\frac{\pi}{3}q_3 + (q_4-q_3)\alpha_i\right]\sin(\theta_i+\alpha_i)\mathrm{d}\alpha_i$$

$$= H_3 + 0.5Pr + 0.327q_3 + 0.73q_4$$

由$\sum Y=0$，

$$V_3 = qr\sin(\theta_i-\theta_{i-1}) - \frac{3r}{\pi}\int_0^{\theta_i-\theta_{i-1}}\left[\frac{\pi}{3}q_3 + (q_4-q_3)\alpha_i\right]\cos(\theta_i+\alpha_i)\mathrm{d}\alpha_i$$

$$= 0.866Pr + 0.389q_3 + 0.478q_4$$

由$\sum M=0$，

$$H_3r[1-\cos(\theta_i-\theta_{i-1})] + \frac{P}{2}\{r[1-\cos(\theta_i-\theta_{i-1})]\}^2 + q\frac{[r\sin(\theta_i-\theta_{i-1})]^2}{2}$$

$$+\frac{3r^2}{\pi}\int_0^{\theta_i-\theta_{i-1}}\left[\frac{\pi}{3}q_3 + (q_4-q_3)\alpha_i\right]\sin(\theta_i-\theta_{i-1}-\alpha_i)\mathrm{d}\alpha_i = V_3r\sin(\theta_i-\theta_{i-1}) = 0.866rV_3$$

整理得

$$0.866rV_3 = 0.5H_3 + \frac{Pr}{g} + 0.375qr + 0.328q_3r + 0.173q_4r$$

9 个方程解出 9 个未知数：q_2、q_3、q_4、H_1、H_2、H_3、H_4、V_2、V_3。上述几个未知数解出来后，即可算出各个截面上的 M、N、Q 值。

各个约束铰的径向位移：$\mu=q/k$；k 为土体（弹性）压缩系数（t/m^3）。

计算时应注意以下几点：

1）衬砌圆环各个截面上的 q_i 值与侧向或底部的作用荷载叠加后的数值要求有一定的控制，不能超越一般容许值。

2）圆环除强度外，还得计算其变形及稳定性要求。

圆环破坏条件：

以非约束铰为中心的三铰（$i-1$）、（i）、（$i+1$）的坐标系统排列在一条直线上，则结构丧失稳定。

同理，可对其余杆进行静力平衡分析，共得到 9 个方程，解出 9 个未知数，即可求出各截面上的 M、N、Q 的值。

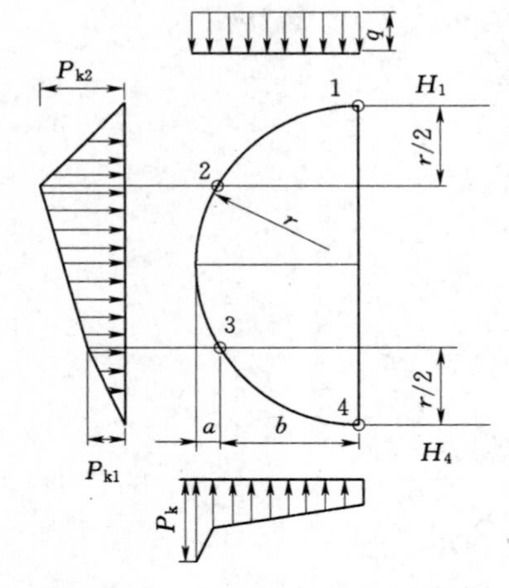

图 7-3-12 前苏联的多铰圆环内力计算简图

2. 前苏联的多铰圆环内力计算

前苏联的多铰圆环与日本山本法的最大区别在于前苏联法认为衬砌与地层不产生相对的位移（考虑了圆环与土介质之间的摩擦力），而山本法则认为衬砌环与地层间能完全自由滑移（不计及摩擦力），山本法则忽略了地层抗力的切线部分，如图 7-3-12 所示。

图 7-3-13 所示为前苏联法与山本法在计算 M、N 内力的结果对比。

7.3.3.5 梁—弹簧模型

梁—弹簧模型，具体考虑管片衬砌环向接头的位置和接头的刚度，用曲梁单元模拟管片的实际情况，用接头抗弯刚度 k_θ 来体现环向接头的实际抗弯刚度。为错缝式拼装时，因纵向接头将引起衬砌圆环间的相互咬合作用，此时根据错缝拼装方式，除考虑计算对象

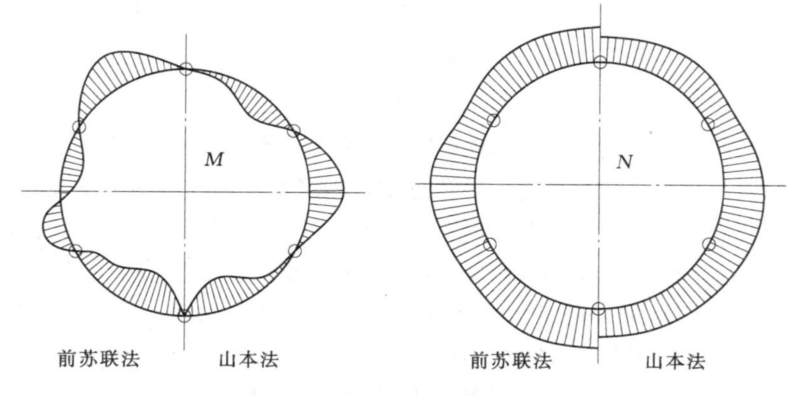

图 7-3-13 两种方法的弯矩和轴力对比

的衬砌圆环外，将对其有影响的前后衬砌圆环也作为对象，采用空间结构进行计算，并用圆环径向抗剪刚度 k_r 和切向抗剪刚度 k_t 来体现纵向接头的环间传力效果。但是，此模型需要知道接头抗弯刚度 k_θ 的值，目前仅能凭经验取值。所以，计算结果受人为影响因素较大。随着接头抗弯刚度 k_θ 的不断研究，包括数值模拟计算和现场试验，该方法得到了广泛应用。

7.3.3.6 其他计算方法评述

目前装配式圆形隧道衬砌结构的计算方法大都把衬砌环看做一按自由变形的匀质（等刚度）圆环计算，而接缝上的刚度不足往往采用衬砌环的错缝拼装予以弥补。这种加强接缝刚度的处理和匀质（等刚度）圆环计算方法在饱和含水地层中的隧道衬砌计算中用得较为普遍。

实际上，由于衬砌环接缝刚度远远小于断面部分的刚度（要做到匀质等刚度圆环几乎是不可能的），因之可将接缝视作一个“铰”处理，使整个圆环变成一个多铰圆环。多铰圆环结构（铰的数量大于 8 个）处于不稳定状态，当圆环外围土层介质给圆环结构提供了附加约束，这种约束常随着多铰圆环的变形而提供了相应的地层抗力，于是多铰圆环就处于稳定状态。在地层较好的情况下，衬砌环按多铰圆环计算是十分经济合理的。当按多铰圆环计算时，必须根据工程的使用要求，对圆环变形量要有一定的限制，并对施工要求提出必要的技术措施。

整个隧道衬砌费用昂贵，而影响隧道衬砌设计的因素又繁多且不够完全明确，因此目前对衬砌结构的设计步骤大都先按使用要求设计验算，再提出衬砌结构设计方案，之后进行能满足各种使用要求的结构试验，参照试验结果对原设计方案进行必要的修改和加强，这样才能予以投产付之使用。当然，上述的做法还是不够完备。在衬砌投入工程使用后，设计人员极有必要去现场进行实地观察，获得现场有关的第一手资料，积累经验，丰富知识，对衬砌结构设计方案做进一步修改和完善。

7.4 盾构隧道衬砌断面设计

衬砌断面设计在各个不同阶段有不同的内容和要求。在基本使用阶段，需进行抗裂或裂缝限制、强度和变形验算，而在组合基本荷载阶段和特殊荷载阶段的衬砌内力时，一般仅进行强度验算，变形裂缝开展不予考虑。

7.4.1　裂缝宽度计算

混凝土管片所发生的裂缝导致防水性能等隧道的使用性能降低，钢筋的腐蚀引起隧道耐久性能下降。特别是在干湿交替环境下的隧道中，裂缝对隧道耐久性能的影响很大。因此，有必要采用合理的方法来验算管片上所发生的裂缝会不会损害隧道的使用性能及耐久性等。

管片裂缝发生的原因除弯矩及轴向拉力等断面内力外，还有混凝土的干燥收缩及化学骨料等使用材料的原因，另外还有管片运输搬送、拼装时的处理，盾构千斤顶推力等施工方面的原因，这里验算有弯矩和轴向拉力引起的裂缝。

通过确认由断面内力引起的裂缝宽度小于其极限值（容许裂缝宽度）来进行裂缝验算。

1. 裂缝宽度的计算

混凝土管片的裂缝宽度基本上按照《混凝土结构设计规范》（GB 50010—2010）中所述公式来计算，即：

$$W_{\max}=\alpha_{cr}\psi\frac{\sigma_s}{E_s}\left(1.9c+0.08\frac{d_{eq}}{\rho_{te}}\right) \tag{7-4-1}$$

式中　$W_{\max}$——按荷载的标准组合或准永久组合并考虑长期作用影响计算的最大裂缝宽度，mm；

α_{cr}——构件受力特征系数，具体取值见《混凝土结构设计规范》（GB 50010—2010）；

ψ——裂缝间纵向受拉钢筋应变不均匀系数；

σ_s——按荷载准永久组合计算的混凝土构件纵向受拉钢筋应力；

E_s——钢筋的弹性模量；

c——最外层纵向受拉钢筋外边缘至受拉区底边的距离，mm；

ρ_{te}——按有效受拉混凝土截面面积计算的纵向受拉钢筋配筋率；

d_{te}——受拉区纵向钢筋的等效直径，mm。

2. 容许裂缝宽度限值

裂缝验算所用的限值是依据隧道用途而设定的容许裂缝宽度。

依据表7-4-1所示的隧道内部的环境条件，设定如表7-4-2所示的容许裂缝宽度，这也就是设定容许裂缝宽度的参考依据。

表7-4-1　隧道内环境条件的分类

环境条件	内　容
一般环境	平时处于干燥状态，不受满水状态等干湿交替的环境条件 没有必要特殊考虑耐久性
腐蚀性环境	有干湿交替的情况 有害物质直接接触管片的情况 有必要考虑其他耐久性的情况

表 7-4-2 容许裂缝宽度 mm

钢材种类	环境条件	
	一般环境	腐蚀性环境
异形钢筋、普通钢筋	0.20	0.10

7.4.2 衬砌断面强度计算

衬砌结构根据不同工作阶段的最不利内力，分别进行正负弯矩的偏压构件强度计算和截面选择。

基本使用荷载阶段按现行混凝土结构设计规范进行。

基本使用和特殊荷载组合阶段按考虑特殊荷载的规定进行。

由于隧道衬砌结构的接缝部分刚度较为薄弱，通过相邻环间采用错缝拼装以及利用纵向螺栓或环缝面上的凹凸榫槽加强接缝刚度。这样，接缝部位的部分弯矩 M 值可以通过纵向构造设置，传递到相邻的环截面上去。这种纵向传递能力大致为（20%～40%）M。这样，断面强度计算式，其弯矩 M 值应乘以传递系数 1.3，而接缝部位则乘以折减系数 0.7。

隧道衬砌结构的强度计算往往是先假定衬砌的混凝土横断面尺寸：宽度 b 和厚度 h，根据使用上的要求，给定混凝土的强度等级（一般装配式构件强度等级不小 C40）和钢筋种类（较多使用 16mm），然后选择钢筋面积 A_s 和 A_g'。

强度计算和配筋选择可根据现行的混凝土结构规范，依据图 7-4-1 所示计算简图，按一般钢筋混凝土偏压构件计算。

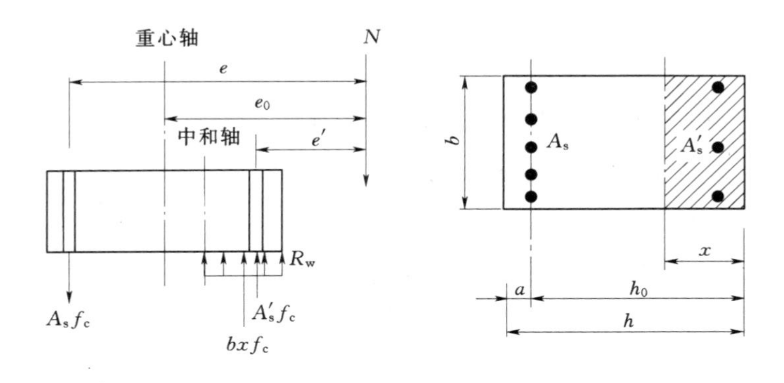

图 7-4-1 衬砌断面强度计算简图

7.4.3 衬砌圆环变形计算

为了满足隧道使用上和结构计算的需要，必须进行衬砌圆环的直径变形量计算和控制，直径变形可采用一般结构力学方法求得。

衬砌圆环的水平直径变形量计算，采用图 7-4-2 所示的计算简图，具体步骤如下：

（1）采用弹性中心法，根据弹性中心处的相对角变和相对水平位移等于零，列出力法方程，即

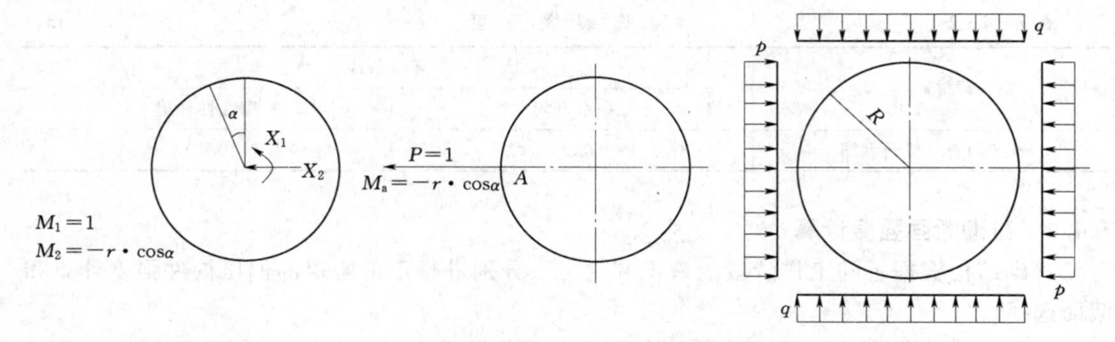

图 7-4-2　衬砌圆环水平直径变形量计算简图

$$\left.\begin{aligned}\delta_{11}X_1+\Delta_{1P}=0\\ \delta_{22}X_2+\Delta_{2P}=0\end{aligned}\right\} \tag{7-4-2}$$

解出 X_1 和 X_2。

(2) $X_1=1$ 及 $X_2=2$ 在 A 点所产生的位移 δ_{1a} 和 δ_{2a} 为

$$\begin{aligned}\delta_{1a}&=\frac{1}{EI}\int\overline{M}_a\,\overline{M}_1\,ds=\frac{1}{EI}\int_0^A\overline{M}_a\,\overline{M}_1\,ds+\frac{1}{EI}\int_A^B\overline{M}_a\,\overline{M}_1\,ds\\&=\frac{1}{EI}\int_A^B(-r\cos\alpha)\,d\alpha=\frac{1}{EI}\int_{\pi/2}^{\pi}(-r^2\cos\alpha)\,d\alpha=\frac{r^2}{EI}\\ \delta_{2a}&=\frac{1}{EI}\int\overline{M}_a\,\overline{M}_2\,ds=\frac{1}{EI}\int_0^A\overline{M}_a\,\overline{M}_2\,ds+\frac{1}{EI}\int_A^B\overline{M}_a\,\overline{M}_2\,ds\\&=\frac{1}{EI}\int_A^B(r^2\cos^2\alpha)\,d\alpha=\frac{r^3}{EI}\int_{\pi/2}^{\pi}\cos^2\alpha\,d\alpha=\frac{r^2\pi}{4EI}\end{aligned}$$

$$\overline{M}_a=-r\cos\alpha;\ \overline{M}_1=1;\ \overline{M}_2=-r\cos\alpha$$

(3) 外荷载 P 及 q 在 A 点处所产生的位移 δ_{aP} 和 δ_{aq} 为

$$\delta_{aq}=\frac{1}{EI}\int\overline{M}_aM_q\,ds,\ M_q=-\frac{1}{2}q(r\sin\alpha)^2$$

$$\delta_{aP}=\frac{1}{EI}\int\overline{M}_aM_P\,ds\quad M_P=-\frac{1}{2}Pr^2(1-\cos\alpha)^2$$

(4) 水平直径变形量为

$$y_{水平}=X_1\cdot\delta_{1a}+X_2\cdot\delta_{2a}+\delta_{aP}+\delta_{aq} \tag{7-4-3}$$

表 7-4-3 列出了各种荷载条件下的圆环水平直径变形系数。

表 7-4-3　各种荷载条件下的圆环水平直径变形系数

编号	荷重形式	水平直径处（半径方向）	图　示
1	竖直分布荷重 q	$\frac{1}{12}qr^4/EI$	q q

续表

编号	荷重形式	水平直径处（半径方向）	图示
2	水平均布荷载 P	$-\frac{1}{12}qr^4/EI$	P P
3	等边分布荷重	0	
4	等腰三角形分布荷重	$-0.0454P_kr^4/EI$	P_k P_k
5	自重	$0.130gr^4/EI$	g

衬砌圆环的垂直直接变形量计算与水平直径处相似。

7.4.4 接缝计算

7.4.4.1 纵向接缝计算

结构破坏大都开始在薄弱的接缝处。在基本使用阶段分别进行接缝变形和接缝强度的计算；在特殊使用荷载阶段要进行接缝强度的计算。

1. 接缝张开的验算

如图 7-4-3 所示，管片拼装时，由于受到螺栓预加应力 σ_l 的作用，在接缝上产生预压应力 σ_{c1}、σ_{c2}，即

$$\begin{matrix}\sigma_{c1}\\ \sigma_{c2}\end{matrix}=\frac{N}{F}\pm\frac{Ne_0}{W} \tag{7-4-4}$$

式中 F，W——衬砌截面面积和截面距；

N——螺栓预应力 σ_l 引起的轴向应力，$N=\sigma_l\cdot A_s$；

e_0——螺栓与重心轴偏心距。

当接缝处受到图 7-4-4 所示外荷载后，其应力状态为

$$\begin{matrix}\sigma_{a1}\\ \sigma_{a2}\end{matrix}=\frac{N}{F}\pm\frac{N\cdot e_0}{W} \tag{7-4-5}$$

故接缝最终的应力状态如图 7-4-5 所示，其值为

$$\sigma_p=\sigma_{a2}-\sigma_{c2} \tag{7-4-6}$$

$$\sigma_c=\sigma_{c1}+\sigma_{a1} \tag{7-4-7}$$

接缝处最终的变形量为

$$\Delta l=\frac{\sigma_{p}}{E}\cdot l \tag{7-4-8}$$

上边缘（外边缘）可能受拉、可能受压，也可能不受力，若受拉，则需考虑涂料的强度和变形能力。

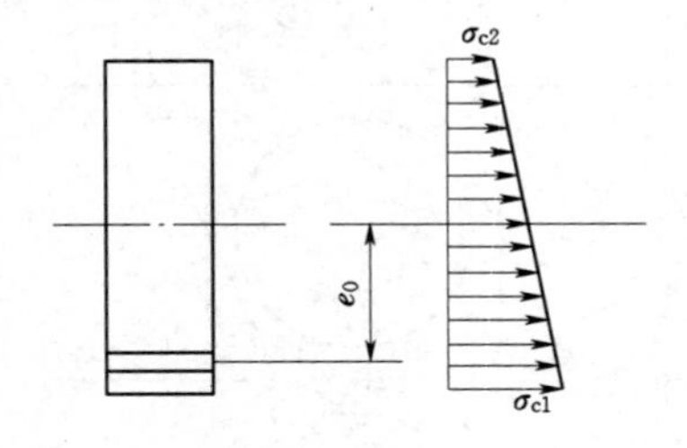

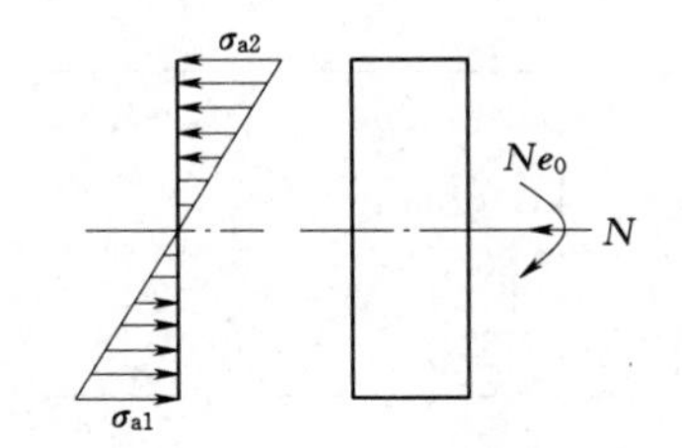

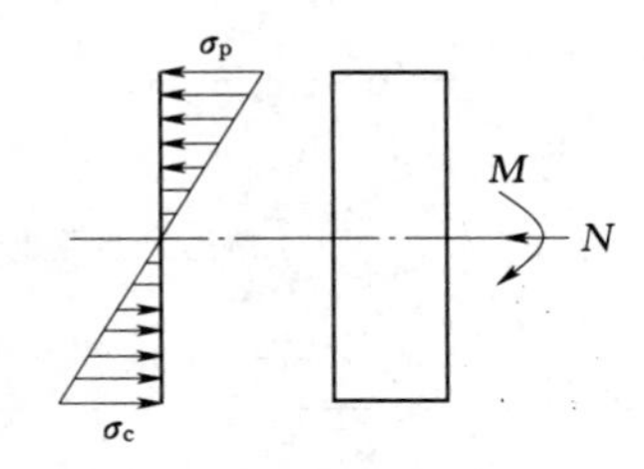

图 7-4-3 管片拼装时产生的预压应力　　图 7-4-4 接缝处受到外荷载后的应力状态　　图 7-4-5 接缝最终应力

2. 纵缝强度计算

由于装配式衬砌结构组成的衬砌，接缝是结构关键的部位，从一些试验结果来看，装配式结构破坏大都开始于薄弱的接缝处，因此接缝构造设计及强度计算在整个结构设计中尤其占有突出地位。

接缝强度计算方法中，近似地把螺栓看做受拉钢筋，按钢筋混凝土截面强度验算进行。

接缝强度计算时，一般先假定螺栓直径、数量和位置，然后对接缝强度的安全强度进行验算。

具体按现行混凝土结构设计规范进行计算，计算简图如图 7-4-6 所示。

纵向接缝中，环向螺栓的位置 a（高度）的设置如图 7-4-7 所示。

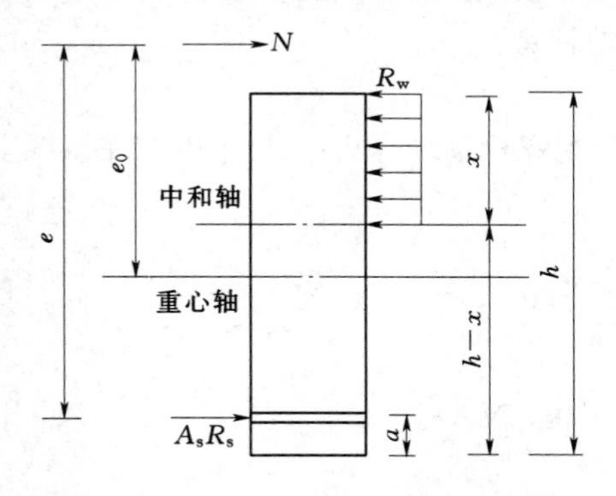

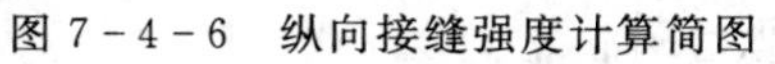

图 7-4-6 纵向接缝强度计算简图

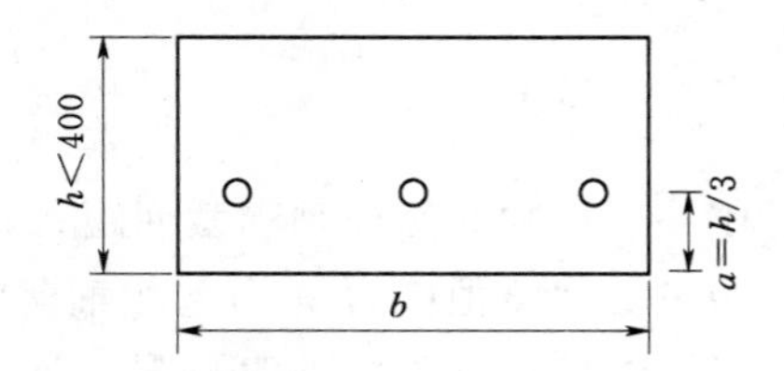

图 7-4-7 环向螺栓位置

7.4.4.2 环向接缝计算

为了加强结构抵抗纵向变形的能力，应对环缝的构造进行设计计算，其中，对纵向螺栓的选择是最重要的。环缝是由钢筋混凝土管片和纵向螺栓两部分组成。

1. 环缝的合成纵向刚度（合成刚度）

环缝的综合伸长量为

$$\Delta l=\Delta l_1+\Delta l_2$$

管片伸长量为

$$\Delta l_1=\frac{Ml_1}{E_1W_1}$$

纵向螺栓伸长量为

$$\Delta l_2=\frac{Ml_2}{E_2W_2}$$

环缝的合成刚度 $(EW)_{合}$ 为

$$(EW)_{合}=\frac{M(l_1+l_2)}{\Delta l}=\frac{M(l_1+l_2)}{\dfrac{Ml_1}{E_1W_1}+\dfrac{Ml_2}{E_2W_2}}=\frac{(l_1+l_2)}{\dfrac{l_1}{E_1W_1}+\dfrac{l_2}{E_2W_2}} \tag{7-4-9}$$

式中　l_1，E_1，W_1——衬砌环宽、弹性模量、截面模量；

l_2，E_2，W_2——纵向螺栓的长度、弹性模量、截面模量。

2. 环缝合成抗弯刚度

$$M_{合}=E_{合}\cdot W_{合}\cdot \varepsilon_{合} \tag{7-4-10}$$

其中：$\varepsilon_{合}=\dfrac{\Delta l_{合}}{l_{合}}=\dfrac{l_1\varepsilon_1+l_2\varepsilon_2}{l_1+l_2}$；$\varepsilon_2=\dfrac{\sigma_2}{E_2}$；$\varepsilon_1=\varepsilon_2\cdot\dfrac{E_2W_2}{E_1W_1}$。

7.5　盾构隧道防水

在饱和含水软土地层中，采用装配式钢筋混凝土管片作为隧道衬砌，除应满足结构强度和刚度的要求外，另一重要的技术课题是完美地解决隧道防水问题，以获得一个干燥的使用环境。例如，在地下铁道的区间隧道内，潮湿的工作环境会使衬砌（特别是一些金属附件）和设备加速锈蚀，隧道内的湿度增加，也会使人感到不舒适。

要比较完美地解决隧道防水的问题，必须从管片生产工艺、衬砌结构设计、接缝防水材料等几个方面进行综合处理，其中，尤以接缝防水材料的选择为突出的技术关键。

隧道防水，要求在隧道正常运营期间能满足预期的要求，即使在盾构施工期间，也得予以严密注意，如果不及时对流入隧道的泥、水进行处理，就会引起较严重的隧道不均匀纵向沉陷和横向变形，从而导致工程事故的发生。

7.5.1　盾构隧道防水原则

盾构隧道衬砌结构防水设计应根据工程地质、水文地质、地震烈度、结构特点、施工方法和使用要求等进行，并遵循“以防为主、多道设防、刚柔结合、因地制宜、综合防治”的原则。

7.5.2　盾构隧道防水标准

依据《地下工程防水技术规范》（GB 50108—2008）及《地下铁道设计规范》（GB 50157—2013），并根据相关工程的经验，防水标准拟定如下：

盾构区间隧道总体防水等级为二级，结构不允许漏水，结构表面可有少量的湿渍。但根据工程部位及使用要求的不同，各部位防水标准有所区别，见表 7-5-1。

表 7-5-1 防水标准

防水等级	渗漏标准	工程部位
A	不允许渗漏水，结构表面偶见湿渍	隧道上半部
B	有少量渗水，不得有线流和漏泥沙，实际渗水量小于 0.1L/(m²·d)	隧道下半部，联络隧道，洞门

7.5.3 盾构隧道防水设计

盾构隧道的渗漏一般出现在管片自身小裂缝、管片的接缝、注浆孔和手孔等处，其中以管片自身小裂缝和接头处渗漏较多，因此盾构隧道的防水工作以一次衬砌管片部分的防水以及环片接缝的防水为重点。盾构隧道衬砌结构防水体系包括管片结构自防水、接头防水以及隧道与工作井和联络通道连接处的防水。

7.5.3.1 结构自防水

1. 防水要求

(1) 强调结构自防水为主，采取有效措施增强混凝土抗渗、抗裂性，减小地下水对混凝土的渗透性。防水混凝土抗渗等级，应根据工程埋深按《地下工程防水技术规范》(GB 50108—2008) 确定。盾构管片的抗渗等级不小于P6。

(2) 当地下水对混凝土及钢筋混凝土有腐蚀时，要求混凝土及钢筋混凝土的抗侵蚀系数大于0.8。盾构管片邻土侧需涂耐磨高强的防腐涂料。

(3) 防水混凝土裂缝宽度：迎水面不得大于0.15mm；背水面不得大于0.2mm，且不得有贯穿裂缝。

(4) 防水混凝土所用砂、石料必须符合现行《普通混凝土用砂质量标准及检验方法》和《普通混凝土用碎石或卵石质量标准及检验方法》的规定。

(5) 防水混凝土中的水泥应采用低水化热水泥，并根据需要掺入有一定补偿收缩功能的复合型防水剂或防裂性混凝土外加剂及一定数量的粉煤灰、磨细矿渣粉、硅粉等。粉煤灰的级别不应低于二级，掺入量不宜大于20%；其他掺和料的掺量应经试验确定。

采取的措施是管片材料采用防水混凝土，防水混凝土是一种通过调整配合比，或者是掺入防水剂、密实剂、膨胀剂等外加剂的途径来提高其自身防水性的混凝土。值得注意的是，并不是混凝土强度等级越高，抗渗等级越高，防水混凝土的防水性就越好。恰恰相反，由于其单位水泥量多，水化热增高，收缩量加大，反而导致裂缝的产生。因此，必须合理地选择混凝土的强度等级、抗渗等级和外加剂。

2. 衬砌的抗渗要求

衬砌埋设在含水地层内，承受着一定静水压力，衬砌在这种静水压的作用下必须具有相当的抗渗能力。衬砌本身的抗渗能力在下列几个方面得到满足后才能具有相应的保证：

(1) 合理提出衬砌本身的抗渗指标。

(2) 经过抗渗试验的混凝土的合适配合比，严格控制水灰比，一般不大于0.4，另加塑化剂以增加混凝土的和易性。

(3) 衬砌构件的最小混凝土厚度和钢筋保护层。

(4) 管片生产工艺：振捣方式和养护条件的选择。

(5) 严格的产品质量检验制度。

(6) 减少管片在堆放、运输和拼装过程中的损坏率。

7.5.3.2 接头防水要求

为了防止管片的接缝漏水，一般采用防水条和嵌缝两种措施。防水条是在管片接头上设置防水条槽，将密封条贴在上面即可。嵌缝是在管片拼接完成后，在接头面上设置的槽内填充防水填料即可。螺栓孔防水，一般采用密封垫圈。对于钢制管片，一般可不要嵌缝槽。作为防水措施，也有在管片接头面上设置注浆孔，在组装管片后填充不定型防水材料的方法。

接头防水具有以下的基本技术要求：

(1) 保持永久的弹性状态和具有足够的承压能力，使之适应隧道长期处于“蠕动”状态而产生的接缝张开和错动。

(2) 具有令人满意的弹性龄期和工作效能。

(3) 与混凝土构件具有一定的黏聚力。

(4) 能适应地下水的侵蚀。

环、纵缝上的防水密封垫除了要满足上述的基本要求外，还得按各自所承担的相应工作效能提出不一样的要求。环缝密封垫需要有足够的承压能力和弹性复原力，能承受和均布盾构千斤顶的顶力，以防止管片顶碎，并在千斤顶往复作用下，密封垫仍能保持良好的弹性变形性能。纵缝密封垫具有比环缝密封垫更低的承压能力，能对管片的纵缝初始缝隙进行填平补齐，并对局部的集中应力具有一定的缓冲和抑制作用。

管片接缝除了设置防水密封垫外，根据已有的施工实践资料来看，较可靠的是在环、纵缝沿隧道内侧设置嵌缝槽，在槽内填嵌密封防水材料（图 7-5-1），要求嵌缝防水材料在大于衬砌外壁的静水压作用下，能适应隧道接缝变形达到防水的要求。嵌缝材料最好在隧道变形已趋于基本稳定的情况下进行施工。一般情况下，正在施工的隧道内，盾构推力影响不到的区段，即可进行嵌缝作业。

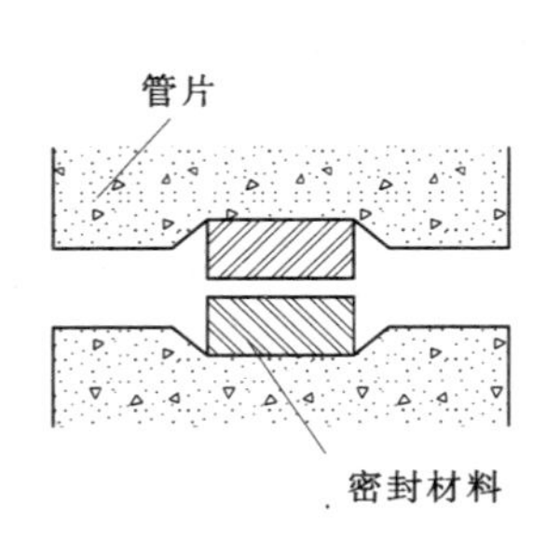

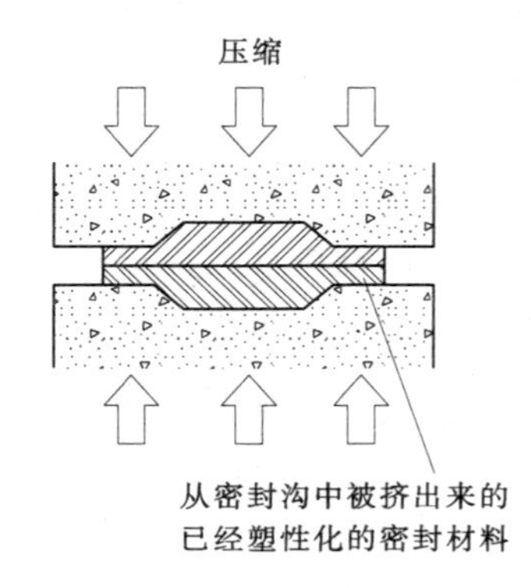

图 7-5-1 密封材料的塑性化

7.5.4 二次衬砌

在目前隧道接缝防水尚未能完全满足要求的情况下，在地铁区间隧道内较多的是用双层衬砌。在外层装配式衬砌已趋基本稳定的情况下，进行二次内衬浇捣，在内衬混凝土浇筑前应对隧道内侧的渗漏点进行修补堵漏，污泥以高压水冲浇、清理。内衬混凝土层的厚度根据防水和内衬混凝土施工的需要，至少不得小于150mm，也有厚达300mm的。双层衬砌的做法不一，有在外层衬砌结构内直接浇捣两次内衬混凝土的，也有在外层衬砌的内侧面先喷筑20mm厚的找平层，再铺设油毡或合成橡胶类的防水层，在防水层上浇筑内衬混凝土层的。

内衬混凝土一般都采用混凝土泵再加钢模台车配合分段进行，每段大致为8～10m。内衬混凝土每24h进行一个施工循环。使用这种内衬施工方法往往使隧道顶拱部分混凝土质量不易保证，尚需预留压浆孔进行压注填实。一般城市地下铁道的区间隧道大都采用这种方法。

除了上述方法外，也有用喷射混凝土进行二次衬砌。

7.5.5 其他防水措施

在盾构隧道与工作井连接处设置环形钢筋混凝土保护圈，其材料采用掺入合成纤维和高效减水剂的混凝土，有助于减少和避免干缩裂缝以及温差收缩裂缝。保护圈混凝土与井壁内衬钢板、管片混凝土表面之间均要设置遇水膨胀的止水条。壁后注浆孔防水采用有密闭垫圈的注浆孔塞防水和采用防水环（橡胶圈）对注浆管外侧防水。管片背面的防水一般采用环氧树脂全面涂刷，或者涂在接头金属物的表面和注浆孔周围。

7.6 顶管结构

7.6.1 概述

顶管法（Pipe Jacking Method）是非开挖技术（Trenchless Technology）的一种典型方法。与盾构法相比，顶管法一般用于修建中小型地下市政管道。顶管结构是一种采用顶管机械分段施工的预制管道结构。

随着国民经济的不断发展，市政管道工程和地下通道工程日益增多。目前这类工程普遍采用明挖法施工。但在软土地区，开挖沟槽必须采取围护措施和降水措施，不仅会影响市区繁忙的交通，还会危及邻近的管线和建筑物的安全。采用顶管法施工可显著减小对邻近建筑物、管线和道路交通的影响，具有广泛的应用前景。本章介绍顶管法的关键技术、顶管工程的设计、常用顶管及中继环、各类管道及其接口等，以便对顶管法的功能和适用环境、顶管结构的设计计算内容和方法有一定的了解。

顶管法是采用液压千斤顶或具有顶进、牵引功能的设备，以顶管工作井作承压壁，将管子按设计高程、方位、坡度逐根顶入土层，直至到达目的地的一种修建隧道或地下管道的施工方法（图7-6-1）。

顶管技术可用于特殊地质条件下的管道工程，主要有以下4种情况：

（1）穿越江河、湖泊、港湾水体下的供水、输气、输油管道工程。

（2）穿越城市建筑群、繁华街道地下的上下水、煤气管道工程。

（3）穿越重要公路、铁路路基下的通信、电力电缆管道工程。

（4）水库、坝体、涵管重建工程等。

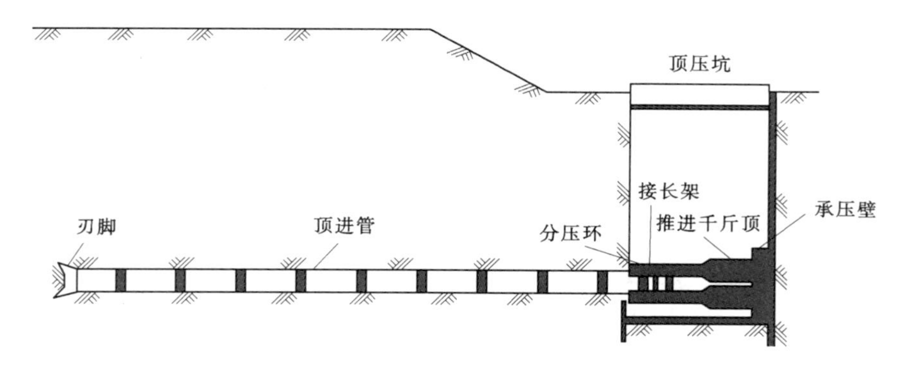

图 7-6-1 顶管法施工示意图

随着现代科学技术的发展，先后发明了中继环接力顶推装置、触变泥浆减阻顶进技术、自动测斜纠偏技术、泥水平衡技术、土压平衡技术、气压保护技术和曲线顶管技术等，大大地推进了顶管技术的发展。

对于长距离顶管，由于管壁四周的土体总摩阻力和迎面阻力很大，常常将管道分段，在每段之间设置中继环，且在管壁四周加注减摩剂以进行长距离管道的顶推。顶管尤其是长距离顶管的主要关键技术见表 7-6-1。

表 7-6-1　　顶管法的关键技术

技术名称	说　　明
方向控制	要有一套能准确控制管道顶进方向的导向机构。顶进方向失去控制会导致管道弯曲，顶力急剧增加，工程无法正常进行。高精度的方向控制也是保证中继环正常工作的必要条件
顶力问题	顶推力随着顶进长度的增加而增大，但顶推力不能无限度增大。所以仅采用管尾推进方式，管道顶进距离必受限制。一般采用中继环接力技术加以解决。另外顶力的偏心度控制也相当关键
工具管开挖面的正面稳定问题	在开挖和顶进过程中，尽量使正面土体保持和接近原始应力状态是防坍塌、防涌水和确保正面土体稳定的关键。正面土体失稳会导致管道受力情况急剧变化、顶进方向失去控制，正面大量迅速涌水会带来不可估量的损失
承压壁的后靠结构及土体的稳定问题	顶管工作井一般采用沉井结构或钢板桩支护结构，除需验算结构的强度和刚度外，还应确保后靠土体的稳定性，可以注浆、增加后靠土体的地面超载等方式限制后靠土体的滑动。若后靠土体产生滑动，不仅引起地面较大的位移而严重影响周围环境，还会影响顶管的正常施工导致顶管顶进方向失去控制

7.6.2 顶管结构的分类

1. 按口径划分

按顶管管道内径大小分可分为小口径、中口径和大口径 3 种。

根据我国顶管施工的实际情况，小口径一般指内径小于 800mm 的顶管；中口径一般指介于 800～1800mm 口径范围的顶管；大口径一般指口径大于 1800mm 的顶管。

2. 按顶进距离划分

按顶管一次顶进距离的长短分可分为中短距离、长距离、超长距离 3 种。长距离顶管与中短距离顶管的区分一般以是否需要采用中继环比较合适。根据目前国内顶管达到的施工技术水平，顶管长度超过300m才需要设置中继环，而超长距离顶管是指1km以上的顶管。

3. 按管材划分

按顶管管材分可分为钢管顶管、混凝土顶管、玻璃钢顶管及其他复合材料顶管等。

4. 按顶进轴线划分

按顶进轴线是直线还是曲线可分为直线顶管和曲线顶管，其中曲线顶管以曲率半径300m为界，又可分为常曲线顶管和急曲线顶管。

7.6.3 顶管工程的设计计算

顶管施工中最重要的设计计算是顶力值的计算。通过计算确定顶进设备能力、验算管节所能承受的最大顶力、布置顶进设备、计算后背的承载能力和选择相应的后背形式等。

工作井是顶管工程中造价较大的设施，而现浇后背的修建费用占的比例也很高。所以尽可能算出接近实际的顶力值以便经济合理地选定后背结构形式。如后背结构的设计荷载小于实际顶力值，在最大顶力作用下除后背破坏外，还可能使后背土体遭到破坏，轻者地面出现裂缝，重者产生向上滑移直到地面隆起使后背土体丧失承载能力、工程停顿。如估算的顶力过大，就要提高后背造价。

管端面上所能承受的顶力取决于管材、管径和管壁厚度。当计算求得的顶力值大于端面的承压能力，将导致管体破坏。如用的是钢筋混凝土管就产生脱皮、裂缝，甚至破裂，如用的是钢管，管口会出现卷曲变形、管缝开裂等。

顶力值还涉及施工方案的选择。当顶力值过大，后背结构或管材强度不能承受全部顶力时，就应考虑采用适当的辅助措施，如采用膨润土泥浆润滑减阻。当顶距较长采用减阻措施不能满足要求时，或土呈松散或液化状态难以灌注润滑剂时，就要采用中继间进行接力顶进。

后背土的土抗力值的计算与顶力值、后背结构形式有同等的重要性。应比较准确地算出土抗力值，以期在保证安全的前提下充分发挥土体的抗力。如对土抗力值估计过高，当顶进过程中顶力较大时，一般会出现土的弹性变形过大，使千斤顶的部分行程消耗于回弹变形上，造成顶进效率下降。严重时后背土遭到破坏，不能继续顶进。

本节主要论述工作井设置、顶管顶力估算以及承压壁后靠结构及土体的稳定问题。

7.6.3.1 顶管工作井

顶管施工常需设置两种形式的工作井。

(1) 供顶管机头安装用的顶进工作井（顶进井或发射井）。

(2) 供顶管工具管进坑和拆卸用的接收工作井（接收井）。

工作井实质上是方形或圆形的小基坑，其支护形式同普通基坑，与一般基坑不同的是因其平面尺寸较小，支护经常采用钢筋混凝土沉井和钢板桩。在管径不小于1.8m或顶管埋深不小于5.5m时，普遍采用钢筋混凝土沉井作为顶进工作井。当采用沉井作为工作井时，为减少顶管设备的转移，一般采用双向顶进；而当采用钢板桩支护工作井时，为确保土体稳定，一般采用单向顶进，其顶进程序如图 7-6-2 所示。

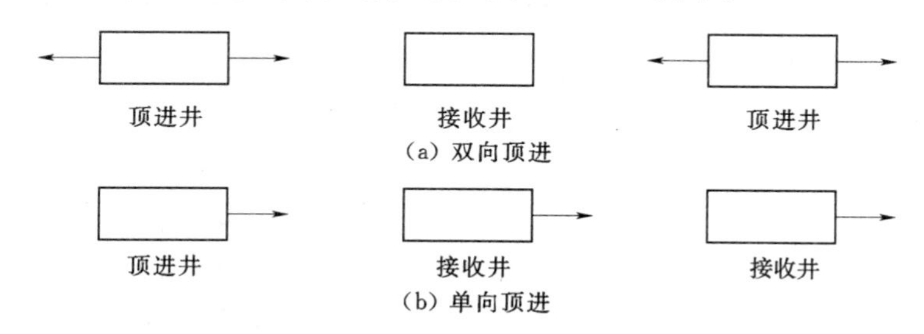

图 7-6-2 顶管顶进程序示意图

有的工作井既是前一管段顶进的接收井，又是后一管段顶进的顶进井（图 7-6-2 (b)）。

当上下游管线的夹角大于 170°时，一般采用矩形工作井施行直线顶进，常规的矩形工作井平面尺寸可根据表 7-6-2 选用，当上下游管线的夹角不大于 170°时，一般采用圆形工作井施行曲线顶进。

表 7-6-2　　矩形工作井平面尺寸选用表

顶管内径/mm	顶进井(宽×长)/m	接收井(宽×长)/m
800～1200	3.5×7.5	3.5×(4.0～5.0)
1350～1650	4.0×8.0	4.0×(4.0～5.0)
1800～2000	4.5×8.0	4.5×(5.0～6.0)
2200～2400	5.0×9.0	5.0×(5.0～6.0)

在设计工作井时要兼顾一井多用的原则，工作井在施工结束后，一部分将改为阀门井、检查井。工作井的平面布置应尽量避开地下管线，以减小施工的扰动影响，工作井与周围建筑物及地下管线的最小平面距离应根据现场地质条件及工作井的施工方法确定。采用沉井或钢板桩支护的工作井，其地面影响范围可按沉井基础的有关公式进行计算，在此范围内的建筑物和管线等均应采取必要的技术措施加以保护。

顶进工作井的深度如图 7-6-3 所示，其计算公式见表 7-6-3。

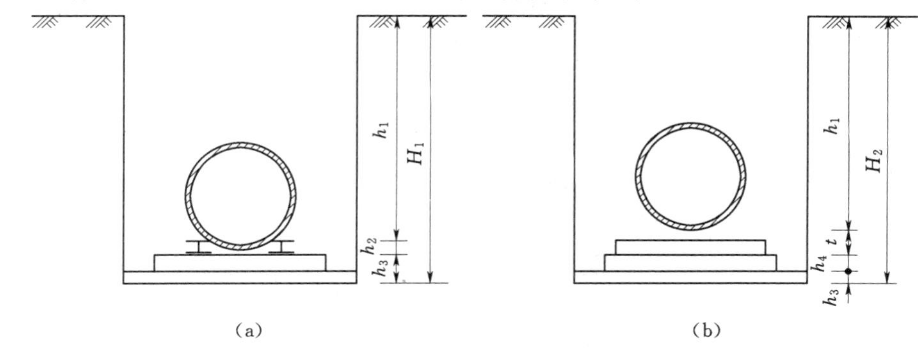

图 7-6-3 顶进工作井深度示意图

表 7-6-3 顶进工作井深度计算公式表

井类型	计算公式	式中参数
顶进井	$H_1=h_1+h_2+h_3$	H_1—顶进井的深度（m）
		h_1—地表至导轨顶的高度（m）
		h_2—导轨高度（m）
		h_3—基础厚度（包括垫层）（m）
接收井	$H_2=h_1+t+h_3+h_4$	H_2—接收井的深度（m）
		h_1—地表至支承垫顶的高度（m）
		t—管壁厚度（m）
		h_4—支承垫厚度（m）

工作井的洞口应进行防水处理，设置挡水圈和封门板，进出井的一段距离以内应进行井点降水或地基加固处理，以防止土体流失，保持土体和附近建筑物的稳定。工作井的顶标高应满足防汛要求，坑内应设置集水井，在暴雨季节施工时为防止地下水流入工作井，应事先在工作井周围设置挡水围堰。

7.6.3.2 顶进力计算

1. 顶进力的构成

为了推动管道在土体内顺利前进，千斤顶的顶力值 R_f 需要克服作用于管道的外力，统称为顶进阻力，包括贯入阻力、摩擦阻力、管节自重产生的摩擦阻力。

顶进过程中，如土质均匀，则摩擦系数是一常数，而且不过量校正则无局部阻力，此时作用于管节的外力如图 7-6-4 所示。

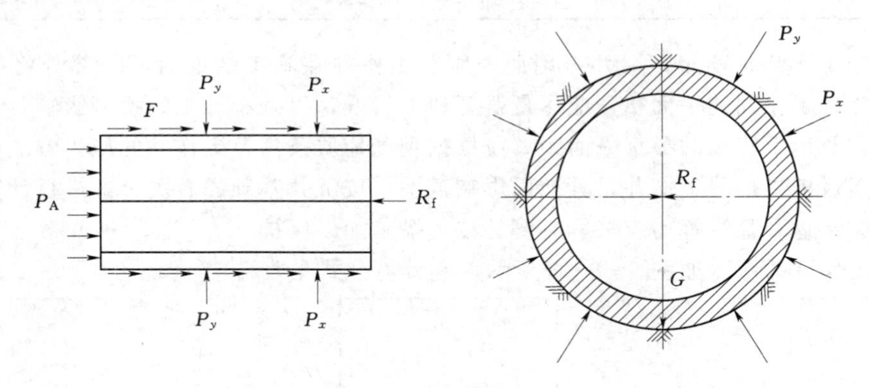

图 7-6-4 管节上的外力

根据轴向力平衡原理，可以求出顶力值。此值为管前的贯入阻力和沿顶进长度的摩阻力之和。将摩阻力记为$\sum F$，则有

$$\sum F=f(P_x+P_y+G) \tag{7-6-1}$$

$$R_f=P_A+\sum F \tag{7-6-2}$$

上二式中 P_x——由竖向土压力施加管壁的法向力，kN；

P_y——由水平土压力施加管壁的法向力，kN；

f——管壁与土间的摩擦系数；

F——摩阻力，kN；

R_f——顶力，kN；

P_A——贯入阻力，kN；

G——管节自重，kN。

在顶进过程中管节由于不断受各种外界因素的影响，如土质、误差校正、千斤顶行程的同步性、后背的位移等，所以管节周壁的受力状态经常处于变化之中，变化情况事先又难以估测。考虑到这些因素，确定顶进设备能力时一定要有适当的安全系数，以便克服在顶进过程中所遇到的各种意外阻力，既应保证安全可靠的顶力值，也要考虑施工的经济性。

2. 顶进力的影响因素

影响顶进力的因素很多，这些因素既有一定的规律性，也有其特殊性。外部条件如土的种类、土的物理力学性质、覆土深度、管材和管径等，可通过调查、试验及设计提供等方式预先掌握。但是在施工过程中，由于操作不当、设备故障以及土质突然变化的坍方、土液化、大量涌水等原因，都能造成顶力突然上升。这是受外界影响的特殊因素，事先都难以估计，也不可能计算。因此在开工前需要做周密的调查研究，同时对施工中可能出现的问题进行预估。

（1）顶进过程中的摩擦阻力。

管壁与土层接触面之间的摩擦力，与垂直于接触面上的作用力（法向力）的大小成正比，并与接触的介质有关。例如，管壁直接与土接触的摩阻力和灌注触变泥浆时的摩阻力显然不同，由于后者的摩擦系数受泥浆润滑的影响较前者要小得多，所以摩阻力降低甚多。

土内的管节四周受有土压力。这些土压力的大小取决于覆土深度、土的重度、土的内摩擦角及黏聚力。一般情况下，覆土越深，土柱越高，土压力也越大，摩阻力也随着土压力的增加而变大，此时管节下部的土施加于管体的抗力也会产生。

摩阻力与土的种类和管材性质有关。如在砂、砾层内顶管，由于砂砾土重度较黏性土大，使土压力增加，同时砂砾土表面较黏性土粗糙，所以其摩擦系数也大，这就使摩阻力增加。管节表面光滑时，摩阻力就低，故在同一条件下顶进钢管就比顶进钢筋混凝土管省力。

（2）管端的贯入阻力。

向土内顶进时，在首节管端面上要受到土的阻力，称贯入阻力，也称迎面阻力。

贯入阻力与土的种类及含水量多少有关，还受管端结构形式的影响。软土容易贯入，而干燥的黏土或砂砾石土贯入阻力就大。

管端装有刃脚，贯入阻力的产生首先来自刃脚入土时土的抗剪力，随着前进迎面土抗力和管壁与土之间的摩阻力逐渐增加，土通过刃口挤入管内时，又产生土与刃脚之间的摩阻力，此摩阻力的垂直分力压缩土层，而水平分力挤压刃脚形成土抗力。土的抗剪力、刃脚外壁与土之间的摩阻力、刃脚斜面上的土抗力和对土的压缩力等，组成全部的贯入阻力。此贯入阻力的大小主要取决于刃脚形式和尺寸，刃脚角小，虽利于贯入土内，但刃脚刚度降低，使刃脚容易变形，变形后反而增加贯入阻力。贯入阻力还随贯入面积或周长加大而增加。

工作面的稳定性对贯入阻力也有一定影响。工作面稳定暂时不致塌方，允许向管前有一定的超挖量，管端无需贯入土内就可顶进。此时，不存在贯入阻力。反之，采用挤压顶进，无论出土与否，贯入阻力仍取决于土的抗剪强度。在软土内顶进比在低含水量的黏性土内顶进要省力得多。一般顶管中，贯入阻力较摩阻力要小，当土种类无变化时，贯入阻力是个常数。

3. 顶进力计算

(1) 理论公式。

顶进力的计算式为

$$R_f = K[f(2P_v + 2P_H + P_B) + P_A] \tag{7-6-3}$$

式中 R_f——计算顶力，kN；

P_v——管顶上的竖向土压力，kN；

P_H——管侧的侧土压力，kN；

P_B——全部欲顶进的管段重量，kN；

f——管壁与土间的摩擦系数；

P_A——管端部的贯入阻力，kN；

K——安全系数，一般取 1.2。

管顶覆土的竖向土压力计算用式 (7-6-4)，即

$$P_v = K_P \gamma H D_1 L \tag{7-6-4}$$

式中 K_P——竖向土压力系数，如图 7-6-5 所示；

γ——土的重度，kN/m³；

H——管顶覆土深度，m；

D_1——顶入管节外径，m；

L——顶进管段长度，m。

管侧土压力用式 (7-6-5) 计算，即

$$P_H = \gamma\left(H + \frac{D_1}{2}\right) D_1 L \tan^2\left(45° - \frac{\varphi}{2}\right) \tag{7-6-5}$$

式中 φ——土的内摩擦角，(°)。

施工前应沿管线进行钻探，取土样进行试验，求出有关土的各项性质指标。管壁与土间的摩擦系数值可参阅表 7-6-4。

表 7-6-4 管壁与土间的摩擦系数

土的种类	钢筋混凝土管			钢管		
	干燥	潮湿	一般值	干燥	潮湿	一般值
软土		0.20	0.20		0.20	0.20
黏土	0.40	0.20	0.30	0.40	0.20	0.30
砂黏土	0.45	0.25	0.35	0.38	0.32	0.34
粉土	0.45	0.30	0.38	0.45	0.30	0.37
砂土	0.47	0.35	0.40	0.48	0.32	0.39
砂砾土	0.50	0.40	0.45	0.50	0.50	0.50

管段重量 P_B 计算用式 (7-6-6) 计算，即

$$P_B = GL \tag{7-6-6}$$

式中 G——管节单位长度重量，kN/m；

L——顶进总长度，m。

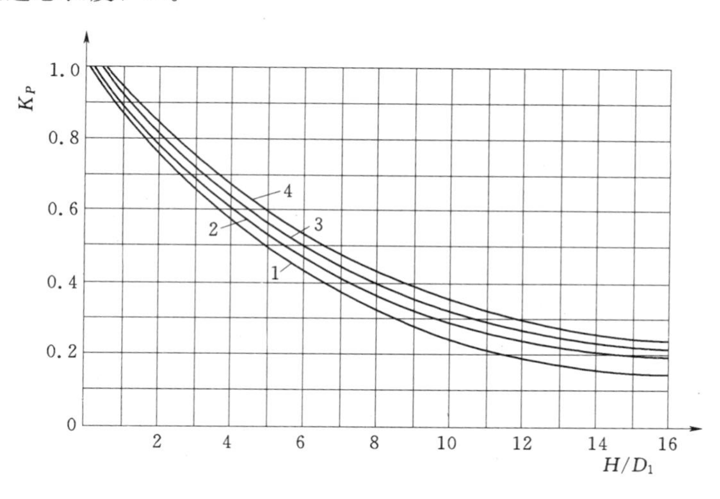

图 7-6-5 H/D_1 - K_P 关系

1—黏土和耕植土（干燥）；2—砂土硬黏土耕植土（湿的或者饱和的）；3—塑性黏土；4—流塑性黏土

从理论上计算贯入阻力是比较复杂的，即使算出也不精确，故一般多采用经验值。贯入阻力与土的种类及其物理性质指标有关，也受工作面上操作方法的影响。

（2）顶力计算的经验公式。

顶进钢筋混凝土管时，顶力值可用下列经验公式估算，即

$$R_f = nGL \tag{7-6-7}$$

式中 n——土质系数；

G——管节单位长度重量，kN/m；

L——顶进管段长度，m。

土质系数 n 是按管顶土的种类判断它能否形成卸力拱而定，见表 7-6-5。

表 7-6-5　　土质系数 n 值

土的种类、含水量及工作面稳定状态	n 值
软土、砂黏土、含水量不大的粉土、砂土，挖土后能短期或暂时形成土拱	1.5～2
密实砂土、含水量大的粉土、砂土、砂砾土，挖土后不能形成土拱，但塌方尚不严重	3～4

（3）管段允许顶力计算。

钢管允许顶力可按式（7-6-8）计算，即

$$F = \frac{\pi}{K}\sigma_T t(d+t) \tag{7-6-8}$$

式中 F——钢管允许顶力，kN；

K——安全系数，取 $K=4$；

σ_T——钢材的屈服应力，kPa，对于 Q235 钢，$\sigma_T=210$MPa；

t——钢管的壁厚，m；

d——钢管内径，m。

混凝土管允许顶力可按式（7-6-9）计算，即

$$F=\frac{\pi}{K}\sigma(t-L_1-L_2)(d+t) \tag{7-6-9}$$

式中 F——混凝土管允许顶力，kN；

K——安全系数，取 $K=5\sim6$；

σ——混凝土抗压强度，kPa；

t——壁厚，m；

L_1——密封圈槽底与外壁距离，m；

L_2——木垫片至内壁的预留距离，m；

d——混凝土管内径，m。

（4）顶力计算例题。

例7-2 某工程顶进内径为1640mm的钢筋混凝土管，顶进长度为30m，管顶覆土深度为5m，干燥黏性土，土重度 $\gamma=17\text{kN/m}^3$，土的摩擦角 $\varphi=20°$，摩擦系数 $f=0.25$，黏性土 $R_A=500\text{kN/m}^2$，求最大顶力值。

设混凝土管外径 $D_1=1910$mm，管节单位长度重量 $G=20$kN/m。

解 现在

$$H/D_1=5/1.91=2.6$$

由图7-6-5查得 $K_P=0.7$。又 $\gamma=17\text{kN/m}^3$，$L=30$m，故管顶的竖向土压力为

$$P_v=K_P\gamma HD_1L=0.7\times17\times5\times1.91\times30=3409(\text{kN})$$

管侧的水平土压力为

$$\begin{aligned}P_H&=\gamma\left(H+\frac{D_1}{2}\right)D_1L\tan^2\left(45°-\frac{\varphi}{2}\right)\\&=17\times\left(5+\frac{1.91}{2}\right)\times1.91\times30\times\tan^2\left(45°-\frac{20°}{2}\right)=2844(\text{kN})\end{aligned}$$

管段全长总重 $P_B=GL=20\times30=600$（kN）

全管段长的总摩阻力值

$$\begin{aligned}F&=f(2P_v+2P_H+P_B)\\&=0.25\times(2\times3409+2\times2844+600)=3276.5(\text{kN})\end{aligned}$$

如果管端无刃脚，则 A 为管段面积：

$$A=\frac{(D_1^2-D^2)}{4}\cdot\pi=\frac{(1.91^2-1.64^2)}{4}\times3.1416=0.753(\text{m}^2)$$

取黏性土 $R_A=500\text{kN/m}^2$，则贯入阻力 $P_A=R_A\cdot A=500\times0.753=376.5$（kN）。

总需顶力值为摩阻力与贯入阻力之和，并考虑安全系数为1.2，则总顶力为

$$R_f=K\cdot(F+P_A)=1.2\times(3276.5+376.5)=4383.6(\text{kN})$$

7.6.3.3 后靠背的设计计算

1. 计算原理

最大顶力确定后就可进行后背的结构设计。后背结构及其尺寸主要取决于管径大小和后背土体的被动土压力——土抗力。计算土抗力的目的是考虑在最大顶力条件下保证后背

土体不被破坏，以期在顶进过程中充分利用天然的后背土体。

当顶力通过后背传到土体后，土受压缩产生位移，同时产生被动土压力作用于后背上，此种被动土压力称土抗力。后背土体未破坏前，土体在顶力反复作用下，土的应力—应变曲线基本呈一直线。图7-6-6所示为某工程在砂黏土后背上试验取得的应力—应变曲线。从图中$b-c$点可看到土压力并未增加，但土的压缩变形继续增加，此种情况说明后背土体已遭到破坏，卸荷后后背回弹，残余变形达2.4cm。

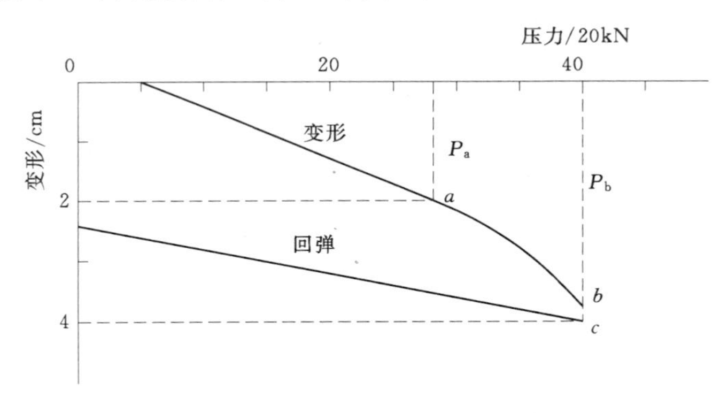

图7-6-6 后背土的应变曲线

由于最大顶力一般在顶进段接近完成时出现，所以后背计算时应充分利用土抗力，而且在工程进行中应严密注意后背土的压缩变形值，将残余变形控制在2.0cm左右。当发现变形过大时，应考虑采取辅助措施，必要时可对后背土进行加固，以提高土抗力。

后背土体受压后产生的被动土压力应按式（7-6-10）计算，即

$$\sigma_P = K_P \gamma h \tag{7-6-10}$$

式中 σ_P——被动土压力，kN/m^2；

K_P——被动土压力系数；

h——后背土的高度，m；

γ——后背土的重度，kN/m^3。

被动土压力系数与土的内摩擦角有关，其计算式为

$$K_P = \tan^2\left(45° + \frac{\varphi}{2}\right) \tag{7-6-11}$$

在考虑后背土的土抗力时，按式（7-6-12）计算土的承载能力，即

$$R_c = K_r BH \cdot \left(h + \frac{H}{2}\right)\gamma K_P \tag{7-6-12}$$

式中 R_c——后背土的承载能力，kN；

B——后背墙的宽度，m；

H——后背墙的高度，m；

h——后背墙顶至地面的高度，m；

γ——土的重度，kN/m^3；

K_P——被动土压力系数；

K_r——后背的土抗力系数。

（1）无板桩。

后背不需要打板桩，而背身直接接触土面，如图7-6-7所示，此时用计算公式计算土的承载力时，土抗力系数采用0.85，则计算公式变为

$$R_c=0.85BH\left(h+\frac{H}{2}\right)\gamma K_P \tag{7-6-13}$$

（2）有板桩。

后背打入钢板柱，顶力通过钢板桩传递，如图7-6-8所示。此时土抗力系数取决于不同的后背形式及后背的覆土高度。覆土高度h值越小，土抗力系数K_r值也越小。有板桩支撑时，应考虑在板桩的联合作用下，土体上顶力分布范围扩大导致集中应力减少，因而土抗力系数K_r值增加。图7-6-9是土抗力系数曲线。它是不同后背的板桩支承高度h值与后背高度H的比值下相应的土抗力系K_r值。

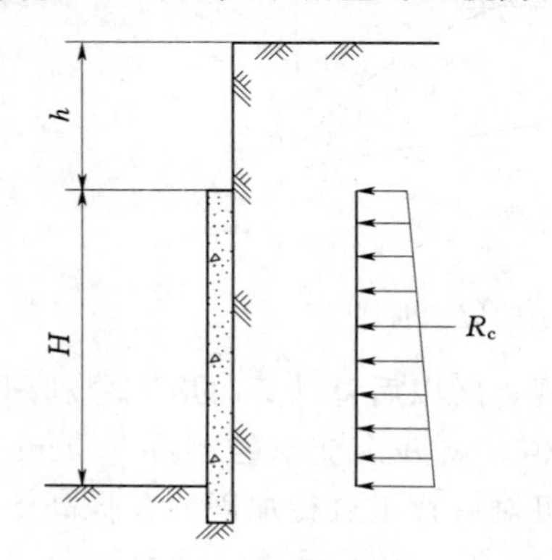

图7-6-7　无板桩支承的后背

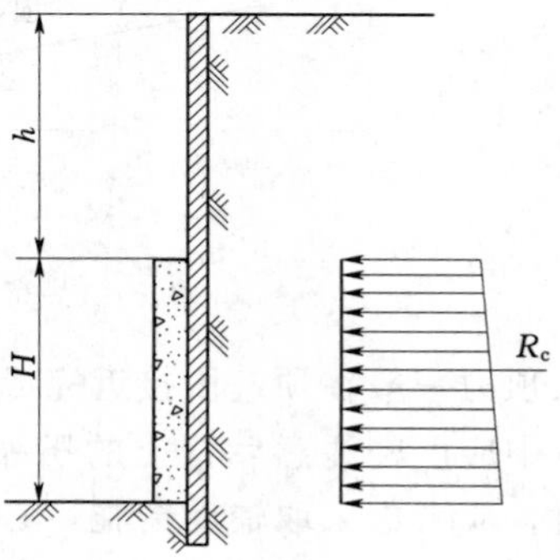

图7-6-8　板桩后背

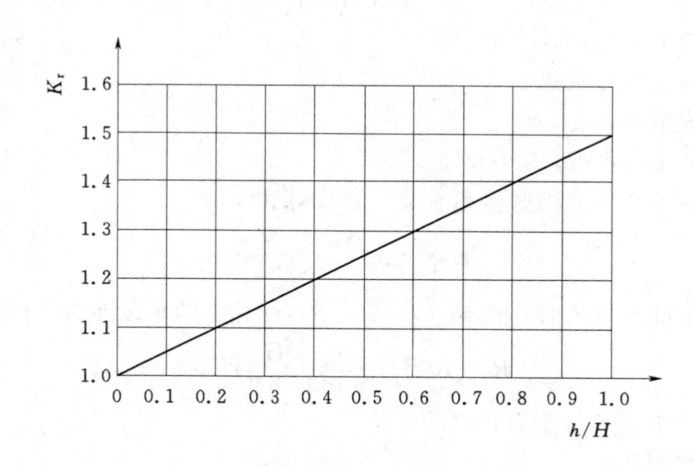

图7-6-9　土抗力系数曲线

2. 设计算例

例7-3　某工程设置的后背，高度$H=3.5$m，宽度$B=4$m，后背顶到地面的高度$h=3$m，没有板桩支承。后背土为砂性土，$\gamma=19\text{kN/m}^3$，内摩擦角$\varphi=30°$，问能否承受6000kN的顶力？

解

$$h/H=3/3.5=0.86$$

$K_P=\tan^2\left(45°+\dfrac{30°}{2}\right)=3.00$ 利用式（7-6-13）

$$R_c=0.85BH\left(h+\frac{H}{2}\right)\gamma K_P$$

$$=0.85\times4\times3.5\times\left(3+\frac{3.5}{2}\right)\times19\times3=3221.925(\mathrm{kN})$$

因 $R_c<6000\mathrm{kN}$，故不满足要求。

考虑改变后背尺寸，将宽度加大至7.5m，代入公式得

$$R_c=0.85BH\left(h+\frac{H}{2}\right)\gamma K_P$$

$$=0.85\times7.5\times3.5\times\left(3+\frac{3.5}{2}\right)\times19\times3=6041(\mathrm{kN})$$

现 $R_c>6000\mathrm{kN}$，故安全。

思考题

7-1　盾构法的概念是什么？

7-2　盾构法隧道的适用条件是什么？

7-3　盾构法隧道的特点有哪些？

7-4　盾构法隧道衬砌管片形式有哪些？简述其各自特点和适用条件。

7-5　装配式钢筋混凝土管片有些什么接头形式？简述其各自的特点。

7-6　作用在隧道衬砌上的荷载有哪几类？

7-7　盾构法隧道结构的水土荷载如何计算？

7-8　管片内力计算方法有哪几种？试比较这几种计算方法的异同。

7-9　盾构法隧道衬砌结构断面选择时都应验算哪些内容？在验算时都应注意什么？

7-10　盾构隧道接缝防水的基本技术要求有哪些？

7-11　简述顶管法的概念和顶管结构的适用范围。

7-12　顶管结构的设计内容有哪些？设计的关键是什么？

7-13　顶管结构的施工荷载包括哪些？施工阶段需要进行哪些验算？

习题

7-1　下图所示为一软土地区地铁盾构隧道的横断面，由一块封顶块 K、两块邻接块 L、两块标准块 B 及一块封底块 D，这6块管片组成，衬砌外径6200mm，厚度为350mm，采用通缝拼装，混凝土强度等级为C50，环向螺栓为5.8级。管片裂缝宽度允许

值为0.2mm，接缝张开允许值为3mm。地面超载为20kPa。试计算衬砌内力，画出内力图，并进行隧道抗浮、管片局部抗压、裂缝、接缝张开等验算及管片配筋计算。

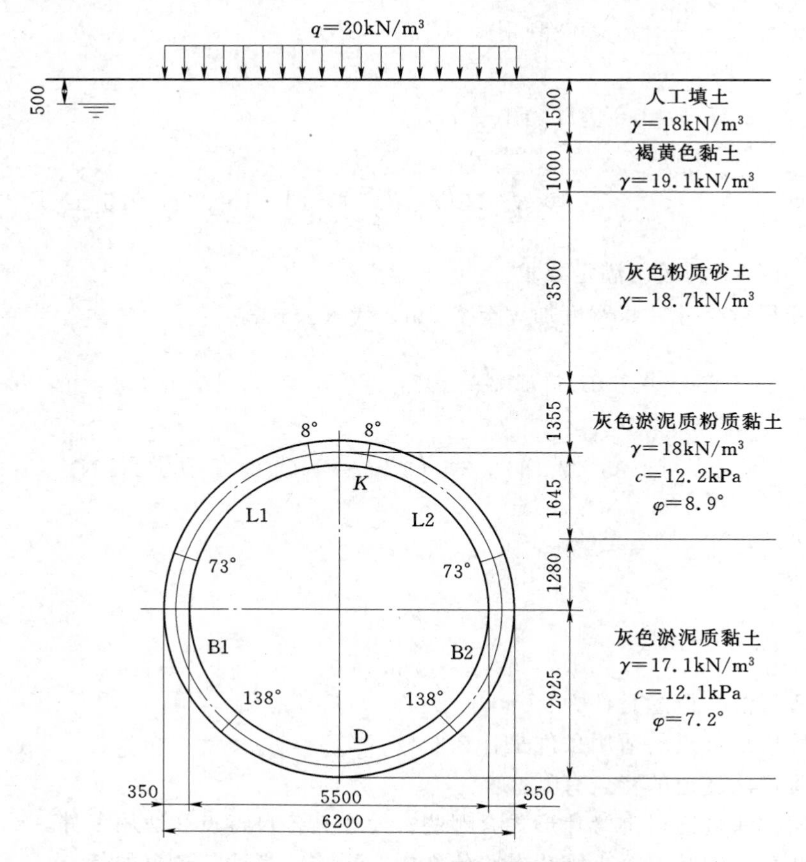

7-2　某工程顶进直径为1640mm的钢筋混凝土管，顶进长度为25m，管顶覆土深度为4m，土重度$\gamma=18.5\text{kN/m}^3$，土的摩擦角$\varphi=23°$，摩擦系数$f=0.25$，求最大顶力值。设混凝土管外径$D_1=1910\text{mm}$，管节单位长度重量$G=20\text{kN/m}$。

7-3　某工程设置的后背，高度H为5m，宽度B为4m，$\gamma=19\text{kN/m}^3$，后背顶到地面的高度h为4.5m，没有板桩支承。后背土为砂性土，$\gamma=19\text{kN/m}^3$，内摩擦角φ为30°，问能否承受6000kN的顶力？

第 8 章　沉井结构与沉管结构

8.1　沉井结构

不同断面形状（如圆形、矩形、多边形等）的井筒，按边排土边下沉的方式使其沉入地下，即沉井。沉井是一种无底无盖的竖向筒形结构物，通常用混凝土或钢筋混凝土材料制成。沉井也称为开口沉箱。它是借助井体自重及其他辅助措施而逐步下沉至预定设计标高，最终形成建筑物基础或地下空间结构。沉井在深基础或地下空间结构中应用较为广泛，如桥梁墩台基础、地下泵房、水池、油库、矿用竖井以及大型设备基础、高层和超高层建筑物基础等。

沉井结构主要以其施工方式命名，具体来说，先在地表制作成一个井筒状的结构物，然后在井壁的围护下通过从井内不断挖土，借助井体自重及其他辅助措施而逐步下沉至预定设计标高，再浇筑底板、内部结构和顶盖，从而完成地下工程的建设，其施工过程如图 8－1－1 所示。

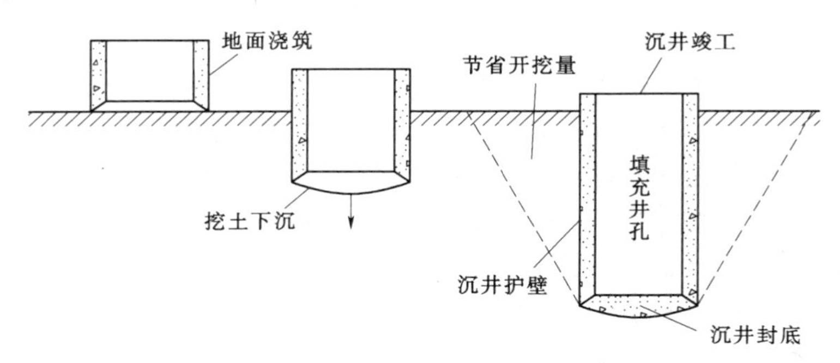

图 8－1－1　沉井施工示意图

沉井结构和施工工艺主要有以下优点：

(1) 沉井结构截面尺寸和刚度大，承载力高，抗渗及耐久性好，内部空间可以利用，可用于很深的地下工程的施工。

(2) 沉井施工不需要复杂的机械设备，在排水和不排水情况下均能施工。

(3) 可用于各种复杂地形、地质和场地狭窄条件下的施工，对邻近建筑物影响较小，甚至不影响。

(4) 当沉井尺寸较大时，在制作和下沉过程中，均能采用机械化施工。

(5) 可在地下水很丰富，土的渗透系数大，难以将地下水排开，地下有流砂或有其他有害的土层情况下施工。

(6) 与大开挖施工相比，可大大减少挖、运、回填土方量，加快施工进度，降低施工费用。

沉井结构的缺点如下：

(1) 施工工期往往比较长。

(2) 对饱和细砂、粉砂和粉土，井内抽水时易发生严重的流砂现象，致使沉井倾斜或挖土下沉而无法继续进行。

(3) 若土层中夹有孤石、树干等障碍物时，将使沉井下沉受阻而很难克服。

沉井结构的设计原则如下：

(1) 沉井平面尺寸及其形状与高度，应根据墩台的底面尺寸、地基承载力及施工要求确定。力求结构简单对称，可使受力合理，施工方便。

(2) 沉井棱角处宜做成圆角或钝角，可使沉井在平面框架受力状态下减少应力集中，减少井壁摩阻面积和便于吸泥（不至于形成死角)。沉井顶面襟边的宽度不应小于沉井全高的1/50，且不得小于200mm。浮运沉井另加200mm。

(3) 长短边之比越小越好，有利于保证下沉时的稳定性。

(4) 为了便于沉井制作和井内挖土出土，一般沉井应分节制作，每节高度不宜大于5m，且不宜小于3m。沉井底节高度除应满足拆除支承时沉井纵向抗弯要求外，在松软土层中下沉的沉井，底节高度不宜大于0.8b（b为沉井宽度)。如沉井高度小于8m，地基土质情况和施工条件都允许时，沉井也可一次浇成。

鉴于沉井施工整体性好，刚度大，变形小，对邻近建筑物影响较小，浇筑质量易于控制，且内部空间又可充分利用，沉井施工法被广泛应用。近年来，由于经济不断发展的需要，各类工程的建设规模日益扩大，高耸建筑、大跨度结构相继出现，城市建设开始向地下空间延伸，而桥梁建设开始向宽阔水域、外海方向发展。在这些重大工程中，沉井的平面尺寸逐渐增大，下沉深度不断加深，中小沉井逐步发展成为大型沉井甚至超大型沉井，并作为一种主要的大型基础和深水基础形式得到越来越广泛地应用。目前，国内外已建成的沉井工程中不少深度达到30m以上，平面尺寸达到3000m^{2}以上，一些特殊用途的沉井深度可达到100m以上。1944～1956年间，日本首先采用壁外喷射高压空气（即气幕法）的方法以降低井壁与土体的摩擦阻力，使沉井的下沉深度达到156m；到20世纪60年代末至70年代初，沉井的下沉深度超过200m。自20世纪50年代起，欧洲开始向井壁与土之间压入触变泥浆以降低侧摩阻力，这种方法至今仍广为流行。

表8-1-1所列为部分沉井作为深水基础在国内外桥梁工程中的应用参数。

表8-1-1　沉井在国内外桥梁工程中的应用参数

建造年份	国家	工程名称	平面尺寸/m	下沉深度/m
1936	美国	旧金山—奥克兰大桥主塔锚碇沉井	43.5×28	73.28
1938	加拿大	狮门大桥北塔锚碇沉井	36.57×20.68	12.7
1938	美国	新格林维尔桥两主塔锚碇沉井	36×24	58
1995	中国	江阴大桥北锚碇沉井	69×51	58
1998	日本	明石海峡大桥1号锚碇基础	ϕ80	65

续表

建造年份	国家	工程名称	平面尺寸/m	下沉深度/m
2003	中国	海口世纪大桥主墩沉井	30.4×19.2	40.6（含桥墩）
2007	中国	泰州长江大桥中塔沉井	58.4×44.4	76
2007	中国	泰州长江大桥北锚碇沉井	67.9×52	57
2007	中国	泰州长江大桥南锚碇沉井	67.9×52	41
2008	中国	南京长江四桥北锚碇沉井	69×58	52.8
2010	中国	马鞍山长江大桥北锚碇沉井	60.2×55.4	51
2010	中国	马鞍山长江大桥南锚碇沉井	60.2×55.4	51

8.1.1 沉井的类型和构造

8.1.1.1 沉井的类型

沉井的类型较多，一般可按以下几个方面进行分类：

1. 按沉井横截面形状分类

（1）单孔沉井。

单孔沉井的孔形有圆形、矩形、正方形及椭圆形等（图 8－1－2）。圆形沉井承受水平土压力及水压力的性能较好，而方形、矩形沉井受水平压力作用时断面会产生较大的弯矩，因而圆形沉井的井壁可做得较方形及矩形井壁薄一些。方形及矩形沉井在制作及使用时常比圆形沉井方便，为改善方形及矩形沉井转角处的受力条件，并减缓应力集中现象，常将其 4 个外角做成圆角。

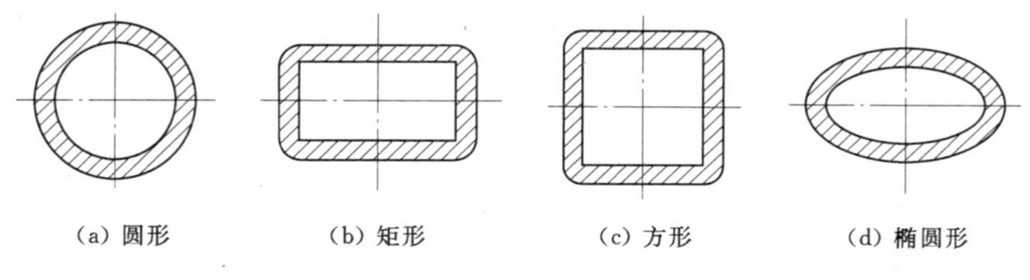

图 8－1－2 单孔沉井

（2）单排孔沉井。

单排孔沉井有两个或两个以上的井孔，各孔以内隔墙分开并在平面上按同一方向排布。按使用要求，单排孔也可以做成矩形、长圆形及组合形等形状（图 8－1－3）。各井孔间的隔墙可提高沉井的整体刚度，利用隔墙可使沉井能较均衡地挖土下沉。

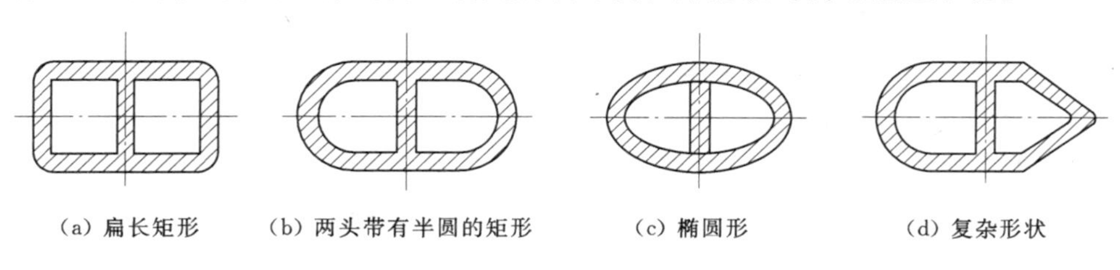

图 8－1－3 单排孔沉井

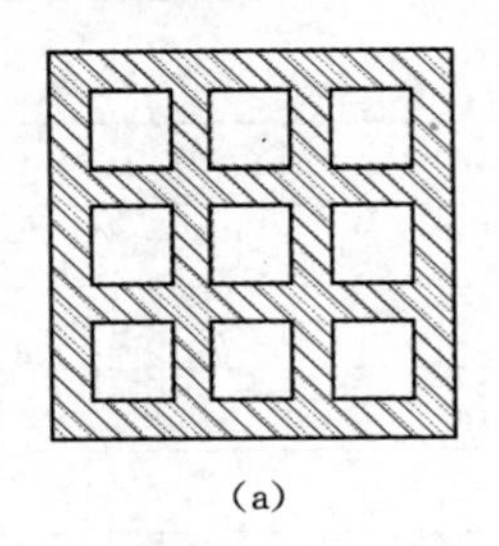

(a)

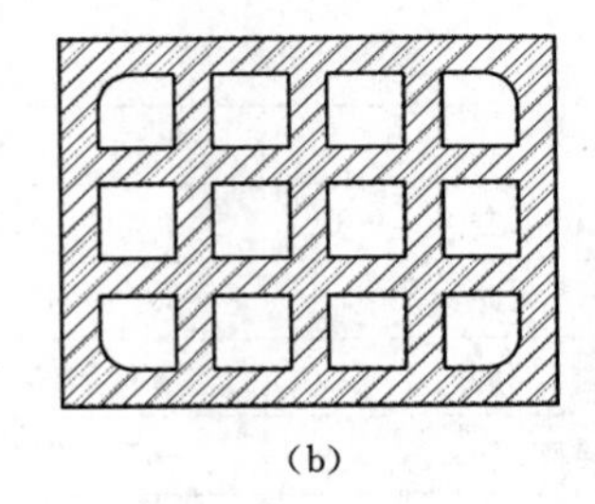

(b)

图 8-1-4 多排孔沉井

(3) 多排孔沉井。

多排孔沉井即在沉井内部设置数道纵横交叉的内隔墙（图 8-1-4）。这种沉井刚度较大，且在施工中易于下沉，如发生沉井偏斜，可通过在适当的孔内挖土校正。这种沉井的承载力很高，适于做平面尺寸大的建筑物的基础和地下空间结构。

2. 按沉井竖直截面形状分类

(1) 柱形沉井。

柱形沉井的井壁按横截面形状做成各种柱形且平面尺寸不随深度变化（图 8-1-5 (a)）。柱形沉井受周围土体的约束较均衡，只沿竖向切沉，不易发生倾斜，且下沉过程中对周围土体的扰动较小。其缺点是沉井外壁面上土的侧摩阻力较大，尤其当沉井平面尺寸较小、下沉深度较大而土又较密实时，其上部可能被土体夹住，使其下部悬空，容易造成井壁拉裂。因此柱形沉井一般在入土不深或土质较松散的情况下使用。

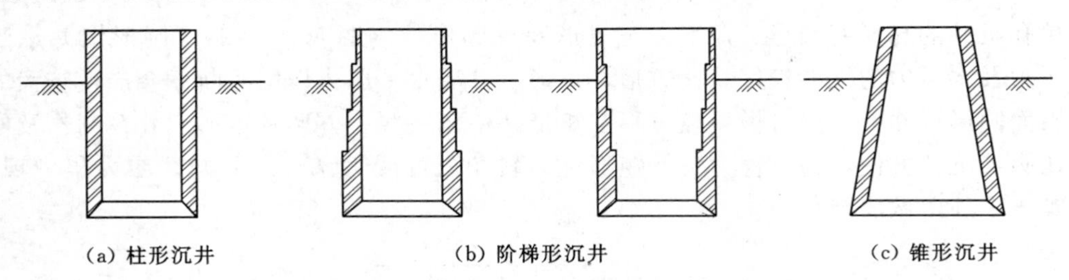

(a) 柱形沉井　　(b) 阶梯形沉井　　(c) 锥形沉井

图 8-1-5 沉井的竖直剖面形式

(2) 阶梯形沉井。

阶梯形沉井井壁平面尺寸随深度呈阶梯形加大（图 8-1-5 (b)）。由于沉井下部受到的土压力及水压力较上部的大，故阶梯形结构可使沉井下部刚度相应提高。阶梯可设在井壁的内侧或外侧。

(3) 锥形沉井。

锥形沉井的外壁面带有斜坡，坡比一般为 1/20～1/50（图 8-1-5 (c)）。锥形沉井也可减少沉井下沉时土的侧摩阻力，但下沉不稳定且制作较困难，故较少使用。

3. 按沉井采用材料分类

制作沉井的材料，可按下沉的深度、所受荷载的大小，结合就地取材的原则选定。沉井按使用材料的不同可以分为以下类型：

(1) 混凝土沉井。

混凝土的特点是抗压强度高，抗拉能力低，因此这种沉井宜做成圆形，并适用于下沉深度不大（4～7m）的软土层，其井壁竖向接缝应设置接缝钢筋。

(2) 钢筋混凝土沉井。

这种沉井的抗拉及抗压能力较好，下沉深度可以很大（达数十米以上）。当下沉深度不很大时，井壁上部用混凝土，下部（刃脚）用钢筋混凝土，它在桥梁工程中得到较广泛的应用。当沉井平面尺寸较大时，可做成薄壁结构，沉井外壁采用泥浆润滑套、壁后压气等辅助施工措施就地下沉或浮运下沉。此外，钢筋混凝土沉井井壁隔墙可分段（块）预制，并在工地拼接，做成装配式。

（3）竹筋混凝土沉井。

沉井在下沉过程中受力较大，因而需配置钢筋，一旦完工后，它就不承受多大的拉力。因此，在南方产竹地区，可以采用耐久性差但抗拉力好的竹筋代替部分钢筋。我国南昌赣江大桥等曾用这种沉井，但在沉井分节接头处及刃脚内仍用钢筋。

（4）钢沉井。

用钢材制造沉井，其强度高、重量较轻、易于拼装、宜于做浮运沉井，但用钢量大，国内较少采用。

4. 按沉井的施工方法分类

按施工方法的不同，可将沉井分为一般沉井和浮运沉井两种。

（1）一般沉井。

一般沉井指就地制造下沉的沉井。这种沉井是在基础的设计位置上制造，然后挖土并靠沉井自重下沉。如基础位置在水中，需先在水中筑岛，再在岛上筑井下沉。

（2）浮运沉井。

在深水地区筑岛有困难或不经济，或有碍通航及当河流流速不大时，可采用岸边浇筑沉井、浮运就位下沉的方法，这类沉井称为浮运沉井或浮式沉井。

8.1.1.2 沉井的构造

沉井一般由下列各部分组成（图 8-1-6）：井壁（侧壁）、刃脚、内隔墙、封底和顶盖板、底梁和框架、取土井、凹槽、射水管组、探测管、气管和压浆管。

1. 井壁

井壁是沉井的主体部分，在下沉过程中起到挡土、隔水作用，利用其本身重力克服井壁与土之间的摩阻力而使沉井下沉。当施工完成后，它就成为基础的一部分而将上部荷载传递到地基或成为地下空间结构的外墙。因此井壁必须有足够的结构强度。

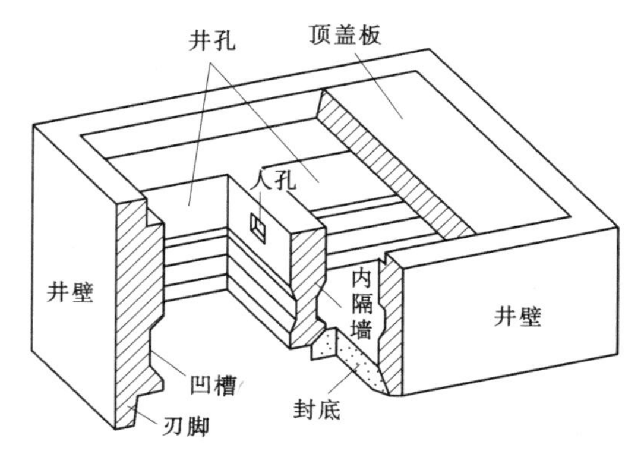

图 8-1-6 沉井构造

为了承受在下沉过程中各种最不利荷载组合（水土压力）所产生的内力，在钢筋混凝土井壁中一般应配置两层竖向钢筋及水平钢筋，以承受弯曲应力。因此，井壁厚度主要决定于沉井大小、下沉深度以及岩土的力学性质。

设计时通常先假定井壁厚度，再进行强度验算。井壁厚度一般为 0.4～1.2m。有战时防护要求的，井壁厚度可达 1.5～1.8m。

井壁的纵断面形状有上下等厚的直墙形井壁（图 8-1-5（a））、阶梯形井壁（图 8-1-5（b））和锥形井壁（图 8-1-5（c））3 种。当土质松软、摩擦力不大、下沉深度不深时，可采用直墙形井壁。其优点是周围土层能较好地约束井壁，易于控制垂直下沉，接长井壁亦简单。此外，沉井下沉时，周围土的扰动影响范围小，可以减少对四周建筑物的影响，故特别适用于市区较密集的建筑群中间。当土质松软、下沉深度较深时，考虑到水土压力随着深度的不断增大，使井壁在不同高程受力的差异较大，故往往将井壁做成阶梯形（图8－1－5（b）），以减小沉井的截面尺寸，节省材料。

当土层密实，且下沉深度很大时，为了减少井壁间的摩擦力而不使沉井过分加大自重，常在外壁做成一个（或几个）台阶的阶梯形井壁。

2. 刃脚

井壁最下端一般都做成刀刃状的“刃脚”。刃脚的主要作用是减少下沉阻力，同时有支承沉井的作用。刃脚还应具有一定的强度，以免下沉过程中损坏。刃脚底的水平面称为踏面（图8－1－7）。踏面宽度一般为10～30cm，视所通过土质的软硬及井壁厚度而定。刃脚内侧的倾角一般为40°～60°。刃脚的高度，当沉井湿封底时取1.5m左右，干封底时取0.6m左右。沉井重、土质软时，踏面要宽一些。相反，沉井轻、又要穿过硬土层时，踏面要窄些，有时甚至要用角钢加固的钢刃脚。由于刃脚在沉井下沉过程中受力较集中，故干式沉井结构的混凝土强度等级不应低于C25，湿式沉井结构的混凝土强度等级不应低于C20。

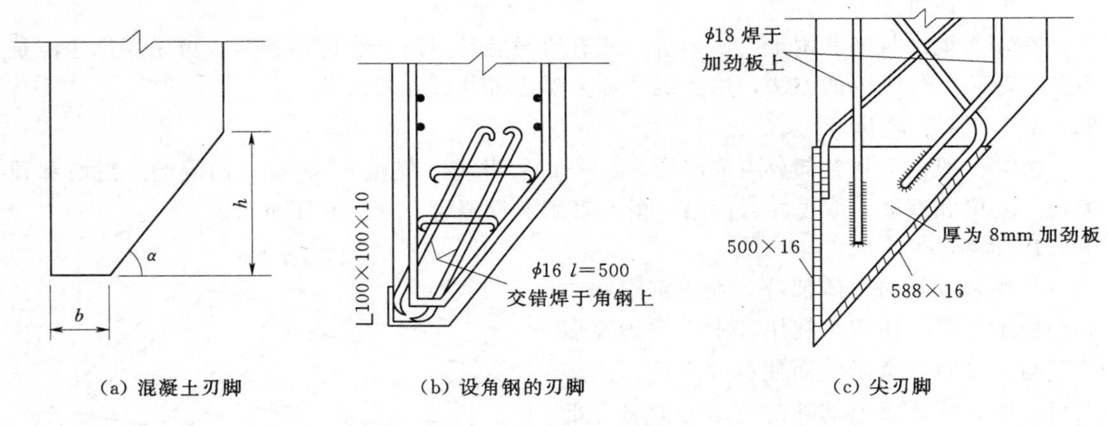

图8－1－7　刃脚构造（单位：mm）

3. 内隔墙

当沉井的长宽尺寸较大时，应在沉井内设置内隔墙。内隔墙的主要作用是增加沉井在下沉过程中的刚度并减小井壁跨径，使井壁的挠曲应力减小。同时又把整个沉井分隔成多个施工井孔（取土井），使挖土和下沉可以较均衡地进行，也便于沉井偏斜时的纠偏。

内隔墙的底面一般应比井壁刃脚踏面高出0.5～1.0m，以免土体顶住内隔墙妨碍沉井下沉。但当穿越软土层时，为了防止沉井的“突沉”，也可与井壁刃脚踏面齐平。

内隔墙的厚度一般为0.5m左右。隔墙下部应设过人孔，供施工人员于各取土井之间往来之用。人孔的尺寸一般为0.8m×1.2m～1.1m×1.2m。

取土井井孔尺寸除应满足使用要求外，还应保证挖土机具可在井孔中自由升降，不受阻碍。如用挖泥斗取土时，井孔的最小边长应大于挖泥斗的张开尺寸再加0.5～1.0m，一般不小于2.5m。井孔的布置应力求简单、对称。

4. 封底及顶盖板

当沉井下沉到设计标高，经过技术检验并对坑底清理后，即可封底，以防止地下水渗入井内。封底可分为湿封底（即水下浇筑混凝土）和干封底两种。有的在井底设有集水井排水。封底完毕，待混凝土结硬后即可在其上方浇筑钢筋混凝土底板。

封底混凝土底面承受地基土和水的反力，这就要求封底混凝土有一定的厚度（可由应力验算决定），其厚度根据经验也可取不小于井孔最小边长的1.5倍。封底混凝土顶面应高出刃脚根部不小于0.5m，并浇灌到凹槽上端。对于岩石地基，封底混凝土强度等级不低于C20，非岩石地基为C25。

为了使封底混凝土和底板与井壁间有更好的连接，以传递基底反力，使沉井成为空间结构受力，常于刃脚上方的井壁上预留凹槽。如在特殊情况下，预计有可能需改用气压沉箱时，亦可预设凹槽，以便必要时在该处浇筑钢筋混凝土盖板。盖板厚度一般为1.5～2.0m。井孔中充填的混凝土，其强度等级不应低于C15。

凹槽底面一般距刃脚踏面1.5m以上。槽高约1.0m，近似等于封底混凝土的厚度，以保证封底工作顺利进行。凹入深度为0.15～0.25m。

当沉井作为地下结构物时，多采用钢筋混凝土顶板。

5. 底梁和框架

在比较大型的沉井中，如由于使用要求，不能设置内隔墙，则可在沉井底部增设底梁，并构成框架以增加沉井在施工下沉阶段和使用阶段的整体刚度。有的沉井因高度较大，常于井壁高度设置若干道由纵横大梁组成的水平框架，以减少井壁（于顶、底板之间）的跨度，使整个沉井结构布置合理、经济。

在松软地层中下沉沉井，底梁的设置还可防止沉井“突沉”和“超沉”，便于纠偏和分格封底，以争取采用干封底。但纵横底梁不宜过多，以免增加结构造价，施工费时，甚至增大阻力，影响下沉。

6. 取土井

取土井在平面上应沿沉井的中轴线对称布置，以利于沉井均匀下沉，并便于校正倾斜和偏移。取土井大小由取土方法决定，采用挖土斗取土时，应能保证挖土斗的自由升降，其最小边长不宜小于2.5m。在沉井下沉完毕并封底后，如作基础用，则取土井可填以素混凝土、片石混凝土或填砌片石；在无冰冻地区也可以采用粗砂或砂砾填料；当作用在墩台上的外力不大时，亦可采用空心沉井。但在砂砾填心和空心沉井的顶面均须设置钢筋混凝土盖板，盖板厚度应由计算确定。

7. 凹槽

沉井内设凹槽是为了使封底混凝土嵌入井壁，形成整体，将传至沉井壁上的力更好地传递至封底混凝土中。同时，当遇到意外情况，还可在凹槽处浇筑钢筋混凝土盖板，将沉井改为沉箱。凹槽水平方向深为0.15～0.25m，高约1.0m，其底面距刃脚底面一般大于1.5m。

8. 射水管组、探测管、气管和压浆管

（1）射水管组。

当沉井下沉较深，并估计土的摩阻力较大，下沉会有困难时，可在沉井壁中埋设射水管，管口设在刃脚下端和井壁外侧。射水管应均匀布置在井壁横向四周，并将其连成沿沉井平面中轴线对称的互相独立的 4 组。这样通过每组水管的水压力大小和水量可调整沉井的下沉方向和下沉速率。高压水水压一般不小于 0.6MPa，每一射水管的排水量不小于 200L/min，下沉中有必要时，则利用射水管压入高压水把井壁四周和刃脚下端的土冲松，以减少摩阻力和端部阻力。

（2）探测管。

在平面尺寸较大，且不排水下沉较深的沉井中可设置探测管。一般采用直径为 200～500mm 的钢管或在井壁中预制管道。作用时探测刃脚和内隔墙底面下的泥面标高，清基射水或破坏沉井正面土层以利于下沉；沉井水下封底后，可用作刃脚和内隔墙下封底混凝土的质量检查孔。

（3）气管。

当采用空气幕下沉沉井时，可沿井壁外缘埋设内径为 25mm 的硬塑料管作为气管。空气幕的原理是预先埋设在井壁四周的气管中压入高压空气，此高压空气由设在井壁上的喷气孔喷出，并沿井壁外表面上升溢出地面，从而在井壁周围形成一层松动的含有气体与水的液化土层，此含气土层如同幕帐一般围绕着沉井，故称之为空气幕。

（4）压浆管。

当采用泥浆套技术下沉沉井时，压浆管的布置可采用外管法或内管法。外管法是在井壁内侧或外侧布置管径为 38～50mm 的压浆管，间距为 3～4m，一般用于薄壁沉井；内管法是在井壁内预制孔道，其间距为 3～4m，一般用于厚壁沉井。采用内管法或井内外管法时，压浆管道的射口宜设在沉井底节台阶顶部处，射口方向与井壁周边须成 45°斜角；在射口处应设置射口围圈，防止压浆时直接冲射上壁和减少压浆出口处的填塞，射口围圈一般可用短角钢制作。

8.1.2 沉井结构的荷载

沉井结构上的作用可分为永久作用和可变作用两类。

永久作用应包括结构自重、土的侧向压力、沉井内的静水压力；可变作用应包括沉井顶板和平台活荷载、地面活荷载、地下水压力（侧压力、浮托力）、顶管的顶力、流水压力、融流冰块压力等。

设计沉井结构时，不同荷载应采用不同的代表值：对永久荷载，应采用标准值作为代表值（表 8-1-2）；对可变荷载，应根据设计要求采用标准值、组合值或准永久值作为代表值（表 8-1-3）。

当结构承受两种或两种以上可变作用，承载能力极限状态按作用效应基本组合计算或正常使用极限状态按作用效应标准组合验算时，应采用标准值和组合值作为可变作用代表值。可变作用组合值应为可变作用的标准值乘以作用组合值系数。当正常使用极限状态按作用效应准永久组合验算时，应采用准永久值作为可变作用代表值。可变作用准永久值应为可变作用的标准值乘以准永久值系数。

表 8-1-2 永久荷载分项系数

永久荷载类别	分项系数
结构自重	1.20；当对结构有利时取 1.00
沉井内水压	1.27；当对结构有利时取 1.00
沉井外水压	1.27；当对结构有利时取 1.00

表 8-1-3 可变荷载分项系数

可变荷载类别	分项系数
顶板和平台活荷载	1.40
地面活荷载	1.40
地下水压力	1.27
顶管的顶力	1.30
流水压力	1.40
融流冰块压力	1.40

强度计算的作用效应基本组合设计值，应根据沉井所处的环境及其工况取不同的作用项目。不同工况的项目组合可参照表 8-1-4 确定。

表 8-1-4 不同工况的作用组合

沉井环境及工况			作用项目							
			永久作用			可变作用				
			结构自重 G_1	沉井内水压力 G_2	沉井外土压力 G_3	顶板活荷载 Q_2	沉井外水压 Q_1	顶管顶力 Q_3	流水压力 Q_4	融流冰块压力 Q_5
陆地沉井	施工期间	工作井	√	Δ	√		√	√		
		非工作井	√	Δ		√	√			
	使用期间	沉井内无水	√		√	√	√			
		沉井内有水	√	√	√	√	√			
江心沉井	施工期间	工作井	√	Δ	√		√	√		
		非工作井	√	Δ	√		√		√	
	使用期间	沉井内无水	√		√	√	√		√	√
		沉井内有水	√	√	√	√	√		√	√

注 1. “√”表示排水下沉沉井的作用项目。
2. “Δ”表示带水下沉沉井的永久作用项目。

8.1.3 沉井结构设计计算

沉井结构在施工阶段必须具有足够的强度和刚度，以保证沉井能稳定、可靠地下沉到拟定的设计标高。待沉到设计标高，全部结构浇筑完毕并正式交付使用后，结构的传力体系、荷载和受力状态均与沉井在施工下沉阶段很不相同。因此，应保证沉井结构在这两阶段中均有足够的安全度。例如，沉井的井壁和顶盖板，在正常使用中是不允许开裂或只允许出现很小的裂缝，因此必须进一步验算这些构件在施工过程中的抗裂性。工程实践证明，沉井结构中部分构件的强度往往受施工阶段控制，因此对施工阶段的结构计算很重要，必须认真对待，绝不能认为它只是一个临时的受力过程而加以忽视。

沉井结构设计的主要环节可大致归纳如下：

（1）沉井建筑平面布置的确定。

（2）沉井主要尺寸的确定和下沉系数的验算。

1）参考已建类似的沉井结构，初定沉井的几个主要尺寸，如沉井平面尺寸、沉井高度、井孔尺寸及井壁厚度等，并估算下沉系数，以控制沉速。

2）估算沉井的抗浮系数，以控制底板的厚度等。

（3）施工阶段强度计算。

1）井壁板的内力计算。

2）刃脚的挠曲计算。

3）底横梁、顶横梁的内力计算。

4）其他。

（4）使用阶段的确定计算（包括承受动荷载）。

1）按封闭框架（水平方向的或垂直方向的）或圆池结构来计算井壁并配筋。

2）顶板和底板的内力计算及配筋。

现就沉井结构设计的几个主要环节的基本内容分别介绍如下：

8.1.3.1 沉井主要尺寸的拟定

1. 高度

沉井的高度需根据沉井的用途、上部或下部结构尺寸要求、水文地质条件及各土层的承载力确定。沉井顶面一般要求埋入地面至少 0.2m，或在地下水位以上 0.5m。沉井的顶面与底面高差为沉井的高度。

2. 平面尺寸

沉井的平面形状取决于地下结构或墩（台）底部的形状。对矩形或圆端形，可采用相应形状的沉井。采用矩形沉井时，为保证下沉的稳定性，沉井的长边与短边之比不宜大于 3。当墩的长宽比较为接近时，可采用方形或圆形沉井。

8.1.3.2 沉井下沉系数的确定

确定沉井主体尺寸后，即可算出沉井自重，并验算沉井在施工中是否能在自重作用下，克服井壁四周土体摩擦力和刃脚下土的正面阻力顺利下沉。设计时可按“下沉系数”估算，即

$$K_1=\frac{G}{R_f+R_r}\geqslant 1.10\sim 1.25 \tag{8-1-1}$$

$$R_f=f_0F_0 \tag{8-1-2}$$

$$f_0=\frac{f_1h_1+f_2h_2+\cdots f_nh_n}{h_1+h_2+\cdots+h_n} \tag{8-1-3}$$

式中 G——沉井在施工阶段的自重，kN，应包括井壁、上下横梁和隔墙的重量以及施工时临时钢封门等的重量，当采用不排水下沉时，还应考虑水的浮力使井重减轻的影响；

R_r——刃脚踏面下正面阻力的总和，kN，如沉井有隔墙、底横梁，其正面阻力均应计入。刃脚踏面上每单位面积所受的阻力，视土质情况而定，其经验数据可见表 8-1-5，一般在踏面处呈均匀分布，在斜面处，可按三角形分布计算；

R_f——沉井井壁与土之间的总摩擦力，kN；

F_0——沉井井壁四周总面积，m^2；

f_0——井壁与土之间单位面积摩擦力的加权平均值，kN/m^2；

h_i——土层的厚度，m，如图 8-1-8 (a) 所示；

f_i——各土层对井壁的单位面积摩擦力，可参照已有的实践资料（最好当地的）估计或参考表 8-1-5 的数值选用。

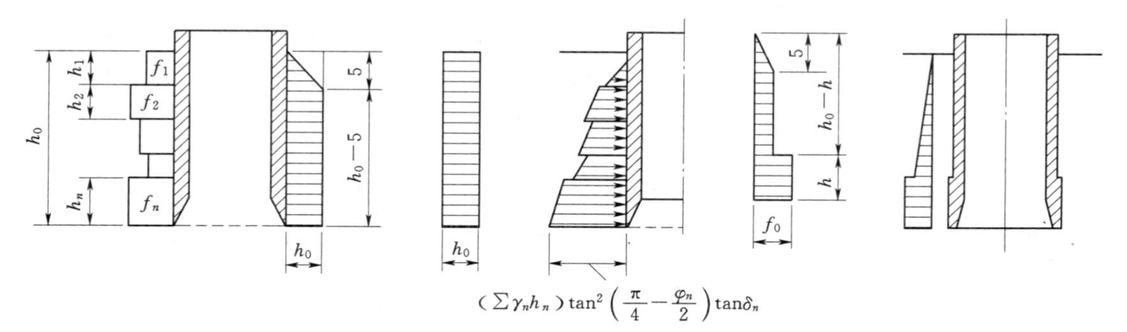

(a) 各土层的单位摩擦力 (b) 三角形分布 (c) 矩形分布 (d) 主动土压力与摩擦系数(tanδ)之积 (e)、(f)阶梯形井壁摩擦力分布

图 8-1-8 井壁摩擦力分布形式

表 8-1-5 井壁摩擦力及刃脚踏面阻力

土类型	土对单位井壁的面积摩擦力/(kN·m^{-2})		刃脚下土单位面积阻力/(kN·m^{-2})	
	土密度小、含水量高	土密度大、含水量低	土软弱含水量高	土紧实含水量低
砂性土	12	25	100～200	350～500
黏性土	12.5～25	50		
泥浆套	3～5			

注 泥浆套是一种能促使沉井下沉的材料，如触变泥浆。

在实际工作中，井壁摩擦力的分布形式，有许多不同的假定。

一种是假定在深度 0～5m 范围内单位面积摩擦力按三角形分布，5m 以下为常数，如图 8-1-8 (b) 所示。这时总摩阻力为

$$R_f=f_0F_0=f_0U(h_0-2.5) \tag{8-1-4}$$

式中 U——沉井周长，m；

h_0——沉井入土深度，m。

一种是取入土全深范围内为常数的假定，$F_0=Uh_0(m^2)$，参见图 8-1-8 (c)。

另一种假定认为摩擦力不仅与土的种类有关，还与土的埋藏深度有关。因此，采用了摩擦力等于朗肯主动土压力与土和井壁间的摩擦系数之积（一般取极限摩擦系数为 0.4～0.5，即井壁摩擦力按井壁土压力的 0.4～0.5 倍估计）。根据这种假设，侧面摩擦力将是随着深度而增加的梯形分布，或近似于三角形分布，见图 8-1-8 (d)。有些国家（如日本）就是采用这种假定，如紧密砂层的侧面单位摩擦力（kN/m^2）见表 8-1-6。

表 8-1-6　　紧密砂层的侧面单位摩擦力

土质深度/m	8	16	25	30	40	50	60
单位摩擦力/(kN·m⁻²)	12	14	17	20	22		

对于小型薄壁阶梯形井壁的圆形沉井，它的侧面摩擦力也有多种不同的取法，上海地区采用图 8-1-8 (e)、(f) 所示的假定。

实际上，对侧面单位摩擦力的量值及分布规律还远未了解清楚。例如，在上海从实践中发现多数轻型沉井的下沉系数小于 1，一般在 0.65～0.9 之间，多数为 0.7～0.8，仅个别大于 1.0。在施工中，除了个别沉井需要压重外（主要原因是施工中途停顿或由排水下沉改为不排水下沉）一般都能下沉到预定标高。下沉系数小于 1.0 而能顺利下沉，这是不合乎逻辑的，显然是取用的假定井壁摩擦力偏大，不符合客观实际。由于侧面摩擦力数值大小和分布形式对沉井设计和施工有着极其重要的意义，直接影响到工程量的大小和能否保证顺利下沉。因此，近年来在工程实践中亦逐渐采用直接测量或间接测量摩擦力的方法，还需对摩擦力的大小、分布规律做进一步研究。

在实际工程中沉井的下沉系数 K_1，在整个下沉过程中，不会是常数，有时可能大于 1.0，有时接近于 1.0，有时会等于 1.0。如开始下沉时 K_1 必大于 1.0，在沉到设计标高时 K_1 应近于 1.0，一般保持在 $K_1=1.10\sim1.25$。

在分节浇筑分节下沉时，应在下节沉井混凝土浇筑完毕而还未开始下沉时，保持 $K_1<1$，并具有一定的安全系数。

8.1.3.3 沉井抗浮稳定验算

沉井沉到设计标高后，即着手进行封底工作，铺设垫层并浇筑钢筋混凝土底板，由于内部结构和顶盖等还未施工，此时整个沉井向下荷载为最小。待到内部结构、设备安装及顶盖施工完毕，所需时间可能很长，而底板下的水压力能逐渐增长到静力水头，会对沉井发生最大的浮力作用。因此，验算沉井的抗浮稳定性，一般可用抗浮系数 K_2 表示，即

$$K_2=\frac{G+R_f}{Q}\geqslant1.05\sim1.10 \qquad (8-1-5)$$

式中 G——井壁与底板的重量（不包括内部结构和顶盖），kN；

R_f——井壁与土体间极限摩擦力，kN，见式 (8-1-4)；

Q——底板下面的水浮力，t（与沉井在地下水位以下部分相同体积的水重）。

抗浮系数 K_2 的大小可由增减底板的厚度来调整。所以一般不希望该值过大，以免造成浪费。

对于浮力的取值，在地下空间结构设计中历来是有争论的问题之一。实践证明，在江河之中或沿岸施工的沉井，或是埋置于渗透性很大的砂土内的沉井，其水浮力即等于静力水头。然而在黏性土中，其浮力究竟多大，尚缺乏较好的验证。同样关于井壁侧面摩擦力在抗浮时能否发挥作用，如何合理取值，各方面亦无统一的结论。有的认为抗浮计算时该摩擦力不能计入，只能作为附加的安全度来考虑。

通过大量调查，已建的各种沉井一般都没有上浮现象，这说明：

(1) 沉井上浮时土的极限摩擦力很大，而一般设计估用的数值往往偏小，因此在验算

上浮稳定时以计入井壁摩擦力为合理。

(2)在黏性土中,因它的渗透系数很小,地下水补给非常缓慢,沉井的浮升也必然极为缓慢,在发生明显浮升之前,内部结构、设备、顶盖等重量已经起作用,故已不存在浮升问题。因此有的设计施工单位在验算黏性土中沉井抗浮稳定性时,常将静力水头按80%~90%计算。但因缺乏实践验证,应持慎重态度,不可为鉴。上海地基规范只认为验算抗浮稳定时可以计入井壁摩擦力(取经验值,下限为10kN/m²)。

8.1.3.4 刃脚计算

井壁刃脚部分在下沉过程中经常切入土内,形成一悬臂作用,因此必须验算刃脚部分向外和向内挠曲的悬臂状态受力情况,并据此进行刃脚内侧和外侧竖向钢筋和水平钢筋的配筋计算。

1. 第一种情况:刃脚向外挠曲的计算(配置内侧竖直钢筋)

首次下沉的沉井,在刚开始下沉时,刃脚下土体的正面阻力和内侧土体沿着刃脚斜面作用的阻力有将刃脚向外推出的作用。这时沉入深度较浅,井壁外侧面的土压力几乎还未发生。刃脚的受力情况如图8-1-9(a)、(b)所示,可沿井壁周边取1.0m宽的截条作为计算单元。计算步骤如下:

(1)计算井壁自重G。沿井壁周长单位宽度上的沉井自重(按全井高度计算),不排水挖土时应扣除浸入水中部分的浮力。

(2)计算刃脚自重g。按式(8-1-6)计算,即

$$g=\gamma_{混凝土}h_k\frac{\lambda+a}{2} \tag{8-1-6}$$

(3)计算刃脚上的水、土压力E。主动土压力可按朗肯土压力理论计算,即

$$E=\gamma h_k\tan^2\left(45°-\frac{\varphi}{2}\right) \tag{8-1-7}$$

式中 φ——土的内摩擦角,(°);

γ——土的重度,kN/m³,在地下水位以下时,取土的浮重度。

在计算刃脚向外挠曲时,作用在刃脚外侧的计算土压力和水压力的总和应不超过静水压力的70%,否则就按70%的静水压力计算。

(4)计算刃脚上的土对井壁的摩擦力T'。可按

$$T'=fF'$$

计算,但不大于

$$T'=0.5E'$$

式中 F'——沉井侧面与土接触的单位宽度上的总面积,m²;

E'——作用在井壁上总的主动土压力,kN;

f——井壁与土之间的单位面积上摩擦力,kN/m²。

计算时取其中较小值,目的是使反力R_f为最大值。

(5)计算刃脚下土的反力R_f。即踏面上土反力V_1和斜面上土反力R,假定其作用方向与斜面法线成β角(即摩擦角,按$\beta=10°\sim20°$估用,有时也可取到30°),并将R分解成竖直的和水平的两个分力V_2和U(均假定为三角形分布)。

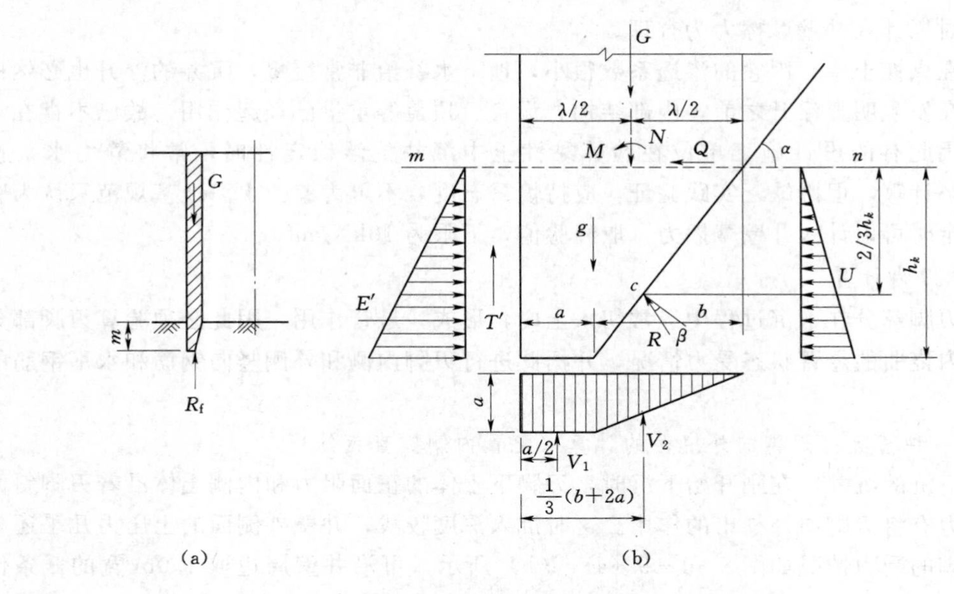

图 8-1-9 沉井刃脚计算模式

根据实际设计经验可知，在刃脚向外挠曲时，起主要作用的是刃脚下土的正面阻力，即 V_1、V_2 和 U 的大小，而土压力 E'、侧面摩擦力 T' 和刃脚自重 g 三者在计算中所占的比例很小，实用上可忽略不计，其结果则稍偏安全。

有些国家（如前苏联）和某些专业规范，规定按沉井沉到一半时的情况计算刃脚向外挠曲。考虑沉入土中部分井壁的摩阻力的减荷作用，并假定刃脚完全切入土中（或切入土中 1.0m），如图 8-1-10 所示。此时刃脚下的土反力 R_f 为

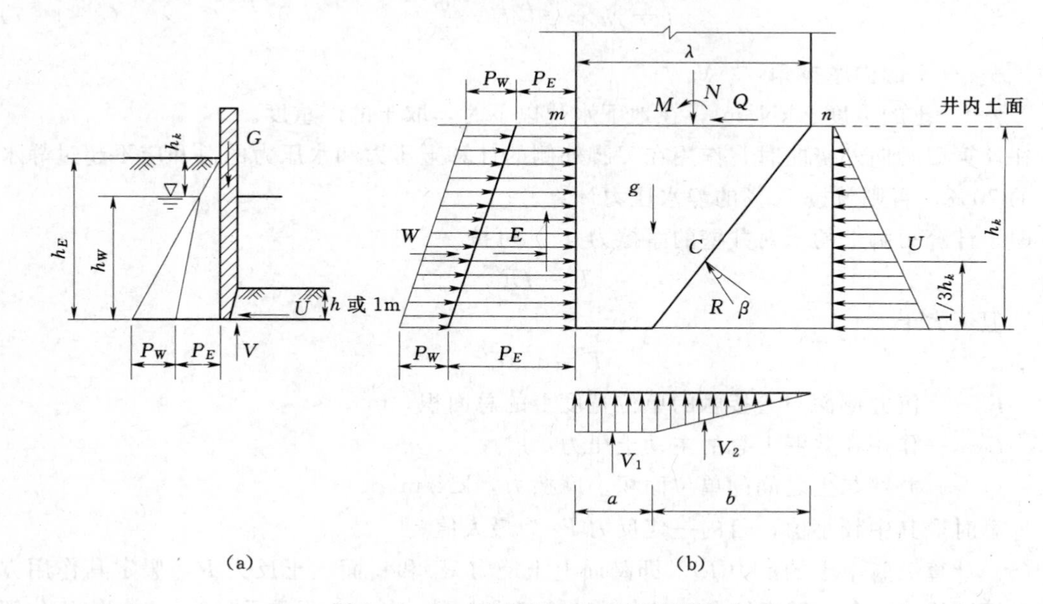

图 8-1-10 刃脚切入土中的计算模式

$$R_f=V_1+V_2=G+g-T-T'\approx G-T \tag{8-1-8}$$

式中 T——用于单位周长井壁上的摩擦力，kN/m，按 $T=fF$ 或按 $T=0.5E$ 计算，计算时取其中较小值。

因

$$\frac{V_1}{V_2}=\frac{a\sigma}{\frac{1}{2}b\sigma}=\frac{2a}{b} \tag{8-1-8a}$$

联立并求解式（8-1-8）及式（8-1-8a）方程，可得

$$V_2=\frac{G-T}{1+\frac{2a}{b}} \tag{8-1-8b}$$

从 V_2 在刃脚斜面上的作用点 C，可知 R 和 U 的作用点也在 C 点，即内侧土体对刃脚的水平挤压力 U 作用于距刃脚尖以上 1/3 刃脚高度 h_k 处，从图 8-1-9 及图 8-1-10 可以看出，刃脚斜面部分土的水平反力按三角形分布，其合力的大小为

$$U=V_2\tan(\alpha-\beta) \tag{8-1-9}$$

式中 α——刃脚斜面与水平面所成的夹角；

β——土与刃脚斜面间的外摩擦角，为 10°～30°。

（6）确定刃脚内侧竖直钢筋。

按以上所求得作用在刃脚上的各个外力的大小、方向和作用点后，即可求对刃脚根部 $m-n$ 截面上的轴向力 N、剪力 V 以及对截面中心 O 点的力矩 M。然后根据 M、V、N 的大小计算刃脚内侧的竖直钢筋。内侧的竖向钢筋配筋率不得小于 0.1%～0.15%，并伸入悬臂根部以上足够的锚固长度。

例 8-1 设某矩形沉井封底前井自重 16274kN，井壁周长为 2×(20＋32)＝104m。井高 8.15m，一次下沉，试求沉井刚开始下沉时刃脚向外挠曲所需的竖直钢筋的数量（踏面宽 $a=35$cm，$b=45$cm，刃脚高 80cm）。

解 求单位周长上沉井自重 $G=16274/104=156.5$（kN/m）

根据式（8-1-8b）可得

斜面下土的竖直反力为

$$V_2=\frac{G-T}{1+\frac{2a}{b}}=\frac{156.5-0}{1+\frac{2\times0.35}{0.45}}=61.2(\text{kN})$$

$$V_1=G-V_2=156.5-61.2=95.3(\text{kN})$$

作用在斜面上的水平反力 $U=V_2\tan(\alpha-\beta)$

式中 $\alpha=\arctan\frac{80}{45}=60.64°$

$\beta=12.64°$（上海地区 10°～15°）

则 $U=V_2\tan(\alpha-\beta)=61.2\times\tan(60.64°-12.64°)=68.0(\text{kN})$

对截面 $m—n$ 中点 O 点的弯矩 M 为

$$M=V_1\left(\frac{a}{2}+0.05\right)-V_2\left(\frac{b}{3}-0.05\right)+U\left(\frac{2}{3}\times0.8\right)$$

$$=93.5\times\left(\frac{0.35}{2}+0.05\right)-61.2\times\left(\frac{0.45}{3}-0.05\right)+68.0\times\left(\frac{2}{3}\times0.8\right)$$

$$=51.2(\text{kN}\cdot\text{m})$$

由于弯矩太小，仅需按构造配筋即可，选用Φ20@200。

2. 第二种情况：刃脚向内挠曲，配置外侧竖直钢筋

当沉井沉到设计标高，为利于下沉，刃脚下的土常被掏空或部分掏空，井壁传递的自重全部由井壁外侧土体的摩擦力承担，而此时井壁外侧作用最大的水、土压力，使刃脚产生最大的向内挠曲，如图 8-1-11 所示。一般就按此情况确定刃脚外侧竖向钢筋。

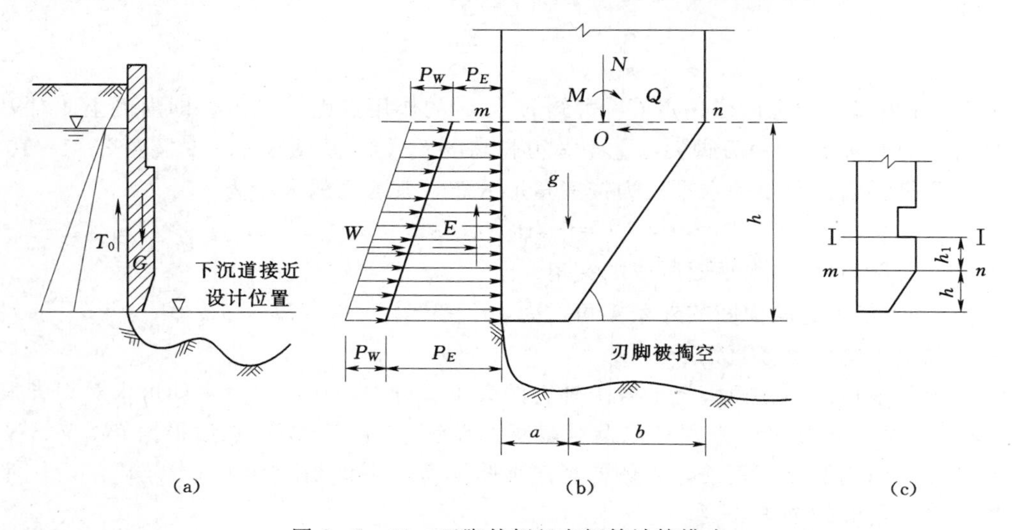

图 8-1-11　刃脚外侧竖向钢筋计算模式

刃脚自重 g 和刃脚外侧摩擦力 T' 对于 m—n 截面的弯矩值所占比例都很小，可忽略不计。这样，刃脚向内挠曲计算中，起决定性作用的是刃脚外侧的水土压力 W 及 E。水压力 W 可按下列情况计算：

(1) 不排水下沉时，井壁外侧水压力值按 100%计算，内侧水压力值一般按 50%计算，但也可按施工中可能出现的水头差计算。

(2) 排水下沉时，在不透水的土中，可按静水压力的 70%计算，在透水土中，可按静水压力的 100%计算。

水土压力求出后即可求得根部 m—n 截面处的弯矩 M、剪力 Q 和轴力 N。

如井壁刃脚附近设有槽口（图 8-1-11 (c)），则有人主张当 $h_1\geqslant25$cm 时，验算截面定在 m—n 线上，如 $h_1<25$cm 时，验算截面定在Ⅰ—Ⅰ截面。

8.1.3.5　施工阶段井壁计算

施工阶段井壁计算，须按沉井在施工过程中的传力体系合理确定其计算简图，随后配置水平和竖直方向的两种钢筋。由于沉井形状各异，施工的具体技术措施也不尽相同，因此应按其具体施工工况作出分析与判断。

1. 沉井在竖直平面内的受弯计算——沉井抽承垫木计算

重型沉井在制作第一节时，多用承垫木支承。当第一节沉井制成后（一般最大高度为

10m 左右），开始抽拔垫木准备下沉时，刃脚踏面下逐渐脱空，此时，井壁的工作状态近似于支承在少数支点上的深梁，井壁在自重作用下会产生较大的应力，因此需要根据不同的支承情况，对井壁做抗裂和强度验算。

沉井施工中实际的支承位置是复杂的，一般仅按以下两种最不利的支承情况进行验算：

（1）沉井支承在两点“定位垫木”上时。

最后抽取的垫木称为“定位垫木”。此时，沉井全部重量均认为支承在定位垫木之上（已回填到踏面下砂子的支承作用，略去不计）。定位垫木的间距 L_2 按井壁内正负弯矩相等或接近相等的条件来确定。当沉井平面的边长比不小于 1.5 时，一般可取 $L_2=0.7L$，L 为沉井全长。沉井抽承垫木的计算简图如图 8-1-12 所示。

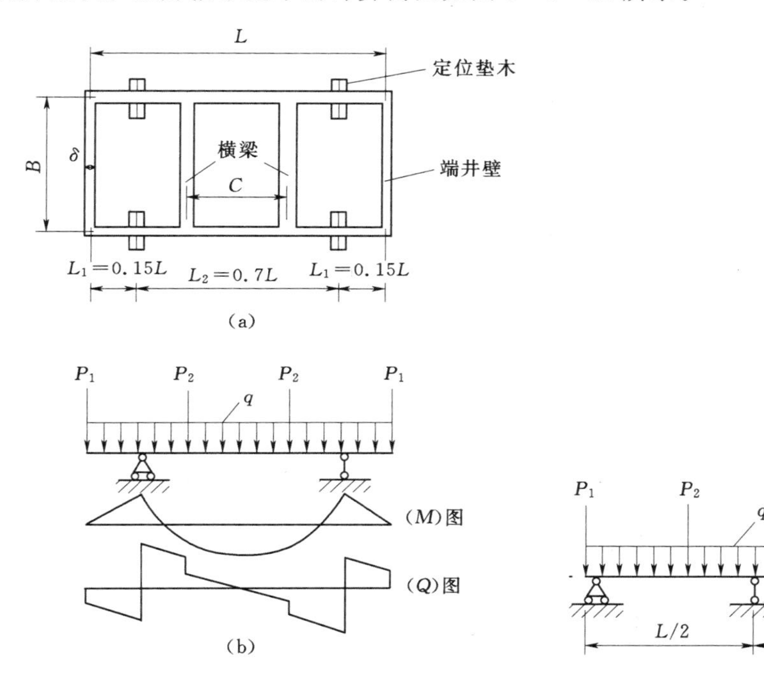

图 8-1-12　沉井抽承垫木的计算简图　　　图 8-1-13　三支点两跨连续梁

应当注意，这种情况与按简支梁来计算时十分近似，因为井壁的高度与长度相比较高，按材料力学的理论计算是不能完全反映实际受力情况的。

（2）沉井支承在三支点上时抽承垫木的顺序多数是：先抽四角，再抽跨中，并不断扩大抽拆范围，最后抽除定位垫木。由于早先回塞的砂子在后来的垫木抽完以后被一再压实，逐渐变成了支承点。因而有可能形成了三支点的两跨连续梁。按此简图（图 8-1-13）计算可得中间点处的最大负弯矩，并配置水平钢筋。

对于圆形沉井一般按支承于相互垂直的直径方向的 4 个支点（图 8-1-14（a））验算。在不排水下沉时，考虑到可能遇到障碍物，可按支承于直径上的两个支承点验算。个别大型圆沉井，从施工上采取措施增加支承点，如图 8-1-14（b）所示，留下 8 根定位垫木，最后再一次抽掉，使内力得以减少。

在计算沉井内力时，将圆形沉井井壁看作是连续的水平圆环梁，在均布荷载 q（沉井自重）作用下（图 8-1-14（a）），可按表 8-1-7 查得其剪力、弯矩和扭矩。

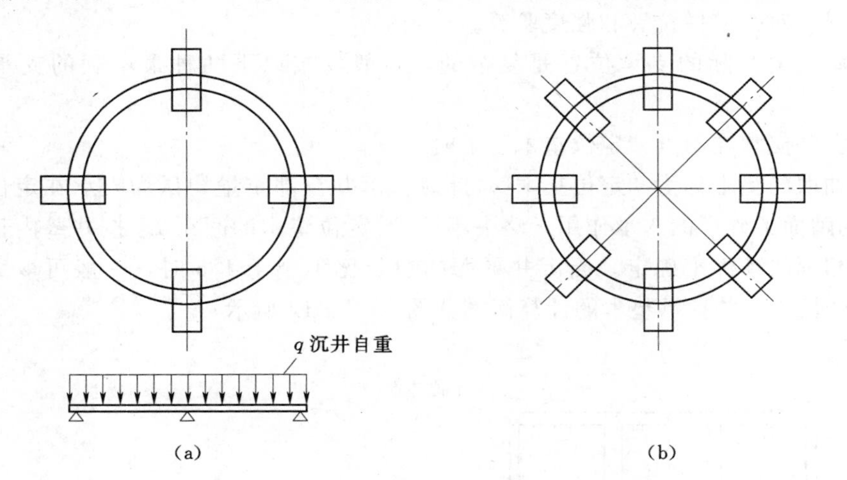

图 8-1-14 多支点圆形沉井

表 8-1-7 计算圆环梁的内力系数表

圆环梁支柱数	最大剪力	弯矩		最大扭矩	支柱轴线与最大扭矩截面之间的中心角
		在两支柱间的跨中	支柱上		
4	$\frac{R\pi q_0}{4}$	$0.03524\pi q_0 R^2$	$-0.06430\pi q_0 R^2$	$0.01060\pi q_0 R^2$	19°21′
6	$\frac{R\pi q_0}{6}$	$0.01500\pi q_0 R^2$	$-0.02964\pi q_0 R^2$	$0.00302\pi q_0 R^2$	12°44′
8	$\frac{R\pi q_0}{8}$	$0.00832\pi q_0 R^2$	$-0.01654\pi q_0 R^2$	$0.00126\pi q_0 R^2$	9°33′
12	$\frac{R\pi q_0}{12}$	$0.00380\pi q_0 R^2$	$-0.00730\pi q_0 R^2$	$0.00036\pi q_0 R^2$	6°21′

应该指出的是，如在施工时能保证每抽去一根垫木后，在刃脚下仔细回填密实，则一部分沉井重量将直接从刃脚传递到砂垫层上，这样实际的弯矩值要比按以上各种假定计算所得的值小。

对于一般的中、小沉井和隧道连续沉井，根据近年来的工程实践，已不再铺设承垫木，将刃脚踏面直接搁放在砂垫层混凝土垫板上制作沉井。但是第一节沉井开始下沉时的竖向受弯强度仍宜按上述方法进行验算。

2. 井壁垂直受拉计算——井壁竖直钢筋验算

沉井偏斜之后，必须及时纠偏，此时产生了纵向弯曲并使井壁受到垂直方向拉力，由于影响因素复杂，难以进行明确的分析与计算，因此在设计时一般假定沉井下沉将达设计标高时，上部井壁被土夹住，而刃脚下的土已全部掏空，形成“吊空”现象，并按此“吊空”现象来验算井壁的抗裂性或受拉强度。

由于上部井壁被土层夹住的部位和状况不明确，具体计算时可参考《上海地基基础设计规范》（DGJ 08—11—2010）和交通部颁布的《公路桥涵设计通用规范》（JTG 060—2014）等规范，它们规定井壁断面上最大拉力为25%的井重（即1/4井重），拉断位置在沉井的1/2高度处。而日本规定为50%井重，前苏联采用的规范规定为65%井重。

对变截面的井壁，每段井壁都应进行拉力计算。

对采用泥浆润滑套下沉的沉井，虽然沉井在泥浆套内不会出现箍住“吊空”现象，但纠偏时的纵向弯矩仍会产生，只在程度上大为减小，此时仍应设置纵筋，一般可按全断面的0.25%配置。

3. 在水土压力作用下的井壁计算——井壁水平钢筋计算

作用在井壁上的水土压力 $q=E+W$，沿沉井的深度是变化的，因此井壁计算也应沿井的高度方向分段计算。当沉井沉至设计标高，刃脚下的土已掏空，此时井壁承受最大的水土压力。水土压力的计算和上述计算刃脚时的相同，通常有水土分算和水土合算两种。一般砂性土采用水土分算，黏性土既可采用水土分算也可采用水土合算，并采用三角形直线分布。

在日本，土压力按静止土压力计算，并假定在深度15m以上按三角形直线分布，15m以下土压作为常量，不随深度增加。但考虑施工阶段材料的应力可以提高。

水土压力求得后，即可分段进行井壁计算。但鉴于各种沉井结构的布置形式不同，在施工过程中的传力体系也各不相同。因此，计算井壁内力时，应针对沉井井壁实际的支承条件和受力情况，合理地确定其计算简图。一般来说，要精确计算井壁的内力是困难而复杂的，只能采取一些近似的计算方法。

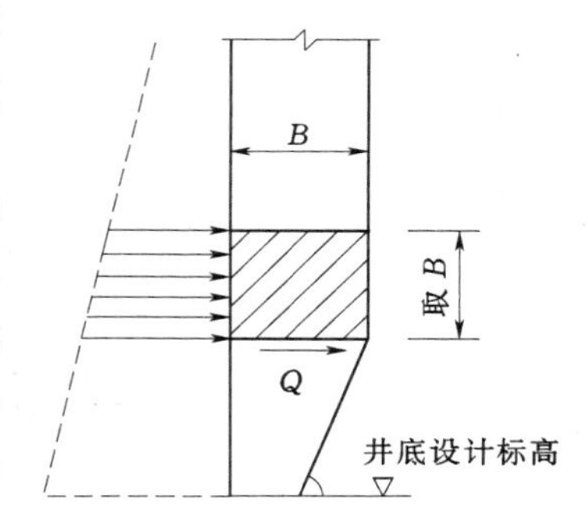

图 8-1-15　沉井刃脚悬臂梁

（1）对于在施工阶段井内设有几道横隔墙的沉井结构，因为横隔墙的支承作用，其井壁的受力情况可按水平框架分析。计算时，首先计算位于刃脚斜面以上、高度等于井壁厚度的一段受力最大的井壁（图8-1-15）。由于这一段井壁框架是刃脚悬臂梁的固定端，除承受框架本身高度范围内的水土压力外，尚需承受由刃脚部分传来的水土压力。这样，作用在此段井壁上的均布荷载，可取 $q=E+W+Q_i$。根据 q 值求算水平框架中的最大 M、N 和 Q 值，并进行截面配筋。其余各段井壁计算，可按各段所受的水平荷载 $q=E_i+W_i$ 分别计算。计算时一般以最下端的水土压力值作为该段的均布荷载进行计算及配筋。为节约起见，分段高度不宜取得太大，井壁断面变化处也应作为分段的划分点。

横隔墙在受力分析时，其节点可作铰接或固端计算，主要视隔墙和井壁的相对抗弯刚度，即两者 d/l 的相对比值大小而定（d 为壁厚；l 为跨度）。当隔墙抗弯刚度比井壁的小得多时，可将横隔墙作为两端铰支于侧向井壁上的撑杆考虑，如图8-1-16所示。当隔墙刚度与井壁相差不多时，可将隔墙与井壁连接节点视作固结来分析。

（2）对于不能设横隔墙的地下建筑沉井，如图8-1-17所示的沉井和隧道连续沉井，或因建筑布置上不允许设置立柱时，侧向井壁在施工下沉过程中仅靠上下纵横梁来支持，因此只能用近似方法，根据沉井结构的形式及长、宽、高的相对尺寸大小，将井壁简化为“框架+平板”的形式计算，而不能一律按水平框架计算。

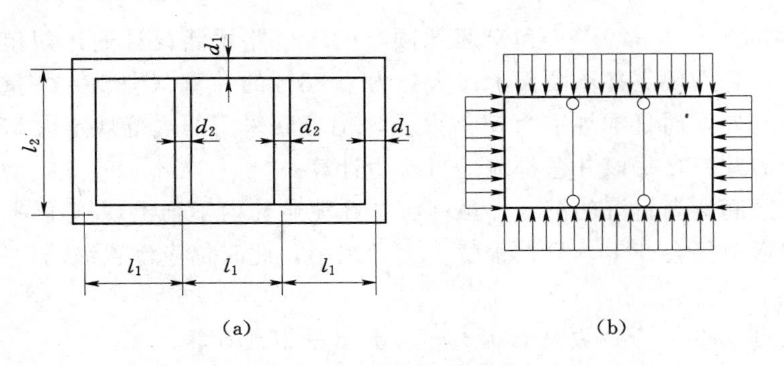

图 8-1-16 两端铰接横隔墙

1）从图 8-1-17 中可以看出，该沉井使用时可分为上、下两层。为了在施工阶段增加井壁的刚度，设置了上、中、下 3 层纵横梁。这些梁与圈梁形成 3 个水平框架以支撑井壁。在使用阶段，这些梁作为支承顶、底板和中间楼板的大梁。

在施工阶段，该井壁内力计算可根据支承情况和传力路线不同，按下列 3 种情况进行：

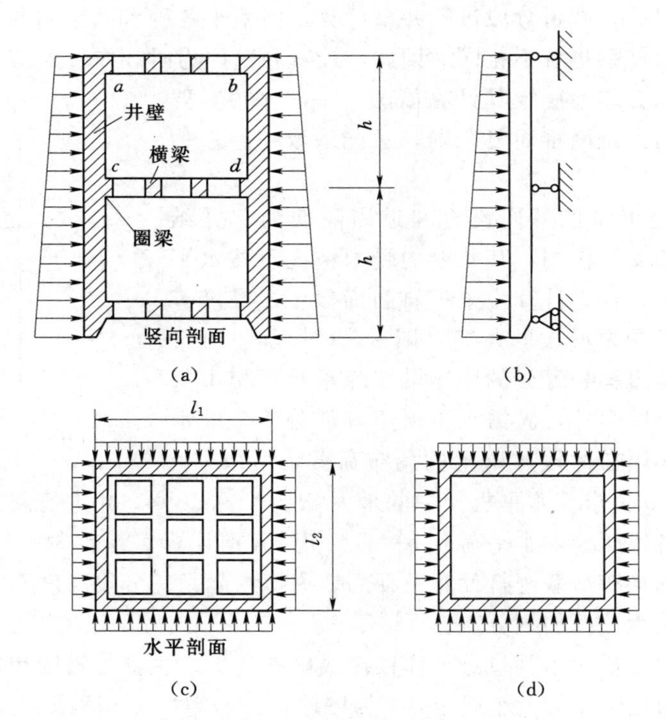

图 8-1-17 无横隔墙的沉井结构

a. 当层高 h 大于沉井的最长边 l_1 的 1.5 倍，即 $h/l_1>1.5$ 时，可不考虑纵横梁的影响，在水平方向取单位高度 1.0m 的一段井壁，按封闭矩形框架计算（图 8-1-17（d）），并沿井高度方向取若干个截面分别计算其内力和配筋。

b. 当沉井最短边 l_2 大于层高 h 的 1.5 倍时，即 $l_2/h>1.5$ 时，可沿井壁竖向取单位宽度 1.0m 的截条，按竖向连续梁计算（图 8-1-17（c））。连续梁的支承反力由纵横梁和圈梁所构成的水平框架承担（图 8-1-17（b））。

c. 当 h/l_1 或 $l_2/h \leqslant 1.5$ 时，可将每一侧面的井壁分为上、下两块双向板来计算（图 8-1-17（a）中的 $abcd$ 即为其中一块）。它承受均布荷载和三角形分布荷载，其支承条件为 ab 边简支梁，另外 3 边为固定，板内弯矩可从有关手册中查得。

2）隧道用的连续沉井是由两块侧壁用上、下两排横梁连接而成。前后两端是没有井壁的，需要在施工阶段临时设置钢封门，以承受两端的水土压力，一直到相邻沉井下沉完毕再行拆除。故连续沉井井壁的计算实际上包括两侧井壁和横梁计算、钢封门计算三部分。

为了计算简化，以往曾将连续沉井的井壁看做简支在由横梁构成的上、下水平框架上的简支板，而将上、下横梁作为上、下水平框架里的腹杆。但从这种结构体系的实际传力情况看，上、下横梁对井壁只是几个集中支承，并不能起到上述的框架作用。因此，这种假定是不符合实际传力情况的。从上、下横梁对井壁的点支承受力情况看，如将井壁板视作一种无梁的“板—柱体系”来看待可能较为合理。可以将井壁想象为旋转过 90°后的一块单跨“无梁楼盖体系”（图 8-1-18），并按此体系来进行井壁内力计算。应用板壳有

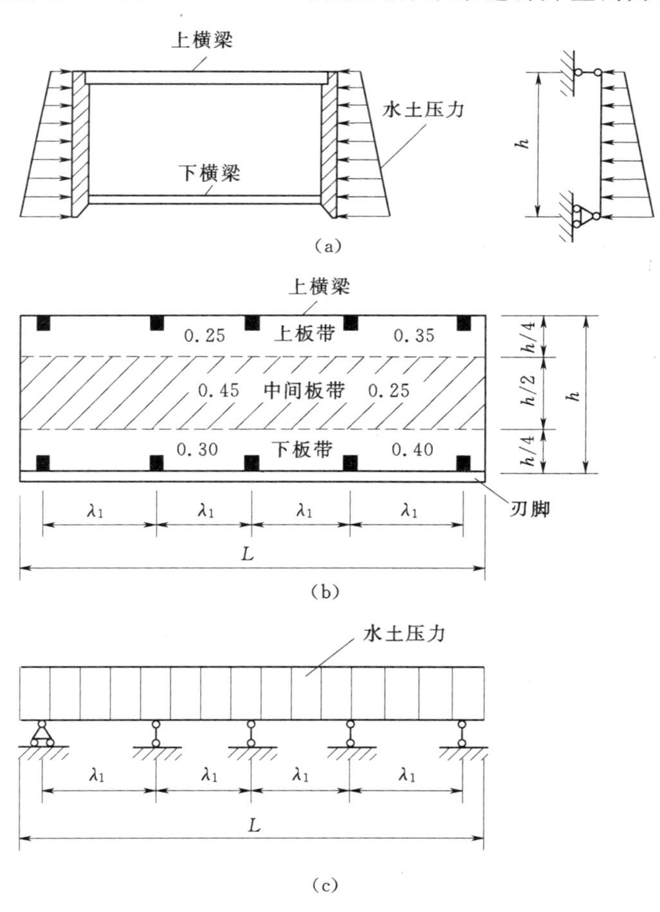

图 8-1-18 无梁板—柱井壁体系结构

限元法，可以较精确地计算出井壁的内力，并由此进行截面配筋。工程中也可用手算近似地求解此“无梁楼盖体系”的内力。

严格按照“无梁楼盖体系”的计算仍是较为麻烦的。为了计算简便起见，这里采用仿照“无梁楼盖”的一种近似方法进行计算。首先取出一面侧壁当作连续梁来计算（图 8-1-18（c）），将横梁作为连续梁的支座，侧壁上的全部水、土压力为连续梁上的荷载，计算出它的跨中弯矩及支座弯矩。

将侧壁沿水平方向分成上、中、下 3 条板带（图 8-1-18（b）），把以上算出的跨中弯矩和支座弯矩，按以下比例分配给 3 条板带：

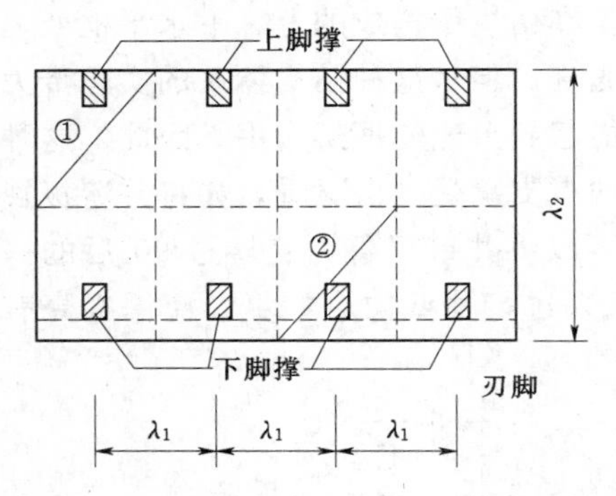

图 8-1-19 “无梁楼盖体系”结构

跨中弯矩的分配：上板带占 25%；中间板带 45%；下板带占 30%。支座弯矩的分配：上板带占 35%；中间板带 25%；下板带占 40%。

根据以上分配给 3 条板带的弯矩配设侧壁水平方向的钢筋。沿侧壁竖向取出 1.0m 宽的截条（图 8-1-18），在水土压力作用下，按简支梁计算，并配设侧壁的竖向钢筋。

至于上、下横梁则可相应地视作为“无梁楼盖体系”的柱子，按偏压构件计算。其荷载值可将壁板按上、下横梁布置情况划分为几块（图 8-1-19），并按作用于相应块的水土侧压力的合力及其对横梁的偏心距值来计算横梁杆件的压弯受力作用。例如，①号板块上的水土压力为两端上横梁的荷载；②号板块上的水土压力为中间底横梁的荷载。显然，由于这些荷载的合力一般不沿梁的中心轴向对称作用，故为偏压受力状态。

施工阶段在水土压力作用下，上、下横梁除承受由井壁传来的轴向压力 N 外，还承受由上板带和下板带传来的一部分支座弯矩值 M。其值为

$$N=\frac{q_1\gamma(E+W)l_1l_2}{2} \tag{8-1-10}$$

$$M_{上板带}=0.35\%M_{支座弯矩} \tag{8-1-11}$$

$$M_{下板带}=0.40\%M_{支座弯矩} \tag{8-1-12}$$

式中　$q(E+W)$——该区格内单位面积上的平均水土压力强度；

l_1——平行于井壁长度方向上的横撑柱的间距；

l_2——上、下横撑柱中线间的距离。

此外，还承受梁的自重及其他横向力（如施工活荷载等）所引起的弯矩和剪力来进行横梁截面配筋计算。

钢封门是支搁在井端头的上、下两根横梁上（即顶横梁和底横梁），可采用成对的槽钢（其他型钢也可以）拼焊组成。截面尺寸大小可按在水土压力作用的垂直的简支梁（梯形荷载）来计算。

（3）对于圆形沉井井壁内力计算。

作用在圆形沉井井壁某一标高上的水平侧压力 q，理论上各处应相等（图 8-1-20 (a)），圆环只承受轴向力 $N=qR_1$（R_1—沉井外壁半径），而井壁内弯矩等于零。但实际情况并非如此。因为土质是不均匀的，沉井下沉过程中也可能发生倾斜和侧移，因而井壁外侧压力常常不是均匀分布的。为了便于计算，一般可采用简化方法（假定）计算。简化方法种类很多，我国目前用得较多的简化方法是假定在倾斜方向的前后（BB'）两侧上压力均有增大（图 8-1-20 (b)、(c)），其增量相当于土的内摩擦角减小 2.5°～5°，而在垂直于此倾斜方向的左右两侧土压力均较小，相当于内摩擦角增大 2.5°～5°。

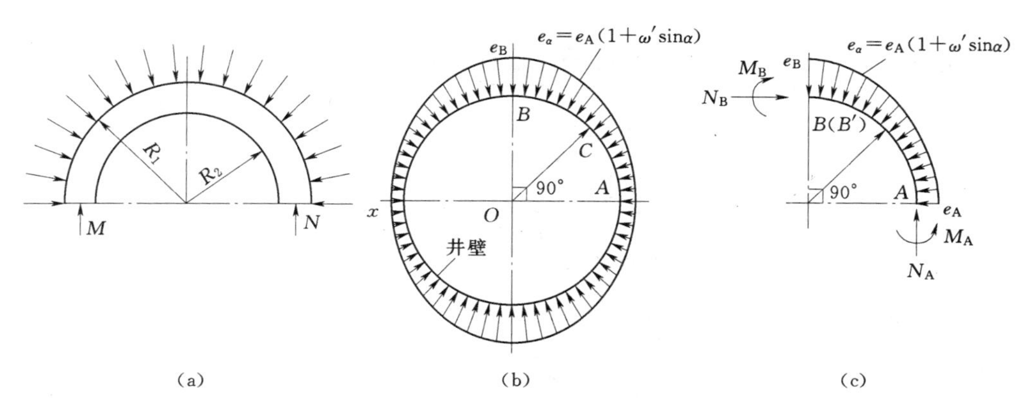

图 8-1-20 圆形沉井井壁内力计算简图

A 点与 B 点之间土压力变化按式（8-1-13）计算，即

$$q_0=q_1(1+\omega'\sin\alpha) \tag{8-1-13}$$

其中：$\omega'=\omega-1$；$\omega=q_2/q_1$。

则作用在 A、B 截面上的内力为

$$\left.\begin{aligned}N_A&=q_1r(1+0.7854\omega')\\M_A&=-0.1488q_1r^2\omega'\\N_B&=q_1r(1+0.500\omega')\\M_B&=0.1366q_1r^2\omega'\end{aligned}\right\} \tag{8-1-14}$$

式中 r——井壁中心线半径。

对于沉井受力不均的简化计算，尚有许多其他的方法。例如，日本所用的简化方法是假定面对倾斜方向的土压力较其余三面的土压力大 $1/2P_A$（P_A 为主动土压力），如图 8-1-21 所示。各截面的内力 M、N 可按一般结构力学方法求解，也可利用杆系有限元方法或现成的图表求得。

8.1.3.6 沉井底板及底梁的设计计算

1. 沉井底板计算

作用在沉井底板上的荷载为（图 8-1-22）

$$q=P-g \tag{8-1-15}$$

式中 P——底板下的地基反力和最大的静水压力两者中的较大值，kN/m²；

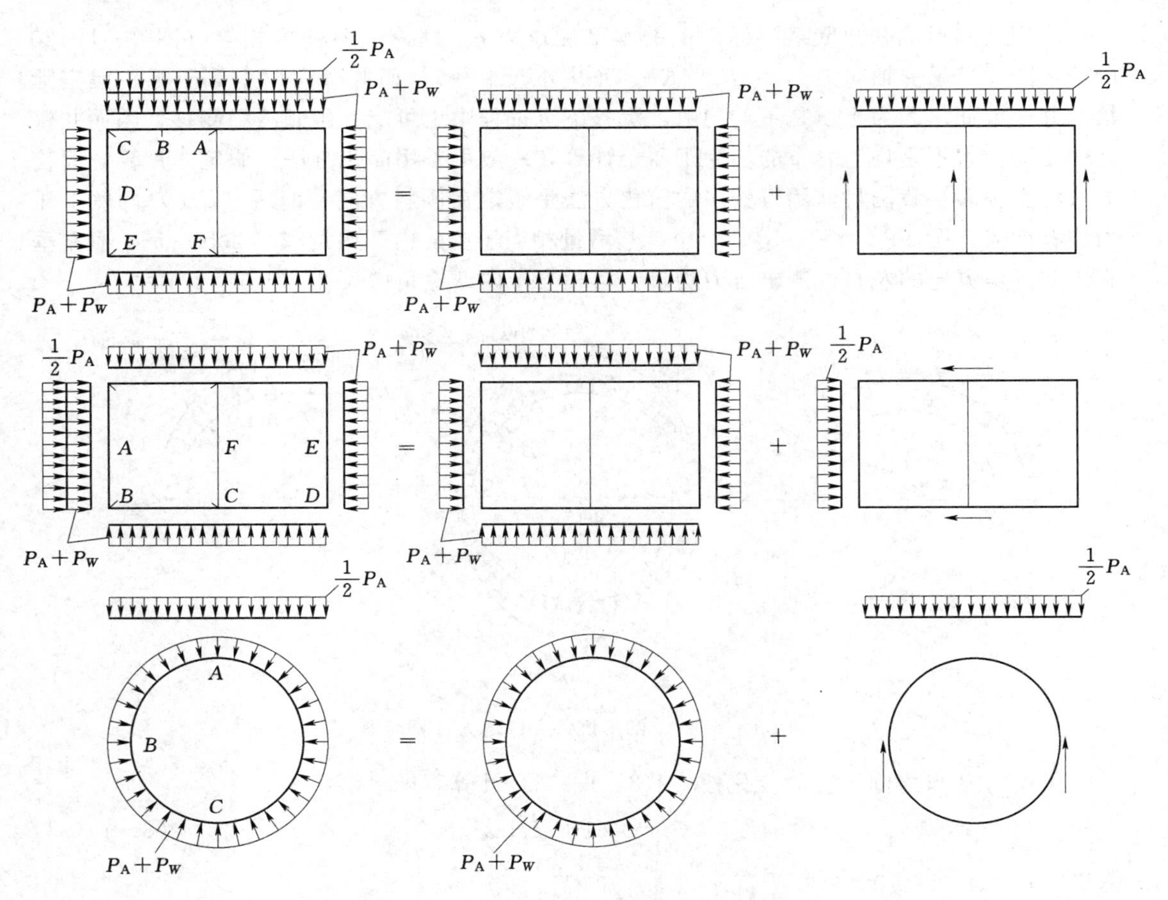

图 8-1-21　沉井受力不均的简化计算方法

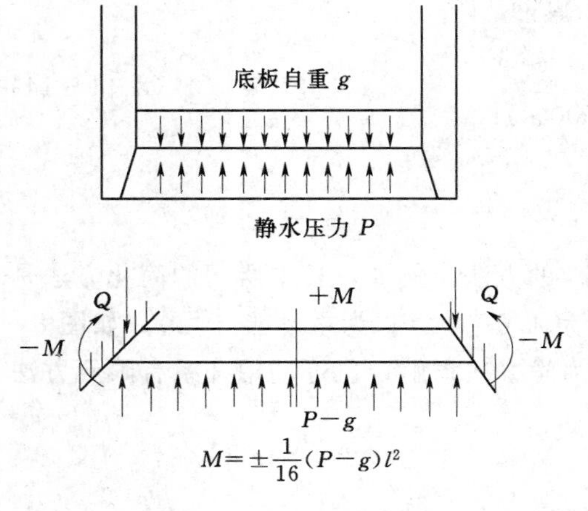

图 8-1-22　沉井底板荷载图

g——底板自重，kN/m^2。

底板计算简图可根据底板两侧井壁和底横梁上的支承情况确定：可按单向板或双向板计算内力并配筋。

2. 沉井底梁计算

当沉井的平面尺寸较大时，常采用底横梁以减少底板的钢筋用量。此外，在连续沉井中也须用横梁来联系两侧井壁，增加沉井的整体刚度。

沉井开始下沉时，井重通过刃脚全部压在砂垫层上，如局部区段砂子回填不实，则会增大底横梁下的地基反力，使底横梁向上挠曲。作用在底横梁上的反力可按式（8-1-16）计算，即

$$q=\bar{q}b_{梁}-q_{梁} \tag{8-1-16}$$

式中　$\bar{q}$——地基平均反力，kN/m^2，等于井重除以沉井底面（包括底横梁）和地基的总

接触面积；

$b_{梁}$——底横梁与地基接触的梁的宽度，m；

$q_{梁}$——底横梁单位长度的梁自重，kN/m。

式（8-1-16）中，q 值如果大于地基土的极限承载力，则取地基土极限承载力。

底横梁与井壁的连接介于固端与铰支之间，此时底横梁跨中的弯矩系数可取用－1/16，支点处的弯矩系数取用＋1/16，如图 8-1-23 所示。

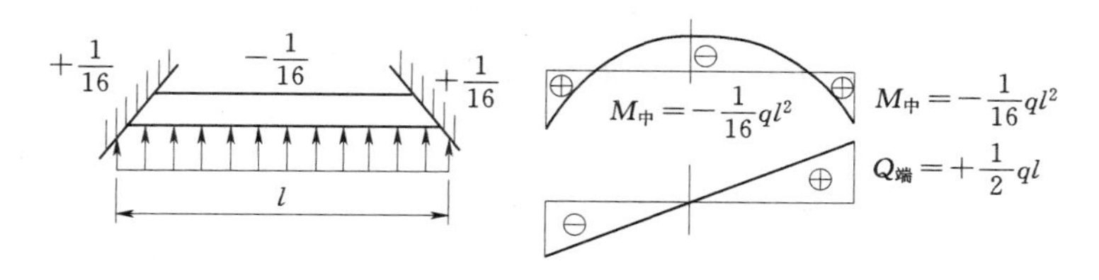

图 8-1-23 内力计算简图

例 8-2 估计按表 8-1-8 所提供的计算数据，求连续沉井在开始下沉时对底横梁的拱起作用。

表 8-1-8 **沉井自重计算数据表**

序号	构 件	数量	高 /m	宽 /m	长 /m	材料相对密度 /(kN·m⁻²)	重 量 /kN
1	井壁	2	7.6	0.8	28.0	25	8512
2	中间底横梁	3	1.2	0.7	12.2	25	769
	两端底横梁	2	1.2	0.8	12.2	25	586
4	中间顶横梁	3	0.6	0.7	12.2	25	384
	两端顶横梁	2	0.6	0.8	12.2	25	293
	沉井自重			Σ＝10544kN			

解 与土体接触的沉井底面积：

2 块井壁：2×28.0×0.8＝44.80（m²）

2 根端头底横梁：2×12.2×0.8＝19.52（m²）

3 根中间底横梁：3×12.2×0.7＝25.62（m²）

总接触面积为：44.80＋19.52＋25.62＝89.94（m²）

所以
$$\bar{q}=\frac{\text{沉井总重}}{\text{与土体接触的总面积}}=\frac{10544}{89.94}=117.23(\text{kN/m}^2)$$

则
$$q=117.23\times0.7-0.7\times1.2\times25=82.1-21=61.1(\text{kN/m})$$

从图 8-1-23 可求得

$$M=\pm\frac{1}{16}ql^2=\pm\frac{1}{16}\times61.1\times12.2^2=\pm568.38(\text{kN}\cdot\text{m})$$

$$Q_{端}=\pm\frac{1}{2}ql=\pm\frac{1}{2}\times61.1\times12.2=\pm372.7(\text{kN})$$

据此进行底横梁的配筋计算。

目前，为利于沉井下沉，将底横梁的梁底标高较井壁刃脚的踏面略微提高，以改善底横梁的受力。

另外沉井在下沉过程中，有可能引起沉井突沉，使底横梁发生和上述同样性质的向上起拱作用。这时底横梁下的荷载可取土的极限承载力，在松软淤泥质黏性土中可取 200～250kPa。超过此值时土壤会自然向侧面挤出。

8.1.3.7　水下封底混凝土厚度的确定

如果排水下沉的沉井，其基底处于不透水的黏土层中或基底虽有涌水、翻砂，但数量不大时，应力争采用干封底，以保证封底混凝土的质量，并减小封底混凝土的厚度。根据以往经验一般可取 0.6～1.2m 不等。

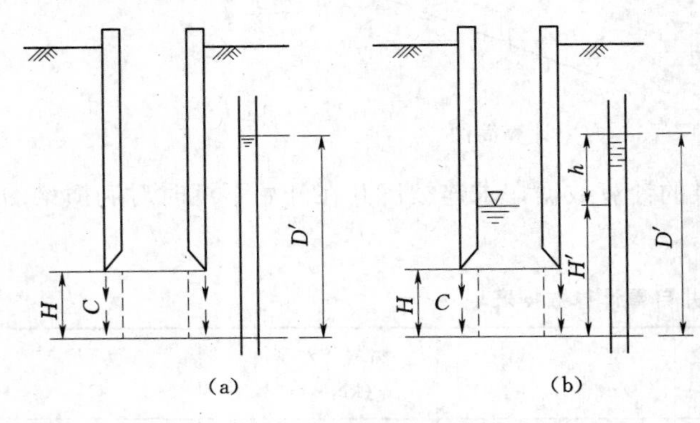

图 8-1-24　水下封底混凝土厚度计算简图

只有水文地质条件极为不利时才采用水下混凝土封底，又称湿封底。如位于江中、江边的沉井工程，在下沉过程中常要采取不排水下沉；在地层极不稳定时，为防止流砂、涌泥、突沉、超沉及倾侧歪斜，也需要采用灌水下沉。有时即使沉井停在不透水黏土层中，但其厚度不足以抵抗地下水的“顶破”（涌水）作用，即由底层含水砂层中的地下水压力所引起的破坏，以致产生沉井施工中非常严重的事故，则也须采用水下封底的办法，如图 8-1-24 所示。

当 $A\gamma H+CUH>A\gamma_w D'$ 时，黏土层厚度 H 足够，不会发生“顶破”。

当 $A\gamma H+CUH<A\gamma_w D'$ 时，会发生“顶破”，此时井孔中灌水高度必须满足（图 8-1-24 (b)）

$$A\gamma' H+A\gamma_w H'+CUH>A\gamma_w D' \tag{8-1-17}$$

式中　A——沉井壁内底面积，m^2；

H——刃脚下面不透水黏土层厚度，m；

γ——土重度，kN/m^3；

γ_w——水的重度，kN/m^3；

γ'——土的浮重度，kN/m^3，即 $\gamma'=\gamma-\gamma_w$；

H'——井孔中灌水水面到黏土层底面的高度，m；

C——黏土的黏聚力，kN/m^2；

U——沉井壁内底面周长，m；

D'——透水砂层水头高度，m。

换言之，井内外的水位差，绝不能超过

$$h_{max}=\left(\frac{\gamma'}{\gamma_w}+\frac{CU}{A\gamma_w}\right)H \tag{8-1-18}$$

至于水下封底混凝土的厚度，应根据抗浮和强度两个条件确定。

(1) 按抗浮条件。沉井封底抽水后，在底面最大水浮力的作用下，沉井结构是否会上浮，用抗浮系数来衡量井的稳定性，并进行最小封底混凝土厚度计算，此时井内水已抽干，井内水重不能再计入，且要保证足够的抗浮系数。

(2) 按强度条件。按封底素混凝土的强度条件来决定封底后，将井内水抽干，在尚未做钢筋混凝土底板以前，封底混凝土将受到可能产生的最大水压作用，其向上荷载值即为地下水头高度（浮力）减去封底混凝土重量。封底混凝土作为一块素混凝土板除验算承受水浮力产生的弯曲应力外，还应验算沿刃脚斜面高度截面上产生的剪应力，如图 8-1-25 所示。

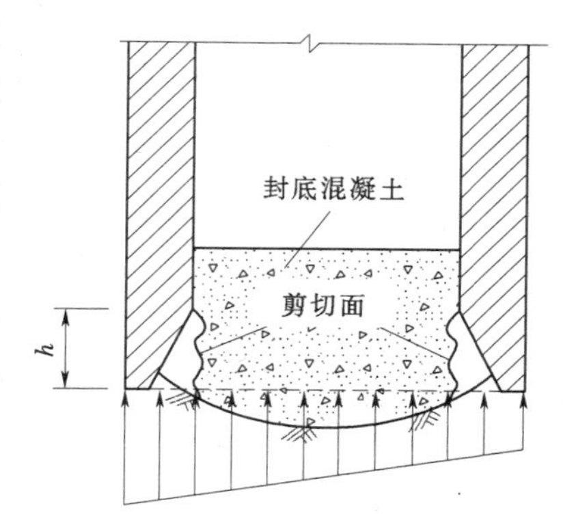

图 8-1-25 沉井刃脚斜面剪切面

8.2 沉管结构

沉管施工法，也称预制管段施工法、沉放施工法等，其一般施工工艺流程图如图 8-2-1 所示。施工时，先在隧址以外建造临时干坞，在干坞内制造钢筋混凝土隧道管段，两端用临时封墙封闭起来。制成后向临时干坞内灌水，使管段逐节浮出水面，并用拖轮拖运到指定位置。这时在设计隧位处，已预先挖好了一个水底沟槽。待管段定位就绪后，向管段里灌水压载，使之下沉至预定的位置，然后把这些沉设完毕的管段在水下连接。最后进行基础处理，经覆土回填后，便筑成了隧道。这种施工方法建设的水底隧道称为沉管隧道。

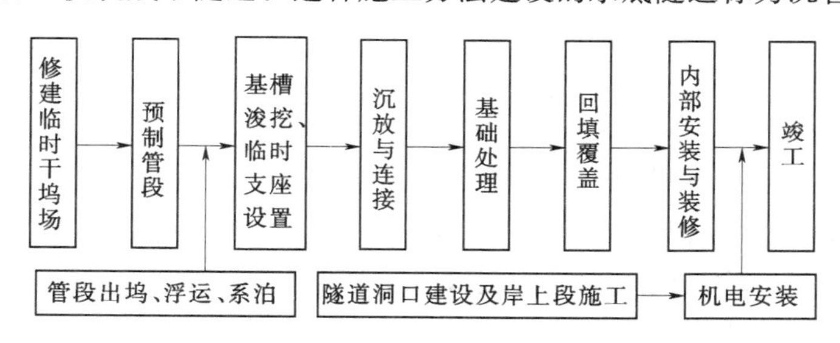

图 8-2-1 沉管隧道的施工工艺流程图

沉管法施工的水底隧道与其他施工方法相比有以下特点：

(1) 隧道的施工质量容易控制。首先，预制管段都是在临时干坞里浇筑的，施工场地集中，方便管理，沉管结构和防水层的施工质量均较其他施工方法易于控制。其次，需在隧址现场施工的隧管接缝非常少，漏水的机会也相应地大为减少。例如，同样一段 100m 长的双车道水底隧道中。如用盾构法施工，则需在现场处理的施工接缝长达 4730m 左右。如用沉管法施工，则仅 40m 左右。两者的比例为 118∶1，漏水机会自然成百倍减少，况且，自从水底沉管隧道施工中采用了水力压接法以后，大量的施工实践证明，接缝的实际施工质量（包括竣工时以及不均匀沉降产生之后）能够保证达到“滴水不漏”。

(2) 建筑单价和工程总价均较低。这是因为：①水上挖土单价比陆地地下挖土低；

②每节长达100m的管段，整体制作，完成后从水面上整体托运，所需的制作和运输费用比大量管片分块制作、汽车运至隧址工地所需的费用低得多；③接缝数量少，费用也随之也少等原因，沉管隧道的延米单价也就比盾构隧道低。此外，由于沉管所需覆土很薄，甚至可以没有，水底沉管隧道的全长总比盾构隧道短很多，工程总造价也相应大幅度降低。

(3) 隧位现场的施工工期短。沉管隧道的总施工期短于用其他方法建筑的水底隧道，但这还不是其主要特点。比较突出的是它的隧位现场施工期比较短。因为在沉管隧道施工中，筑造临时干坞和浇制预制管段等大量工作均不在现场进行，所以现场工期较短。在市区里建设水底隧道时，城市生活因施工作业而受干扰和影响的时间以沉管隧道为最短。

(4) 操作条件好，基本上没有地下作业，水下作业也极少，气压作业完全不用。施工较为安全。

(5) 对地质条件的适应性强，能在流砂中施工，不需特殊设备或措施。

(6) 适用水深范围几乎是无限制的，在实际施工中曾达到水下60m，如以潜水作业的最大深度为限度，则沉管隧道的最大深度可达70m。

(7) 断面形状选择的自由度较大，断面空间的利用率较高。一个断面内可容纳4～8个车道。

(8) 水流较急时，沉设困难，须采用作业台施工。

(9) 施工时需与航道部门密切配合，采取措施（如暂时的航道迁移等）以保证坑道畅通。

水底道路用的沉管隧道，设计内容较多，涉及面广，主要有总体几何设计、结构设计、通风设计、照明设计、内装饰设计、给水排水设计、供电设计、运行管理设施设计等。本节主要介绍沉管的结构设计。

8.2.1 沉管结构的设计

8.2.1.1 沉管结构的类型

沉管隧道管段形式按材料分，主要有钢壳混凝土管段和钢筋混凝土管段两种；按断面形状分有圆形、矩形和混合形。

钢壳混凝土管段。钢壳混凝土管段沉管隧道是钢壳与混凝土的组合结构。钢壳有单层和双层两种，单层钢壳管段的外层为钢板，内层为钢筋混凝土环；双层钢壳管段的内层为圆形钢壳，外层为多边形钢壳，内外层之间浇筑抗浮混凝土。钢壳管段的内断面为圆形，外轮廓有圆形、八角形、花篮形等多种，如图8-2-2所示，一般用于双车道，若需设4车道，则可采用双筒双圆形组合式断面。

钢壳管段的优点是：外轮廓断面为圆形或接近圆形，沉设完毕后，荷载作用下所产生的弯矩较小，因此在水深较大时，比较经济；管段的底宽较小，基础处理的难度不大，管段外壳为钢板，浮运过程中不易碰损，钢壳可在造船厂的船台上制作，充分利用船厂设备，工期较短；由于占大部分重量的混凝土是在管节处于悬浮时浇灌的，故在陆地上时管段比较轻，便于拖运、下水。缺点是：管段的规模较小，一般为2车道，内径一般不超过10m，对于多车道隧道则不经济，圆形断面的空间利用率低，且由于车道上方必须空出一个限界之外的空间，车道的路面高程不得不相应压低，使隧道的深度增加，基槽浚挖的量

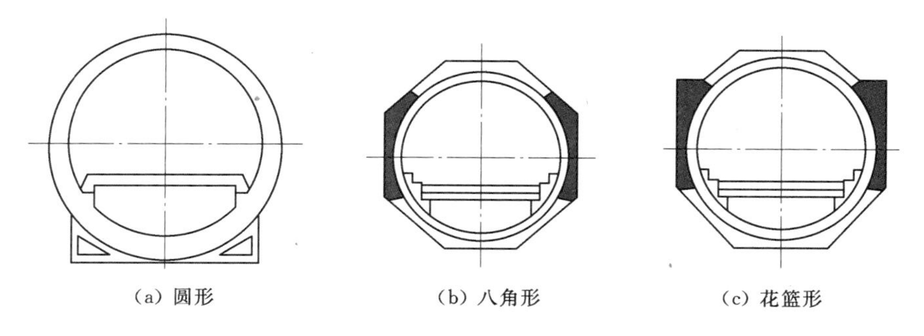

图 8-2-2 钢壳混凝土沉管形式

加大；管段耗钢量大，造价较高；钢壳存在焊接拼装的问题，防水质量不能保证，如有渗漏，不易修补；钢壳本身的防锈问题尚未完全解决。

钢筋混凝土管段。钢筋混凝土沉管主要由钢筋混凝土组成，外涂防水涂料。沉管预制一般在干坞内进行，修建临时干坞工程量较大；管段预制是须采取严格的施工措施防止混凝土产生裂缝。但与钢壳管段相比，钢筋混凝土沉管用钢量较少，造价相对较低。钢筋混凝土沉管一般采用矩形断面，多管孔可随意组合，如图 8-2-3 所示，可同时容纳 2～8 个车道，有的还设置有维修、避险、排水设施等的专用管廊。例如，上海外环路沉管隧道为 8 车道，设有 3 个车辆通行孔和 2 个管廊孔（设于每两个通行孔之间）。矩形管段一般比圆形管段经济，断面利用率高，故目前国内外多采用矩形沉管。

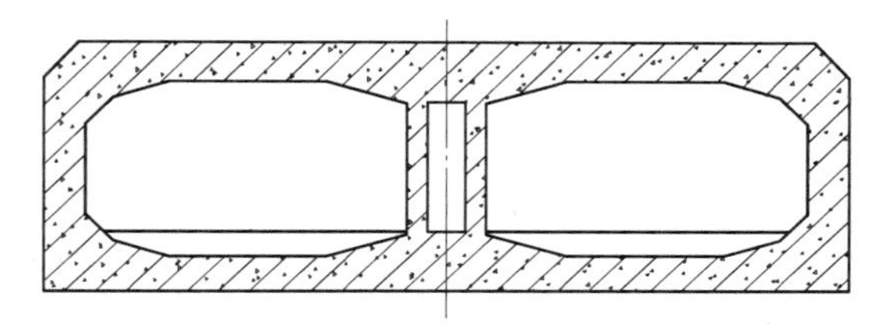

图 8-2-3 钢筋混凝土沉管

钢筋混凝土管段的优点是：隧道横断面空间利用率高，建造多车道（4～8 车道）隧道时，优势显著；车道路面最低点的高程较高，隧道的全长相应较短，所需浚挖的土方量也较小；不用钢壳防水，节约大量钢材；利用管段自身防水的性能，能做到隧道内无渗漏水。缺点是：需要修建临时干坞，征地搬迁及施工费用高；制作管段时，对混凝土施工求严格，保证干舷和抗浮安全系数，须另加混凝土防水措施。

8.2.1.2 沉管结构的荷载

作用在沉管结构上的荷载有结构自重、水压力、土压力、浮力、施工荷载、预应力、波浪和水流压力、沉降摩擦力、车辆活荷载、沉船荷载、地基反力、混凝土收缩影响、变温影响、不均匀沉陷影响、地震荷载等。具体如表 8-2-1 所示。

在上述荷载中，只有结构自重及其相应的地基反力是恒载。钢筋混凝土的重度可分别按 24.6kN/m^3（浮运阶段）及 24.2kN/m^3（使用阶段）计算。至于路面下的压载混凝土的重度，则由于密实度稍差，一般可按 22.5kN/m^3 计算。

作用在管段结构上的水压力是主要荷载之一。在覆土较小的区段中，水压力常是作用在管段上的最大荷载。设计时要按各种荷载组合情况分别计算正常的高、低潮水位的水压力，以及台风时或若干年一遇（如 100 年一遇）的特大洪水位的水压力。

表8-2-1　　沉管结构所受荷载

序号	荷载类型	横向	纵向	备注
1	水土压力、结构自重、管段内外压载重	★	★	基本荷载
2	管内建筑及车辆荷载	★	★	
3	混凝土收缩应力	★		
4	浮力、地基反力	★	★	
5	施工荷载	★	★	附加荷载
6	温差应力	★	★	
7	不均匀沉降产生的应力		★	
8	沉船抛锚及河道疏浚产生的特殊荷载	★	★	偶然荷载
9	地震荷载	★	★	

注　表中"★"标记表示作用有该种荷载。

土压力是作用在管段结构上的另一主要荷载，且常不是恒载。例如，作用在管段顶面上的垂直土压力（土荷载），一般为河床底面到管段顶面之间的土体重量。但在河床不稳定的场合下，还要考虑河床变迁所产生的附加土荷载。作用在管段侧边上的水平土压力，也不是一个常量。在隧道刚建成时，侧向土压力往往较小，以后逐渐增加，最终可达静止土压力。设计时应按不利组合分别取用其最小值和最大值。

作用在管段上的浮力，也不是个常量。一般来说，浮力应等于排水量，但作用于沉放在黏性土层中的管段上的浮力，有时也会由于"滞后现象"的作用而大于排水量。

施工荷载主要是端封墙、定位塔、压载等重量。在进行浮力设计时，应考虑施工荷载。在计算浮运阶段的纵向弯矩时，施工荷载将是主要荷载。如果施工荷载所引起的纵向负弯矩过大，则可调整压载水罐（或水柜）的位置来抵消一部分弯矩。

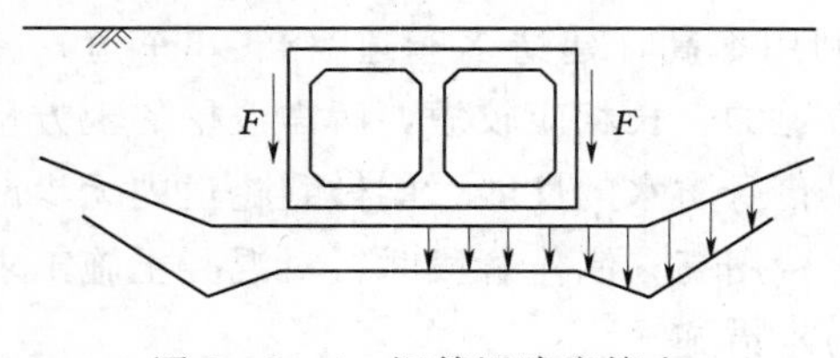

图8-2-4　沉管沉降摩擦力

波浪力一般不大，不致影响配筋。水流压力对结构设计影响也不大，但必须通过进行水工模拟试验予以确定，以便据以设计沉设工艺及设备。

沉降摩擦力是在覆土回填之后，沟槽底部受荷不均，沉降也不均的情况下发生的。沉管底下的荷载比较小，沉降也小，而其两侧荷载较大，沉降也大；因而，在沉管的侧壁外侧就受到这种沉降摩擦力的作用，如图8-2-4所示。如在沉管侧壁防水层之外再喷涂一层软沥青，则可使此项沉降摩擦力大为减小。

车辆活载在进行横断面结构分析时，一般是略去不计的。在进行道路隧道的纵断面结构分析时，也常略去不计。

沉船荷载是船只失事后恰巧沉在隧道顶上时，所产生的特殊荷载。这种荷载究竟有多大，应视船只的类型、吨位、装载情况、沉设方式、覆土厚度、隧顶面是否突出于两侧河床底面等许多因素而定，因而在设计时只能作假设的估定，而不能作统一规定。在以往的沉管设计中，常假定为$50 \sim 130\mathrm{kN/m^2}$。近年来对计算这项荷载的必要性，也有不同的看法，因其发生的概率实在太小，犹如设计地上建筑时没有必要考虑飞机的失事荷载一样。

地基反力的分布规律，有不同的假定：

（1）反力按直线分布。

（2）反力强度与各点地基沉降量成正比（温克尔假定）。

（3）假定地基为半无限弹性体，按弹性理论计算反力。

在按温克尔假定设计时，有采用单一地基系数的，也有采用多种地基系数的。

混凝土收缩影响是由施工缝两侧不同龄期混凝土的（剩余）收缩差所引起，因此应按初步的施工计划，规定龄期差并设定收缩差。

变温影响主要由沉管外壁的内外侧温差所引起。设计时可按持续5～7d的最高气温或最低气温计算。计算时可采用日平均气温，不必按昼夜最高或最低气温计算。计算变温应力时，还应考虑徐变的影响。

管段计算应根据管段在预制、浮运、沉设和运营等各个不同阶段进行荷载组合，荷载组合一般考虑以下3种：

（1）基本荷载。

（2）基本荷载＋附加荷载。

（3）基本荷载＋偶然荷载。

8.2.1.3 沉管结构的浮力设计

在沉管结构设计中，有一个与其他地下空间结构截然不同的特点，就是必须处理好浮力与重量间的关系，这就是浮力设计。浮力设计的内容包括干舷的选定和抗浮安全系数的验算，其目的是最终确定沉管结构的高度和外轮廓尺寸。

1. 干舷设计

管段在浮运时，为了保持稳定，必须使其管顶露出水面，露出的高度就称为干舷。具有一定干舷的管段，遇到风浪而发生侧倾后，它就会自动产生一个反倾力矩 M_t，使管段恢复平衡，如图8-2-5所示。浮游状态的管段的干舷大小取决于管段的形状和施工方法；干舷高度应取较小值，以减少永久和临时性的压载。

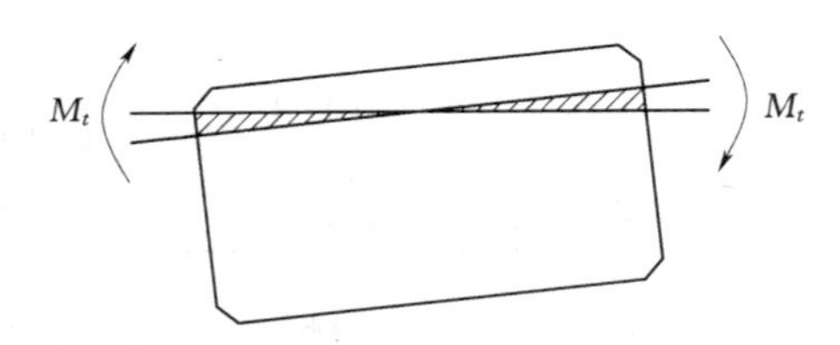

图8-2-5 管段的干舷与反倾力矩

在制作管段时，混凝土的重度和模板尺寸，总不免有一定幅度的变动和误差，同时，在涨潮、落潮以及各不同施工阶段中，河水的相对密度也总会有一定幅度的变动。所以，在进行干舷浮力设计时，应按最大的混凝土重度、最大的混凝土体积和最小的河水相对密度来计算。一般情况下，干舷的取值情况如表8-2-2所示。

表8-2-2 干舷的取值

截面类型	浮运情况	干舷高度/cm
矩形截面	管段在隧道位置附近或在平静的水中浮运	5～10
	管段须在波浪较大的水中浮运	15～20
圆形截面	—	一般45

在极个别情况下，由于沉管的结构厚度较大，无法自浮（即没有干舷），则需在顶部设置浮筒助浮，或在管段上设置钢围堰，以产生必要的干舷。

2. 抗浮安全系数

抗浮安全系数按式（8-2-1）计算，即

$$K=\frac{V\gamma_{wmax}}{G} \tag{8-2-1}$$

式中　K——抗浮安全系数；

G——管体重量，kN；

V——管体浮运时所排开水的体积，m^3；

γ_{wmax}——最大河水重度，kN/m^3。

在管段沉设施工阶段，应采用 1.05～1.10 的抗浮安全系数，如表 8-2-3 所示。由于在管段沉设完毕进行抛土回填时，周围的河水会一时混浊起来，其密度将大于原来的河水密度，浮力也将相应增加。因此，施工阶段的抗浮安全系数，务必确保在 1.05 以上，否则很容易导致"复浮"，使施工遇到麻烦。施工阶段的抗浮安全系数，应针对覆土回填开始前的情况进行计算。因此，临时安设在管段上的施工设备的重量（如索具、定位塔、出入筒、封堵墙等）均应不计。

在覆土完毕后的使用阶段，应采用 1.2～1.5 的抗浮安全系数，如表 8-2-3 所示。计算使用阶段的抗浮安全系数时，可考虑两侧填土的部分负摩擦力的作用。

表 8-2-3　　不同阶段的抗浮安全系数

阶　段	抗浮安全系数	备　注
沉放施工阶段	1.05～1.10	应针对覆土回填开始前的情况计算。临时安设在管段上的施工设备的重量（如索具、定位塔、出入筒、封堵墙等）均应不计
使用阶段	1.2～1.5	可考虑两侧填土的部分负摩擦力的作用

进行抗浮设计时，应按最小混凝土的容重和体积、最大的河水相对密度计算各阶段的抗浮安全系数。

3. 沉管结构的外轮廓尺寸

根据沉管隧道使用阶段的通风要求及行车界限等确定隧孔的内净宽度，以及车行道净空高度。而沉管结构的全高以及其他外部轮廓尺寸的确定必须满足沉管的抗浮设计要求，因此这些尺寸都必须经过浮力计算和结构分析的多次试算与复算，才能予以确定。图 8-2-6 所示为某沉管结构的尺寸。

8.2.1.4　沉管结构计算与配筋

1. 横向结构计算

沉管的横截面结构形式多是多孔（单孔的极少）箱形框架，管段横断面内力一般按弹性支承箱形框架结构计算。由于荷载组合的种类较多，而箱形框架的结构分析必须经过"假定构件尺寸→分析内力→修正尺寸→复算内力"的几次循环，而且即使在同一节管段（一般为 100m 长）中，因隧道纵坡和河底标高变化的关系，各处断面所受水、土压力不同（尤其是接近岸边时，荷载常急剧变化），不能仅按一个横断面的结构分析结果来进行

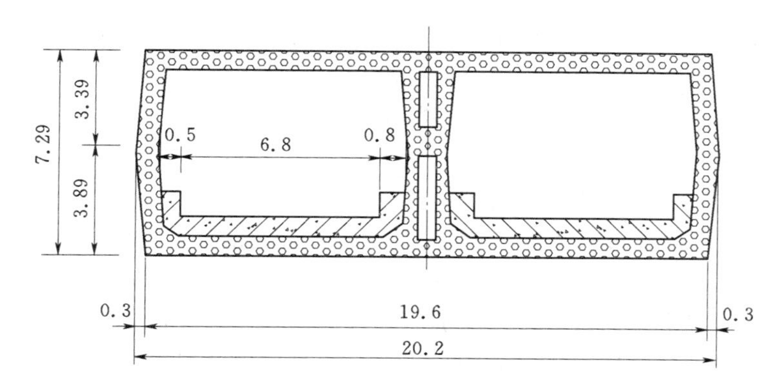

图 8-2-6 某沉管结构尺寸（单位：m）

整节管段的横向配筋。因此计算工作量一般都非常大。但自从计算机普及之后，这已不成问题，利用一般平面杆系结构分析的通用程序，就可迅速地得到解决。

2. 纵向结构计算

施工阶段的沉管纵向受力分析，主要是计算浮运、沉设时施工荷载（定位塔、端封墙等）所引起的内力。使用阶段的纵向受力分析，一般按弹性地基梁理论进行计算。沉管隧道纵断面设计需要考虑温度荷载和地基不均匀沉降及其他各种荷载，根据隧道性能要求进行合理组合。

3. 结构验算及配筋

沉管结构的截面和配筋设计，应遵照交通部《公路桥涵设计通用规范》（JTG 060—2014）进行。

沉管结构的混凝土 28d 强度等级，宜采用 C30～C45。采用较高的强度等级，主要是为了抗剪的需要。设计时可根据施工进度计划的安排，尽量充分利用后期强度。在干坞规模较小，需分批浇筑时，尤可按更长的龄期计算。沉管结构在外防水层保护下的最大容许裂缝宽度为 0.15～0.20mm，因此不宜采用Ⅲ级或Ⅲ级以上的钢筋。钢筋的容许应力一般限于 135～160MPa，设计时采用的容许应力可按不同的荷载组合条件，分别加以相应的提高率，具体如表 8-2-4 所示

表 8-2-4　　各种荷载组合下容许应力的提高率

序号	荷　载　组　合	提高率/%
①	结构自重＋保护层、路面、压载重量＋覆土荷载＋土压力＋高潮水压力	0
②	结构自重＋保护层、路面、压载重量＋覆土荷载＋土压力＋低潮水压力	0
③	结构自重＋保护层、路面、压载重量＋覆土荷载＋土压力＋台风时或特大洪水位水压力	30
④	①＋变温影响	15
⑤	①＋特殊荷载（如沉船、地震等）混凝土的主拉应力	30
⑥	其他应力	50

注　纵向钢筋的配筋率一般不小于 0.25%。

8.2.1.5　预应力的应用

在一般情况下，沉管隧道多采用普通钢筋混凝土结构，这是因为沉管的结构厚度往往

不是由强度决定，而是由抗浮安全系数决定，若采用预应力混凝土结构，其优点不能得以充分发挥。当然，预应力混凝土可以提高抗渗性能，但由于结构厚度大，所施预加应力不高，因此，单纯为了防水而采用预应力混凝土结构，也不经济。

然而当隧孔跨度较大，而且水、土压力又较大（如达到 300～400kN/m^2）时，沉管结构的顶、底板受到的剪力值相当可观，这时如不采用预应力，就必须放大支托。但放大后的支托又不容许侵占行车道净空，因此只能相应地增加沉管结构的总高度（常需为此而增加 1.0～1.5m），由此将导致：①沉管排水量增加，但为保证规定的抗浮安全系数，又要相应地增加压载混凝土的数量；②增加水底沟槽的开挖深度及挖土方量；③增加引道深度，不但使引道的支挡结构受到更大的土压力，而且增加这部分结构的工程量，有时还会遇到其他水文地质上的困难；④增加隧道全长、总工程量和总造价。因此，在这种情况下，采用预应力混凝土结构就可得到较经济的解决。在有的沉管隧道中，仅在河中水深最大处的部分管段中采用预应力混凝土结构，其余管段仍用普通钢筋混凝土结构，这样可以更经济地发挥预应力的优点。

世界上第一条采用预应力混凝土结构的水底道路隧道是古巴哈瓦那市的 Almendares 隧道（1958 年），采用预应力直索；以后随着跨度的增加，加拿大的 Lafontaine 隧道进一步采用预应力弯索（1967 年）。上述两个预应力隧道的断面如图 8-2-7 所示。

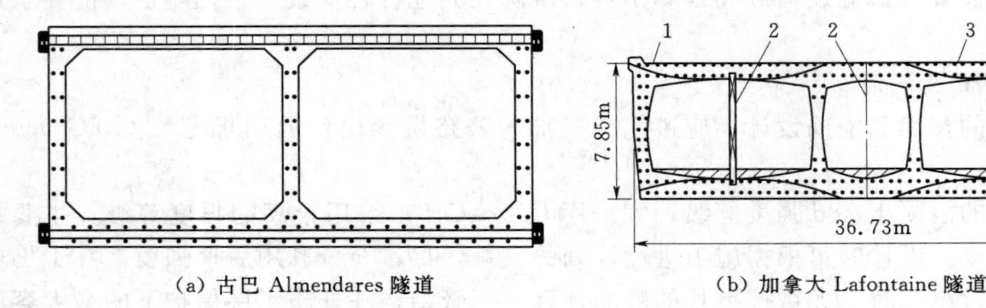

(a) 古巴 Almendares 隧道　　(b) 加拿大 Lafontaine 隧道

图 8-2-7　预应力沉管结构

1—预应力索；2—临时拉索；3—防水层

8.2.2　沉管的防水设计

1. 钢壳与防水钢板

钢壳防水虽已不再常用，但到 20 世纪 70 年代仍有一些工程继续采用它，然而其主要的目的已不仅是防水，另一更重要的目的是缩小干坞规模。如单纯作为防水措施，钢壳的缺点不少，主要有以下几点：

(1) 耗钢量大。钢壳的构成，除了外皮是一层 6～10mm 厚的钢板外，还要不少由型钢组成的加劲和支撑件，因此耗钢量相当可观。

(2) 焊接质量不保证。焊接质量问题，是钢壳防水中的一个棘手问题，虽然在施工中尽一切可能使用自动焊接设备，但是手焊仍是大量的。对焊缝做全面检验后，仍不免有焊接缺陷的发生与存在，常导致无休止的堵漏工作。

(3) 防锈问题仍未切实解决。钢材在水中的防锈问题，还未有较妥善的解决办法。目前多用喷涂环氧焦油的办法来防锈。喷涂前先用喷灯烧除钢壳表面污垢，而后喷涂防锈涂料，过后再用喷灯加热促其固化。由于涂料薄膜厚度很小，薄胶之外又不设防护层，所以施工时仍不免在个别地方被碰损。也有用阴极保护法防锈的，但费用较高，故工程实例不多。

（4）钢板与混凝土之间黏结不良。本来钢材与混凝土之间的黏结是比较好的。可是在采用钢壳时，情况就不同了。在钢壳底部，常有夹气囊的现象，而在钢壳的两侧（特别在端部）尤多大面积脱离的现象。这种现象的存在，再加上焊缝质量和防锈措施的尚未切实解决，进入钢壳的水就会窜到另外的地方，并渗漏到隧道里面，堵漏工作非常困难。

由于钢壳防水的昂贵而不可靠，改用钢板防水（即仅在管段底板下用钢板防水层）的工程实例日渐增多。用在底板下的防水钢板，基本上不用焊接（至少完全不用手焊），而用拼接贴封的办法，从而排除了焊接质量问题。

防水钢板的单位面积用钢量，比钢壳的单位面积用钢量低得多，仅为其 1/4 左右。主要是钢板厚度可以薄很多，而且又略去大量的加劲及支撑，基本上不再使用型钢，典型防水钢板构造如图 8－2－8 所示。

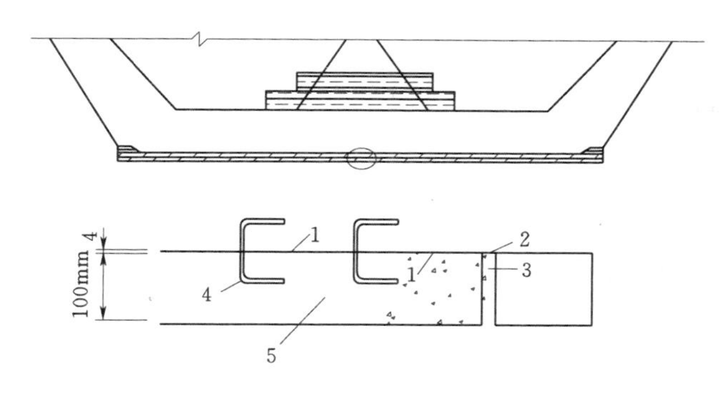

图 8－2－8　防水钢板的构造

1—防水钢板；2—贴封；3—填料；4—横栓；5—混凝土垫层

2. 卷材防水与涂料防水

卷材防水层是用胶料把多层沥青类卷材或合成橡胶类卷材胶合成的粘贴式防水层。沥青类卷材品种很多，沉管隧道外防水用的卷材以选用强度大、韧性好的织物卷材为宜。尤其是玻璃纤维布油毡更适于水下或地下工程，我国许多隧道均用这种卷材作防水层。这种玻璃纤维布油毡系以玻璃纤维织布为胎，浸涂沥青制成，性能全面，价格仅稍高于普通沥青油毡。

合成橡胶类卷材应用到沉管隧道防水上，起始于 1969 年建成的丹麦利姆菲奥特斯（Limf jords）水底道路隧道。该隧道用的是异丁橡胶卷材，厚度仅 2mm。

卷材的层数应视水头大小而定。水底隧道的水下深度一般逾 20m，所用卷材层数有 5～6 层之多。但如精心施工，3 层已足够，采用 3 层的实例不在少数。卷材防水的主要缺点是施工工艺较繁，而且在施工操作过程中稍有不慎就会造成“起壳”而返工，返工时非常费事。随着化学工业的发展，涂料防水渐被引用到管段防水上来，它最突出的优点是操作工艺比卷材防水简单得多，而且在平整度较差的混凝土面上可以直接施工。

目前涂料在管段防水上尚未普遍推广，主要是它的延伸率还不够（不及卷材）。在沉管隧道中，结构设计的容许裂缝开展宽度为 0.15～0.20mm，而防水设计的容许裂缝开展宽度为 0.5mm。防水卷材易于满足此要求，而防水涂料尚不能完全满足这项要求。因此提高延伸率，是当前防水涂料试验研究的一项主要课题。防水涂料的另一要求是能在潮湿的混凝土面上直接涂布，但目前也没有完全解决好。

8.2.3 沉管变形缝与管段接头设计

8.2.3.1 变形缝的布置与构造

钢筋混凝土沉管结构若无合适措施，容易因隧道的纵向变形而导致开裂。例如，管段在干坞中预制时，一般都是先浇筑底板，隔若干时日后再浇筑外壁、内壁及顶板。两次浇筑的混凝土龄期、弹性模量、剩余收缩率均不相同。后浇的混凝土不能自由收缩，而产生偏心受拉内力的作用。因而容易发生图 8－2－9 所示的收缩裂缝。此外，不均匀沉降等影响也易导致管段开裂。这类纵向变形引起的裂缝是通透性的，对管段防水极为不利，因此在设计中必须采取适当措施加以防止。

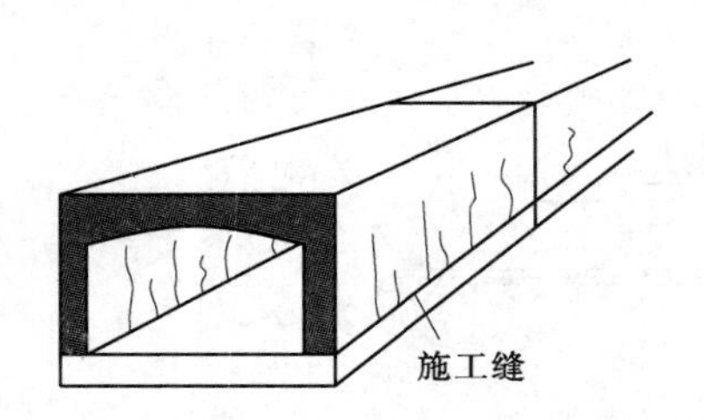

图 8－2－9 管段侧壁的收缩裂缝

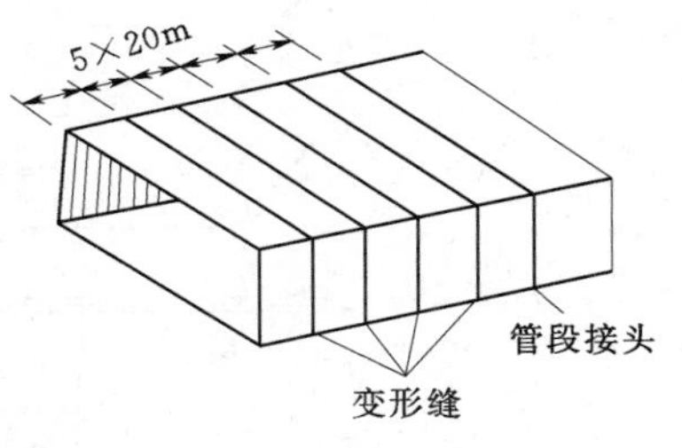

图 8－2－10 管段的接头与变形缝

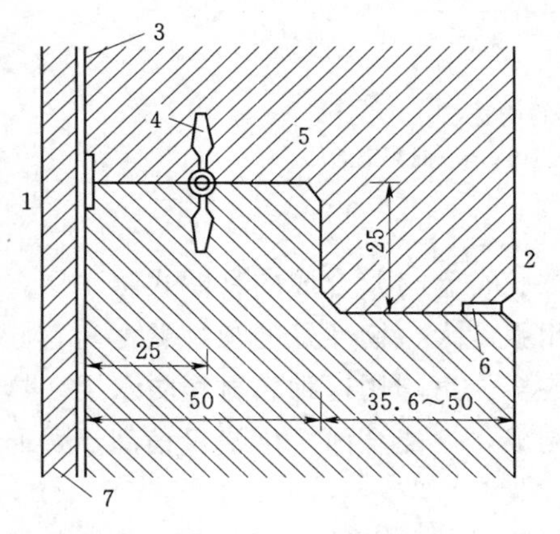

图 8－2－11 台阶形变形缝

1—沉管外侧；2—沉管内侧；3—卷材防水层；4—钢边橡胶止水带；5—沥青防水；6—沥青填料；7—钢筋混凝土保护层

最有效的措施是设置垂直于隧道轴线方向的变形缝，将每节管段分割成若干节段。根据实践经验，节段的长度不宜过大，一般为 15～20m，如图 8－2－10 所示。

节段间的变形缝构造，需满足以下 4 点要求：

（1）能适应一定幅度的线变形与角变形。变形缝前后相邻节段的端面之间须留一小段间隙，以便张、合活动，间隙中以防水材料充填。间隙宽度应按变温幅度与角度适应量来决定。

（2）在浮运、沉设时能传递纵向弯矩。可将管段侧壁、顶板和底板中的纵向钢筋在变形缝处从构造上采取适当的处理。即外排纵向钢筋全部切断；而内排纵向钢筋则暂时不予切断，任其跨越变形缝，连贯于管段全长以承受浮运、沉设时的纵向弯矩。待沉设完毕后再将内排纵向钢筋切断，因此需在浮运之前安设临时的纵向预应力索（或筋），待沉设完毕后再撤去。

（3）在任何情况下能传递剪力。为传递横向剪力，可采用图 8－2－11 所示的台阶形变形缝。

(4) 变形前后均能防水。一般均于变形缝处设置一、二道止水缝道。

8.2.3.2 止水缝带

变形缝中所用止水缝带(简称止水带)种类与形式很多,有铜片止水带、塑料(聚氯乙烯)止水带,使用较普遍的是橡胶止水带和钢边橡胶止水带。

1. 橡胶止水带

(1) 材料。

橡胶止水带可用天然橡胶(含胶率70%)制成,也可用合成橡胶(如氯丁橡胶等)制成。

橡胶止水带的寿命是人们所关心的问题。橡胶制品应用于水底隧道中,其环境条件(潮湿、无日照及温度较低)是较为理想的。虽然橡胶止水带在20世纪50年代才开始应用于水底隧道中,究竟能耐受多久,迄今尚未有实际记录,但无疑比用于其他工程中要耐久得多。曾发现20世纪60年以前埋置的橡胶制品,尚未明显老化,说明地下工程中的橡胶止水带的耐用寿命应在60年以上。经老化加速实验也可判断其安全年限超过100年。

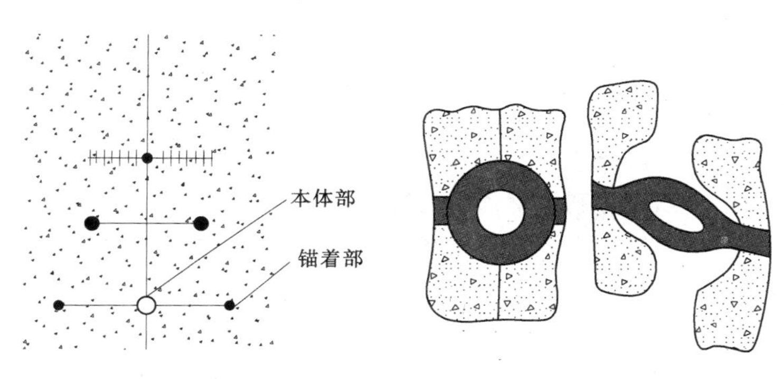

图 8-2-12 橡胶止水带　　　　图 8-2-13 管孔的变形

(2) 形式。

橡胶止水带的(断面)构造形式多样,各有特点。但所有的橡胶止水带均由本体部与锚着部两部分组成,如图8-2-12所示。

止水带的本体部位于带中段,有平板式的、带管孔的和带曲槽的。其中以带管孔的较好,其优点是在变形缝变形时,止水带具有随之伸缩的充分柔度;在结构受剪,变形缝发生横向错动时,管孔可随之变形以减少作用在止水带上的剪力。例如,内径为19mm,外径为38mm管孔的橡胶止水带,经剪切试验,错动达到12.5cm时,胶带亦能变形自如,如图8-2-13所示。

止水带的两端为锚着部。锚着部类型也很多,有节肋型、哑铃型等,如图8-2-12所示。由于橡胶与混凝土之间的黏结力甚小,变形缝受到拉伸后,止水带本体部的橡胶立即缩扁而与混凝土脱离接触。此时完全依赖锚着部担负锚定与止水的双重任务。

采用哑铃型止水带,拉伸变形时,仅两端"哑铃"的部分圆弧面(小于1/2圆周)与混凝土保持接触,范围有限,故水压较大时不适合选用哑铃型止水带。

采用节肋型锚着的止水带,当受到拉伸变形时,最靠近本体部的第一肋(即主肋,一般应比其他齿形次肋为大）就顶住拉伸，使其他锚着部带体（包括齿形次肋在内）仍与混凝土保持接触。渗径大为加长，止水效果也相应提高。

（3）尺度。

变形缝的张开度和本体部的宽度，这两个因素共同决定着止水带所能承受的拉力。拉力越大，锚着部主肋（或"哑铃"）外侧与混凝土抵触部分所受压强就越大，止水效果也就相应增大。

因此，橡胶止水带本体部的宽度宜小不宜大。但止水带的本体部也不能过狭；否则锚着部的第一肋（主肋）外只有薄薄一层混凝土，势必抵抗不住接触压力的作用。一般应保证第一肋外的混凝土厚度不小于钢筋保护层厚度。

本体部中心的管孔外径不宜大于变形缝宽度过多。管孔内径不宜过小，一般在 20mm 较合适（最小的有用到 15mm，最大有用到 46mm）。

本体部的厚度一般以 6～8mm 为宜。管孔部分的管壁厚度可略小于管孔两侧平板部分的厚度，最多等厚。

用于沉管工程中的止水带宽度一般为 230～300mm。

2. 钢边橡胶止水带

钢边橡胶止水带是在橡胶止水带两侧锚着部中加镶一段薄钢板，其厚度仅 0.7mm 左右。这种止水带，自 20 世纪 50 年代于荷兰的凡尔逊（Velsen，1957 年）水底道路隧道试用成功后，现已在各国广泛应用。

钢边橡胶止水带可以充分利用钢片与混凝土之间良好的黏结力，使变形前后的止水效果都较一般橡胶止水带为好，也可增加止水带的刚度，并节约橡胶。

8.2.3.3 管段接头

管段在水下连接完毕后，无论是采用水下混凝土连接法还是水利压接法，均需在水下混凝土或胶垫的止水掩护下，在其内侧构筑永久性的管段接头以使前后两节管段连接成一体。管段接头的构造主要有刚性接头和柔性接头两种。

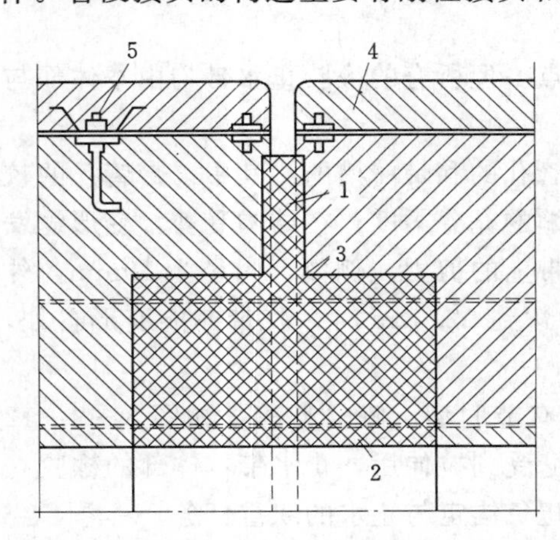

图 8-2-14 "先柔后刚"式接头
1—胶垫；2—后封混凝土；3—钢模；4—钢筋混凝土；5—锚栓

1. 刚性接头

刚性接头是在水下连接完毕后在相邻两节管段断面之间，沿隧道外壁（两侧与顶、底板）以一圈混凝土连接起来形成一个永久性接头。刚性接头的构造应具有抵抗轴力、剪切力和弯矩的必要强度，一般要不低于管段本体结构强度。刚性接头的最大缺点为水密性不可靠，往往在隧道通车后不久即因沉降不均匀而开裂渗漏。

水力压接法出现后，许多隧道仍采用刚性接头，但其构造迥异于以前的刚性接头。水力压接时所用的胶垫留在外圈作为接头的永久性水防线。刚性接头处于胶垫底防护之下不再有渗漏，这种刚性接头可称为"先柔后刚"式接头，如图 8-2-14 所示。其刚性部分一般在沉降基本结束后再进行钢筋混凝土浇筑。

2. 柔性接头

水力压接法出现后，又有柔性接头问世。这种接头主要是利用水力压接法的胶垫适应变温伸缩与地基不均匀沉降，以消除或减小管段所受变温或沉降应力。在地震区中的沉管隧道也宜采用柔性接头，如图 8-2-15 所示。

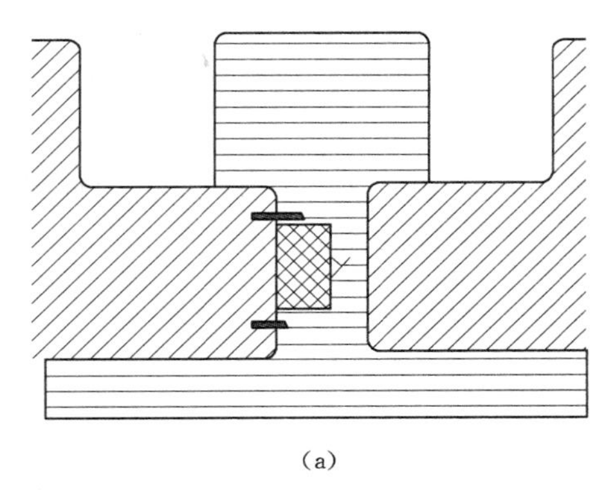

(a)

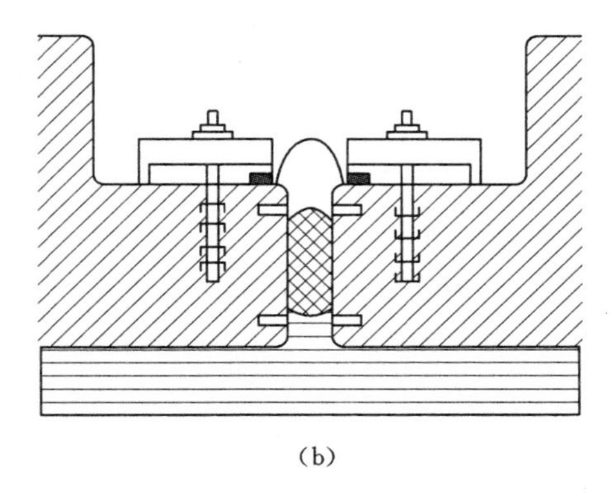

(b)

图 8-2-15　普通柔性接头

8.2.4　沉管基础设计

1. 地质条件与沉管基础

在一般地面建筑中，如果建筑物基底下的地质条件差，就得做适当的基础；否则就会发生有害的沉降，甚至有发生坍塌的危险。如有流砂层，施工时还会碰到麻烦，非采取特殊措施（如疏干等）不可。

在水底沉管隧道中，情况就完全不同。首先，不会产生由于土体固结或剪切破坏所引起的沉降。因作用在沟槽底面的荷载，在设置沉管后非但未增加，反倒减小了。在开槽前，作用在槽底 $A—A$ 面（图 8-2-16）上的压力为

$$P_0=\gamma_s(H+C) \tag{8-2-2}$$

式中　γ_s——土的浮重，5～9kN/m^3；

H——沉管的全高，m；

C——覆土厚度，一般为 0.5m，有特殊需要时，则为 1.5m。

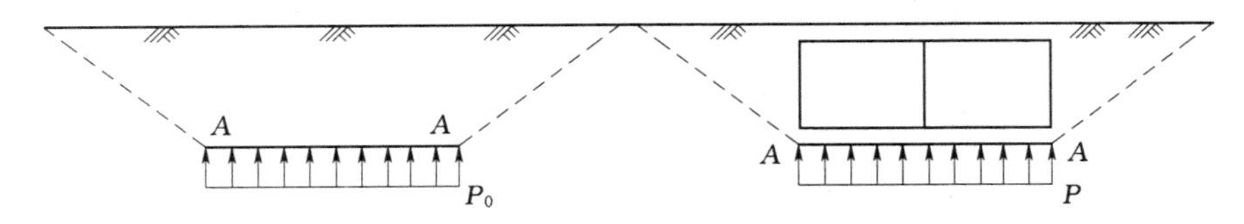

图 8-2-16　管段底面上的压力变化

在管段沉设、覆土回填完毕之后，作用在槽底 $A—A$ 面上的压力为

$$P=(\gamma_t-10)H \tag{8-2-3}$$

式中　γ_t——竣工后管段的重度（包括覆土重量在内），kN/m^3。

设 $\gamma_s=7\text{kN/m}^3$，$H=8\text{m}$，$C=0.5\text{m}$，$\gamma_t=12.5\text{kN/m}^3$，则

$$P_0=7\times(8+0.5)=59.5\text{kN/m}^3$$

$$P=(12.5-10)\times 8=20\text{kN/m}^2\leqslant P_0$$

所以沉管隧道很少需要构筑人工基础以解决沉降问题。

此外，沉管隧道施工时是在水下开挖沟槽的，没有产生流砂现象的可能，不像地面建筑或其他方法施工的水底隧道（如明挖隧道、盾构隧道等）那样，遇到流砂时就必须采用费用较高的疏干措施。

所以，沉管隧道对各种地质条件的适应性很强，几乎没有什么复杂的地质条件能把沉管施工难倒。正因如此，一般水底沉管隧道施工时不必像其他水底隧道施工法那样，须在施工前进行大量的水上钻探工作。

2. 基础处理

沉管隧道对各种地质条件的适应性都很强，这是它的一个很重要的特点。然而在沉管隧道中，也仍需进行基础处理。不过其目的不是为了对付地基土的沉降，而是因为在开槽作业中，不论是使用哪一种类型的挖泥船，挖成后的槽底表面总有相当程度的不平整。这种不平整度，使槽底表面与沉管底面之间存在着很多不规则的空隙。这些不规则的空隙会导致地基土受力不均而局部破坏，从而引起不均匀沉降，使沉管结构受到较高的局部应力而致开裂。因此，在沉管隧道中必须进行基础处理——垫平，以消除这些有害的空隙。

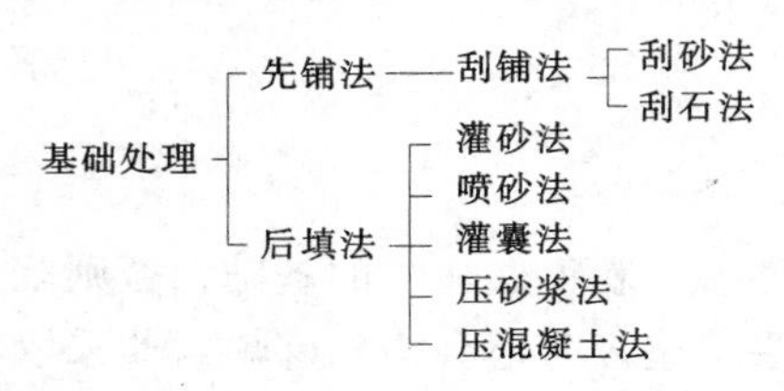

图 8-2-17　基础处理的方法

沉管隧道的各种基础处理方法，大体上可分为先铺法和后填法两大类，如图 8-2-17 所示。先铺法是在管段沉设之前，先在槽底上铺好砂、石垫层，然后将管段沉设在该垫层上。这种方法适用于底宽较小的沉管工程，后填法是在管段沉设完毕之后再进行垫平作业。后填法大多（除灌砂法之外）适用于底宽较大的沉管工程。

沉管隧道的各种基础处理方法，概以消除有害孔隙为目的，所以各种不同的基础处理方法之间的差别，仅是“垫平”途径的不同而已。但是虽仅途径各异，其效率、效果及费用上的出入都很大，因此设计时必须详细比较。

3. 软弱土层中的沉管基础

如果沉管下的地基土特别软弱，容许承载力非常小，则仅做“垫平”处理是不够的。虽然这种情况一般来说是较少的，但如果遇到这种特别软弱的地基土，则仍应认真对待。

解决的办法有以下两种：

（1）以砂置换软弱土层。

（2）打砂桩并加荷预压。

（3）减轻沉管质量。

（4）采用桩基。

在这些办法中，方法①会增加很多工程费用，且在地震时有液化的危险。故在砂源较远时是不可取的。如在地震区内则更是不安全。丹麦的帘姆菲奥特斯水底道路隧道，曾用砂置换法，将软弱土层全部挖去，而后在隧址附近用砂回填至原土面，如图8-2-18所示。②也会大量增加工程费用，且不论加荷多少，要使地基土达到固结密实所需的时间都很长，对工期影响太大，所以一般不采用。③对于减少沉降固然有效，但沉管的抗浮安全系数本来就不大，减轻沉管重量的办法并不实用。因此，比较适宜的办法还是采用桩基。沉管隧道采用桩基后，也会遇到一些通常地面建筑所碰不到的问题。首先，基桩桩顶标高在实际施工中不可能达到完全齐平。因此，在管段沉设完毕后，难以保证所有桩顶与管底接触。为使基桩受力均匀，在沉管基础设计中必须采取一些措施。解决的办法大体上有3种。

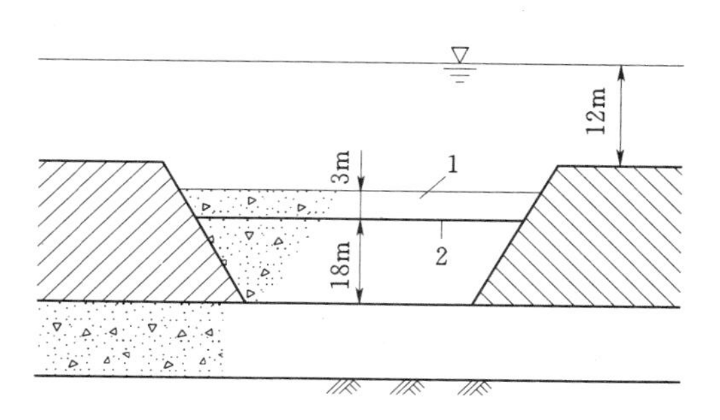

图8-2-18 砂置换

1—砂置换；2—隧道底高程

(1) 水下混凝土传力法。基桩打好后，先浇一两层水下混凝土将桩顶裹住，而后再在水下铺上一层砂石垫层，使沉管荷载经砂石垫层和水下混凝土层传到基桩上去。美国的本克海特（Bankhead，1940年建成）等水底道路隧道曾用过此法（图8-2-19）。

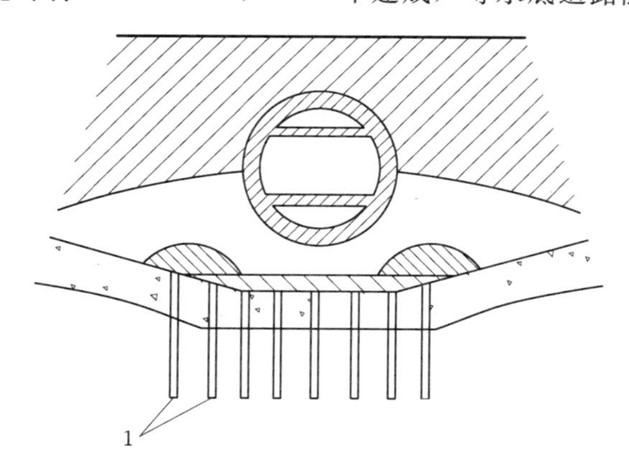

图8-2-19 水下混凝土传力法

1—水下混凝土

(2) 砂浆囊袋传力法。在管段底部与桩顶之间，用大型化纤囊袋灌注水泥砂浆加以垫实，使所有基桩均能同时受力。所用囊袋既要具有较高的强度，又要具有充分的透水性，以保证灌注砂浆时囊内河水能顺利地排出囊外。砂浆的强度，不需要太高，略高于地基土的抗压强度即可；但流动度则要高些。故一般均在水泥砂浆中掺入斑脱土泥浆。瑞典的汀斯达特（Tjngstad，1968年建成）水底道路隧道曾用此法解决接触问题（图8-2-20）。

(3) 活动桩顶法。荷兰鹿特丹市地下铁道河中沉管隧道工程中，首次采用了一种活动桩顶法。该法在所有的基桩顶端设一小段预制混凝土活动桩顶。在管段沉设完毕后，向活动桩顶与桩身之间的空腔中灌注水泥砂浆，将活动桩顶顶升到与管底密贴接触为止（图8-2-21）。以后日本东京港第一航道水底道路隧道（1973年建成）改用了一种钢制的活动桩顶。在基桩顶部与活动桩顶之间，用软垫层垫实。垫层厚度，按预计沉降量来决定。管段沉设完毕后，在管底与活动桩顶之间，灌注砂浆加以填实（图8-2-22）。

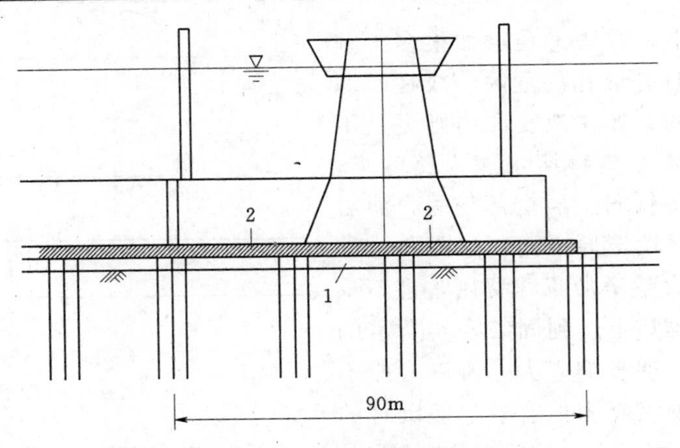

图 8-2-20 矿浆囊袋传力法

1—砂、石垫层；2—砂浆囊袋

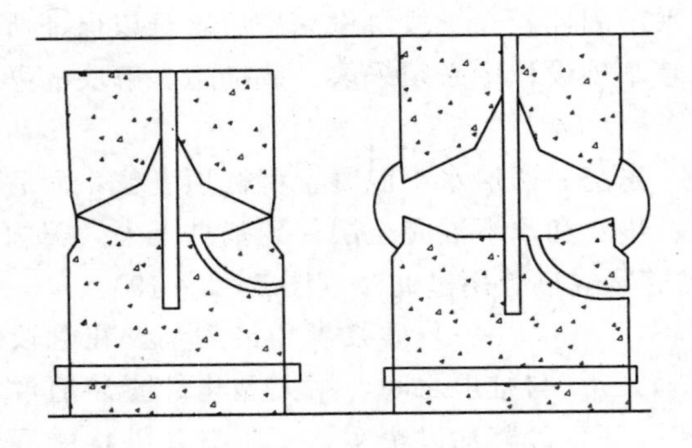

图 8-2-21 活动桩顶法之一

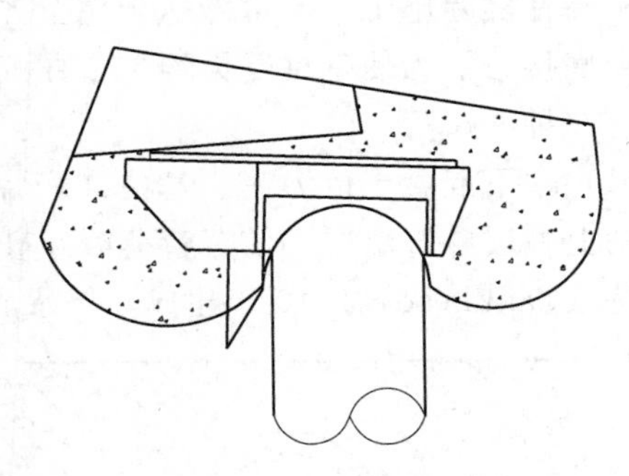

图 8-2-22 活动桩顶法之二

思考题

8-1 简述沉井结构的特点。

8-2 沉井由哪几部分组成？各起什么作用？

8-3 简述沉井结构设计计算的内容。

8-4 沉管沉放的浮力受哪些因素影响？设计中如何考虑？

8-5 沉管的浮力设计包括哪些内容？

8-6 简述沉管运输中干舷的设计意义。

8-7 沉管结构设计的关键在哪些方面？

8-8 沉管节段间的变形缝构造须满足哪些要求？

8-9 沉管基础的处理措施有哪些？

习题

8-1 已知沉井直径 $D=68\text{m}$，底板浇毕后的沉井自重为 650100kN，井壁与土之间

摩擦力 $f_0=20\text{kN/m}^2$，5m 内按三角形分布，沉井入土深度为 $h_0=26.5\text{m}$，封底时的地下水静水头 $H=24\text{m}$。验算该沉井的抗浮系数。

8-2 设某矩形沉井封底前井自重 30000kN，井壁周长为 $2\times(25+30)=110\text{m}$。井高 8.5m，一次下沉，试求沉井刚开始下沉时刃脚向外挠曲所需的竖直钢筋的数量（踏面宽 $a=35\text{cm}$，$b=45\text{cm}$，刃脚高 80cm）。

第9章 复合衬砌结构

复合衬砌是用锚喷支护作初期支护，模筑混凝土做二次衬砌的一种组合衬砌（二层间有或无防水层）。复合衬砌是以新奥法为基础进行设计和施工的一种新型支护结构，近几年在国内外的地下工程中得到了普遍的采用。研究和实践表明，复合衬砌理论先进、技术合理，能充分发挥围岩自承能力，提高衬砌承载力，加快施工进度，降低工程造价。

9.1 围岩稳定性分析

在岩体中开挖和构筑结构物时，必将引起岩体初始应力场的改变。围岩稳定性分析涉及岩体对工程活动的响应，人们所关心的问题通常是在岩石中产生的次生应力和位移以及岩体的稳定性。然而必须认识到，岩体是结构体和结构面的组合体，岩体中存在各种各样的结构面，因而岩体是不连续的介质。为了分析围岩的稳定性，人们提出了各种各样的结构面，认为岩体是有结构的，岩体的力学作用主要受岩体结构面及岩体结构控制。因此，围岩的稳定性分析通常是指围岩的局部稳定分析，并进一步依据各局部单元的分析结果，评判围岩的整体稳定性。

围岩出现局部失稳的原因主要是由于岩体中的软弱结构面与洞室临空面的不利组合所构成的不稳定块体的掉落和塌滑所造成。应当引起注意的是，不稳定块体并非全是由软弱结构面与临空面切割而成，很多情形下，它是由软弱结构面、临空面以及由于不利受力状态而形成的切割面所组成。目前，国家喷锚支护技术规范中，规定必须对围岩进行稳定性分析计算，并当原设计采用的喷锚支护结构不足以维持不稳定块体的稳定时，必须对不稳定块体进行局部加固。此外，为及时预报出现围岩局部塌落事故，也要求在施工时对围岩中不稳定块体的稳定性进行分析。不稳定块体的计算与加固可通过下述步骤来进行。

9.1.1 不稳定块体的几何分析

不稳定块体的几何分析是指确定结构面面积、结构体体积和重量等，这些都是进行稳定性分析的必要数据。不稳定块体的几何分析是以地质勘查工作所获得的地质结构面产状和测点坐标，以及工程设计开挖的几何参数为前提的，有了这些参数就可以通过解析法或图算法来确定不稳定块体的几何参数。

9.1.2 失稳方式的运动学分析

运动学分析的主要任务是判别不稳定块体的运动趋势和失稳方式。运动学分析是在上述几何学分析的基础上，再考虑荷载的作用。荷载一般包括重力、地应力及动态力（地震力、爆破抗动等）。但通常仅研究静态力，动态力不予考虑。地应力引起的围岩应力场对围岩的稳定性是有影响的，但一般的地下工程常常不给出地应力数据，而且不考虑地应力影响通常是偏于安全的。因此，喷锚支护设计中，一般局部稳定分析不考虑地应力引起的围岩应力的作用。由于不稳定块体边界切割面的情况不同，初始位移趋势可能有多种发展结果，即可能有多种失稳方式。

（1）由于受到边界切割面的限制，结构体不能向临空面移动，而是在某一结构面上压紧，或者所有结构面不能脱开，则结构体是稳定的。

（2）由于切割面的影响，产生沿结构面或结构面交线滑动，位移方向指向临空面，这时形成滑动失稳。

（3）当合力矢量作用于边界面以外，或是结构体受力移动后形成一定力矩时，若指向临空面，则可能发生转动或倾倒。

（4）不受切割面影响，结构体的初始位移即造成所有结构面上的拉开，这时形成崩落或抛出。

归纳起来，岩石结构体的运动状态可能为稳定、崩落、滑动、转动、倾倒等。常见的失稳运动方式是崩落和滑动，因而设计时，通常不考虑转动和倾倒的失稳方式。

9.1.3 稳定系数的计算分析

稳定分析是根据岩石结构体受力运动和阻抗力的对比关系，确定相对于极限状态的稳定程度，做出稳定性评价。

1. 拱顶不稳定块体的稳定程度

当不考虑原岩应力时，坠落是自由的，稳定系数 $K=0$。一般以结构体重量作为喷锚支护设计的依据。

2. 边墙不稳定块体的稳定系数

（1）单面滑动（图 9-1-1）。

不稳定块体在自重作用下可能沿底面的倾向滑动，稳定系数为

$$K=\frac{G\cos\delta\cdot\tan\varphi+\Delta F\cdot c}{G\sin\delta} \qquad (9-1-1)$$

式中 G——不稳定块体重量；

δ——滑动面倾角；

φ，c——滑动面内摩擦角和黏结力；

ΔF——滑动面面积。

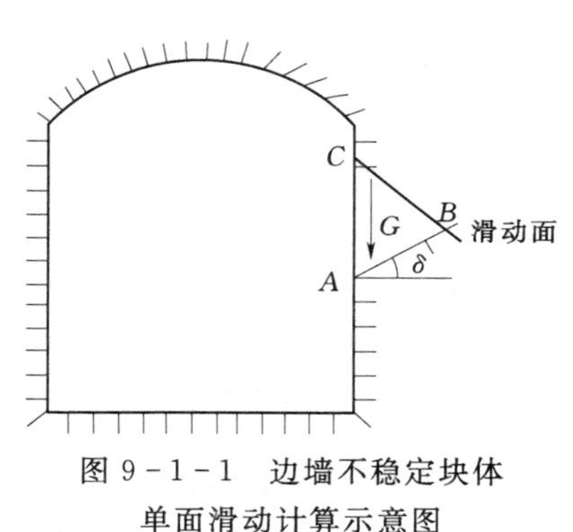

图 9-1-1 边墙不稳定块体单面滑动计算示意图

（2）双面滑动。

不稳定块体可能沿两结构面的交线滑动，其稳定系数为

$$K=\frac{G\cos\delta\cdot(\sin\delta_2\tan\varphi_1+\sin\delta_1\tan\varphi_2)+(\Delta F_1\cdot c_1+\Delta F_2\cdot c_2)\cdot\sin(180^\circ-\delta_1-\delta_2)}{G\sin\delta\sin(180^\circ-\delta_1-\delta_2)} \qquad (9-1-2)$$

式中 φ_1，c_1，φ_2，c_2——滑动面 F_1、F_2 内摩擦角和黏结力；

ΔF_1，ΔF_2——滑动面 F_1、F_2 的面积；

G——结构体自重；

δ——结构面交线倾角；

δ_1——交线的法线与滑动面 F_1 的夹角；

δ_2——交线的法线与滑动面 F_2 的夹角。

9.2 锚喷支护设计

锚喷支护（Shot Concrete-bolt Support）指的是利用高压喷射混凝土和打入岩土层中的金属锚杆的联合作用（根据地质情况也可分别单独采用）加固岩层，分为临时性支护结构和永久性支护结构。喷射混凝土可以作为洞室围岩的初期支护，也可以作为永久性支护。锚喷支护是使锚杆、混凝土喷层和围岩形成共同作用的体系，防止岩体松动、分离。把一定厚度的围岩转变成自承拱，有效地稳定围岩。当岩体比较破碎时，还可以利用铁丝网拉挡锚杆之间的小岩块，增强混凝土喷层，辅助喷锚支护。

锚喷支护是地下空间工程施工中对围岩进行保护与加固的主要技术措施。对于不同地质条件、不同断面大小、不同用途的地下洞室都表现出较好的适应性。我国在水电、铁道、矿山、军工及城市建设等行业不同类型的地下洞室施工中，锚喷支护已经得到了广泛的运用。锚喷支护技术有很多类型，包括单一的喷射混凝土或锚杆支护，或喷射混凝土、锚杆（索）、钢筋网、钢拱架等分别组合而成的多种联合支护。

锚喷支护具有显著的技术经济优势，根据大量工程统计，锚喷支护较之传统的模注混凝土衬砌，混凝土用量减少 50%，用于支撑及模板的木材可全部节省，出渣量减少 15%～25%，劳动力节省 50%左右，造价降低 50%左右，施工速度加快 1 倍以上，同时因其良好的力学性能与工作特性，对围岩的支护更合理、更有效。20 世纪 50 年代开始发展起来的新奥地利隧道工程法（简称新奥法），特别强调锚喷支护措施的应用。新奥法的核心思想是“在充分考虑围岩自身承载能力的基础上，因地制宜地搞好地下洞室的开挖与支护”。作为一个完整的概念，它强调运用光面爆破（或其他破坏围岩最小的开挖方法）、锚喷支护和施工过程中的围岩稳定状况监测，此亦称为新奥法的三大支柱。现代意义的锚喷支护技术就是建立在新奥法核心思想或理论基础上的，以此为基础，开展支护方案的选择、支护结构的设计、支护顺序的安排、支护工艺的实施，特别是支护时机的确定，将有利于全面发挥锚喷支护的作用，确保地下洞室围岩的安全稳定。

9.2.1 锚喷支护的特点

锚喷支护施作及时，喷层紧贴岩面，并且有一定的早强性能，因而能及时控制围岩变形，防止围岩的松散和坍塌，由于它具有柔性，所以它能与围岩共同变形，这样一方面岩体释放变形，另一方面喷层提供抗力阻止变形，因此喷层所受的力不是松散压力而是喷层限制围岩变形过程中所受的变形压力，所以受力条件最好，所受的力最小。

锚喷支护在具体工程设计与施工中应遵循以下原则：

（1）合理、有效调节控制围岩变形，尽量避免围岩出现有害松动，以便最大限度地发挥围岩自承载能力。

（2）在设计施工中要求保证实现围岩、喷层和锚杆之间具有良好的粘接和接触，使三者共同受力，确保锚喷支护与围岩形成共同体。

（3）选择合理的支护类型与参数，并充分发挥其功效。

（4）合理设计施工方法和施工顺序，避免采用对围岩扰动大的开挖方法和可能导致延误支护时机的施工顺序。

（5）加强施工现场监测，以指导设计施工。

9.2.2　锚喷支护作用原理

9.2.2.1　锚杆的作用原理

锚杆支护是在边坡、岩土深基坑等地表工程及隧道、采场等地下硐室施工中采用的一种加固支护方式。用金属件、木件、聚合物件或其他材料制成杆柱，打入地表岩土体或硐室周围岩土体预先钻好的孔中，利用其头部、杆体的特殊构造和尾部托板（亦可不用），或依赖于粘接作用将围岩与稳定岩土体结合在一起而产生悬吊效果、组合梁效果、补强效果，以达到支护的目的。具有成本低、支护效果好、操作简便、使用灵活、占用施工净空少等优点。

锚杆由锚头、杆体及外露部分三段组成。锚杆按材料可分为木锚杆、竹锚杆、金属锚杆、树脂锚杆、快硬水泥锚杆等；按锚固长度可分为端头锚固类锚杆和全长锚固类锚杆；按锚固方式可分为机械（摩擦式）锚固型和粘接锚固型锚杆。

对于锚杆的作用理论，目前得到普遍认同的有以下几种：

（1）悬吊作用。若隧道周壁有不稳定的岩层或危石，锚杆可以将其“悬吊”在深层稳定围岩上，防止其离层滑落。锚杆本身受拉，其拉力即为所悬吊岩体的重量，如图 9-2-1 所示。在块状结构或裂隙岩体中，使用锚杆可将松动区内的松动岩块悬吊在稳定的岩体上，也可把节理弱面切割形成的岩块连接在一起，阻止其沿滑面滑动，这种作用称为悬吊作用。

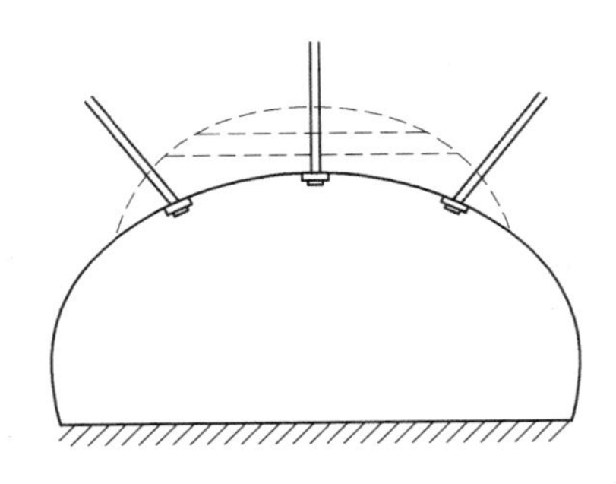

图 9-2-1　锚杆悬吊作用示意

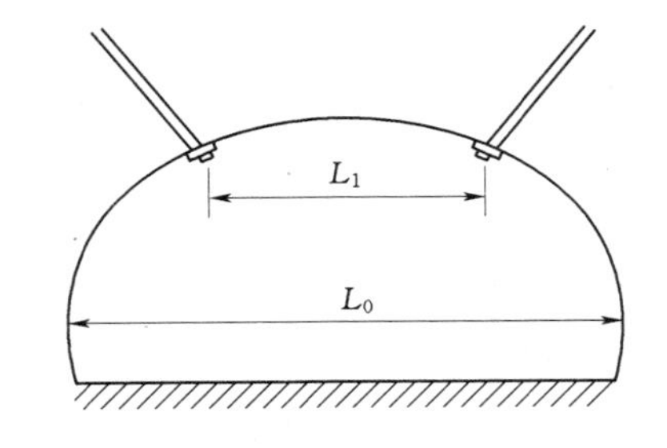

图 9-2-2　锚杆减跨作用示意

（2）减跨作用。在隧道顶板岩层中打入锚杆，相当于在顶板上增加了支点，使隧道跨度由 L_0 减为 L_1，从而使顶板岩体的应力减小，起到维护隧道的作用，如图 9-2-2 所示。当然，要使锚杆能有效地起到悬吊和减跨作用，锚杆顶端必须锚固于坚硬稳定的岩层中。

（3）组合梁作用。对于层状岩体或节理发育的岩体，锚杆可以把几层岩体串联在一起，增大层间摩阻力，形成“组合梁”，从而提高岩体的抗弯强度和承载能力，如图 9-2-3 所示。

（4）挤压加固作用。预应力锚杆群锚入围岩后，其两端附近岩土体形成圆锥形压缩区，如图 9-2-4 所示。按一定间距排列的锚杆，在预应力的作用下，构成一个均匀的压

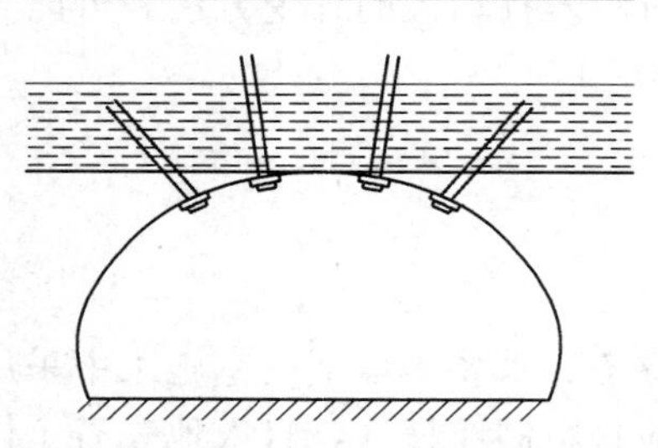
图9-2-3 锚杆组合梁作用示意

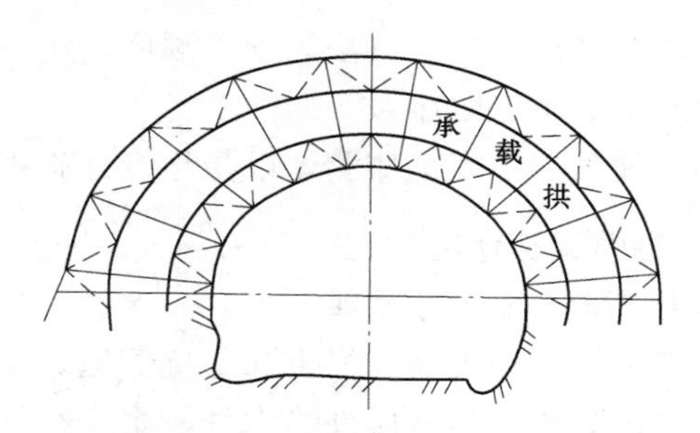

图9-2-4 锚杆挤压加固作用示意

缩带（或称承载环），压缩带中的岩土体由于预应力作用处于三向应力状态，显著地提高了围岩的强度。无预应力的粘接式锚杆（砂浆锚杆），由于其前后两端围岩位移的不同，使锚杆受拉，同时，锚杆的约束力使围岩锚固处径向受压，从而提高了围岩的强度。同时，锚杆的约束力使围岩锚固处径向受压，从而提高了围岩的强度。

上述锚杆的支护作用原理在实际工程中并非孤立存在，往往是几种作用同时存在并综合作用，只是在不同的地质条件下某种作用占主导地位而已。

9.2.2.2 喷射混凝土支护作用原理

喷射混凝土是用压力喷枪喷涂灌筑细石混凝土的施工法。常用于灌筑隧道内衬、墙壁、天棚等薄壁结构或其他结构的衬里以及钢结构的保护层。

（1）充填粘接作用。高速喷射的混凝土充填到围岩的节理、裂隙及凹凸不平的岩石中，把围岩粘接成一个整体，大大提高了围岩的整体性和强度。

（2）封闭作用。当隧道围岩壁面喷上一层混凝土后，完全隔绝了空气、水与围岩的接触，有效地防止了风化、潮解引起的围岩破坏和强度降低。

（3）堵渗胶结作用。堵塞沿结构面的渗水通道、胶结已经松动的岩块，以提高岩层的整体性。

（4）结构作用。靠喷射混凝土与围岩之间的黏结力及其自身的抗剪力，形成一个共同受力的承载结构，且喷射混凝土层将锚杆、钢筋网和围岩粘接在一起，构成一个共同作用的整体结构，从而提高了支护结构的整体承载能力。

喷射混凝土主要的工作特性有及时性、黏结性、柔性和密封性，这些特性能最大限度地利用、发挥围岩强度和分配外力，使支护结构受力均匀。

9.2.2.3 锚喷支护作用机理

锚喷支护的作用是加固与保护围岩，确保洞室的安全、稳定。由于围岩条件复杂多变，其变形、破坏的形式与过程多有不同，各类支护措施及其作用特点也就不同。在实际工程中，尽管围岩的破坏形态很多，但总起来看，可以归纳为局部性破坏和整体性破坏两大类。

1. 局部性破坏

只在局部范围内发生破坏称为局部性破坏，其表现形式包括开裂、错动、滑移、崩塌等，一般多发生在受到地质结构面切割的坚硬岩体中。这种破坏，有时是非扩展性的，即到一定限度不再发展；有时是扩展性的，即个别岩块首先塌落，然后由此引起连锁反应而导致邻近较大范围甚至是整个断面的坍塌。

对于局部性破坏，只要在可能出现破坏的部位对围岩进行有效地加固就可维持洞体的稳定。实践证明，锚喷支护是处理局部性破坏的一种简易而有效的手段。利用锚杆的抗剪与抗拉能力，可以提高围岩的 c、φ 值及对不稳定块体进行悬吊。而喷射混凝土支护，其作用则表现在：①填平凹凸不平的壁面，以避免过大的局部应力集中；②封闭岩面，防止岩体的风化；③堵塞沿结构面的渗水通道、胶结已经松动的岩块，以提高岩层的整体性；④提供一定的抗剪力。

2. 整体性破坏

整体性破坏也称强度破坏，是大范围内岩体应力超限所引起的一种破坏现象。常见的形式为压剪破坏，多发生在围岩应力大于岩体强度的场合，表现为大范围塌落、边墙挤出、底鼓、断面大幅度缩小等破坏形式。出现应力超限后，再任围岩变形自由发展，将导致岩体强度大幅度下降。

整体性破坏的处理：在这种情况下应该采取整体性加固措施，对隧洞整个断面进行支护，而且某些部位的加固措施还要到达稳定岩层的一定深度。为达到这一目的，常采用喷射混凝土与系统锚杆支护相结合的方法，这样不仅能够加固围岩，而且可以调整围岩的受力分布。另外，喷射混凝土锚杆钢筋网支护和喷射混凝土锚杆钢拱架支护等不同支护复合形式，对处理整体性破坏也有很好的效果。

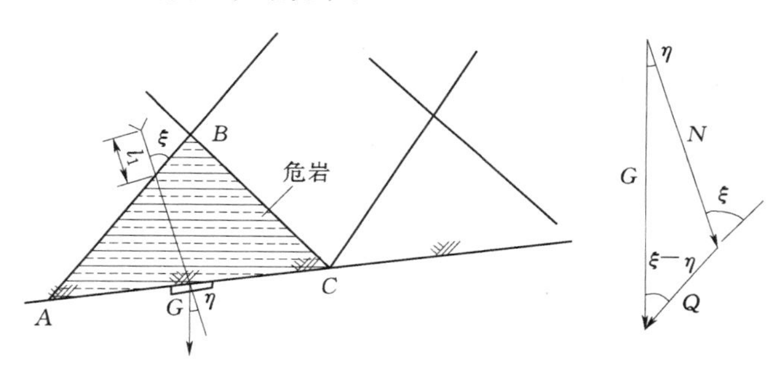

图 9-2-5 锚杆加固拱顶围岩

9.2.3 锚喷支护设计

9.2.3.1 锚杆设计计算

1. 按局部作用原理的锚杆设计计算

(1) 锚杆加固拱顶危岩的计算。

锚杆加固危岩时，通常是基于悬吊原理来确定锚杆参数。

锚杆截面面积计算：如图 9-2-5 所示，假设拱顶有一块危岩 ABC 需用锚杆加固，在节理裂隙上的抗剪力均已丧失的情况下，其重量 G 全部由锚杆悬吊，由静力平衡条件得

$$\begin{cases} Q=\dfrac{G\sin\eta}{\sin\xi} \\ N=\dfrac{G}{\sin\xi}\sin(\xi-\eta) \end{cases} \tag{9-2-1}$$

式中 Q ——危岩沿裂隙 AB 对锚杆的剪力；

N——由于危岩滑移在锚杆中产生的轴力。

锚杆所需的截面积为

$$\begin{cases} A_g = \dfrac{KN}{R_g} \\ A_g = \dfrac{KQ}{\tau_g}\sin\xi \end{cases} \tag{9-2-2}$$

式中 A_g——所需锚杆钢筋的截面积；

R_g——锚杆钢筋抗拉设计强度；

τ_g——锚杆钢筋抗剪强度；

K——安全系数，一般取1.5～2.0。

锚杆长度的确定：锚杆加固危岩时，锚杆必须穿过被悬吊的危岩，并锚固在稳定岩石中。因此，锚杆的设计长度必须满足

$$L = L_1 + L_2 + L_3 \tag{9-2-3}$$

式中 L——锚杆的设计长度；

L_1——锚固深度；

L_2——不稳定岩层厚度；

L_3——外露长度（约小于喷射混凝土厚度）。

根据锚杆抗拉强度与砂浆黏结力相等的等强度原则，可确定锚杆的锚固深度为

$$L_1 \geqslant \frac{d^2 R_g}{4KD\tau} \tag{9-2-4}$$

式中 d——锚杆直径，ϕ16～22mm螺纹钢筋；

D——钻孔直径；

K——安全系数，一般取3～5；

τ——是砂浆与岩孔之间的抗剪强度，实践中L_1要求大于30cm。

锚杆间距的确定：若等间距布置，每根锚杆所负担的岩体重量即为所受荷载。须满足

$$P_i = K\gamma L_2 b^2 \leqslant \frac{\pi d^2}{4} R_g \tag{9-2-5}$$

可得锚杆间距为

$$b \leqslant \frac{d}{2}\sqrt{\frac{\pi R_g}{K\gamma L_2}} \tag{9-2-6}$$

式中 γ——岩体容重；

b——锚杆间距，一般$L_1 > 2b$；

K——安全系数，一般取2～3。

(2) 锚杆加固侧壁危岩的计算。

如图9-2-6所示，假设侧壁上有危岩ABC，可能沿滑裂面AB向下滑落，采用锚杆加固，若锚杆与滑裂面的夹角为ξ，与垂线的夹角为η，则沿滑裂面的下滑力应为$G\cos(\eta-\xi)$，抗滑力为$G\sin(\eta-\xi)\tan\varphi + N\cos\xi + A_g\tau_g/\sin\xi + N\sin\xi\tan\varphi$，其中$N$为锚杆的预加力，按$N = A_g R_g$计算。考虑安全系数$K$后，锚杆钢筋所需截面积为

$$A_g=\frac{G[K\cos(\eta-\xi)-\sin(\eta-\xi)\tan\varphi]}{R_g\cos\xi+\frac{\tau_g}{\sin\xi}+R_g\sin\xi\tan\varphi} \tag{9-2-7}$$

式中　φ——滑裂面之间的内摩擦角；

其余符号意义同前。

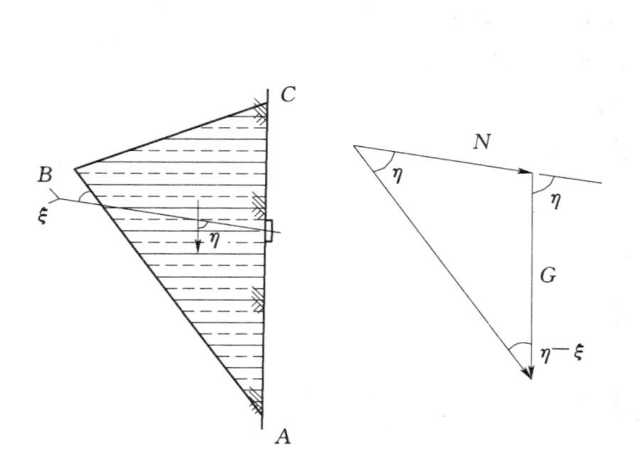

图 9-2-6　锚杆加固侧壁围岩

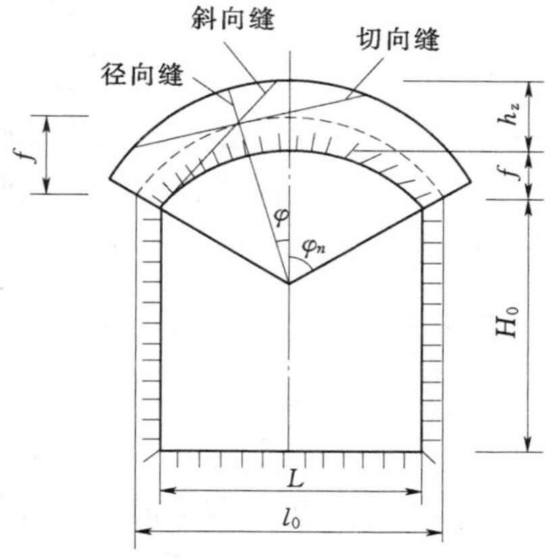

图 9-2-7　组合拱原理的计算

2. 按整体作用原理的锚杆设计计算

用锚杆群对洞室围岩做整体加固时，被锚杆加固的不稳定围岩可视为锚杆组合拱。并认为锚杆组合拱内切向缝的剪力由锚杆承受，斜向缝的剪力由锚杆和岩石共同承受，径向缝的剪力由岩石承受（图 9-2-7）。

锚杆长度应超过组合拱高度，即

$$l=Kh_z+l_e \tag{9-2-8}$$

式中　K——安全系数，一般取 1.2；

h_z——组合拱高度；

l_e——锚杆外露长度。

组合拱计算跨度，可近似取为

$$l_0=h_z+L \tag{9-2-9}$$

式中　l_0——组合拱计算跨度；

L——毛洞跨度。

组合拱假定为两端固定的等截面圆拱，荷载按自重形式均布于拱轴上，单位长度上的荷载为

$$q=\gamma hb \tag{9-2-10}$$

$$h=N_0K_L \tag{9-2-11}$$

$$K_L=l_m/6 \tag{9-2-12}$$

式中　h——荷载高度；

N_0——围岩压力基本值，根据围岩类别确定；

l_m——洞室跨度；

γ——洞室重度；

b——组合拱纵向宽度。

组合拱的计算是近似的，按照固端割圆拱的公式进行内力分析，如图 9-2-8 所示，可计算出多个截面上的弯矩、轴力和剪力。

拱脚处径向截面内力为

$$\begin{cases} Q_n = H_n \sin\varphi_n - V_n \cos\varphi_n \\ N_n = V_n \sin\varphi_n + H_n \cos\varphi_n \end{cases} \tag{9-2-13}$$

式中 H_n，V_n——拱脚截面的水平和竖向反力；

φ_n——拱脚截面与垂直线间的夹角。

任意径向截面的内力为

$$\begin{cases} M_\varphi = M_0 + N_0 r(1-\cos\varphi) - qr^2\varphi\left(2\sin\dfrac{\varphi}{4}\cdot\cos\dfrac{3}{4}\varphi\right) \\ Q_\varphi = N_0\sin\varphi - qr\varphi\cdot\cos\varphi \\ N_\varphi = N_0\cos\varphi + qr\varphi\cdot\sin\varphi \end{cases} \tag{9-2-14}$$

式中 M_0，N_0——拱顶截面的弯矩和轴力；

r——计算拱轴线半径；

φ——拱上任意截面与垂直线间的夹角。

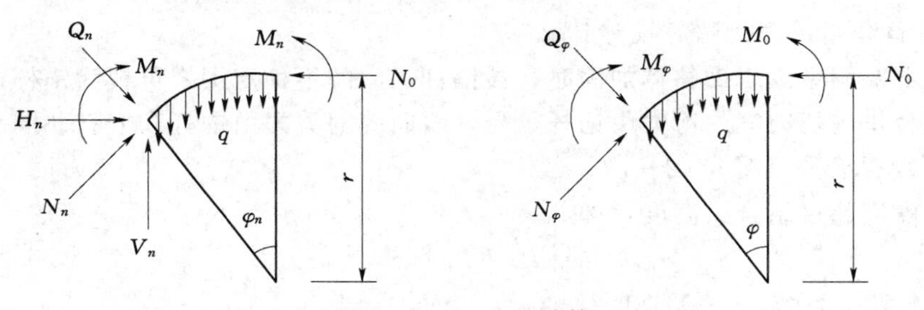

图 9-2-8　内力计算

根据内力数值来校核各个截面组合拱的强度，校核时主要在径向、切向或斜向的裂缝或结构面上进行。

组合拱计算虽然考虑了围岩的自承能力，但主要是从结构力学的概念进行分析的，尚不能完全反映喷锚支护的共同作用本质。其存在的主要问题是组合拱高度难以精确确定，通常将普氏自然拱高度或围岩分级中围岩的换算高度作为组合拱的高度；其次，把自重作为组合拱的唯一荷载尚缺乏依据；此外，要清楚掌握围岩的结构特征，如结构面的长度、走向及其分布规律也有一定困难。

9.2.3.2 喷射混凝土的计算和设计

1. 按局部作用原理设计计算

被节理裂隙切割形成的块状围岩中，围岩结构面的组合对围岩的变形和破坏起控制作用。采用喷射混凝土支护洞室，能够有效地防止围岩松动、离层和塌落，为达到这些功能就要求喷射混凝土层应有足够的抗拉力，使喷层在节理面处不出现冲切破坏；同时喷层和围岩间也应有足够的黏结力，使喷层不出现撕裂现象，这种观点可称为局部加固原理（图 9-2-9）。

假设不稳定岩面块体的重量为 G，在保证喷层不沿危岩周边剪切破坏的条件下，喷层厚度应为

$$d_c=\frac{KG}{U\tau_s} \qquad (9-2-15)$$

式中　U——危岩周边长度；

K——安全系数；

τ_s——喷层的抗剪强度极限值。若按抗拉强度进行校核，这时可取 τ_t 来代替上式中的 τ_s。

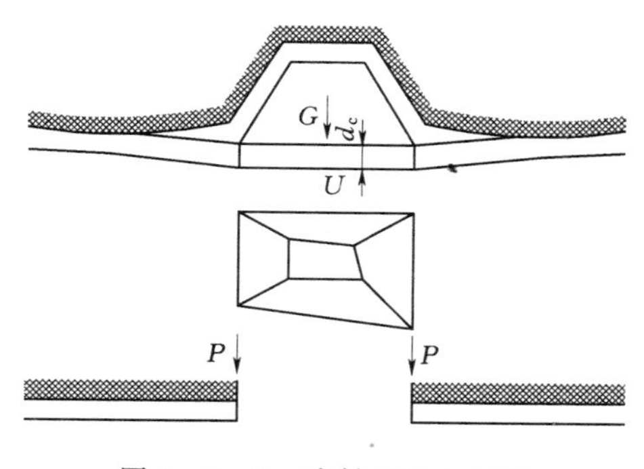

图 9-2-9　喷射混凝土加固

根据弹性地基梁理论，可将喷层看做弹性地基上半无限长梁进行验算，作用在梁端上的集中力 P 近似取为

$$P=\frac{G}{U} \qquad (9-2-16)$$

式中的符号含义同前。

根据局部变形理论，梁端位移为

$$y=\frac{2ap}{k} \qquad (9-2-17)$$

梁端的弹性拉力为

$$\sigma=ky=2ap \qquad (9-2-18)$$

其中

$$a=\sqrt[4]{\frac{k}{4EI}}=1.316\cdot\sqrt[4]{\frac{k}{Ed^3}} \qquad (9-2-19)$$

式中　a——弹性地基梁的弹性特征系数；

k——弹性抗力系数；

E——喷射混凝土的弹性模量；

d——喷层厚度。

代入 P 和 a 的数值，得

$$\sigma=2\frac{G}{U}\cdot1.316\cdot\sqrt[4]{\frac{k}{Ed^3}} \qquad (9-2-20)$$

这一应力不能够超过喷层与岩石间的粘接强度 σ_u，考虑强度安全系数 K，则

$$K\sigma=\sigma_u \qquad (9-2-21)$$

喷射层厚度为

$$d=3.63\left(\frac{KG}{U\sigma_u}\right)^{4/3}\left(\frac{k}{E}\right)^{1/3} \qquad (9-2-22)$$

2. 按整体作用原理设计计算

由于洞室围岩被若干组节理裂隙切割，存在一些不同倾向的缝，如径向缝、斜向缝和切向缝。采用喷射混凝土加固后，可认为第一层岩石与喷射混凝土结成整体，形成组合拱。现假定为一端固定的割圆拱，承受围岩荷载高度的全部岩石重量。荷载以自重形式作用于该组合拱的拱轴线上，大小为

$$q=(\gamma_r h+\gamma_c d)b \qquad (9-2-23)$$

式中 γ_r，γ_c——围岩和喷射混凝土重度；

h——围岩荷载高度；

b——组合拱纵向宽度。

组合拱高度及计算跨度为

$$h_z=h_y+d \quad (9-2-24)$$

$$l_0=L+h_y+d \quad (9-2-25)$$

式中 h_y——组合拱中采用的岩石拱高度；

d——喷射混凝土厚度；

l_0——组合拱的计算跨度。

喷射混凝土岩石组合拱截面内力的计算公式和锚杆岩石组合拱相同。根据内力数值计算来校核各个截面组合拱的强度，同样校核时主要在径向、切向或斜向的裂缝上进行。

9.2.3.3 采用工程类比法的锚喷支护设计

由于围岩状况的复杂性及锚喷支护理论尚处在发展中，对于具体的地下洞室支护结构形式选择与参数设计，目前一般多采用工程类比和现场测试相结合的方法。工程类比设计法通常有直接类比法和间接类比法。直接类比法一般考虑围岩的岩体强度、岩体完整性、地下水的影响程度、工程的形状与尺寸、施工方法及使用要求等方面因素，将拟设计的工程与上述条件基本相同的已建工程进行对比，由此确定喷锚支护类型与参数。比如，依据国内外锚喷支护的经验和实例，对于跨度小于10m的洞室，可按下述经验公式确定锚杆参数。

锚杆长度L取以下两式中的较大者，即

$$L=n\left(1.1+\frac{B}{10}\right) \quad (9-2-26)$$

$$L>2S \quad (9-2-27)$$

式中 L——锚杆长度，m；

B——洞室跨度；

n——围岩稳定性系数，对于Ⅱ类稳定性较好的岩石（按锚喷支护围岩分类，下同）$n=0.9$，对于中等稳定的Ⅲ类岩石$n=1.0$，对于稳定性较差的Ⅳ类岩石$n=1.1$，对于不稳定的Ⅴ类岩石，$n=1.2$；

S——围岩中节理间距。

常用锚杆长度为1.4～3.5m。锚杆直径d主要依锚杆的类型和锚固力而定，常用锚杆直径为16～24mm。

锚杆间距D取以下两式中较小者，即

$$D\leqslant 0.5L \quad (9-2-28)$$

$$D<3S' \quad (9-2-29)$$

式中 S'——围岩裂隙间距；

D——锚杆间距，一般为0.8～1.0m，最大不超过1.5m。

依据地质条件，按照选定的排距，锚杆通常按方形或梅花形布置，方形布置适用于较稳定岩层，梅花形布置适用于稳定性较差的岩层。

锚杆支护参数设计还可以根据锚杆锚固力的大小，参照锚杆材质、锚固方式、锚杆结构及长度、锚杆直径以及隧道洞室支护要求而定。

间接类比法一般是根据现行喷锚支护技术规范（《锚杆喷射混凝土支护技术规范》GB 50086—2001），锚喷支护初步设计阶段，应根据地质勘察资料，初步确定围岩级别，然后按表9-2-1的规定，初步选择隧洞、斜井或竖井的锚喷支护类型和设计参数。

表9-2-1　隧洞和斜井的锚喷支护类型和设计参数

围岩级别 \ 毛洞跨度 B/m	B≤5	5<B≤10	10<B≤15	15<B≤20	20<B≤25
Ⅰ	不支护	50mm厚喷射混凝土	（1）80～100mm厚喷射混凝土 （2）50mm厚喷射混凝土，设置1.5～2.0m长的锚杆	100～150mm厚喷射混凝土，设置2.5～3.0m长的锚杆，必要时配置钢筋网	120～150mm厚喷射混凝土，设置3.0～4.0m长的锚杆
Ⅱ	50mm厚喷射混凝土	（1）80～100mm厚喷射混凝土 （2）50mm厚喷射混凝土，设置1.5～2.0m长的锚杆	（1）120～150mm厚喷射混凝土，必要时配置钢筋网 （2）80～100mm厚喷射混凝土，设2.0～2.5 m长的锚杆，必要时配置钢筋网	120～150mm厚喷射混凝土，设置3.0～4.0m长的锚杆	150～200mm厚钢筋网喷射混凝土，设置5.0～6.0m长的锚杆，必要时，设置长度大于6.0m的预应力或非预应力锚杆
Ⅲ	（1）80～100mm厚喷射混凝土 （2）50mm厚喷射混凝土，设置1.5～2.0m长的锚杆	（1）120～150mm厚喷射混凝土，必要时配钢筋网 （2）80～100mm厚喷射混凝土，设2.0～2.5m长的锚杆，必要时配置钢筋网	100～150mm厚钢筋网喷射混凝土，设置3.0～4.0m长的锚杆	150～200mm厚钢筋网喷射混凝土，设置4.0～5.0m长的锚杆，必要时设置长度大于5.0m的预应力或非预应力锚杆	—
Ⅳ	80～100mm厚喷射混凝土，设置1.5～2.0m长的锚杆	100～150mm厚钢筋网喷射混凝土，设置2.0～2.5m长的锚杆，必要时采用仰拱	150～200mm厚钢筋网喷射混凝土，设置3.0～4.0m长的锚杆，必要时采用仰拱并设置长度大于4.0m的锚杆	—	—
Ⅴ	120～150mm厚钢筋网喷射混凝土，设置1.5～2.0m长的锚杆，必要时采用仰拱	150～200mm厚钢筋网喷射混凝土，设置2.0～8.0m长的锚杆，采用仰拱，必要时加设钢架	—	—	—

注　1. 表中的支护类型和参数，是指隧洞和倾角小于30°的斜井的永久支护，包括初期支护和后期支护的类型和参数。
2. 服务年限小于10年及洞跨小于3.5m的隧洞和斜井，表中的支护参数可根据工程具体情况适当减小。
3. 复合衬砌的隧洞和斜井，初期支护采用表中的参数时，应根据工程的实际情况予以减小。
4. 陡倾斜岩层中的隧洞或斜井易失稳的一侧边墙和缓倾斜岩层中的隧洞或斜井顶部，应采用表中Ⅱ的支护类型和参数，其他情况下，两种支护类型和参数均可采用。
5. 对高度大于15.0m的侧壁墙，应进行稳定性验算，并根据验算结果确定锚喷支护参数。

在锚喷支护施工设计阶段，应做好工程的地质调查工作，绘制地质素描图或展示图，并标明不稳定块体的大小及其出露位置，实测围岩分级定量指标，按相应的规范方法详细划分围岩级别，并修正初步设计。

对Ⅳ、Ⅴ级围岩中毛洞跨度大于5m的工程，除应按照《锚杆喷射混凝土支护技术规范》（GB 50086—2001）中表的规定选择初期支护的类型与参数外，尚应进行监控量测，以最终确定支护类型和参数。

对Ⅰ、Ⅱ、Ⅲ级围岩毛洞跨度大于15m的工程，除应按照《锚杆喷射混凝土支护技术规范》（GB 50086—2001）中表的规定选择支护类型与参数外，尚应对围岩进行稳定性分析和验算，对Ⅲ级围岩还应进行监控量测，以便最终确定支护类型和参数。

9.2.4　二次衬砌

复合式地下结构的设计分为初期支护结构设计（图9-2-10）和二次衬砌设计（图9-2-11）。初期支护结构一般为锚杆喷射混凝土支护结构，必要时配合使用钢筋网和钢拱架。隧道二次衬砌结构混凝土应密实、表面平整光滑、曲线圆顺，满足设计强度、耐久性的要求。

图9-2-10　二次衬砌施工前的毛洞

图9-2-11　洞内光滑平整的二次衬砌

隧道二次衬砌是为结构提供安全储备或承受后期围岩压力。对于稳定的坚硬围岩，因围岩和初期支护结构的变形很小，且很快趋于稳定，故二次衬砌不承受围岩压力，其主要作用是防水、利于通风和起装饰作用。对于基本稳定的坚硬围岩，虽然围岩和初期支护结构变形很小，二次衬砌承受的围岩压力也不大，但考虑到地下空间结构运营后，锚杆钢筋锈蚀、围岩松动区逐渐压密、初期支护结构的稳定性等因素，二次衬砌的作用主要是提高支护结构的安全度。对于稳定性较差的围岩，由于岩体流变、膨胀压力、地下水等作用，或由于浅埋、偏压及施工等原因，在围岩变形趋于基本稳定之前就必须进行二次衬砌，此时，二次衬砌的主要作用是承受较大的后期围岩变形压力。

二次衬砌一般是在围岩或围岩加初期支护稳定后再紧随施工，此时隧道已成型。由于时间因素影响很大，二次衬砌和仰拱的施作，直接关系到衬砌结构的安全，过早施工会使二次衬砌承受较大的围岩压力，延迟施工又不利于初期支护的稳定。因此，在施工中要通过监控、量测，掌握围岩与支护结构的变化规律，及时调整支护与衬砌的参数，并确定二次衬砌的合理施工时间，使二次衬砌结构安全、可靠。

二次衬砌的具体施作条件如下：

（1）一般情况下，二次衬砌应在围岩和初期支护变形基本稳定后施作。变形趋于稳定应符合：隧道周边变形速率明显下降并趋于缓和；或水平收敛（拱脚附近 $7d$ 平均值）小于 0.2mm/d、拱部下沉速度小于 0.15mm/d；或施作二次衬砌前的累计位移值已达到极限位移值的 80%以上。浅埋隧道Ⅴ级及Ⅴ级以上围岩应根据具体情况确定二次衬砌施作时间。

（2）复合式衬砌采用曲墙带仰拱衬砌，且应超前施作仰拱衬砌，仰拱宜超前拱墙二次衬砌，其超前距离宜保持 3 倍以上衬砌循环作业长度。仰拱混凝土应成段一次灌注，严禁分幅施工。仰拱超前时，应根据对围岩和支护量测的变形规律，确定二次衬砌的施作时间。

（3）衬砌施工时，其中线、水平、断面和净空尺寸应符合设计要求。在隧道洞口段、浅埋段、围岩松散破碎段，应尽早施工二次衬砌，并应加强衬砌结构。

（4）二次衬砌施工时，要求仰拱上的填充层或铺底调平层已施工完毕；地下水已合理引排；施工缝已按设计处理合格；基础部分的杂物及积水已清理干净。

（5）混凝土衬砌施工前应对水泥、细骨料、粗骨料、拌制和养护用水、外加剂、掺合料等原材料进行检验，混凝土生产应采用自动计量的拌和站、搅拌输送车运输、混凝土泵送入模的机械化流水作业线，以保证二次衬砌混凝土的质量。

（6）为确保衬砌对围岩的支护效果，衬砌超挖回填应符合规范要求；模筑衬砌外轮廓线以外与初期支护间采用与模筑衬砌强度等级相同的混凝土回填，严禁用水泥砂浆砌片石回填。施工过程中应及时通过信息反馈调整下一阶段同级围岩的预留变形量，以防止围岩的实际变形量超过预留变形量，造成初期支护侵入二次衬砌限界，同时也可避免因预留变形量过大而造成增大二次衬砌厚度或增加回填等现象。

（7）进行二次衬砌施工的作业区段的初期支护、防水层、环纵向排水系统等均已验收合格，防水层表面粉尘已清除干净。

（8）二次衬砌作业区段的照明、供电、供水、排水系统能满足衬砌正常施工的要求，隧道内通风条件良好。

9.3 施工信息的反馈分析

新奥法的重要思想之一是“适时支护”，即过迟的支护会引起洞室变形的不收敛，造成破坏；而过早的支护往往需要过大的支护力，这又容易造成支护的浪费或支护的破坏。但是，要做到施工开挖之前就能准确地确定各项支护参数以及最优开挖支护方案，并非易事。地下洞室的稳定性与许多因素有关，如岩体构造、岩体的物理力学特性、原始地应力、地下水作用和时间等。地下工程的设计者们总是试图事先确定上述因素，利用各种方法确定最优的支护类型和参数，但即使再大规模的室内试验和再大型的电子计算机，也还没有可能精确地模拟整个工程区域的岩体性质和地质构造因素，总是经过大量简化，其结果用于宏观控制有较大意义，但用于工程施工还有一定距离。因此，施工信息反馈，即信息化设计就是适应上述情况而提出的一种新的围岩稳定性评价方法和地下工程设计方法。

与其他方法不同，基于施工信息反馈的信息化设计要求在施工过程中布置监测系统，从现场围岩的开挖及支护过程中获得围岩稳定性及支护设施的工作状态信息。地下工程的围岩是一个包含有各种复杂因素共同作用的模糊系统，具有很多不确定条件，用常规的力学方法难以描述围岩与支护的力学特征和变化势态。为了避开这一难度很大的工作，可将上述模糊系统看做一个“黑箱”，工程施工看做“输入”因素，而监测的结果则为系统的“输出”结果。这些输出信息包含了各种因素综合作用，通过分析研究这些输出信息，就可以间接地描述围岩的稳定性和支护的作用，并反馈于施工决策和支持系统修正和确定新的开挖方案的支护参数。

施工信息反馈方法并不排斥以往的各种计算，如模型试验和经验类比等设计方法，而是把它们最大限度地包含在自己的决策支持系统中去，发挥各种方法特有的长处。

反馈分析相当于力学计算的逆命题，不是由已知边界条件、荷载、材料的物理力学参数求解域内各点的位移和应力，而是根据部分测点的位移、应力反求材料参数及初始地应力，同时对洞室稳定性进行判断。反馈分析有“正演法”和“逆演法”两种。正演法仍利用力学计算应力分析的基本格式，对反馈分析所需的参数进行数学上的近似，并进行不断优化。如在位移反馈分析中采用以下的目标函数，即

$$J = \sum_{i}^{n} (u_{mi} - u_{ci})^2 \tag{9-3-1}$$

式中　u_{mi}——实测位移；

u_{ci}——计算位移。

可用各种优化方法使目标函数 J 趋于最小，即可得到相应的参数。实际上这是在同一过程中完成的，这种方法适应性广，但计算量大。

“逆演法”则需要建立一套与常规应力分析格式相反的计算公式。在线弹性情况下，可用叠加原理建立逆演法的计算格式，非线性情况则并非易事。但无论是“正演”还是“逆演”，所得出的弹性模量和其他参数，都只能是“等效参数”或称“综合参数”，不再是弹性力学概念上的弹性模量和参数了。

思考题

9-1　试述锚喷支护设计的基本原理。

9-2　锚喷支护设计中的局部作用原理和整体作用原理有何不同？

9-3　施工信息的反馈分析有哪些方法？

第10章 基坑围护结构

10.1 概述

10.1.1 基坑围护的基本概念

在修建埋深较大的基础或地下空间工程，如地下室、市政管道、地铁及地下商场时，由地面向下开挖所形成的地下空间称为基坑。基坑围护是指在基坑开挖时，为了保证坑壁不致坍塌以及主体地下结构的安全等，进行施工降水和基坑周边的围挡，同时对基坑四周的建筑物、道路和地下管线等进行监测和维护等工程措施的总称，内容包括勘察、设计、施工、环境监测和信息反馈等几个方面。

有支护措施的基坑称为有支护基坑工程，没有支护措施的基坑称为无支护基坑工程。无支护基坑工程一般只在场地空旷、开挖深度较浅、环境要求不高的情况下才能采用。目前绝大多数基坑工程都是有支护基坑工程。

基坑工程是土木工程中经常遇到，也是最为复杂的技术领域之一。基坑工程具有“地区性”的特点，因此基坑工程设计时必须充分结合当地的工程经验与地质条件，做到因地制宜。随着土力学、计算技术、测试仪器以及施工机具和施工工艺的不断发展，基坑工程技术正在不断地发展和完善。目前，国内已发展了多种符合我国国情的、实用的基坑支护方法，设计计算理论不断改进，施工工艺不断完善。

基坑围护结构的设计与施工工况紧密相关，必须保证围护结构在施工全过程中各工况条件下的安全，同时还要控制围护结构及其周围土体的变形，以保证周围环境（相邻建筑及地下公共设施等）的安全。在安全前提下，既要设计合理，又能节约造价、方便施工、缩短工期。要提高基坑工程的设计与施工水平，必须正确选择土压力计算方法和参数以及合理的围护结构体系，同时还要重视积累丰富的设计和施工经验。另外，我国的基坑工程行业技术规范与许多省市的地方性基坑工程技术规程也已颁布施行，可作为基坑工程设计与施工时的重要依据。

10.1.2 基坑工程特点

1. 安全储备小、风险大

一般情况下，基坑工程作为临时工程，基坑围护体系在设计计算时有些荷载，如地震荷载不加考虑，相对于永久性结构而言，在强度、变形、防渗、耐久性等方面的要求较低一些，安全储备要求可小一些，加上建设方对基坑工程认识上的偏差，为降低工程费用，对设计提出一些不合理的要求，实际的安全储备可能会更小一些。因此，基坑工程具有较大的风险性，必须要有合理的应对措施。

2. 制约因素多

基坑工程与自然条件的关系较为密切，设计施工中必须全面考虑气象、工程地质及水文地质条件及其在施工中的变化，充分了解工程所处的工程地质及水文地质、周围环境与基坑开挖的关系及相互影响。基坑工程作为一种岩土工程，受到工程地质和水文地质条件的影响很大，区域性强。我国幅员辽阔，地质条件变化很大，有软土、砂性土、砾石土、黄土、膨胀土、红土、风化土、岩石等，不同地层中的基坑工程所采用的围护结构体系差异很大，即使是在同一个城市，不同的区域也有差异。因此，围护结构体系的设计、基坑的施工均要根据具体的地质条件因地制宜，不同地区的经验可以参考借鉴，但不可照搬照抄。

另外，基坑工程围护结构体系除受地质条件制约以外，还要受到相邻的建筑物、地下构筑物和地下管线等的影响，周边环境的容许变形量、重要性等也会成为基坑工程设计和施工的制约因素，甚至成为基坑工程成败的关键，因此，基坑工程的设计和施工应根据基本的原理和规律灵活应用，不能简单引用。基坑支护开挖所提供的空间是为主体结构的地下室施工所用，因此任何基坑设计，在满足基坑安全及周围环境保护的前提下，要合理地满足施工的易操作性和工期要求。

3. 计算理论不完善

基坑工程作为地下工程，所处的地质条件复杂，影响因素众多，人们对岩土力学性质的了解还不够深入，很多设计计算理论，如岩土压力、岩土的本构关系等，还不完善，还是一门发展中的学科。

作用在基坑围护结构上的土压力不仅与位移等大小、方向有关，还与时间有关。目前，土压力理论还很不完善，实际设计计算中往往采用经验取值，或者按照朗肯土压力理论或库伦土压力理论计算，然后再根据经验进行修正。在考虑地下水对土压力的影响时，是采用水土压力合算还是分算更符合实际情况，在学术界和工程界认识还不一致，各地制定的技术规程或规范中的规定也不尽相同。至于时间对土压力的影响，即考虑土体的蠕变性，目前在实际应用中较少顾及。

实践发现，基坑工程具有明显的时空效应，基坑的深度和平面形状对基坑围护体系的稳定性和变形有较大的影响，土体所具有的流变性对作用于围护结构上的土压力、土坡的稳定性和围护结构变形等有很大的影响。这种规律尽管已被初步认识和利用，形成了一种新的设计和施工方法，但离完善还是有较大的差距。

岩土的本构模型目前已多得数以百计，但真正能获得实际应用的模型却寥寥无几，即使是获得了实际应用，但和实际情况还是有较大的差距。

基坑工程的设计计算理论的不完善，直接导致了工程中的许多不确定性，因此要和监测、监控相配合，更要有相应的应急措施。

4. 综合性知识经验要求高

基坑工程的设计和施工不仅需要岩土工程方面的知识，也需要结构工程方面的知识。同时，基坑工程中设计和施工是密不可分的，设计计算的工况必须和施工实际的工况一致才能确保设计的可靠性。所有设计人员必须了解施工，施工人员必须了解设计。设计计算理论的不完善和施工中的不确定因素会增加基坑工程失效的风险，所以，需要设计施工人员具有丰富的现场实践经验。

从事基坑工程的设计施工人员需要具备及综合运用以下各方面知识的能力：

（1）岩土工程知识和经验。

按工程需要提出勘察任务并能对地质勘察报告提供的描述和各类参数进行研究、分析以合理选用参数进行支护结构的土压力计算，对基坑开挖带来的环境影响进行较为精确的预估，以及对地质条件变化带来的问题做出正确的判断和处理。

（2）建筑结构和力学知识。

能够了解主体结构的设计要求，掌握其与基坑围护结构的相互关系，处理好临时围护结构与永久性主体结构的相互关系，以及围护结构和支撑作永久性结构的技术问题。熟练应用钢筋混凝土结构和钢结构的设计理论和方法，设计各类支撑体系。

（3）施工经验。

熟悉各种地基加固、防水、降水等特种工艺的施工方法、施工流程及相关设备的选择，能够对各种支护方案进行质量、工期、造价的对比。

（4）工程所在地的施工条件和经验。

为根据各地区地质、环境、施工条件的特点因地制宜选择合理的设计施工方案，在支护结构设计计算时，要充分吸取当地施工技术以及工程成功和失败的经验。

5. 环境效应要考虑

基坑开挖必将引起基坑周围地基中地下水位的变化和应力场的改变，导致周围地基中土体的变形，对邻近基坑的建筑物、地下构筑物和地下管线等产生影响，影响严重的将危及相邻建筑物、地下构筑物和地下管线的安全和正常使用，必须引起足够的重视。另外，基坑工程施工产生的噪声、粉尘、废弃的泥浆、渣土等也会对周围环境产生影响，大量的土方运输也会对交通产生影响，因此，必须考虑基坑工程的环境效应。

10.1.3 基坑围护结构类型

基坑支护结构通常可分为桩（墙）式围护体系和重力式围护体系两大类，根据不同的工程类型和具体情况又可细分为多种围护结构形式，如表 10－1－1 和表 10－1－2 所列。

表 10－1－1　　基坑围护结构类型

类型		支护形式及特点
边坡支护结构	土钉墙支护	适用于硬土地层或软土浅基坑，饱和含水地层采用复合土钉支护结构，特点是造价低廉
	钢丝网护坡	适用于岩土及硬土边坡或软土临时边坡
	护坡桩护坡	采用抗滑桩支护
重力式支护结构	水泥土搅拌桩重力式挡土墙	适用于深度较小（软弱地层中小于 7m）的基坑
	刚架重力式挡土墙	利用两排或以上刚性挡土墙结构连接形成一定宽度的重力坝，可以减小重力坝宽度及位移
	沉井式重力挡土结构	适用于深水环境的挡土结构
	混合重力式挡土墙	在不同重力坝结构中插入劲性材料或刚性桩，以减少重力坝位移

续表

类　型		支护形式及特点
支（锚）撑式支护结构	锚杆或锚碇式支护结构	自钻式锚杆、可回收锚杆、预应力锚杆、非预应力锚杆
	内支撑支护结构	井字形对撑、边桁架支撑、圆环支撑
中心岛支护结构	全中心岛	全部采用中心岛结构进行支护
	半中心岛	首层或浅层开挖采用内支撑，以下则采用中心岛支护，可以减少中心岛边坡高度及其放置时间以及减少基坑的位移
逆作法支护结构	全逆作法	利用先施工的主体结构楼板作支撑，从上往下逐层施工
	半逆作法	首层土方开挖采用顺作法支护，深层采用逆作法支护，其特点是加快浅层土方开挖速度
中心岛、逆作混合支护结构		采用中心岛施工中心部位主体结构，基坑周边采用逆作支护施工，可以减少全逆作法的施工困难
盖挖法支护结构		对地面交通环境影响小，时间短，特别适用于地面环境控制严格的城市地面道路下的基坑工程

表 10-1-2　挡土墙结构类型

挡土墙结构部分	透水挡土结构	包括：H 型钢、工字钢桩加插板；疏排灌注桩钢丝网水泥抹面；密排桩（灌注桩、预制桩）；双排桩挡土；连拱式灌注桩；土钉支护；插筋补强支护
	止水挡土结构	包括：地下连续墙；深层搅拌水泥土桩、墙；深层搅拌水泥土桩、加灌注桩；密排桩间加高压喷射水泥桩；小子口咬合钢板桩；SMW 工法桩；咬合灌注桩

桩（墙）式围护体系一般由围护墙结构、支撑（或锚杆）结构及防水帷幕等部分组成。根据围护墙材料，桩（墙）式围护体系可以分为钢筋混凝土地下连续墙、柱列式钻孔灌注桩、钢板桩和钢筋混凝土板桩等形式；根据对围护墙的支撑方式，又可以分为内支撑体系和土层锚杆体系两类。桩（墙）式围护体系的墙体厚度相对较小，通常是借助墙体在开挖面以下的插入深度和设置在开挖面以上的支撑或锚杆系统平衡墙后的水、土压力而维持边坡稳定。对于开挖深度不大的基坑，经过验算也可采用无支撑、无锚杆的悬臂式桩（墙）式围护体系。

重力式围护体系一般是指不用支撑和锚杆的自立式墙体结构，厚度相对较大，主要借助其自重、墙底与地基之间的摩擦力以及墙体在开挖面以下受到的土体被动抗力来平衡墙后的水、土压力而维持边坡稳定。在基坑工程中，重力式围护体系的墙体在开挖面以下往往需要有足够的埋入深度。目前，在我国各地常用的水泥土围护体系和刚架重力式挡土墙一般都归于重力式围护体系中，其受力性能类似于悬臂式的桩（墙）式围护结构。

10.1.4　基坑围护结构特点

（1）外力的不确定性。作用在支护结构上的外力往往随着环境条件、水文地质条件、施工方法和施工步骤等因素的变化而改变。

(2) 变形的不确定性。变形控制是支护结构设计的关键，但影响变形的因素很多，围护墙体的刚度、支撑（或锚杆）体系的布置和构件的截面特性、地基土的性质、地下水的变化、侵蚀和管涌以及施工质量和现场管理水平等都是产生变形的原因。

(3) 土性的不确定性。地层分布的非均质性和土性的变异性导致在基坑的不同部位、不同施工阶段地基土对支护结构的作用或提供的抗力也随之而变化。

(4) 一些偶然变化所引起的不确定性因素。施工场地内土压力分布的意外变化、事先没有发现的地下障碍物或地下管线以及周围环境条件的改变等，这些因素都会影响基坑工程的正常施工和安全。

10.2 基坑工程的设计内容

基坑工程设计与施工工作程序如图 10-2-1 所示，建筑基坑围护结构的设计一般包括以下内容：环境调查及基坑安全等级的确定；围护结构类型；围护结构设计计算；围护结构稳定性验算；节点设计；井点降水、土方开挖方案以及监测要求等。

10.2.1 基坑安全等级

基坑工程围护设计中，首先应根据基坑的深度、地质条件以及周边环境条件确定基坑的安全等级（表 10-2-1），才能开始设计。根据《建筑基坑支护技术规程》（JGJ 120—2012）的定义，基坑支护结构极限状态可分为下列两类：

(1) 承载能力极限状态。对应于支护结构达到最大承载能力或土体失稳、过大变形导致支护结构或基坑周边环境破坏。

(2) 正常使用极限状态。对应于支护结构的变形已妨碍地下结构施工或影响基坑周边环境的正常使用功能。

在支护结构设计中，为满足挡土结构的稳定性及保证对邻近建筑物和设施不造成损害，应确保不发生上述两种极限状态，这便是进行基坑开挖支护工程的总目标和要求。围护结构应与其他建筑结构设计一样，要求在规定的时间内和规定的条件下完成各项预定功能，即：

(1) 能承受在正常施工和正常使用时可能出现的各种荷载。

(2) 在正常情况下，具有良好的工作性能。

(3) 在偶然的不利因素发生时和发生后，围护结构仍能保持整体稳定。

此外，基坑围护结构还具有以下特点：

(1) 当围护结构仅仅作为地下主体结构施工所需要的临时性措施时，其使用期较短，一般不超过两年，而一般建筑结构所规定的设计基准期通常为 50 年。设计基准期的长短关系到结构材料的耐久性和偶然作用的概率等方面的问题。因此，在非地震频发地区通常可不考虑地震力对围护结构的作用。

(2) 基坑围护结构的设计计算理论目前尚不完备，满意的工程实测资料较少，因此还没有条件像建筑结构那样通过对材料性能、荷载作用及结构效应等方面统计分析得出结构可靠性的概率指标。

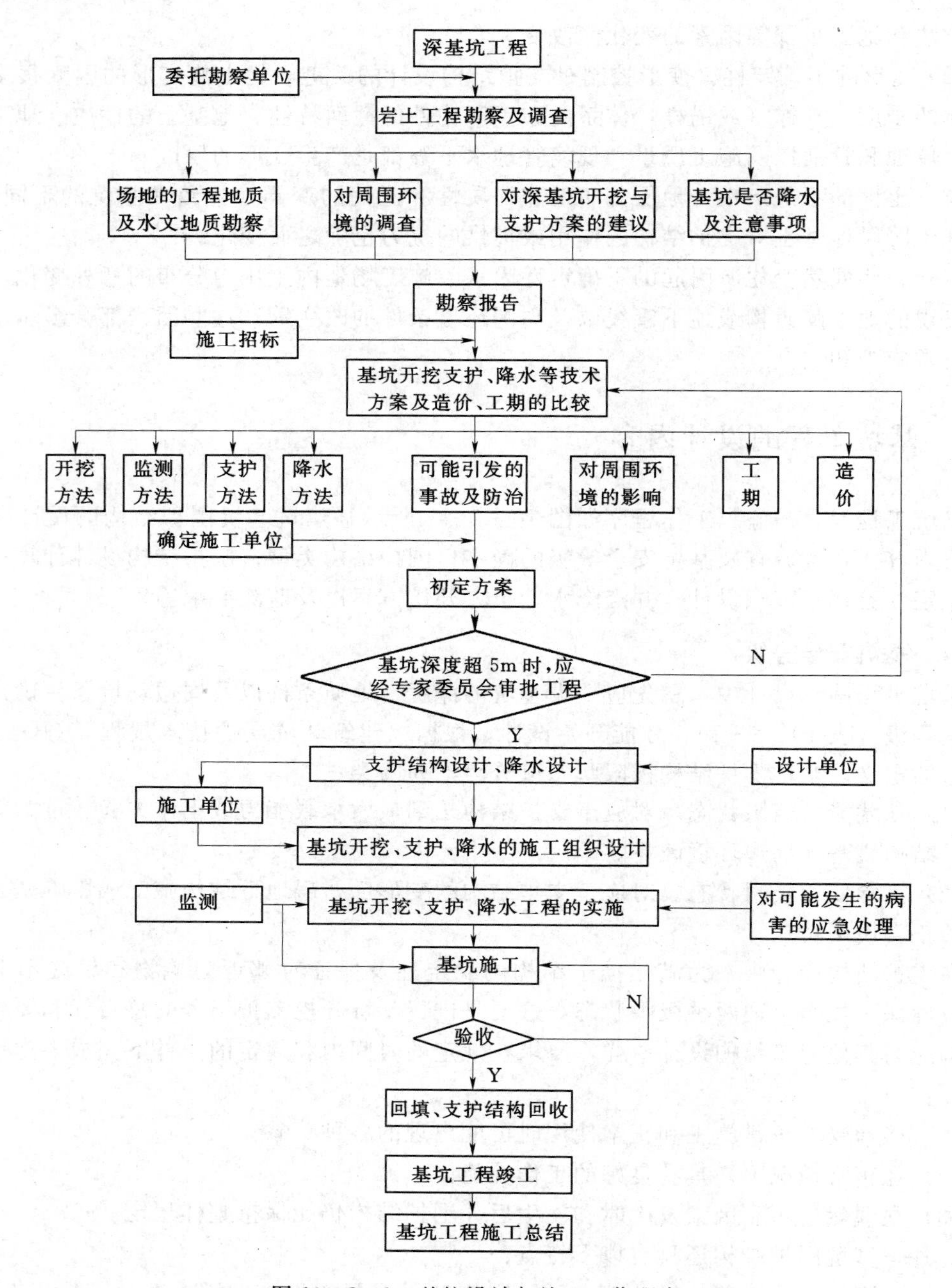

图10-2-1　基坑设计与施工工作程序

为了区别对待各种不同的情况，《建筑基坑支护技术规程》(JGJ 120—2012) 根据结构破坏可能产生的后果严重程度（包括对主体工程和环境的危害程度、危及人的生命安全、造成的经济损失和社会影响等），把基坑划分为不同的安全等级，见表10-2-1。《建筑基坑支护技术规程》(JGJ 120—2012) 还根据工程性质、水文地质条件、基坑开挖深度及规模，把基坑划分为复杂、中等和简单3种等级。

表 10-2-1 基坑侧壁安全等级

基坑侧壁安全等级	破坏后果	重要性系数
一级	支护结构破坏土体失稳或过大变形对基坑周边环境及地下结构施工影响很严重	1.1
二级	支护结构破坏土体失稳或过大变形对基坑周边环境及地下结构施工影响一般	1.0
三级	支护结构破坏土体失稳或过大变形对基坑周边环境及地下结构施工影响不严重	0.9

10.2.2 环境调查

进行基坑工程设计前，必须进行与基坑工程相关的详细资料收集及环境调查工作。基坑围护结构设计所需的基本资料主要如下：

（1）工程地质、水文地质资料。

（2）场地环境条件资料，包括建筑红线，周边建（构）筑物的分布、层数、抗变形能力、基础形式、基础埋深，周边地下管线的种类、埋深、使用年限、抗变形的能力以及场地内地下人防等地下结构物等。

（3）拟建工程的地下室结构、基础桩基图纸等。

（4）与施工条件有关的资料，如对于地下连续墙设计时还应根据不同的安全等级提供有关实验资料。

（5）所在地工程经验与施工技术水平。

10.2.3 围护结构的选择和布置

围护墙体和支撑（或锚杆）结构所用材料、形式及布置方式，应该根据工程规模、主体工程特点、场地条件、环境保护要求、岩土工程勘察资料、土方开挖方法及地区工程经验等因素，经综合分析比较，在确保安全可靠的前提下，选择切实可行、经济合理的方案。

围护墙体和支撑结构的布置可参考表 10-2-2，在满足相关规范要求之外，尚应遵循以下原则：

（1）基坑围护结构的构件（包括围护墙、隔水帷幕和锚杆）在一般情况下不应超出工程用地范围；否则应事先征得政府主管部门或相邻地块业主的同意。

（2）基坑围护结构构件不能影响主体工程结构构件的正常施工。

（3）有条件时基坑平面形状尽可能采用受力性能较好的圆形、正多边形和矩形。

10.2.4 围护结构内力设计计算

通过设计计算确定围护结构构件的内力和变形，据以验算截面承载力和基坑位移。计算模型的假设条件必须符合支护结构的具体情况，所采用的有关参数应根据工程的具体条件和当地经验确定。由于支护结构的内力和变形随着施工的进展而不断变化，因此设计计算必须按不同施工阶段的工况条件分别进行验算，同时应考虑前一种工况对后续工况内力和变形的影响。

表10-2-2　围护结构选型参考表

开挖深度	围护结构选择	
	淤泥及软土	一般黏性土
$H\leqslant 6m$	（1）水泥土搅拌桩 （2）$\phi600$混凝土桩＋支撑或锚杆＋止水帷幕 （3）打入桩（钢、预应力混凝土桩）＋止水帷幕＋支撑或锚杆＋腰梁	（1）一级或二级以上放坡挖土 （2）放坡＋井点降水 （3）局部放坡＋土钉墙（或喷锚支护） （4）砖墙支护＋局部放坡＋面层加固 （5）局部放坡＋灌注桩（$\phi600$）
$6m<H\leqslant 10m$	（1）混凝土桩（$\phi600\sim1000$）＋止水帷幕＋支撑或锚杆＋（或中心岛） （2）地下连续墙（厚600～800）＋支撑或锚杆 （3）打入桩＋支撑或锚杆＋止水帷幕 （4）水泥土地下连续墙＋支撑或锚杆	（1）局部放坡＋混凝土桩（$\phi600\sim800$）＋支撑或锚杆＋止水帷幕 （2）局部放坡＋打入桩＋支撑或锚杆＋止水帷幕 （3）局部放坡＋水泥土地下连续墙＋支撑或锚杆 （4）局部放坡＋土钉墙（或喷锚支护）＋降水 （5）局部放坡＋拱形支护＋降水或止水帷幕
$H>10m$	（1）地下连续墙＋支撑或锚杆 （2）大直径桩（$\phi800\sim1000$）＋止水帷幕＋多支撑或锚杆（或中心岛） （3）地下连续墙（或大直径）＋内外土体加固＋支撑或锚杆＋止水帷幕 （4）地下连续墙＋逆作法	（1）局部放坡＋混凝土桩＋支撑或锚杆＋止水帷幕 （2）局部放坡＋地下连续墙＋支撑或锚杆 （3）局部放坡＋土钉墙（或喷锚支护）＋降水 （4）局部放坡＋打入桩＋支撑或锚杆＋止水帷幕

10.2.5　围护结构稳定性验算

围护结构稳定性验算通常包括以下内容：

（1）基坑边坡整体滑动稳定性验算。防止因为围护墙插入深度不够，使基坑边坡沿着墙底地基中某一滑动面产生整体滑动。

（2）围护墙体抗倾覆稳定性验算。防止开挖面以下地基水平抗力不足和开挖面以上支撑力（或锚拉力）不足，使墙体产生倾倒。

（3）围护墙底面抗滑移稳定性验算。防止墙体底面与地基接触面上的抗剪强度不足，使墙体底面产生滑移。

（4）基坑围护墙抗隆起稳定性验算。防止围护墙被动侧土体抗力不足，产生墙体踢脚和向基坑内涌土。

（5）竖向抗渗流稳定性验算。在地下水较高的地区，在基坑内外水头差或坑底以下可能存在的承压水作用下，防止承压水顶破上覆土层或由于地下水竖向渗流使开挖面以下地基土的被动抗力和地基承载力失效，产生坑底管涌和喷涌。

10.2.6　基坑周边环境安全评估

基坑的安全等级决定了周边环境变形的控制等级。应采用恰当的方法对基坑工程开挖引起的周围地面沉降及其影响范围进行计算，调查影响范围内各种重要建构筑物及地下管线设施，逐一验算其是否满足允许变形条件，提出相应保护对策。

以上各项稳定验算内容都与围护墙的埋入深度有关，最后确定的围护墙埋入深度应同时满足上述各项验算要求。其中，第（3）项验算主要针对重力式围护墙。对于有支撑或锚拉的板式支护结构，还应验算墙前土体被动抗力，防止墙体下部产生过大的变形。

围护结构稳定验算是在变形极限状态下的验算，所以都用主动土压力和被动土压力值进行计算。影响支护结构稳定的外界因素很多，各种变形现象往往不是完全独立存在的。目前一般都采取控制安全度的方法，用半经验、半理论公式分项验算，有时对同一个项目还要用多种方法进行验算，以达到总体上的稳定。

10.2.7　节点设计

在基坑工程中，经常发生由于支护结构局部节点构造不合理或由于施工不注意而导致基坑过大变形，甚至危及整体安全，因此，必须充分重视节点设计这一环节。合理的节点构造应符合以下条件：

（1）方便施工。

（2）节点构造与设计计算的假设条件一致。

（3）节点构造应起到防止构件局部失稳的作用。

（4）尽可能减少节点自身的变形量。

（5）关系整体稳定安全的节点应设置多道防线。

10.2.8　其他土工问题

基坑围护结构设计与工程施工密切相关，除围护结构本身的设计外，其他影响基坑安全和稳定性的土工问题和施工因素，如降水、土方开挖、监测等也是至关重要的，因此也需要在设计中明确其具体要求。对于风险较大的基坑工程，还要求就以下几个方面做详细施工设计。

1. 井点降水

在地下水位较高的地区，降水是基坑设计必须考虑的一项内容，可以分为基坑内降水和基坑外降水两种情况。放坡开挖或无隔水帷幕的开挖施工通常在基坑外降水；围护墙设置隔水帷幕时通常采取坑内降水。降水深度通常控制在基坑开挖面以下0.5～1.0m，降水过深时容易引起渗流所带来的不利影响。常用的井点类型有轻型井点、多级轻型井点、喷射井点及深井井点，设计时应该根据各类型井点适用条件、基坑规模、开挖深度和地层渗流条件并结合地区经验选择。当基坑开挖深度小于3m时，通常可采用重力排水（或称明排水），大于3m时宜采用井点降水。

2. 土方开挖

不适当的开挖方式往往是造成基坑事故的重要原因。围护结构设计应为土方开挖创造有利条件，同时应对开挖方式提出要求。其中最重要的要求是每阶段的开挖深度应与相应设计工况的计算模型一致，强调“先支撑（或锚定）后开挖”的原则。每次挖到规定深度后，应及时架设支撑，其时间间隔一般情况下不宜超过48h，以防地基土变形的发展。对于大型基坑应结合主体工程情况，采取在平面上分区、分段，深度上分层的对称开挖方式，从而较为有效地减少事故的发生和对环境的影响。

3. 监测

基坑工程的监测是环境保护及信息化施工的必要条件，其内容一般包括以下几个方面：

（1）围护结构主要构件的内力和变形，如支撑轴向力、墙顶的水平位移和垂直位移、墙体竖向的变形曲线以及立柱的沉降和回弹等。

（2）基坑周围土体的变形、边坡稳定以及地下水位的变化和孔隙水压力等，必要时还应对坑底土的回弹进行监测。

（3）对周围环境中需要保护的对象进行专门的观察和监测，如基坑邻近的建筑物或构筑物、重要历史文物以及市政管线（包括煤气管、上下水管、通信电缆、高压电缆等）和道路、桥梁、隧道等。通过监测可以验证支护结构设计的合理性。监测工作是基坑工程中不可忽视的一项重要内容。

10.3 基坑围护结构的内力计算

10.3.1 围护结构的计算模型及计算原则

基坑工程的计算模型涉及很多方面，包括结构模型、水土压力模型、稳定性分析模型等，见表 10-3-1。对于围护结构的计算一般采用考虑桩（墙）土共同作用的弹性地基上的杆系或框架模型，根据施工过程中发生的实际工况分步进行计算，同时考虑施工工况引起结构的先期位移以及支撑变形的影响或采用荷载增量法进行计算，即“先变形后支撑”的原则。计算工况包括开挖阶段到内部结构回筑阶段各工况，最终的位移及内力设计值是各阶段累计内力变形值的包络值。

表 10-3-1　支护结构常见计算模型简介

计算模型	简化形式及分析计算方法
桩土共同作用模型	将支护桩（墙）简化成梁、板结构，使用工程力学的方法进行求解，支护桩（墙）的内力计算主要有两种： （1）桩土协同作用分析：分别建立桩（墙）及土体的变形微分方程，使用位移和应力连续条件联合求解。一般情况下只能借助数值分析方法，如用有限元法或有限差分法求解 （2）用侧压力做桥梁，将桩（墙）从桩土共同作用体中分离出来，采用理论力学、材料力学中的一些力和力矩平衡知识就可得到内力的解
水平支点模型	主要有：①有限元方法；②自由土法；③等值梁法。其中等值梁法适于手算，其计算支点水平力时的假定为：基坑开挖面以下的土压力零点为转动点，保持此点的力矩平衡以求得各层水平支点力；假设下层开挖不影响上层计算水平支点力
支护结构的嵌固深度分析模型	理论上根据作用于结构上力的平衡条件由水平力及弯矩的平衡条件确定。但在工程实际中往往只计算两者之一，再乘以一个安全系数确定。悬臂式支护结构的嵌固深度由结构端部转动平衡条件确定；具有水平支点力的混合结构的嵌固深度由水平力平衡条件决定

在围护结构的设计计算中，地基抗力系数是必须首先确定的一个参数。地基抗力系数（也称地基反力系数、基床系数、垫层系数、弹簧常数等）是决定桩土共同作用的重要参数，其计算取值方法很多，且结果有很大的差别。地基垂直方向和水平方向的地基抗力系数也有很大差异。按温克尔弹性地基假定，每一点的地基反力与该点的弹性变形成正比，即

$$K=\frac{P}{u} \tag{10-3-1}$$

式中 K——地基抗力系数，kPa/m；

P——地基抗力强度，kPa；

u——位移量，m。

地基抗力系数主要由地质条件决定，当然与承力面积和深度也有关系，其值一般通过实验求得，如果无条件时，也可按有关地质参数估算或查相关手册。

10.3.2 桩（墙）内力的计算分析方法

10.3.2.1 弹性地基杆系有限单元法

弹性地基杆系有限单元法是当前基坑工程设计的最常用方法，采用杆系有限单元法分析挡土结构的一般过程如下：

(1) 结构理想化。即把挡土结构的各个组成部分，根据其结构受力特性，理想化为杆系单元，如两端嵌固的梁单元、弹性地基梁单元、弹性支承梁单元等。

(2) 结构离散化。把挡土结构沿竖向划分成有限个单元，一般每隔 0.5～1.0m 划分一个单元。为计算方便，尽可能将节点布置在挡土结构的截面和荷载突变处、弹性地基基床系数变化段及支撑或锚杆的作用点处。各单元以边界上的节点相连接。

(3) 挡土结构的节点应满足变形协调条件，即结构节点的位移和连接在同一节点的每个单元的位移是互相协调的，并取节点的位移为基本未知量。

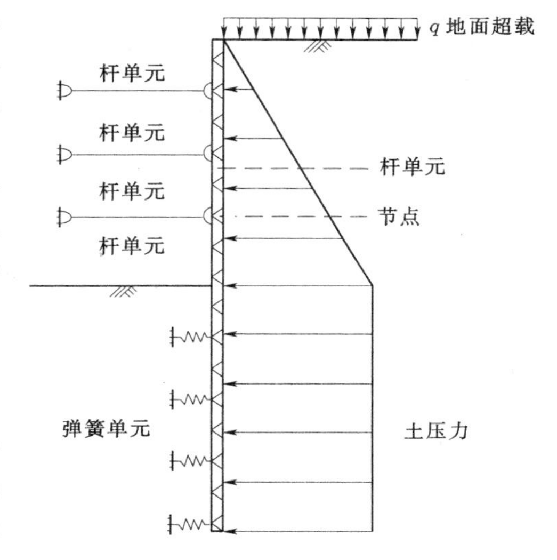

图 10-3-1　挡土结构杆系有限元计算模型

(4) 单元所受荷载和单元节点位移之间的关系，以单元的刚度矩阵 $[K]^e$ 来确定，即

$$\{F\}^e=[K]^e\{\delta\}^e \tag{10-3-2}$$

式中 $\{F\}^e$——单元节点力；

$\{\delta\}^e$——单元节点位移；

$[K]^e$——单元刚度矩阵。

作用于结构节点上的荷载和结构节点位移之间的关系以结构的总刚度矩阵来联系。结构的总刚度矩阵是由各个单元的刚度矩阵，经矩阵变换得到。

(5)根据静力平衡条件，作用在结构节点的外荷载必须与单元内荷载相平衡。单元内荷载由未知节点位移和单元刚度矩阵求得。外荷载给定后，可求得未知的各节点位移，进而求得单元内力。对于弹性地基梁的地基反力，可由结构位移乘以基床系数值求得。

采用杆系有限单元法计算挡土结构，一般采用图 10-3-1 所示的计算模型。

图 10-3-1 是采用杆系有限单元法分析挡土结构的通用计算模型。地面以上(基底以上)部分挡土结构采用梁单元，基底以下部分为弹性地基梁单元，水平支撑杆为弹性支承单

元。荷载为主动侧的土压力和水压力。

对于杆系(梁)单元,取梁轴线为 x 轴,则可写出该梁单元的刚度矩阵表达式,即

$$\begin{Bmatrix} X_i \\ Y_i \\ M_i \\ X_j \\ Y_j \\ M_j \end{Bmatrix} = \frac{EI}{l} \begin{bmatrix} A/I & 0 & 0 & -A/I & 0 & 0 \\ 0 & 12/l^2 & 6/l & 0 & -12/l^2 & 6/l \\ 0 & 6/l & 4 & 0 & -6/l & 2 \\ -A/I & 0 & 0 & A/I & 0 & 0 \\ 0 & -12/l^2 & -6/l & 0 & 12/l^2 & -6/l \\ 0 & 6/l & 2 & 0 & -6/l & 4 \end{bmatrix} \begin{Bmatrix} u_i \\ v_i \\ \varphi_i \\ u_j \\ v_j \\ \varphi_j \end{Bmatrix} \tag{10-3-3}$$

式中 X_i, X_j——节点 i、j 轴向力;

Y_i, Y_j——节点 i、j 剪切力;

M_i, M_j——节点 i、j 弯矩;

u_i, u_j——节点 i、j 轴向位移;

v_i, v_j——节点 i、j 横向位移;

φ_i, φ_j——节点 i、j 转角;

E——挡土结构材料弹性模量;

I——挡土结构截面惯性矩;

A——挡土结构截面面积;

l——单元长度。

对于支撑或锚杆,单元刚度矩阵为

$$[K]^e = \frac{EA}{l} \begin{bmatrix} 0 & 0 & 0 & 0 & 0 & 0 \\ 0 & 1 & 0 & 0 & -1 & 0 \\ 0 & 0 & 0 & 0 & 0 & 0 \\ 0 & 0 & 0 & 0 & 0 & 0 \\ 0 & -1 & 0 & 0 & 1 & 0 \\ 0 & 0 & 0 & 0 & 0 & 1 \end{bmatrix} \tag{10-3-4}$$

式中 E——支撑或锚杆材料弹性模量;

A——支撑或锚杆截面面积;

l——支撑或拉杆长度。

对于弹性地基梁单元,其刚度矩阵有两种假定:

(1) 在弹性地基梁单元的每一节点处,各设置一附加弹性支承杆件或弹簧单元,其刚度为

$$K = K_h B l \tag{10-3-5}$$

式中 K_h——地基土水平抗力系数;

B——梁计算宽度,常取 1m 或一标准段;

l——单元长度。

在单元长度较小的情况下,采取这一假定其精度能满足要求。

(2) 采用温克尔弹性地基梁单元,其弹性曲线的微分方程式为

$$EI\frac{d^4y}{dx^4}=-Ky+q \tag{10-3-6}$$

式中　q——梁上荷载强度。

利用初参数法，可求解式（10－3－6）为

$$\begin{Bmatrix}M_{Xi}\\Q_i\\M_{Zi}\\M_{Xj}\\Q_j\\M_{Zj}\end{Bmatrix}=\frac{2EI}{l^3}\begin{bmatrix}1&0&0&0&0&0\\0&\gamma_1&l\beta_1&0&-\gamma_2&l\beta_2\\0&l\beta_1&l^2\alpha_1&0&-l\beta_2&l^2\alpha_2\\0&0&0&l&0&0\\0&-\gamma_2&-l\beta_2&0&\gamma_1&-l\beta_1\\0&l\beta_2&l^2\alpha_2&0&-l\beta_1&l^2\alpha_1\end{bmatrix}\begin{Bmatrix}\theta_{Xi}\\y_i\\\theta_{Zi}\\\theta_{Xj}\\y_j\\\theta_{Zj}\end{Bmatrix} \tag{10-3-7}$$

式中　M_{Xi}，M_{Xj}——节点 i、j 处绕 x 轴弯矩；

Q_i，Q_j——节点 i、j 处剪力；

M_{Zi}，M_{Zj}——节点 i、j 处绕 z 轴弯矩；

θ_{Xi}，θ_{Xj}——节点 i、j 处绕 x 轴转角；

y_i，y_j——节点 i、j 处横向位移；

θ_{Zi}，θ_{Zj}——节点 i、j 处绕 z 轴转角；

E——挡土结构材料弹性模量；

I——挡土结构截面惯性矩；

l——梁单元长度；

α_1，α_2，β_1，β_2，γ_1，γ_2——系数，表达式分别为

$$\alpha_1=\frac{\mathrm{ch}\lambda l\cdot\mathrm{ch}\lambda l-\cos\lambda l\sin\lambda l}{\mathrm{sh}^2\lambda l-\sin^2\lambda l}\cdot\lambda l$$

$$\alpha_2=\frac{\mathrm{ch}\lambda l\cdot\sin\lambda l-\mathrm{sh}\lambda l\cos\lambda l}{\mathrm{sh}^2\lambda l-\sin^2\lambda l}\cdot\lambda l$$

$$\beta_1=\frac{\mathrm{ch}^2\lambda l-\cos^2\lambda l}{\mathrm{sh}^2\lambda l-\sin^2\lambda l}\cdot(\lambda l)^2$$

$$\beta_2=\frac{2\mathrm{sh}\lambda l\cdot\sin\lambda l}{\mathrm{sh}^2\lambda l-\sin^2\lambda l}\cdot(\lambda l)^2$$

$$\gamma_1=2(\alpha_1\beta_1-\alpha_2\beta_2)$$

$$\gamma_2=2(\alpha_1\beta_2-\alpha_2\beta_1)$$

λ——梁的弹性特征。

10.3.2.2　挡土结构的有限元分析

以往采用的古典法以及山肩邦男法、弹性法等计算方法不能有效地计入基坑开挖时挡土结构及支撑轴力的变化过程，采用这些计算方法所得到的结果用于多道支撑的深基坑挡土结构分析时内力比实际情况的误差大，有的甚至达3倍以上。随着计算机的普及，有限单元法作为一种计算方法因具有灵活、多样、限制少、易于模拟等优点而在挡土结构分析中已广为采用。在使用有限元对挡土结构进行分析时，可有效地计入基坑开挖过程中的多种因素。例如，作用在挡土结构上被动侧和主动侧的水土压力变化，支撑随开挖深度的增加其架设数量的变化，支撑预加轴力对挡土结构内力变化的影响，以及空间作用下挡土结

构的空间效应问题等。因此为有效、安全、经济地优化挡土结构形式和开挖过程开辟了新的途径。

挡土结构有限元分析法有两类，即现行规范推荐的竖向平面弹性地基梁法和连续介质有限元法。其中，前者也称为“弹性杆系有限元法”，而“连续介质有限元法”由于计算参数难以准确确定以及计算机容量和速度的限制等，目前还未得到广泛的应用。下面详细介绍弹性杆系有限元法。

1. 荷载

如图10-3-2所示，q为地面超载，一般根据现场施工荷载及邻近建（构）筑物实际

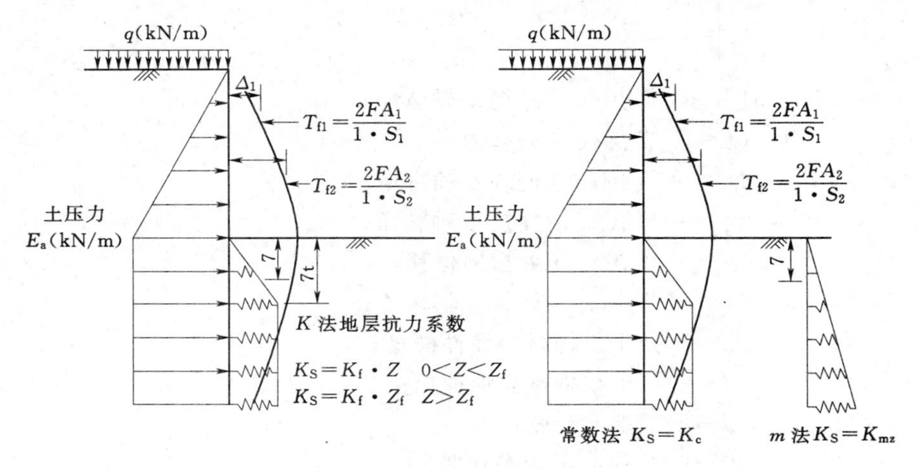

图10-3-2 挡土结构荷载简图

荷载确定，一般深基坑工程取为20～30kN/m²；E_a为主动侧土压力，一般由朗肯土压力理论求得，且开挖面以上为梯形分布，开挖面以下为矩形分布。

土压力的大小、分布范围均随开挖面而变化，每一次开挖均会造成开挖面的变化。所以，土压力也会随之变化。

2. 计算简图

为了正确计入施工因素，必须了解挡土结构在各个施工阶段中不同的变形状态，挡土结构的变形状态如图10-3-3所示。

由图10-3-3可知，在土方开挖过程中，架设支撑之前，该点处的挡土结构已经发生了一定量的变形，而支撑架设后该点的变形增量是很小的，即挡土结构的位移多在支撑架设之前就已经发生并影响挡土结构的内力。事实上，因土体卸荷导致的前期位移在挡土结构中引起的弯矩往往超过作用在挡土结构上的水土压力引起的弯矩。与挡土结构在各个施工阶段的变形特征相适应，各阶段的计算简图如图10-3-4所示。

图10-3-4中，N_1、N_2、N_3为支撑杆轴力。地层抗力系数K可根据现场试验或按有关规定取用。

根据图10-3-4所示计算简图，可以分别求得各个不同阶段挡土结构的位移、弯矩和剪力及支撑轴力，取各个阶段的点内力包络图作为挡土结构的最终设计依据。

开挖到基底后进行主体结构施工，支撑随主体结构施工而逐渐撤去时，由于支撑点的

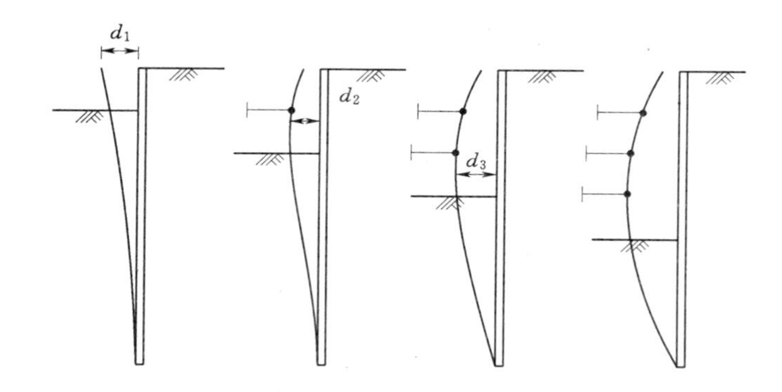

图 10-3-3　挡土结构的变形状态随开挖过程的变化

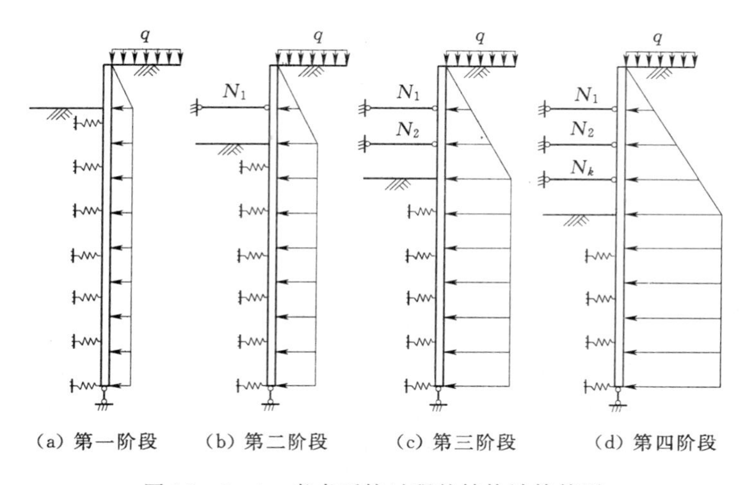

图 10-3-4　考虑开挖过程的结构计算简图

位置及主体结构的本身条件而对挡土结构的内力会产生各种影响，因此在进行有限元分析时也必须计入这方面的因素。考虑拆除支撑、回撑的计算简图如图 10-3-5 所示（以地下二层基坑为例）。

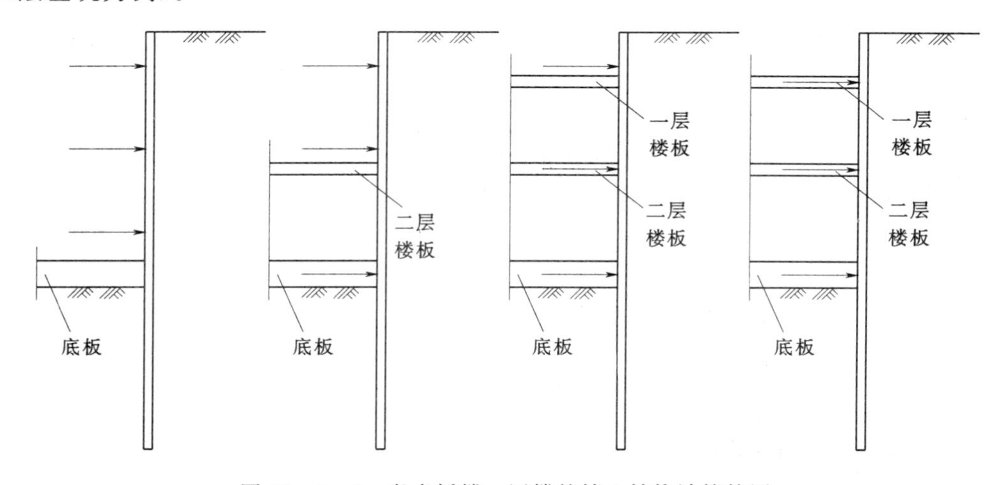

图 10-3-5　考虑拆撑、回撑的挡土结构计算简图

总之，在进行挡土结构的内力分析时，应针对各个不同的施工阶段进行全面分析计算后才能确保挡土结构全过程各阶段的正常使用。

3. 计算分析

对挡土结构进行有限元分析时，与常规的弹性力学有限元法相类似，首先对挡土结构进行离散化，如图 10-3-6 所示。

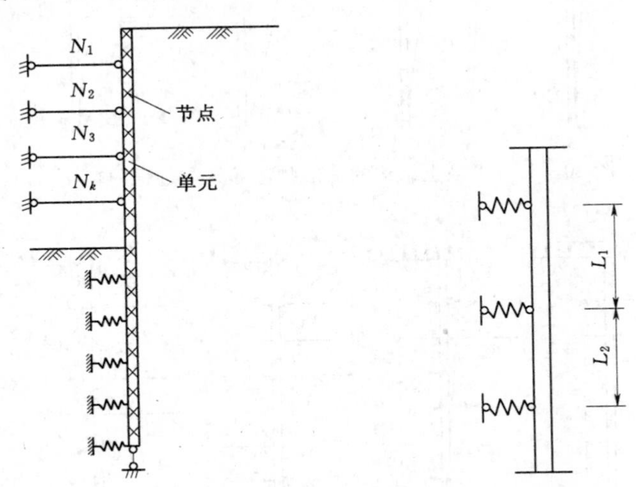

图 10-3-6　挡土结构有限元离散　　图 10-3-7　地层弹性系数折算

考虑到计算精度，挡土结构基本以 1m 为单元尺寸。此外，各阶段的开挖面位置，支撑作用点均应作为节点处理。弹簧可任意作用在开挖面以下挡土结构的节点上。挡土结构的每一单元均取为具有 3 个自由度（μ，υ，θ）的“梁单元”，而支撑则作为单自由度的“二力杆单元”，弹簧不作为单元，仅在形成总刚度矩阵时将相应方向的刚度充入即可。

基本平衡方程为

$$[K]\{d\}=\{R\} \tag{10-3-8}$$

式中　$[K]$——总刚度矩阵；

$\{d\}$——位移矩阵；

$\{R\}$——荷载矩阵。

总刚度矩阵［K］形成后，可按照各施工阶段的计算简图将地层弹性系数 K 值叠加到总刚度矩阵相应位置中。此时必须注意的是根据取用的 K 值数还必须乘以相邻两弹簧距离的平均值，即 $K'=\dfrac{L_1+L_2}{2}$（图 10-3-7），以 K'替代 K 叠加入相应总刚度矩阵中。

由于挡土结构内力分析时，必须计入施工各阶段、各支撑安装前后及预加轴力的影响，所以必须修正式（10-3-8）。以上各种影响可通过对杆系的边界条件修正加以解决。

10.3.3　支撑体系平面框架的计算

在基坑围护结构设计中，围护结构支撑体系的选型和设计工作十分重要。随着建筑物对基坑要求的不断提高，基坑的平面几何尺寸和深度不断增加，几何形状千变万化，以前常用的将支撑体系分解成单根压杆来进行计算的设计已不能满足工程的需要。围护结构挡土桩（墙）的计算仅是在基于竖向平面问题假定的计算，这对于长条形基坑的设计计算是适用的。但大多数情况下，围护结构支撑体系在平面上的布置并非呈平面对称状态，平面上各支撑的内力、变形各不相同，需要按平面框架进行设计计算。因此，实际上在这种情况下支护体系是一个三维空间受力体系。为简化设计计算工作量，实际设计往往将其简化为独立的平面支撑系统进行计算。

在工程中将围护结构中的支撑体系在结构上设计成一个水平的封闭框架，可以提高它的整体刚度，当支撑是一种临时结构时，只需要满足施工阶段的各项技术参数和工况要求即可，因此在设计中可以将结构的几何布置，尽可能地优化，选择受力性能良好的几何形式，以方便施工、节省投资。

1. 力学模型和结构分析方法

基坑围护结构一般由围护体系和支撑体系两部分组成，严格地讲，封闭支撑体系与挡土结构共同组成一空间结构体系，二者共同承受土体的约束及荷载的作用，因此支撑体系的水平位移包括两部分：一部分是荷载作用下支撑体系的变形；另一部分是刚体位移（包括刚体平移及转动），该部分是由于基坑开挖过程中，基坑各侧壁上的荷载不同而发生的（坑壁上的荷载包括土压力、水压力和地面附加荷载三部分），该刚体位移的发生使得基坑各侧壁上的荷载重新调整，直至平衡。当基坑各侧壁荷载相差不大时，调整量很小，即刚体位移非常小，这时挡土墙的平衡是介于主动极限平衡和被动极限平衡之间的一种平衡形式。在不考虑支撑体系刚体位移的前提下，为了简化计算，可以将围护体系和支撑体系在考虑相互作用后分别单独计算，围护体系沿基坑周边取单位长度围护壁为计算单元。

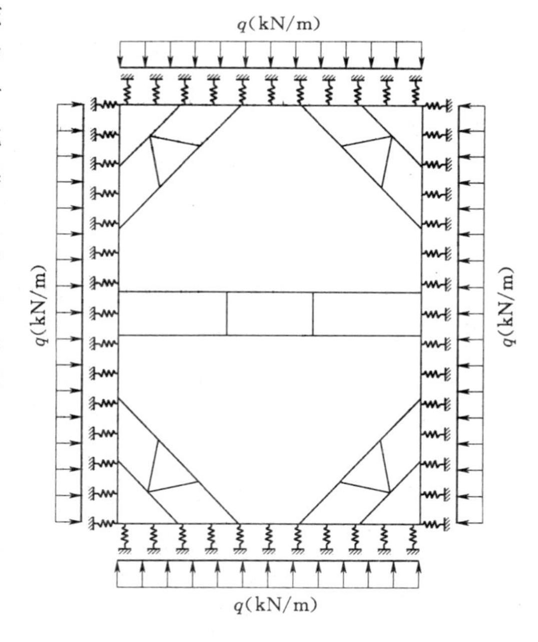

图 10-3-8　结构计算模型

支撑体系按平面封闭框架结构设计，其外荷载由围护体系直接作用在封闭框架周边与围护体系连接的围檩上，在封闭框架的周边约束条件视基坑形状、地基土物理力学性质和围护体系的刚度而定。计算模型如图 10-3-8 所示，图中 q 为按平面竖向杆系有限元计算得到的各层支撑轴力（每单位延米分布轴力）。对这个封闭框架结构，要计算它在最不利荷载作用下，产生的最不利内力组合和最大水平位移，因此依据基坑的开挖方式及开挖的不同阶段考虑多种不同工况，对每一种工况的不利荷载，分别计算围护体系和支撑体系的内力及水平位移，计算程序及要点如下：

(1) 选择合适的结构几何参数，计算支撑的水平变形刚度 K_c 为

$$K_c=\frac{1}{\delta} \tag{10-3-9}$$

式中 δ——支撑的变形柔度，其物理含义为：当支撑沿基坑周边承受单位均布支撑力 $R=1$ 时，支撑点（即围檩）的水平位移。

实际上，由于支撑在支撑力作用下，围檩上不同截面点的水平位移不相同，所以对于不同地方的围护墙体结构，支撑刚度 K_c 并不相同，为了控制基坑边缘的最大水平位移，在设计计算中，取围檩的最大水平位移为水平变形柔度，即

$$\delta=\delta_{max} \tag{10-3-10}$$

这样计算偏于安全。

(2) 求得刚度 K_c 后，根据工程地质勘察提供的有关数据，利用板桩挡土墙（加支撑、锚杆）的有限单元法计算程序，计算围护墙体结构的内力和基坑边缘的最大水平位移 Δ_{max}，并计算支撑对围护墙体结构的支撑力 R_0。

(3) 判别基坑边缘最大水平位移是否满足设计要求，即

$$\Delta_{max}\leqslant[\Delta] \tag{10-3-11}$$

式中 $[\Delta]$——基坑边缘允许的最大水平位移。

如果式（10-3-11）不满足，则重新调整支撑的几何参数，提高其水平刚度，重复式（10-3-9）、式（10-3-11）的计算；当 $\Delta_{max}\geqslant[\Delta]$ 时，为了调整整个基坑的刚度，通常采用以下3种调整方式：

1) 调整支撑体系的高程布置。

2) 加大支撑体系的杆件截面尺寸，即增加支撑体系的水平变形刚度。

3) 加大挡土墙厚度或加长入土深度。

上述3种调整方式中，1）对基坑水平变形的控制最有效，所以通常先调整支撑体系的高程布置，如条件1）仍无法满足，再按2）、3）调整。

如果式（10-3-11）满足，则进行下面步骤4）的计算。

4) 用有限单元法计算支撑的内力并进行配筋计算或钢支撑强度、稳定性验算。

2. 设计计算流程图

当基坑各侧壁荷载相差较大时，如相邻基坑同时开挖，基坑坑外附近有相邻工程在进行预制桩施工等，这时基坑侧壁的不平衡荷载可能引起整个基坑向一侧“漂移”，支撑体系的刚体位移很大，此项因素绝不可忽略。为此，要考虑围护体系外围土体的约束作用，可根据地层特性，采用适当刚度的弹簧模拟之。为了计算该刚体位移，必须将支撑体系与挡土结构一同视为空间结构分析，如采用钻孔灌注桩作为挡土结构，可将围护桩沿基坑周边按“刚度等效”进行连续化，这样整个结构体系可简化为带内撑杆的薄壁结构，按薄壁结构有限元进行内力位移计算。由于土体约束条件非常复杂，所以空间结构的计算实施方法还有待进一步研究。基坑支护整体计算流程如图10-3-9所示。

为了得到更为精确的计算结果，可以采用反复迭代计算的方法，使平面框架计算的变形与挡墙的变形相协调；也可以采用子结构法，将平面框架作为子结构进行刚度凝聚，计入竖向杆系有限元总刚度中，得到满足变形协调条件的精确解。

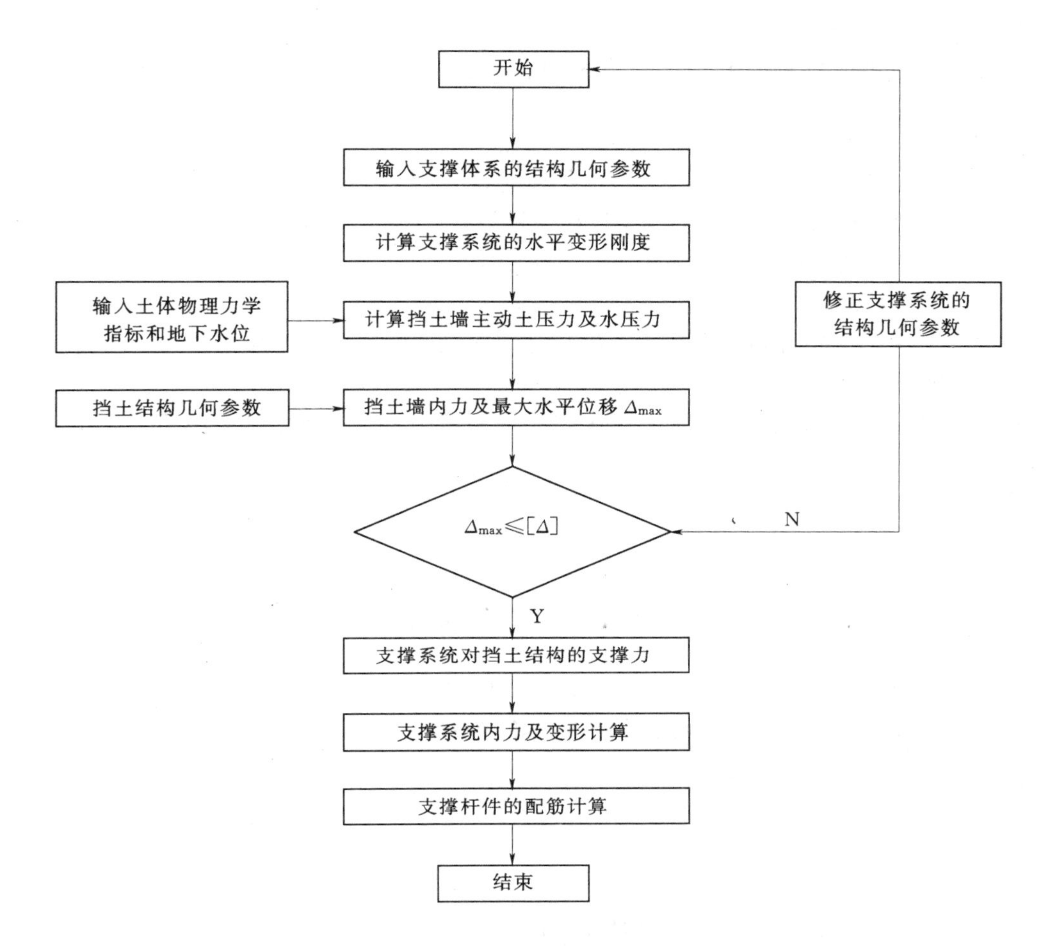

图 10-3-9 基坑支护整体计算流程

10.4 基坑稳定性验算

基坑稳定性验算主要是计算基坑在外荷载作用下是否会丧失稳定（简称失稳），基坑失稳的表现形式是多种多样的，主要有：整体失稳破坏；承载力不足导致的破坏；基底滑动破坏；基底侵蚀、管涌；渗流；支挡结构破坏；被动土压力丧失等。产生这些破坏的原因是多方面的，但为了避免这些破坏的发生，在基坑设计与施工中必须专门进行稳定性验算，使地基（也是支护结构本身）的稳定性具有一定的安全度。以下对基坑稳定性验算的要点进行简要说明。

10.4.1 边坡稳定性

边坡稳定性是指防止基坑边坡上的部分土体脱离整体而沿着某一个面向下滑动所需要的安全度，在放坡开挖的基坑中需要控制边坡稳定。在没有支护结构的基坑中，当地基深部存在软弱土层时，也需要防止在围护墙底以下可能产生的深层滑动面。

1. 砂性土的边坡稳定性

当砂性土边坡的坡角小于土的内摩擦角时，通常不会产生滑坡，由边坡上土体的平衡关系可以得到砂性土稳定性的安全系数为

$$K=\frac{\tan\varphi}{\tan\alpha} \tag{10-4-1}$$

式中　K——边坡抗滑安全系数，$K\geqslant 1.10\sim 1.15$；

φ——土的内摩擦角，(°)；

α——边坡的坡角，(°)。

由式（10-4-1）可知，在砂性土中，边坡的稳定性只取决于坡角的大小，而与坡的高度或土体的重量无关。

当地下水位高于基坑开挖面时，需要考虑动水压力对边坡稳定性的影响。此时土坡的抗滑安全度为

$$K=\left(\frac{1}{1+T_u}\right)\frac{\tan\varphi}{\tan\alpha} \tag{10-4-2}$$

其中

$$T_u=\frac{T_w}{T}=\gamma_w ibh/(Q\sin\alpha)$$

式中　b，h，Q——单位长度土柱的宽度、土柱在水位线以下的高度、土体的自重；

i——水位线以下土柱部分平均水力梯度（可由流网图确定）；

γ_w——水的重度；

α——边坡的坡角，(°)；

T——抗滑力；

T_w——渗透力。

若动水力等于零，则 $T_u=0$，此时式（10-4-1）与式（10-4-2）相同。

2. 黏性土边坡的稳定性

在黏性土中，边坡失稳时的滑动面近似于圆弧，滑动体绕某个中心向下带旋转性地滑动，在这种情况下的边坡稳定性通常采用条分法分析。条分法的基本假定如下：

(1) 边坡失稳时，滑动体沿着一个近似于圆筒形的滑动面下滑。但当地基有软弱夹层时，可按实际可能发生的非圆弧滑动面验算。

(2) 考虑平面问题。在实际工程中，可根据地基情况、边坡形状和地面荷载基本相同的原则，把边坡分成几个区段，在每个区段中选取有代表性的断面作为验算断面。

边坡滑动面可以有很多个，其中最可能产生滑动的危险面要通过试算才能确定。具体步骤可参阅有关手册。

10.4.2　基坑抗隆起稳定性

随着深基坑逐步向下开挖，坑内外的压力差不断增大，就有可能发生坑底隆起现象，特别是在软黏土地基中开挖时更容易发生。由于坑内外地基土体的压力差使墙背土向基坑内推移，造成坑内土体向上隆起，坑外地面下沉的变形现象，控制这种现象发生的验算大致根据两种假定，即滑动面假定和地基极限承载力假定。

10.4.2.1 圆弧滑动抗隆起稳定性验算

如图 10-4-1 所示，在开挖面以下，假定有一个圆弧滑动面。根据在滑动面上土的抗剪强度对滑动圆弧中心的力矩与墙背开挖面标高以上土体重量（包括地面荷载）对滑动中心的力矩平衡条件，计算隆起的安全度。转动中心的位置通常认为可定在基坑最下一道支撑与围护墙的交点处，滑动面位于墙底。

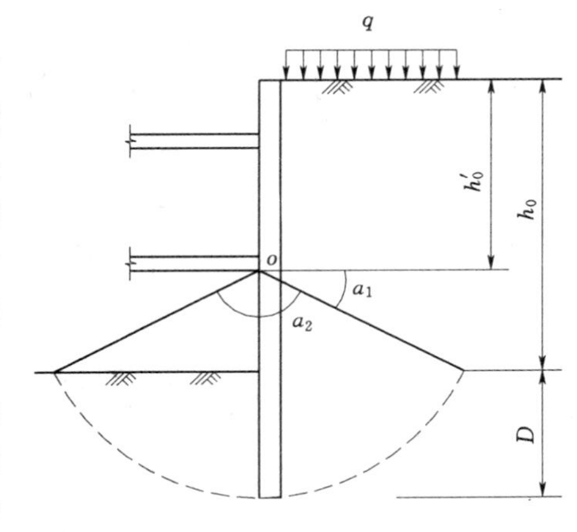

图 10-4-1 滑动面假定

若不考虑插入基坑开挖面以下的墙体对抗隆起的作用，则隆起滑动力矩 M_{SL} 和抗隆起力矩 M_{RL} 可分别按式（10-4-3）和式（10-4-4）计算，即

$$M_{SL}=\frac{1}{2}(\gamma h_0'+q)D^2 \qquad (10-4-3)$$

$$M_{RL}=R_1K_a\tan\varphi+R_2\tan\varphi+R_3c \qquad (10-4-4)$$

式中

$$R_1=D\left(\frac{\gamma h_0^2}{2}+qh_0\right)+\frac{1}{2}D^2q_f(a_2-a_1+\sin a_2\cos a_2-\sin a_1\cos a_1)$$

$$-\frac{1}{3}\gamma D^3(\cos^3a_2-\cos^3a_1)$$

$$R_2=\frac{1}{2}D^2q_f\left[a_2-a_1-\frac{1}{2}(\sin 2a_2-\cos 2a_1)\right]$$

$$-\frac{1}{3}\gamma D^3\left[\sin^2a_2\cos a_2-\sin^2a_1\cos a_1+2(\cos a_2-\cos a_1)\right]$$

$$R_3=h_0D+(a_2-a_1)D^2$$

$$q_f=\gamma h_0'+q\ ,K_a=\tan^2\left(\frac{\pi}{4}-\frac{\varphi}{2}\right)$$

式中，a_1 和 a_2 均应以弧度计入，其他符号如图 10-4-1 所示，则抗隆起安全系数为

$$K=\frac{M_{RL}}{M_{SL}} \qquad (10-4-5)$$

式中 K——抗隆起安全系数，$K\geqslant 1.20$。

10.4.2.2 地基极限承载力假定

1. Terzaghi-Peck 方法

如图 10-4-2 所示，当开挖面以下形成滑动面时，由于墙后土体下沉，使墙后土在竖直面上的抗剪强度得以发挥，减少了在开挖面标高上墙后土的垂直压力，其值可按式（10-4-6）估算，即

$$p=W-S_uH=(\gamma H+q)\frac{B}{\sqrt{2}}-S_uH \qquad (10-4-6)$$

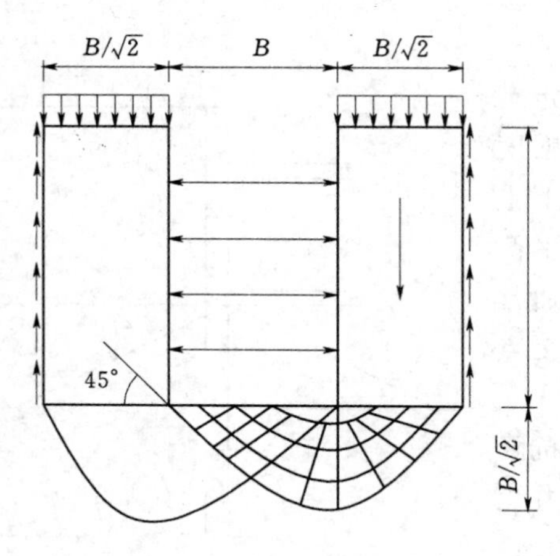

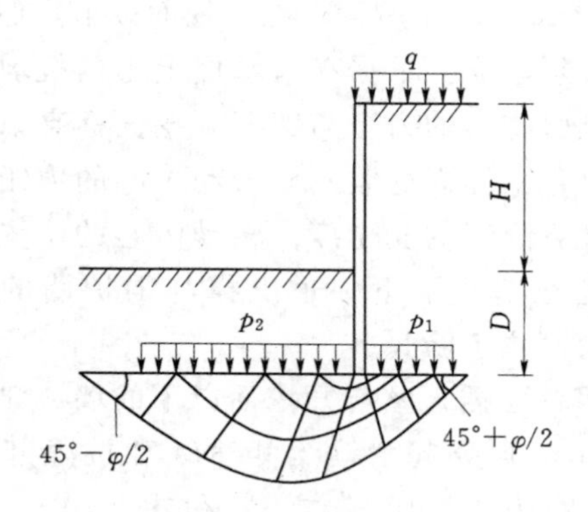

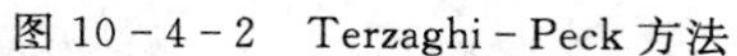
图 10-4-2　Terzaghi-Peck 方法

图 10-4-3　同济大学方法

相应的垂直分布力为 $p_u=\gamma H+q-\frac{\sqrt{2}}{B}S_uH$，在饱和软土中土的强度采用 $\varphi=0$，$S_u=c$。地基极限承载力为 $R=5.7c$，由此可以得到抗隆起的安全系数为

$$K=\frac{R}{p_u}=\frac{5.7c}{\gamma H+q-\frac{\sqrt{2}}{B}cH} \tag{10-4-7}$$

式中　γ——墙背开挖面以上土的平均重度；

c——土的黏聚力；

K——抗隆起安全系数，根据基坑安全等级确定。

2. 墙底地基承载力验算

同济大学侯学渊教授等人提出了考虑 c、φ 值的地基承载力的稳定验算方法。该方法在土体墙体中包括了 c、φ 的因素，同时参照普朗特尔和太沙基的地基承载力公式，并假定以板桩底平面作为求极限承载力的基准面，如图 10-4-3 所示，墙背在围护墙底平面上的垂直荷载为

$$p_1=\gamma_a(H+D)+q \tag{10-4-8}$$

墙前在围护墙底平面上的垂直荷载为

$$p_2=\gamma_b D \tag{10-4-9}$$

在极限平衡时，墙前地基极限承载力为

$$R=\gamma_b DN_d+cN_c \tag{10-4-10}$$

由此可以得到墙底地基承载力的安全系数为

$$K=\frac{R}{p_1}=\frac{\gamma_b DN_d+cN_c}{\gamma_a(H+D)+q} \tag{10-4-11}$$

式中　γ_a，γ_b——分别为墙后和墙前土的平均重度；

N_d，N_c——分别为地基承载力系数，参考有关地基规范取用；

K——墙底地基承载力安全系数，由基坑安全等级决定，一般 $K\geqslant1.15\sim1.25$。

10.4.3 整体稳定性验算

对于基坑工程而言，无论是放坡开挖还是支护开挖，都需要进行整体稳定性验算。若支护结构的嵌固深度不足，很可能发生整体失稳。

基坑整体稳定性验算可采用瑞典条分法或毕肖普法。

1. 瑞典条分法

瑞典条分法计算简图如图10-4-4所示。其计算式为

$$K=\frac{M_k}{M_q}=\frac{\sum c_{ik}l_i+\sum(q_0b_i+w_i)\cos\theta_i\tan\varphi_{ik}}{\gamma_0\sum(q_0b_i+w_i)\sin\theta_i} \tag{10-4-12}$$

式中　K——整体稳定性安全系数，安全等级为一级、二级、三级的支挡式结构，K分别不应小于1.35、1.3、1.25；

M_q——滑动力矩；

M_k——抗滑力矩；

c_{ik}，φ_{ik}——最危险滑动面上第i土条滑动面上土的固结不排水剪黏聚力、内摩擦角标准值；

l_i——第i土条的滑裂面弧长；

b_i——第i土条的宽度；

w_i——作用于滑裂面上第i土条的重量，水位以上按上覆土层的天然土重计算，水位以下按上覆土层的饱和土重计算；

θ_i——第i土条弧线中点切线与水平线夹角；

γ_0——建筑基坑侧壁重要性系数；

q_0——作用于基坑面上的荷载。

2. 毕肖普法

其安全系数公式为

$$K=\frac{\sum\frac{[c_ib_i+(W_i-u_ib_i)\tan\varphi_i]}{m_i}}{\sum W_i\sin a_i}$$

$$m_i=\cos a_i+\frac{\tan\varphi_i\sin a_i}{K} \tag{10-4-13}$$

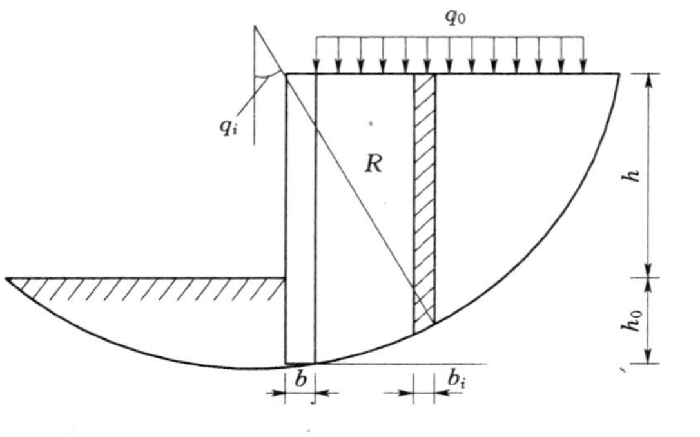

式中　W_i——土条质量；

u_i——土条的孔隙水压力；

a_i——土条底面与水平线的夹角；

b_i——土条宽度。

各参数具体算法可参阅有关手册。

图10-4-4　瑞典条分法计算

10.4.4 坑底抗渗流稳定验算

在地下水丰富、渗透系数较大（渗透系数不小于10^{-6}cm/s）的地区进行基坑支护开挖时，通常需进行基坑内降水。由于基坑内外水位差，导致基坑外的地下水绕过围护墙下端向基坑内渗流。这种渗流产生的动水压力在墙背后向下作用，而在墙前（基坑内侧）则

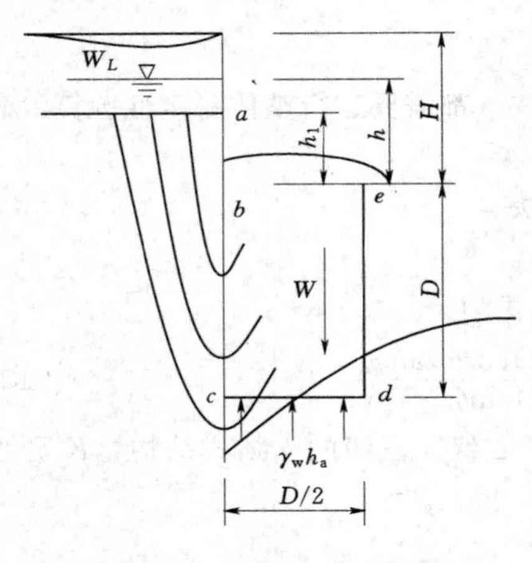

图10-4-5　抗渗流验算简图

向上作用，当动水压力大于土的水下重度时，土颗粒就会随着水流向上喷涌。在砂性土中，开始时土中细粒通过粗粒的间隙被水流带出，产生管涌现象。随着渗流通道变大，土颗粒对水流阻力减小，动水压力增加，使大量砂粒随水流涌出，形成流砂，加剧危害。在软黏土地基中渗流力往往使地基产生突发性的泥流涌出。以上现象的发生会使基坑内土体向上推移，基坑外地面产生下沉，墙前被动土压力减少甚至丧失，危害支护结构的稳定。验算抗渗流稳定的基本原则是使基坑内土体的有效压力大于地下水向上的渗流压力。图10-4-5是Terzaghi-Peck方法的计算简图，设围护墙在开挖面以下的埋入深度为D，墙下端宽度为$D/2$范围内的平均超静水头为h_a。则作用在土体$bcde$下端的渗流压力$U=\gamma_w h_a$，土体的有效应力$p=\gamma' D$，则抗渗流稳定的安全度K为

$$K=\frac{p}{U}=\frac{\gamma' D}{\gamma_w h_a} \tag{10-4-14}$$

抗渗流稳定所要求的插入深度为

$$D \geqslant \frac{K\gamma_w h_a}{\gamma'} \tag{10-4-15}$$

式中　γ_w——水的重度；

　　　γ'——土的水下重度。

在墙下端$D/2$宽度范围内的平均超静水头h_a是变化的，需要通过绘制流网图确定。作为一种粗略算法，如图10-4-5所示，取沿围护墙的最短流线$a-b-c-b$来求墙下端的水头替代h_a（h_1为开挖面以上产生水力坡降的土层厚度）：设平均水力坡度为$i=h/(h_1+2D)$，则

$$h_a=h-i(h_1+D)=\frac{Dh}{h_1+2D} \tag{10-4-16}$$

将式（10-4-16）代入式（10-4-17）可得

$$D \geqslant \frac{K\gamma_w h-\gamma' h_1}{2\gamma'} \tag{10-4-17}$$

式中　h_1——开挖面以上至透水性良好的土层（如松散填土，中、粗砂，砾石等）底面之间的距离，对于土层可取（0.7～1.0）h。

10.4.5　承压水的影响

如图10-4-6所示，在不透水的黏土层下，有一层承压含水层。或者含水层中虽然不是承压水，但由于土方开挖形成的基坑内外水头差，使基坑内侧含水层中的水压力大于静水压力。此超静水压力向上浮托开挖面下黏土层的底面，有可能使开挖面上抬，或者承压水携带土粒沿围护墙内表面和基坑内桩的周面与土层接触处的薄弱部位上喷，形成管涌

现象。当发生这种情况时，同样会导致基坑外的周围地面下沉。

对于这种情况，Tschebotarioff 的验算方法是：

设下部含水层顶面与围护墙背面的水位差为 $H=h+t$，黏土层的饱和重度为 γ_{sat}，水的重度为 γ_w，则抵抗承压水上托力所需要的黏土层厚度为 $t\geqslant\dfrac{H\gamma_w}{\gamma_{sat}}$。因为 $H=h+t$，所以上式可写为

$$t\geqslant\frac{h\gamma_w}{\gamma_{sat}-\gamma_w} \tag{10-4-18}$$

在下面有承压透水层的黏土中开挖时，基底隆起通常是突发性的和灾难性的。为了防止这种现象发生，基坑底部任一点的孔隙水压力不宜超过该点总压力的 70%。以此引入一个安全系数 K，则式（10－4－18）可改写为

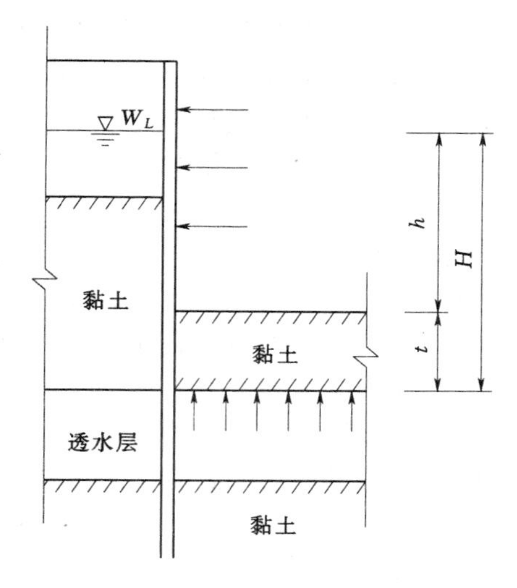

图 10－4－6　承压水引起的隆起

$$t\geqslant\frac{h\gamma_w}{\dfrac{\gamma_{sat}}{K}-\gamma_w} \tag{10-4-19}$$

式中　K——安全系数，取 $K=1.43$。

当不满足式（10－4－19）时，应把围护墙加深到下部不透水层中或者在承压含水层中降水，以减少含水层的水压力。

10.5　基坑工程的变形计算

基坑过去仅仅作为地下室施工的一种临时措施，其围护结构设计一般由施工单位考虑，通常按强度和稳定来验算，以满足施工要求的目的。随着建设的发展，尤其在建筑群中，基坑设计的强度和稳定性仅是必要条件，变形成为很多场合的主要控制条件。基坑的变形计算比较复杂且不够成熟。有关基坑变形控制的要求可参见《建筑基坑支护技术规程》（JGJ 120—2012）中的规定。基坑变形计算包括基坑坑底隆起或回弹计算及基坑围护墙外地层变形估算。基坑隆起或回弹变形既是基坑工程安全的重要指标，也是控制后建主体结构回弹再压缩变形的关键数据；基坑围护墙外地层变形是基坑工程环境保护的重要指标，也是评价基坑围护结构设计方案是否达到基坑安全等级要求的重要指标，基坑设计根据该指标提出周围环境的具体保护措施。

10.5.1　基坑坑底隆起变形计算

1. 实用计算法

基坑开挖时土体隆起量按式（10－5－1）计算，即

$$S_c=\sum_{i=1}^{n}b\,\frac{\rho_0}{E_{ei}}(\delta_i-\delta_{i-1}) \tag{10-5-1}$$

式中　E_{ei}——第 i 层土体的割线膨胀模量；

ρ_0——基坑顶面荷载，即把挖取的土重反向作用于基坑顶面；

b——基坑宽度；

δ_i，δ_{i-1}——沉降系数。

基坑再加荷沉降变形按式（10－5－2）计算，即

$$S_c = b\rho_0 \sum \frac{1}{E_{ei}}(\delta_i - \delta_{i-1}) \tag{10-5-2}$$

式中 E_{ei}——第 i 层土体的割线再压缩模量；

ρ_0——基坑顶面荷载，即建筑物传下的荷载。

2. 同济大学模型试验经验公式

同济大学对深基坑工程采用室内相似模拟试验，对不同地质条件和开挖深度的基坑坑底隆起进行了一系列试验，得到以下基坑隆起计算的经验公式，即

$$\delta = -29.17 - 0.0167\gamma H' + 12.5\left(\frac{t}{H}\right)^{-0.5} + 0.637\gamma c^{-0.04}(\tan\varphi)^{-0.54} \tag{10-5-3}$$

式中 δ——基坑隆起量；

H——基坑开挖深度，$H' = H + \frac{q}{\gamma}$；

q——地面超载；

t——墙体入土深度；

c，φ，γ——土体的黏聚力、内摩擦角和土的重度。

式（10－5－3）考虑了开挖深度 H、入土深度 t、地面超载 q、土性 c、φ、γ 等因素，先进行单项因素与隆起量关系的研究，最后通过数理统计而得出。单项研究结果表明，隆起量与基底平面处的荷载成正比；入土深度增大，隆起量减小；开挖深度增大，隆起量也增大；隆起量与 t/H 成曲线关系；隆起量随土体重度增加而增加，而随 c、φ、γ 值的增加呈负指数减少。

由模型实验研究结果还可以得出在已知基底容许隆起量时，求墙体入土深度的经验公式为

$$\frac{t}{H} = \frac{1}{\{0.08[\delta] + 2.33 + 0.00134\gamma H' - 0.051\gamma c^{-0.04}(\tan\varphi)^{-0.54}\}^2} \tag{10-5-4}$$

式中 $[\delta]$——基底容许隆起量，其取值分别如下：当基坑旁无建筑物或地下管线时为 $H/100$；当基坑旁有建筑物或地下管线时为（0.2～0.5）$H/100$；当有特殊要求时为（0.04～0.20）$H/100$。当 $[\delta] \leqslant 0.5H/100$ 时都需进行地基加固。

3. 有限单元法计算基坑回弹

充分利用现有的计算工具，将分层总和法和有限单元法同时结合应力感应图，综合考虑基坑外侧正荷载和基坑内负荷载对地基回弹的共同作用，是目前基坑设计和计算发展的方向和途径。

10.5.2 基坑围护墙外土体沉降估算

基坑围护墙外地表沉降计算，是基坑设计计算的重要内容，也是基坑围护工程环境保护的重要指标。由于一般基坑挡土墙的计算采用荷载结构模型，无法得到周边地层的变形，因此一般采用由基坑挡土墙的水平位移推算的方法。推算方法可以采用有限元法，也可采用

经验方法。这里主要介绍两种常用的经验计算方法。

经验计算方法首先结合工程经验假定坑外地表沉降曲线，然后根据地层损失相等的概念，即假定地表沉降槽的面积等于挡土墙水平变形与挡墙初始位置围成的面积相等。这样，只要计算得到墙体的变形，即可推算坑外地表的沉降曲线。

1. 三角形沉降曲线

三角形沉降曲线一般发生在围护墙位移较大的情况，如图 10-5-1 所示。

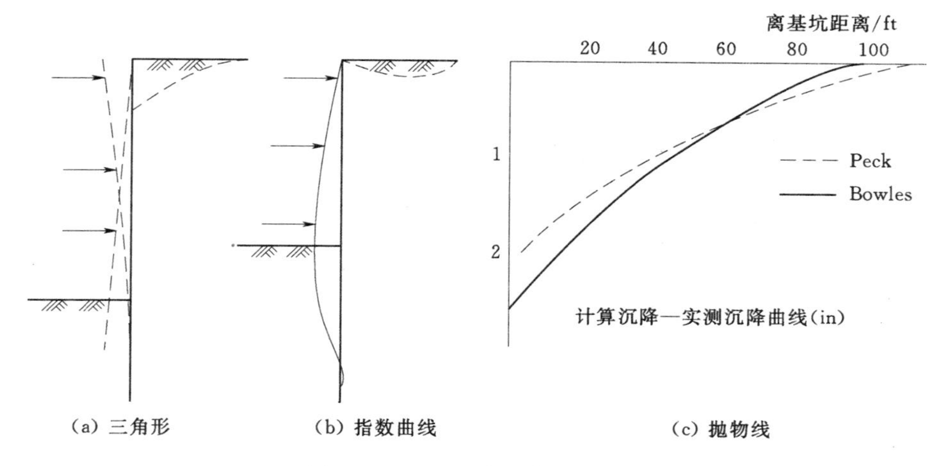

图 10-5-1 地表沉降曲线类型

地表沉降范围为

$$x_0 = H_g \tan\left(45° - \frac{\varphi}{2}\right) \tag{10-5-5}$$

式中 H_g——围护墙的高度；

φ——墙体所穿越土层的平均内摩擦角。

沉陷面积与墙体的侧移面积相等，可得

$$\frac{1}{2} x_0 d_{max} = S_w \tag{10-5-6}$$

$$d_{max} = \frac{2S_w}{x_0} \tag{10-5-7}$$

2. 指数曲线

考虑 Peck 理论实际情况修正模式，如图 10-5-2 所示。按 Peck 理论，地面沉降槽取用正态分布曲线。根据图 10-5-3 所示，并在此假定的基础上取 $x_0 \approx 4i$。

$$S_{w1} = 2.5\left(\frac{1}{4} x_0\right) d_{m1} \tag{10-5-8}$$

$$d_{m1} = \frac{4S_{w1}}{2.5x_0} \tag{10-5-9}$$

$$x_0 = H_g \tan\left(45° - \frac{\varphi}{2}\right) \tag{10-5-10}$$

$$\Delta d = \frac{1}{2}(\Delta d_{w1} + \Delta d_{w2}) \tag{10-5-11}$$

式中 Δd_{w1}——围护墙顶位移；

Δd_{w2}——围护墙底水平位移，为了保证基坑稳定，防止出现“踢脚”和上支撑失稳，并控制小于2.0cm。

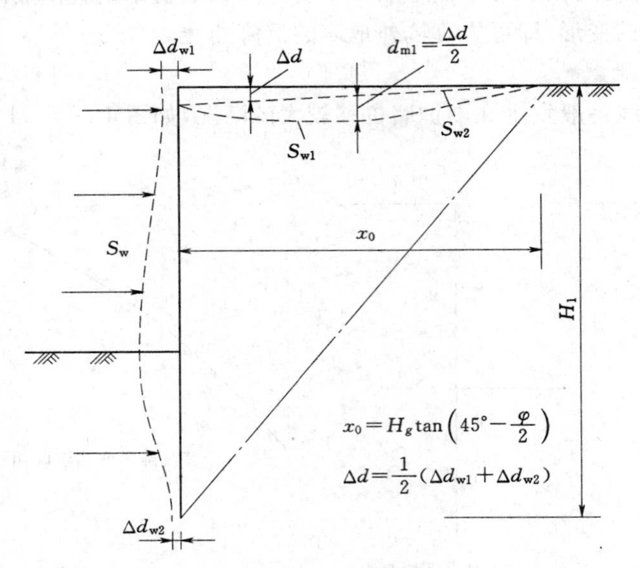

图10-5-2 指数曲线计算模式

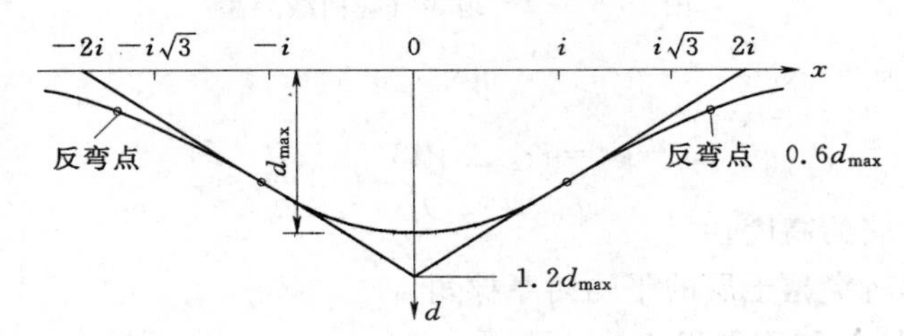

曲线内面积 $S_w=2.5id_{max}$，$d_1=d_{max}\left(\frac{X^2}{2i^2}\right)$

图10-5-3 沉降槽曲线

则

$$S_{w2}=\frac{1}{2}x_0\Delta d \tag{10-5-12}$$

$$S_{w1}=S_w-S_{w2}=S_w-\frac{x_0}{2}\Delta d \tag{10-5-13}$$

$$d_{m1}=\frac{4S_{w1}}{2.5x_0}=\frac{4}{2.5}\left(\frac{S_w-\frac{x_0}{2}\Delta d}{x_0}\right)=\frac{4S_w}{2.5x_0}-\frac{2\Delta d}{2.5}=\frac{1.6S_w}{x_0}-0.8\Delta d \tag{10-5-14}$$

由此可计算各点沉降为

$$\Delta d_i=d_{m1}\left(\frac{x_i}{x_0}\right)^2 \tag{10-5-15}$$

最大沉降值为

$$\Delta d_{max}=d_{m1}+d_{m2}=d_{m1}+\frac{\Delta d}{2}=\frac{1.6S_w}{x_0}-0.3\Delta d \qquad (10-5-16)$$

10.6 常见围护结构设计与构造

基坑围护结构可以分为桩（墙）式和重力式两类体系。桩（墙）式体系的墙体厚度相对较小，靠墙体的埋入深度和支撑体系（或拉锚）抵抗墙后的水土压力；重力式围护墙的厚度一般较大，主要靠墙体的自重和埋入深度保持墙后土体的稳定。

常用的桩（墙）式围护结构有地下连续墙、柱列式钻孔灌注桩、钢板桩、钢筋混凝土板桩以及由间隔立柱和横板组成的挡土墙体等。采用连续搭接施工方法，由水泥土加固体组成的格栅形挡土墙属于重力式围护墙体系。

10.6.1 桩（墙）围护结构

在桩（墙）围护结构的顶部应设置沿基坑四周通长的连续圈梁，以增加墙体的整体工作性能。墙顶圈梁通常兼作第一层支护（或锚杆）的围檩，当圈梁采用现浇钢筋混凝土时，圈梁宽度应大于墙体厚度，墙体顶端伸入圈梁底部的厚度应不小于50mm。钢板桩围护墙的顶部圈梁一般常用一对通长槽钢置于墙前，用螺栓与墙体连接。

当基坑深度不大（在地下水位较高的软土地区不超过4m)，环境条件容许有较大的变形时，可以采用不设支撑（或锚拉）的悬臂式围护墙。设计围护结构时需要验算以下内容：

（1）围护结构（包括墙体、支撑或锚拉体系）和地基的整体抗滑动稳定性，一般采用通过墙底的圆弧滑动面计算。

（2）基坑底部土体的抗隆起稳定性。

（3）基坑底部土体的抗渗流管涌稳定性。

（4）围护结构的内力和变形计算，通常采用弹性地基反力法计算，对于自立式围护墙以及单道支撑（或锚钉）的围护墙也可以采用极限平衡法计算。对于钢筋混凝土墙体，当采用弹性地基反力法计算时，墙体的抗弯刚度应乘以0.65～0.75的折减系数（预应力墙体除外）。对于有支撑（或锚拉）的围护结构，当采用极限平衡法计算时，由于支撑（或锚拉）点假定为墙体的不动支点，因此墙体跨中最大弯矩计算值一般偏大，截面设计时应乘以0.6～0.8的折减系数。

10.6.1.1 柱列式钻孔灌注桩

利用并列的钻孔灌注桩组成的围护墙体由于施工简单，墙体刚度较大，造价比较低，因此得到广泛应用。就挡土而言，钻孔灌注桩围护墙可用于开挖深度较大的基坑，但在地下水位较高地区往往由于隔水措施失效而导致基坑事故的例子时有发生。因此，当开挖深度较大而又缺乏有把握的隔水手段时，不宜采用钻孔灌注桩作为围护墙。

1. 墙体构造

用于围护墙体的钻孔灌注桩一般直径为500～1000mm。邻桩的中心距一般不大于桩径的1.5倍，在地下水位低的地区，当墙体没有隔水要求时，中心距还可以再大一些，但不宜超过桩径的2倍。为防止桩间土塌落，可采用在桩间土表面抹水泥砂浆或对桩间土注浆加固等措施予以保护。

在地下水位较高地区采用钻孔灌注桩围护墙时，必须在墙后设隔水帷幕。图10-6-1所示为采用不同隔水方法的钻孔灌注桩墙构造。其中，图10-6-1（a）由于施工偏差，桩间的树根桩或注浆体往往难以封堵灌注桩的间隙而导致地下水流入基坑。因此在开挖深度超过5m时，必须慎重使用。其余几种形式的隔水帷幕效果相对比较可靠，隔水帷幕下端深度应满足地基土抗渗流稳定的要求。

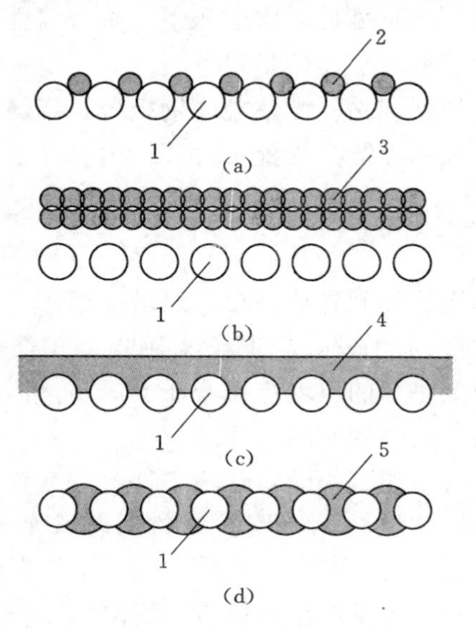

图10-6-1　隔水帷幕

1—灌注桩；2—注浆或树根桩；3—搅拌桩；4—高压喷射；5—旋喷桩

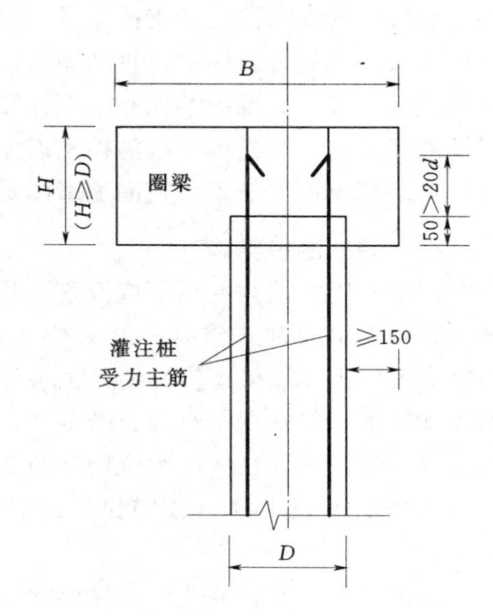

图10-6-2　圈梁构造

墙体顶部圈梁构造如图10-6-2所示，当圈梁兼作支撑围檩时，其截面尺寸应根据静力计算确定，梁宽通常不宜小于支撑间距的1/6。圈梁顶面标高宜低于主体工程地下管线的埋设深度，以便于今后管线施工。

2. 墙体截面计算

钻孔灌注桩墙体截面内力应根据支护结构静力计算确定，截面承载能力可按现行《混凝土结构设计规范》（GB 50010—2010）中的圆截面受弯构件正截面受弯承载力计算。桩内钢筋笼通常全长配筋，也可根据弯矩包络图分段配筋，以节省钢材。

10.6.1.2　钢板桩围护墙

钢板桩围护墙一般采用U形或Z形截面形状，当基坑较浅时也可采用正反扣的槽钢；当基坑较深、荷载较大时也可采用钢管、H型钢及其他组合截面钢桩。

1. 墙体构造

每块钢板桩的边缘一般设置通长锁口，使相邻板桩能相互咬合，起到挡水和隔水作用。国内常用U形钢板桩，其性能和特点可参阅有关手册。当采用钢管或其他型钢作围护墙时，在其两侧也应加焊通长锁口，如图10-6-3所示。带锁口的钢板桩一般能起到隔水作用，但考虑到施工中的不利因素，在地下水位较高的地区，环境保护要求较高时，应与柱列式围护墙一样，在钢板桩背面另外加设水泥土之类的隔水帷幕。

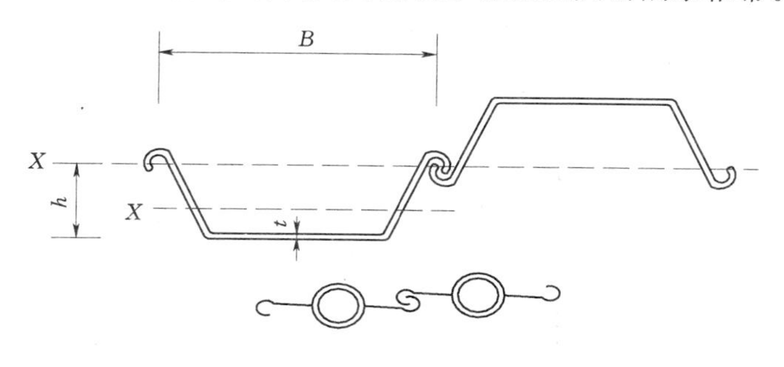

图 10-6-3 钢板桩

B—宽度；h—有效高度；t—厚度

钢板桩围护墙可以用于圆形、矩形、多边形等各种平面形状的基坑，对于矩形和多边形基坑，在转角处应根据转角平面形状设相应的异形转角桩，如无成品角桩，可将普通钢板桩裁开后，加焊型钢或钢板后拼制成角桩，角桩长度应适当加长。

2. 墙体截面计算

截面内力应根据支护结构静力计算确定，截面承载力按现行《钢结构设计规范》(GB 50017—2003) 计算。如图 10-6-3 所示，相互咬合的钢板桩如能发挥整体作用，其截面性能指标要比单块钢板桩大得多。根据材料力学知识，此时截面中性轴应在咬合部位，截面最大剪应力也将产生在这一部位。但实际上这种咬合连接构造能否有效地传递剪力是有疑问的。根据有关实验资料表明，这种组合截面受力后，发现中性轴并不在咬合处，而是位于单块钢板桩上。对于围护墙，钢板桩的应力和变形是重要的控制参数，因此设计时应把整体截面的惯性矩和截面抵抗矩适当折减后使用。

3. 钢筋混凝土桩墙

墙体一般由预制钢筋混凝土板桩组成，当考虑重复使用时，宜采用预制的预应力混凝土板桩。桩身截面通常为矩形，也可以用 T 形或“工”字形截面。

(1) 墙体构造。

板桩两侧一般做成凹凸榫，如图 10-6-4 所示，也有做成 Z 形缝或其他形式的企口缝，阳榫各面尺寸应比阴榫小 5mm。板桩的桩尖沿厚度方向做成楔形，为使邻桩靠接紧密，减小接缝和倾斜，在阴榫一侧的桩尖削成 45°～60°的斜角，阳榫一侧不削。角桩及定位桩的桩尖做成对称形。矩形截面板桩宽度通常用 50～80cm，厚度 25～50cm。T 形截面板桩的肋后一般为 20～30cm，肋高 50～75cm，混凝土强度等级不宜小于 C25，预应力板桩不宜小于 C40。考虑沉桩时的锤击应力作用，桩顶都应配 4～6 层钢筋网，桩顶以下和桩尖以上各 1.0～1.5m 范围内箍筋间距不宜大于 100mm，中间部位箍筋间距为 200～300mm。当板桩打入硬土层时，桩尖宜采用钢靴，榫壁应配构造钢筋。

在基坑转角处应根据转角的平面形状做成相应的异形转角桩，转角桩或定位桩的长度应比一般部位的桩长 1～2m。

(2) 截面计算。

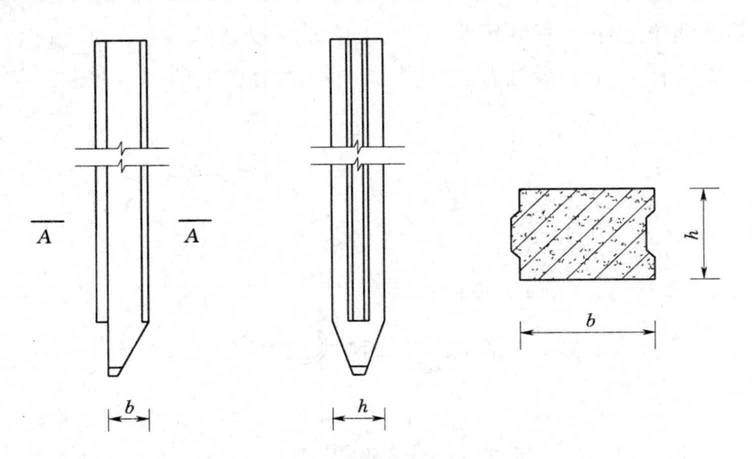

图 10-6-4 矩形钢筋混凝土板桩

截面内力根据支护结构的静力特征由计算确定，并应考虑板桩在起吊和运输过程中产生的内力。截面承载力应按现行《混凝土结构设计规范》(GB 50010—2010) 确定。

10.6.2 重力式围护墙的设计

基坑工程中的重力式支护墙，一般是指厚度较大的水泥土墙体，通常采用特殊的深层搅拌机械，在地面以下就地把土与水泥强行搅拌，形成柱状的加固体，并采用连续施工的搭接方法把柱状加固体组成墙体。由于它的材料强度较低，主要靠墙体的自重平衡墙后的土压力，因此常常将其作为重力式挡土墙对待，这种支护墙体适用于软土地基，但不宜在有较多碎石、砖块及其他有机质杂物的填土层中使用。

水泥土墙作为基坑的支护结构有以下优点：①水泥土加固体的渗透系数比较小，一般不大于 10^{-6}cm/s，墙体有良好的隔水性能，不需要另作防水帷幕；②水泥土支护墙一般采取自立式的，不加支撑，所以开挖较方便；③水泥土墙体的工程造价比较低，当基坑开挖深度不大时，其经济效益更为显著。

相对而言，水泥土支护墙的主要缺点有：①由于水泥土墙体的材料强度较低，不能适应支撑力的作用，所以一般都采用自立式的结构体系，这样基坑的位移量就比较大，在环境保护要求较高的情况下采用时必须十分慎重；②墙体材料强度受施工因素影响导致成墙质量的离散性比较大，由于施工设备、施工管理和施工操作上的原因，往往不能保证水泥（或水泥浆）与土搅拌得很均匀，从而影响加固体的强度。一般情况下，粉喷桩质量的离散性比搅拌桩更大。

根据上海地区的使用经验，在地下水位较高的软土地区，用水泥土支护墙的基坑开挖深度不宜超过 7m。当基坑开挖深度在 5m 以下时，可以获得较好的技术经济效果。

10.6.2.1 水泥土墙体的构造

如图 10-6-5 所示，水泥土支护墙一般设计成格栅状，截面置换率一般为 0.7～0.8，并应满足式 (10-6-1)，即

$$F\gamma \leqslant cU \tag{10-6-1}$$

式中 F——每个格子的土体面积；

γ——格子内土体的自然重度；

c——格子内土体的黏聚力；

U——格子内土体的周长。

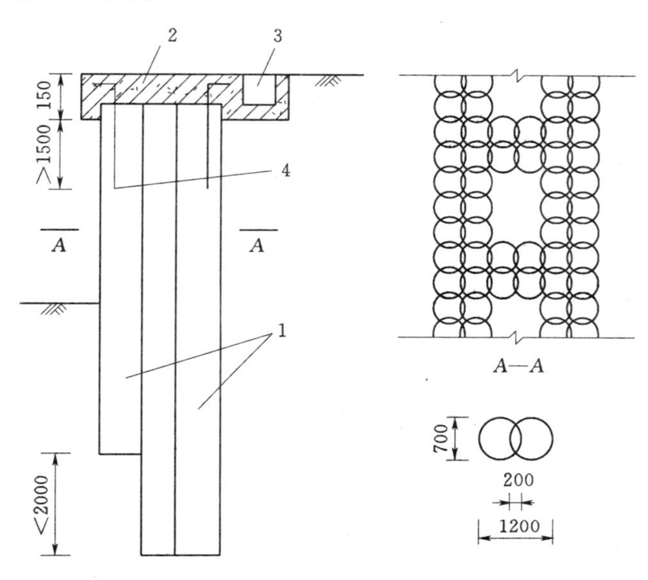

图 10-6-5 水泥土支护墙

1—搅拌桩；2—混凝土压顶；3—排水沟；4—插筋

根据大多数国产设备规格，双钻头的搅拌桩钻机一次可成型直径 700mm 的“8”字形柱状体，如图 10-6-5 所示。粉喷桩钻机一般每次成型直径 500mm 圆柱体。组成墙体时，邻桩的搭接长度不宜小于 200mm。

为增加墙体的整体性，在墙顶浇筑厚度不小于 150mm 的混凝土压顶。一般在压顶内配Φ8@150×150 的钢筋网。同时在每根桩的桩顶应预留一根直径为 10mm 的插筋浇入压顶，有时在墙体的前后排桩体中插毛竹。墙体的厚度及插入深度应根据工程地质条件由计算确定。当基坑开挖深度小于 5m 时，一般可按经验选取墙厚为 0.6～0.8 倍开挖深度，在开挖面以下的插入深度取 0.8～1.2 倍开挖深度。

10.6.2.2 水泥土支护墙体的验算项目

1. 墙体材料力学指标

影响水泥土加固体强度指标的主要因素有水泥掺入量、原状土性质、土体含水量、施工质量及养护期等。虽然目前水泥土在地基处理及支护结构中用得相当普遍，但对这种材料的力学性能尚缺乏系统的和具有足够数量的试验或统计资料，所以对这种材料国内还没有统一的或规范的力学计算指标。

根据上海地区的经验，当水泥掺量为加固体中重量的 12%～15%时，加固体的无侧限抗压强度的变化范围是 0.5～4.0MPa，在多数情况下 q_u=0.7～2.0MPa；材料抗拉强度 σ=(0.15～0.25)q_u；变形模量 E_0=(100～150)q_u；加固体的黏聚力 c=(0.2～0.3)q_u；内摩擦角 φ=20°～40°。

2. 墙体的内力和变形计算

水泥土支护墙体的内力和变形可以按极限平衡法或弹性地基反力法计算，同时需考虑墙底的垂直地基反力对内力和变形的影响。墙体截面应力应满足：

$$\begin{cases}\sigma_1=\bar{\gamma}h+\dfrac{M}{W}\leqslant\dfrac{1}{2K}q_u\\ \sigma_2=\bar{\gamma}h-\dfrac{M}{W}\leqslant\dfrac{1}{6K}q_u\end{cases}\tag{10-6-2}$$

式中 σ_1，σ_2——墙体截面上的最大压应力和拉应力；

$\bar{\gamma}$——加固体的平均重度；

h——计算截面至墙顶的距离；

M——由静力条件确定的单位墙段长度上的最大弯矩；

W——单位墙段长度的折算截面抵抗矩。

3. 抗倾覆验算

如图 10-6-6 所示，验算墙体绕前趾 A 的抗倾覆安全系数为

$$K=\frac{\dfrac{1}{3}H_1E_{p1}+\dfrac{1}{2}H_1E_{p2}+\dfrac{1}{2}B(W+qB)}{\dfrac{1}{2}H^2K_aq+\dfrac{1}{3}(H-h)E_a}\tag{10-6-3}$$

式中 W——墙体自重；

K——抗倾覆安全系数，$K\geqslant1.2$；

其余符号见图 10-6-6。

$$e_{a1}=\gamma HK_a-2c\sqrt{K_a},\ e_{a2}=qK_a,\ e_{p1}=\gamma H_1K_p$$

$$e_{p2}=2\sqrt{K_p},\ h=\frac{c}{\gamma\tan\varphi}\frac{1-K_a}{K_a}$$

4. 抗滑移验算

验算墙体沿底面滑动的安全系数，即

$$K=\frac{W\tan\varphi_1+Bc_1+E_{p1}+E_{p2}}{HK_aq+E_a}\tag{10-6-4}$$

式中 K——抗滑安全系数，$K\geqslant1.2$；

φ_1，c_1——墙底土体的内摩擦角和黏聚力；

其余符号见图 10-6-6。

以上两式是目前水泥土围护墙常用的稳定验算公式，实际上是借用了重力式挡土墙的稳定验算方法。但是在软土地区，当土的抗剪强度较小时，用这两个公式计算，常常会发现墙体的埋置深度越大，抗倾覆和抗滑移的

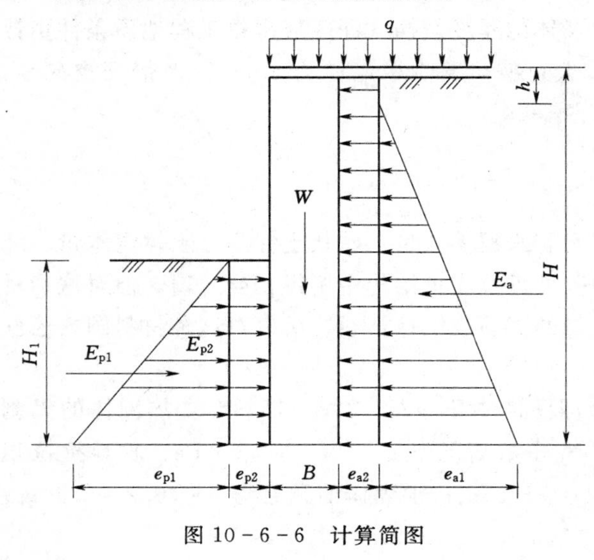

图 10-6-6 计算简图

安全系数就越小的不正常情况。为此建议可按以下思路考虑：传统的重力式挡土墙埋置深度一般较浅，但水泥围护墙的埋置深度较大（与板式围护墙基本相同），因此可以假定在极限状态时的土压力作用下，墙体绕开挖面以下某点作刚体转动。

5. 其他验算项目

对于水泥土支护结构，应与其他形式的支护结构一样，还需验算边坡稳定、沿墙内边坑底土抗隆起、抗渗流以及坑底土有承压水作用时的抗隆起等。

10.6.3 地下连续墙设计

地下连续墙的施工方法是指在地面上用一种特殊的挖槽设备，沿着深开挖工程的周边（如地下结构的边墙），依靠泥浆（又称稳定液）护壁的支护，开挖一定槽段长度的沟槽，再将钢筋笼放入沟槽内，采用导管在充满稳定液的沟槽中进行混凝土液置换出来，相互邻接的槽段，由特别接头（施工接头）进行连接，从而形成地下墙。其施工程序如图 10-6-7 所示。该方法的特征是始终充满着特殊液体作为沟槽的支护。这个液体最初使用的是膨润土和水的溶解物（如触变泥浆、泥浆、稳定液、安定液等）。最近为了增加稳定液的机能和防止其机能的降低，不仅使用膨润土，而且还投入一些添加物组成混合液，这种混合物仍简称稳定液或泥浆。采用该方法在泥浆中建筑成的地下墙能达到钢筋混凝土构件所需要的强度。

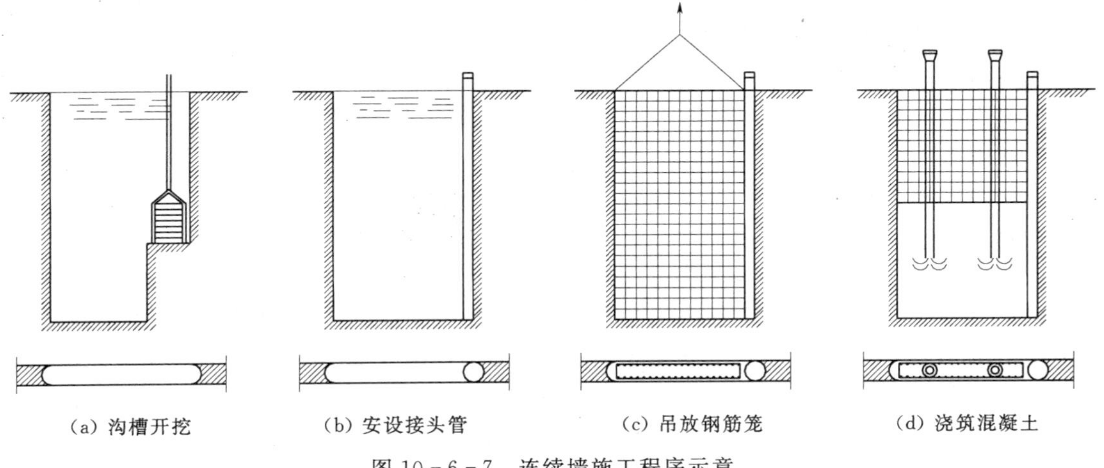

(a) 沟槽开挖　(b) 安设接头管　(c) 吊放钢筋笼　(d) 浇筑混凝土

图 10-6-7 连续墙施工程序示意

10.6.3.1 地下连续墙的特点及适用场合

1. 地下连续墙优点

(1) 可减少工程施工时对环境的影响，施工时振动少，噪声低；能够紧邻相近的建筑及地下管线施工，对沉降及变位较易控制。

(2) 地下连续墙的墙体刚度大、整体性好，因而结构和地基变形都较小，既可用于超深围护结构，也可用于主体结构。

(3) 地下连续墙为整体连续结构，加上现浇墙壁厚度一般不少于 60cm，钢筋保护层又较大，故耐久性好，抗渗性能亦较好。

(4) 可实行逆作法施工，有利于施工安全，并加快施工进度，降低造价。

(5) 适用于多种地质情况。

2. 地下连续墙缺点

正如以往任何一种新的施工技术或结构形式出现一样，地下连续墙尽管有上述明显的优点，但也有它自身的缺点和尚待完善的方面，归纳起来有以下几点：

（1）弃土及废泥浆的处理问题。除增加工程费用外，如处理不当，还会造成新的环境污染。

（2）地质条件和施工的适应性问题。从理论上讲，地下连续墙可适用于各种地层，但最适应的还是软塑、可塑的黏性土层。当地层条件复杂时，还会增加施工难度和影响工程造价。

（3）槽壁坍塌问题。引起槽壁坍塌的原因，可能是地下水位急剧上升，护壁泥浆液面急剧下降，有软弱疏松或砂性夹层，以及泥浆的性质不当或者已经变质，此外还有施工管理等方面的因素。槽壁坍塌轻则引起墙体混凝土超方和结构尺寸超出允许的界限，重则引起相邻地面沉降、坍塌，危害邻近建筑和地下管线的安全。这是一个必须重视的问题。

（4）现浇地下连续墙的墙面通常较粗糙，如果对墙面要求较高，虽可使用喷浆或喷砂等方法进行表面处理或另做衬壁来改善，但增加了工作量。

（5）地下连续墙如单纯用作施工期间的临时挡土结构，不如采用钢板桩等一类可拔出重复使用的围护结构更经济。因此连续墙结构几年来一般用在兼做主体结构的场合较多。

3. 地下连续墙适用条件

地下连续墙是一种比钻孔灌注桩和深层搅拌桩造价昂贵的结构形式，对其选用，必须经过技术经济比较，确实认为是经济合理、因地制宜时才可采用。一般说来，其在基础工程中的适用条件归纳起来有以下几点：

（1）基坑深度大于 10m。

（2）软土地基或砂土地基。

（3）在密集的建筑群中施工基坑，对周围地面沉降，建筑物的沉降要求需严格限制时。

（4）围护结构与主体结构相结合，用作主体结构的一部分，且对抗渗有较严格要求时。

（5）采用逆作法施工，内衬与护壁形成复合结构的工程。

10.6.3.2　地下连续墙挡土墙设计

在早期地下建筑中，连续墙一直是用来建造单纯的防渗墙或临时挡土墙。随着施工方法和施工机械的发展和改进，连续墙逐渐发展为用于主体结构。

地下连续墙的设计一般包括槽壁稳定及槽幅设计、槽段划分、导墙设计、连续墙内力计算及配筋设计，连续墙接头设计等。

地下连续墙设计计算的主要内容包括以下几个方面：

（1）确定荷载，包括土压力、水压力等。

（2）确定地下连续墙的入土深度。

（3）槽壁稳定验算。根据已选定的地下连续墙入土深度，假定槽段长度，即可进行槽壁稳定的验算。

（4）地下连续墙静力计算。

(5) 配筋计算，构件强度验算，裂缝开展验算，垂直接头计算。

1. 荷载

地下连续墙的荷载包括施工阶段及使用阶段的荷载。施工阶段的荷载主要指基坑开挖阶段的水土压力、地面施工荷载、逆作法施工时的上部结构传递的垂直承重荷载等。作为主体结构一部分的地下连续墙结构还要承受使用阶段的荷载，包括使用阶段的水土压力、主体结构使用阶段传递的恒载和活载等。作为以挡土为主的结构，地下连续墙主要承受水平方向的水土荷载，因此确定地下连续墙施工及使用阶段的水土压力大小是荷载确定的关键。地下连续墙的位移与土压力的分布如图 10－6－8 所示。

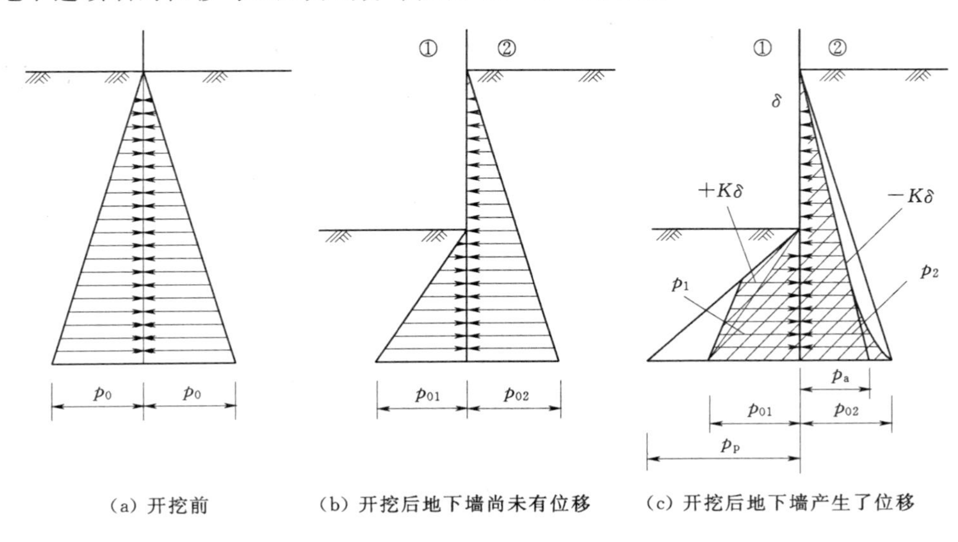

图 10－6－8 地下连续墙的位移与土压力的分布

地下连续墙的计算理论是从古典的假定土压力为已知，不考虑墙体变形，不考虑横撑变形，逐渐发展到考虑墙体变形，考虑横撑变形，直至考虑土体与结构的共同作用，土压力随墙体变化而变化。其计算方法综合于表 10－6－1 中。

表 10－6－1　　地下连续墙计算方法综合

分　类	假设条件	方法名称
较古典的理论	土压力已知 不考虑墙体变形 不考虑横撑变形	自由端法、弹性线法 等值梁法、1/2 分割法 矩形荷载经验法、太沙基法等
横撑轴向力、墙体弯矩不变化的方法	土压力已知 考虑墙体变形 不考虑横撑变形	山肩邦男弹塑性法 张有龄法、m 法
横撑轴向力、墙体弯矩可变化的方法	土压力已知 考虑墙体变形 考虑横撑变形	日本的《建筑基础结构设计法规》的弹塑性法、有限单元法
共同变形理论	土压力随墙体变化而变化 考虑墙体变形 考虑横撑变形	森重龙马法 有限单元法（包括土体介质）

一般墙体变形（δ）、基坑深度（H）与土压力取值的关系见表10-6-2。

表10-6-2 墙体变位（δ）、基坑深度（H）与土压力的关系

土压力类别		土压力类别	
静止土压力	$0<\delta/H\leqslant 0.2\%$	降低的被动土压力	$0<\delta/H\leqslant 0.2\%$
提高的主动土压力	$0.2\%<\delta/H\leqslant 0.4\%$	被动土压力	$0.2\%<\delta/H\leqslant 0.5\%$
主动土压力	$0.4\%<\delta/H\leqslant 1\%$		

2. 槽幅设计

槽幅是指地下连续墙一次开挖成槽的槽壁长度。槽幅设计的内容包括槽壁长度的确定及槽段划分。槽壁长度最好与施工所选用的连续墙成槽设备的尺寸（抓斗张开尺寸、钻挖设备的宽度等）成模数关系，最小不得小于一次抓挖（钻挖）的宽度，而最大尺寸则应根据槽壁稳定性确定。

目前常用的槽幅为3～6m。在地层稳定性较好地区，槽幅长度可相应加长。但考虑到施工工效及槽壁稳定的时效，一般不超过8m。

（1）槽壁稳定性验算。

泥浆护壁槽壁稳定的计算是地下连续墙工程的一项重要内容，它主要用来确定在深度已知条件下的设计分段长度。槽壁稳定性验算的方法有理论分析及经验公式法两种，理论计算一般采用楔形体破坏面假定，计算相对繁琐，工程中应用较多的是经验公式。这里主要介绍两种经验公式法。

1）梅耶霍夫（G. G. Meyerhof）经验公式法。梅耶霍夫根据现场试验提出以下公式：

开挖槽段的临界深度H_{cr}按式（10-6-5）和式（10-6-6）求得

$$H_{cr}=\frac{Nc_u}{K_0\gamma'-\gamma_1'} \tag{10-6-5}$$

$$N=4\left(1+\frac{B}{L}\right) \tag{10-6-6}$$

式中 c_u——黏土的不排水抗剪强度，kPa；

K_0——静止土压力系数；

γ'——黏土的有效重度，kN/m³；

γ_1'——泥浆的有效重度，kN/m³；

N——条形深基础的承载力系数；

B——槽壁的平面宽度，m；

L——槽壁的平面长度，m。

槽壁的坍塌安全系数F_S按式（10-6-7）计算，即

$$F_s=\frac{Nc_u}{P_{0m}-P_{1m}} \tag{10-6-7}$$

式中 P_{0m}，P_{1m}——开挖的外侧（土压力）和内侧（泥浆压力）槽底水平压力强度。

开挖槽壁的横向变形 Δ 按式（10－6－8）计算，即

$$\Delta=(1-\mu^2)(K_0\gamma'-\gamma_1')\frac{zL}{E_s} \tag{10-6-8}$$

式中 z——所考虑点的深度，m；

E_s——土的压缩模量，kN/m^2；

μ——土的泊松比。

对于黏土，当 $\mu=0.5$ 时，式（10－6－8）可写成

$$\Delta=0.75(K_0\gamma'-\gamma_1')\frac{zL}{E_s} \tag{10-6-9}$$

2）非黏性土的经验公式。对于无黏性的砂土（$c=0$），安全系数可由式（10－6－10）求得，即

$$F_S=\frac{2(\gamma-\gamma_1)^{1/2}\tan\varphi_d}{\gamma-\gamma_1} \tag{10-6-10}$$

式中 γ——砂土的重度，kN/m^3；

γ_1——泥浆的重度，kN/m^3；

φ_d——砂土的内摩擦角。

从式（10－6－10）可见，对于砂土而言，没有临界深度，F_S 为常数，与槽壁深度无关。

（2）槽段划分。

槽段划分应结合成槽施工顺序、连续墙接头形式、主体结构布置及设缝要求等确定。由于槽段划分确定了连续墙接头位置，因此该位置应避开预留钢筋或接驳器位置，并应尽量与结构缝位置吻合。另外，还应考虑地下连续墙分期施工的接头预留位置的影响等。在采用公母槽段前后连续相接的连续墙施工中，往往第一副槽段的确定较为重要。连续墙成槽施工顺序如图 10－6－7 所示。

3. 导墙设计

导墙是指地下连续墙开槽施工前，沿连续墙轴线方向全长周边设置的导向槽。

导墙一般采用“┐ ┌”形现浇钢筋混凝土，厚度一般为 200～300mm，混凝土一般采用 C20。导墙深度以墙脚进入原状土不小于 300mm 为宜，墙顶面需高出地面 100～200mm，防止周围的散水流入槽段内。宽度要求大于地下连续墙的设计宽度 50mm，形式如图 10－6－9 所示。

4. 连续墙深度及厚度的初选

（1）连续墙深度的确定。

连续墙深度由入土深度决定。连续墙入土深度（基坑底以下深度）与基坑开挖深度的比值称为入土比。

地下连续墙的入土深度一般根据基坑围护结构的稳定性验算方法，预先根据经验假定一个入土比进行反复试算，直至满足基坑稳定性要求。根据工程经验，连续墙入土比依地质条件不同一般取为 0.7～1.0。

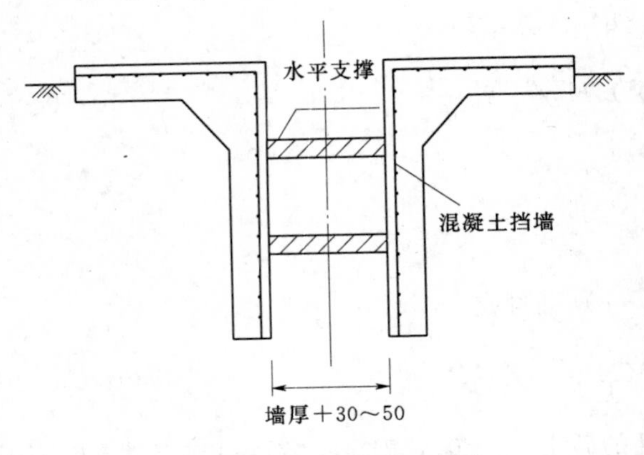

图 10-6-9　导墙示意图

连续墙入土深度也可以先由以下两种古典的稳定判别方法直接计算得到一个初值，然后通过基坑稳定性验算最终确定合理的入土比。

1）板柱底端为自由的稳定状态（图 10-6-10）。自由的稳定状态就是板桩底端刚从自由（入土深度过小）变为稳定状态。板桩在 T、E_a、E_p 三力作用下达到平衡。其中：E_a 为主动侧土压力的合力，E_p 为被动侧土压力的合力。通过两个平衡方程 $\sum X=0$，$\sum M=0$，即可求得两个未知数：支承轴力 T，板桩入土深度 D。

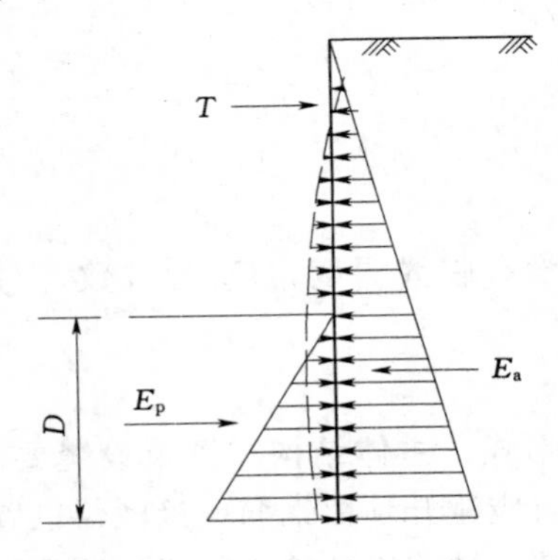

图 10-6-10　板柱底端为自由
T—横撑或锚杆力；E_a—主动压力；
E_p—被动压力

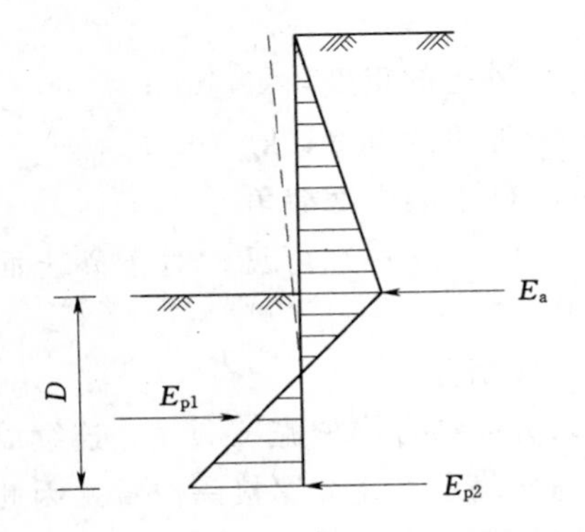

图 10-6-11　板桩底端为嵌固的稳定状态（悬臂式板桩）

2）板桩底端为嵌固的稳定状态。当板桩的入土深度较大或底端进入较硬的地层，底端达到嵌固程度时，对于悬臂式板桩，其变形曲线如图 10-6-11 中虚线所示，此时 E_a 和 E_{p1} 组成力偶，不能平衡，必须设想在底端作用着一个向左的力 E_{p2}，这样未知量有两个，即 E_{p1} 和 D，用两个平衡方程式即可求出。

对于有撑或锚的板桩，其变形曲线有一反弯点 Q，如图 10-6-12 所示。此时，未知量有 3 个，即 T、D、E_{p2}，而可以利用的平衡方程式只有两个。为了求解这种板桩，出现过很多种解法。其中最有代表性的解法之一，就是弹性曲线法，即首先假定一个入土深度 D，板桩底端为固定，在土压力（假定为已知）作用下，按梁的理论画出板桩挠曲线，检验支点反力 T 的作用点的变位是否与实际变位一致。为简单计，可把 T 的变位当作零。如果发现挠曲线在 T 点不等于零，则需重新假定 D，再求出挠曲线。这样反复凑算，直到挠曲线在 T 点的变位等于零为止。这种弹性曲线法运算起来很麻烦，实际计算常采用弹性曲线法的近似计算法。其中有一种称为假想梁法，即找出弹性曲线的反弯点 Q 的位

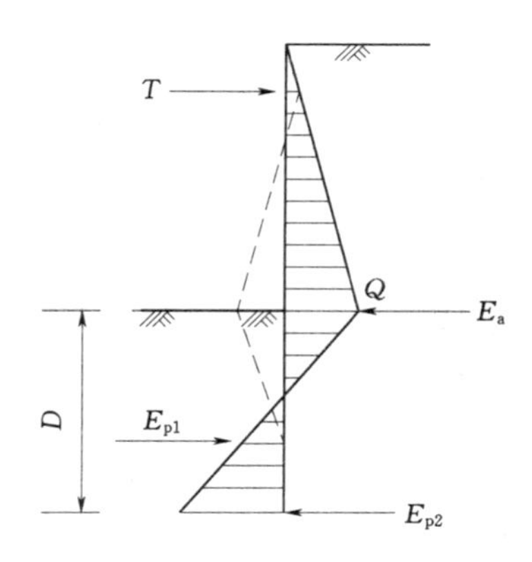

图 10-6-12 板桩底端为嵌固的稳定状态（有撑或锚的板桩）

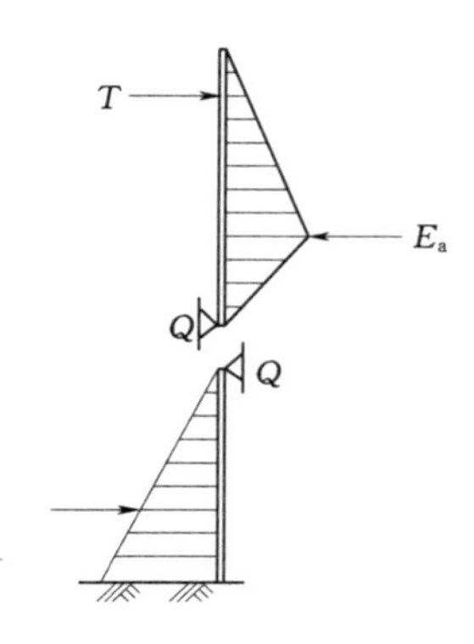

图 10-6-13 假想梁法

置，认为该点的弯矩为零，于是把板桩分为两段假想梁，即上部为简支梁，下部为一次超静定架，如图 10-6-13 所示，从而可以求得板桩的内力。

（2）连续墙厚度的确定。

连续墙厚度应根据连续墙不同阶段的受力大小、变形及裂缝控制要求等确定。连续墙的厚度根据国内现有施工设备条件，有以下几种常用尺寸：600mm、800mm、1000mm、1200mm 等。连续墙结构设计计算前可以根据工程经验预先设定，一般为基坑开挖深度的 3%～5%。最终应由结构计算、复核结果决定。

10.6.3.3 地下连续墙兼作外墙时的设计

把地下墙用作主体结构物的一部分来设计时，必须验算以下两种应力：在结构物完成之后，作用在墙体上的土压力、水压力以及作用在主体结构物上的垂直、水平荷载等产生的应力；在施工阶段，作用在临时挡土墙上的土压力、水压力产生的应力。

当地下连续墙用作主体结构物的一部分时，其设计方法因地下墙与主体结构物的结合方式不同而有差别。主要的结合方式以及相应的设计计算方法如下：

1. 单一墙的设计

单一墙就是把地下连续墙直接用作地下结构物垂直边墙的一种结构形式。

一般来说，临时挡土墙的横撑与主体结构的水平构件不在同一位置上，而且由于横撑的支撑方式与主体结构和地下墙的结合状态不同，所以施工时的地下墙应力与主体结构物完成之后的地下墙应力不同。

单一墙在施工期、刚竣工时以及经过长时间之后，作用在地下墙背面的土压力及其内力状况如图 10-6-14 所示。

刚竣工时的地下连续墙应力是施工期间地下连续墙应力与竣工之后由作用在主体结构（包括地下连续墙在内）上的外力产生的应力之和。竣工之后作用在主体结构物上的外力有作用在横撑上的荷载、回填土的土压力、回填土及板的自重、地面荷载等。

经过长时间以后，土压力和水压力已从施工期间的状态恢复到稳定的状态，此时地下墙的应力与竣工时的应力有所不同，因此要对地下墙应力的增减进行验算。这时，不考虑因墙体位移而产生的土压力的变化。

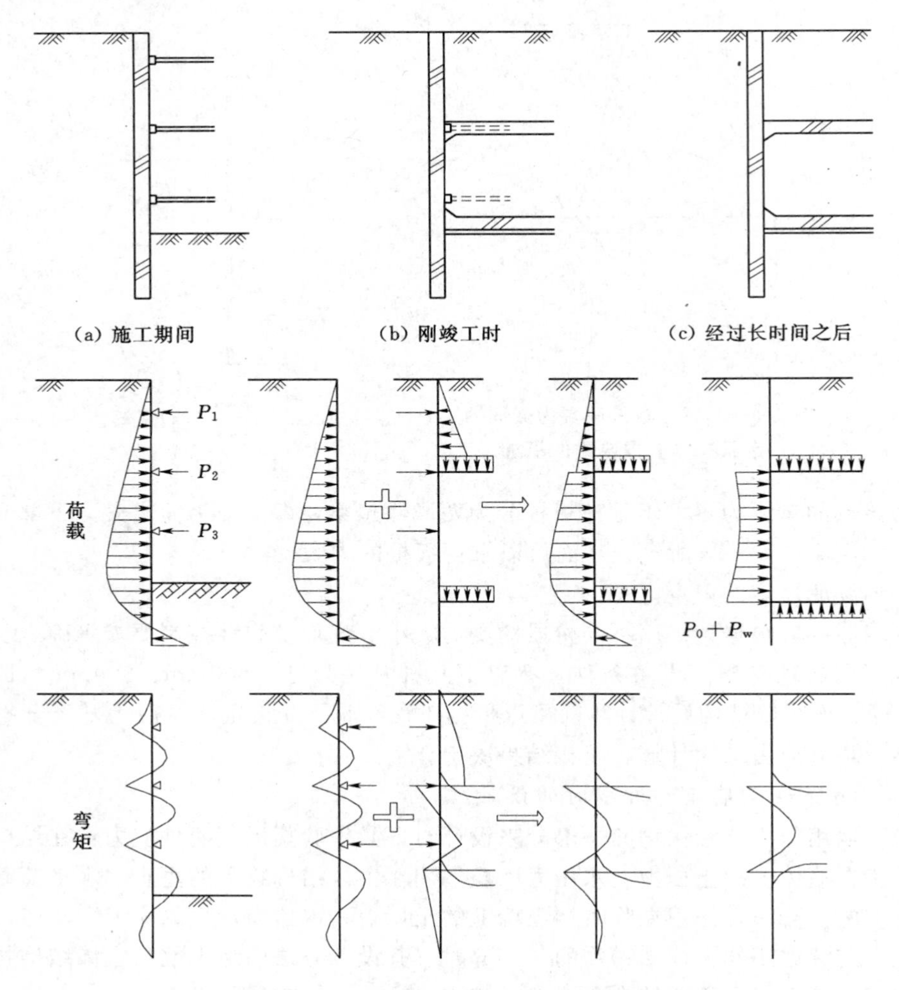

图 10-6-14　作用在单一墙上的荷载与弯矩

在进行地下墙与主体结构物结合后的应力计算时，有时还需要对地下墙与主体结构物因温差和干燥收缩引起的应力或蠕变的影响等进行验算。

2. 重合墙的设计

重合墙是把主体结构的垂直边墙重合在地下墙的内侧，在内、外墙之间填充隔绝材料使之不传递剪力的结构形式。

这种结构形式可以随着地下结构物深度的增大而增大内墙的厚度，即使是在地下墙的厚度受到限制时，也能承受较大的应力。

因为施工期间、刚竣工时和经过长时间之后，作用在墙体上的外力是不同的（图 10-6-15），所以必须分开加以验算。

刚竣工时的地下墙应力，是施工期间墙体应力与竣工之后由作用在主体结构（包括地下墙）上的外力产生的应力之和。实际上地下墙与主体结构是分离开的，应该按地下墙（作为连续梁）与主体结构相接触的状态进行结构计算。但由于这种计算方法极为复杂，所以对于结合之后产生的应力，一般是先计算地下墙与地下主体结构边墙的截面面积及其

截面惯性矩，然后按刚度比例分配截面内力，即

$$M_1=\frac{I_1}{I_1+I_2}M_0,\quad N_1=\frac{A_1}{A_1+A_2}N_0 \tag{10-6-11}$$

$$M_2=\frac{I_2}{I_1+I_2}M_0,\quad N_2=\frac{A_2}{A_1+A_2}N_0 \tag{10-6-12}$$

式中 M_0，N_0——总弯矩及总轴向力；

I_1，I_2——地下墙、主体结构边墙的截面惯性矩；

A_1，A_2——地下墙、主体结构边墙的截面积。

经过长时间之后的土压力按静止土压力计算。

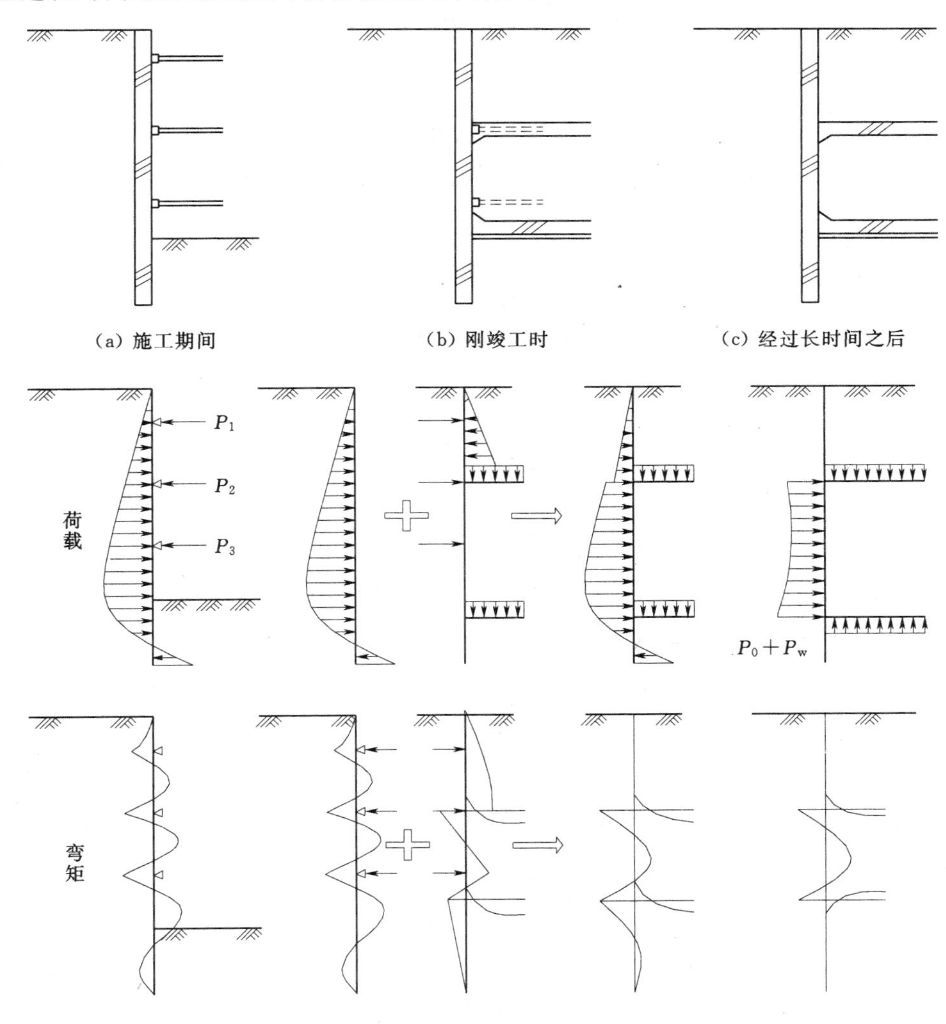

图 10-6-15 作用在重合墙上的荷载与弯矩

（注：(b) 中考虑与地基的 K 值，把主体结构的外侧看做是由许多辊轴支承起来的板结构，并且作用着框架上的荷载与去除支撑后的反作用力）

3. 复合墙的设计

复合墙是把地下墙与主体结构的垂直边墙做成一个整体，即把地下墙的内侧凿毛并用剪力块将地下墙与主体结构物连接起来，这是一种在结合部位能够承受剪力的结构形式。

复合墙也和单一墙一样，在施工期间、刚竣工时以及经过长时期之后的应力都各不相同。施工期间、竣工后和经过长时期之后的外力及内力状况如图 10-6-16 所示。复合墙竣工后的应力分布情况如图 10-6-17 所示。此时，地下墙施工期间的应力已达到某一程度，对于增加应力已很少有余地，如果应力再增加，地下墙就有随时受到破坏的可能。为了防止这种破坏的产生，必须增加内墙的厚度，提高内墙对外墙的刚度比。但必须注意到新旧混凝土之间干燥收缩不同而产生的应变差会使复合墙产生较大的应力。

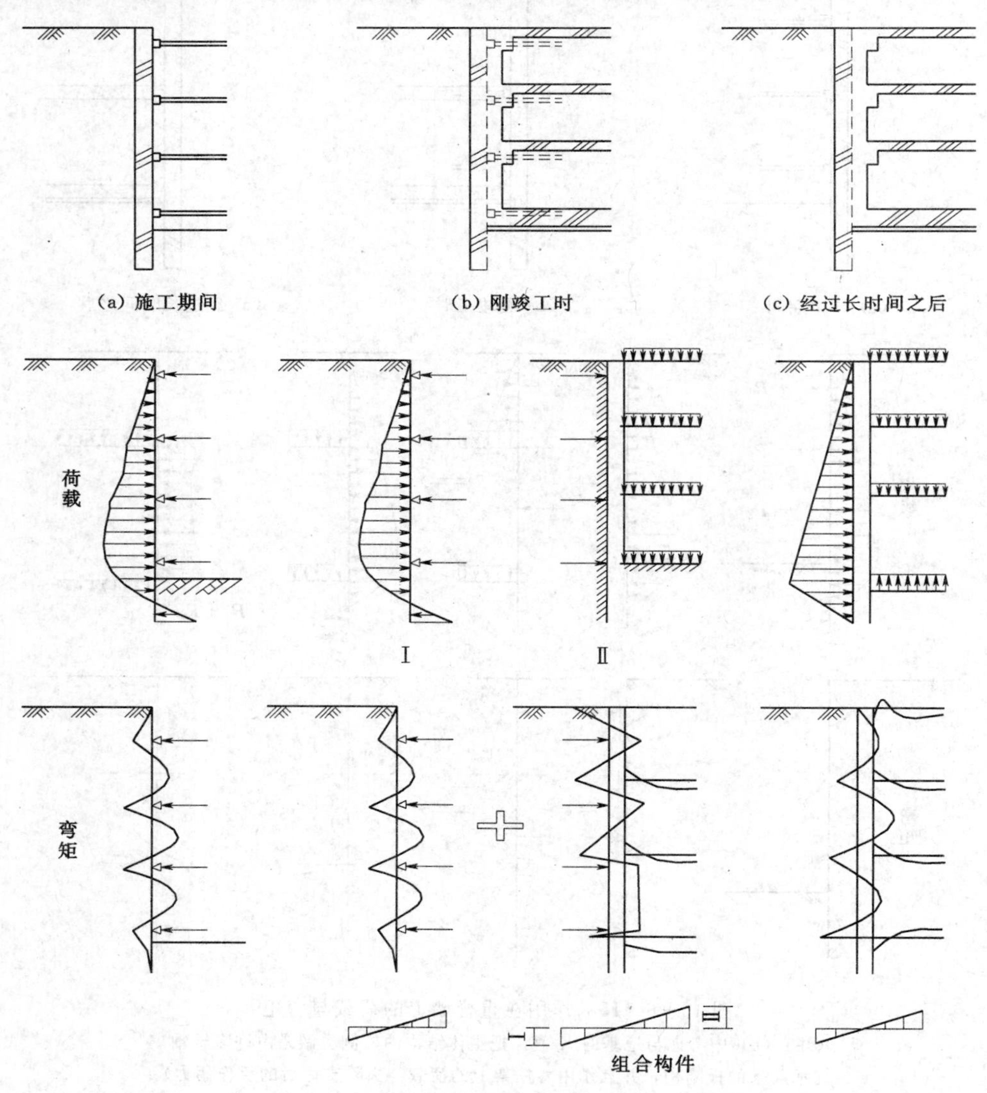

图 10-6-16 作用在复合墙上的荷载与弯矩

另外，复合墙也和单一墙或重合墙一样，会由于横撑位置和水平构件的位置不同而引起应力的变化或发生温度应力、收缩变形应力等。

在混凝土的温度变形、蠕变、收缩变形等问题上，当前还有许多未确定的因素，很难进行明确的计算。因此对于重要的结构物，需根据试验及其他方法进行充分的探讨研究。

4. 分离墙的设计

分离墙是在主体结构物的水平构件上设置支点（根据情况，有时也设在垂直边墙的中间），把地下墙作为该支点上的连续梁，用以抵抗外来压力。

产生在分离式地下墙上的应力也与其他形式的地下墙一样，在施工期间、刚竣工时以及经过长时间之后都是不相同的（图 10-6-18）。

分离式地下墙是以把支点设置在主体结构水平构件的位置上为原则。但是，外墙的强度不足时，要适当选择内墙的刚度及强度，并在水平构件位置之间设几个中间支点，即可补充外墙的强度。

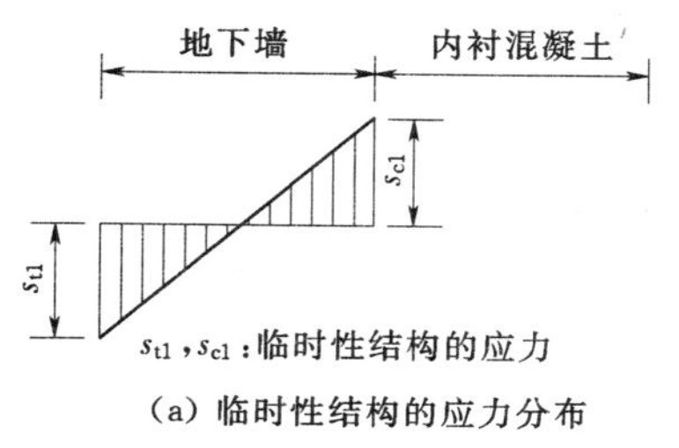

(a) 临时性结构的应力分布

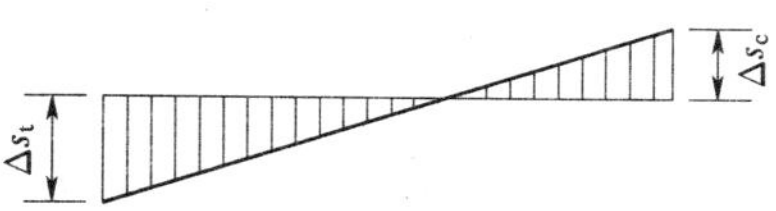

(b) 结构加厚后的应力分布

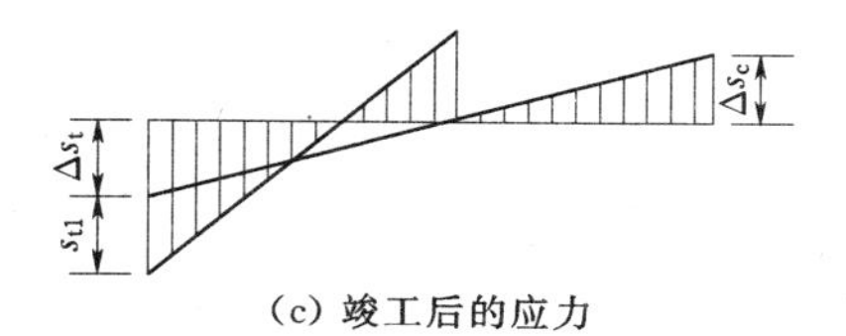

(c) 竣工后的应力

图 10-6-17 复合墙上的应力分布

5. 地下连续墙承重墙设计

除按一般的结构计算方法，根据上部传下的荷载进行内力分析和截面计算外，地下连续墙作为地下结构的承重墙，要解决的关键问题之一是无桩的地下连续墙与有桩的地铁车站底板的变形协调和基本的同步沉降。变形协调问题目前在我国还属于有待深入研究探讨的问题，现今采用的设计方法之一是根据群桩设计理论，把地下连续墙模拟折算成工程桩的方法，即把地下连续墙的垂直承载能力，通过等量代换计算方法，将地下连续墙模拟折算成若干根工程桩，布置在基础底板的周边上，将桩、土、底板三位一体视为共同结构的复合基础，利用有关的计算机程序，来计算底板的内力、桩端轴力及总体沉降。

在进行地下连续墙和工程桩的等量代换时，可参考混凝土灌注桩设计规范计算地下连续墙的壁侧摩阻力和端阻力。

根据以往的研究和工程观测，发现地下连续墙的壁侧摩阻力与土层性质和端阻力之间存在着互相影响的关系，端阻力的大小会影响到壁侧摩阻力的发挥和分布。一般在加荷初期，荷载大部分由壁侧摩阻力承担，传递到墙底的荷载很小，当壁侧摩阻力达到极限后，墙顶荷载再增加则主要由端阻力承担。当壁侧摩阻力达到极限时，端阻力占荷载的20%～40%。并且一般壁侧摩阻力全部发挥，需要的位移较小；而端阻力全部发挥，则需要较大的位移。

施工过程中，随着挖土深度的增加、墙体位移及土压力的变化，壁侧摩阻力会有所降低。

在逆作法施工过程中，实际存在地下连续墙、工程桩、地下室结构和上部结构（采用

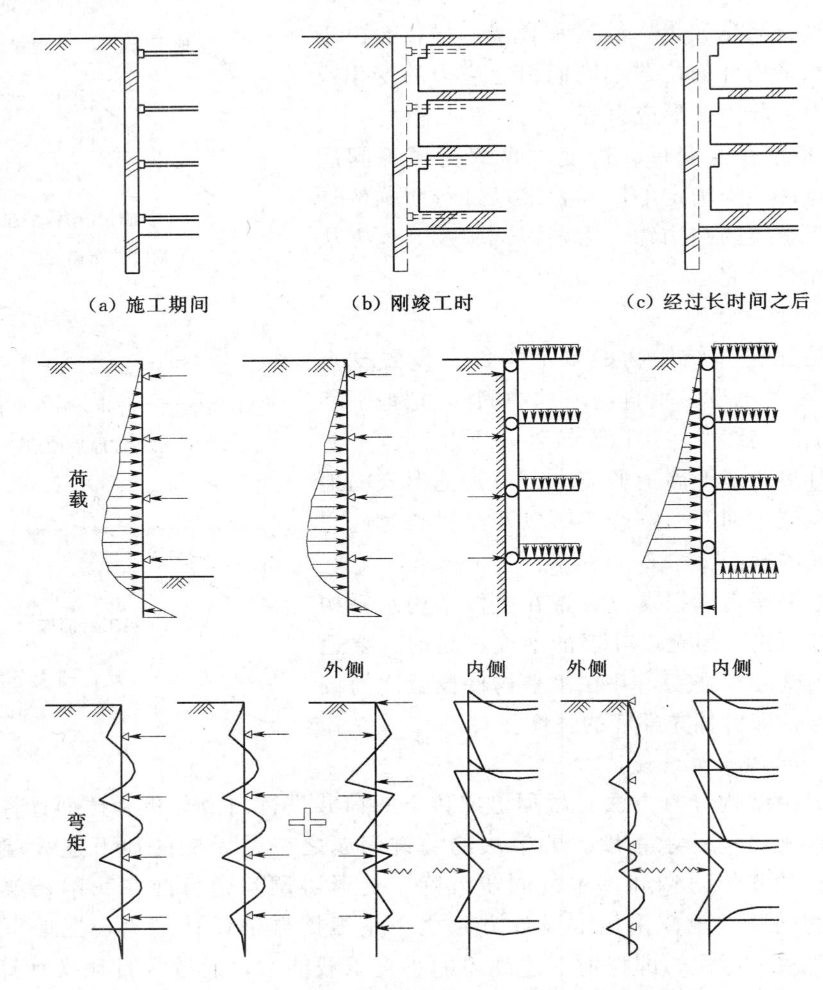

图 10-6-18　作用在分离墙上的荷载与弯矩

封闭式逆作法时）的共同作用问题，应通过该复合结构的沉降计算，来控制施工进度。通过上海一些采用逆作法施工的工程观测，发现在施工初期，上述复合结构的中心沉降较大，周边沉降较小，地下连续墙的沉降小于中间工程桩的沉降。而随着地铁车站结构及上部结构施工的进展及结构刚度的增大，地下连续墙和中间工程桩的沉降均随之增大，但差异沉降变化不大。

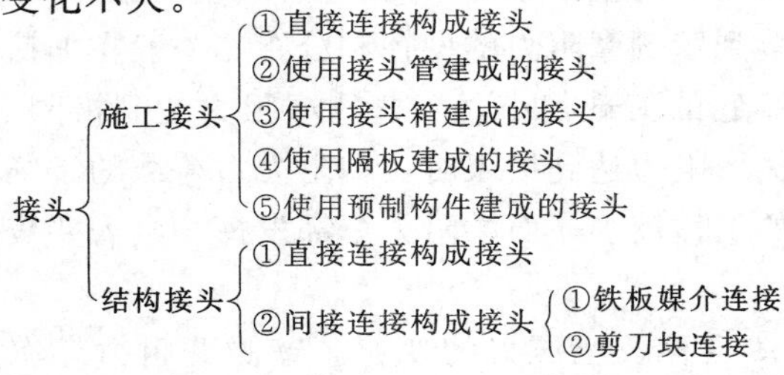

图 10-6-19　接头的分类

10.6.3.4　地下连续墙接头设计

地下连续墙的接头形式较多，主要可分为两大类：施工接头和结构接头。施工接头是浇筑地下连续墙时连接两相邻单元墙间的接头；结构接头是已竣工的地下连续墙墙体与地下结构物其他构件（梁、柱、楼板等）相连接的接头，其分类如图 10-6-19 所示。

1. 施工接头

施工接头应满足受力和防渗的要求，并要求施工简便、质量可靠。但目前尚缺少既能满足结构要求又方便施工的最佳方法。

(1) 直接连接构成接头。

单元槽段挖成后，随即吊放钢筋笼，浇灌混凝土。混凝土与未开挖土体直接接触。在开挖下一单元槽段时，用冲击锤等将与土体相接触的混凝土改造成凹凸不平的连接面，再浇灌混凝土形成“直接接头”(图 10-6-20)。而黏附在连接面上的沉渣与土是用抓斗的斗齿或射水等方法清除的。但难以清除干净，故受力与防渗性能均较差。

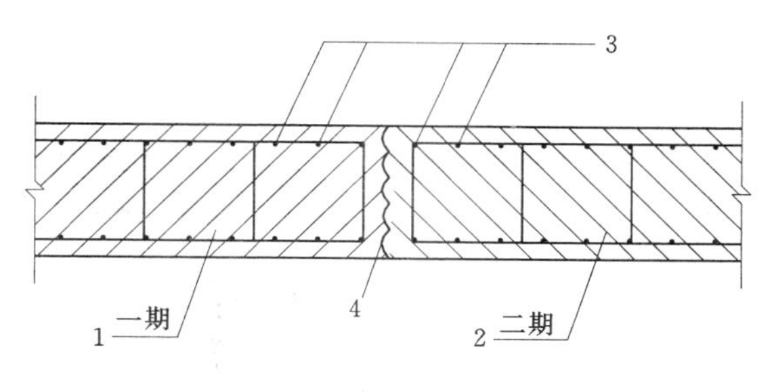

图 10-6-20 直接接头

1—一期工程；2—二期工程；3—钢筋；4—接缝

(2) 使用接头管(也称锁口管)建成接头。

一期单元槽段挖成后，在槽段的端头吊放入接头管，槽内吊放钢筋笼、浇灌混凝土，再拔出接头管，使端部形成半圆形表面。继续施工就能形成两相邻单元槽段的接头，施工程序见图 10-6-21。这种接头形式因其施工简单，已成为当前使用最多的一种方法。

接头管大多为圆形，此外还有缺口圆形、带翼的及带凸榫的等(图 10-6-22)。接头管的外径应不小于设计混凝土墙厚的 93%以上。除特殊情况外，一般不用带翼的接头管，因为使用这种接头管时泥浆容易淤积，影响工程质量。带凸榫的接头管也很少使用。

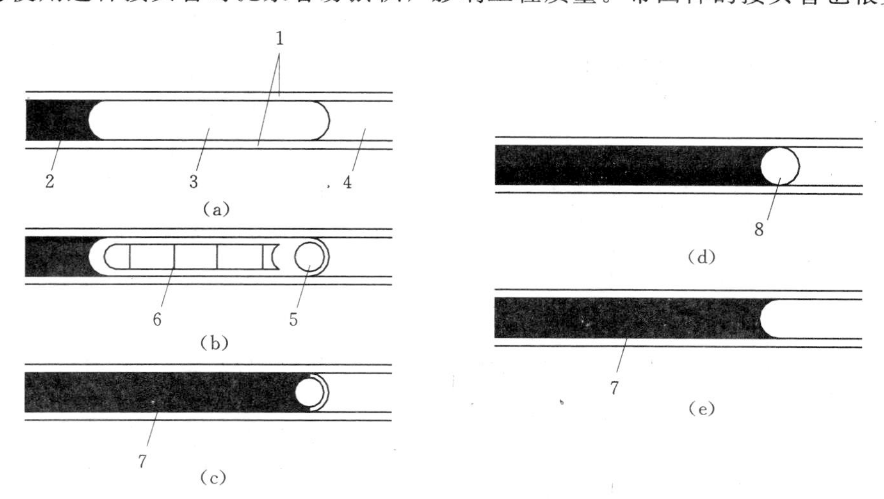

图 10-6-21 施工工序

1—倒槽；2—混凝土墙；3—开挖地段；4—未开挖地段；5—连锁管；
6—钢筋笼；7—混凝土浇筑；8—连锁管拔除后的孔洞

(3) 使用接头箱建成的接头。

施工方法与接头管法相仿。一期单元槽段挖成后即放下接头箱，再吊放下钢筋笼。由

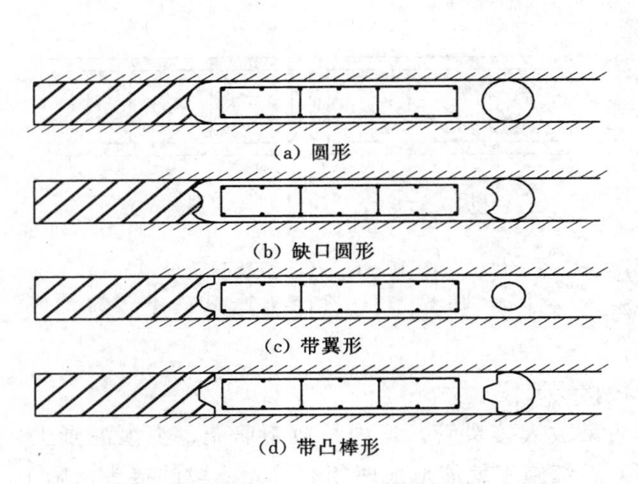

图 10-6-22　接头管形式

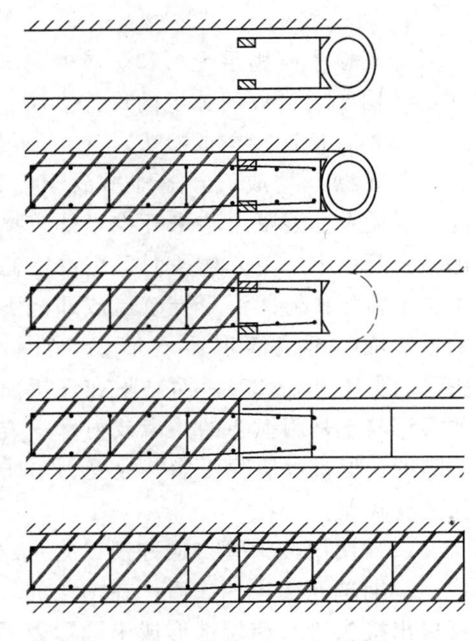

图 10-6-23　接头箱建成的接头

于接头箱在浇灌混凝土的一侧敞开，故可将钢筋笼端头的水平钢筋插入接头箱内（图 10-6-23）。浇灌混凝土时，由于接头箱的敞开口被焊在钢筋笼上的钢板所遮蔽，因而阻挡混凝土进入接头箱内。接头箱拔出后再开挖二期单元槽段，吊放二期墙段钢筋笼，浇灌混凝土形成接头，采用这种接头方法，可使两相邻单元墙段的水平钢筋交错搭接（虽然不及钢筋间直接绑扎或焊接），但也能使墙体结构连成整体。

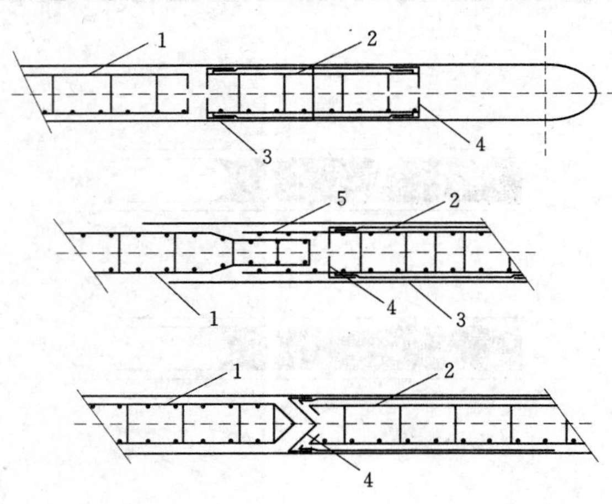

图 10-6-24　隔板建成的接头

1—钢筋笼（正在施工地段）；2—钢筋笼（完工地段）；3—用化纤布铺盖；4—钢制隔板；5—连接钢筋

（4）使用隔板建成的接头。

按隔板的形状可分为平隔板、V 形隔板和榫形隔板。

按水平钢筋的关系可分为搭接接头和不搭接接头（图 10-6-24）。

（5）使用预制构件建成的接头。

用预制构件作为接头的连接件，按所用材料可分为钢筋混凝土接头（图 10-6-25（a）），钢筋混凝土和钢材组合而成的接头（图 10-6-25（b））或全部用钢材制成的接头（图 10-6-25（c））。

图 10-6-26 是日本大阪某工程所用的波形接头。日本认为这种接头适用于较深地下连续墙，而且对于受力和防渗都相当有效。图 10-6-27 是英国首创的接头方法。这种接头是借助钢板桩防水并承受拉力。

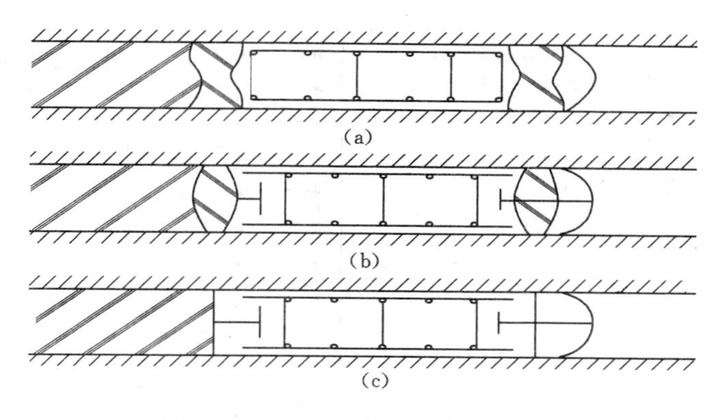

图 10－6－25 预制构件建成的接头

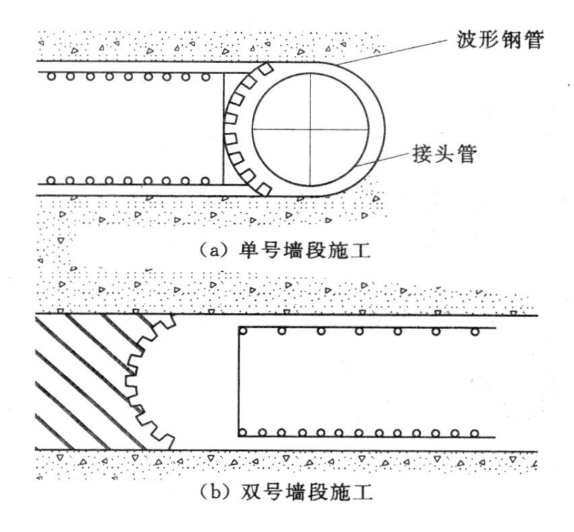

图 10－6－26 波形钢板接头

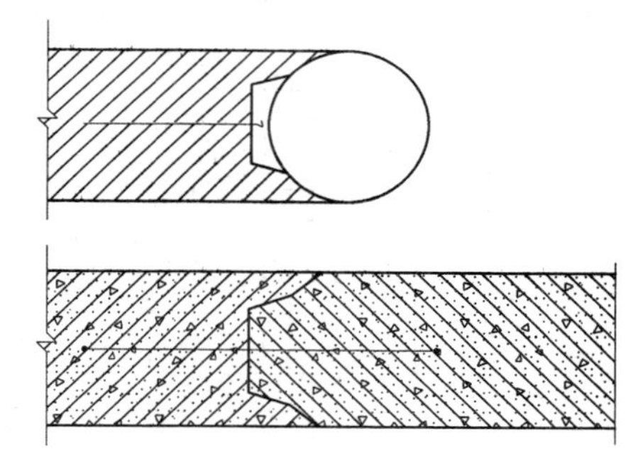

图 10－6－27 钢板桩式接头

2. 结构接头

结构接头可分头直接连接和间接连接。

(1) 直连接成的接头。

即在地下连续墙体内预埋钢筋（即加热并弯起原设计的连接钢筋）。待地下墙竣工后，开挖土体露出墙体时，再凿去预埋钢筋处的墙面，将预埋筋再弯成原状与地下结构物其他构件的钢筋相连接（图 10－6－28）。根据相关资料，有些实验结果证明，如果避免急剧加热并施工仔细的话，钢筋强度几乎不会降低。但由于连接处往往是结构薄弱环节，所以设计时应留有 20%的余地。另外，为便于施工，应采用不大于 $\phi22$ 的钢筋。

(2) 间接连接成的接头。

即通过焊接将地下连续墙的钢筋与地下结构物其他构件的钢筋相连接。这种接头有钢板媒介连接（图 10－6－29）与剪刀块连接（图 10－6－30）两种。

(3) 钢筋接驳器连接接头。

利用在连续墙中预埋的锥螺纹或直螺纹钢筋（又称钢筋接驳器），采用机械连接的方式连接。这种方式方便、快速、可靠，是目前应用较多、较广的一种方式。但接驳器的预

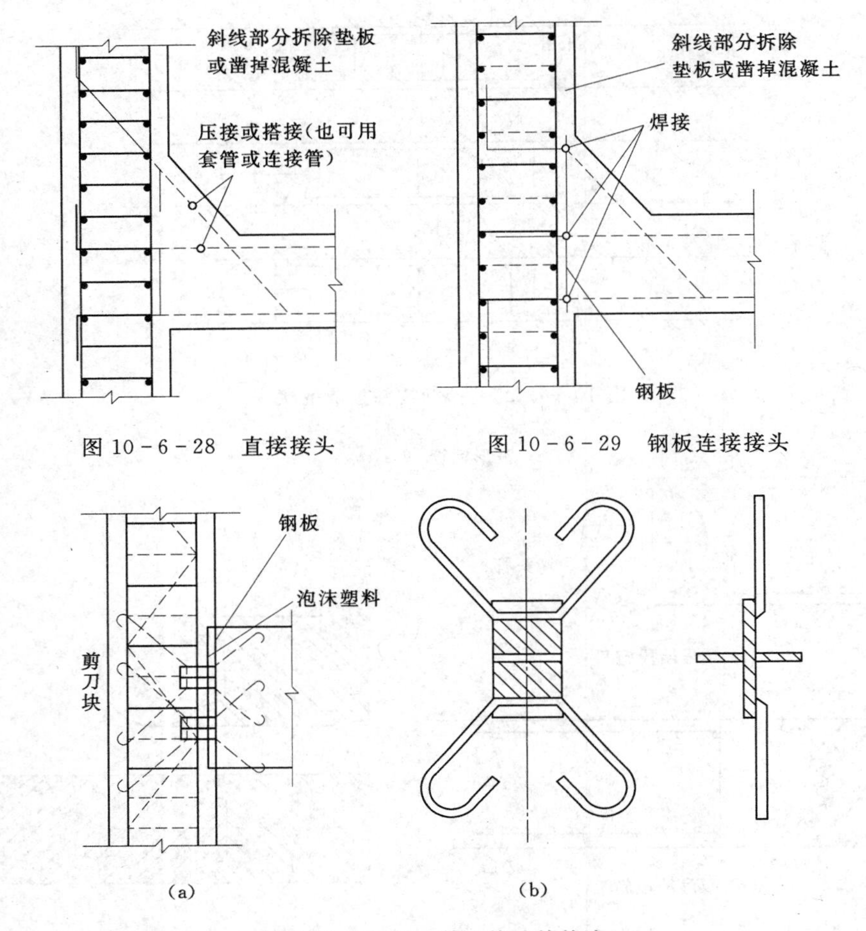

图10-6-28　直接接头

图10-6-29　钢板连接接头

(a)

(b)

图10-6-30　剪刀块连接接头

留精度由于受到施工工艺及地层条件等的影响，不易控制，因此对成槽精度、钢筋笼制作、吊放等施工控制要求较高。

(4) 植筋法接头。

在很多情况下，由于预埋钢筋受到多种因素的限制，难以预埋，有时即使已经预埋，其位置也可能偏离设计位置较大，以至无法利用，在这些情况下，通常可以采取在现场施工完的连续墙上直接钻孔埋设化学螺栓来代替预埋钢筋，称为植筋法。为了保证结构连接质量，沿地下连续墙四周将连接构件（楼板、梁等）进行加强处理，加配一些钢筋，同时在楼板、梁与地下连续墙接触面处设止水条，增强防水能力。有时可在连接处设剪力键以增强抗剪能力。

思考题

10-1　基坑围护结构的形式有哪几种？其各自的适用条件如何？

10-2　基坑围护结构方案的选择需要考虑哪些条件的影响和制约？

10-3　基坑围护结构设计包含哪些内容？试分别阐述其在基坑设计中的用途和重要性。

10-4　基坑围护设计计算方法的主要要点是什么？

10-5　作用在围护结构上的荷载如何确定？它会受到哪些施工因素的影响？

10-6　围护结构的计算为什么要考虑施工过程的影响？如何考虑？

10-7　如何确定围护结构深度及宽度？需要采用哪些验算方法？

10-8　重力式挡土结构设计计算内容与有支撑的挡土结构有何不同？试阐述其理由。

10-9　地下连续墙结构作为围护结构和主体结构一部分的设计计算有何不同之处？

10-10　作为主体结构一部分的地下连续墙结构与主体结构的连接有哪些方式？其各自特点及适用条件如何？

附　录

附表 1　地基当作弹性半无限体时，计算基础梁的系数表

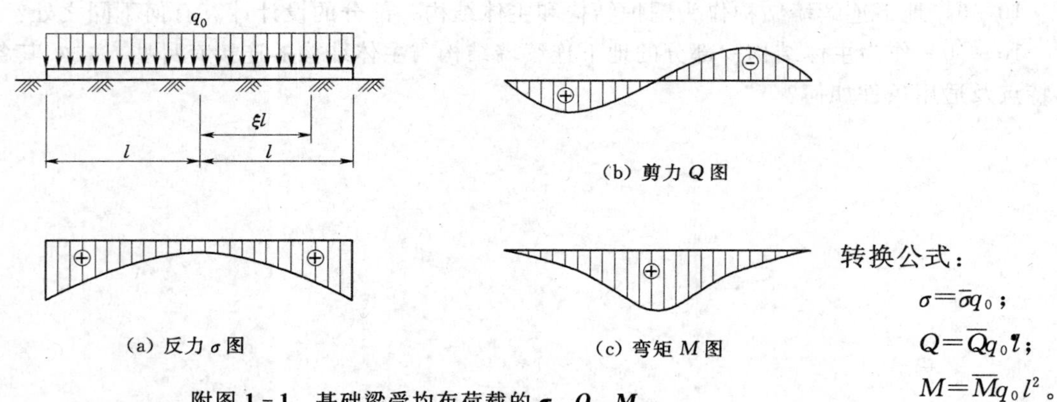

转换公式：

$\sigma=\overline{\sigma}q_0$；

$Q=\overline{Q}q_0 l$；

$M=\overline{M}q_0 l^2$。

附图 1-1　基础梁受均布荷载的 $\boldsymbol{\sigma}$、$\boldsymbol{Q}$、$\boldsymbol{M}$

附表 1 (a)　　均布荷载 $\overline{\sigma}$

t \ ε	0.0	0.1	0.2	0.3	0.4	0.5	0.6	0.7	0.8	0.9	1.0
0	0.64	0.64	0.65	0.67	0.69	0.74	0.80	0.89	1.06	1.46	—
1	0.69	0.70	0.71	0.72	0.75	0.80	0.87	0.99	1.23	1.69	—
2	0.72	0.72	0.74	0.74	0.77	0.81	0.87	0.99	1.21	1.65	—
3	0.74	0.75	0.75	0.76	0.78	0.81	0.87	0.99	1.19	1.61	—
5	0.77	0.78	0.78	0.79	0.80	0.83	0.88	0.97	1.16	1.55	—
7	0.80	0.80	0.81	0.81	0.82	0.84	0.88	0.96	1.13	1.50	—
10	0.84	0.84	0.84	0.84	0.84	0.85	0.88	0.95	1.11	1.44	—
15	0.88	0.88	0.87	0.87	0.87	0.87	0.89	0.94	1.07	1.37	—
20	0.90	0.90	0.90	0.89	0.89	0.88	0.89	0.93	1.05	1.32	—
30	0.94	0.94	0.93	0.92	0.91	0.90	0.90	0.92	1.01	1.26	—
50	0.97	0.97	0.96	0.95	0.94	0.92	0.91	0.92	0.99	1.18	—

附表1（b）　　均布荷载 $\overline{Q}$

t \ ε	0.0	0.1	0.2	0.3	0.4	0.5	0.6	0.7	0.8	0.9	1.0
0	0	−0.036	−0.072	−0.106	−0.138	−0.167	−0.190	−0.206	−0.210	−0.187	0
1	0	−0.030	−0.060	−0.089	−0.115	−0.138	−0.155	−0.163	−0.153	−0.110	0
2	0	−0.028	−0.056	−0.082	−0.107	−0.128	−0.145	−0.153	−0.144	−0.104	0
3	0	−0.026	−0.052	−0.076	−0.099	−0.120	−0.136	−0.144	−0.136	−0.099	0
5	0	−0.022	−0.045	−0.066	−0.087	−0.105	−0.121	−0.129	−0.124	−0.090	0
7	0	−0.020	−0.039	−0.058	−0.077	−0.094	−0.108	−0.117	−0.113	−0.084	0
10	0	−0.016	−0.033	−0.049	−0.065	−0.080	−0.094	−0.103	−0.101	−0.075	0
15	0	−0.012	−0.025	−0.038	−0.051	−0.064	−0.076	−0.085	−0.085	−0.065	0
20	0	−0.010	−0.019	−0.030	−0.041	−0.053	−0.064	−0.073	−0.075	−0.060	0
30	0	−0.006	−0.012	−0.020	−0.026	−0.038	−0.048	−0.057	−0.061	−0.050	0
50	0	−0.003	−0.006	−0.010	−0.015	−0.022	−0.031	−0.040	−0.045	−0.039	0

附表1（c）　　均布荷载 $\overline{M}$

t \ ε	0.0	0.1	0.2	0.3	0.4	0.5	0.6	0.7	0.8	0.9	1.0
0	0.137	0.135	0.129	0.120	0.108	0.093	0.075	0.055	0.034	0.014	0
1	0.103	0.101	0.097	0.089	0.079	0.066	0.052	0.036	0.020	0.006	0
2	0.096	0.095	0.091	0.084	0.074	0.063	0.049	0.034	0.019	0.006	0
3	0.090	0.089	0.085	0.079	0.070	0.059	0.046	0.032	0.018	0.006	0
5	0.080	0.079	0.076	0.070	0.063	0.053	0.042	0.029	0.016	0.005	0
7	0.072	0.071	0.068	0.063	0.057	0.048	0.038	0.027	0.015	0.005	0
10	0.063	0.062	0.059	0.055	0.050	0.042	0.034	0.024	0.013	0.004	0
15	0.051	0.050	0.049	0.046	0.041	0.036	0.028	0.020	0.011	0.004	0
20	0.043	0.043	0.041	0.039	0.035	0.031	0.025	0.018	0.01	0.003	0
30	0.033	0.033	0.032	0.030	0.028	0.024	0.020	0.015	0.009	0.003	0
50	0.022	0.021	0.021	0.020	0.019	0.017	0.014	0.011	0.007	0.002	0

附表 2～8　基础梁受集中荷载的 σ、Q、M

反力 σ 图

剪力 Q 图

弯矩 M 图

转换公式：

$$\sigma=\bar{\sigma}\frac{P}{l};$$

$$Q=\pm\bar{Q}P;$$

$$M=\bar{M}Pl。$$

附表 2（a）　　$t=0$ 集中荷载 $\bar{\sigma}$

α \ ζ	−1.0	−0.9	−0.8	−0.7	−0.6	−0.5	−0.4	−0.3	−0.2	−0.1	0.0	0.1	0.2	0.3	0.4	0.5	0.6	0.7	0.8	0.9	1.0	
0.0	—	0.73	0.53	0.46	0.40	0.37	0.35	0.33	0.32	0.32	0.32	0.32	0.32	0.33	0.35	0.37	0.40	0.45	0.53	0.73	—	0.0
0.1	—	0.60	0.45	0.38	0.35	0.33	0.32	0.31	0.31	0.31	0.32	0.33	0.34	0.35	0.37	0.40	0.45	0.51	0.61	0.86	—	−0.1
0.2	—	0.47	0.36	0.32	0.30	0.29	0.29	0.29	0.30	0.31	0.32	0.33	0.35	0.37	0.40	0.44	0.49	0.57	0.70	0.99	—	−0.2
0.3	—	0.34	0.28	0.26	0.25	0.26	0.26	0.27	0.29	0.30	0.32	0.34	0.36	0.39	0.43	0.48	0.54	0.63	0.78	1.12	—	−0.3
0.4	—	0.20	0.19	0.20	0.21	0.22	0.24	0.25	0.27	0.29	0.32	0.35	0.38	0.41	0.46	0.51	0.59	0.69	0.87	1.26	—	−0.4
0.5	—	0.07	0.11	0.13	0.16	0.18	0.21	0.23	0.26	0.29	0.32	0.35	0.39	0.43	0.49	0.55	0.64	0.76	0.95	1.39	—	−0.5
0.6	—	−0.06	0.02	0.07	0.11	0.15	0.18	0.21	0.25	0.28	0.32	0.3	0.40	0.45	0.51	0.59	0.68	0.82	1.04	1.52	—	−0.6
0.7	—	−0.19	−0.06	−0.01	0.06	0.11	0.15	0.19	0.23	0.27	0.32	0.36	0.42	0.47	0.54	0.62	0.73	0.88	1.12	1.65	—	−0.7
0.8	—	−0.32	−0.15	−0.05	0.02	0.07	0.12	0.17	0.22	0.27	0.32	0.37	0.43	0.49	0.57	0.66	0.78	0.94	1.21	1.78	—	−0.8
0.9	—	−0.45	−0.23	−0.12	−0.03	0.04	0.10	0.15	0.21	0.26	0.32	0.38	0.44	0.51	0.60	0.70	0.83	1.01	1.29	1.91	—	−0.9
1.0	—	−0.58	−0.32	−0.18	−0.08	0.00	0.07	0.13	0.19	0.26	0.32	0.38	0.45	0.53	0.63	0.73	0.87	1.07	1.38	2.04	—	−1.0
	1.0	0.9	0.8	0.7	0.6	0.5	0.04	0.3	0.2	0.1	0.0	−0.1	−0.2	−0.3	−0.4	−0.5	−0.6	−0.7	−0.8	−0.9	−1.0	ξ \ α

附表 2（b）

$t=0$ 集中荷载 $\overline{Q}$

α \ ζ	−1.0	−0.9	−0.8	−0.7	−0.6	−0.5	−0.4	−0.3	−0.2	−0.1	0.0	0.1	0.2	0.3	0.4	0.5	0.6	0.7	0.8	0.9	1.0	
0.0	0	0.14	0.20	0.25	0.29	0.33	0.37	0.40	0.44	0.47	0.50*	−0.47	−0.44	−0.40	−0.37	−0.33	−0.29	−0.25	−0.20	−0.14	0	0.0
0.1	0	0.12	0.17	0.21	0.24	0.28	0.31	0.34	0.37	0.40	0.44	0.47*	−0.50	−0.46	−0.43	−0.39	−0.35	−0.30	−0.24	−0.17	0	−0.1
0.2	0	0.09	0.13	0.16	0.19	0.22	0.25	0.28	0.31	0.34	0.37	0.40	0.44*	−0.52	−0.49	−0.44	−0.40	−0.34	−0.28	−0.20	0	−0.2
0.3	0	0.06	0.09	0.12	0.14	0.17	0.19	0.22	0.25	0.28	0.31	0.34	0.38	0.42*	−0.54	−0.50	−0.45	−0.39	−0.32	−0.23	0	−0.3
0.4	0	0.03	0.05	0.07	0.09	0.11	0.14	0.16	0.19	0.21	0.24	0.28	0.31	0.35	0.40*	−0.55	−0.50	−0.43	−0.36	−0.26	0	−0.4
0.5	0	0.00	0.01	0.03	0.04	0.06	0.08	0.10	0.12	0.15	0.18	0.21	0.25	0.29	0.34	0.39*	−0.55	−0.48	−0.40	−0.28	0	−0.5
0.6	0	−0.02	−0.02	−0.02	−0.01	0.00	0.02	0.04	0.06	0.09	0.12	0.15	0.19	0.23	0.28	0.34	0.40*	−0.53	−0.43	−0.31	0	−0.6
0.7	0	−0.05	−0.06	−0.06	−0.06	−0.05	−0.04	−0.02	0.00	0.02	0.05	0.09	0.13	0.17	0.22	0.28	0.35	0.43*	−0.47	−0.34	0	−0.7
0.8	0	−0.08	−0.10	−0.11	−0.11	−0.11	−0.01	−0.08	−0.06	−0.04	−0.01	−0.02	0.06	0.11	0.16	0.23	0.30	0.38	0.49*	−0.37	0	−0.8
0.9	0	−0.11	−0.14	−0.16	−0.16	−0.16	−0.16	−0.14	−0.13	−0.10	−0.07	−0.04	0.00	0.05	0.11	0.17	0.25	0.24	0.45	0.61*	0	−0.9
1.0	0	−0.13	−0.18	−0.20	−0.21	−0.22	−0.21	−0.20	−0.19	−0.16	−0.14	−0.10	−0.06	−0.01	0.05	0.11	0.20	0.29	0.41	0.58	1*	−1.0
	1.0	0.9	0.8	0.7	0.6	0.5	0.4	0.3	0.2	0.1	0.0	−0.1	−0.2	−0.3	−0.4	−0.5	−0.6	−0.7	−0.8	−0.9	−1.0	ξ / α

附表 2（c）

$t=0$ 集中荷载 $\overline{M}$

α \ ζ	−1.0	−0.9	−0.8	−0.7	−0.6	−0.5	−0.4	−0.3	−0.2	−0.1	0.0	0.1	0.2	0.3	0.4	0.5	0.6	0.7	0.8	0.9	1.0	
0.0	0	0.01	0.03	0.05	0.08	0.11	0.14	0.18	0.22	0.27	0.32	0.27	0.22	0.18	0.14	0.11	0.08	0.05	0.03	0.01	0	0.0
0.1	0	0.01	0.02	0.04	0.06	0.09	0.12	0.15	0.19	0.23	0.27	0.31	0.26	0.21	0.17	0.13	0.09	0.06	0.03	0.01	0	−0.1
0.2	0	0.01	0.02	0.03	0.05	0.07	0.09	0.12	0.15	0.18	0.22	0.26	0.30	0.24	0.19	0.15	0.11	0.07	0.04	0.01	0	−0.2
0.3	0	0.00	0.01	0.02	0.03	0.05	0.07	0.09	0.11	0.14	0.17	0.20	0.24	0.28	0.22	0.17	0.12	0.08	0.04	0.01	0	−0.3
0.4	0	0.00	0.01	0.01	0.02	0.03	0.04	0.06	0.07	0.09	0.12	0.14	0.17	0.21	0.24	0.19	0.13	0.09	0.05	0.02	0	−0.4
0.5	0	0.00	0.00	0.00	0.01	0.01	0.02	0.03	0.04	0.05	0.07	0.09	0.11	0.14	0.17	0.21	0.15	0.10	0.05	0.02	0	−0.5

续表

ζ / α	−1.0	−0.9	−0.8	−0.7	−0.6	−0.5	−0.4	−0.3	−0.2	−0.1	0.0	0.1	0.2	0.3	0.4	0.5	0.6	0.7	0.8	0.9	1.0	
0.6	0	0.00	0.00	−0.01	−0.01	−0.01	−0.01	−0.01	0.00	0.01	0.02	0.03	0.05	0.07	0.09	0.13	0.16	0.11	0.06	0.02	0	−0.6
0.7	0	0.00	−0.01	−0.02	−0.02	−0.03	−0.03	−0.04	−0.04	−0.04	−0.03	−0.02	−0.01	0.00	0.02	0.05	0.08	0.12	0.06	0.02	0	−0.7
0.8	0	−0.01	−0.01	−0.02	−0.04	−0.05	−0.06	−0.07	−0.07	−0.08	−0.08	−0.08	−0.08	−0.07	−0.05	−0.03	−0.01	−0.02	0.07	0.02	0	−0.8
0.9	0	−0.01	−0.02	−0.03	−0.05	−0.07	−0.08	−0.10	−0.11	−0.12	−0.13	−0.14	−0.14	−0.14	−0.13	−0.11	−0.09	−0.06	−0.03	0.03	0	−0.9
1.0	0	−0.01	−0.02	−0.04	−0.06	−0.09	−0.11	−0.13	−0.15	−0.17	−0.18	−0.19	−0.20	−0.20	−0.20	−0.20	−0.18	−0.16	−0.12	−0.07	0	−1.0
	1.0	0.9	0.8	0.7	0.6	0.5	0.4	0.3	0.2	0.1	0.0	−0.1	−0.2	−0.3	−0.4	−0.5	−0.6	−0.7	−0.8	−0.9	−1.0	α / ξ

附表 3 (a) $t=1$ 集中荷载$\bar{\sigma}$

ζ / α	−1.0	−0.9	−0.8	−0.7	−0.6	−0.5	−0.4	−0.3	−0.2	−0.1	0.0	0.1	0.2	0.3	0.4	0.5	0.6	0.7	0.8	0.9	1.0	
0.0	—	0.78	0.57	0.47	0.43	0.41	0.39	0.39	0.39	0.39	0.39	0.39	0.39	0.39	0.39	0.41	0.43	0.47	0.57	0.78	—	0.0
0.1	—	0.62	0.46	0.40	0.37	0.36	0.36	0.36	0.37	0.38	0.39	0.40	0.41	0.42	0.43	0.46	0.49	0.56	0.69	1.04	—	−0.1
0.2	—	0.45	0.37	0.33	0.31	0.31	0.32	0.33	0.35	0.37	0.38	0.40	0.43	0.45	0.47	0.50	0.56	0.65	0.82	1.11	—	−0.2
0.3	—	0.30	0.26	0.25	0.25	0.27	0.28	0.30	0.32	0.35	0.37	0.40	0.43	0.47	0.50	0.55	0.63	0.73	0.93	1.29	—	−0.3
0.4	—	0.15	0.15	0.17	0.20	0.22	0.24	0.27	0.30	0.33	0.36	0.40	0.44	0.48	0.53	0.59	0.68	0.80	1.03	1.48	—	−0.4
0.5	—	0.00	0.05	0.09	0.14	0.17	0.21	0.24	0.27	0.31	0.35	0.39	0.44	0.49	0.56	0.63	0.74	0.89	1.16	1.66	—	−0.5
0.6	—	−0.15	−0.04	0.02	0.08	0.12	0.17	0.21	0.25	0.29	0.34	0.39	0.44	0.50	0.58	0.67	0.80	0.98	1.29	1.85	—	−0.6
0.7	—	−0.30	−0.15	−0.05	0.02	0.08	0.13	0.18	0.22	0.27	0.32	0.38	0.44	0.51	0.60	0.70	0.85	1.07	1.42	2.05	—	−0.7
0.8	—	−0.45	−0.25	−0.13	−0.04	0.03	0.09	0.15	0.20	0.25	0.31	0.37	0.44	0.52	0.63	0.74	0.90	1.14	1.54	2.25	—	−0.8
0.9	—	−0.59	−0.32	−0.20	−0.09	−0.01	0.05	0.11	0.17	0.23	0.30	0.36	0.44	0.53	0.63	0.77	0.95	1.22	1.64	2.46	—	−0.9
1.0	—	−0.73	−0.45	−0.27	−0.15	−0.06	0.02	0.08	0.15	0.21	0.28	0.36	0.44	0.54	0.65	0.80	1.00	1.30	1.79	2.66	—	−1.0
	1.0	0.9	0.8	0.7	0.6	0.5	0.4	0.3	0.2	0.1	0.0	−0.1	−0.2	−0.3	−0.4	−0.5	−0.6	−0.7	−0.8	−0.9	−1.0	α / ξ

附表 3 (b)

$t=1$ 集中荷载$\overline{Q}$

α \ ζ	-1.0	-0.9	-0.8	-0.7	-0.6	-0.5	-0.4	-0.3	-0.2	-0.1	0.0	0.1	0.2	0.3	0.4	0.5	0.6	0.7	0.8	0.9	1.0	
0.0	0	0.10	0.16	0.22	0.26	0.30	0.34	0.38	0.42	0.46	0.50*	-0.46	-0.42	-0.38	-0.34	-0.30	-0.26	-0.22	-0.16	-0.10	0	0.0
0.1	0	0.08	0.13	0.17	0.21	0.25	0.28	0.32	0.35	0.39	0.43	0.47*	-0.49	-0.45	-0.40	-0.36	-0.31	-0.26	-0.20	-0.11	0	-0.1
0.2	0	0.05	0.09	0.13	0.16	0.19	0.22	0.25	0.29	0.33	0.36	0.40	0.45*	-0.51	-0.47	-0.42	-0.36	-0.30	-0.23	-0.14	0	-0.2
0.3	0	0.03	0.06	0.08	0.10	0.14	0.17	0.20	0.23	0.26	0.30	0.34	0.38	0.42*	-0.53	-0.48	-0.42	-0.35	-0.27	-0.16	0	-0.3
0.4	0	0.02	0.03	0.05	0.07	0.09	0.11	0.14	0.16	0.20	0.23	0.27	0.31	0.36	0.41*	-0.54	-0.47	-0.40	-0.31	-0.19	0	-0.4
0.5	0	0.00	0.00	0.01	0.02	0.03	0.05	0.08	0.10	0.13	0.16	0.20	0.24	0.29	0.34	0.40*	-0.53	-0.45	-0.35	-0.21	0	-0.5
0.6	0	-0.02	-0.03	-0.03	-0.03	-0.02	0.00	0.02	0.04	0.07	0.10	0.13	0.17	0.22	0.28	0.34	0.41*	-0.50	-0.39	-0.23	0	-0.6
0.7	0	-0.04	-0.06	-0.07	-0.07	-0.07	-0.06	-0.04	-0.02	0.00	0.03	0.07	0.11	0.16	0.21	0.28	0.35	0.45*	-0.42	-0.26	0	-0.7
0.8	0	-0.06	-0.09	-0.11	-0.12	-0.12	-0.11	-0.10	-0.08	-0.06	-0.03	0.00	0.04	0.09	0.15	0.21	0.30	0.40	0.53*	-0.28	0	-0.8
0.9	0	-0.08	-0.12	-0.15	-0.17	-0.17	-0.17	-0.16	-0.14	-0.12	-0.10	-0.07	-0.02	0.02	0.08	0.15	0.24	0.34	0.49	0.69*	0	-0.9
1.0	0	-0.10	-0.15	-0.19	-0.21	-0.22	-0.22	-0.22	-0.21	-0.19	-0.16	-0.13	-0.09	-0.04	0.02	0.09	0.18	0.29	0.44	0.66	1*	-1.0
	1.0	0.9	0.8	0.7	0.6	0.5	0.4	0.3	0.2	0.1	0.0	-0.1	-0.2	-0.3	-0.4	-0.5	-0.6	-0.7	-0.8	-0.9	-1.0	ξ / α

附表 3 (c)

$t=1$ 集中荷载$\overline{M}$

α \ ζ	-1.0	-0.9	-0.8	-0.7	-0.6	-0.5	-0.4	-0.3	-0.2	-0.1	0.0	0.1	0.2	0.3	0.4	0.5	0.6	0.7	0.8	0.9	1.0	
0.0	0	0.01	0.02	0.04	0.06	0.09	0.12	0.16	0.20	0.24	0.29	0.24	0.20	0.16	0.12	0.09	0.06	0.04	0.02	0.01	0	0.0
0.1	0	0.00	0.01	0.03	0.05	0.07	0.10	0.13	0.16	0.20	0.24	0.29	0.23	0.19	0.15	0.11	0.07	0.04	0.02	0.01	0	-0.1
0.2	0	0.00	0.01	0.02	0.04	0.05	0.08	0.10	0.13	0.16	0.19	0.23	0.27	0.22	0.17	0.12	0.09	0.05	0.03	0.01	0	-0.2
0.3	0	0.00	0.01	0.01	0.02	0.04	0.05	0.07	0.09	0.11	0.14	0.17	0.21	0.25	0.19	0.14	0.10	0.06	0.03	0.01	0	-0.3
0.4	0	0.00	0.00	0.01	0.01	0.02	0.03	0.04	0.06	0.07	0.10	0.12	0.15	0.18	0.22	0.16	0.11	0.07	0.03	0.01	0	-0.4
0.5	0	0.00	0.00	0.00	0.00	0.00	0.01	0.01	0.02	0.03	0.05	0.07	0.09	0.12	0.15	0.18	0.13	0.08	0.04	0.01	0	-0.5

续表

ζ / α	−1.0	−0.9	−0.8	−0.7	−0.6	−0.5	−0.4	−0.3	−0.2	−0.1	0.0	0.1	0.2	0.3	0.4	0.5	0.6	0.7	0.8	0.9	1.0	
0.6	0	0.00	−0.01	−0.01	−0.02	−0.01	−0.01	−0.01	−0.01	0.00	0.00	0.01	0.03	0.05	0.07	0.11	0.14	0.09	0.04	0.01	0	−0.6
0.7	0	0.00	−0.01	−0.01	−0.02	−0.03	−0.03	−0.04	−0.04	−0.04	−0.04	−0.04	−0.03	−0.02	0.00	0.03	0.06	0.10	0.05	0.01	0	−0.7
0.8	0	0.00	−0.01	−0.02	−0.03	−0.04	−0.06	−0.07	−0.08	−0.08	−0.09	−0.09	−0.09	−0.08	−0.07	−0.05	−0.03	0.01	0.05	0.02	0	−0.8
0.9	0	0.00	−0.01	−0.03	−0.04	−0.06	−0.08	−0.09	−0.11	−0.12	−0.13	−0.14	−0.15	−0.15	−0.14	−0.13	−0.11	−0.08	−0.04	0.02	0	−0.9
1.0	0	0.00	−0.02	−0.03	−0.05	−0.08	−0.10	−0.12	−0.14	−0.16	−0.18	−0.20	−0.21	−0.21	−0.21	−0.21	−0.20	−0.17	−0.14	−0.08	0	−1.0
	1.0	0.9	0.8	0.7	0.6	0.5	0.4	0.3	0.2	0.1	0.0	−0.1	−0.2	−0.3	−0.4	−0.5	−0.6	−0.7	−0.8	−0.9	−1.0	α / ξ

附表 4 (a)　　$t=2$ 集中荷载σ

ζ / α	−1.0	−0.9	−0.8	−0.7	−0.6	−0.5	−0.4	−0.3	−0.2	−0.1	0.0	0.1	0.2	0.3	0.4	0.5	0.6	0.7	0.8	0.9	1.0	
0.0	—	0.71	0.51	0.45	0.43	0.42	0.42	0.43	0.43	0.44	0.45	0.44	0.43	0.43	0.42	0.42	0.43	0.45	0.51	0.71	—	0.0
0.1	—	0.55	0.42	0.38	0.37	0.37	0.38	0.39	0.41	0.43	0.44	0.45	0.46	0.46	0.46	0.47	0.50	0.55	0.65	0.87	—	−0.1
0.2	—	0.39	0.34	0.32	0.31	0.32	0.34	0.36	0.38	0.40	0.43	0.45	0.47	0.49	0.51	0.53	0.57	0.65	0.79	1.03	—	−0.2
0.3	—	0.25	0.24	0.24	0.25	0.27	0.30	0.32	0.35	0.38	0.41	0.44	0.48	0.51	0.54	0.57	0.63	0.72	0.90	1.22	—	−0.3
0.4	—	0.10	0.14	0.17	0.20	0.23	0.26	0.29	0.32	0.35	0.39	0.43	0.47	0.52	0.56	0.62	0.69	0.80	1.01	1.41	—	−0.4
0.5	—	−0.03	0.04	0.09	0.14	0.18	0.21	0.25	0.28	0.32	0.37	0.41	0.46	0.52	0.58	0.66	0.76	0.90	1.14	1.61	—	−0.5
0.6	—	−0.16	−0.06	0.01	0.07	0.12	0.17	0.21	0.25	0.29	0.34	0.39	0.45	0.52	0.59	0.69	0.81	0.99	1.29	1.83	—	−0.6
0.7	—	−0.29	−0.15	−0.05	0.02	0.07	0.12	0.17	0.22	0.26	0.32	0.37	0.44	0.51	0.60	0.71	0.86	1.08	1.43	2.05	—	−0.7
0.8	—	−0.42	−0.24	−0.12	−0.04	0.03	0.08	0.13	0.18	0.23	0.29	0.35	0.42	0.50	0.60	0.73	0.90	1.15	1.56	2.29	—	−0.8
0.9	—	−0.54	−0.33	−0.19	−0.09	−0.02	0.04	0.09	0.15	0.20	0.26	0.33	0.41	0.50	0.61	0.75	0.94	1.23	1.70	2.52	—	−0.9
1.0	—	−0.67	−0.42	−0.26	−0.15	−0.07	0.00	0.06	0.11	0.17	0.24	0.31	0.39	0.49	0.61	0.77	0.98	1.30	1.83	2.75	—	−1.0
	1.0	0.9	0.8	0.7	0.6	0.5	0.4	0.3	0.2	0.1	0.0	−0.1	−0.2	−0.3	−0.4	−0.5	−0.6	−0.7	−0.8	−0.9	−1.0	α / ξ

附表 4 (b)　　$t=2$ 集中荷载 $\overline{Q}$

ζ / α	-1.0	-0.9	-0.8	-0.7	-0.6	-0.5	-0.4	-0.3	-0.2	-0.1	0.0	0.1	0.2	0.3	0.4	0.5	0.6	0.7	0.8	0.9	1.0	
0.0	0	0.09	0.15	0.20	0.24	0.28	0.33	0.37	0.41	0.45	0.50*	-0.45	-0.41	-0.37	-0.33	-0.28	-0.24	-0.20	-0.15	-0.09	0	0.0
0.1	0	0.07	0.12	0.15	0.19	0.23	0.27	0.30	0.34	0.39	0.43	0.47*	-0.48	-0.43	-0.39	-0.34	-0.29	-0.24	-0.18	-0.10	0	-0.1
0.2	0	0.04	0.08	0.11	0.14	0.17	0.21	0.24	0.28	0.32	0.36	0.40	0.45*	-0.50	-0.45	-0.40	-0.34	-0.28	-0.21	-0.12	0	-0.2
0.3	0	0.03	0.05	0.07	0.10	0.13	0.15	0.18	0.22	0.25	0.29	0.33	0.38	0.43*	-0.52	-0.46	-0.40	-0.33	-0.35	-0.15	0	-0.3
0.4	0	0.01	0.02	0.04	0.05	0.07	0.10	0.13	0.16	0.19	0.23	0.27	0.31	0.36	0.42*	-0.52	-0.46	-0.38	-0.30	-0.18	0	-0.4
0.5	0	-0.01	-0.01	0.00	0.01	0.03	0.05	0.07	0.10	0.13	0.16	0.20	0.24	0.29	0.35	0.41*	-0.52	-0.44	-0.34	-0.20	0	-0.5
0.6	0	-0.02	-0.03	-0.03	-0.03	-0.02	0.00	0.01	0.04	0.06	0.09	0.13	0.17	0.22	0.28	0.34	0.42*	-0.49	-0.38	-0.23	0	-0.6
0.7	0	-0.04	-0.06	-0.07	-0.07	-0.07	-0.06	-0.04	0.02	0.00	0.03	0.06	0.11	0.15	0.21	0.27	0.35	0.45*	-0.43	-0.26	0	-0.7
0.8	0	-0.05	-0.09	-0.10	-0.11	-0.11	-0.11	-0.10	-0.08	-0.06	-0.03	0.00	0.04	0.08	0.14	0.21	0.29	0.39	0.52*	-0.29	0	-0.8
0.9	0	-0.07	-0.11	-0.14	-0.15	-0.16	-0.16	-0.15	-0.14	-0.12	-0.10	-0.07	-0.03	0.01	0.07	0.14	0.22	0.33	0.47	0.68*	0	-0.9
1.0	0	-0.09	-0.14	-0.17	-0.19	-0.20	-0.21	-0.20	-0.20	-0.18	-0.16	-0.13	-0.10	-0.05	0.00	0.07	0.16	0.27	0.47	0.70	1*	-1.0
	1.0	0.9	0.8	0.7	0.6	0.5	0.4	0.3	0.2	0.1	0.0	-0.1	-0.2	-0.3	-0.4	-0.5	-0.6	-0.7	-0.8	-0.9	-1.0	α / ξ

附表 4 (c)　　$t=2$ 集中荷载 $\overline{M}$

ζ / α	-1.0	-0.9	-0.8	-0.7	-0.6	-0.5	-0.4	-0.3	-0.2	-0.1	0.0	0.1	0.2	0.3	0.4	0.5	0.6	0.7	0.8	0.9	1.0	
0.0	0	0.00	0.02	0.03	0.06	0.08	0.11	0.15	0.18	0.23	0.28	0.23	0.18	0.15	0.11	0.03	0.06	0.03	0.02	0.00	0	0.0
0.1	0	0.00	0.01	0.03	0.04	0.06	0.09	0.12	0.15	0.19	0.23	0.27	0.22	0.18	0.14	0.10	0.07	0.04	0.02	0.00	0	-0.1
0.2	0	0.00	0.01	0.02	0.03	0.05	0.07	0.09	0.11	0.14	0.18	0.22	0.26	0.21	0.16	0.12	0.08	0.05	0.20	0.01	0	-0.2
0.3	0	0.00	0.00	0.01	0.02	0.03	0.04	0.06	0.08	0.10	0.13	0.16	0.20	0.24	0.19	0.14	0.09	0.06	0.03	0.01	0	-0.3
0.4	0	0.00	0.00	0.00	0.01	0.02	0.02	0.04	0.05	0.07	0.09	0.11	0.14	0.18	0.21	0.16	0.11	0.07	0.03	0.01	0	-0.4
0.5	0	0.00	0.00	0.01	0.00	0.00	0.00	0.01	0.02	0.03	0.04	0.06	0.08	0.11	0.14	0.18	0.12	0.08	0.04	0.01	0	-0.5

续表

α \ ζ	−1.0	−0.9	−0.8	−0.7	−0.6	−0.5	−0.4	−0.3	−0.2	−0.1	0.0	0.1	0.2	0.3	0.4	0.5	0.6	0.7	0.8	0.9	1.0	
0.6	0	0.00	0.00	−0.01	−0.01	−0.01	−0.01	−0.01	−0.01	−0.01	0.00	0.01	0.03	0.05	0.07	0.10	0.14	0.09	0.04	0.01	0	−0.6
0.7	0	0.00	−0.01	−0.01	−0.02	−0.03	−0.03	−0.04	−0.04	−0.04	−0.04	−0.04	−0.03	−0.01	0.00	0.03	0.06	0.10	0.05	0.01	0	−0.7
0.8	0	0.00	−0.01	−0.02	−0.03	−0.04	−0.05	−0.06	−0.07	−0.08	−0.08	−0.08	−0.08	−0.08	−0.07	−0.05	−0.02	−0.02	0.06	0.02	0	−0.8
0.9	0	0.00	−0.01	−0.03	−0.04	−0.06	−0.07	−0.09	−0.10	−0.11	−0.12	−0.13	−0.14	−0.14	−0.13	−0.12	−0.11	−0.08	−0.04	0.02	0	−0.9
1.0	0	0.00	−0.02	−0.03	−0.05	−0.07	−0.09	−0.11	−0.13	−0.15	−0.17	−0.18	−0.19	−0.20	−0.20	−0.20	−0.19	−0.17	−0.13	−0.08	0	−1.0
	1.0	0.9	0.8	0.7	0.6	0.5	0.4	0.3	0.2	0.1	0.0	−0.1	−0.2	−0.3	−0.4	−0.5	−0.6	−0.7	−0.8	−0.9	−1.0	ξ \ α

附表 5 (a) **$t=3$ 集中荷载 $\bar{\sigma}$**

α \ ζ	−1.0	−0.9	−0.8	−0.7	−0.6	−0.5	−0.4	−0.3	−0.2	−0.1	0.0	0.1	0.2	0.3	0.4	0.5	0.6	0.7	0.8	0.9	1.0	
0.0	—	0.64	0.47	0.42	0.42	0.43	0.44	0.46	0.47	0.49	0.50	0.49	0.47	0.46	0.44	0.43	0.42	0.42	0.47	0.64	—	0.0
0.1	—	0.48	0.38	0.35	0.36	0.38	0.39	0.42	0.44	0.47	0.49	0.50	0.50	0.50	0.49	0.49	0.50	0.54	0.62	0.80	—	−0.1
0.2	—	0.33	0.31	0.30	0.31	0.33	0.35	0.38	0.41	0.44	0.47	0.50	0.52	0.53	0.54	0.55	0.58	0.65	0.81	0.96	—	−0.2
0.3	—	0.20	0.22	0.23	0.25	0.28	0.31	0.34	0.37	0.41	0.44	0.48	0.52	0.54	0.57	0.60	0.64	0.72	0.87	1.16	—	−0.3
0.4	—	0.08	0.11	0.15	0.19	0.22	0.26	0.29	0.33	0.37	0.41	0.45	0.50	0.54	0.59	0.64	0.69	0.78	0.97	1.37	—	−0.4
0.5	—	−0.04	0.02	0.07	0.13	0.17	0.21	0.25	0.29	0.33	0.38	0.43	0.48	0.54	0.60	0.67	0.76	0.89	1.12	1.58	—	−0.5
0.6	—	−0.16	−0.06	0.01	0.07	0.12	0.16	0.21	0.25	0.29	0.34	0.40	0.46	0.53	0.61	0.70	0.82	1.00	1.28	1.81	—	−0.6
0.7	—	−0.28	−0.14	−0.05	0.02	0.07	0.12	0.16	0.27	0.26	0.31	0.37	0.43	0.51	0.60	0.72	0.87	1.09	1.44	2.05	—	−0.7
0.8	—	−0.39	−0.22	−0.11	−0.04	0.02	0.07	0.12	0.17	0.22	0.27	0.33	0.40	0.49	0.59	0.72	0.90	1.16	1.58	2.31	—	−0.8
0.9	—	−0.50	−0.30	−0.18	−0.09	−0.03	0.03	0.08	0.12	0.18	0.23	0.30	0.38	0.47	0.58	0.73	0.93	1.23	1.72	2.57	—	−0.9
1.0	—	−0.61	−0.39	−0.24	−0.15	−0.08	−0.02	0.03	0.08	0.14	0.20	0.27	0.35	0.45	0.58	0.74	0.97	0.31	1.86	2.83	—	−1.0
	1.0	0.9	0.8	0.7	0.6	0.5	0.4	0.3	0.2	0.1	0.0	−0.1	−0.2	−0.3	−0.4	−0.5	−0.6	−0.7	−0.8	−0.9	−1.0	ξ \ α

附表 5 (b)　　$t=3$ 集中荷载 $\overline{Q}$

α \ ζ	−1.0	−0.9	−0.8	−0.7	−0.6	−0.5	−0.4	−0.3	−0.2	−0.1	0.0	0.1	0.2	0.3	0.4	0.5	0.6	0.7	0.8	0.9	1.0	
0.0	0	0.09	0.14	0.18	0.22	0.27	0.31	0.36	0.40	0.45	0.50*	−0.45	−0.40	−0.36	−0.31	−0.27	−0.22	−0.18	−0.14	−0.09	0	0.0
0.1	0	0.06	0.10	0.14	0.17	0.21	0.25	0.29	0.33	0.38	0.43	0.48*	−0.47	−0.42	−0.37	−0.32	−0.27	−0.20	−0.17	−0.10	0	−0.1
0.2	0	0.03	0.07	0.10	0.13	0.16	0.19	0.23	0.27	0.31	0.36	0.41	0.46*	−0.49	−0.44	−0.38	−0.33	−0.26	−0.19	−0.11	0	−0.2
0.3	0	0.02	0.04	0.06	0.09	0.11	0.14	0.17	0.21	0.25	0.29	0.34	0.39	0.44*	−0.50	−0.45	−0.39	−0.32	−0.24	−0.14	0	−0.3
0.4	0	0.01	0.02	0.03	0.05	0.07	0.09	0.12	0.15	0.18	0.22	0.27	0.31	0.37	0.42*	−0.51	−0.45	−0.37	−0.29	−0.17	0	−0.4
0.5	0	−0.01	−0.01	0.00	0.01	0.02	0.04	0.06	0.09	0.12	0.16	0.20	0.24	0.29	0.35	0.41*	−0.51	−0.43	−0.33	−0.20	0	−0.5
0.6	0	−0.02	−0.03	−0.03	−0.03	−0.02	−0.01	0.01	0.03	0.06	0.09	0.13	0.17	0.22	0.28	0.34	0.42*	−0.49	−0.38	−0.23	0	−0.6
0.7	0	−0.04	−0.06	−0.07	−0.07	−0.06	−0.05	−0.04	−0.02	0.00	0.03	0.06	0.10	0.15	0.20	0.27	0.35	0.45*	−0.43	−0.26	0	−0.7
0.8	0	−0.05	−0.08	−0.10	−0.10	−0.10	−0.10	−0.09	−0.08	−0.06	−0.03	0.00	0.03	0.08	0.13	0.20	0.28	0.38	0.52*	−0.29	0	−0.8
0.9	0	−0.06	−0.10	−0.13	−0.14	−0.15	−0.15	−0.14	−0.13	−0.12	−0.09	−0.07	−0.03	0.01	0.06	0.13	0.21	0.32	0.46	0.67*	0	−0.9
1.0	0	−0.08	−0.13	−0.17	−0.18	−0.19	−0.19	−0.19	−0.19	−0.17	−0.16	−0.13	−0.10	−0.06	−0.01	0.05	0.14	0.24	0.41	0.64	1*	−1.0
	1.0	0.9	0.8	0.7	0.6	0.5	0.4	0.3	0.2	0.1	0.0	−0.1	−0.2	−0.3	−0.4	−0.5	−0.6	−0.7	−0.8	−0.9	−1.0	ξ \ α

附表 5 (c)　　$t=3$ 集中荷载 $\overline{M}$

α \ ζ	−1.0	−0.9	−0.8	−0.7	−0.6	−0.5	−0.4	−0.3	−0.2	−0.1	0.0	0.1	0.2	0.3	0.4	0.5	0.6	0.7	0.8	0.9	1.0	
0.0	0	0.01	0.02	0.03	0.05	0.08	0.11	0.14	0.18	0.22	0.27	0.22	0.18	0.14	0.11	0.08	0.05	0.03	0.02	0.00	0	0.0
0.1	0	0.00	0.01	0.02	0.04	0.06	0.08	0.11	0.14	0.18	0.22	0.26	0.21	0.17	0.13	0.09	0.66	0.04	0.02	0.00	0	−0.1
0.2	0	0.00	0.00	0.01	0.02	0.04	0.06	0.08	0.10	0.13	0.17	0.20	0.25	0.20	0.15	0.11	0.07	0.04	0.02	0.01	0	−0.2
0.3	0	0.00	0.00	0.01	0.02	0.03	0.04	0.05	0.07	0.10	0.12	0.15	0.19	0.23	0.18	0.13	0.09	0.05	0.03	0.01	0	−0.3
0.4	0	0.00	0.00	0.00	0.01	0.01	0.02	0.03	0.04	0.06	0.08	0.11	0.14	0.17	0.21	0.15	0.11	0.07	0.03	0.01	0	−0.4
0.5	0	0.00	0.00	0.00	0.00	0.00	0.00	0.01	0.02	0.03	0.04	0.06	0.08	0.11	0.14	0.18	0.12	0.08	0.04	0.01	0	−0.5

续表

ζ / α	−1.0	−0.9	−0.8	−0.7	−0.6	−0.5	−0.4	−0.3	−0.2	−0.1	0.0	0.1	0.2	0.3	0.4	0.5	0.6	0.7	0.8	0.9	1.0	
0.6	0	0.00	0.00	−0.01	−0.01	−0.01	−0.01	−0.01	−0.01	−0.01	0.00	0.01	0.03	0.05	0.07	0.10	0.14	0.09	0.04	0.01	0	−0.6
0.7	0	0.00	−0.01	−0.01	−0.02	−0.03	−0.03	−0.04	−0.04	−0.04	−0.04	−0.03	−0.03	−0.01	0.00	0.03	0.06	0.10	0.05	0.01	0	−0.7
0.8	0	0.00	−0.01	−0.02	−0.03	−0.04	−0.05	−0.06	−0.07	−0.07	−0.08	−0.08	−0.08	−0.07	−0.06	−0.05	−0.02	0.01	0.05	0.02	0	−0.8
0.9	0	0.00	−0.01	−0.02	−0.04	−0.05	−0.07	−0.08	−0.09	−0.11	−0.12	−0.12	−0.13	−0.13	−0.13	−0.12	−0.10	−0.08	−0.04	0.02	0	−0.9
1.0	0	0.00	−0.01	−0.03	−0.05	−0.06	−0.08	−0.10	−0.12	−0.14	−0.16	−0.17	−0.18	−0.19	−0.19	−0.19	−0.18	−0.16	−0.13	−0.08	0	−1.0
	1.0	0.9	0.8	0.7	0.6	0.5	0.4	0.3	0.2	0.1	0.0	−0.1	−0.2	−0.3	−0.4	−0.5	−0.6	−0.7	−0.8	−0.9	−1.0	α / ξ

附表 6 (a) $t=5$ 集中荷载 $\bar{\sigma}$

ζ / α	−1.0	−0.9	−0.8	−0.7	−0.6	−0.5	−0.4	−0.3	−0.2	−0.1	0.0	0.1	0.2	0.3	0.4	0.5	0.6	0.7	0.8	0.9	1.0	
0.0	—	0.53	0.38	0.38	0.41	0.44	0.47	0.51	0.54	0.57	0.58	0.57	0.54	0.51	0.47	0.44	0.41	0.38	0.38	0.53	—	0.0
0.1	—	0.28	0.31	0.32	0.35	0.39	0.42	0.46	0.50	0.54	0.57	0.58	0.58	0.56	0.53	0.51	0.50	0.51	0.56	0.68	—	−0.1
0.2	—	0.24	0.27	0.29	0.30	0.33	0.37	0.41	0.45	0.49	0.54	0.57	0.59	0.60	0.59	0.58	0.59	0.65	0.74	0.85	—	−0.2
0.3	—	0.13	0.19	0.22	0.24	0.28	0.32	0.36	0.40	0.45	0.49	0.54	0.58	0.61	0.62	0.63	0.65	0.71	0.84	1.05	—	−0.3
0.4	—	0.03	0.08	0.13	0.18	0.22	0.26	0.31	0.35	0.40	0.45	0.50	0.55	0.60	0.64	0.68	0.71	0.76	0.91	1.28	—	−0.4
0.5	—	−0.07	−0.01	0.06	0.12	0.17	0.21	0.25	0.30	0.35	0.40	0.45	0.51	0.58	0.64	0.71	0.78	0.89	1.08	1.51	—	−0.5
0.6	—	−0.16	−0.07	0.00	0.06	0.11	0.16	0.20	0.25	0.29	0.35	0.40	0.41	0.54	0.63	0.73	0.85	1.02	1.28	1.76	—	−0.6
0.7	—	−0.25	−0.13	−0.05	0.01	0.06	0.11	0.15	0.19	0.24	0.29	0.35	0.42	0.51	0.60	0.73	0.88	1.11	1.45	2.05	—	−0.7
0.8	—	−0.34	−0.20	−0.10	−0.04	0.01	0.06	0.10	0.14	0.19	0.24	0.30	0.37	0.46	0.57	0.71	0.90	1.17	1.61	2.36	—	−0.8
0.9	—	−0.42	−0.27	−0.16	−0.09	−0.04	0.01	0.05	0.09	0.13	0.19	0.25	0.33	0.42	0.54	0.70	0.92	1.24	1.76	2.67	—	−0.9
1.0	—	−0.51	−0.33	−0.22	−0.14	−0.09	−0.04	0.00	0.04	0.08	0.13	0.20	0.28	0.38	0.52	0.69	0.94	1.31	1.91	2.97	—	−1.0
	1.0	0.9	0.8	0.7	0.6	0.5	0.4	0.3	0.2	0.1	0.0	−0.1	−0.2	−0.3	−0.4	−0.5	−0.6	−0.7	−0.8	−0.9	−1.0	α / ξ

附表 6 (b)

$t=5$ 集中荷载 $\overline{Q}$

ζ \ α	−1.0	−0.9	−0.8	−0.7	−0.6	−0.5	−0.4	−0.3	−0.2	−0.1	0.0	0.1	0.2	0.3	0.4	0.5	0.6	0.7	0.8	0.9	1.0	
0.0	0	0.05	0.12	0.16	0.20	0.24	0.28	0.33	0.39	−0.44	0.50*	0.44	−0.39	−0.33	−0.28	−0.24	−0.20	−0.16	−0.12	−0.05	0	0.0
0.1	0	0.05	0.08	0.11	0.15	0.18	0.22	0.27	0.32	0.37	0.42	0.48*	−0.46	−0.40	−0.35	−0.30	−0.24	−0.19	−0.14	−0.09	0	−0.1
0.2	0	0.02	0.05	0.07	0.10	0.14	0.17	0.21	0.25	0.30	0.35	0.41	0.47*	−0.47	−0.41	−0.36	−0.30	−0.24	−0.17	−0.09	0	−0.2
0.3	0	0.01	0.02	0.04	0.07	0.09	0.12	0.16	0.19	0.24	0.28	0.34	0.39	0.45*	−0.49	−0.42	−0.36	−0.29	−0.21	−0.12	0	−0.3
0.4	0	0.00	0.01	0.02	0.03	0.05	0.08	0.11	0.14	0.18	0.22	0.27	0.32	0.38	0.44*	−0.50	−0.43	−0.35	−0.27	−0.16	0	−0.4
0.5	0	−0.01	−0.01	−0.01	0.00	0.01	0.03	0.06	0.08	0.11	0.15	0.19	0.24	0.30	0.36	0.43*	−0.50	−0.42	−0.32	−0.19	0	−0.5
0.6	0	−0.02	−0.03	−0.04	−0.03	−0.02	−0.01	0.01	0.03	0.06	0.09	0.13	0.17	0.22	0.28	0.35	0.43*	−0.48	−0.37	−0.22	0	−0.6
0.7	0	−0.03	−0.05	−0.06	−0.06	−0.06	−0.05	−0.04	−0.02	0.00	0.03	0.06	0.10	0.14	0.20	0.27	0.35	0.45*	−0.43	−0.26	0	−0.7
0.8	0	−0.06	−0.07	−0.09	−0.09	−0.09	−0.09	−0.08	−0.07	−0.05	−0.03	0.00	0.02	0.07	0.12	0.19	0.27	0.37	0.51*	−0.30	0	−0.8
0.9	0	−0.05	−0.09	−0.11	−0.12	−0.13	−0.13	−0.13	−0.12	−0.11	−0.09	−0.07	−0.04	0.00	0.04	0.11	0.19	0.29	0.44	0.66*	0	−0.9
1.0	0	−0.05	−0.11	−0.13	−0.15	−0.16	−0.17	−0.17	−0.17	−0.16	−0.15	−0.14	−0.11	−0.08	−0.03	0.03	0.11	0.22	0.38	0.62	1*	−1.0
	1.0	0.9	0.8	0.7	0.6	0.5	0.4	0.3	0.2	0.1	0.0	−0.1	−0.2	−0.3	−0.4	−0.5	−0.6	−0.7	−0.8	−0.9	−1.0	α / ξ

附表 6 (c)

$t=5$ 集中荷载 $\overline{M}$

ζ \ α	−1.0	−0.9	−0.8	−0.7	−0.6	−0.5	−0.4	−0.3	−0.2	−0.1	0.0	0.1	0.2	0.3	0.4	0.5	0.6	0.7	0.8	0.9	1.0	
0.0	0	0.00	0.01	0.03	0.05	0.07	0.09	0.12	0.16	0.20	0.25	0.20	0.16	0.12	0.09	0.07	0.05	0.03	0.01	0.00	0	0.0
0.1	0	0.00	0.01	0.02	0.03	0.05	0.07	0.09	0.12	0.16	0.20	0.14	0.19	0.15	0.11	0.08	0.05	0.03	0.02	0.00	0	−0.1
0.2	0	0.00	0.00	0.01	0.02	0.03	0.05	0.06	0.09	0.12	0.15	0.19	0.23	0.18	0.13	0.10	0.06	0.04	0.02	0.00	0	−0.2
0.3	0	0.00	0.00	0.00	0.01	0.02	0.03	0.04	0.06	0.08	0.11	0.14	0.17	0.22	0.16	0.12	0.08	0.05	0.02	0.01	0	−0.3
0.4	0	0.00	0.00	0.00	0.00	0.01	0.01	0.02	0.04	0.05	0.07	0.10	0.12	0.16	0.20	0.15	0.10	0.06	0.03	0.01	0	−0.4
0.5	0	0.00	0.00	0.00	0.00	0.00	0.00	0.00	0.01	0.02	0.03	0.05	0.07	0.10	0.13	0.17	0.12	0.07	0.04	0.01	0	−0.5

续表

ζ / α	−1.0	−0.9	−0.8	−0.7	−0.6	−0.5	−0.4	−0.3	−0.2	−0.1	0.0	0.1	0.2	0.3	0.4	0.5	0.6	0.7	0.8	0.9	1.0	
0.6	0	0.00	0.00	−0.01	−0.01	−0.01	−0.02	−0.02	−0.01	−0.01	0.00	0.01	0.02	0.04	0.07	0.10	0.14	0.08	0.04	0.01	0	−0.6
0.7	0	0.00	−0.01	−0.01	−0.02	−0.02	−0.03	−0.03	−0.04	−0.04	−0.04	−0.03	−0.02	−0.01	0.00	0.03	0.06	0.10	0.05	0.01	0	−0.7
0.8	0	0.00	−0.01	−0.02	−0.02	−0.03	−0.04	−0.05	−0.06	−0.07	−0.07	−0.07	−0.07	−0.07	−0.06	−0.04	−0.02	0.01	0.06	0.02	0	−0.8
0.9	0	0.00	−0.01	−0.02	−0.03	−0.04	−0.06	−0.07	−0.08	−0.09	−0.10	−0.11	−0.12	−0.12	−0.12	−0.11	−0.10	−0.07	−0.04	0.02	0	−0.9
1.0	0	0.00	−0.01	−0.02	−0.04	−0.05	−0.07	−0.08	−0.10	−0.12	−0.14	−0.15	−0.16	−0.17	−0.18	−0.18	−0.17	−0.16	−0.13	−0.08	0	−1.0
	1.0	0.9	0.8	0.7	0.6	0.5	0.4	0.3	0.2	0.1	0.0	−0.1	−0.2	−0.3	−0.4	−0.5	−0.6	−0.7	−0.8	−0.9	−1.0	α / ξ

附表 7 (a) **$t=7$ 集中荷载 $\bar{\sigma}$**

ζ / α	−1.0	−0.9	−0.8	−0.7	−0.6	−0.5	−0.4	−0.3	−0.2	−0.1	0.0	0.1	0.2	0.3	0.4	0.5	0.6	0.7	0.8	0.9	1.0	
0.0	—	0.44	0.30	0.34	0.40	0.46	0.50	0.55	0.60	0.64	0.65	0.64	0.60	0.55	0.50	0.46	0.40	0.34	0.30	0.44	—	0.0
0.1	—	0.30	0.25	0.29	0.34	0.39	0.44	0.49	0.56	0.59	0.63	0.65	0.66	0.61	0.57	0.53	0.50	0.50	0.51	0.58	—	−0.1
0.2	—	0.17	0.25	0.27	0.30	0.34	0.39	0.44	0.49	0.54	0.59	0.63	0.66	0.66	0.63	0.60	0.60	0.65	0.73	0.75	—	−0.2
0.3	—	0.07	0.17	0.21	0.24	0.28	0.33	0.38	0.43	0.48	0.54	0.59	0.64	0.67	0.67	0.67	0.67	0.71	0.80	0.96	—	−0.3
0.4	—	−0.01	0.06	0.12	0.17	0.22	0.27	0.32	0.37	0.42	0.48	0.53	0.59	0.65	0.69	0.71	0.72	0.75	0.86	1.20	—	−0.4
0.5	—	−0.08	−0.03	0.04	0.11	0.16	0.21	0.25	0.30	0.36	0.41	0.47	0.54	0.61	0.68	0.74	0.81	0.89	1.05	1.45	—	−0.5
0.6	—	−0.16	−0.08	−0.01	0.05	0.10	0.15	0.19	0.24	0.29	0.35	0.41	0.48	0.56	0.65	0.75	0.87	1.03	1.28	1.72	—	−0.6
0.7	—	−0.24	−0.12	−0.05	0.01	0.06	0.10	0.14	0.18	0.23	0.28	0.34	0.42	0.50	0.61	0.74	0.90	1.12	1.47	2.05	—	−0.7
0.8	—	−0.30	−0.18	−0.10	−0.04	0.01	0.04	0.08	0.12	0.16	0.22	0.28	0.35	0.45	0.56	0.71	0.90	1.19	1.63	2.40	—	−0.8
0.9	—	−0.37	−0.23	−0.15	−0.09	−0.04	−0.01	0.02	0.06	0.10	0.15	0.21	0.29	0.39	0.51	0.68	0.91	1.25	1.79	2.75	—	−0.9
1.0	—	−0.43	−0.29	−0.20	−0.14	−0.10	−0.06	−0.03	0.00	0.04	0.08	0.14	0.22	0.33	0.46	0.65	0.91	1.31	1.96	3.09	—	−1.0
	1.0	0.9	0.8	0.7	0.6	0.5	0.4	0.3	0.2	0.1	0.0	−0.1	−0.2	−0.3	−0.4	−0.5	−0.6	−0.7	−0.8	−0.9	−1.0	α / ξ

附表 7 (b)

$t=7$ 集中荷载 $\overline{Q}$

ζ / α	−1.0	−0.9	−0.8	−0.7	−0.6	−0.5	−0.4	−0.3	−0.2	−0.1	0.0	0.1	0.2	0.3	0.4	0.5	0.6	0.7	0.8	0.9	1.0	
0.0	0	0.07	0.10	0.13	0.17	0.22	0.26	0.32	0.37	0.43	0.50*	−0.43	−0.37	−0.32	−0.26	−0.22	−0.17	−0.13	−0.10	−0.07	0	0.0
0.1	0	0.05	0.07	0.10	0.13	0.16	0.20	0.25	0.30	0.36	0.42	0.49*	−0.45	−0.39	−0.33	−0.27	−0.22	−0.17	−0.12	−0.07	0	−0.1
0.2	0	0.01	0.02	0.06	0.08	0.12	0.15	0.19	0.24	0.29	0.35	0.41	0.47*	−0.46	−0.40	−0.33	−0.27	−0.21	−0.13	−0.07	0	−0.2
0.3	0	0.00	0.01	0.03	0.05	0.08	0.11	0.14	0.18	0.23	0.28	0.33	0.40	0.46*	−0.47	−0.40	−0.34	−0.27	−0.19	−0.11	0	−0.3
0.4	0	0.00	0.00	0.01	0.03	0.04	0.07	0.09	0.13	0.17	0.21	0.26	0.32	0.38	0.45*	−0.48	−0.40	−0.34	−0.26	−0.16	0	−0.4
0.5	0	−0.01	−0.01	−0.01	−0.01	0.01	0.02	0.05	0.08	0.11	0.15	0.19	0.24	0.30	0.36	0.44*	−0.49	−0.40	−0.31	−0.18	0	−0.5
0.6	0	−0.02	−0.04	−0.04	−0.03	−0.03	−0.01	0.00	0.03	0.05	0.08	0.12	0.17	0.22	0.28	0.35	0.43*	−0.47	−0.36	−0.21	0	−0.6
0.7	0	−0.03	−0.05	−0.06	−0.06	−0.06	−0.05	−0.04	−0.02	0.00	0.02	0.06	0.09	0.14	0.20	0.26	0.34	0.45*	−0.43	−0.25	0	−0.7
0.8	0	−0.04	−0.06	−0.08	−0.08	−0.08	−0.08	−0.08	−0.07	−0.05	−0.03	−0.01	0.02	0.06	0.11	0.18	0.26	0.36	0.50*	−0.30	0	−0.8
0.9	0	−0.05	−0.07	−0.09	−0.11	−0.11	−0.11	−0.11	−0.11	−0.10	−0.09	−0.07	−0.05	−0.01	0.03	0.09	0.17	0.27	0.43	0.65*	0	−0.9
1.0	0	−0.05	−0.09	−0.11	−0.13	−0.14	−0.15	−0.15	−0.16	−0.15	−0.15	−0.14	−0.12	−0.09	−0.05	0.01	0.08	0.19	0.35	0.60	1*	−1.0
	1.0	0.9	0.8	0.7	0.6	0.5	0.4	0.3	0.2	0.1	0.0	−0.1	−0.2	−0.3	−0.4	−0.5	−0.6	−0.7	−0.8	−0.9	−1.0	α / ξ

附表 7 (c)

$t=7$ 集中荷载 $\overline{M}$

ζ / α	−1.0	−0.9	−0.8	−0.7	−0.6	−0.5	−0.4	−0.3	−0.2	−0.1	0.0	0.1	0.2	0.3	0.4	0.5	0.6	0.7	0.8	0.9	1.0	
0.0	0	0.00	0.01	0.03	0.04	0.06	0.08	0.11	0.15	0.19	0.23	0.19	0.15	0.11	0.08	0.06	0.04	0.03	0.01	0.00	0	0.0
0.1	0	0.00	0.01	0.02	0.03	0.04	0.06	0.08	0.11	0.14	0.18	0.23	0.18	0.14	0.10	0.07	0.05	0.03	0.01	0.00	0	−0.1
0.2	0	0.00	0.00	0.01	0.01	0.02	0.04	0.05	0.07	0.10	0.13	0.17	0.21	0.17	0.12	0.09	0.06	0.03	0.01	0.00	0	−0.2
0.3	0	0.00	0.00	0.00	0.00	0.01	0.02	0.03	0.05	0.07	0.09	0.13	0.16	0.20	0.15	0.11	0.07	0.04	0.02	0.00	0	−0.3
0.4	0	0.00	0.00	0.00	0.00	0.00	0.01	0.02	0.03	0.04	0.06	0.09	0.12	0.15	0.19	0.14	0.10	0.06	0.03	0.01	0	−0.4
0.5	0	0.00	0.00	0.00	0.00	0.00	0.00	0.00	0.01	0.02	0.03	0.05	0.07	0.09	0.13	0.17	0.11	0.07	0.03	0.01	0	−0.5

续表

ζ / α	−1.0	−0.9	−0.8	−0.7	−0.6	−0.5	−0.4	−0.3	−0.2	−0.1	0.0	0.1	0.2	0.3	0.4	0.5	0.6	0.7	0.8	0.9	1.0	
0.6	0	0.00	0.00	−0.01	−0.01	−0.01	−0.02	−0.02	−0.01	−0.01	0.00	0.01	0.02	0.04	0.06	0.10	0.13	0.08	0.04	0.01	0	−0.6
0.7	0	0.00	−0.01	−0.01	−0.02	−0.02	−0.03	−0.03	−0.03	−0.04	−0.03	−0.03	−0.02	−0.01	0.00	0.03	0.06	0.10	0.05	0.01	0	−0.7
0.8	0	0.00	−0.01	−0.01	−0.02	−0.03	−0.04	−0.05	−0.05	−0.06	−0.06	−0.07	−0.06	−0.06	−0.05	−0.04	−0.02	0.01	0.06	0.02	0	−0.8
0.9	0	0.00	−0.01	−0.02	−0.03	−0.04	−0.05	−0.06	−0.07	−0.08	−0.09	−0.10	−0.11	−0.11	−0.11	−0.10	−0.09	−0.07	−0.03	0.02	0	−0.9
1.0	0	0.00	−0.01	−0.02	−0.03	−0.05	−0.06	−0.07	−0.09	−0.11	−0.12	−0.13	−0.15	−0.16	−0.17	−0.17	−0.16	−0.15	−0.12	−0.08	0	−1.0
	1.0	0.9	0.8	0.7	0.6	0.5	0.4	0.3	0.2	0.1	0.0	−0.1	−0.2	−0.3	−0.4	−0.5	−0.6	−0.7	−0.8	−0.9	−1.0	α / ξ

附表 8 (a)　　$t=10$ 集中荷载 $\bar{\sigma}$

ζ / α	−1.0	−0.9	−0.8	−0.7	−0.6	−0.5	−0.4	−0.3	−0.2	−0.1	0.0	0.1	0.2	0.3	0.4	0.5	0.6	0.7	0.8	0.9	1.0	
0.0	—	0.34	0.21	0.29	0.39	0.47	0.53	0.60	0.66	0.72	0.74	0.72	0.66	0.60	0.53	0.47	0.39	0.29	0.21	0.34	—	0.0
0.1	—	0.21	0.17	0.24	0.33	0.40	0.46	0.53	0.60	0.66	0.71	0.73	0.72	0.67	0.61	0.55	0.51	0.48	0.46	0.47	—	−0.1
0.2	—	0.09	0.22	0.26	0.29	0.33	0.39	0.46	0.52	0.59	0.65	0.71	0.74	0.73	0.69	0.65	0.62	0.66	0.72	0.64	—	−0.2
0.3	—	0.01	0.15	0.20	0.23	0.28	0.33	0.39	0.45	0.51	0.58	0.65	0.71	0.74	0.74	0.71	0.69	0.70	0.77	0.86	—	−0.3
0.4	—	−0.05	0.03	0.10	0.16	0.21	0.27	0.32	0.38	0.44	0.51	0.58	0.65	0.71	0.75	0.76	0.74	0.73	0.79	1.11	—	−0.4
0.5	—	−0.11	−0.08	0.02	0.09	0.15	0.20	0.25	0.31	0.37	0.43	0.50	0.57	0.65	0.73	0.79	0.84	0.89	0.98	1.37	—	−0.5
0.6	—	−0.15	−0.09	−0.02	0.04	0.09	0.14	0.18	0.23	0.29	0.35	0.42	0.50	0.58	0.68	0.79	0.91	1.06	1.27	1.68	—	−0.6
0.7	—	−0.22	−0.11	−0.04	0.01	0.05	0.08	0.12	0.16	0.21	0.27	0.33	0.41	0.50	0.62	0.75	0.92	1.15	1.49	2.04	—	−0.7
0.8	—	−0.26	−0.16	−0.09	−0.04	0.00	0.03	0.06	0.10	0.14	0.19	0.25	0.32	0.42	0.54	0.70	0.91	1.20	1.66	2.44	—	−0.8
0.9	—	−0.28	−0.21	−0.15	−0.10	−0.06	−0.03	0.00	0.03	0.06	0.11	0.16	0.24	0.34	0.46	0.63	0.87	1.24	1.83	2.86	—	−0.9
1.0	—	−0.34	−0.24	−0.17	−0.13	−0.10	−0.08	−0.06	−0.04	−0.01	0.03	0.08	0.15	0.26	0.39	0.59	0.87	1.30	2.01	3.24	—	−1.0
	1.0	0.9	0.8	0.7	0.6	0.5	0.4	0.3	0.2	0.1	0.0	−0.1	−0.2	−0.3	−0.4	−0.5	−0.6	−0.7	−0.8	−0.9	−1.0	α / ξ

附表 8 (b) **t=10 集中荷载 $\overline{Q}$**

ζ / α	−1.0	−0.9	−0.8	−0.7	−0.6	−0.5	−0.4	−0.3	−0.2	−0.1	0.0	0.1	0.2	0.3	0.4	0.5	0.6	0.7	0.8	0.9	1.0	
0.0	0	0.06	0.09	0.11	0.14	0.19	0.24	0.29	0.36	0.43	0.50*	−0.43	−0.36	−0.29	−0.24	−0.19	−0.14	−0.11	−0.09	−0.06	0	0.0
0.1	0	0.03	0.05	0.07	0.10	0.14	0.18	0.23	0.28	0.35	0.42	0.49*	−0.44	−0.37	−0.30	−0.24	−0.19	−0.14	−0.10	−0.05	0	−0.1
0.2	0	−0.01	0.01	0.04	0.06	0.09	0.13	0.17	0.22	0.28	0.34	0.41	0.48*	−0.45	−0.37	−0.31	−0.25	−0.18	−0.11	−0.04	0	−0.2
0.3	0	−0.02	−0.01	0.01	0.03	0.05	0.09	0.12	0.17	0.21	0.27	0.33	0.40	0.47*	−0.45	−0.38	−0.31	−0.24	−0.17	−0.09	0	−0.3
0.4	0	−0.01	−0.01	0.00	0.01	0.03	0.05	0.08	0.12	0.16	0.21	0.26	0.32	0.39	0.46*	−0.46	−0.39	−0.31	−0.24	−0.15	0	−0.4
0.5	0	−0.01	−0.02	−0.02	−0.01	0.00	0.02	0.04	0.07	0.10	0.14	0.19	0.24	0.30	0.37	0.45*	−0.47	−0.39	−0.29	−0.18	0	−0.5
0.6	0	−0.02	−0.03	−0.04	−0.04	−0.03	−0.02	0.00	0.02	0.05	0.08	0.12	0.16	0.21	0.28	0.35	0.44*	−0.46	−0.35	−0.20	0	−0.6
0.7	0	−0.03	−0.05	−0.05	−0.05	−0.05	−0.04	−0.03	−0.02	0.00	0.02	−0.05	0.09	0.13	0.19	0.26	0.34	0.45*	−0.42	−0.25	0	−0.7
0.8	0	−0.03	−0.05	−0.05	−0.07	−0.07	−0.07	−0.07	−0.06	−0.05	−0.03	−0.01	0.02	0.05	0.10	0.16	0.24	0.36	0.49*	−0.31	0	−0.8
0.9	0	−0.03	−0.06	−0.07	−0.09	−0.09	−0.10	−0.10	−0.10	−0.09	−0.09	−0.07	−0.05	−0.02	0.01	0.07	0.14	0.25	0.40	0.63*	0	−0.9
1.0	0	−0.04	−0.07	−0.09	−0.10	−0.12	−0.13	−0.13	−0.14	−0.14	−0.14	−0.13	−0.12	−0.10	−0.07	−0.02	0.05	0.16	0.32	0.58	1*	−1.0
	1.0	0.9	0.8	0.7	0.6	0.5	0.4	0.3	0.2	0.1	0.0	−0.1	−0.2	−0.3	−0.4	−0.5	−0.6	−0.7	−0.8	−0.9	−1.0	α / ξ

附表 8 (c) **t=10 集中荷载 $\overline{M}$**

ζ / α	−1.0	−0.9	−0.8	−0.7	−0.6	−0.5	−0.4	−0.3	−0.2	−0.1	0.0	0.1	0.2	0.3	0.4	0.5	0.6	0.7	0.8	0.9	1.0	
0.0	0	0.00	0.01	0.02	0.03	0.05	0.07	0.10	0.13	0.17	0.22	0.17	0.13	0.10	0.07	0.05	0.03	0.02	0.01	0.00	0	0.0
0.1	0	0.00	0.01	0.01	0.02	0.03	0.05	0.07	0.09	0.13	0.16	0.21	0.16	0.12	0.09	0.06	0.04	0.02	0.01	0.00	0	−0.1
0.2	0	0.00	0.00	0.00	0.00	0.01	0.02	0.04	0.06	0.08	0.11	0.15	0.20	0.15	0.11	0.07	0.04	0.02	0.01	0.00	0	−0.2
0.3	0	0.00	0.00	0.00	0.00	0.00	0.01	0.02	0.04	0.06	0.08	0.11	0.15	0.19	0.14	0.10	0.06	0.04	0.02	0.00	0	−0.3
0.4	0	0.00	0.00	0.00	0.00	0.00	0.00	0.01	0.02	0.03	0.05	0.08	0.10	0.14	0.18	0.13	0.09	0.05	0.03	0.00	0	−0.4
0.5	0	0.00	0.00	−0.01	0.00	0.00	0.00	0.00	0.00	0.01	0.02	0.04	0.06	0.09	0.12	0.16	0.11	0.07	0.03	0.01	0	−0.5
0.6	0	0.00	0.00	−0.01	−0.01	−0.01	−0.01	−0.02	−0.01	−0.01	−0.01	0.00	0.02	0.04	0.07	0.09	0.13	0.08	0.04	0.01	0	−0.6
0.7	0	0.00	−0.01	−0.01	−0.02	−0.02	−0.03	−0.03	−0.03	−0.03	−0.03	−0.03	−0.02	−0.01	0.00	0.03	0.06	0.10	0.05	0.01	0	−0.7
0.8	0	0.00	−0.01	−0.01	−0.02	−0.02	−0.03	−0.04	−0.05	−0.05	−0.06	−0.06	−0.06	−0.05	−0.05	−0.03	−0.01	0.02	0.06	0.02	0	−0.8
0.9	0	0.00	−0.01	−0.01	−0.02	−0.03	−0.04	−0.05	−0.06	−0.07	−0.08	−0.09	−0.09	−0.10	−0.10	−0.09	−0.08	−0.06	−0.03	0.02	0	−0.9
1.0	0	0.00	−0.01	−0.02	−0.03	−0.03	−0.05	−0.06	−0.07	−0.09	−0.10	−0.12	−0.13	−0.14	−0.15	−0.15	−0.15	−0.14	−0.12	−0.08	0	−1.0
	1.0	0.9	0.8	0.7	0.6	0.5	0.4	0.3	0.2	0.1	0.0	−0.1	−0.2	−0.3	−0.4	−0.5	−0.6	−0.7	−0.8	−0.9	−1.0	α / ξ

附表 9～15　基础梁受力矩荷载的 σ、Q、M

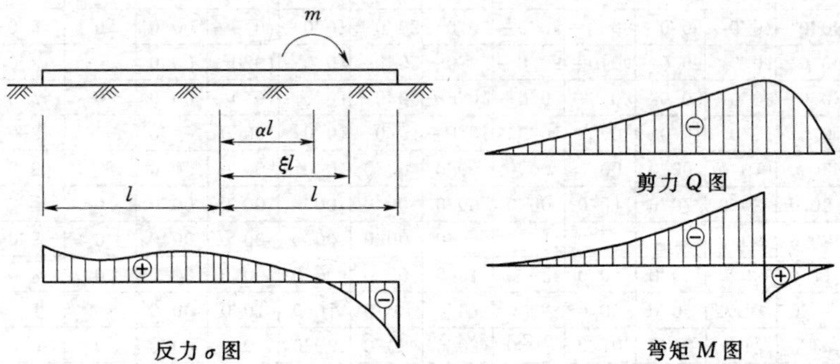

反力 σ 图

剪力 Q 图

弯矩 M 图

转换公式：

$\sigma=\pm\bar{\sigma}\frac{m}{l^2}$；

$Q=\bar{Q}\frac{m}{l}$；

$M=\pm\bar{M}m$。

附表 9（a）　　$t=1$ 力矩荷载 $\bar{\sigma}$

ζ / α	−1.0	−0.9	−0.8	−0.7	−0.6	−0.5	−0.4	−0.3	−0.2	−0.1	0.0	0.1	0.2	0.3	0.4	0.5	0.6	0.7	0.8	0.9	1.0	
0.0	—	−1.64	−1.24	−0.83	−0.62	−0.48	−0.38	−0.29	−0.21	−0.11	0.00	0.11	0.21	0.29	0.38	0.48	0.62	0.83	1.24	1.64	—	0.0
0.1	—	−1.49	−0.96	−0.70	−0.57	−0.46	−0.36	−0.28	−0.20	−0.13	−0.04	0.07	0.19	0.29	0.39	0.50	0.66	0.93	1.30	1.81	—	−0.1
0.2	—	−1.59	−1.00	−0.73	−0.57	−0.47	−0.37	−0.30	−0.22	−0.16	−0.08	0.01	0.12	0.22	0.35	0.47	0.62	0.83	1.18	1.73	—	−0.2
0.3	—	−1.52	−1.08	−0.81	−0.59	−0.47	−0.38	−0.31	−0.24	−0.18	−0.11	−0.04	0.05	0.16	0.30	0.44	0.57	0.75	1.04	1.84	—	−0.3
0.4	—	−1.50	−1.08	−0.79	−0.59	−0.47	−0.39	−0.32	−0.25	−0.19	−0.12	−0.06	0.02	0.13	0.26	0.42	0.59	0.81	1.15	1.86	—	−0.4
0.5	—	−1.48	−1.08	−0.79	−0.60	−0.47	−0.39	−0.32	−0.26	−0.19	−0.13	−0.06	0.01	0.11	0.23	0.39	0.60	0.87	1.25	1.89	—	−0.5
0.6	—	−1.49	−1.00	−0.74	−0.58	−0.47	−0.38	−0.31	−0.25	−0.20	−0.14	−0.07	0.01	0.10	0.21	0.36	0.57	0.88	1.31	1.94	—	−0.6
0.7	—	−1.47	−1.00	−0.72	−0.57	−0.46	−0.38	−0.31	−0.25	−0.20	−0.14	−0.07	0.00	0.08	0.19	0.32	0.51	0.78	1.25	2.01	—	−0.7
0.8	—	−1.47	−1.00	−0.74	−0.57	−0.46	−0.38	−0.31	−0.25	−0.20	−0.14	−0.08	−0.01	0.08	0.19	0.31	0.50	0.78	1.23	2.03	—	−0.8
0.9	—	−1.47	−1.00	−0.74	−0.57	−0.46	−0.38	−0.31	−0.25	−0.20	−0.14	−0.08	−0.01	0.08	0.18	0.31	0.50	0.78	1.23	2.03	—	−0.9
1.0	—	−1.47	−1.00	−0.74	−0.57	−0.46	−0.38	−0.31	−0.25	−0.20	−0.14	−0.08	0.01	0.08	0.18	0.31	0.50	0.78	1.23	2.03	—	−1.0
	1.0	0.9	0.8	0.7	0.6	0.5	0.4	0.3	0.2	0.1	0.00	−0.1	−0.2	−0.3	−0.4	−0.5	−0.6	−0.7	−0.8	−0.9	−1.0	α / ξ

附表 9（b）　　$t=1$ 力矩荷载 $\overline{Q}$

α \ ζ	−1.0	−0.9	−0.8	−0.7	−0.6	−0.5	−0.4	−0.3	−0.2	−0.1	0.0	0.1	0.2	0.3	0.4	0.5	0.6	0.7	0.8	0.9	1.0	
0.0	0	−0.20	−0.34	−0.44	−0.51	−0.56	−0.61	−0.64	−0.66	−0.68	−0.69	−0.68	−0.66	−0.64	−0.61	−0.56	−0.51	−0.44	−0.34	−0.20	0	0.0
0.1	0	−0.24	−0.36	−0.44	−0.51	−0.56	−0.60	−0.63	−0.66	−0.67	−0.68	−0.68	−0.67	−0.64	−0.61	−0.57	−0.51	−0.43	−0.34	−0.17	0	−0.1
0.2	0	−0.21	−0.34	−0.42	−0.49	−0.54	−0.58	−0.62	−0.64	−0.66	−0.67	−0.68	−0.67	−0.65	−0.62	−0.58	−0.53	−0.46	−0.36	−0.21	0	−0.2
0.3	0	−0.18	−0.31	−0.40	−0.47	−0.52	−0.56	−0.60	−0.63	−0.65	−0.66	−0.67	−0.67	−0.66	−0.64	−0.60	−0.55	−0.49	−0.40	−0.26	0	−0.3
0.4	0	−0.18	−0.31	−0.40	−0.47	−0.52	−0.56	−0.60	−0.63	−0.65	−0.66	−0.67	−0.67	−0.67	−0.65	−0.61	−0.56	−0.49	−0.40	−0.25	0	−0.4
0.5	0	−0.18	−0.31	−0.40	−0.46	−0.52	−0.56	−0.60	−0.62	−0.65	−0.66	−0.67	−0.68	−0.67	−0.65	−0.63	−0.57	−0.50	−0.40	−0.24	0	−0.5
0.6	0	−0.19	−0.31	−0.40	−0.46	−0.52	−0.56	−0.59	−0.62	−0.64	−0.66	−0.67	−0.67	−0.67	−0.65	−0.63	−0.58	−0.51	−0.40	−0.24	0	−0.6
0.7	0	−0.18	−0.31	−0.39	−0.46	−0.51	−0.55	−0.59	−0.61	−0.64	−0.65	−0.66	−0.67	−0.66	−0.65	−0.63	−0.58	−0.52	−0.42	−0.27	0	−0.7
0.8	0	−0.18	−0.30	−0.39	−0.46	−0.51	−0.55	−0.58	−0.61	−0.63	−0.65	−0.66	−0.67	−0.66	−0.65	−0.63	−0.59	−0.52	−0.43	−0.27	0	−0.8
0.9	0	−0.18	−0.30	−0.39	−0.46	−0.50	−0.55	−0.58	−0.61	−0.63	−0.65	−0.66	−0.67	−0.66	−0.65	−0.63	−0.59	−0.52	−0.43	−0.27	0	−0.9
1.0	0	−0.18	−0.30	−0.39	−0.46	−0.50	−0.55	−0.58	−0.61	−0.63	−0.65	−0.66	−0.67	−0.66	−0.65	−0.63	−0.59	−0.52	−0.43	−0.27	0	−1.0
	1.0	0.9	0.8	0.7	0.6	0.5	0.4	0.3	0.2	0.1	0.0	−0.1	−0.2	−0.3	−0.4	−0.5	−0.6	−0.7	−0.8	−0.9	−1.0	ξ / α

附表 9（c）　　$t=1$ 力矩荷载 $\overline{M}$

α \ ζ	−1.0	−0.9	−0.8	−0.7	−0.6	−0.5	−0.4	−0.3	−0.2	−0.1	0.0	0.1	0.2	0.3	0.4	0.5	0.6	0.7	0.8	0.9	1.0	
0.0	0	−0.01	−0.04	−0.08	−0.14	−0.18	−0.24	−0.30	−0.36	−0.43	−0.50*	0.43	0.36	0.30	0.24	0.18	0.14	0.08	0.04	0.01	0	0.0
0.1	0	−0.01	−0.04	−0.08	−0.13	−0.19	−0.25	−0.31	−0.37	−0.44	−0.51	−0.57*	0.36	0.29	0.23	0.17	0.12	0.07	0.03	0.01	0	−0.1
0.2	0	−0.01	−0.04	−0.08	−0.12	−0.18	−0.23	−0.29	−0.36	−0.42	−0.49	−0.58	−0.62*	0.31	0.25	0.19	0.13	0.08	0.04	0.01	0	−0.2
0.3	0	−0.01	−0.03	−0.07	−0.11	−0.16	−0.22	−0.28	−0.33	−0.40	−0.48	−0.53	−0.61	−0.67*	0.27	0.20	0.16	0.09	0.05	0.02	0	−0.3
0.4	0	−0.01	−0.03	−0.07	−0.11	−0.16	−0.22	−0.27	−0.34	−0.40	−0.46	−0.53	−0.60	−0.67	−0.73*	0.20	0.16	0.09	0.05	0.01	0	−0.4
0.5	0	−0.01	−0.03	−0.07	−0.11	−0.16	−0.21	−0.27	−0.33	−0.40	−0.46	−0.53	−0.60	−0.66	−0.73	−0.80*	0.14	0.09	0.05	0.01	0	−0.5

续表

ζ \ α	−1.0	−0.9	−0.8	−0.7	−0.6	−0.5	−0.4	−0.3	−0.2	−0.1	0.0	0.1	0.2	0.3	0.4	0.5	0.6	0.7	0.8	0.9	1.0	
0.6	0	−0.01	−0.03	−0.07	−0.11	−0.16	−0.22	−0.27	−0.34	−0.40	−0.46	−0.53	−0.60	−0.66	−0.73	−0.79	−0.86*	0.09	0.04	0.01	0	−0.6
0.7	0	−0.01	−0.03	−0.07	−0.11	−0.16	−0.21	−0.27	−0.33	−0.39	−0.46	−0.52	−0.59	−0.66	−0.72	−0.79	−0.85	−0.90*	0.05	0.01	0	−0.7
0.8	0	−0.01	−0.03	−0.07	−0.11	−0.16	−0.21	−0.27	−0.33	−0.39	−0.46	−0.52	−0.59	−0.66	−0.72	−0.79	−0.85	−0.90	−0.95*	0.01	0	−0.8
0.9	0	−0.01	−0.03	−0.07	−0.11	−0.16	−0.21	−0.27	−0.33	−0.39	−0.46	−0.52	−0.59	−0.66	−0.72	−0.79	−0.85	−0.90	−0.95	−0.99*	0	−0.9
1.0	0	−0.01	−0.03	−0.07	−0.11	−0.16	−0.21	−0.27	−0.33	−0.39	−0.46	−0.52	−0.59	−0.66	−0.72	−0.79	−0.85	−0.90	−0.95	−0.99	−1*	−1.0
	1.0	0.9	0.8	0.7	0.6	0.5	0.4	0.3	0.2	0.1	0.0	−0.1	−0.2	−0.3	−0.4	−0.5	−0.6	−0.7	−0.8	−0.9	−1.0	ξ \ α

附表 10 (a)　　$t=2$ 力矩荷载 $\bar{\sigma}$

ζ \ α	−1.0	−0.9	−0.8	−0.7	−0.6	−0.5	−0.4	−0.3	−0.2	−0.1	0.0	0.1	0.2	0.3	0.4	0.5	0.6	0.7	0.8	0.9	1.0	
0.0	—	−1.60	−1.19	−0.87	−0.65	−0.52	−0.43	−0.35	−0.26	−0.14	0.00	0.14	0.26	0.35	0.43	0.52	0.65	0.87	1.19	1.60	—	0.0
0.1	—	−1.63	−0.87	−0.64	−0.54	−0.48	−0.39	−0.32	−0.26	−0.19	−0.09	0.06	0.22	0.35	0.45	0.55	0.78	1.04	1.40	1.60	—	−0.1
0.2	—	−1.50	−0.88	−0.66	−0.56	−0.48	−0.41	−0.34	−0.29	−0.24	−0.16	−0.05	0.09	0.24	0.38	0.51	0.65	0.87	1.23	1.77	—	−0.2
0.3	—	−1.46	−1.06	−0.79	−0.61	−0.50	−0.44	−0.38	−0.33	−0.27	−0.22	−0.15	−0.04	0.10	0.28	0.44	0.56	0.66	0.95	1.70	—	−0.3
0.4	—	−1.34	−1.03	−0.78	−0.60	−0.51	−0.44	−0.39	−0.34	−0.28	−0.23	−0.17	−0.09	0.04	0.21	0.40	0.60	0.82	1.17	2.01	—	−0.4
0.5	—	−1.31	−1.05	−0.80	−0.61	−0.50	−0.44	−0.39	−0.35	−0.30	−0.24	−0.19	−0.11	−0.01	0.14	0.35	0.61	0.94	1.37	2.07	—	−0.5
0.6	—	−1.32	−0.90	−0.69	−0.56	−0.48	−0.42	−0.38	−0.34	−0.29	−0.25	−0.19	−0.12	−0.03	0.09	0.28	0.56	0.95	1.38	2.16	—	−0.6
0.7	—	−1.29	−0.90	−0.69	−0.56	−0.48	−0.42	−0.38	−0.34	−0.30	−0.26	−0.21	−0.14	−0.06	0.05	0.21	0.44	0.80	1.36	2.30	—	−0.7
0.8	—	−1.28	−0.90	−0.69	−0.56	−0.48	−0.42	−0.38	−0.34	−0.30	−0.26	−0.21	−0.15	−0.06	0.04	0.19	0.41	0.76	1.32	2.33	—	−0.8
0.9	—	−1.28	−0.90	−0.69	−0.56	−0.48	−0.42	−0.38	−0.34	−0.30	−0.26	−0.21	−0.15	−0.06	0.05	0.20	0.42	0.76	1.32	3.32	—	−0.9
1.0	—	−1.28	−0.90	−0.69	−0.56	−0.48	−0.42	−0.38	−0.34	−0.30	−0.26	−0.21	−0.15	−0.06	0.05	0.20	0.42	0.76	1.32	3.32	—	−1.0
	1.0	0.9	0.8	0.7	0.6	0.5	0.4	0.3	0.2	0.1	0.0	−0.1	−0.2	−0.3	−0.4	−0.5	−0.6	−0.7	−0.8	−0.9	−1.0	ξ \ α

附表 10 (b)

$t=2$ 力矩荷载 $\overline{Q}$

α \ ζ	−1.0	−0.9	−0.8	−0.7	−0.6	−0.5	−0.4	−0.3	−0.2	−0.1	0.0	0.1	0.2	0.3	0.4	0.5	0.6	0.7	0.8	0.9	1.0	
0.0	0	−0.19	−0.32	−0.43	−0.50	−0.56	−0.61	−0.65	−0.68	−0.70	−0.70	−0.70	−0.68	−0.65	−0.61	−0.56	−0.50	−0.43	−0.32	−0.19	0	0.0
0.1	0	−0.27	−0.38	−0.44	−0.50	−0.55	−0.60	−0.63	−0.66	−0.68	−0.70	−0.70	−0.68	−0.65	−0.61	−0.56	−0.50	−0.41	−0.29	−0.13	0	−0.1
0.2	0	−0.22	−0.33	−0.41	−0.47	−0.52	−0.56	−0.60	−0.63	−0.66	−0.68	−0.69	−0.69	−0.67	−0.64	−0.60	−0.54	−0.46	−0.36	−0.21	0	−0.2
0.3	0	−0.15	−0.27	−0.36	−0.43	−0.49	−0.53	−0.57	−0.61	−0.64	−0.66	−0.68	−0.69	−0.69	−0.67	−0.63	−0.58	−0.52	−0.44	−0.31	0	−0.3
0.4	0	−0.15	−0.27	−0.36	−0.42	−0.48	−0.53	−0.57	−0.60	−0.64	−0.66	−0.68	−0.70	−0.70	−0.69	−0.66	−0.61	−0.54	−0.44	−0.29	0	−0.4
0.5	0	−0.14	−0.26	−0.35	−0.42	−0.48	−0.52	−0.56	−0.60	−0.63	−0.66	−0.68	−0.70	−0.70	−0.70	−0.67	−0.63	−0.55	−0.44	−0.27	0	−0.5
0.6	0	−0.17	−0.28	−0.36	−0.42	−0.47	−0.52	−0.56	−0.59	−0.62	−0.65	−0.67	−0.69	−0.70	−0.69	−0.67	−0.63	−0.56	−0.44	−0.27	0	−0.6
0.7	0	−0.16	−0.27	−0.35	−0.41	−0.46	−0.50	−0.54	−0.58	−0.61	−0.64	−0.66	−0.68	−0.69	−0.69	−0.68	−0.65	−0.59	−0.48	−0.30	0	−0.7
0.8	0	−0.16	−0.26	−0.34	−0.40	−0.46	−0.50	−0.54	−0.58	−0.61	−0.64	−0.66	−0.68	−0.69	−0.69	−0.68	−0.65	−0.59	−0.49	−0.31	0	−0.8
0.9	0	−0.16	−0.26	−0.34	−0.40	−0.46	−0.50	−0.54	−0.58	−0.61	−0.64	−0.66	−0.68	−0.69	−0.69	−0.68	−0.65	−0.59	−0.49	−0.31	0	−0.9
1.0	0	−0.16	−0.26	−0.34	−0.40	−0.46	−0.50	−0.54	−0.58	−0.61	−0.64	−0.66	−0.68	−0.69	−0.69	−0.68	−0.65	−0.59	−0.49	−0.31	0	−1.0
	1.0	0.9	0.8	0.7	0.6	0.5	0.4	0.3	0.2	0.1	0.0	−0.1	−0.2	−0.3	−0.4	−0.5	−0.6	−0.7	−0.8	−0.9	−1.0	ξ / α

附表 10 (c)

$t=2$ 力矩荷载 $\overline{M}$

α \ ζ	−1.0	−0.9	−0.8	−0.7	−0.6	−0.5	−0.4	−0.3	−0.2	−0.1	0.0	0.1	0.2	0.3	0.4	0.5	0.6	0.7	0.8	0.9	1.0	
0.0	0	−0.01	−0.04	−0.07	−0.12	−0.17	−0.23	−0.29	−0.36	−0.43	−0.50*	0.43	0.36	0.29	0.23	0.17	0.12	0.07	0.04	0.01	0	0.0
0.1	0	−0.02	−0.05	−0.09	−0.14	−0.19	−0.25	−0.31	−0.38	−0.44	−0.51	−0.58*	0.35	0.28	0.22	0.16	0.11	0.06	0.02	0.00	0	−0.1
0.2	0	−0.01	−0.04	−0.08	−0.12	−0.17	−0.23	−0.28	−0.35	−0.41	−0.48	−0.55	−0.62*	0.32	0.25	0.19	0.13	0.08	0.04	0.01	0	−0.2
0.3	0	−0.01	−0.03	−0.06	−0.10	−0.14	−0.20	−0.25	−0.31	−0.37	−0.44	−0.51	−0.57	−0.64*	0.29	0.22	0.16	0.11	0.06	0.01	0	−0.3
0.4	0	−0.01	−0.02	−0.06	−0.10	−0.14	−0.19	−0.25	−0.31	−0.37	−0.43	−0.50	−0.57	−0.64	−0.71*	0.22	0.16	0.10	0.05	0.01	0	−0.4
0.5	0	−0.01	−0.03	−0.06	−0.10	−0.14	−0.19	−0.25	−0.30	−0.37	−0.43	−0.50	−0.57	−0.64	−0.71	−0.78*	0.16	0.10	0.05	0.01	0	−0.5

续表

ζ \ α	−1.0	−0.9	−0.8	−0.7	−0.6	−0.5	−0.4	−0.3	−0.2	−0.1	0.0	0.1	0.2	0.3	0.4	0.5	0.6	0.7	0.8	0.9	1.0	
0.6	0	−0.01	−0.03	−0.06	−0.10	−0.14	−0.20	−0.25	−0.31	−0.37	−0.43	−0.50	−0.57	−0.64	−0.71	−0.78	−0.84*	0.10	0.05	0.01	0	−0.6
0.7	0	−0.01	−0.03	−0.06	−0.10	−0.14	−0.19	−0.24	−0.30	−0.36	−0.42	−0.49	−0.55	−0.62	−0.69	−0.76	−0.83	−0.89*	0.06	0.02	0	−0.7
0.8	0	−0.01	−0.03	−0.06	−0.10	−0.14	−0.19	−0.24	−0.30	−0.36	−0.42	−0.48	−0.55	−0.62	−0.69	−0.76	−0.82	−0.89	0.06*	0.02	0	−0.8
0.9	0	−0.01	−0.03	−0.06	−0.10	−0.14	−0.19	−0.24	−0.30	−0.36	−0.42	−0.48	−0.55	−0.62	−0.69	−0.76	−0.82	−0.89	−0.94	−0.98*	0	−0.9
1.0	0	−0.01	−0.03	−0.06	−0.10	−0.14	−0.19	−0.24	−0.30	−0.36	−0.42	−0.48	−0.55	−0.62	−0.69	−0.76	−0.82	−0.89	−0.94	−0.98	−1*	−1.0
	1.0	0.9	0.8	0.7	0.6	0.5	0.4	0.3	0.2	0.1	0.0	−0.1	−0.2	−0.3	−0.4	−0.5	−0.6	−0.7	−0.8	−0.9	−1.0	ξ \ α

附表 11 (a)　　$t=3$ 力矩荷载 $\bar{\sigma}$

ζ \ α	−1.0	−0.9	−0.8	−0.7	−0.6	−0.5	−0.4	−0.3	−0.2	−0.1	0.0	0.1	0.2	0.3	0.4	0.5	0.6	0.7	0.8	0.9	1.0	
0.0	—	−1.55	−1.22	−0.91	−0.69	−0.56	−0.48	−0.41	−0.31	−0.17	0.00	0.17	0.31	0.41	0.48	0.56	0.69	0.91	1.22	1.55	—	0.0
0.1	—	−1.59	−0.63	−0.54	−0.53	−0.50	−0.42	−0.35	−0.31	−0.25	−0.13	0.05	0.25	0.41	0.50	0.60	0.80	1.23	1.65	1.56	—	−0.1
0.2	—	−1.42	−0.77	−0.60	−0.55	−0.50	−0.44	−0.39	−0.36	−0.31	−0.24	−0.11	0.06	0.24	0.41	0.54	0.69	0.91	1.28	1.80	—	−0.2
0.3	—	−1.24	−1.05	−0.76	−0.62	−0.53	−0.48	−0.44	−0.40	−0.35	−0.30	−0.24	−0.12	0.05	0.26	0.45	0.55	0.58	0.84	2.07	—	−0.3
0.4	—	−1.20	−1.01	−0.77	−0.61	−0.52	−0.48	−0.45	−0.41	−0.37	−0.33	−0.28	−0.19	−0.05	0.16	0.39	0.61	0.82	1.17	2.13	—	−0.4
0.5	—	−1.16	−1.03	−0.81	−0.63	−0.52	−0.48	−0.45	−0.43	−0.39	−0.35	−0.29	−0.22	−0.11	−0.06	0.31	0.63	1.00	1.47	2.22	—	−0.5
0.6	—	−1.18	−0.81	−0.64	−0.56	−0.49	−0.46	−0.43	−0.41	−0.38	−0.35	−0.30	−0.23	−0.15	−0.01	0.20	0.55	1.03	1.64	2.36	—	−0.6
0.7	—	−1.13	−0.81	−0.64	−0.55	−0.49	−0.46	−0.43	−0.41	−0.39	−0.36	−0.32	−0.26	−0.18	−0.06	0.11	0.37	0.79	1.46	2.56	—	−0.7
0.8	—	−1.11	−0.81	−0.64	−0.55	−0.49	−0.46	−0.43	−0.41	−0.39	−0.36	−0.32	−0.27	−0.19	−0.08	0.08	0.33	0.73	1.41	2.60	—	−0.8
0.9	—	−1.11	−0.81	−0.64	−0.55	−0.49	−0.46	−0.43	−0.41	−0.39	−0.36	−0.32	−0.27	−0.19	−0.08	0.09	0.34	0.73	1.40	2.59	—	−0.9
1.0	—	−1.11	−0.81	−0.64	−0.55	−0.49	−0.46	−0.43	−0.41	−0.39	−0.36	−0.32	−0.27	−0.19	−0.08	0.09	0.34	0.74	1.40	2.59	—	−1.0
	1.0	0.9	0.8	0.7	0.6	0.5	0.4	0.3	0.2	0.1	0.0	−0.1	−0.2	−0.3	−0.4	−0.5	−0.6	−0.7	−0.8	−0.9	−1.0	ξ \ α

附表 11（b）

$t=3$ 力矩荷载 $\overline{Q}$

α \ ζ	−1.0	−0.9	−0.8	−0.7	−0.6	−0.5	−0.4	−0.3	−0.2	−0.1	0.0	0.1	0.2	0.3	0.4	0.5	0.6	0.7	0.8	0.9	1.0	
0.0	0	−0.17	−0.31	−0.42	−0.50	−0.56	−0.61	−0.65	−0.69	−0.71	−0.72	−0.71	−0.69	−0.65	−0.61	−0.56	−0.50	−0.42	−0.31	−0.17	0	0.0
0.1	0	−0.29	−0.39	−0.44	−0.49	−0.54	−0.59	−0.63	−0.66	−0.69	−0.71	−0.72	−0.70	−0.67	−0.62	−0.57	−0.50	−0.40	−0.26	−0.09	0	−0.1
0.2	0	−0.22	−0.32	−0.39	−0.45	−0.50	−0.55	−0.59	−0.63	−0.66	−0.69	−0.70	−0.71	−0.69	−0.66	−0.61	−0.55	−0.47	−0.36	−0.21	0	−0.2
0.3	0	−0.12	−0.24	−0.33	−0.40	−0.45	−0.50	−0.55	−0.59	−0.63	−0.66	−0.69	−0.71	−0.71	−0.70	−0.66	−0.61	−0.55	−0.49	−0.35	0	−0.3
0.4	0	−0.12	−0.23	−0.32	−0.39	−0.44	−0.50	−0.54	−0.58	−0.62	−0.66	−0.69	−0.71	−0.73	−0.72	−0.69	−0.64	−0.57	−0.47	−0.32	0	−0.4
0.5	0	−0.11	−0.22	−0.33	−0.39	−0.44	−0.49	−0.54	−0.58	−0.62	−0.66	−0.69	−0.72	−0.73	−0.74	−0.72	−0.67	−0.61	−0.47	−0.29	0	−0.5
0.6	0	−0.15	−0.25	−0.32	−0.38	−0.43	−0.48	−0.52	−0.57	−0.61	−0.64	−0.68	−0.70	−0.72	−0.73	−0.72	−0.68	−0.61	−0.47	−0.28	0	−0.6
0.7	0	−0.14	−0.23	−0.31	−0.36	−0.42	−0.46	−0.51	−0.55	−0.59	−0.63	−0.66	−0.69	−0.71	−0.73	−0.73	−0.70	−0.65	−0.54	−0.34	0	−0.7
0.8	0	−0.13	−0.23	−0.30	−0.36	−0.41	−0.46	−0.50	−0.55	−0.59	−0.62	−0.66	−0.69	−0.71	−0.73	−0.73	−0.71	−0.65	−0.55	−0.36	0	−0.8
0.9	0	−0.13	−0.23	−0.30	−0.36	−0.41	−0.46	−0.50	−0.55	−0.59	−0.62	−0.66	−0.69	−0.71	−0.73	−0.73	−0.71	−0.65	−0.55	−0.36	0	−0.9
1.0	0	−0.13	−0.23	−0.30	−0.36	−0.41	−0.46	−0.50	−0.55	−0.59	−0.62	−0.66	−0.69	−0.71	−0.73	−0.73	−0.71	−0.65	−0.55	−0.36	0	−1.0
	1.0	0.9	0.8	0.7	0.6	0.5	0.4	0.3	0.2	0.1	0.0	−0.1	−0.2	−0.3	−0.4	−0.5	−0.6	−0.7	−0.8	−0.9	−1.0	ξ / α

附表 11（c）

$t=3$ 力矩荷载 $\overline{M}$

α \ ζ	−1.0	−0.9	−0.8	−0.7	−0.6	−0.5	−0.4	−0.3	−0.2	−0.1	0.0	0.1	0.2	0.3	0.4	0.5	0.6	0.7	0.8	0.9	1.0	
0.0	0	−0.01	−0.03	−0.07	−0.12	−0.17	−0.23	−0.29	−0.36	−0.43	−0.50*	0.43	0.36	0.29	0.23	0.17	0.12	0.07	0.03	0.01	0	0.0
0.1	0	−0.01	−0.05	−0.10	−0.14	−0.20	−0.25	−0.31	−0.38	−0.45	−0.52	−0.59*	0.34	0.27	0.21	0.15	0.09	0.05	0.02	0.01	0	−0.1
0.2	0	−0.01	−0.04	−0.08	−0.12	−0.17	−0.22	−0.28	−0.34	−0.40	−0.52	−0.54	−0.61*	0.32	0.25	0.19	0.13	0.08	0.04	0.01	0	−0.2
0.3	0	0.00	−0.02	−0.05	−0.09	−0.13	−0.18	−0.23	−0.29	−0.35	−0.41	−0.48	−0.55	−0.62*	0.31	0.24	0.18	0.12	0.06	0.02	0	−0.3
0.4	0	0.00	−0.02	−0.05	−0.09	−0.13	−0.17	−0.23	−0.28	−0.34	−0.41	−0.47	−0.54	−0.62	−0.69*	0.24	0.17	0.11	0.06	0.02	0	−0.4
0.5	0	−0.01	−0.02	−0.05	−0.09	−0.13	−0.17	−0.23	−0.28	−0.34	−0.40	−0.47	−0.54	−0.61	−0.69	−0.76*	0.17	0.11	0.06	0.02	0	−0.5

续表

ζ \ α	−1.0	−0.9	−0.8	−0.7	−0.6	−0.5	−0.4	−0.3	−0.2	−0.1	0.0	0.1	0.2	0.3	0.4	0.5	0.6	0.7	0.8	0.9	1.0	
0.6	0	−0.01	−0.03	−0.06	−0.09	−0.13	−0.18	−0.23	−0.28	−0.34	−0.41	−0.47	−0.54	−0.61	−0.68	−0.76	−0.83*	0.11	0.05	0.01	0	−0.6
0.7	0	−0.01	−0.03	−0.05	−0.09	−0.13	−0.17	−0.22	−0.27	−0.33	−0.39	−0.45	−0.52	−0.59	−0.66	−0.74	−0.81	−0.88*	−0.06	0.02	0	−0.7
0.8	0	−0.01	−0.03	−0.05	−0.09	−0.12	−0.17	−0.22	−0.27	−0.32	−0.39	−0.45	−0.52	−0.59	−0.66	−0.73	−0.80	−0.87	−0.93*	0.02	0	−0.8
0.9	0	−0.01	−0.03	−0.05	−0.09	−0.12	−0.17	−0.22	−0.27	−0.33	−0.39	−0.45	−0.52	−0.59	−0.66	−0.73	−0.80	−0.87	−0.93	−0.98*	0	−0.9
1.0	0	−0.01	−0.03	−0.05	−0.09	−0.12	−0.17	−0.22	−0.27	−0.33	−0.39	−0.45	−0.52	−0.59	−0.66	−0.73	−0.80	−0.87	−0.93	−0.98	−1*	−1.0
	1.0	0.9	0.8	0.7	0.6	0.5	0.4	0.3	0.2	0.1	0.0	−0.1	−0.2	−0.3	−0.4	−0.5	−0.6	−0.7	−0.8	−0.9	−1.0	α / ξ

附表 12 (a) $t=5$ 力矩荷载 $\bar{\sigma}$

ζ \ α	−1.0	−0.9	−0.8	−0.7	−0.6	−0.5	−0.4	−0.3	−0.2	−0.1	0.0	0.1	0.2	0.3	0.4	0.5	0.6	0.7	0.8	0.9	1.0	
0.0	—	−1.48	−1.29	−0.99	−0.76	−0.62	−0.57	−0.51	−0.39	−0.23	0.00	0.23	0.39	0.51	0.57	0.62	0.76	0.99	1.29	1.48	—	0.0
0.1	—	−1.49	−0.28	−0.30	−0.49	−0.54	−0.50	−0.46	−0.43	−0.39	−0.24	0.00	0.29	0.49	0.60	0.68	0.93	1.47	2.03	1.53	—	−0.1
0.2	—	−1.27	−0.54	−0.48	−0.53	−0.54	−0.51	−0.49	−0.48	−0.46	−0.38	−0.21	0.02	0.26	0.47	0.61	0.76	0.99	1.38	1.86	—	−0.2
0.3	—	−1.04	−1.05	−0.81	−0.64	−0.56	−0.55	−0.53	−0.51	−0.48	−0.45	−0.38	−0.25	−0.02	0.26	0.49	0.53	0.43	0.61	2.22	—	−0.3
0.4	—	−0.98	−0.98	−0.78	−0.63	−0.56	−0.55	−0.54	−0.53	−0.50	−0.48	−0.45	−0.36	−0.18	0.08	0.38	0.64	0.82	1.15	2.31	—	−0.4
0.5	—	−0.91	−1.03	−0.84	−0.65	−0.55	−0.55	−0.55	−0.55	−0.54	−0.51	−0.48	−0.41	−0.29	−0.07	0.25	0.66	1.12	1.65	2.47	—	−0.5
0.6	—	−0.93	−0.65	−0.56	−0.53	−0.52	−0.52	−0.52	−0.53	−0.53	−0.52	−0.49	−0.44	−0.35	−0.20	0.08	0.53	1.17	1.94	2.70	—	−0.6
0.7	—	−0.87	−0.66	−0.56	−0.52	−0.51	−0.51	−0.51	−0.52	−0.53	−0.53	−0.51	−0.47	−0.40	−0.28	−0.08	0.24	0.77	1.62	3.01	—	−0.7
0.8	—	−0.85	−0.67	−0.57	−0.52	−0.50	−0.51	−0.51	−0.52	−0.53	−0.53	−0.51	−0.48	−0.41	−0.30	−0.12	0.17	0.67	1.54	3.09	—	−0.8
0.9	—	−0.85	−0.67	−0.57	−0.52	−0.51	−0.51	−0.51	−0.52	−0.53	−0.53	−0.51	−0.48	−0.41	−0.30	−0.11	0.18	0.68	1.53	3.06	—	−0.9
1.0	—	−0.85	−0.67	−0.57	−0.52	−0.51	−0.51	−0.51	−0.52	−0.53	−0.53	−0.51	−0.48	−0.41	−0.30	−0.11	0.19	0.68	1.53	3.05	—	−1.0
	1.0	0.9	0.8	0.7	0.6	0.5	0.4	0.3	0.2	0.1	0.0	−0.1	−0.2	−0.3	−0.4	−0.5	−0.6	−0.7	−0.8	−0.9	−1.0	α / ξ

附表 12（b）　　　　$t=5$ 力矩荷载 $\overline{Q}$

ζ / α	−1.0	−0.9	−0.8	−0.7	−0.6	−0.5	−0.4	−0.3	−0.2	−0.1	0.0	0.1	0.2	0.3	0.4	0.5	0.6	0.7	0.8	0.9	1.0	
0.0	0	0.14	−0.28	−0.40	−0.48	−0.55	−0.61	−0.67	−0.71	−0.75	−0.76	−0.75	−0.71	−0.67	−0.61	−0.55	−0.48	−0.40	−0.28	−0.14	0	0.0
0.1	0	−0.34	−0.40	−0.43	−0.47	−0.52	−0.57	−0.62	−0.67	−0.72	−0.74	−0.76	−0.73	−0.70	−0.64	−0.58	−0.50	−0.38	−0.20	−0.01	0	−0.1
0.2	0	−0.23	−0.31	−0.36	0.41	−0.46	−0.51	−0.56	−0.61	−0.66	−0.70	−0.73	−0.74	−0.73	−0.69	−0.64	−0.57	−0.48	−0.36	−0.20	0	−0.2
0.3	0	−0.07	−0.18	−0.27	0.34	−0.40	−0.46	−0.51	−0.57	−0.61	−0.66	−0.70	−0.74	−0.75	−0.74	−0.70	−0.65	−0.60	−0.55	−0.43	0	−0.3
0.4	0	−0.07	−0.17	−0.26	0.33	−0.39	−0.45	−0.50	−0.55	−0.60	−0.65	−0.70	−0.74	−0.77	−0.78	−0.75	−0.70	−0.63	−0.53	−0.37	0	−0.4
0.5	0	−0.05	−0.15	−0.25	0.32	−0.38	−0.44	−0.49	−0.54	−0.60	−0.65	−0.70	−0.75	−0.78	−0.80	−0.79	−0.75	−0.66	−0.52	−0.32	0	−0.5
0.6	0	−0.17	−0.20	−0.26	−0.31	−0.37	−0.42	−0.47	−0.52	−0.58	−0.63	−0.68	−0.73	−0.77	−0.79	−0.80	−0.77	−0.69	−0.53	−0.34	0	−0.6
0.7	0	−0.10	−0.18	−0.24	−0.29	−0.35	−0.40	−0.45	−0.50	−0.55	−0.60	−0.66	−0.71	−0.75	−0.78	−0.80	−0.80	−0.75	−0.63	−0.40	0	−0.7
0.8	0	−0.10	−0.17	−0.23	−0.29	−0.34	−0.39	−0.44	−0.49	−0.55	−0.60	−0.65	−0.70	−0.75	−0.78	−0.80	−0.80	−0.76	−0.65	−0.43	0	−0.8
0.9	0	−0.10	−0.17	−0.23	−0.29	−0.34	−0.39	−0.44	−0.49	−0.55	−0.60	−0.65	−0.70	−0.75	−0.78	−0.80	−0.80	−0.76	−0.65	−0.43	0	−0.9
1.0	0	−0.10	−0.17	−0.23	−0.29	−0.34	−0.39	−0.44	−0.49	−0.55	−0.60	−0.65	−0.70	−0.75	−0.78	−0.80	−0.80	−0.76	−0.65	−0.43	0	−1.0
	1.0	0.9	0.8	0.7	0.6	0.5	0.4	0.3	0.2	0.1	0.0	−0.1	−0.2	−0.3	−0.4	−0.5	−0.6	−0.7	−0.8	−0.9	−1.0	α / ξ

附表 12（c）　　　　$t=5$ 力矩荷载 $\overline{M}$

ζ / α	−1.0	−0.9	−0.8	−0.7	−0.6	−0.5	−0.4	−0.3	−0.2	−0.1	0.0	0.1	0.2	0.3	0.4	0.5	0.6	0.7	0.8	0.9	1.0	
0.0	0	−0.01	−0.03	−0.06	−0.11	−0.16	−0.22	−0.28	−0.35	−0.42	−0.50*	0.42	0.35	0.28	0.22	0.16	0.11	0.06	0.03	0.01	0	0.0
0.1	0	−0.02	−0.06	−0.11	−0.15	−0.20	−0.26	−0.32	−0.38	−0.45	−0.52	−0.60*	0.33	0.26	0.19	0.13	0.07	0.03	0.00	0.01	0	−0.1
0.2	0	−0.01	−0.04	−0.08	−0.11	−0.16	−0.21	−0.26	−0.32	−0.38	−0.45	−0.52	−0.60*	0.33	0.26	0.19	0.13	0.08	0.04	0.01	0	−0.2
0.3	0	0.00	−0.01	−0.04	−0.06	−0.10	−0.15	−0.19	−0.25	−0.31	−0.37	−0.44	−0.51	−0.59*	0.34	0.27	0.20	0.13	0.08	0.03	0	−0.3
0.4	0	0.00	−0.01	−0.03	−0.06	−0.10	−0.14	−0.19	−0.24	−0.30	−0.36	−0.43	−0.50	−0.58	−0.66*	0.27	0.19	0.13	0.07	0.02	0	−0.4
0.5	0	0.00	−0.01	−0.03	−0.08	−0.10	−0.14	−0.18	−0.23	−0.29	−0.35	−0.42	−0.49	−0.57	−0.65	−0.73*	0.19	0.12	0.06	0.02	0	−0.5

续表

ζ / α	−1.0	−0.9	−0.8	−0.7	−0.6	−0.5	−0.4	−0.3	−0.2	−0.1	0.0	0.1	0.2	0.3	0.4	0.5	0.6	0.7	0.8	0.9	1.0	
0.6	0	−0.01	−0.02	−0.05	−0.07	−0.11	−0.15	−0.19	−0.24	−0.30	−0.36	−0.42	−0.49	−0.57	−0.65	−0.73	−0.81*	0.12	0.07	0.01	0	−0.6
0.7	0	0.00	−0.02	−0.04	−0.07	−0.10	−0.14	−0.18	−0.23	−0.28	−0.34	−0.40	−0.47	−0.54	−0.62	−0.70	−0.78	−0.86*	0.07	0.02	0	−0.7
0.8	0	0.00	−0.02	−0.04	−0.07	−0.10	−0.13	−0.17	−0.22	−0.27	−0.33	−0.39	−0.46	−0.53	−0.61	−0.69	−0.77	−0.85	−0.92*	0.02	0	−0.8
0.9	0	0.00	−0.02	−0.04	−0.07	−0.10	−0.13	−0.17	−0.22	−0.27	−0.33	−0.39	−0.46	−0.53	−0.61	−0.69	−0.77	−0.85	−0.92	−0.98*	0	−0.9
1.0	0	0.00	−0.02	−0.04	−0.07	−0.10	−0.13	−0.17	−0.22	−0.27	−0.33	−0.39	−0.46	−0.53	−0.61	−0.69	−0.77	−0.85	−0.92	−0.98	−1*	−1.0
	1.0	0.9	0.8	0.7	0.6	0.5	0.4	0.3	0.2	0.1	0.0	−0.1	−0.2	−0.3	−0.4	−0.5	−0.6	−0.7	−0.8	−0.9	−1.0	α / ξ

附表 13 (a)　　$t=7$ 力矩荷载 $\bar{\sigma}$

ζ / α	−1.0	−0.9	−0.8	−0.7	−0.6	−0.5	−0.4	−0.3	−0.2	−0.1	0.0	0.1	0.2	0.3	0.4	0.5	0.6	0.7	0.8	0.9	1.0	
0.0	—	−1.40	−0.36	−1.07	−0.82	−0.69	−0.65	−0.61	−0.50	−0.28	0.00	0.28	0.50	0.61	0.85	0.69	0.82	1.07	1.36	1.40	—	0.0
0.1	—	−1.41	−0.05	−0.11	−0.45	−0.57	−0.61	−0.54	−0.54	−0.51	−0.34	0.02	0.34	0.59	0.65	0.77	1.06	1.73	2.39	1.47	—	−0.1
0.2	—	−1.41	−0.34	−0.36	−0.50	−0.57	−0.56	−0.56	−0.58	−0.59	−0.50	−0.30	−0.01	0.29	0.53	0.69	0.83	1.06	1.47	1.89	—	−0.2
0.3	—	−0.90	−1.00	−0.84	−0.60	−0.59	−0.60	−0.61	−0.60	−0.57	−0.57	−0.53	−0.36	−0.08	0.27	0.53	0.51	0.26	0.42	2.35	—	−0.3
0.4	—	−0.81	−0.98	−0.79	−0.64	−0.59	−0.60	−0.62	−0.62	−0.61	−0.61	−0.60	−0.51	−0.30	0.02	0.38	0.66	0.81	1.11	2.46	—	−0.4
0.5	—	−0.66	−1.08	−0.91	−0.73	−0.62	−0.61	−0.64	−0.66	−0.66	−0.64	−0.62	−0.56	−0.42	−0.16	0.25	0.75	1.32	1.84	2.61	—	−0.5
0.6	—	−0.56	−0.52	−0.49	−0.51	−0.53	−0.54	−0.58	−0.62	−0.65	−0.66	−0.64	−0.61	−0.53	−0.35	−0.04	0.51	1.30	2.21	2.81	—	−0.6
0.7	—	−0.67	−0.55	−0.50	−0.49	−0.51	−0.54	−0.57	−0.61	−0.64	−0.66	−0.66	−0.64	−0.58	−0.46	−0.25	0.12	0.74	1.76	3.39	—	−0.7
0.8	—	−0.64	−0.56	−0.51	−0.49	−0.50	−0.53	−0.57	−0.60	−0.63	−0.66	−0.67	−0.65	−0.60	−0.49	−0.31	0.02	0.60	1.63	3.49	—	−0.8
0.9	—	−0.65	−0.56	−0.51	−0.50	−0.51	−0.53	−0.57	−0.60	−0.63	−0.66	−0.67	−0.65	−0.59	−0.49	−0.29	0.04	0.61	1.62	3.46	—	−0.9
1.0	—	−0.65	−0.56	−0.51	−0.50	−0.51	−0.53	−0.57	−0.60	−0.63	−0.66	−0.67	−0.64	−0.59	−0.49	−0.29	0.04	0.61	1.62	3.45	—	−1.0
	1.0	0.9	0.8	0.7	0.6	0.5	0.4	0.3	0.2	0.1	0.0	−0.1	−0.2	−0.3	−0.4	−0.5	−0.6	−0.7	−0.8	−0.9	−1.0	α / ξ

附表 13 (b)

$t=7$ 力矩荷载 $\overline{Q}$

α \ ζ	−1.0	−0.9	−0.8	−0.7	−0.6	−0.5	−0.4	−0.3	−0.2	−0.1	0.0	0.1	0.2	0.3	0.4	0.5	0.6	0.7	0.8	0.9	1.0	
0.0	0	−0.12	−0.26	−0.38	−0.47	−0.55	−0.62	−0.68	−0.74	−0.78	−0.79	−0.78	−0.74	−0.68	−0.62	−0.55	−0.47	−0.38	−0.26	−0.12	0	0.0
0.1	0	−0.40	−0.43	−0.43	−0.45	−0.50	−0.56	−0.62	−0.67	−0.72	−0.77	−0.78	−0.77	−0.72	−0.66	−0.58	−0.49	−0.36	−0.14	−0.08	0	−0.1
0.2	0	−0.24	−0.30	−0.33	−0.38	−0.43	−0.49	−0.54	−0.60	−0.66	−0.71	−0.76	−0.77	−0.76	−0.72	−0.65	−0.58	−0.49	−0.36	−0.19	0	−0.2
0.3	0	−0.02	−0.13	−0.23	−0.30	−0.36	−0.42	−0.48	−0.54	−0.60	−0.66	−0.71	−0.76	−0.78	−0.77	−0.73	−0.68	−0.64	−0.61	−0.51	0	−0.3
0.4	0	−0.03	−0.12	−0.21	−0.28	−0.34	−0.40	−0.46	−0.53	−0.59	−0.65	−0.71	−0.77	−0.81	−0.82	−0.80	−0.75	−0.67	−0.58	−0.42	0	−0.4
0.5	0	−0.01	−0.09	−0.18	−0.27	−0.34	−0.40	−0.46	−0.53	−0.59	−0.66	−0.72	−0.78	−0.83	−0.86	−0.86	−0.81	−0.71	−0.55	−0.33	0	−0.5
0.6	0	−0.10	−0.16	−0.21	−0.26	−0.31	−0.37	−0.43	−0.49	−0.55	−0.62	−0.68	−0.74	−0.80	−0.85	−0.87	−0.84	−0.76	−0.58	−0.32	0	−0.6
0.7	0	−0.08	−0.14	−0.19	−0.24	−0.29	−0.34	−0.40	−0.46	−0.52	−0.58	−0.65	−0.71	−0.78	−0.83	−0.87	−0.87	−0.83	−0.71	−0.47	0	−0.7
0.8	0	−0.07	−0.13	−0.18	−0.23	−0.28	−0.33	−0.39	−0.45	−0.51	−0.57	−0.64	−0.71	−0.77	−0.82	−0.86	−0.88	−0.85	−0.75	−0.50	0	−0.8
0.9	0	−0.07	−0.13	−0.18	−0.23	−0.28	−0.33	−0.39	−0.45	−0.51	−0.57	−0.64	−0.71	−0.77	−0.82	−0.86	−0.88	−0.85	−0.74	−0.50	0	−0.9
1.0	0	−0.07	−0.13	−0.18	−0.23	−0.28	−0.33	−0.39	−0.45	−0.51	−0.58	−0.64	−0.71	−0.77	−0.82	−0.86	−0.88	−0.85	−0.74	−0.50	0	−1.0
	1.0	0.9	0.8	0.7	0.6	0.5	0.4	0.3	0.2	0.1	0.0	−0.1	−0.2	−0.3	−0.4	−0.5	−0.6	−0.7	−0.8	−0.9	−1.0	ξ \ α

附表 13 (c)

$t=7$ 力矩荷载 $\overline{M}$

α \ ζ	−1.0	−0.9	−0.8	−0.7	−0.6	−0.5	−0.4	−0.3	−0.2	−0.1	0.0	0.1	0.2	0.3	0.4	0.5	0.6	0.7	0.8	0.9	1.0	
0.0	0	−0.01	−0.02	−0.06	−0.10	−0.15	−0.21	−0.27	−0.35	−0.42	−0.50*	0.42	0.35	0.27	0.21	0.15	0.10	0.06	0.02	0.01	0	0.0
0.1	0	−0.03	−0.07	−0.12	−0.16	−0.21	−0.26	−0.32	−0.39	−0.46	−0.53	−0.61*	0.31	0.24	0.17	0.11	0.05	0.01	−0.01	−0.01	0	−0.1
0.2	0	−0.01	−0.06	−0.08	−0.11	−0.15	−0.20	−0.25	−0.31	−0.37	−0.44	−0.51	−0.59*	0.33	0.26	0.19	0.13	0.08	0.02	0.01	0	−0.2
0.3	0	0.00	0.00	−0.02	−0.05	−0.08	−0.12	−0.16	−0.22	−0.27	−0.34	−0.40	−0.48	−0.56*	0.37	0.29	0.22	0.15	0.09	0.03	0	−0.3
0.4	0	0.00	0.00	−0.02	−0.05	−0.08	−0.12	−0.16	−0.21	−0.26	−0.32	−0.39	−0.47	−0.55	−0.63*	0.29	0.21	0.14	0.08	0.03	0	−0.4
0.5	0	0.00	0.00	−0.01	−0.04	−0.07	−0.10	−0.15	−0.20	−0.25	−0.31	−0.38	−0.46	−0.54	−0.62	−0.71*	0.20	0.13	0.06	0.02	0	−0.5

续表

ζ / α	−1.0	−0.9	−0.8	−0.7	−0.6	−0.5	−0.4	−0.3	−0.2	−0.1	0.0	0.1	0.2	0.3	0.4	0.5	0.6	0.7	0.8	0.9	1.0	
0.6	0	−0.01	−0.02	−0.04	−0.04	−0.09	−0.13	−0.17	−0.21	−0.26	−0.32	−0.39	−0.46	−0.54	−0.62	−0.70	−0.81*	0.13	0.06	0.02	0	−0.6
0.7	0	0.00	−0.01	−0.03	−0.05	−0.08	−0.11	0.15	−0.19	−0.24	−0.29	−0.36	−0.42	−0.50	−0.59	−0.66	−0.75	−0.84*	0.08	0.02	0	−0.7
0.8	0	0.00	−0.01	−0.03	−0.05	−0.08	−0.11	−0.14	−0.18	−0.23	−0.29	−0.35	−0.41	−0.49	−0.57	−0.65	−0.74	−0.83	−0.91*	0.03	0	−0.8
0.9	0	0.00	−0.01	−0.03	−0.05	−0.08	−0.11	−0.14	−0.18	−0.23	−0.29	−0.35	−0.41	−0.49	−0.57	−0.65	−0.74	−0.83	−0.91	−0.97*	0	−0.9
1.0	0	0.00	−0.01	−0.03	−0.05	−0.08	−0.11	−0.14	−0.18	−0.23	−0.29	−0.35	−0.41	−0.49	−0.57	−0.65	−0.74	−0.83	−0.91	−0.97	−1*	−1.0
	1.0	0.9	0.8	0.7	0.6	0.5	0.4	0.3	0.2	0.1	0.0	−0.1	−0.2	−0.3	−0.4	−0.5	−0.6	−0.7	−0.8	−0.9	−1.0	α / ξ

附表 14 (a)

$t=10$ 力矩荷载 $\bar{\sigma}$

ζ / α	−1.0	−0.9	−0.8	−0.7	−0.6	−0.5	−0.4	−0.3	−0.2	−0.1	0.0	0.1	0.2	0.3	0.4	0.5	0.6	0.7	0.8	0.9	1.0	
0.0	—	−1.30	−1.47	−1.19	−0.91	−0.78	−0.77	−0.76	−0.63	−0.37	0.00	0.37	0.63	0.76	0.77	0.78	0.91	1.19	1.46	1.30	—	0.0
0.1	—	−1.26	−0.57	−0.19	−0.39	−0.64	−0.66	−0.68	−0.71	−0.70	−0.50	−0.09	0.39	0.71	0.83	0.88	1.25	2.14	2.97	1.44	—	−0.1
0.2	—	−0.98	−0.03	−0.19	−0.47	−0.60	−0.63	−0.67	−0.72	−0.75	−0.68	−0.42	−0.05	0.33	0.63	0.79	0.92	1.15	1.59	1.92	—	−0.2
0.3	—	−0.70	−1.14	−0.89	−0.67	−0.62	−0.65	−0.71	−0.70	−0.70	−0.71	−0.66	−0.49	−0.15	0.31	0.60	0.49	0.00	0.07	2.43	—	−0.3
0.4	—	−0.61	−1.06	−0.83	−0.65	−0.57	−0.65	−0.69	−0.72	−0.74	−0.77	−0.78	−0.69	−0.44	−0.04	0.44	0.70	0.79	0.97	2.61	—	−0.4
0.5	—	−0.49	−1.11	−0.95	−0.70	−0.59	−0.62	−0.69	−0.76	−0.78	−0.80	−0.81	−0.78	−0.65	−0.35	0.14	0.75	1.38	2.00	2.89	—	−0.5
0.6	—	−0.52	−0.35	−0.40	−0.65	−0.54	−0.56	−0.65	−0.72	−0.78	−0.82	−0.83	−0.82	−0.75	−0.58	−0.19	0.66	1.48	2.58	3.34	—	−0.6
0.7	—	−0.45	−0.41	−0.42	−0.45	−0.50	−0.56	−0.62	−0.69	−0.75	−0.80	−0.84	−0.85	−0.81	−0.70	−0.48	−0.05	0.69	1.91	3.83	—	−0.7
0.8	—	−0.40	−0.45	−0.54	−0.46	−0.50	−0.56	−0.62	−0.68	−0.74	−0.80	−0.84	−0.85	−0.83	−0.75	−0.56	−0.20	0.47	1.74	4.03	—	−0.8
0.9	—	−0.42	−0.43	−0.43	−0.46	−0.50	−0.55	−0.62	−0.68	−0.74	−0.80	−0.84	−0.85	−0.82	−0.73	−0.54	−0.17	0.50	1.72	3.96	—	−0.9
1.0	—	−0.42	−0.43	−0.43	−0.46	−0.50	−0.55	−0.62	−0.68	−0.74	−0.80	−0.84	−0.85	−0.82	−0.73	−0.53	−0.16	0.50	1.71	3.95	—	−1.0
	1.0	0.9	0.8	0.7	0.6	0.5	0.4	0.3	0.2	0.1	0.0	−0.1	−0.2	−0.3	−0.4	−0.5	−0.6	−0.7	−0.8	−0.9	−1.0	α / ξ

附表 14 (b) $t=10$ 力矩荷载 $\overline{Q}$

ζ / α	−1.0	−0.9	−0.8	−0.7	−0.6	−0.5	−0.4	−0.3	−0.2	−0.1	0.0	0.1	0.2	0.3	0.4	0.5	0.6	0.7	0.8	0.9	1.0	
0.0	0	−0.08	−0.22	−0.36	−0.46	−0.54	−0.62	−0.70	−0.77	−0.82	−0.84	−0.82	−0.77	−0.70	−0.62	−0.54	−0.46	−0.36	−0.22	−0.08	0	0.0
0.1	0	−0.46	−0.46	−0.41	−0.42	−0.47	−0.54	−0.60	−0.67	−0.74	−0.81	−0.84	−0.82	−0.67	−0.69	−0.60	−0.50	−0.33	−0.06	−0.19	0	−0.1
0.2	0	−0.28	−0.29	−0.30	−0.33	−0.39	−0.45	−0.51	−0.58	−0.66	−0.73	−0.79	−0.81	−0.80	−0.75	−0.68	−0.59	−0.49	−0.35	−0.19	0	−0.2
0.3	0	−0.03	−0.07	−0.17	−0.25	−0.31	−0.38	−0.45	−0.52	−0.59	−0.66	−0.72	−0.78	−0.82	−0.81	−0.76	−0.70	−0.68	−0.69	−0.61	0	−0.3
0.4	0	−0.03	−0.06	−0.16	−0.23	−0.29	−0.36	−0.42	−0.49	−0.57	−0.64	−0.72	−0.79	−0.85	−0.88	−0.86	−0.80	−0.73	−0.64	−0.48	0	−0.4
0.5	0	−0.06	−0.02	−0.14	−0.22	−0.28	−0.35	−0.41	−0.48	−0.56	−0.64	−0.72	−0.80	−0.87	−0.92	−0.94	−0.89	−0.78	−0.60	−0.38	0	−0.5
0.6	0	−0.08	−0.12	−0.16	−0.20	−0.25	−0.31	−0.37	−0.44	−0.52	−0.60	−0.68	−0.76	−0.84	−0.91	−0.95	−0.94	−0.84	−0.64	−0.64	0	−0.6
0.7	0	−0.05	−0.09	−0.13	−0.18	−0.22	−0.28	−0.34	−0.40	−0.47	−0.55	−0.63	−0.72	−0.80	−0.88	−0.94	−0.97	−0.94	−0.81	−0.53	0	−0.7
0.8	0	−0.03	−0.08	−0.12	−0.17	−0.21	−0.27	−0.32	−0.39	−0.46	−0.54	−0.62	−0.71	−0.78	−0.87	−0.94	−0.98	−0.97	−0.86	−0.59	0	−0.8
0.9	0	−0.04	−0.08	−0.12	−0.17	−0.22	−0.27	−0.33	−0.39	−0.46	−0.54	−0.62	−0.71	−0.79	−0.87	−0.94	−0.97	−0.96	−0.85	−0.58	0	−0.9
1.0	0	−0.04	−0.08	−0.12	−0.17	−0.21	−0.27	−0.33	−0.39	−0.46	−0.54	−0.62	−0.71	−0.79	−0.87	−0.94	−0.97	−0.96	−0.85	−0.58	0	−1.0
	1.0	0.9	0.8	0.7	0.6	0.5	0.4	0.3	0.2	0.1	0.0	−0.1	−0.2	−0.3	−0.4	−0.5	−0.6	−0.7	−0.8	−0.9	−1.0	α / ξ

附表 14 (c) $t=10$ 力矩荷载 $\overline{M}$

ζ / α	−1.0	−0.9	−0.8	−0.7	−0.6	−0.5	−0.4	−0.3	−0.2	−0.1	0.0	0.1	0.2	0.3	0.4	0.5	0.6	0.7	0.8	0.9	1.0	
0.0	0	0.00	−0.02	−0.05	−0.09	−0.14	−0.20	−0.26	−0.34	−0.42	−0.50*	0.42	0.34	0.26	0.20	0.14	0.09	0.05	0.02	0.00	0	0.0
0.1	0	−0.04	−0.09	−0.13	−0.17	−0.22	−0.27	−0.32	−0.39	−0.46	−0.54	−0.62*	0.29	0.22	0.14	0.08	0.03	−0.02	−0.03	−0.02	0	−0.1
0.2	0	−0.02	−0.05	−0.08	−0.11	−0.15	−0.19	−0.24	−0.29	−0.35	−0.42	−0.50	−0.58*	0.34	0.26	0.19	0.13	0.07	0.03	0.00	0	−0.2
0.3	0	−0.01	0.01	0.00	−0.02	−0.05	−0.09	−0.13	−0.18	−0.23	−0.29	−0.36	−0.44	−0.52*	0.40	0.32	0.25	0.18	0.11	0.04	0	−0.3
0.4	0	0.01	0.01	0.00	−0.02	−0.05	−0.08	−0.12	−0.17	−0.22	−0.28	−0.35	−0.42	−0.51	−0.59*	0.32	0.24	0.16	0.09	0.03	0	−0.4

续表

ζ \ α	−1.0	−0.9	−0.8	−0.7	−0.6	−0.5	−0.4	−0.3	−0.2	−0.1	0.0	0.1	0.2	0.3	0.4	0.5	0.6	0.7	0.8	0.9	1.0	
0.5	0	0.01	0.01	0.00	−0.02	−0.04	−0.07	−0.11	−0.16	−0.21	−0.27	−0.34	−0.41	−0.50	−0.59	−0.68*	0.23	0.14	0.07	0.02	0	−0.5
0.6	0	−0.01	−0.02	−0.03	−0.05	−0.07	−0.10	−0.13	−0.18	−0.22	−0.28	−0.34	−0.41	−0.49	−0.58	−0.68	−0.77*	0.14	0.06	0.02	0	−0.6
0.7	0	0.00	−0.01	−0.02	−0.04	−0.06	−0.08	−0.11	−0.15	−0.19	−0.24	−0.30	−0.37	−0.45	−0.53	−0.62	−0.72	−0.81*	0.09	0.03	0	−0.7
0.8	0	0.00	−0.01	−0.02	−0.03	−0.05	−0.07	−0.10	−0.14	−0.18	−0.23	−0.29	−0.36	−0.43	−0.52	−0.61	−0.70	−0.80	−0.89*	0.03	0	−0.8
0.9	0	0.00	−0.01	−0.02	−0.03	−0.05	−0.07	−0.11	−0.14	−0.18	−0.23	−0.29	−0.36	−0.43	−0.52	−0.61	−0.70	−0.80	−0.89	−0.97*	0	−0.9
1.0	0	0.00	−0.01	−0.02	−0.03	−0.05	−0.08	−0.11	−0.14	−0.19	−0.24	−0.29	−0.36	−0.44	−0.52	−0.61	−0.70	−0.80	−0.89	−0.97	−1*	−1.0
	1.0	0.9	0.8	0.7	0.6	0.5	0.4	0.3	0.2	0.1	0.0	−0.1	−0.2	−0.3	−0.4	−0.5	−0.6	−0.7	−0.8	−0.9	−1.0	ξ \ α

附表 15（a） $t=0$ 力矩荷载 $\bar{\sigma}$

ξ	−1.0	−0.9	−0.8	−0.7	−0.6	−0.5	−0.4	−0.3	−0.2	−0.1	0.0	0.1	0.2	0.3	0.4	0.5	0.6	0.7	0.8	0.9	1.0
$\bar{\sigma}$	—	−1.31	−0.85	−0.62	−0.48	−0.37	−0.28	−0.20	−0.13	−0.06	0.00	0.06	0.13	0.20	0.28	0.37	0.48	0.62	0.85	1.31	—

附表 15（b） $t=0$ 力矩荷载 $\overline{Q}$

ξ	−1.0	−0.9	−0.8	−0.7	−0.6	−0.5	−0.4	−0.3	−0.2	−0.1	0.0	0.1	0.2	0.3	0.4	0.5	0.6	0.7	0.8	0.9	1.0
$\overline{Q}$	0	−0.27	−0.38	−0.45	−0.51	−0.55	−0.58	−0.61	−0.62	−0.63	−0.64	−0.63	−0.62	−0.61	−0.58	−0.55	−0.51	−0.45	−0.38	−0.27	0

附表 15（c） $t=0$ 力矩荷载 $\overline{M}$

ξ	−1.0	−0.9	−0.8	−0.7	−0.6	−0.5	−0.4	−0.3	−0.2	−0.1	0.0	0.1	0.2	0.3	0.4	0.5	0.6	0.7	0.8	0.9	1.0
$\overline{M}$	0	−0.02	−0.05	−0.09	−0.14	−0.20	−0.25	−0.31	−0.37	−0.44	−0.50	−0.56	−0.63	−0.69	−0.75	−0.80	−0.86	−0.91	−0.95	−0.98	−1

附表 16　均布荷载作用下基础梁的角变 θ

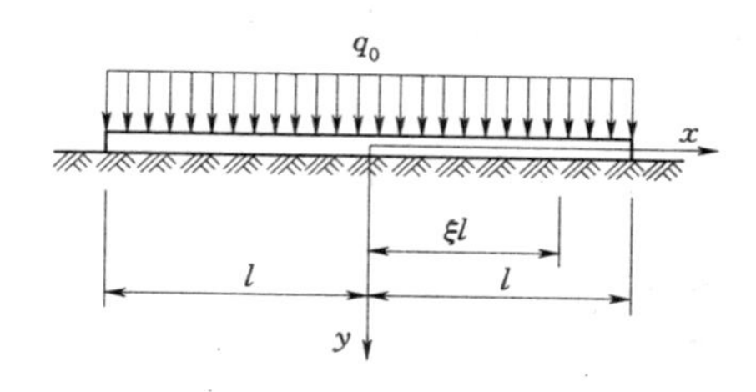

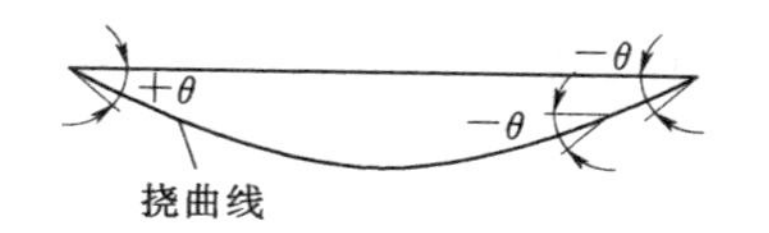

(1) 转换公式 θ=表中系数$\times\frac{q_0 l^3}{EJ}$（顺时针向为正）；表中系数以右半为准，左半梁数值相同，但正负相反。

(2) 由于 $\theta=\frac{dy}{dx}$，故可依据表中求 θ 的系数用数值积分（梯形公式）计算梁的挠度 y，向下为正。

(3) 例如，$t=10$，$\xi=0.5$ 处的挠度为（原点取在梁的右端）。

$$y=-\left(\frac{0.0316}{2}+0.0346+0.0346+0.0372+\frac{0.0375}{2}\right)\times\frac{q_0 l^3}{EJ}\times(-0.1l)$$

$$=0.014275\times\frac{q_0 l^4}{EJ}(\text{向下})。$$

附表 16　　**均布荷载 q_0**

t \ ε	0.0	0.1	0.2	0.3	0.4	0.5	0.6	0.7	0.8	0.9	1.0
0	0	−0.0136	−0.0268	−0.0392	−0.0506	−0.0607	−0.0691	−0.0756	−0.0801	−0.0824	−0.0832
1	0	−0.0102	−0.0201	−0.0294	−0.0378	−0.0451	−0.0510	−0.0554	−0.0582	−0.0594	−0.0598
2	0	−0.0096	−0.0188	−0.0276	−0.0355	−0.0424	−0.0480	−0.0521	−0.0548	−0.0560	−0.0563
3	0	−0.0090	−0.0176	−0.0258	−0.0333	−0.0397	−0.0450	−0.0489	−0.0514	−0.0526	−0.0529
5	0	−0.0080	−0.0157	−0.0230	−0.0296	−0.0354	−0.0402	−0.0438	−0.0460	−0.0471	−0.0473
7	0	−0.0072	−0.0141	−0.0206	−0.0266	−0.0319	−0.0362	−0.0394	−0.0416	−0.0426	−0.0428
10	0	−0.0062	−0.0123	−0.0180	−0.0232	−0.0278	−0.0316	−0.0346	−0.0364	−0.0372	−0.0375

附表 17～23　两个对称集中荷载作用下基础梁的角变 θ

(1) 转换公式 θ=表中系数$\times\frac{Pl^2}{EJ}$（顺时针向为正）。

(2) 当只有一个集中荷载 P 作用在梁长的中点处，使用上式时须用 $P/2$ 代替 P。

(3) 表中系数以右半为准，左半梁数值相同，但正负相反。

(4) 由于 $\theta=\frac{dy}{dx}$，故可依据表中求 θ 的系数用数值积分（梯形公式）计算梁的挠度 y，向下为正。

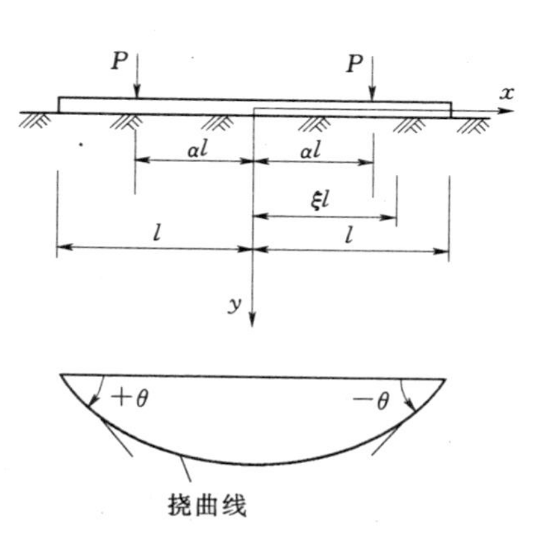

例如，$t=0$，$\alpha=0.7$，$\xi=0.4$ 处的挠度为（原点

取在梁的右端）

$$y=-\left(\frac{0.019}{2}+0.017+0.009+0.001-0.001-\frac{0.003}{2}\right)\times\frac{Pl^2}{EJ}\times(-0.1l)$$

$$=-0.0034\times\frac{Pl^3}{EJ}\text{（向上）。}$$

附表 17　　$t=0$ 两个对称集中荷载 P

α \ ξ	0.0	0.1	0.2	0.3	0.4	0.5	0.6	0.7	0.8	0.9	1.0
0.0	0	−0.059	−0.108	−0.149	−0.182	−0.208	−0.227	−0.240	−0.247	−0.251	−0.252
0.1	0	−0.054	−0.103	−0.144	−0.177	−0.203	−0.222	−0.235	−0.242	−0.246	−0.247
0.2	0	−0.044	−0.088	−0.129	−0.162	−0.188	−0.207	−0.220	−0.227	−0.231	−0.232
0.3	0	−0.034	−0.068	−0.104	−0.137	−0.163	−0.182	−0.195	−0.202	−0.206	−0.207
0.4	0	−0.024	−0.048	−0.074	−0.102	−0.128	−0.147	−0.160	−0.167	−0.171	−0.172
0.5	0	−0.014	−0.028	−0.044	−0.062	−0.083	−0.102	−0.115	−0.122	−0.126	−0.127
0.6	0	−0.004	−0.008	−0.014	−0.022	−0.033	−0.047	−0.060	−0.067	−0.071	−0.072
0.7	0	0.006	0.011	0.015	0.017	0.019	0.017	0.009	0.001	−0.001	−0.003
0.8	0	0.016	0.031	0.045	0.057	0.067	0.073	0.075	0.072	0.069	0.068
0.9	0	0.026	0.051	0.075	0.097	0.117	0.133	0.145	0.152	0.154	0.153
1.0	0	0.036	0.071	0.105	0.137	0.167	0.193	0.215	0.232	0.244	0.248

附表 18　　$t=1$ 两个对称集中荷载 P

α \ ξ	0.0	0.1	0.2	0.3	0.4	0.5	0.6	0.7	0.8	0.9	1.0
0.0	0	−0.053	−0.098	−0.134	−0.162	−0.184	−0.199	−0.209	−0.215	−0.217	−0.218
0.1	0	−0.048	−0.093	−0.129	−0.157	−0.178	−0.193	−0.203	−0.209	−0.211	−0.212
0.2	0	−0.038	−0.077	−0.113	−0.141	−0.163	−0.178	−0.188	−0.194	−0.196	−0.197
0.3	0	−0.029	−0.058	−0.090	−0.118	−0.139	−0.154	−0.164	−0.170	−0.173	−0.174
0.4	0	−0.019	−0.040	−0.062	−0.086	−0.107	−0.123	−0.138	−0.139	−0.142	−0.143
0.5	0	−0.010	−0.020	−0.032	−0.047	−0.064	−0.080	−0.191	−0.097	−0.099	−0.100
0.6	0	−0.001	−0.002	−0.005	−0.010	−0.018	−0.029	−0.039	−0.045	−0.048	−0.049
0.7	0	0.008	0.016	0.022	0.027	0.028	0.026	0.020	0.014	0.012	0.011
0.8	0	0.017	0.034	0.050	0.064	0.076	0.084	0.087	0.086	0.084	0.083
0.9	0	0.026	0.052	0.077	0.100	0.121	0.138	0.152	0.160	0.163	0.162
1.0	0	0.036	0.071	0.105	0.137	0.167	0.194	0.217	0.235	0.247	0.252

附表 19　　**$t=2$ 两个对称集中荷载 P**

α \ ξ	0.0	0.1	0.2	0.3	0.4	0.5	0.6	0.7	0.8	0.9	1.0
0.0	0	−0.051	−0.092	−0.125	−0.151	−0.170	−0.184	−0.193	−0.198	−0.199	−0.199
0.1	0	−0.046	−0.087	−0.120	−0.146	−0.166	−0.179	−0.188	−0.193	−0.195	−0.196
0.2	0	−0.036	−0.072	−0.105	−0.131	−0.150	−0.163	−0.172	−0.177	−0.179	−0.180
0.3	0	−0.027	−0.054	−0.083	−0.110	−0.130	−0.144	−0.153	−0.158	−0.160	−0.160
0.4	0	−0.018	−0.036	−0.056	−0.079	−0.099	−0.114	−0.123	−0.128	−0.130	−0.131
0.5	0	−0.009	−0.018	−0.029	−0.043	−0.059	−0.074	−0.084	−0.090	−0.093	−0.093
0.6	0	0.000	−0.002	−0.004	−0.009	−0.016	−0.027	−0.038	−0.044	−0.046	−0.047
0.7	0	0.008	0.015	0.021	0.025	0.027	0.025	0.019	0.013	−0.011	0.010
0.8	0	0.016	0.032	0.047	0.060	0.071	0.078	0.080	0.078	−0.076	0.075
0.9	0	0.025	0.049	0.073	0.095	0.114	0.131	0.144	0.152	−0.154	0.153
1.0	0	0.033	0.065	0.097	0.127	0.155	0.180	0.202	0.220	−0.232	0.236

附表 20　　**$t=3$ 两个对称集中荷载 P**

α \ ξ	0.0	0.1	0.2	0.3	0.4	0.5	0.6	0.7	0.8	0.9	1.0
0.0	0	−0.049	−0.089	−0.121	−0.146	−0.165	−0.178	−0.186	−0.191	−0.192	−0.192
0.1	0	−0.043	−0.088	−0.114	−0.139	−0.157	−0.169	−0.177	−0.182	−0.184	−0.185
0.2	0	−0.033	−0.068	−0.099	−0.123	−0.141	−0.153	−0.160	−0.165	−0.167	−0.168
0.3	0	−0.025	−0.050	−0.078	−0.103	−0.122	−0.135	−0.143	−0.148	−0.150	−0.151
0.4	0	−0.017	−0.034	−0.053	−0.075	−0.095	−0.109	−0.118	−0.123	−0.125	−0.126
0.5	0	−0.008	−0.018	−0.029	−0.042	−0.058	−0.073	−0.082	−0.088	−0.090	−0.091
0.6	0	0.000	−0.001	−0.002	−0.007	−0.014	−0.025	−0.036	−0.042	−0.044	−0.045
0.7	0	0.008	0.015	0.021	0.025	0.027	0.025	0.019	0.013	0.011	0.010
0.8	0	0.015	0.030	0.044	0.056	0.066	0.073	0.076	0.075	0.073	0.072
0.9	0	0.023	0.046	0.068	0.088	0.106	0.121	0.133	0.141	0.143	0.142
1.0	0	0.031	0.061	0.091	0.119	0.146	0.171	0.192	0.209	0.220	0.224

附表 21　　**$t=5$ 两个对称集中荷载 P**

α \ ξ	0.0	0.1	0.2	0.3	0.4	0.5	0.6	0.7	0.8	0.9	1.0
0.0	0	−0.045	−0.081	−0.109	−0.130	−0.146	−0.158	−0.166	−0.170	−0.171	−0.171
0.1	0	−0.040	−0.076	−0.104	−0.126	−0.141	−0.152	−0.159	−0.163	−0.165	−0.166
0.2	0	−0.030	−0.061	−0.089	−0.110	−0.125	−0.136	−0.142	−0.146	−0.147	−0.147
0.3	0	−0.022	−0.044	−0.069	−0.091	−0.108	−0.119	−0.126	−0.130	−0.131	−0.132

续表

ξ / α	0.0	0.1	0.2	0.3	0.4	0.5	0.6	0.7	0.8	0.9	1.0
0.4	0	−0.014	−0.030	−0.047	−0.066	−0.085	−0.098	−0.106	−0.110	−0.112	−0.113
0.5	0	−0.007	−0.014	−0.023	−0.035	−0.050	−0.064	−0.074	−0.079	−0.082	−0.082
0.6	0	0.000	0.000	−0.002	−0.006	−0.012	−0.023	−0.033	−0.039	−0.042	−0.042
0.7	0	0.007	0.013	0.019	0.023	0.024	0.022	0.016	0.009	0.007	0.006
0.8	0	0.014	0.027	0.040	0.051	0.059	0.065	0.067	0.064	0.061	0.061
0.9	0	0.021	0.041	0.061	0.079	0.095	0.109	0.120	0.127	0.129	0.128
1.0	0	0.027	0.054	0.080	0.106	0.130	0.152	0.171	0.187	0.198	0.202

附表 22　　**$t=7$ 两个对称集中荷载 P**

ξ / α	0.0	0.1	0.2	0.3	0.4	0.5	0.6	0.7	0.8	0.9	1.0
0.0	0	−0.042	−0.076	−0.102	−0.121	−0.135	−0.145	−0.152	−0.156	−0.157	−0.157
0.1	0	−0.036	−0.069	−0.095	−0.114	−0.127	−0.136	−0.142	−0.145	−0.146	−0.147
0.2	0	−0.027	−0.055	−0.080	−0.099	−0.113	−0.122	−0.127	−0.130	−0.130	−0.130
0.3	0	−0.019	−0.040	−0.062	−0.083	−0.098	−0.108	−0.114	−0.117	−0.118	−0.118
0.4	0	−0.013	−0.026	−0.042	−0.060	−0.077	−0.089	−0.097	−0.102	−0.104	−0.104
0.5	0	−0.006	−0.012	−0.021	−0.032	−0.046	−0.059	−0.068	−0.073	−0.075	−0.076
0.6	0	0.001	0.001	−0.001	−0.003	−0.009	−0.019	−0.029	−0.035	−0.038	−0.039
0.7	0	0.007	0.013	0.018	0.021	0.022	0.020	0.014	0.007	0.005	0.004
0.8	0	0.013	0.025	0.037	0.047	0.055	0.060	0.062	0.060	0.057	0.056
0.9	0	0.018	0.036	0.054	0.070	0.085	0.098	0.109	0.115	0.116	0.115
1.0	0	0.024	0.048	0.071	0.094	0.116	0.137	0.155	0.170	0.181	0.185

附表 23　　**$t=10$ 两个对称集中荷载 P**

ξ / α	0.0	0.1	0.2	0.3	0.4	0.5	0.6	0.7	0.8	0.9	1.0
0.0	0	−0.039	−0.069	−0.092	−0.109	−0.121	−0.129	−0.134	−0.137	−0.138	−0.138
0.1	0	−0.035	−0.064	−0.087	−0.103	−0.115	−0.122	−0.127	−0.129	−0.131	−0.132
0.2	0	−0.023	−0.048	−0.071	−0.087	−0.098	−0.105	−0.109	−0.111	−0.112	−0.111
0.3	0	−0.016	−0.033	−0.052	−0.070	−0.083	−0.091	−0.095	−0.097	−0.098	−0.096
0.4	0	−0.010	−0.022	−0.035	−0.052	−0.068	−0.079	−0.086	−0.090	−0.091	−0.091
0.5	0	−0.005	−0.010	−0.017	−0.027	−0.041	−0.054	−0.052	−0.067	−0.069	−0.070
0.6	0	0.001	0.001	0.000	−0.004	−0.011	−0.021	−0.031	−0.036	−0.039	−0.040
0.7	0	0.006	0.012	0.017	0.020	0.022	0.020	0.014	0.008	0.006	0.005
0.8	0	0.011	0.021	0.031	0.039	0.046	0.051	0.052	0.050	0.047	0.046
0.9	0	0.015	0.030	0.045	0.059	0.072	0.083	0.091	0.097	0.100	0.101
1.0	0	0.021	0.041	0.061	0.081	0.101	0.119	0.136	0.151	0.161	0.165

附表 24～30　两个对称力矩荷载作用下基础梁的角变 θ

(1) 转换公式 θ=表中系数$\times\frac{ml}{EJ}$（顺时针向为正）。

(2) 表中系数以右半为准，左半梁数值相同，但正负相反。

(3) 由于 $\theta=\frac{\mathrm{d}y}{\mathrm{d}x}$，故可依据表中求 θ 的系数用数值积分（梯形公式）计算梁的挠度 y，向下为正。

例如：$t=2$，$\alpha=0.6$，$\xi=0.5$ 处的挠度为（原点取在梁的右端）

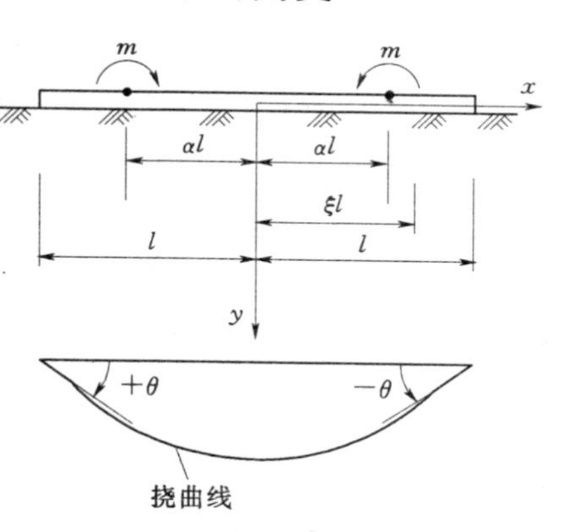

$$y=-\left(\frac{0.537}{2}+0.532+0.530+0.528+\frac{0.528}{2}\right)\times\frac{ml}{EJ}\times(-0.1l)$$

$$=0.21225\times\frac{ml^2}{EJ}(\text{向下})。$$

附表 24　　$t=0$ 两个对称力矩荷载 m

α \ ξ	0	0.1	0.2	0.3	0.4	0.5	0.6	0.7	0.8	0.9	1.0
0.1	0	−0.100	−0.100	−0.100	−0.100	−0.100	−0.100	−0.100	−0.100	−0.100	−0.100
0.2	0	−0.100	−0.200	−0.200	−0.200	−0.200	−0.200	−0.200	−0.200	−0.200	−0.200
0.3	0	−0.100	−0.200	−0.300	−0.300	−0.300	−0.300	−0.300	−0.300	−0.300	−0.300
0.4	0	−0.100	−0.200	−0.300	−0.400	−0.400	−0.400	−0.400	−0.400	−0.400	−0.400
0.5	0	−0.100	−0.200	−0.300	−0.400	−0.500	−0.500	−0.500	−0.500	−0.500	−0.500
0.6	0	−0.100	−0.200	−0.300	−0.400	−0.500	−0.600	−0.600	−0.600	−0.600	−0.600
0.7	0	−0.100	−0.200	−0.300	−0.400	−0.500	−0.600	−0.700	−0.700	−0.700	−0.700
0.8	0	−0.100	−0.200	−0.300	−0.400	−0.500	−0.600	−0.700	−0.800	−0.800	−0.800
0.9	0	−0.100	−0.200	−0.300	−0.400	−0.500	−0.600	−0.700	−0.800	−0.900	−0.900
1	0	−0.100	−0.200	−0.300	−0.400	−0.500	−0.600	−0.700	−0.800	−0.900	−1.000

附表 25　　$t=1$ 两个对称力矩荷载 m

α \ ξ	0	0.1	0.2	0.3	0.4	0.5	0.6	0.7	0.8	0.9	1.0
0.1	0	−0.101	−0.102	−0.103	−0.105	−0.107	−0.1185	−0.111	−0.112	−0.113	−0.114
0.2	0	−0.098	−0.196	−0.194	−0.193	−0.192	−0.191	−0.191	−0.191	−0.191	−0.191
0.3	0	−0.0945	−0.189	−0.283	−0.277	−0.273	−0.269	−0.267	−0.265	−0.264	−0.264
0.4	0	−0.093	−0.186	−0.280	−0.374	−0.370	−0.366	−0.363	−0.361	−0.360	−0.360

续表

α \ ξ	0	0.1	0.2	0.3	0.4	0.5	0.6	0.7	0.8	0.9	1.0
0.5	0	−0.093	−0.186	−0.279	−0.374	−0.470	−0.466	−0.464	−0.462	−0.462	−0.462
0.6	0	−0.093	−0.186	−0.279	−0.373	−0.469	−0.565	−0.563	−0.561	−0.561	−0.561
0.7	0	−0.092	−0.184	−0.277	−0.370	−0.465	−0.560	−0.657	−0.655	−0.654	−0.654
0.8	0	−0.0915	−0.184	−0.276	−0.370	−0.464	−0.560	−0.656	−0.754	−0.753	−0.753
0.9	0	−0.091	−0.183	−0.275	−0.369	−0.463	−0.559	−0.655	−0.753	−0.852	−0.852
1.0	0	−0.091	−0.182	−0.275	−0.369	−0.463	−0.559	−0.655	−0.753	−0.852	−0.952

附表 26　　$t=2$ 两个对称力矩荷载 m

α \ ξ	0	0.1	0.2	0.3	0.4	0.5	0.6	0.7	0.8	0.9	1.0
0.1	0	−0.102	−0.105	−0.108	−0.111	−0.114	−0.117	−0.120	−0.123	−0.125	−0.125
0.2	0	−0.096	−0.192	−0.189	−0.186	−0.184	−0.183	−0.182	−0.182	−0.182	−0.182
0.3	0	−0.088	−0.176	−0.265	−0.256	−0.247	−0.240	−0.235	−0.231	−0.229	−0.228
0.4	0	−0.087	−0.175	−0.263	−0.353	−0.344	−0.337	−0.332	−0.328	−0.326	−0.326
0.5	0	−0.087	−0.174	−0.262	−0.351	−0.442	−0.435	−0.430	−0.427	−0.425	−0.425
0.6	0	−0.087	−0.174	−0.262	−0.353	−0.444	−0.537	−0.532	−0.530	−0.528	−0.528
0.7	0	−0.0845	−0.170	−0.257	−0.344	−0.433	−0.525	−0.619	−0.615	−0.613	−0.612
0.8	0	−0.084	−0.169	−0.254	−0.341	−0.430	−0.521	−0.615	−0.711	−0.709	−0.708
0.9	0	−0.084	−0.169	−0.254	−0.341	−0.430	−0.521	−0.615	−0.711	−0.809	−0.808
1.0	0	−0.084	−0.169	−0.254	−0.341	−0.430	−0.521	−0.615	−0.711	−0.809	−0.908

附表 27　　$t=3$ 两个对称力矩荷载 m

α \ ξ	0	0.1	0.2	0.3	0.4	0.5	0.6	0.7	0.8	0.9	1.0
0.1	0	−0.103	−0.107	−0.111	−0.115	−0.120	−0.125	−0.130	−0.135	−0.137	−0.138
0.2	0	−0.099	−0.194	−0.190	−0.186	−0.184	−0.182	−0.182	−0.182	−0.182	−0.182
0.3	0	−0.083	−0.167	−0.251	−0.237	−0.225	−0.215	−0.207	−0.202	−0.199	−0.198
0.4	0	−0.0815	−0.164	−0.248	−0.333	−0.320	−0.310	−0.302	−0.297	−0.294	−0.294
0.5	0	−0.081	−0.163	−0.245	−0.330	−0.417	−0.406	−0.398	−0.393	−0.391	−0.391
0.6	0	−0.081	−0.163	−0.245	−0.331	−0.418	−0.509	−0.502	−0.499	−0.498	−0.498
0.7	0	−0.078	−0.157	−0.238	−0.320	−0.404	−0.492	−0.584	−0.578	−0.576	−0.575
0.8	0	−0.0775	−0.156	−0.236	−0.317	−0.402	−0.489	0.580	−0.675	−0.672	−0.672
0.9	0	−0.0775	−0.156	−0.236	−0.317	−0.402	−0.489	0.580	−0.675	−0.772	−0.772
1.0	0	−0.0775	−0.156	−0.236	−0.317	−0.402	−0.489	0.580	−0.675	−0.772	−0.872

附表 28 $t=5$ 两个对称力矩荷载 m

α \ ξ	0	0.1	0.2	0.3	0.4	0.5	0.6	0.7	0.8	0.9	1.0
0.1	0	-0.104	-0.109	-0.114	-0.120	-0.127	-0.134	-0.142	-0.149	-0.154	-0.155
0.2	0	-0.0905	-0.182	-0.175	-0.169	-0.165	-0.162	-0.161	-0.162	-0.162	-0.162
0.3	0	-0.0745	-0.150	-0.227	-0.207	-0.189	-0.175	-0.163	-0.155	-0.150	-0.143
0.4	0	-0.0725	-0.146	-0.222	-0.300	-0.282	-0.267	-0.256	-0.248	-0.244	-0.243
0.5	0	-0.071	-0.143	-0.217	-0.294	-0.375	-0.360	-0.349	-0.342	-0.339	-0.338
0.6	0	-0.072	-0.145	-0.220	-0.298	-0.380	-0.466	-0.457	-0.452	-0.450	-0.449
0.7	0	-0.0675	-0.136	-0.207	-0.281	-0.359	-0.441	-0.529	-0.521	-0.518	-0.517
0.8	0	-0.0665	-0.134	-0.204	-0.276	-0.352	-0.433	-0.520	-0.611	-0.607	-0.606
0.9	0	-0.0665	-0.134	-0.204	-0.276	-0.352	-0.433	-0.520	-0.611	-0.707	-0.706
1.0	0	-0.0665	-0.134	-0.204	-0.276	-0.352	-0.433	-0.520	-0.611	-0.707	-0.806

附表 29 $t=7$ 两个对称力矩荷载 m

α \ ξ	0	0.1	0.2	0.3	0.4	0.5	0.6	0.7	0.8	0.9	1.0
0.1	0	-0.106	-0.113	-0.120	-0.129	-0.138	-0.149	-0.160	-0.170	-0.176	-0.174
0.2	0	-0.088	-0.177	-0.168	-0.161	-0.156	-0.153	-0.152	-0.156	-0.161	-0.161
0.3	0	-0.0675	-0.137	-0.208	-0.181	-0.158	-0.139	-0.124	-0.113	-0.107	-0.105
0.4	0	-0.0655	-0.132	-0.201	-0.274	-0.251	-0.232	-0.218	-0.208	-0.203	-0.202
0.5	0	-0.0635	-0.128	-0.195	-0.266	-0.342	-0.322	-0.308	-0.299	-0.294	-0.293
0.6	0	-0.0645	-0.131	-0.199	-0.271	-0.348	-0.431	-0.419	-0.412	-0.410	-0.409
0.7	0	-0.0595	-0.120	-0.183	-0.250	-0.322	-0.399	-0.482	-0.472	-0.468	-0.467
0.8	0	-0.0575	-0.117	-0.178	-0.243	-0.313	-0.389	-0.472	-0.561	-0.556	-0.555
0.9	0	-0.0575	-0.117	-0.178	-0.243	-0.313	-0.389	-0.472	-0.561	-0.656	-0.655
1.0	0	-0.0575	-0.117	-0.178	-0.243	-0.313	-0.389	-0.472	-0.561	-0.656	-0.755

附表 30 $t=10$ 两个对称力矩荷载 m

α \ ξ	0	0.1	0.2	0.3	0.4	0.5	0.6	0.7	0.8	0.9	1.0
0.1	0	-0.108	-0.121	-0.136	-0.148	-0.161	-0.175	-0.190	-0.204	-0.213	-0.215
0.2	0	-0.085	-0.171	-0.160	-0.151	-0.146	-0.143	-0.143	-0.145	-0.146	-0.147
0.3	0	-0.0595	-0.121	-0.184	-0.151	-0.122	-0.0975	-0.078	-0.0635	-0.055	-0.0525
0.4	0	-0.0565	-0.115	-0.176	-0.241	-0.211	-0.187	-0.168	-0.155	-0.148	-0.146

续表

ξ / α	0	0.1	0.2	0.3	0.4	0.5	0.6	0.7	0.8	0.9	1.0
0.5	0	−0.054	−0.110	−0.169	−0.233	−0.301	−0.277	−0.259	−0.247	−0.242	−0.240
0.6	0	−0.0565	−0.115	−0.176	−0.241	−0.313	−0.391	−0.375	−0.366	−0.363	−0.362
0.7	0	−0.0495	−0.101	−0.155	−0.213	−0.278	−0.349	−0.428	−0.415	−0.409	−0.408
0.8	0	−0.049	−0.099	−0.150	−0.207	−0.269	−0.339	−0.417	−0.503	−0.497	−0.495
0.9	0	−0.0475	−0.0965	−0.149	−0.205	−0.268	−0.338	−0.416	−0.502	−0.595	−0.594
1.0	0	−0.0475	−0.0965	−0.149	−0.205	−0.268	−0.338	−0.416	−0.502	−0.595	−0.694

附表 31～37　两个反对称集中荷载作用下基础梁的角变 θ

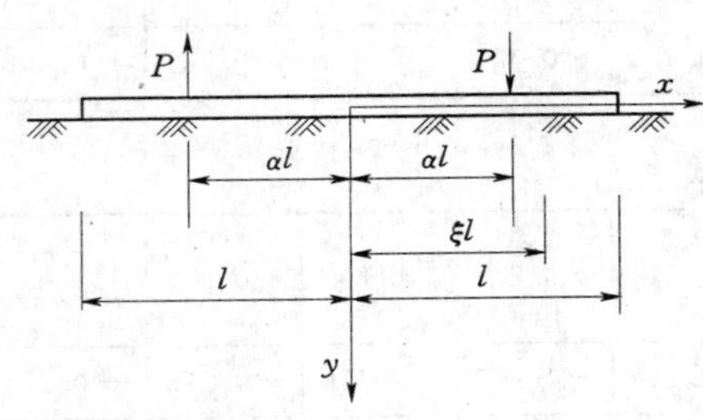

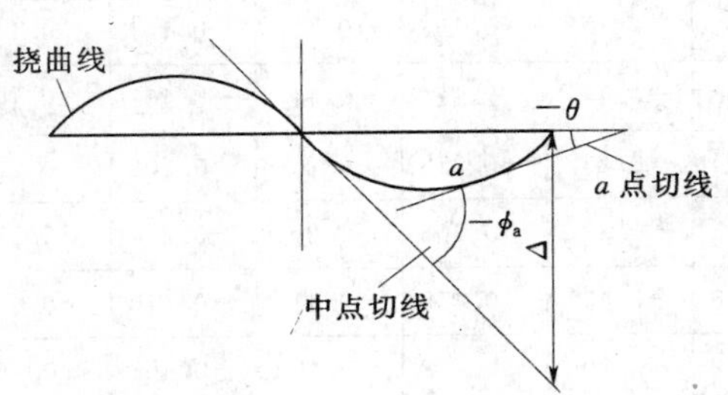

（1）求 θ 公式：$\theta=\varphi-\dfrac{\Delta}{l}$（顺时针向为正）。

其中 $\varphi=$ 表中系数 $\times\dfrac{Pl^2}{EJ}$（顺时针向为正）。

求 Δ 可以根据表中系数用数值积分（梯形公式）计算。

例如，$t=5$，$\alpha=0.1$，$\xi=1$，则

$$\Delta=-\left(0.004+0.0115+0.018+0.023+0.0365+0.029+0.0305+0.0315+0.032+\frac{0.032}{2}\right)\times\frac{Pl^2}{EJ}\times 0.1l=-0.0222\times\frac{Pl^3}{EJ}。$$

（2）表中系数以右半为准，左半梁数值相同，正负号亦相同。

（3）求出角变 θ 后，挠度 y 可用数值积分计算，同附表 23 或附表 16。

（4）算例：

$t=5$，$\alpha=0.1$，求 $\xi=0.7$ 和 $\xi=1$ 处的角变 θ。

计算 $\xi=0.7$ 处的角变 θ：$\Delta=-0.0222\times\dfrac{Pl^3}{EJ}$，$\varphi=-0.0305\times\dfrac{Pl^2}{EJ}$，故 $\theta=-0.0305\times\dfrac{Pl^2}{EJ}-\left(-0.0222\times\dfrac{Pl^3}{EJ}\times\dfrac{1}{l}\right)=-0.0083\times\dfrac{Pl^2}{EJ}$。

计算 $\xi=1$ 处的角变 θ：$\Delta=-0.0222\times\dfrac{Pl^3}{EJ}$，$\varphi=-0.032\times\dfrac{Pl^2}{EJ}$，故 $\theta=-0.032\times\dfrac{Pl^2}{EJ}-\left(-0.0222\times\dfrac{Pl^3}{EJ}\times\dfrac{1}{l}\right)=-0.0098\times\dfrac{Pl^2}{EJ}$。

附表 31　　**t=0 两个反对称集中荷载 P**

α \ ξ	0	0.1	0.2	0.3	0.4	0.5	0.6	0.7	0.8	0.9	1.0
0.1	0	−0.004	−0.0115	−0.018	−0.0235	−0.028	−0.315	−0.034	−0.0355	−0.036	−0.036
0.2	0	−0.004	−0.0155	−0.029	−0.040	−0.049	−0.056	−0.061	−0.063	−0.065	−0.065
0.3	0	−0.003	−0.0125	−0.0285	−0.0455	−0.059	−0.0695	−0.077	−0.0815	−0.0835	−0.084
0.4	0	−0.0025	−0.0100	−0.0225	−0.040	−0.058	−0.0715	−0.081	−0.087	−0.090	−0.091
0.5	0	−0.002	−0.0075	−0.0165	−0.0295	−0.047	−0.064	−0.076	−0.0835	−0.087	−0.088
0.6	0	−0.001	−0.0045	−0.011	−0.020	−0.032	−0.0475	−0.062	−0.071	−0.075	−0.076
0.7	0	−0.001	−0.0035	−0.007	−0.0115	−0.018	−0.027	−0.039	−0.0495	−0.054	−0.055
0.8	0	0.000	0.0005	0.001	0.0005	−0.001	−0.0035	−0.005	−0.009	−0.145	−0.016
0.9	0	0.001	0.0035	0.007	0.0115	0.0165	0.021	0.0245	0.0265	0.025	0.023
1.0	0	0.001	0.0045	0.0105	0.0185	0.0285	0.040	0.052	0.063	0.071	0.074

附表 32　　**t=1 两个反对称集中荷载 P**

α \ ξ	0	0.1	0.2	0.3	0.4	0.5	0.6	0.7	0.8	0.9	1.0
0.1	0	−0.0045	−0.0125	−0.019	−0.0245	−0.029	−0.032	−0.0335	−0.0345	−0.035	−0.035
0.2	0	−0.0035	−0.014	−0.027	−0.0375	−0.0455	−0.0515	−0.0555	−0.058	−0.0595	−0.060
0.3	0	−0.0030	−0.012	−0.027	−0.043	−0.055	−0.064	−0.0705	−0.074	−0.0755	−0.076
0.4	0	−0.0025	−0.0095	−0.021	−0.0375	−0.054	−0.066	−0.074	−0.0785	−0.0805	−0.081
0.5	0	−0.0020	−0.0075	−0.0165	−0.029	−0.045	−0.0605	−0.071	−0.077	−0.0795	−0.080
0.6	0	−0.0005	−0.002	−0.006	−0.013	−0.023	−0.037	−0.050	−0.0575	−0.0605	−0.061
0.7	0	0.0000	−0.0005	−0.002	−0.0045	−0.009	−0.016	−0.0255	−0.034	−0.0375	−0.038
0.8	0	0.0005	0.0015	0.0025	0.0035	0.0045	0.005	0.0035	−0.001	−0.005	−0.006
0.9	0	0.0010	0.004	0.009	0.015	0.0215	0.0285	0.0345	−0.0385	0.039	0.038
1.0	0	0.0020	0.0075	0.0155	0.0255	0.0375	0.0515	0.066	0.079	0.089	0.093

附表 33　　**t=2 两个反对称集中荷载 P**

α \ ξ	0	0.1	0.2	0.3	0.4	0.5	0.6	0.7	0.8	0.9	1.0
0.1	0	−0.004	−0.0115	−0.018	−0.0235	−0.028	−0.0315	−0.0335	−0.0345	−0.035	−0.035
0.2	0	−0.004	−0.0115	−0.029	−0.0395	−0.0475	−0.0535	−0.0575	−0.0595	−0.0605	−0.061
0.3	0	−0.003	−0.012	−0.027	−0.0435	−0.0565	−0.0655	−0.0715	−0.0755	−0.0775	−0.078
0.4	0	−0.002	−0.0085	−0.020	−0.0365	−0.0530	−0.0650	−0.0735	−0.0785	−0.0805	−0.081
0.5	0	−0.0015	−0.006	−0.014	−0.0260	−0.0420	−0.0570	−0.0675	−0.074	−0.0765	−0.077
0.6	0	−0.001	−0.004	−0.009	−0.0160	−0.0255	−0.0385	−0.0510	−0.058	−0.0605	−0.061

续表

α \ ξ	0	0.1	0.2	0.3	0.4	0.5	0.6	0.7	0.8	0.9	1.0
0.7	0	0.000	−0.0005	−0.0025	−0.0055	−0.007	−0.0110	−0.0205	−0.029	−0.0325	−0.033
0.8	0	0.000	0.0005	0.002	0.0040	0.0055	0.0055	0.005	0.0015	−0.003	−0.004
0.9	0	0.001	0.004	0.0085	0.0140	0.020	0.0265	0.0325	0.0365	0.037	0.036
1.0	0	0.0015	0.006	0.0135	0.0235	0.0355	0.490	0.0630	0.0755	0.085	0.089

附表 34 **$t=3$ 两个反对称集中荷载 P**

α \ ξ	0	0.1	0.2	0.3	0.4	0.5	0.6	0.7	0.8	0.9	1.0
0.1	0	−0.006	−0.0155	−0.0220	−0.0275	−0.0315	−0.0340	−0.0360	−0.0375	−0.0380	−0.0380
0.2	0	−0.0035	−0.0145	−0.0280	−0.0385	−0.0465	−0.0525	−0.0565	−0.0585	−0.0595	−0.0600
0.3	0	−0.0025	−0.0110	−0.0260	−0.0410	−0.0520	−0.0605	−0.0660	−0.0695	−0.0715	−0.0720
0.4	0	−0.0025	−0.0100	−0.0220	−0.0385	−0.0550	−0.0670	−0.0755	−0.0805	−0.0825	−0.0830
0.5	0	−0.0015	−0.0060	−0.0140	−0.0260	−0.0420	−0.0570	−0.0670	−0.0730	−0.0755	−0.0760
0.6	0	−0.0010	−0.0040	−0.0090	−0.0160	−0.0255	−0.0385	−0.0510	−0.0580	−0.0605	−0.0610
0.7	0	−0.0005	−0.0015	−0.0035	−0.0065	−0.0110	−0.0180	−0.0275	−0.0360	−0.0395	−0.0400
0.8	0	0.0005	0.0015	0.0025	0.0035	0.0045	0.0045	0.0025	−0.0020	−0.0060	−0.0070
0.9	0	0.0005	0.0030	0.0075	0.0130	0.0195	0.0260	0.0320	0.0365	0.0370	0.0360
1.0	0	0.0015	0.0060	0.0135	0.0235	0.0355	0.0485	0.0615	0.0740	0.0840	0.0880

附表 35 **$t=5$ 两个反对称集中荷载 P**

α \ ξ	0	0.1	0.2	0.3	0.4	0.5	0.6	0.7	0.8	0.9	1.0
0.1	0	−0.0040	−0.0115	−0.0180	−0.0230	−0.0266	−0.0290	−0.0315	−0.0305	−0.0320	−0.0320
0.2	0	−0.0035	−0.0140	−0.0270	−0.0370	−0.0445	−0.0500	−0.0535	−0.0560	−0.0570	−0.0570
0.3	0	−0.0030	−0.0115	−0.0260	−0.0415	−0.0530	−0.0615	−0.0675	−0.0710	−0.0725	−0.0730
0.4	0	−0.0025	−0.0090	−0.0200	−0.0365	−0.0530	−0.0650	−0.0730	−0.0775	−0.0795	−0.0800
0.5	0	−0.0015	−0.0060	−0.0140	−0.0255	−0.0405	−0.0550	−0.0645	−0.0700	−0.0725	−0.0730
0.6	0	−0.0010	−0.0035	−0.0080	−0.0155	−0.0255	−0.0385	−0.0505	−0.0570	−0.0595	−0.0600
0.7	0	−0.0005	−0.0020	−0.0040	−0.0065	−0.0105	−0.0170	−0.0265	−0.0350	−0.0385	−0.0390
0.8	0	0.0000	0.0005	0.0020	0.0040	0.0055	0.0040	0.0010	−0.0035	−0.0080	−0.0090
0.9	0	0.0010	0.0040	0.0085	0.0140	0.0205	0.0275	0.0335	0.0375	0.0380	0.0370
1.0	0	0.0015	0.0060	0.0135	0.0235	0.0355	0.0485	0.0620	0.0750	0.0850	0.0890

附表 36　　$t=7$ 两个反对称集中荷载 P

α \ ξ	0.0	0.1	0.2	0.3	0.4	0.5	0.6	0.7	0.8	0.9	1.0
0.1	0	−0.0045	−0.0125	−0.0190	−0.0240	−0.0275	−0.0300	−0.0365	−0.0320	−0.0320	−0.0320
0.2	0	−0.0035	−0.0140	−0.0270	−0.0370	−0.0445	−0.0505	−0.0540	−0.0555	−0.0560	−0.0560
0.3	0	−0.0030	−0.0115	−0.0255	−0.0405	−0.0520	−0.0605	−0.0660	−0.0690	−0.0700	−0.0700
0.4	0	−0.0025	−0.0095	−0.0205	−0.0360	−0.0520	−0.0640	−0.0720	−0.0765	−0.0785	−0.0790
0.5	0	−0.0015	−0.0060	−0.0135	−0.0245	−0.0395	−0.0535	−0.0625	−0.0675	−0.0695	−0.0700
0.6	0	−0.0010	−0.0035	−0.0080	−0.0150	−0.0245	−0.0370	−0.0485	−0.0550	−0.0575	−0.0580
0.7	0	−0.0005	−0.0015	−0.0030	−0.0055	−0.0095	−0.0160	−0.0255	−0.0340	−0.0375	−0.0380
0.8	0	0.0005	0.0015	0.0025	0.0035	0.0045	0.0050	0.0040	−0.0005	−0.0050	−0.0060
0.9	0	0.0010	0.0040	0.0085	0.0140	0.0200	0.0260	0.0315	0.0350	0.0350	0.0340
1.0	0	0.0010	0.0050	0.0125	0.0225	0.0340	0.0465	0.0595	0.0725	0.0850	0.087

附表 37　　$t=10$ 两个反对称集中荷载 P

α \ ξ	0.0	0.1	0.2	0.3	0.4	0.5	0.6	0.7	0.8	0.9	1.0
0.1	0	−0.0040	−0.0115	−0.0175	−0.0220	−0.0255	−0.0280	−0.0295	−0.0300	−0.0300	−0.0300
0.2	0	−0.0035	−0.0140	−0.0265	−0.0365	−0.0440	−0.0490	−0.0520	−0.0535	−0.0540	−0.0540
0.3	0	−0.0025	−0.0105	−0.0245	−0.0395	−0.0510	−0.0590	−0.0640	−0.0670	−0.0680	−0.0680
0.4	0	−0.0025	−0.0090	−0.0195	−0.0350	−0.0505	−0.0615	−0.0685	−0.0725	−0.0740	−0.0740
0.5	0	−0.0015	−0.0060	−0.0135	−0.0240	−0.0380	−0.0515	−0.0610	−0.0665	−0.0685	−0.0690
0.6	0	−0.0005	−0.0025	−0.0070	−0.0140	−0.0230	−0.0350	−0.0465	−0.0530	−0.0555	−0.0560
0.7	0	0.0000	−0.0005	−0.0020	−0.0045	−0.0085	−0.0150	−0.0245	−0.0330	−0.0365	−0.0370
0.8	0	0.0005	0.0015	0.0025	0.0040	0.0050	0.0045	0.0025	−0.0025	−0.0070	−0.0080
0.9	0	0.0010	0.0035	0.0075	0.0130	0.0190	0.0250	0.0305	0.0340	0.0340	0.0330
1.0	0	0.0015	0.0060	0.0130	0.0220	0.0315	0.0420	0.0540	0.0655	0.0750	0.0790

附表 38～44　两个反对称力矩荷载作用下基础梁的角变 θ

(1) 求 θ 公式：$\theta=\varphi-\dfrac{\Delta}{l}$（顺时针向为正）。

其中 $\varphi=$ 表中系数 $\times\dfrac{ml}{EJ}$（顺时针向为正）。

求 Δ 可以根据表中系数用数值积分（梯形公式）计算。例如，$t=0$，$\alpha=0.3$，$\xi=1$，则

$$\Delta=\Big(0.006+0.025+0.057+0.001-0.044-0.078-0.101-0.1115-0.122-\frac{0.124}{2}\Big)\times\frac{ml}{EJ}\times0.1l=-0.0433\times\frac{ml^2}{EJ}。$$

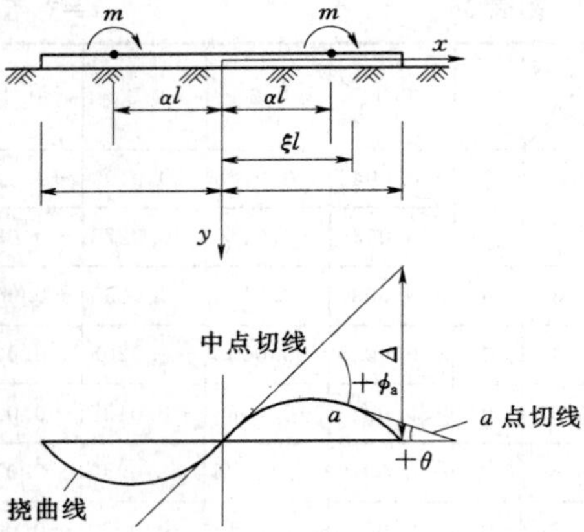

（2）表中系数以右半梁为准，左半梁数值相同，正负亦相同。

（3）求出角变 θ 后，挠度 y = 可用数值积分计算，同附表 23 或附表 16。

（4）当只有一个力矩 m 作用在梁长的中点处，在计算 φ 角时须用 $m/2$ 代替 m。

（5）算例。

$t=0$，$\alpha=0.3$，求 $\xi=0.5$ 和 $\xi=1$ 处的角变 θ。

计算 $\xi=0.5$ 处的角变 θ：$\Delta=-0.0433\times\frac{ml^2}{EJ}$，$\varphi=-0.044\times\frac{ml}{EJ}$，

故 $\theta=-0.044\times\frac{ml}{EJ}-\Big(-0.0433\times\frac{ml^2}{EJ}\times\frac{1}{l}\Big)=-0.0007\times\frac{ml}{EJ}$。

计算 $\xi=1$ 处的角变 θ：$\Delta=-0.0433\times\frac{ml^2}{EJ}$，$\varphi=-0.124\times\frac{ml}{EJ}$，

故 $\theta=-0.124\times\frac{ml}{EJ}-\Big(-0.0433\times\frac{ml^2}{EJ}\times\frac{1}{l}\Big)=-0.0807\times\frac{ml}{EJ}$。

附表 38　　$t=0$ 两个反对称力矩荷载 m

α \ ξ	0	0.1	0.2	0.3	0.4	0.5	0.6	0.7	0.8	0.9	1.0
0.0	0	−0.094	−0.175	−0.243	−0.299	−0.344	−0.378	−0.401	−0.415	−0.422	−0.424
0.1	0	0.006	−0.075	−0.143	−0.199	−0.244	−0.278	−0.301	−0.315	−0.322	−0.324
0.2	0	0.006	0.025	−0.043	−0.099	−0.144	−0.178	−0.201	−0.215	−0.222	−0.224
0.3	0	0.006	0.025	0.057	0.001	−0.044	−0.078	−0.101	−0.115	−0.122	−0.124
0.4	0	0.006	0.025	0.057	0.101	0.056	0.022	−0.001	−0.015	−0.022	−0.024
0.5	0	0.006	0.025	0.057	0.101	0.156	0.122	0.099	0.085	0.078	0.076
0.6	0	0.006	0.025	0.057	0.101	0.156	0.222	0.199	0.185	0.178	0.176
0.7	0	0.006	0.025	0.057	0.101	0.156	0.222	0.299	0.285	0.278	0.276
0.8	0	0.006	0.025	0.057	0.101	0.156	0.222	0.299	0.385	0.378	0.376
0.9	0	0.006	0.025	0.057	0.101	0.156	0.222	0.299	0.385	0.478	0.476
1.0	0	0.006	0.025	0.057	0.101	0.156	0.222	0.299	0.385	0.478	0.576

附表 39　　$t=1$ 两个反对称力矩荷载 m

α \ ξ	0	0.1	0.2	0.3	0.4	0.5	0.6	0.7	0.8	0.9	1.0
0.0	0	−0.0930	−0.1720	−0.2380	−0.2920	−0.3340	−0.3660	−0.3880	−0.4000	−0.4050	−0.4060
0.1	0	0.0065	−0.0635	−0.1300	−0.1840	−0.2260	−0.2570	−0.2770	−0.2880	−0.2920	−0.2930
0.2	0	0.0080	0.0290	−0.0380	−0.0920	−0.1350	−0.1660	−0.1860	−0.1980	−0.2030	−0.2040
0.3	0	0.0065	0.0270	0.0605	0.0055	−0.0370	−0.0635	−0.0900	−0.1020	−0.1070	−0.1080
0.4	0	0.0065	0.0260	0.0590	0.1050	0.0650	0.0305	0.0090	−0.0030	−0.0080	−0.0090
0.5	0	0.0065	0.0265	0.0595	0.1050	0.0163	0.1330	0.1120	0.1000	0.0950	−0.0940
0.6	0	0.0065	0.0260	0.0585	0.1040	0.1610	0.2300	0.2090	0.1980	0.1930	0.1920
0.7	0	0.0065	0.0260	0.0585	0.1040	0.1610	0.2290	0.3080	0.2950	0.2900	0.2890
0.8	0	0.0065	0.0260	0.0585	0.1040	0.1610	0.2290	0.3080	0.3950	0.3900	0.3890
0.9	0	0.0065	0.0260	0.0585	0.1040	0.1610	0.2290	0.3080	0.3950	0.4900	0.4890
1.0	0	0.0065	0.0260	0.0585	0.1040	0.1610	0.2290	0.3080	0.3950	0.4900	0.5890

附表 40　　$t=2$ 两个反对称力矩荷载 m

α \ ξ	0.0	0.1	0.2	0.3	0.4	0.5	0.6	0.7	0.8	0.9	1.0
0.0	0	−0.0930	−0.1710	−0.2360	−0.2880	−0.3280	−0.3570	−0.3760	−0.3870	−0.3920	−0.3930
0.1	0	0.0070	−0.0725	−0.1390	−0.1920	−0.2330	0.2630	−0.2830	−0.2940	−0.2980	−0.2990
0.2	0	0.0070	0.0725	−0.0390	−0.0930	−0.1350	0.1660	−0.1860	−0.1980	−0.2030	−0.2040
0.3	0	0.0070	0.0270	0.0595	0.0045	−0.0380	0.0690	−0.0905	−0.1040	−0.1090	−0.1100
0.4	0	0.0065	0.0260	0.0585	0.1040	0.0620	0.0310	0.0100	−0.0015	−0.0060	−0.0070
0.5	0	0.0065	0.0265	0.0595	0.1050	0.1630	0.1320	0.1110	0.0990	0.0940	0.0930
0.6	0	0.0065	0.0260	0.0585	0.1040	0.1610	0.2290	0.2080	0.1960	0.1910	0.1900
0.7	0	0.0060	0.0245	0.0560	0.1000	0.1560	0.2230	0.3010	0.2880	0.2820	0.2800
0.8	0	0.0060	0.0245	0.0560	0.1000	0.1560	0.2230	0.3010	0.3880	0.3830	0.3810
0.9	0	0.0060	0.0245	0.0560	0.1000	0.1560	0.2230	0.3010	0.3880	0.4820	0.4800
1.0	0	0.0060	0.0245	0.0560	0.1000	0.1560	0.2230	0.3010	0.3880	0.4820	0.5800

附表 41　　$t=3$ 两个反对称力矩荷载 m

α \ ξ	0	0.1	0.2	0.3	0.4	0.5	0.6	0.7	0.8	0.9	1.0
0.0	0	−0.0930	−0.1720	−0.2370	−0.2890	−0.3290	−0.3580	−0.3770	−0.3870	−0.3910	−0.3920
0.1	0	0.0070	−0.0770	−0.1370	−0.1890	−0.2300	−0.2590	−0.2780	−0.2890	−0.2930	−0.2940
0.2	0	0.0070	0.0275	−0.0390	−0.0925	−0.1340	−0.1650	−0.1850	−0.1970	−0.2020	−0.2030
0.3	0	0.0065	0.0260	0.0585	0.0045	−0.0375	−0.0695	−0.0915	−0.1040	−0.1090	−0.1100
0.4	0	0.0065	0.0260	0.0585	0.1040	0.0615	0.0300	0.0090	−0.0030	−0.0060	−0.0050
0.5	0	0.0065	0.0260	0.0580	0.1030	0.1610	0.1290	0.1080	0.0960	0.0005	0.0890
0.6	0	0.0065	0.0260	0.0580	0.1020	0.1590	0.2270	0.2060	0.1930	0.1880	0.1870

续表

α \ ξ	0	0.1	0.2	0.3	0.4	0.5	0.6	0.7	0.8	0.9	1.0
0.7	0	0.0060	0.0245	0.0555	0.0985	0.1540	0.2210	0.2990	0.2860	0.2800	0.2780
0.8	0	0.0060	0.0245	0.0555	0.0985	0.1540	0.2200	0.2960	0.3820	0.3760	0.3740
0.9	0	0.0060	0.0245	0.0555	0.0985	0.1540	0.2200	0.2960	0.3820	0.4760	0.4740
1.0	0	0.0060	0.0245	0.0555	0.0985	0.1540	0.2200	0.2960	0.3820	0.4760	0.5740

附表 42　　$t=5$ 两个反对称力矩荷载 m

α \ ξ	0	0.1	0.2	0.3	0.4	0.5	0.6	0.7	0.8	0.9	1.0
0.0	0	−0.0920	−0.1690	−0.2320	−0.2820	−0.3200	−0.3470	−0.3640	−0.3730	−0.3770	−0.3780
0.1	0	0.0075	−0.0705	−0.1350	−0.1870	−0.2260	−0.2530	−0.2710	−0.2810	−0.2860	−0.2870
0.2	0	0.0070	0.0280	−0.0375	−0.0905	−0.1320	−0.1610	−0.1810	−0.1930	−0.1950	−0.1960
0.3	0	0.0065	0.0260	0.0590	0.0045	−0.0385	−0.0700	−0.0915	−0.1050	−0.1110	−0.1120
0.4	0	0.0065	0.0260	0.0585	0.1040	0.0615	0.0305	0.0100	−0.0020	−0.0070	−0.0080
0.5	0	0.0065	0.0260	0.0585	0.1040	0.1610	0.1290	0.1080	0.0965	0.0920	0.0910
0.6	0	0.0060	0.0245	0.0560	0.1000	0.1560	0.2240	0.2030	0.1900	0.1840	0.1830
0.7	0	0.0060	0.0240	0.0550	0.0980	0.1520	0.2180	0.2940	0.2810	0.2750	0.2740
0.8	0	0.0060	0.0240	0.0540	0.0960	0.1500	0.2140	0.2900	0.3750	0.3690	0.3630
0.9	0	0.0060	0.0240	0.0540	0.0960	0.1500	0.2140	0.2900	0.3750	0.4690	0.4630
1.0	0	0.0060	0.0240	0.0540	0.0960	0.1500	0.2140	0.2900	0.3750	0.4690	0.5680

附表 43　　$t=7$ 两个反对称力矩荷载 m

α \ ξ	0	0.1	0.2	0.3	0.4	0.5	0.6	0.7	0.8	0.9	1.0
0.0	0	−0.0920	−0.1690	−0.2310	−0.2790	−0.3150	−0.3400	−0.3560	−0.3640	−0.3670	−0.3680
0.1	0	0.0075	−0.0700	−0.1330	−0.1830	−0.2200	−0.2470	−0.2640	−0.2740	−0.2800	−0.2820
0.2	0	0.0070	0.0280	−0.0370	−0.0890	−0.1290	−0.1580	−0.1780	−0.1900	−0.1950	−0.1960
0.3	0	0.0065	0.0260	0.0590	0.0450	−0.0385	−0.0705	−0.0925	−0.1060	−0.1120	−0.1130
0.4	0	0.0065	0.0260	0.0585	0.1035	−0.0605	0.0290	0.0080	−0.0040	−0.0095	−0.1100
0.5	0	0.0065	0.0260	0.0585	0.1040	0.1520	0.1320	0.1130	−0.1030	0.0990	0.0980
0.6	0	0.0065	0.0255	0.5650	0.0995	0.1550	0.2240	0.2040	−0.1910	0.1860	0.1840
0.7	0	0.0060	0.0240	0.0535	0.0950	0.1480	0.2120	0.2880	0.2740	0.2680	0.2670
0.8	0	0.0060	0.0240	0.0535	0.0940	0.1460	0.2090	0.2830	0.3680	0.3620	0.3600
0.9	0	0.0060	0.0240	0.0535	0.0940	0.1460	0.2090	0.2830	0.3680	0.4620	0.4600
1.0	0	0.0060	0.0240	0.0535	0.0940	0.1460	0.2090	0.2830	0.3680	0.4620	0.5600

附表 44　　$t=10$ 两个反对称力矩荷载 m

α \ ξ	0.0	0.1	0.2	0.3	0.4	0.5	0.6	0.7	0.8	0.9	1.0
0	0	−0.0920	−0.1680	−0.2280	−0.2740	−0.3080	−0.3310	−0.3450	−0.3520	−0.3540	−0.3540
0.1	0	0.0080	−0.0680	−0.1290	−0.1770	−0.2120	−0.2370	−0.2530	−0.2610	−0.2650	−0.2660
0.2	0	0.0075	0.0295	−0.0350	−0.0865	−0.1260	−0.1550	−0.1750	−0.1860	−0.1910	−0.1920
0.3	0	0.0650	0.0270	0.0585	0.0035	−0.0395	−0.0705	−0.0930	−0.1070	−0.1150	−0.1150
0.4	0	0.0060	0.0245	0.0565	0.1020	0.0585	0.0270	0.0060	−0.0060	−0.0110	−0.0120
0.5	0	0.0065	0.0255	0.0575	0.1030	0.1610	0.1310	0.1110	0.1010	0.0975	0.0970
0.6	0	0.0060	0.0235	0.0530	0.0950	0.1500	0.2160	0.1940	0.1810	0.1760	0.1740
0.7	0	0.0055	0.0220	0.0500	0.0895	0.1400	0.2020	0.2760	0.2600	0.2540	0.2520
0.8	0	0.0050	0.0210	0.0485	0.0870	0.1360	0.1980	0.2700	0.3530	0.3460	0.3440
0.9	0	0.0050	0.0210	0.0485	0.0870	0.1360	0.1930	0.2700	0.3530	0.4460	0.4440
1.0	0	0.0050	0.0210	0.0485	0.0870	0.1360	0.1930	0.2700	0.3530	0.4460	0.5440

参 考 文 献

[1] 朱合华．地下建筑结构（第二版）[M]．北京：中国建筑工业出版社，2011.
[2] 曾亚武．地下结构设计模型 [M]．武汉：武汉大学出版社，2006.
[3] 刘增荣．地下结构设计 [M]．北京：中国建筑工业出版社，2011.
[4] 门玉明．地下空间结构 [M]．北京：人民交通出版社，2007.
[5] 沈明荣，陈建峰．岩石力学 [M]．上海：同济大学出版社，2006.
[6] 彭立敏，刘小兵．隧道工程．长沙市：中南大学出版社，2009.
[7] 王成．隧道工程 [M]．北京：人民交通出版社，2009.
[8] 吴能森，熊孝波，等．地下工程结构 [M]．武汉：武汉理工大学出版社，2010.
[9] 龚晓南．高等土力学 [M]．杭州市：浙江大学出版社，1996.
[10] 孙钧，侯学渊．地下结构（上册）[M]．北京：科学出版社，1987.
[11] 汪胡桢．地下洞室的结构计算 [M]．北京：电力工业出版社，1982.
[12] 徐银燕．隧道工程围岩稳定性影响因素分析与破坏基本判据 [J]．安徽建筑，2009，16（5）：64-66.
[13] 景诗庭．隧道结构可靠度 [M]．北京：中国铁道出版社，2002.
[14] 天津大学．地下结构静力计算 [M]．北京：中国建筑工业出版社，1979.
[15] 徐干成，白洪才，郑颖人，等．地下工程支护结构 [M]．北京：中国水利水电出版社，2003.
[16] 穆保岗，陶津．地下结构工程（第二版）[M]．南京：东南大学出版社，2012.
[17] 重庆建筑工程学院，等．岩石地下建筑结构 [M]．北京：中国建筑工业出版社，1982.
[18] 同济大学，等．土层地下建筑结构 [M]．北京：中国建筑工业出版社，1982.
[19] 夏永旭，王永东．隧道结构力学计算（第二版）[M]．北京：人民交通出版社，2012.
[20] 陈建平，吴立，闫天俊，等．地下建筑结构 [M]．北京：人民交通出版社，2008.
[21] 徐干成，郑颖人，乔春生，等．地下工程支护结构与设计 [M]．北京：中国水利水电出版社，2013.
[22] 中华人民共和国行业标准．公路隧道设计规范（JTG D70—2004） [S]．北京：人民交通出版社，2004.
[23] 中华人民共和国行业标准．铁路隧道设计规范（TB 10003—2005） [S]．北京：中国铁道出版社，2005.
[24] 天津大学建筑工程系地下建筑工程教研室．地下建筑结构静力计算 [M]．北京：中国建筑工业出版社，1979.
[25] 刘建航．盾构法隧道 [M]．北京：中国铁道出版社，1991.
[26] 周文波．盾构法隧道施工技术及应用（第一版）[M]．北京：中国建筑工业出版社，2004.
[27] 刘新荣，钟祖良．地下结构设计 [M]．重庆：重庆大学出版社，2013.
[28] 王树理．地下建筑结构设计 [M]．北京：清华大学出版社，2009.
[29] 小泉淳．官林星，译．盾构隧道管片设计 [M]．北京：中国建筑工业出版社，2012.
[30] 张光永，刘爽平．基础工程 [M]．武汉：武汉理工大学出版社，2011.
[31] 刘熙媛，肖成志，等．基础工程 [M]．北京：中国建材工业出版社，2009.
[32] 穆保岗，陶津，童小东，缪林昌．地下结构工程（第2版）[M]．南京：东南大学出版社，2012.
[33] 姜玉松．地下工程施工技术 [M]．武汉：武汉理工大学出版社，2008.

［34］ 刘国彬，王卫东．基坑工程手册（第二版）［M］．北京：中国建筑工业出版社，2009.
［35］ 龚晓南．深基坑工程设计施工手册［M］．北京：中国建筑工业出版社，1998.
［36］ 建筑基坑支护技术规程（JGJ 120—2012）［S］．北京：中国建筑工业出版社，2012.
［37］ 顾慰慈．挡土墙土压力计算手册第一版［M］．北京：中国建材工业出版社，2005.
［38］ 李广信．高等土力学［M］．北京：清华大学出版社，2004.
［39］ 建筑地基基础设计规范（GB 50007—2011）［S］．北京：中国建筑工业出版社，2011.
［40］ 丛蔼森．地下连续墙的设计施工与应用［M］．北京：中国水利水电出版社，2001.